案例欣赏

案例精讲 030 麦克疯音乐网页的设计

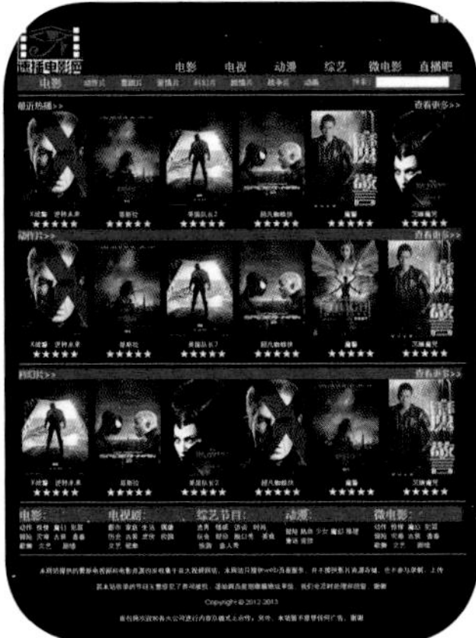
案例精讲 031 速播电影网页的设计

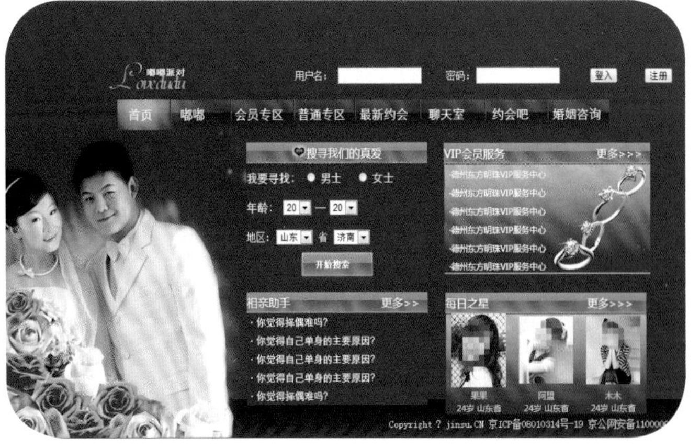

案例精讲 032 嘟嘟交友网页的设计

案例精讲 033 媚图吧网页的设计

案例精讲 034 下载吧网页的设计

案例精讲 035 网络游戏网页的设计

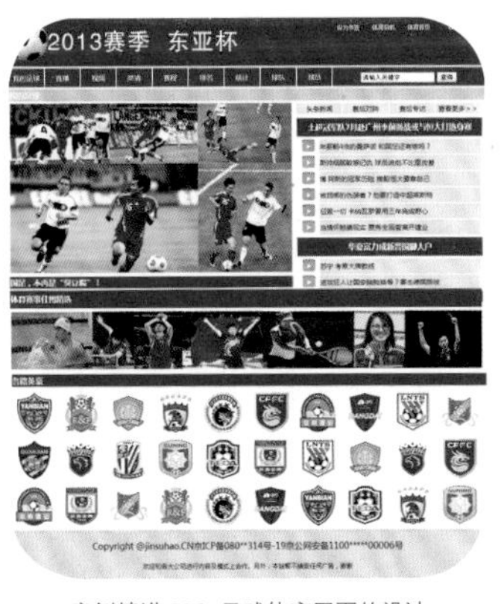

案例精讲 036 足球体育网页的设计

案例精讲 037 IT 信息网站

案例精讲 038 技术网站

案例精讲 039 人民信息港

案例欣赏

案例精讲 040 绿色软件网站

案例精讲 041 设计网站

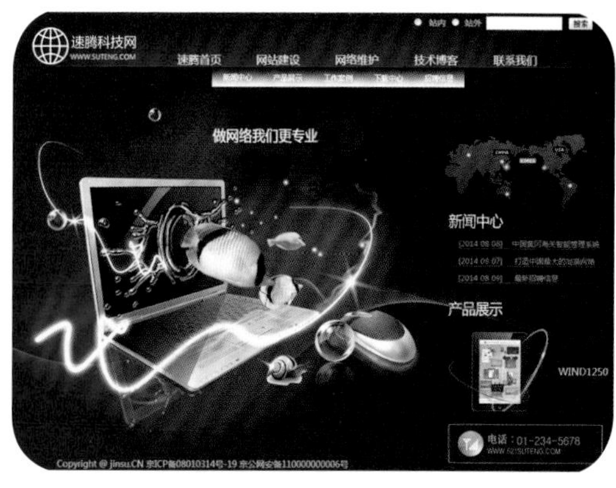

案例精讲 042 速腾科技网页的设计

案例精讲 043 个人博客网站

案例精讲 044 申通物流网页

案例精讲 045 恒洁卫浴网页

案例精讲 046 宏泰投资网页

案例精讲 047 凯莱顿酒店网页

案例精讲 048 尼罗河汽车网页

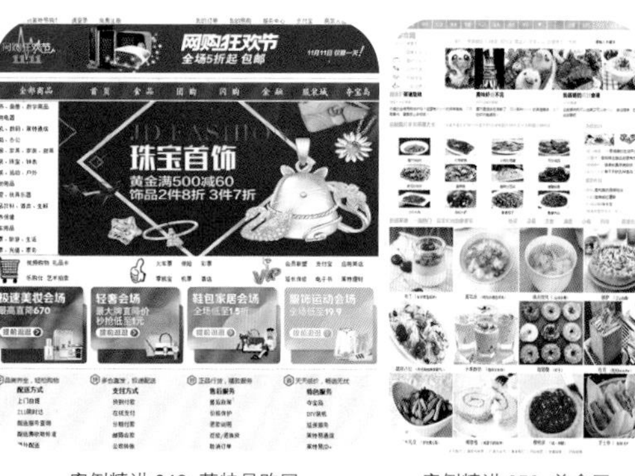

案例精讲 049 莱特易购网

案例精讲 050 美食网

案例精讲 051 天使宝贝（一）

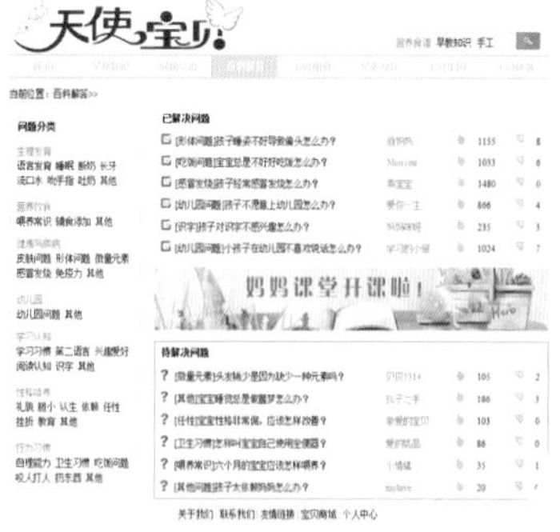

案例精讲 052 天使宝贝（二）

案例精讲 053 天使宝贝（三）

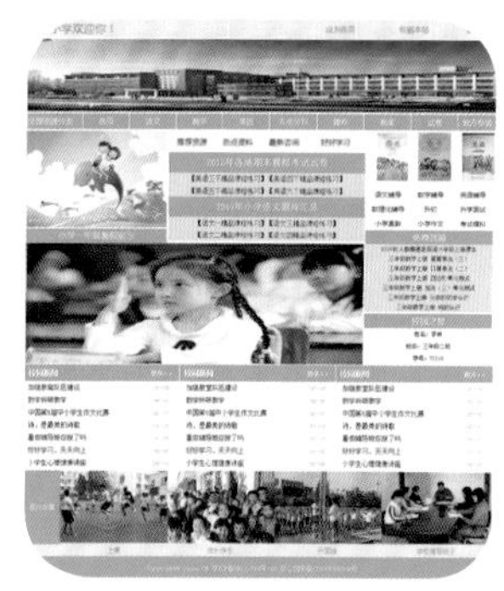

案例精讲 054 小学网站网页的设计

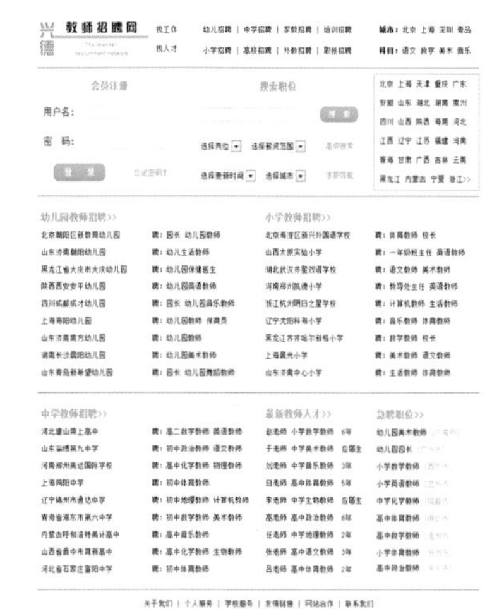

案例精讲 055 兴德教师招聘网

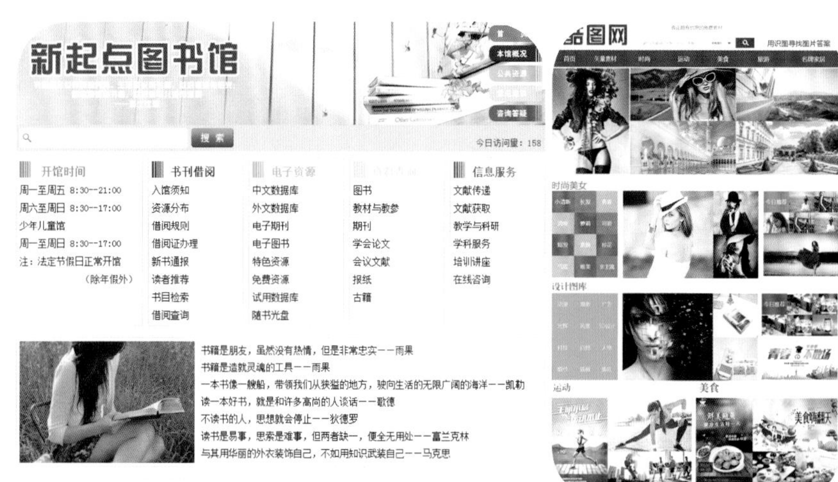

案例精讲 056 新起点图书馆

案例精讲 057 酷图网网页的设计

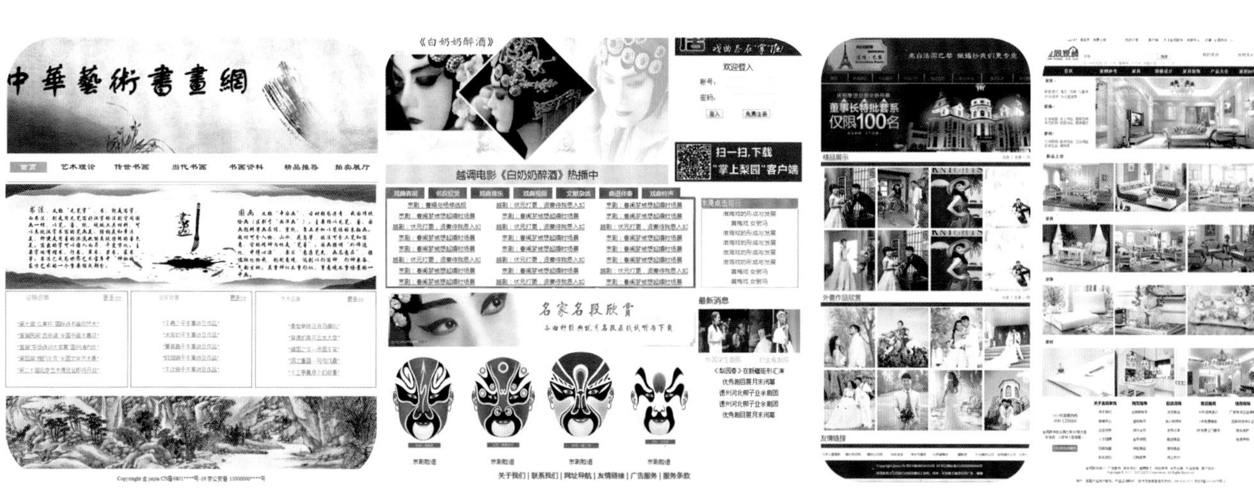

案例精讲 058 书画网网页的设计

案例精讲 059 唐人戏曲网页的设计

案例精讲 060 婚纱摄影网页的设计

案例精讲 061 家居网站的设计

案例精讲 062 工艺品网站的设计

案例精讲 063 驰飞网网页的设计

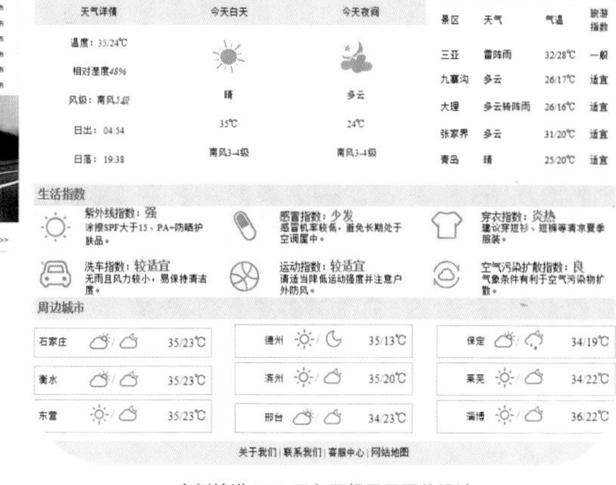

案例精讲 064 天气预报网网页的设计

案例欣赏

案例精讲 065 黑蚂蚁欢乐谷网页的设计（一）

案例精讲 066 黑蚂蚁欢乐谷网页的设计（二）

案例精讲 067 旅游网站（一）

案例精讲 068 旅游网站（二）

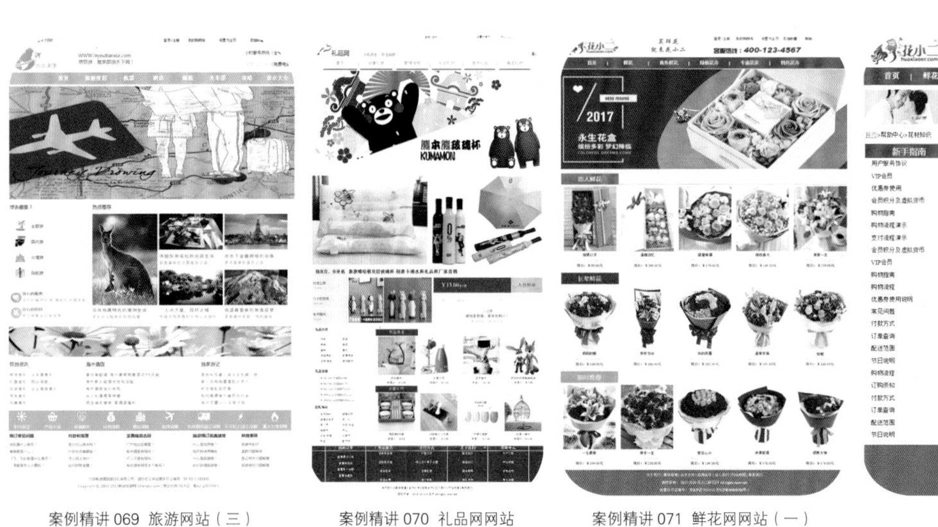

案例精讲 069 旅游网站（三）

案例精讲 070 礼品网网站

案例精讲 071 鲜花网网站（一）

案例精讲 072 鲜花网网站（二）

案例精讲 073 装饰公司网站（一）

案例精讲 074 装饰公司网站（二）

案例精讲 075 装饰公司网站（三）

CG设计案例课堂

Dreamweaver CC网页创意设计案例课堂（第2版）

初广勤　编著

清华大学出版社
北　京

内 容 简 介

本书根据使用Dreamweaver CC 2017进行网页设计与制作的特点，精心设计了75个案例精讲，由优秀的平面设计教师编写，循序渐进地讲解了使用Dreamweaver CC 2017制作和设计专业网页作品所需要的全部知识。

全书共分为9章，讲解网页开发语言入门、Dreamweaver CC 2017的基本操作、娱乐休闲类网页的设计、电脑网络类网页的设计、商业经济类网页的设计、教育培训类网站的设计、艺术爱好类网站的设计、旅游交通类网站的设计、生活服务类网站的设计等内容，通过大量的案例精讲帮助读者全面掌握网页制作的方法和操作技巧等。

本书采用案例教程的编写形式，兼具技术手册和应用专著的特点，附带的DVD教学光盘如教师亲自授课一样讲解，内容全面、结构合理、图文并茂、案例精讲丰富、讲解清晰，不仅适合广大图像设计初级、中级爱好者的使用，也可以作为大中专院校相关专业，以及社会各类初、中级网页培训班的教学用书。

本书配套光盘内容为本书所有案例精讲的素材文件、效果文件，以及案例精讲的视频教学文件。

图书在版编目(CIP)数据

Dreamweaver CC 网页创意设计案例课堂 / 初广勤编著. --2版. --北京：清华大学出版社，2018
（CG设计案例课堂）
ISBN 978-7-302-48989-4

Ⅰ. ①D… Ⅱ. ①初… Ⅲ. ①网页制作工具 Ⅳ. ①TP393.092.2

中国版本图书馆CIP数据核字(2017)第293536号

责任编辑：张彦青
装帧设计：李　坤
责任校对：周剑云
责任印制：李红英

出版发行：清华大学出版社
网　　址：http://www.tup.com.cn，http://www.wqbook.com
地　　址：北京清华大学学研大厦A座　　邮　　编：100084
社 总 机：010-62770175　　邮　　购：010-62786544
投稿与读者服务：010-62776969，c-service@tup.tsinghua.edu.cn
质量反馈：010-62772015，zhiliang@tup.tsinghua.edu.cn
印 装 者：北京博海升彩色印刷有限公司
经　　销：全国新华书店
开　　本：203mm×260mm　　印　　张：24.25　　插　　页：2　　字　　数：590千字
（附DVD1张）
版　　次：2015年1月第1版　2018年2月第2版　　印　　次：2018年2月第1次印刷
印　　数：1~3000
定　　价：98.00元

产品编号：074459-01

前 言

Preface

1. Dreamweaver CC 2017 简介

随着网站技术的进一步发展，各个部门对网站开发技术的要求也日益提高，纵观人才市场，各企事业单位对网站开发工作人员的需求大大增加。网站建设是一项综合性的技能，对很多计算机技术都有着较高的要求，而 Dreamweaver 是集创建网站和管理网站于一身的专业性网页编辑工具，因其界面友好、人性化和易于操作而被很多网页设计者所喜爱。

2. 本书的特色以及编写特点

本书以 75 个精彩实例向读者详细介绍了 Dreamweaver CC 2017 强大的网页制作功能。本书注重理论与实践紧密结合，实用性和可操作性强，相对于同类 Dreamweaver CC 2017 实例书籍，本书具有以下特色：

(1) 信息量大。75 个实例为每一位读者架起一座快速掌握 Dreamweaver CC 使用与操作的"桥梁"；75 种设计理念令每一个从事网页设计的专业人士在工作中灵感迸发；75 种艺术效果和制作方法使每一位初学者融会贯通、举一反三。

(2) 实用性强。75 个实例经过精心设计、选择，不仅效果精美，而且非常实用。

(3) 注重方法的讲解与技巧的总结。本书特别注重对各实例制作方法的讲解与技巧总结，在介绍具体实例制作的详细操作步骤的同时，对于一些重要而常用的实例制作方法和操作技巧做了较为精辟的总结。

(4) 操作步骤详细。本书中各实例的操作步骤介绍非常详细，即使是初级入门的读者，只需一步一步按照本书中介绍的步骤进行操作，一定能做出相同的效果。

(5) 适用广泛。本书实用性和可操作性强，适用于广大网页设计爱好者使用，也可以作为职业学校和计算机学校相关专业教学使用教材。

一本书的出版可以说凝结了许多人的心血、凝聚了许多人的汗水和思想。这里衷心感谢为这本书付出辛勤劳动的编辑老师、光盘测试老师，感谢你们！

3. 海量的学习资源和素材

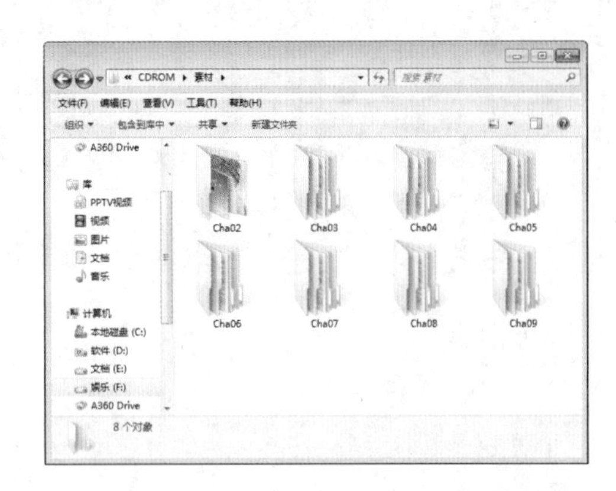

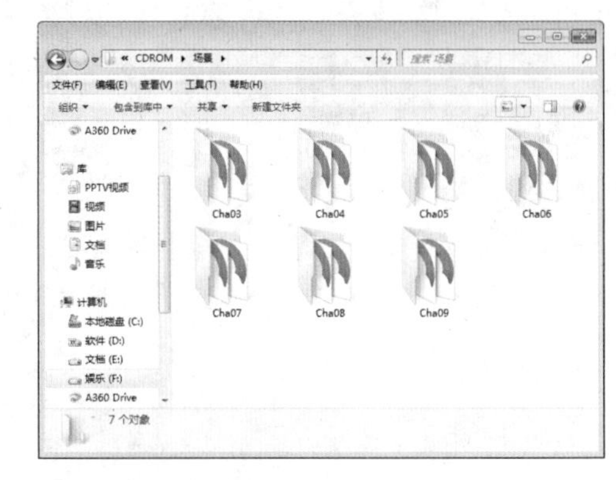

4. 本书 DVD 光盘说明

本书附带一张 DVD 教学光盘，内容包括本书所有素材文件、场景文件、效果文件、多媒体有声视频教学录像，读者在读完本书内容以后，可以调用这些资源进行深入练习。

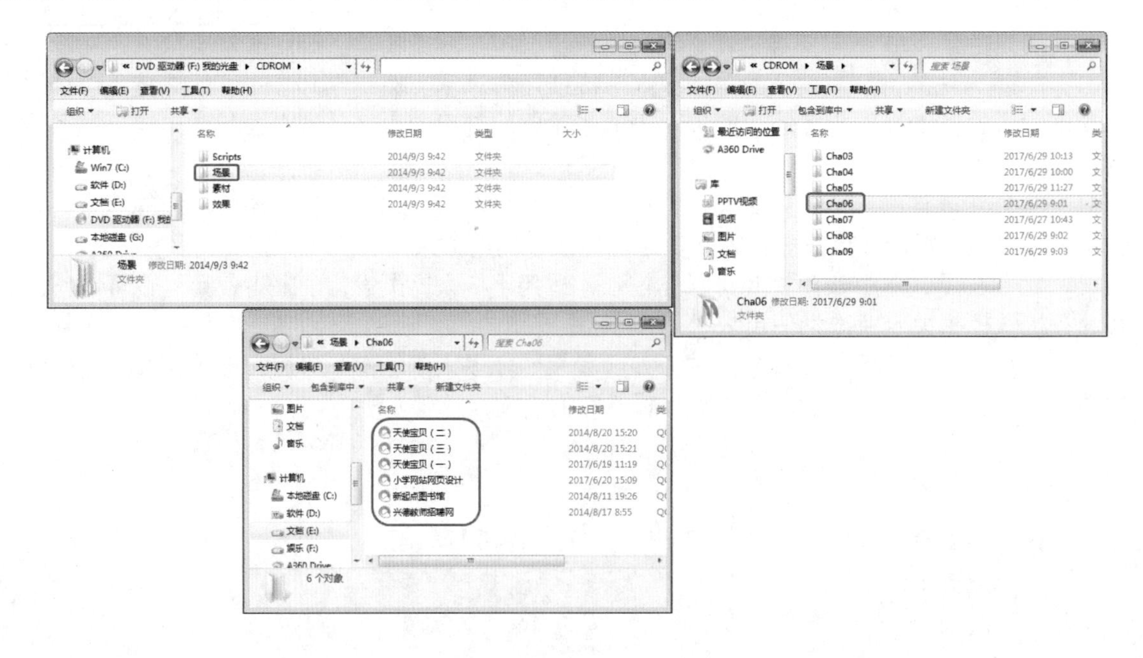

5. 本书实例视频教学录像观看方法

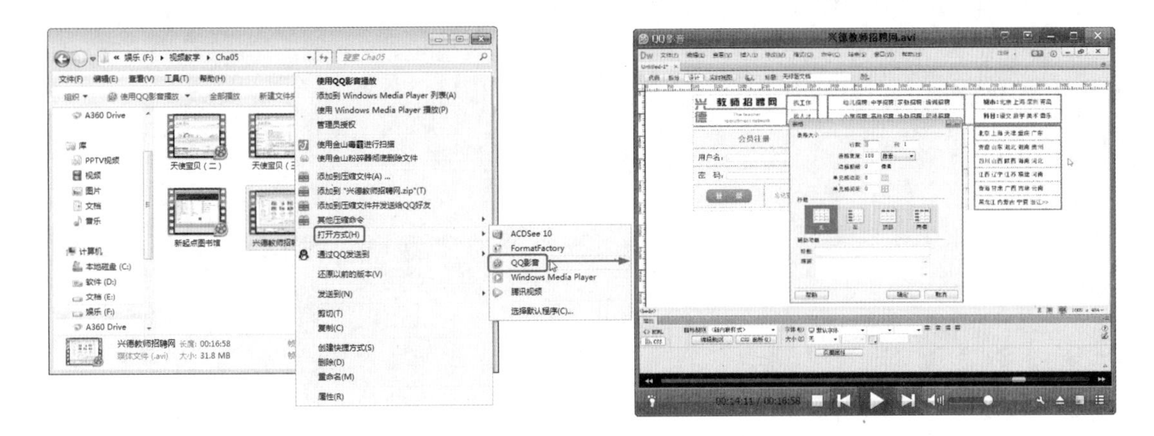

6. 书中案例视频教学录像

7. 其他说明

本书主要由潍坊工商职业学院的初广勤老师编写，参与本书编写的还有朱晓文、刘蒙蒙、李春香、王帆、王仕林、任大为、高甲斌、吕晓梦、孟智青、徐文秀、赵鹏达、于海宝、王玉、李娜、刘晶、王海峰、刘峥、陈月娟、陈月霞、刘希林、黄健、刘希望、黄永生、田冰、张锋、相世强和弭蓬，白文才、刘鹏磊录制多媒体教学视频，感谢北方电脑学校的温振宁老师，谢谢你们在书稿前期材料的组织、版式设计、校对、编排以及大量图片的处理所做的工作。

这本书总结了作者从事多年影视编辑的实践经验，目的是帮助想从事影视制作的广大读者迅速入门并提高学习和工作效率，同时对有一定视频编辑经验的朋友也有很好的参考作用。由于水平所限，疏漏之处在所难免，恳请读者和专家指正。如果您对书中的某些技术问题持有不同的意见，欢迎与作者联系（E-mail 地址为 190194081@qq.com）。

作者

目 录

Contents

总目录

第 1 章 网页开发语言入门

第 2 章 Dreamweaver CC 2017 的基本操作

第 3 章 娱乐休闲类网页的设计

第4章 电脑网络类网页的设计

第5章 商业经济类网页的设计

第6章 教育培训类网站的设计

第7章 艺术爱好类网站的设计

第8章 旅游交通类网站的设计

第9章 生活服务类网站的设计

第1章 网页开发语言入门

本章重点

- 熟悉 HTML
- 表单的使用
- JavaScript 对事件作出反应
- 通过 JavaScript 改变 HTML 内容
- 通过 JavaScript 改变图像
- 通过 JavaScript 改变 HTML 样式
- PHP 常量与变量
- PHP 运算符

随着信息技术的迅速发展，网络已经深入人们的生活与工作中，借助于互联网，可以查阅资料，进行网上学习、网上娱乐、网上购物等活动，本章将简单介绍网页的基本开发语言。

案例精讲 001　熟悉 HTML

一个网页对应多个 HTML（Hyper Text Markup Language，超文本标记语言）文件，超文本标记语言文件以 .htm（磁盘操作系统 DOS 限制的外语缩写）或 .html（外语缩写）为扩展名。可以使用任何能够生成 TXT 类型源文件的文本编辑器来产生超文本标记语言文件，只需修改文件后缀即可满足要求。

标准的超文本标记语言文件都具有一个基本的整体结构，标记一般是成对出现（部分标记除外，如
），即超文本标记语言文件的开头与结尾标志和超文本标记语言的头部与实体两大部分。有 3 个双标记符用于页面整体结构的确认。

标记 <html> 说明该文件是用超文本标记语言（本标记的中文全称）来描述的，它是文件的开头；而 </html> 则表示该文件的结尾。它们是超文本标记语言文件的开始标记和结尾标记。

1. 头部内容

<head></head>：这两个标记分别表示头部信息的开始和结尾。头部中包含的标记是页面的标题、序言、说明等内容，如图 1-1 所示，它本身不作为内容来显示，但影响网页显示的效果。头部中最常用的标记是标题标记和 meta 标记，其中标题标记用于定义网页的标题，它的内容显示在网页窗口的标题栏中，网页标题可被浏览器用作书签和收藏清单。

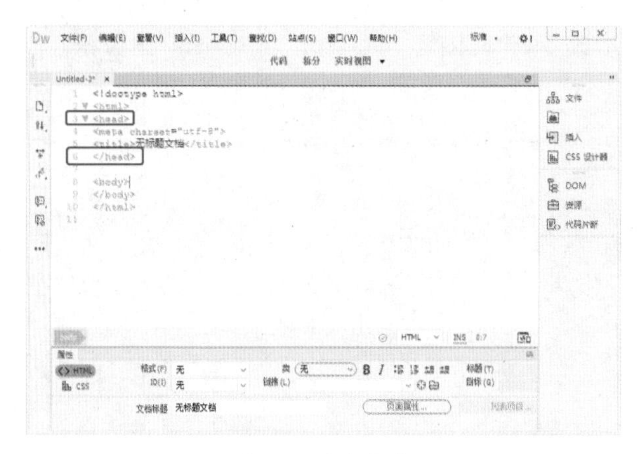

图 1-1　头部内容

设置文档标题和其他在网页中不显示的信息，如方向、语言代码（Language Code）（实体定义 !ENTITY % i18n）、指定字典中的元信息等。

表 1-1 列出了 HTML 头元素。

表 1-1　HTML 头元素

标　记	描　述
<head>	定义了文档的信息
<title>	定义了文档的标题
<base>	定义了页面链接标签的默认链接地址
<link>	定义了一个文档和外部资源之间的关系
<meta>	定义了 HTML 文档中的元数据
<script>	定义了客户端的脚本文件
<style>	定义了 HTML 文档的样式文件

2. 主体内容

<body></body>：网页中显示的实际内容均包含在这两个正文标记之间。正文标记又称为实体标记，如图 1-2 所示。

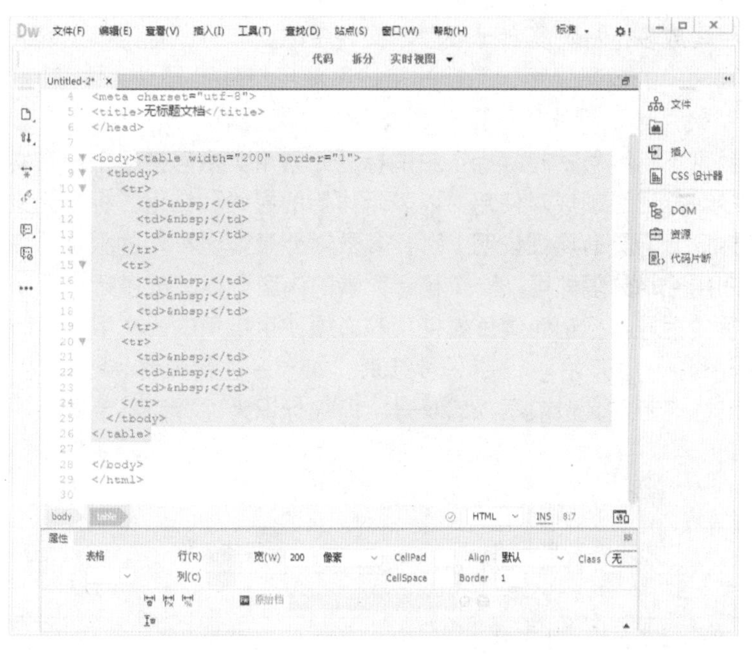

图 1-2　在主体中插入内容

案例精讲 002　HTML 的编写要求

在编辑超文本标记语言文件和使用有关标记时有一些约定或默认的要求，在 Dreamweaver 中输入实体名称所显示的效果如图 1-3 所示。

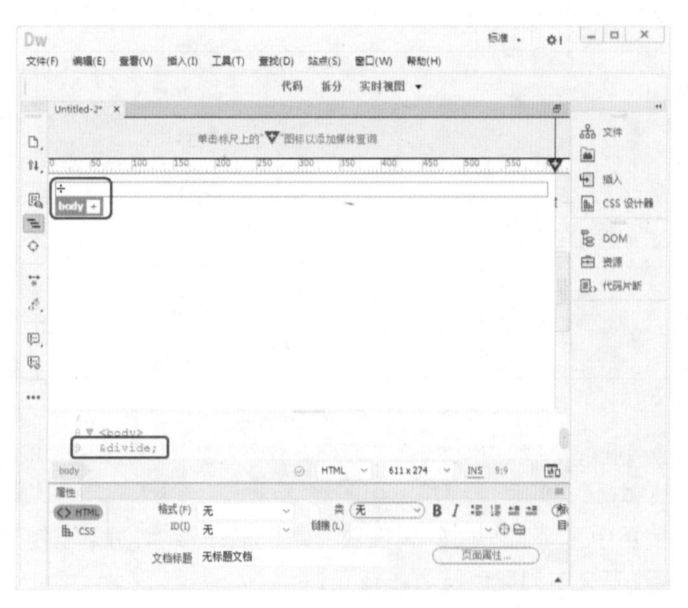

图 1-3　输入实体名称所显示的效果

- 超文本标记语言源程序的文件扩展名默认使用 htm 或 html，以便于操作系统或程序辨认（自定义的汉字扩展名除外）。在使用文本编辑器时，应注意修改扩展名。常用的图像文件的扩展名为 gif 和 jpg。
- 超文本标记语言源程序为文本文件，其列宽可不受限制，即多个标记可写成一行，甚至整个文件可写成一行；若写成多行，浏览器一般忽略文件中的回车符（标记指定除外）；对文件中的空格通常也不按源程序中的效果显示。完整的空格可使用特殊符号（实体符）" （注意此字母必须小写方可空格）"表示非换行空格；表示文件路径时使用符号"/"分隔，文件名及路径描述可用双引号也可不用引号括起。标记中的标记元素用尖括号括起来，带斜杠的元素表示该标记说明结束；大多数标记必须成对使用，以表示作用的起始和结束；标记元素忽略大小写，即其作用相同；许多标记元素具有属性说明，可用参数对元素作进一步的限定，多个参数或属性项说明次序不限，其间用空格分隔即可；一个标记元素的内容可以写成多行。
- 标记符号，包括尖括号、标记元素、属性项等必须使用半角的西文字符，而不能使用全角字符。
- HTML 注释由"<!--"号开始、"-->"号结束，如 <!-- 注释内容 -->。注释内容可插入文本中的任何位置。任何标记若在其最前插入感叹号，即被标识为注释而不予显示。

常见实体见表 1-2。

表 1-2 常见实体

显示结果	描　述	实体名称	实体编号
	空格		
<	小于号	<	<< p=""><!--
>	大于号	>	>
&	和号	&	&
"	引号	"	"
'	撇号	' (IE 不支持)	'
¢	分	¢	¢
£	镑	£	£
¥	日元	¥	¥
€	欧元	€	€
§	小节	§	§
©	版权	©	©
®	注册商标	®	®
™	商标	™	™
×	乘号	×	×
÷	除号	÷	÷

案例精讲 003 body 属性

每种 HTML 标记在使用中可带有不同的属性项，用于描述该标记说明的内容显示不同的效果。正文标记中提供以下属性来改变文本的颜色及页面背景。

- BGCOLOR（全称为 BackgroundColor）用于定义网页的背景色，如图 1-4 所示。
- BACKGROUND 用于定义网页背景图案的图像文件。

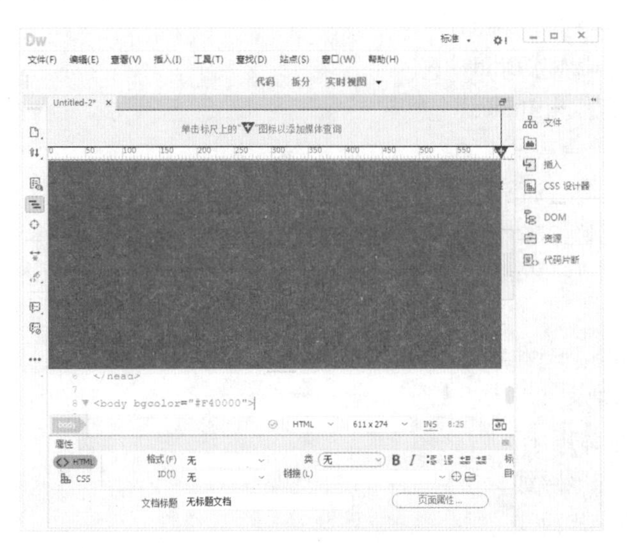

图 1-4　设置网页背景颜色

- TEXT 用于定义正文字符的颜色，默认为黑色。
- LINK 用于定义网页中超级链接字符的颜色，默认为蓝色。
- VLINK（全称为 VisitedLINK）用于定义网页中已被访问过的超级链接字符的颜色，默认为紫红色。
- ALINK（Active LINK，活动链接）用于定义被鼠标选中，但未使用时超级链接字符的颜色，默认为红色。

例如，标记将定义页面的背景色为黑色，正文字体显示为白色。

以上属性使用中，需要对颜色进行说明。在 HTML 中对颜色可使用 3 种方法说明其属性值，即直接颜色名称、十六进制颜色代码、十进制 RGB 码。

直接颜色名称，可以在代码中直接写出颜色的英文名称。例如，<font color=" red" >我们</font>，在浏览器上显示时就为红色。

十六进制颜色代码，语法格式为 #RRGGBB。十六进制颜色代码之前必须有一个"#"号，这种颜色代码是由三部分组成的，其中前两位代表红色，中间两位代表绿色，后两位代表蓝色。不同的取值代表不同的颜色，它们的取值范围是 00 ~ FF。例如，<font color=" #FF0000" >我们</font>，在浏览器上显示同样为红色。

十进制 RGB 码，语法格式为 RGB(RRR，GGG，BBB)。在这种表示法中，括号中的 3 个参数分别是红色、绿色、蓝色，它们的取值范围是 0 ~ 255。以上两种表达方式可以相互转换，标准是十六进制与十进制的相互转换。例如，<font color=" rgb(255，0，0)" >我们</font>，在浏览器上显示字体为红色。

使用图案代替背景颜色，可以使页面更加生动、美观。

案例精讲 004　文字属性

网页主要是由文字及图片组成的。在网页中，那些千变万化的文字效果又是由哪些常用的标记属性控制的呢？下面将简单介绍关于文字属性的相关知识。

- <h1></h1>：最大的标题（一号标题）。
- <pre></pre>：预先格式化文本 （全称为 preformatted）。
- <u></u>：下划线（全称为 Underline）。
- <b></b>：黑体字（全称为 Bold）。
- <i></i>：斜体字（全称为 Italics）。
- <cite></cite>：引用，通常是斜体。
- <em></em>：强调文本（通常是斜体加黑体、全称为 emphasize）。
- <strong></strong>：加重文本（通常是斜体加黑体）。
- <font size=" " color=" "></font>：设置字体大小从 1 到 7，颜色使用名字或 RGB（即红绿蓝）的十六进制值。
- <basefont></basefont>：基准字体标记。
- <big></big>：字体加大。
- <small></small>：字体缩小。
- <delect></delect>：加删除线。
- <code></code>：程序代码。
- <kbd></kbd>：键盘字（全称为 keyboard）。
- <samp></samp>：范例（全称为 sample）。
- <var></var>：变量（全称为 variable）。
- <blockquote></blockquote>：向右缩排（向右缩进、块引用）。
- <dfn></dfn>：述语定义（全称为 define）。
- <address></address>：地址标记。
- ：上标字（全称为 superscript）。
- ：下标字（全称为 subscript）。
- <xmp>…</xmp>：固定宽度字体（在文件中空白、换行、定位功能有效）。
- <plaintext>…</plaintext>：固定宽度字体（不执行标记符号）。
- <listing>…</listing>：固定宽度小字体。
- <font color=00ff00>…</font>：字体颜色。
- <font size=1>…</font>：字体 大小等于 1（最小）。
- <font style ='font-size:100 px'>…</font>：字体样式等于无限增大（100 像素）。

案例精讲 005 在网页中插入图像

图片是网页制作的重要资源，没有图片的渲染和表示，网页将显得单调。本案例将介绍如何在网页中插入图像。

(1) 在菜单栏中选择【插入】|Image 命令，如图 1-5 所示。

(2) 在弹出的对话框中选择随书附带光盘中的素材文件，如图 1-6 所示。

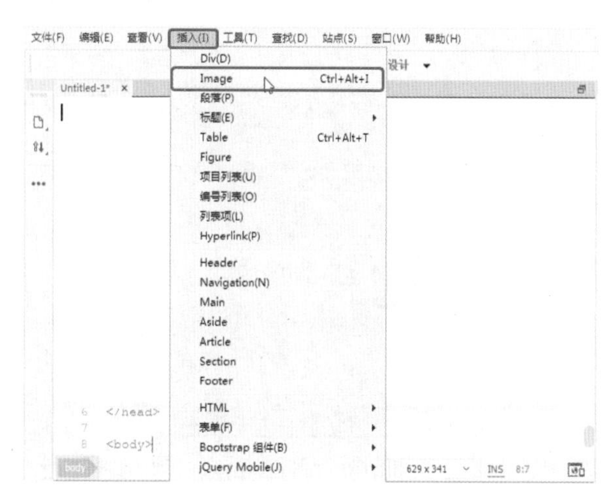

图 1-5　选择 Image 命令

图 1-6　选择素材文件

（3）单击【确定】按钮，即可将选中的素材文件插入至网页中，如图 1-7 所示。

（4）按 F12 键，在网页中可预览效果。效果如图 1-8 所示。

图 1-7　插入的素材文件

图 1-8　在网页中预览效果

案例精讲 006　表格的使用

在网页中，表格是搭建网页结构框架的主要工具之一，所以熟练掌握表格的使用是至关重要的。

（1）在菜单栏中选择【插入】菜单项，在弹出的下拉菜单中选择 Table 命令，如图 1-9 所示。

（2）执行该命令后，即可弹出 Table 对话框，用户可在该对话框中进行设置，如图 1-10 所示。

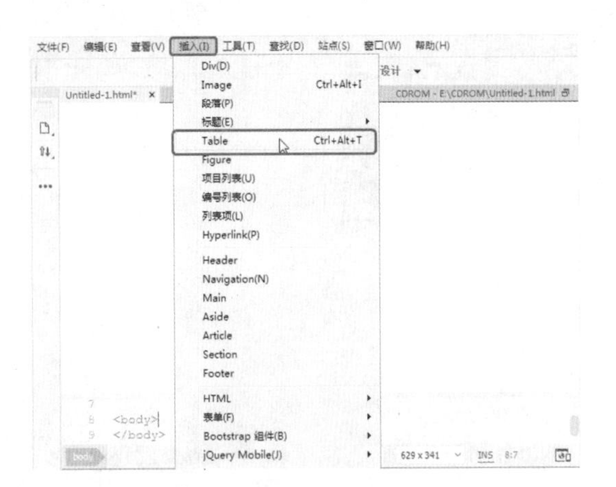

图 1-9 选择 Table 命令

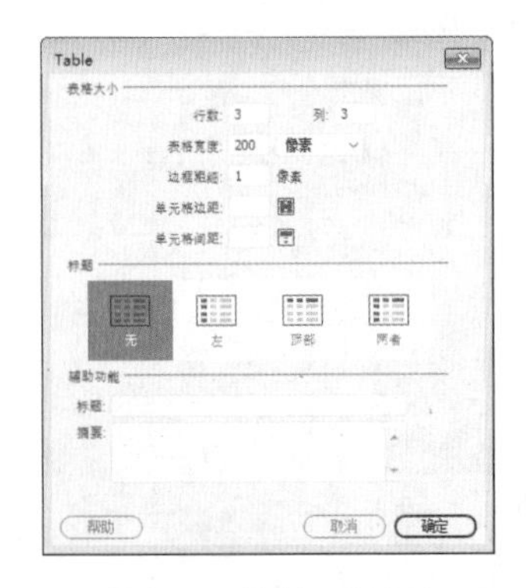

图 1-10 Table 对话框

（3）设置完成后，单击【确定】按钮，即可插入单元格。效果如图 1-11 所示。

（4）用户也可以通过在【代码】窗口中输入代码来插入表格。效果如图 1-12 所示。

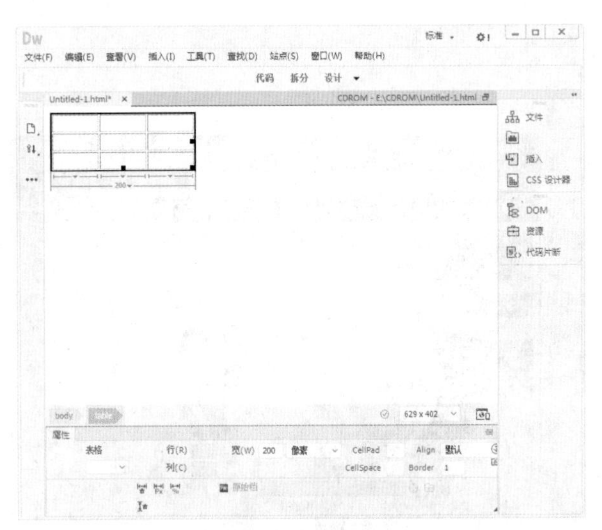

图 1-11 插入表格

图 1-12 通过输入代码插入表格

通过上述案例可以看到，表格主要是嵌套在 <table> 和 </table> 标记里面的，一对 <table> 标记标示组成一个表格。下面将简单介绍表格的基本标记。

- <table>…</table>：定义表格。
- <caption>…</caption>：定义表格标题。
- <tr>: 定义表行。
- <th>：定义表头。
- <td>: 定义表格的具体数据。

案例精讲 007 表单的使用

表单通常配合脚本或后台程序来运行，表单元素指的是不同类型的 input 元素、复选框、单选按钮、提交按钮等。本案例将对表单的使用进行简单介绍。

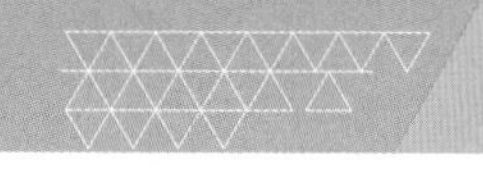

1. <form> 元素

HTML 表单用于收集用户输入。

<form> 元素定义 HTML 表单。

实 例

```
<form>
 .
form elements
 .
</form>
```

表 1-3 是 <form> 属性的列表。

表 1-3　<form> 属性列表

属　性	描　述
accept-charset	规定在被提交表单中使用的字符集（默认为页面字符集）
action	规定提交表单的地址（URL）（提交页面）
autocomplete	规定浏览器应该自动完成表单（默认为开启）
enctype	规定被提交数据的编码（默认为 url-encoded）
method	规定在提交表单时所用的 HTTP 方法（默认为 GET）
name	规定识别表单的名称（对于 DOM 使用 document.forms.name）
novalidate	规定浏览器不验证表单
target	规定 action 属性中地址的目标（默认为 _self）

1）action 属性

action 属性定义在提交表单时执行的动作。

向服务器提交表单的通常做法是使用提交按钮。

通常，表单会被提交到 Web 服务器上的网页。

2）method 属性

method 属性规定在提交表单时所用的 HTTP 方法（GET 或 POST）。

3）name 属性

如果要正确地被提交，每个输入字段必须设置一个 name 属性。

本例只会提交“Last name”输入字段：

实 例

```
<form action=" action_page.php" >
First name:<br>
<input type=" text"  value=" Mickey" >
<br>
Last name:<br>
<input type=" text"  name=" lastname"  value=" Mouse" >
<br><br>
<input type=" submit"  value=" Submit" >
</form>
```

如果您单击“提交”按钮，表单数据会被发送到名为 demo_form.asp 的页面。

first name 不会被提交，因为此 input 元素没有 name 属性。

2. <input> 元素

<input> 元素是最重要的表单元素。

<input> 元素有很多形态，根据不同的 type 有不同的属性。

1）文本输入

<input type="text"> 定义用于文本输入的单行输入字段：输入下列代码后的效果如图 1-13 所示。

实 例

```
<form>
 First name:<br>
<input type="text" name="firstname">
<br>
 Last name:<br>
<input type="text" name="lastname">
</form>
```

注 释

表单本身并不可见。还要注意文本字段的默认宽度是 20 个字符。

2）单选按钮输入

<input type="radio"> 定义单选按钮。通过输入下列代码所创建的单选按钮如图 1-14 所示。

单选按钮允许用户在有限数量的选项中选择其中之一。

实 例

```
<form>
<input type="radio" name="sex" value="male" checked>Male
<br>
<input type="radio" name="sex" value="female">Female
</form>
```

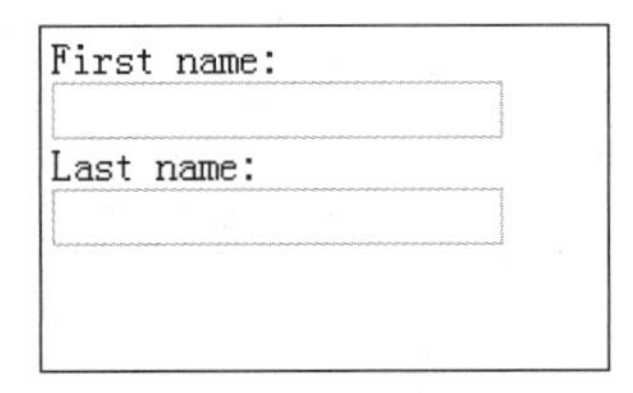

图 1-13　输入代码后的效果

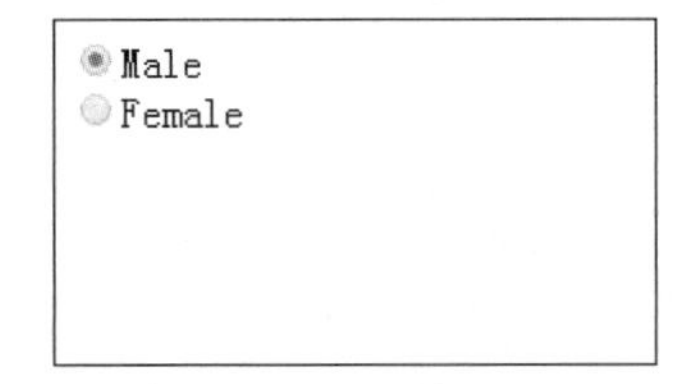

图 1-14　通过代码创建单选按钮

3）提交按钮

<input type="submit"> 定义用于向表单处理程序（form-handler）提交表单的按钮。通过输入下列代码即可创建提交按钮，效果如图 1-15 所示。

表单处理程序通常是包含用来处理输入数据的脚本的服务器页面。

表单处理程序在表单的 action 属性中指定。

```
<form action=″ action_page.php″ >
First name:<br>
<input type=″ text″  name=″ firstname″  value=″    ″>
<br>
Last name:<br>
<input type=″ text″  name=″ lastname″  value=″    ″>
<br><br>
<input type=″ submit″  value=″ Submit″ >
</form>
```

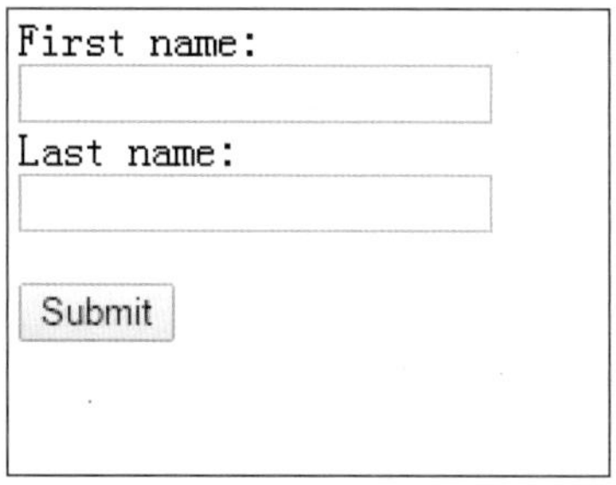

图 1-15　通过代码创建提交按钮

案例精讲 008　超级链接的使用

HTML 使用超级链接与网络上的另一个文档相连。几乎可以在所有的网页中找到链接。单击链接可以从一个页面跳转到另一个页面。

超级链接可以是一个字、一个词或者一组词，也可以是一幅图像，用户可以单击这些内容跳转到新的文档或者当前文档中的某个部分。

通过使用 <a> 标记在 HTML 中创建链接。

有以下两种使用 <a> 标记的方式。

- 通过使用 href 属性，创建指向另一个文档的链接。
- 通过使用 name 属性，创建文档内的书签。

HTML 链接语法：链接的 HTML 代码很简单，类似于 <a href=″ url″ >Link text</a>。href 属性规定链接的目标。开始标记和结束标记之间的文字被作为超级链接来显示。

实例

```
<a href=″  https://www.baidu.com/″ > www.baidu.com </a>
```

上面这行代码显示为 www.baidu.com，单击这个超级链接会把用户带到百度的首页，输入代码后的效果如图 1-16 所示，输入完成后按 F12 键可预览效果，效果如图 1-17 所示。

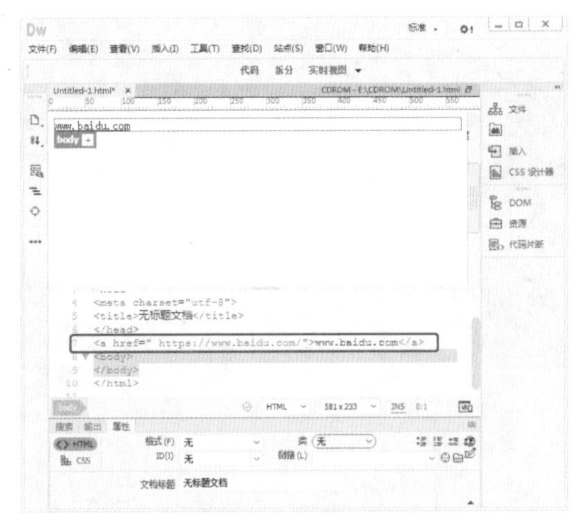

图 1-16 输入超级链接代码

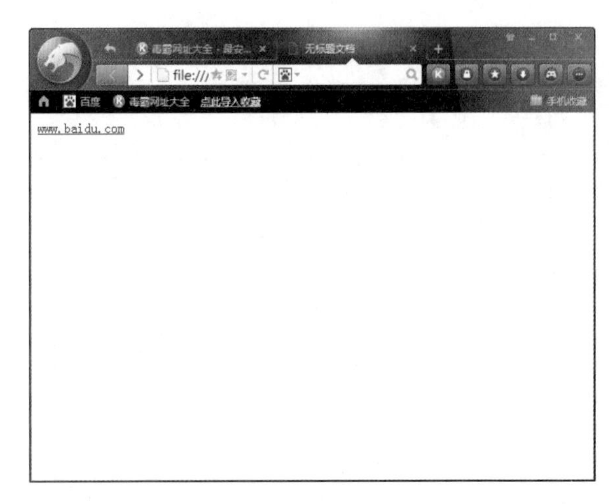

图 1-17 预览效果

HTML 链接 - name 属性：

name 属性规定锚（anchor）的名称。

可以使用 name 属性创建 HTML 页面中的书签。

书签不会以任何特殊方式显示，它对读者是不可见的。

当使用命名锚（named anchors）时，可以创建直接跳至该命名锚（如页面中某个小节）的链接，这样使用者就无须不停地滚动页面来寻找所需要的信息了。

命名锚的语法：<a name=″ label″ >锚（显示在页面上的文本）</a>

锚的名称可以是任何你喜欢的名字。用户也可以使用 id 属性来替代 name 属性，命名锚同样有效。

实 例

首先，在 HTML 文档中对锚进行命名（创建一个书签）：

<a name= "tips" >基本的注意事项 - 有用的提示</a>

然后，在同一个文档中创建指向该锚的链接：

<a href= "#tips" >有用的提示</a>

在上面的代码中，将 # 符号和锚名称添加到 URL 的末端，就可以直接链接到 tips 这个命名锚了。

案例精讲 009 JavaScript 的基本信息

JavaScript 是世界上最流行的脚本语言。JavaScript 是属于 Web 的语言，它适用于台式机、笔记本电脑、平板电脑和移动电话。JavaScript 被设计为向 HTML 页面增加交互性。许多 HTML 开发者不是程序员，但是 JavaScript 却拥有非常简单的语法。几乎每个人都可以做到将小的 JavaScript 片段添加到网页中。

JavaScript 是一种基于对象和事件驱动并具有相对安全性的客户端脚本语言，同时也是一种广泛用于客户端 Web 开发的脚本语言，常用来给 HTML 网页添加动态功能，如响应用户的各种操作。它最初由网景公司（Netscape）的 Brendan Eich 设计，是一种动态、弱类型、基于原型的语言，内置支持类。JavaScript 是 Sun 公司的注册商标。Ecma 国际以 JavaScript 为基础制定了 ECMAScript 标准。JavaScript

也可以用于其他场合，如服务器端编程。完整的JavaScript实现包含3个部分，即ECMAScript、文档对象模型以及字节顺序记号。

Netscape公司在最初将其脚本语言命名为LiveScript。在Netscape与Sun合作之后将其改名为JavaScript。JavaScript最初是受Java启发而开始设计的，目的之一就是“看上去像Java”，因此语法上有类似之处，一些名称和命名规范也借自Java。但JavaScript的主要设计原则源自Self和Scheme。JavaScript与Java名称上的近似，是当时为了营销考虑与Sun公司达成协议的结果。

为了取得技术优势，微软推出了VBScript来迎战JavaScript的脚本语言。为了互用性，Ecma国际（前身为欧洲计算机制造商协会，ECMA）创建了ECMA-262标准（ECMAScript）。现在两者都属于ECMAScript的实现。尽管JavaScript作为给非程序人员的脚本语言，而非作为程序人员的编程语言来推广和宣传，但是JavaScript具有非常丰富的特性。

案例精讲 010 JavaScript的变量

1. 常用类型

object：对象。
array：数组。
number：数。
boolean：布尔值，只有true和false两个值，是所有类型中占用内存最少的。
null：一个空值，唯一的值是null。
undefined：没有定义和赋值的变量。

2. 命名形式

一般形式是：
var <变量名表>;

其中，var是JavaScript的保留字，表明接下来是变量说明，变量名表是用户自定义标识符，变量之间用逗号分开。和C++等程序不同，在JavaScript中，变量说明不需要给出变量的数据类型。此外，变量也可以不说明而直接使用。

3. 作用域

变量的作用域由声明变量的位置决定，决定哪些脚本命令可访问该变量。在函数外部声明的变量称为全局变量，其值能被所在HTML文件中的任何脚本命令访问和修改。在函数内部声明的变量称为局部变量。只有当函数被执行时，变量被分配临时空间，函数结束后变量所占据的空间被释放。局部变量只能被函数内部的语句访问，只对该函数是可见的，而在函数外部是不可见的。

案例精讲 011 JavaScript的运算符

JavaScript提供了丰富的运算功能，包括算术运算、关系运算、逻辑运算和连接运算。

1. 算术运算符

JavaScript中的算术运算符有单目运算符和双目运算符。双目运算符包括+（加）、-（减）、*（乘）、/

（除）、%（取模）、|（按位或）、&（按位与）、<<（左移）、>>（右移）等。单目运算符有 -（取反）、~（取补）、++（递增 1）--（递减 1）等。

2. 关系运算符

关系运算又称为比较运算，运算符包括 <(小于)、<=（小于等于）、>（大于）、>=（大于等于）、=（等于）和！=（不等于）。

关系运算的运算结果为布尔值，如果条件成立，则结果为 true，否则为 false。

3. 逻辑运算符

逻辑运算符有 &&（逻辑与）、||（逻辑或）、!（取反，逻辑非）、^（逻辑异或）。

4. 字符串连接运算符

连接运算用于字符串操作，运算符为 +（用于强制连接），可以将两个或多个字符串连接为一个字符串。

案例精讲 012 JavaScript 对事件作出反应

（1）新建文档，切换至【代码】窗口中，输入代码，如图 1-18 所示。

（2）输入完成后，按 F12 键进行预览，效果如图 1-19 所示。

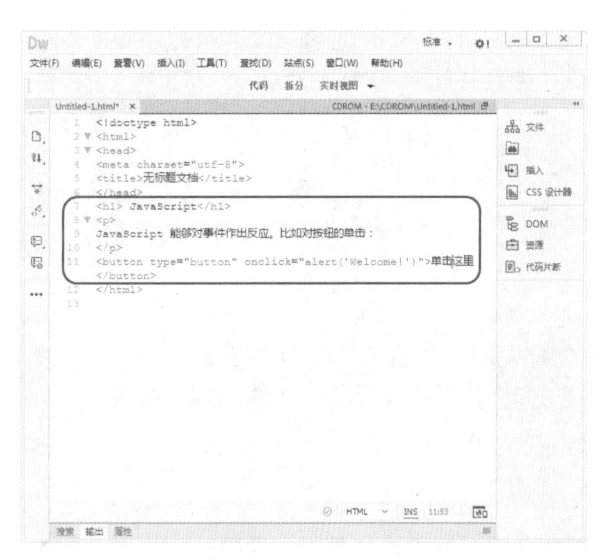

图 1-18　输入代码

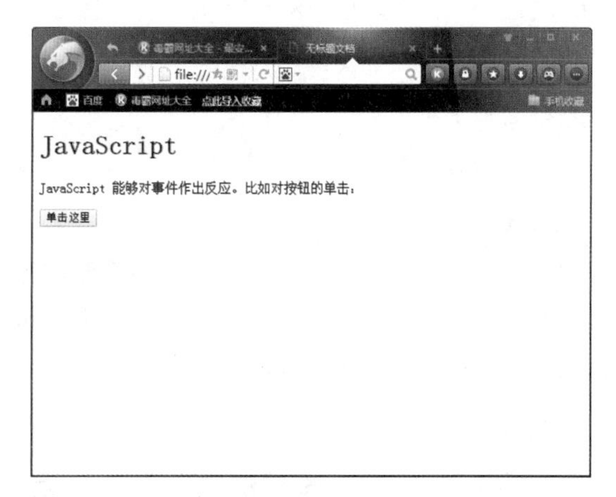

图 1-19　预览效果

（3）在网页中单击【单击这里】按钮，即可弹出对话框，如图 1-20 所示。alert() 函数在 JavaScript 中并不常用，但它对于代码测试非常方便。

案例精讲 013 通过 JavaScript 改变 HTML 内容

使用 JavaScript 来处理 HTML 内容是非常强大的功能。下面将进行简单的介绍。

（1）新建文档，切换至【代码】窗口中，输入代码，如图 1-21 所示。

图 1-20　单击按钮后的效果

图 1-21　输入代码

（2）输入完成后，按 F12 键进行预览，效果如图 1-22 所示。

（3）在网页中单击【单击这里】按钮，即可改变网页内容，效果如图 1-23 所示。

图 1-22　预览效果

图 1-23　改变网页内容

案例精讲 014　通过 JavaScript 改变图像

JavaScript 能够改变任意 HTML 元素的大多数属性，下面将介绍如何改变图像。

（1）新建文档，切换至【代码】窗口中，输入代码，如图 1-24 所示。

（2）输入完成后，按 F12 键进行预览，效果如图 1-25 所示。

图 1-24　输入代码

图 1-25　预览效果

(3) 在网页中单击灯泡即可改变图片，效果如图 1-26 所示。

图 1-26　点亮灯泡后的效果

案例精讲 015　通过 JavaScript 改变 HTML 样式

改变 HTML 元素的样式，属于改变 HTML 属性的变种。

(1) 新建文档，切换至【代码】窗口中，输入代码，如图 1-27 所示。

图 1-27 输入代码

（2）输入完成后，按 F12 键进行预览，效果如图 1-28 所示。

（3）在网页中单击【点击这里】按钮，即可改变 HTML 样式，效果如图 1-29 所示。

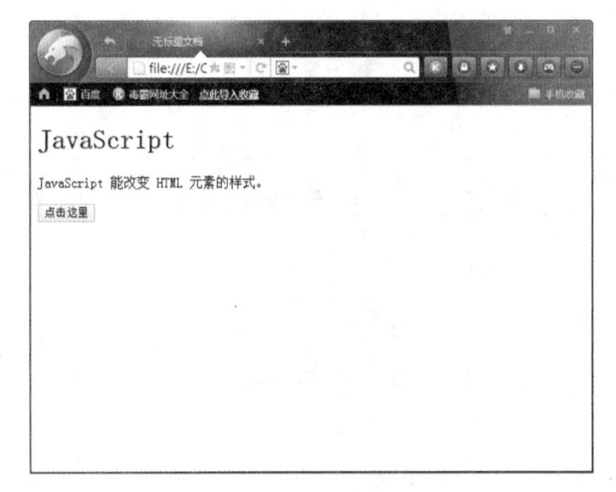

图 1-28 在网页中预览效果

图 1-29 改变 HTML 样式后的效果

案例精讲 016 PHP 简介

PHP（Hypertext Preprocessor，超文本预处理器）是一种通用开源脚本语言。其语法吸收了 C 语言、Java 和 Perl 的特点，利于学习，使用广泛，主要适用于 Web 开发领域。PHP 独特的语法混合了 C、Java、Perl 以及 PHP 自创的语法。它可以比 CGI 或者 Perl 更快速地执行动态网页。用 PHP 做出的动态页面与其他的编程语言相比，PHP 是将程序嵌入 HTML（标准通用标记语言下的一个应用）文档中去执行，执行效率比完全生成 HTML 标记的 CGI 要高许多；PHP 还可以执行编译后代码，编译可以达到加密和优化代码运行，使代码运行更快。

PHP 的特性有以下几个。

（1）PHP 独特的语法混合了 C、Java、Perl 及 PHP 自创新的语法。

（2）PHP 可以比 CGI 或者 Perl 更快速地执行动态网页，与其他的编程语言相比，PHP 是将程序嵌入 HTML 文档中去执行，执行效率比完全生成 HTML 标记的 CGI 要高许多；PHP 具有非常强大的功能，所有的 CGI 的功能 PHP 都能实现。

（3）PHP 支持几乎所有流行的数据库以及操作系统。

（4）最重要的是 PHP 可以用 C、C++ 进行程序的扩展。

案例精讲 017 PHP 的常量与变量

常量值被定义后，在脚本的其他任何地方都不能被改变。常量是一个简单值的标识符，该值在脚本中不能改变。一个常量由英文字母、下划线和数字组成，但数字不能作为首字母出现（常量名不需要加 $ 修饰符）。

注 意

常量在整个脚本中都可以使用。

1. 设置 PHP 的常量

设置常量，使用 define() 函数，函数语法如下：

bool define (string $name， mixed $value [， bool $case_insensitive = false])

该函数有 3 个参数：

① name：必选参数，常量名称，即标识符。

② value：必选参数，常量的值。

③ case_insensitive：可选参数，如果设置为 true，该常量则大小写不敏感。默认是大小写敏感的。

2. PHP 的变量

与代数类似，可以给 PHP 变量赋予某个值（x=5）或者表达式（z=x+y）。

变量可以是很短的名称（如 x 和 y）或者更具描述性的名称（如 age、carname、totalvolume）。

3. PHP 变量规则

①变量以 $ 符号开始，后面跟着变量的名称。

②变量名必须以字母或者下划线字符开始。

③变量名只能包含字母、数字字符以及下划线（A ~ z、0 ~ 9 和 _ ）。

④变量名不能包含空格。

⑤变量名是区分大小写的（$y 和 $Y 是两个不同的变量）。

案例精讲 018 PHP 的运算符

在 PHP 中，赋值运算符 = 用于给变量赋值。算术运算符 + 用于把值加在一起。

1.PHP 的算术运算符

算术运算符是最简单也是最常用的运算符，见表 1-4。

表 1-4　PHP 的算术运算符

运算符	名　称	描　述	实　例	结　果
x + y	加	x 与 y 的和	2 + 2	4
x – y	减	x 与 y 的差	5 – 2	3
x * y	乘	x 与 y 的积	5 * 2	10
x / y	除	x 与 y 的商	15 / 5	3
x % y	模（除法的余数）	x 除以 y 的余数	5 % 2	1
			10 % 8	2
			10 % 2	0
– x	取反	x 取反	– 2	
a . b	并置	连接两个字符串	“Hi” . “Ha”	HiHa

2. PHP 的赋值运算符

在 PHP 中，基本的赋值运算符是 "="，见表 1-5。它意味着左操作数被设置为右侧表达式的值。也就是说，" $x = 5" 的值是 5。

表 1-5　PHP 的赋值运算符

运算符	等同于	描　述
x = y	x = y	左操作数被设置为右侧表达式的值
x += y	x = x + y	加
x -= y	x = x – y	减
x *= y	x = x * y	乘
x /= y	x = x / y	除
x %= y	x = x % y	模（除法的余数）
a .= b	a = a . b	连接两个字符串

3. PHP 的递增 / 递减运算符

PHP 支持 C 风格的前 / 后递增与递减运算符，见表 1-6，递增 / 递减运算符不影响布尔值，递减 NULL 值没有效果，但是递增 NULL 值的结果是 1。

表 1-6　PHP 的递增 / 递减运算符

运算符	名　称	描　述
++ x	预递增	x 加 1，然后返回 x
x ++	后递增	返回 x，然后 x 加 1
-- x	预递减	x 减 1，然后返回 x
x --	后递减	返回 x，然后 x 减 1

4. PHP 的比较运算符

PHP 的比较运算符用于比较两个值（数字或字符串）（见表 1-7）。

表 1-7　PHP 的比较运算符

运算符	名　称	描　述	实　例
x == y	等于	如果 x 等于 y，则返回 true	5==8 返回 false
x === y	恒等于	如果 x 等于 y，且它们类型相同，则返回 true	5=== “5” 返回 false

续表

运算符	名　称	描　述	实　例
x != y	不等于	如果 x 不等于 y，则返回 true	5!=8 返回 true
x <> y	不等于	如果 x 不等于 y，则返回 true	5<>8 返回 true
x !== y	不恒等于	如果 x 不等于 y，或它们类型不相同，则返回 true	5!== "5" 返回 true
x > y	大于	如果 x 大于 y，则返回 true	5>8 返回 false
x < y	小于	如果 x 小于 y，则返回 true	5<8 返回 true
x >= y	大于等于	如果 x 大于或者等于 y，则返回 true	5>=8 返回 false
x <= y	小于等于	如果 x 小于或者等于 y，则返回 true	5<=8 返回 true

5. PHP 的逻辑运算符

一个编程语言最重要的功能之一就是要进行逻辑判断和运算，如逻辑与、逻辑或、逻辑非都是通过这些逻辑运算符控制（见表 1-8）。

表 1-8　PHP 的逻辑运算符

运算符	名　称	描　述	实　例
x and y	与	如果 x 和 y 都为 true，则返回 true	x=6 y=3 (x < 10 and y > 1) 返回 true
x or y	或	如果 x 和 y 至少有一个为 true，则返回 true	x=6 y=3 (x==6 or y==5) 返回 true
x xor y	异或	如果 x 和 y 有且仅有一个为 true，则返回 true	x=6 y=3 (x==6 xor y==3) 返回 false
x && y	与	如果 x 和 y 都为 true，则返回 true	x=6 y=3 (x < 10 && y > 1) 返回 true
x || y	或	如果 x 和 y 至少有一个为 true，则返回 true	x=6 y=3 (x==5 || y==5) 返回 false
! x	非	如果 x 不为 true，则返回 true	x=6 y=3 !(x==y) 返回 true

6. PHP de 数组运算符

PHP 的数组运算符用于比较数组（见表 1-9）。

表 1-9　PHP 的数组运算符

运算符	名　称	描　述
x + y	集合	x 和 y 的集合
x == y	相等	如果 x 和 y 具有相同的键 / 值对，则返回 true
x === y	恒等	如果 x 和 y 具有相同的键 / 值对，且顺序相同类型相同，则返回 true
x != y	不相等	如果 x 不等于 y，则返回 true
x <> y	不相等	如果 x 不等于 y，则返回 true
x !== y	不恒等	如果 x 不等于 y，则返回 true

第2章 Dreamweaver CC 2017的基本操作

本章重点

- Dreamweaver CC 2017的安装
- Dreamweaver CC 2017的卸载
- Dreamweaver CC 2017的启动与退出
- 站点的建立
- 站点的管理
- 页面属性的设置
- 多媒体文件的添加
- E-mail链接
- 鼠标经过图像
- 弹出信息设置
- 设置空链接

Dreamweaver与其他设计类软件的基本操作方法不同，对于初学者来说，初次使用Dreamweaver会有许多困惑。为了方便后面章节的学习，在本章中将学习安装、卸载、启动Dreamweaver CC 2017，并学习对该软件的一些基本操作。

案例精讲 019　Dreamweaver CC 2017 的安装

本例将讲解如何安装 Dreamweaver CC 2017，具体操作方法如下。

案例文件：无

视频文件：视频教学 \ Cha02 \ Dreamweaver CC 2017 的安装与卸载 .avi

（1） 将 Dreamweaver CC 2017 的安装光盘放入光盘驱动器，系统会自动运行 Dreamweaver CC 2017 的安装程序。首先会弹出一个安装初始化界面，如图 2-1 所示，初始化过程大约需要几分钟的时间。

（2） 此时会弹出 Adobe Dreamweaver CC 2017 对话框，在下方设置其安装路径，安装过程需要创建一个文件夹，用来存放 Dreamweaver CC 2017 安装的全部内容。如果用户希望将 Dreamweaver CC 2017 安装到默认的文件夹中，则直接单击【安装】按钮即可，如果想要更改安装路径，则可以单击安装位置右边的【更改】按钮，在磁盘列表中选择需要安装的磁盘，如图 2-2 所示。

图 2-1　初始化程序

图 2-2　设置安装路径

（3）用户选择好安装的路径之后，单击【安装】按钮，开始安装 Dreamweaver CC 2017 软件，如图 2-3 所示。

（4） Dreamweaver CC 2017 安装完成后，会显示【安装完成】界面，如图 2-4 所示。

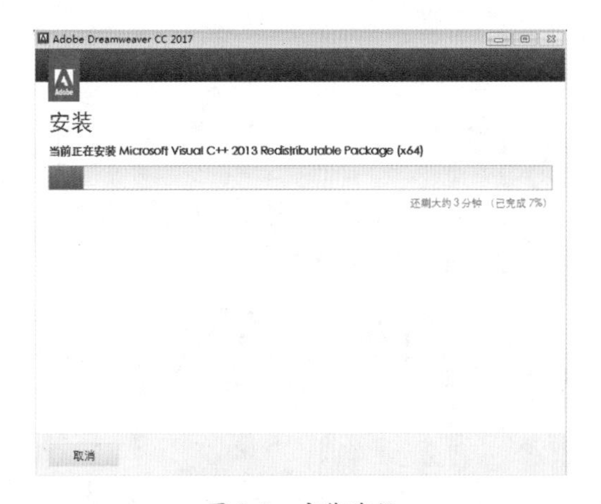

图 2-3　安装进程

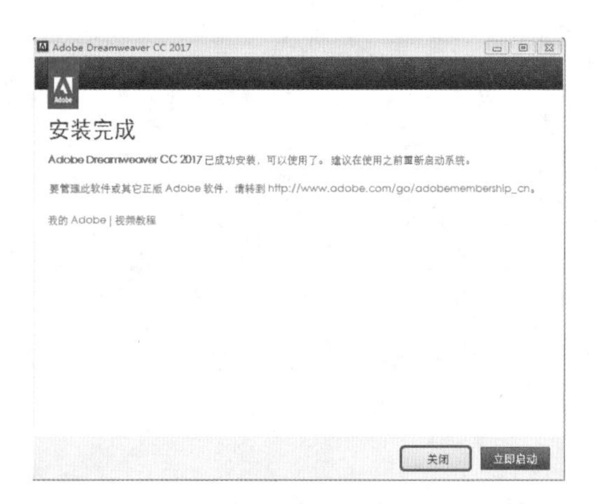

图 2-4　【安装完成】界面

（5）单击【关闭】按钮，完成 Dreamweaver CC 2017 的安装。软件安装结束后，Dreamweaver CC 2017 会自动在 Windows 程序组中添加一个 Dreamweaver CC 2017 的快捷方式，如图 2-5 所示。

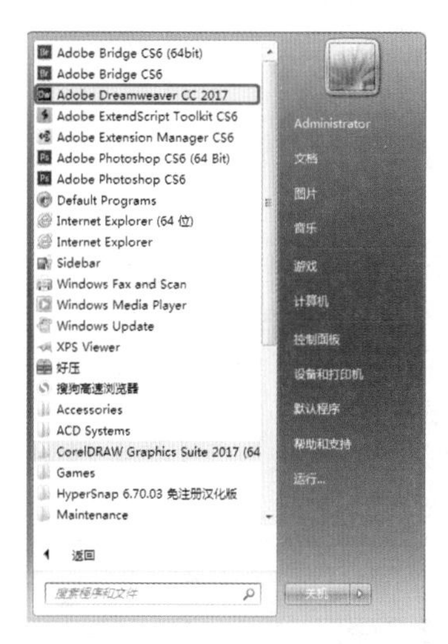

图 2-5　添加 Dreamweaver　CC　2017 的快捷方式

案例精讲 020　Dreamweaver　CC　2017 的卸载

（1）若要卸载该软件，可以打开【控制面板】，选择“卸载程序”，进入【卸载或更改程序】界面，如图 2-6 所示。

（2）选择 Dreamweaver CC 2017 文件，右击，选择快捷菜单中的【卸载】命令，弹出【卸载选项】对话框，选中【删除首选项】复选框，单击【卸载】按钮，如图 2-7 所示。

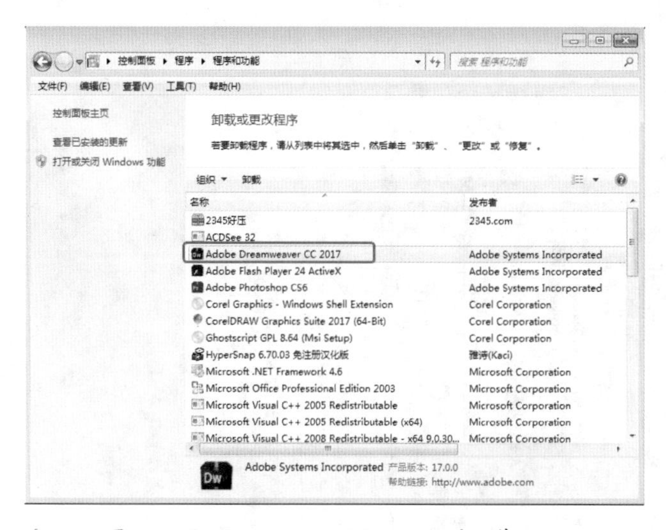

图 2-6　Dreamweaver　CC　2017 的工作界面

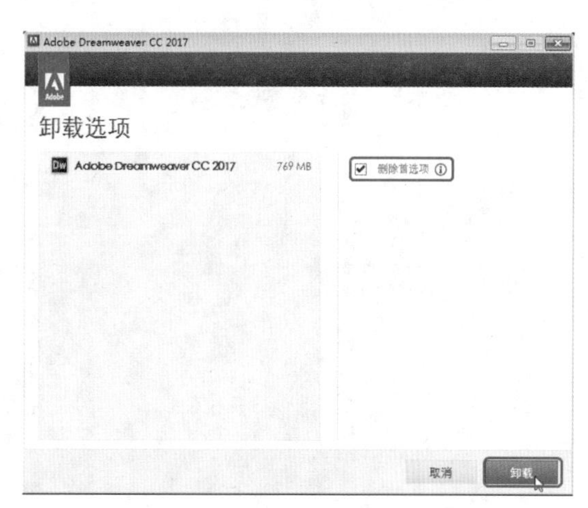

图 2-7　【卸载选项】对话框

（3）然后开始卸载 Dreamweaver CC 2017 软件，如图 2-8 所示。

（4）卸载完成后，会弹出【卸载完成】对话框，这个时候单击【关闭】按钮即可，如图 2-9 所示。

图 2-8　卸载 Dreamweaver　CC　2017 软件

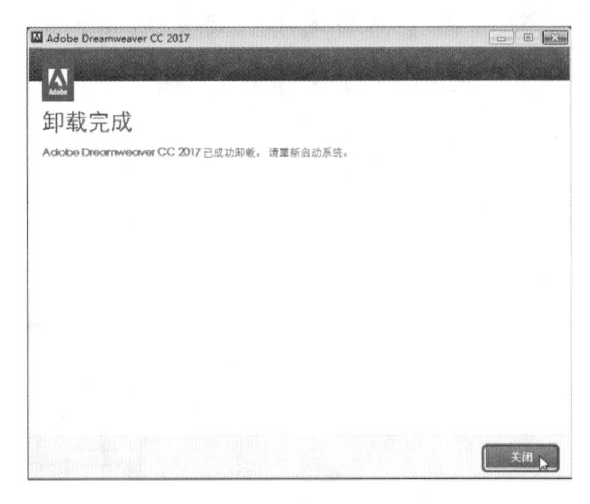

图 2-9　卸载完成

案例精讲 021　Dreamweaver CC 2017 的启动与退出

本例将讲解如何启动与退出 Dreamweaver CC 2017，具体操作方法如下。

案例文件：无

视频文件：视频教学 \ Cha02 \ Dreamweaver CC 2017 的启动与退出 .avi

（1）启动程序可以双击桌面上的 Dreamweaver CC 2017 快捷方式，进入 Dreamweaver CC 2017 的工作界面，如图 2-10 所示。

（2）退出程序可以单击 Dreamweaver CC 2017 工作界面右上角的 × 按钮关闭程序，也可以选择菜单栏中的【文件】|【退出】命令退出程序，如图 2-11 所示。

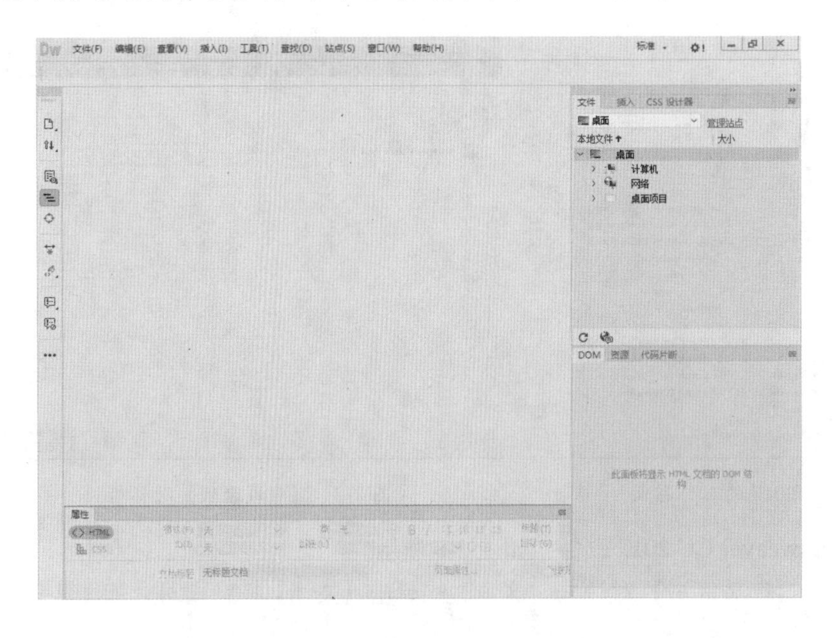

图 2-10　Dreamweaver　CC　2017 的工作界面

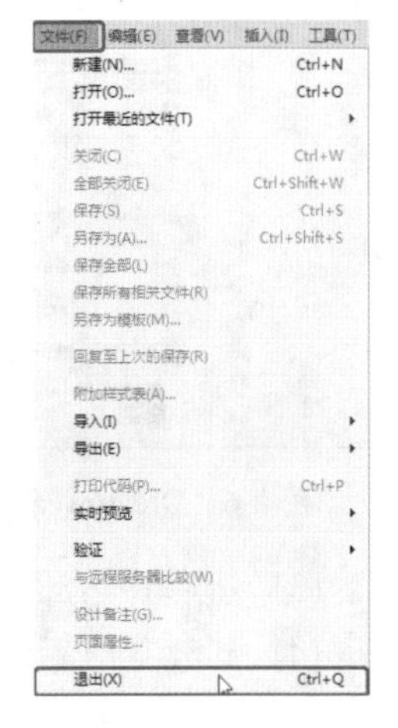

图 2-11　退出程序

Adobe Dreamweaver（DW，梦想编织者）是美国 Macromedia 公司（后被 Adobe 公司收购）开发的集网页制作和管理网站于一身的所见即所得网页编辑器。Adobe Dreamweaver 使用所见即所得的接口，亦有 HTML（标准通用标记语言下的一个应用）编辑的功能。DW 是第一套针对专业网页设计师特别开发的视觉化网页开发工具，利用它可以轻而易举地制作出跨越平台限制和跨越浏览器限制的充满动感的网页。目前有 Mac 版本和 Windows 版本。

案例精讲 022 站点的建立

本例将讲解如何使用 Dreamweaver CC 2017 建立站点，具体操作方法如下。

案例文件：无

视频文件：视频教学 \ Cha02 \ 站点的建立 . avi

（1）启动 Dreamweaver CC 2017 软件，选择菜单栏中的【站点】|【新建站点】命令，如图 2-12 所示。

（2）弹出【站点设置对象 CDROM】对话框，在【站点名称】文本框中输入"CDROM"，如图 2-13 所示。

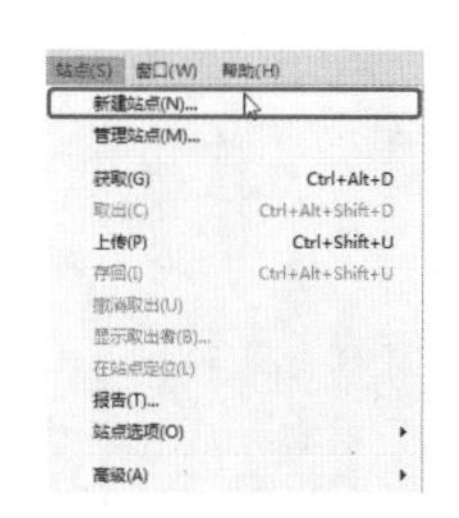

图 2-12　选择【新建站点】命令

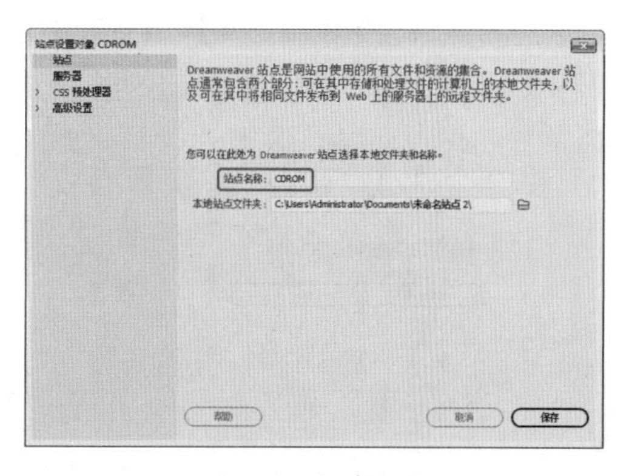

图 2-13　保存文件

（3）在【本地站点文件夹】文本框中指定站点的位置，即计算机上要用于存储站点文件的本地文件夹。可以单击该文本框右侧的文件夹图标以浏览相应的文件夹，如图 2-14 所示。

（4）单机【保存】按钮，关闭【站点设置对象 CDROM】对话框，在【文件】面板中的【本地文件】选项组中会显示该站点的根目录，如图 2-15 所示。

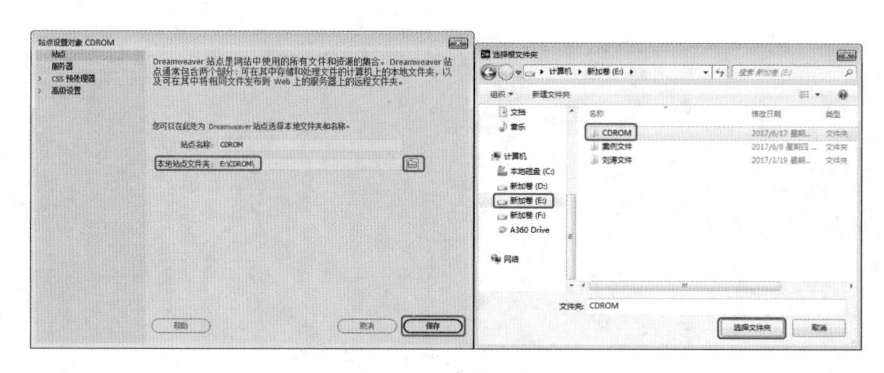

图 2-14　存储面板

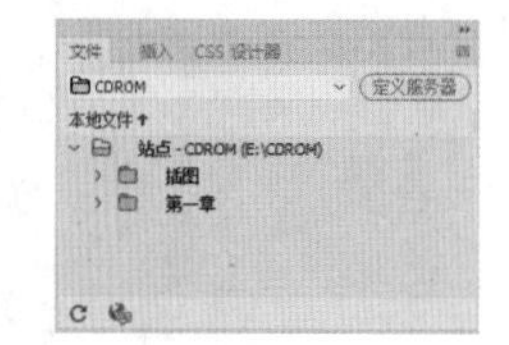

图 2-15　【文件】面板

知识链接

Dreamweaver 站点是一种管理网站中所有相关联文档的工具，通过站点可以实现将文件上传到网络服务器、自动跟踪和维护、管理文件以及共享文件等功能。严格地说，站点也是一种文档的组织形式，由文档和文档所在的文件夹组成，不同的文件夹保存不同的网页内容，如 images 文件夹用于存放图片，这样便于以后管理与更新。

Dreamweaver 中的站点包括本地站点、远程站点和测试站点 3 类。本地站点是用来存放整个网站框架的本地文件夹，是用户的工作目录，一般制作网页时只需建立本地站点。远程站点是存储于 Internet 服务器上的站点和相关文档。通常情况下，为了不连接 Internet 而对所建的站点进行测试，可以在本地计算机上创建远程站点，来模拟真实的 Web 服务器进行测试。

案例精讲 023 站点的管理

本例将讲解在 Dreamweaver CC 2017 中管理站点，具体操作方法如下。

案例文件：无

视频文件：视频教学 \ Cha02 \ 站点的管理 . avi

（1）选择菜单栏中的【站点】|【管理站点】命令，如图 2-16 所示。

（2）打开【管理站点】对话框，如图 2-17 所示。

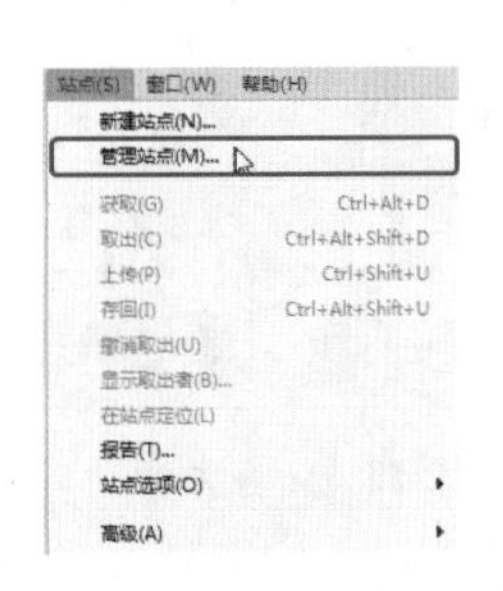

图 2-16 选择【管理站点】命令

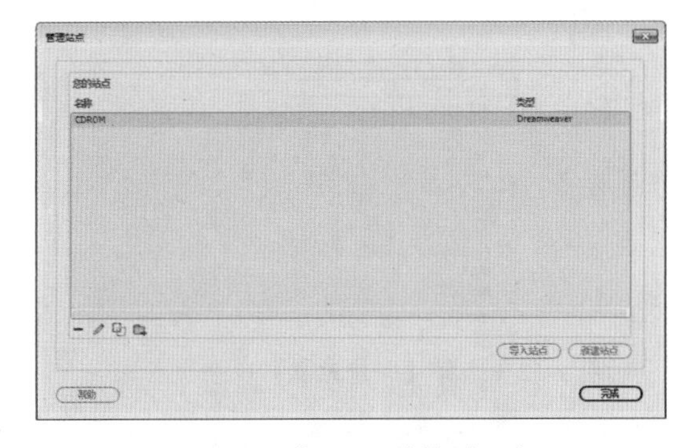

图 2-17 【管理站点】对话框

（3）在【管理站点】对话框中选择要打开的站点，如选择 CDROM 站点，单击【完成】按钮，如图 2-18 所示，即可将其打开。

知识链接

测试站点是 Dreamweaver 处理动态页面的文件夹，使用此文件夹生成动态内容并在工作时连接到数据库，用于对动态页面进行测试。

静态网页是标准的 HTML 文件，采用 HTML 编写，是通过 HTTP 在服务器端和客户端之间传输的纯文本文件，其扩展名是 htm 或 html。

动态网页以 .asp、jsp、php 等形式为后缀，以数据库技术为基础，含有程序代码，是可以实现如用户注册、在线调查、订单管理等功能的网页文件。动态网页能根据不同的时间、不同的来访者显示不同的内容，动态网站更新方便，一般在后台直接更新。

（4）如果要对站点进行编辑，可在选择站点名称后单击【编辑当前选定的站点】按钮，如图 2-19 所示，完成上述操作后即可打开【站点设置对象 CDROM】对话框。

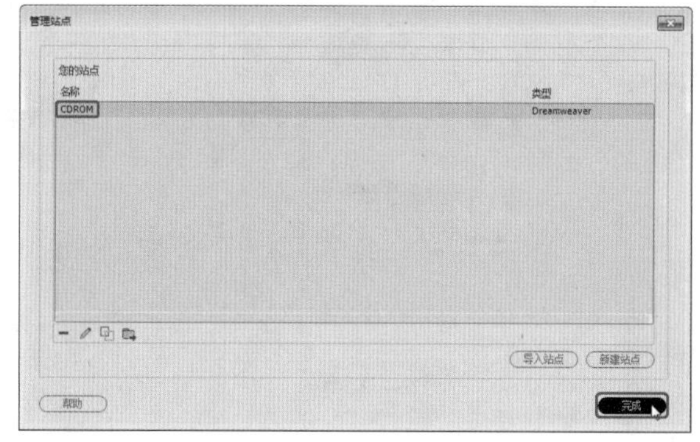

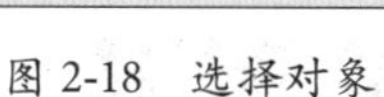
图 2-18　选择对象

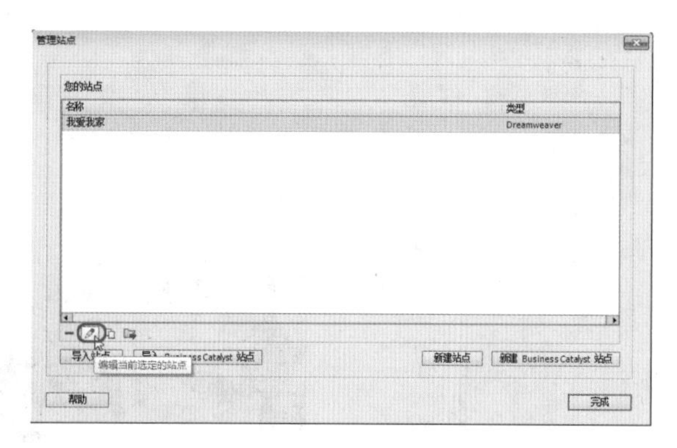

图 2-19　单击【编辑当前选定的站点】按钮

（5）完成编辑后，单击【保存】按钮，返回【管理站点】对话框，单击【完成】按钮结束站点的编辑，然后单击【保存】按钮保存编辑的站点，如图 2-20 所示。

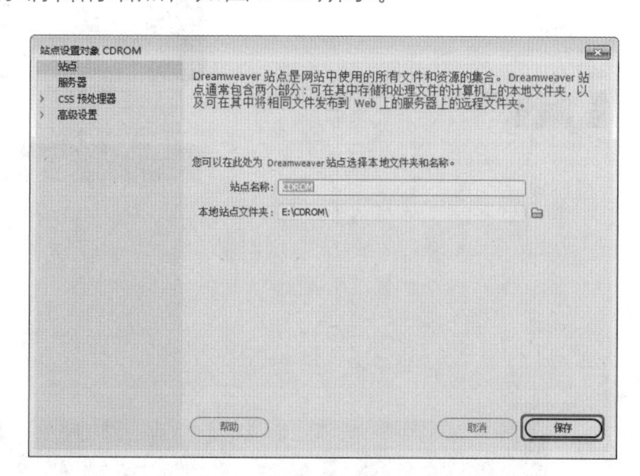

图 2-20　保存文件

知识链接——网站的设计及制作

对于一个网站来说，除了网页内容外，还要对网站进行整体规划设计。要设计出一个精美的网站，前期规划是必不可少的。决定网站成功与否很重要的一个因素在于它的构思，好的创意及丰富翔实的内容才能够让网页焕发出勃勃生机。

1. 确定网站的风格和布局

在对网页插入各种对象、修饰效果前，要先确定网页的总体风格和布局。

网站风格就是网站的外衣，是指网站给浏览者的整体印象，包括站点的 CI（标志、色彩、字体和标语）、版面布局、浏览互动性、文字、内容、网站荣誉等诸多的因素。

制作好网页风格后，要对网页的布局进行调整规划，也就是网页上的网站标志、导航栏及菜单等元素的位置。不同网页的各种网页元素所处的位置也不同，一般情况下，重要的元素放在突出位置。

常见的网页布局有“同”字型、“厂”字型、标题正文型、分栏型、封面型和 Flash 型等。

“同”字型：也可以称为“国”字型，是一些大型网站常用的页面布局，特点是内容丰富、链接多、信息量大。网页的最上面是网站的标题以及横幅广告条，接下来是网站的内容，被分为 3 列，中间是网站的主要内容，最下面是版权信息等，如图 2-21 所示。

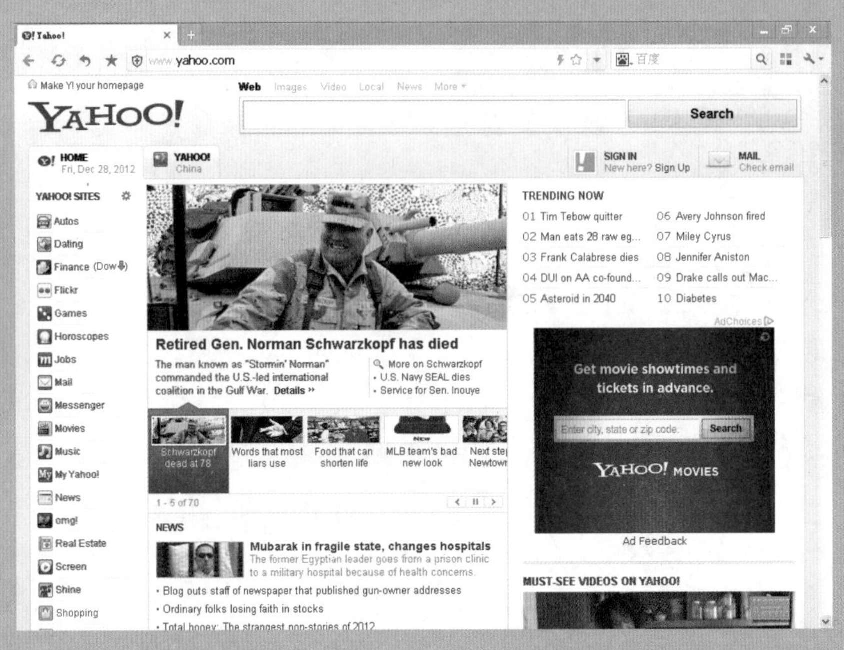

图 2-21　“同”字型网页布局

“厂”字型：“厂”字型布局的特点是内容清晰、一目了然，网站的最上面是网站的标题以及横幅广告条，左侧是导航链接，右侧是正文信息区，如图 2-22 所示。

图 2-22　“厂”字型网页布局

标题正文型：标题正文型布局的特点是内容简单，上部是网站标志和标题，下部是网站正文，如图 2-23 所示。

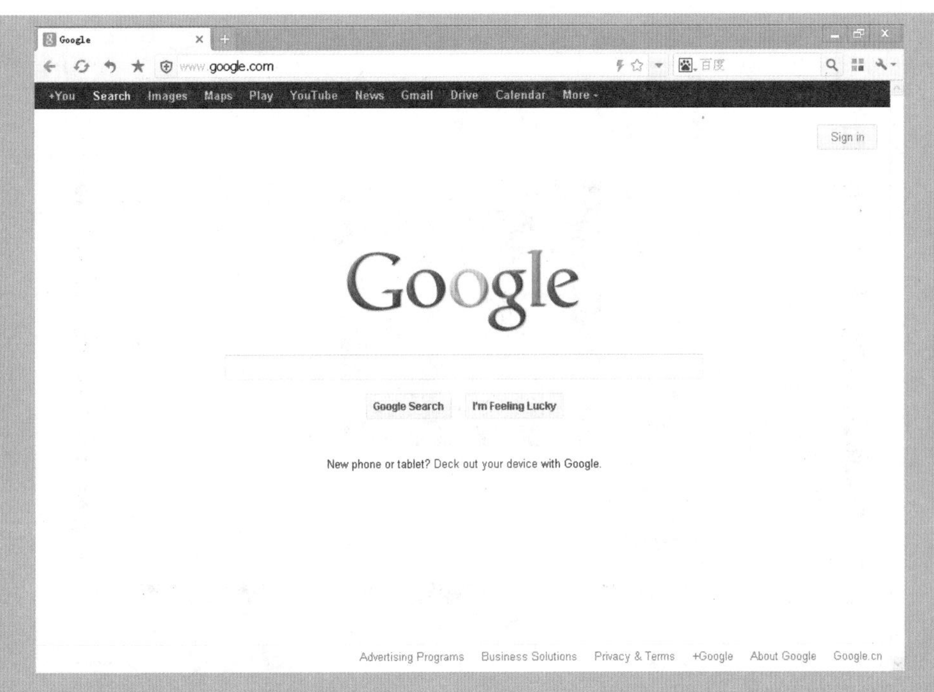

图 2-23　标题正文型网页布局

封面型：封面型布局更比较接近于平面艺术设计，这种类型基本上是出现在一些网站的首页，一般为设计精美的图片或动画，多用于个人网页，如果处理得好，会给人带来赏心悦目的感觉，如图 2-24 所示。

图 2-24　封面型网页布局

Flash 型：Flash 型布局采用 Flash 技术制作完成，由于 Flash 的强大功能，所以页面所表达的信息更加丰富，给浏览者以很大的视觉冲击，如图 2-25 所示。

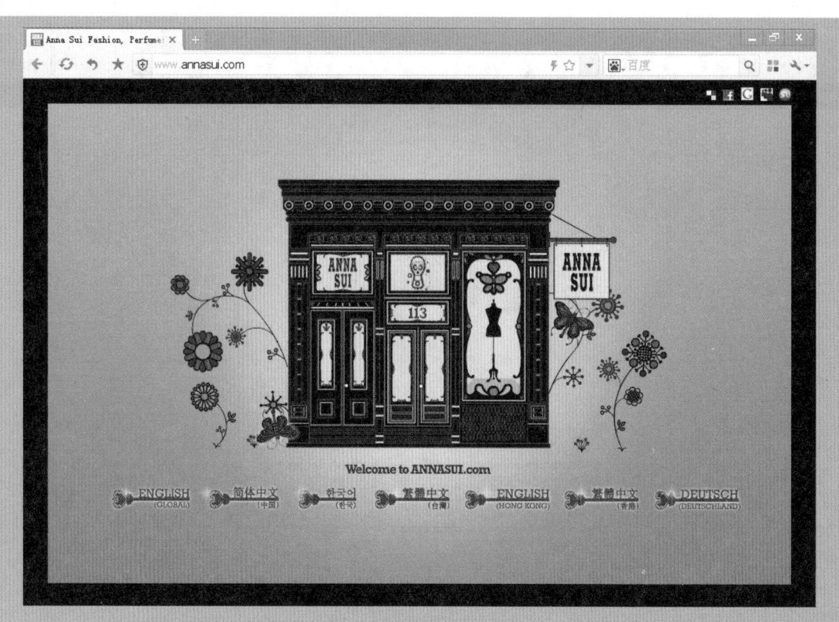

图 2-25　Flash 型网页布局

2. 收集资料和素材

先根据网站建设的基本要求，来收集资料和素材，包括文本、音频动画、视频及图片等。资料收集得越充分，制作网站就越容易。搜集素材的时候不仅可以在网站上搜索，还可以自己制作。

3. 规划站点

资料和素材收集完成后，就需要规划网站的布局和划分结构。对站点中所使用的素材和资料进行管理和规划，对网站中栏目的设置、颜色的搭配、版面的设计、文字图片的运用等进行规划，便于日后管理。

4. 制作网页

制作网页是一个复杂而细致的过程，一定要按照先大后小、先简单后复杂的顺序来制作。所谓先大后小，就是在制作网页时，先把大的结构设计好，然后逐步完善小的结构设计。所谓先简单后复杂，就是先设计出简单的内容，然后设计复杂的内容，以便发现问题及时修改。

在网页排版时，要尽量保持网页风格的一致性，不至于在网页跳转时产生不协调的感觉。在制作网页时灵活运用模板，可以大大提高制作效率。将相同版面的网页做成模板，基于此模板创建网页，以后想改变网页时，只需修改模板就可以了。

5. 测试站点

制作完成后，上传到测试空间进行网站测试，网站测试的内容主要是检查浏览器的兼容性、检查链接是否正确、检查多余标签和语法错误等。

6. 发布站点

在发布站点之前，首先应该申请域名和网络空间，同时要对本地计算机进行相应的配置，以完成网站的上传。

可以利用上传工具将其发布到 Internet 上供大家浏览、观赏和使用。上传工具有很多，有些网页制作工具本身就带有 FTP 功能，利用这些 FTP 工具，可以很方便地把网站发布到所申请的网页服务器上。

7. 更新站点

网站要经常更新内容，保持内容的新鲜，只有不断地补充新内容，才能够吸引更多的浏览者。

如果一个网站都是静态的网页，在网站更新时就需要增加新的页面，更新链接；如果是动态的页面，只需要在后台进行信息的发布和管理就可以了。

案例精讲 024 页面属性的设置

本例将讲解 Dreamweaver CC 2017 的页面属性设置，具体操作方法如下。

案例文件：无

视频文件：视频教学 \ Cha02 \ 页面属性设置 .avi

（1）运行 Dreamweaver CC 2017 软件，单击【属性】面板中的【页面属性】按钮，如图 2-26 所示。

（2）在弹出的【页面属性】对话框中的【分类】列表框中进行选择，可对页面的背景颜色、位图和字体等进行设置，如图 2-27 所示。

图 2-26 单击【页面属性】按钮

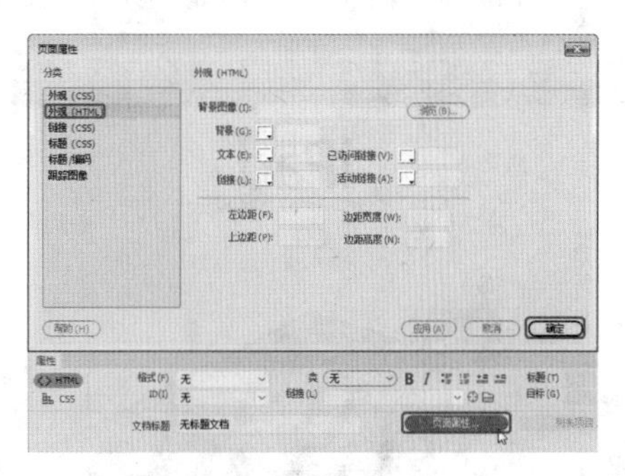

图 2-27 设置参数

提 示

对于在 Dreamweaver 中创建的每个页面，都可以使用【页面属性】对话框指定布局和格式设置属性。在【页面属性】对话框中可以指定页面的默认字体系列和字体大小、背景颜色、边距、链接样式及页面设计的其他许多方面。可以为创建的每个新页面指定新的页面属性，也可以修改现有页面的属性。在【页面属性】对话框中所进行的更改将应用于整个页面。

Dreamweaver 提供了两种修改页面属性的方法，即 CSS 或 HTML。Adobe 建议使用 CSS 设置背景和修改页面属性。

知识链接

在网页设计中所讲的布局就是把插入网页的各种构成要素（文字、图像、图表、菜单等）在网页浏览器里有效地排列起来。在设计网页时，要从整体上把握好各页面的布局，主要是利用表格或网格等。特别是在设计网页时，利用各种表格把网页设计的要素协调安排起来的情况是很多的。只有充分利用、有效地分割有限的空间，创造出新的空间，并使其布局合理，才能制作出很好的网页。为此，仔细观察各种形态的网站布局是十分必要的。

1. 网页布局的基本概念

在网页设计中，布局最基本的要求就是要考虑用户的方便程度并能明确地传达信息，并且要注意页面的视觉和审美，要能凸现出网页设计的各个构成要素。首先，要充分考虑网站的目的及用户的环境，而后加入网页设计人员富有创意的构思，这样才能构成一个较好的布局。另外，也必须考虑到网页的受注目程度和可读性。

1）页面尺寸

页面尺寸和显示器大小及分辨率有关，网页的局限性就在于无法突破显示器的范围，而且因为浏览器也将占去不少空间，留下的页面范围变得越来越小。在设计网页时，布局的难点在于用户各自的环境是不同的。如果是一般的编辑设计，它的结果一般是一样的，但网页存在太多的变数，能否有效地处理这些情况在网页布局的设计中是至关重要的。在常用的 1024×768 和 800×600 分辨率下看起来都很美观的布局设计就是相当困难的，这也是作为网页设计者必须思考的问题。在 1024×768 分辨率的情况下，页面的显示尺寸为 1007 像素 ×600 像素；在 800×600 分辨率的情况下，页面的显示尺寸为 780 像素 ×428 像素。图 2-28 所示为两种分辨率情况下的网页。

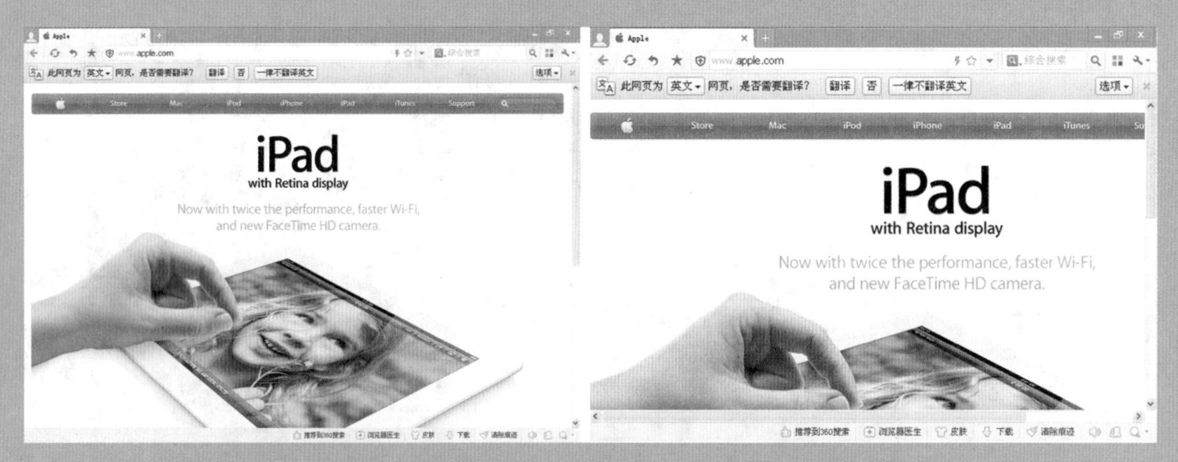

图 2-28　两种分辨率情况下的网页

在网页设计过程中，向下拖动页面是唯一给网页增加更多内容（尺寸）的方法。但需要提醒大家，除非肯定站点的内容能吸引大家拖动，否则不要让访问者拖动页面超过 3 屏。如果需要在同一页面显示超过 3 屏的内容，那么最好能在页面上设置几个指向页面内容的锚点链接，方便访问者浏览。

2）整体造型

什么是造型？造型就是创造出来的物体形象。这里是指页面的整体形象，这种形象应该是一个整体，图形与文本的结合应该是层叠有序。虽然，显示器和浏览器都是矩形，但对于页面的造型，可以充分发挥自己的想象力。

对于不同的形状，它们所代表的意义是不同的。比如矩形代表着正式、规则，可以看到很多 ICP 和政府网页都是以矩形为整体造型；圆形代表柔和、团结、温暖、安全等，许多时尚站点喜欢以圆形为页面整体造型；三角形代表着力量、权威、牢固、侵略等，许多大型的商业站点为显示它的权威性常以三角形为页面整体造型；菱形代表着平衡、协调、公平，一些交友站点常运用菱形作为页面整体造型。虽然不同形状代表不同意义，但目前的网页制作多数是结合多个图形加以设计，在这其中某种图形的构图比例可能占得多一些。图 2-29 所示为多图形结合的整体造型。

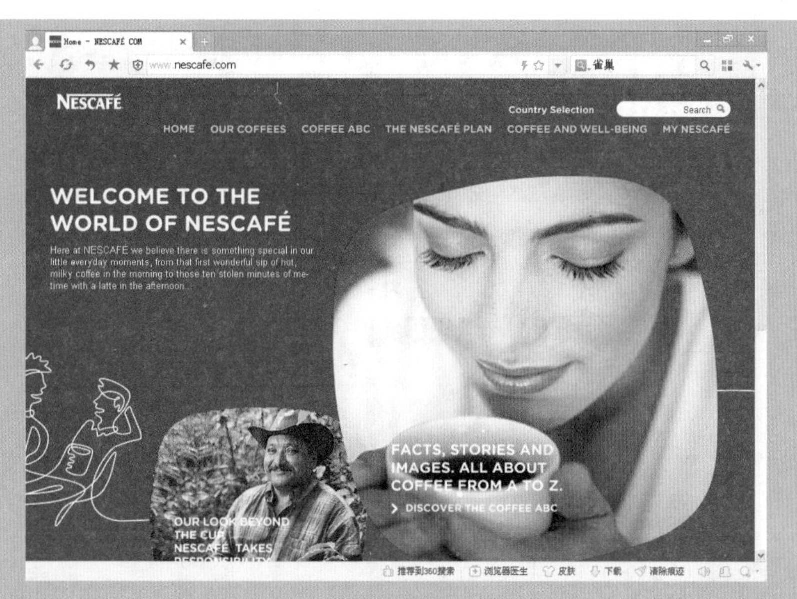

图 2-29　页面的整体造型

3）页头

页头又可称为页眉，作用是定义页面的主题，比如一个站点的名字多数显示在页眉里。这样，访问者能很快知道这个站点是什么内容。页头是整个页面设计的关键，它将牵涉到下面的更多设计和整个页面的协调性。页头常放置站点名字的图片和公司标志以及旗帜广告。页头的样式如图 2-30 所示。

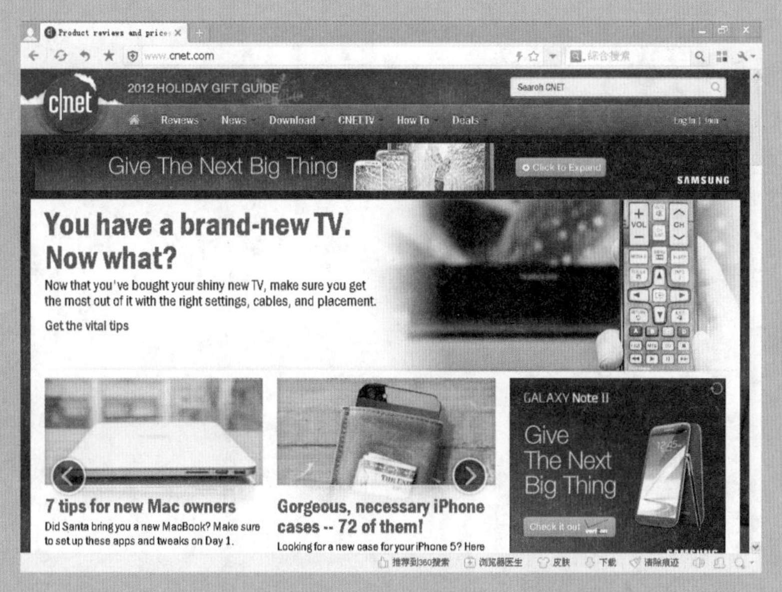

图 2-30　网页的页头

4）文本

文本在页面中都以行或者块（段落）的形式出现，它们的摆放位置决定着整个页面布局的可视性。在过去因为页面制作技术的局限，文本放置位置的灵活性非常小，而随着网页技术的发展，文本已经可以按照自己的要求放置到页面的任何位置。

5）页脚

页脚和页头相呼应，页头是放置站点主题的地方，而页脚是放置制作者或者公司信息的地方。可以发现，许多制作信息和版权信息都是放置在页脚的。网页的页脚如图 2-31 所示。

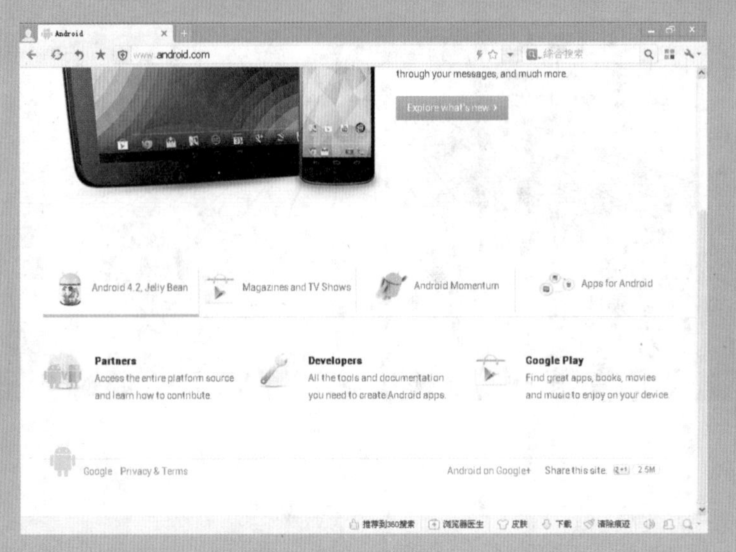

图 2-31　网页的页脚

6）图片

图片和文本是网页的两大构成元素，缺一不可，如何处理好图片和文本的位置成为整个页面布局的关键。

7）多媒体

除了文本和图片外，还有声音、动画、视频等其他多媒体，虽然它们不是经常能被利用到，但随着动态网页的兴起，它们在网页布局上也将变得更重要。

2. 网页布局的方法

1）层叠样式表布局

CSS(层叠样式表)能完全精确地定位文本和图片，CSS 对于初学者来说显得有点复杂，但它的确是一个好的布局方法，曾经无法实现的想法利用 CSS 都能实现，目前在许多站点上，层叠样式表的运用是一个优秀站点的体现。可以在网上找到许多关于 CSS 的介绍和使用方法。

2）表格布局

表格布局好像已经成为一个标准，随便浏览一个站点，它们一定是用表格布局的。表格布局的优势在于它能对不同对象加以处理，而又不用担心不同对象之间的影响。而且表格在定位图片和文本上比起用 CSS 更加方便。表格布局唯一的缺点是当用了过多表格时，页面下载速度会受到影响。对于表格布局，可以随便找一个站点的首页，然后保存为 HTML 文件，利用网页编辑工具打开它，就可以看到这个页面是如何利用表格的。

3）框架布局

框架结构的页面越来越少，可能是因为它的兼容性问题。但从布局上考虑，框架结构不失为一个好的布局方法。它如同表格布局一样，把不同对象放置到不同页面加以处理，因为框架可以取消边框，所以一般来说不影响整体美观。

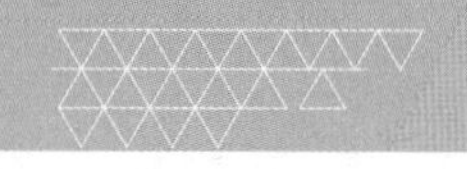

3. 网页布局的技巧

在网页设计中所讲的布局就是插入网页的各种构成要素（文字、图像、图表、菜单等）综合排列归置。在设计网页时，要从整体上把握好各页面的布局，主要是利用表格或网格等。特别是在设计网页时，利用各种表格把网页设计的要素协调安排起来的情况是很多的。只有充分利用、有效地分割有限的空间，创造出新的空间，并使其布局合理，才能制作出很好的网页。因此，仔细观察各种形态的网站布局是十分必要的。

1）分辨率

网页的整体宽度可分为3种设置形式，即百分比、像素、像素＋百分比。通常在网站建设中以像素形式最为常用，行业网站也不例外。设计者在设计网页的时候必定会考虑到分辨率的问题，现在常用的是1024×768和800×600的分辨率，现在网络上很多用到778个像素的宽度，在800的分辨率下面往往使整个网页很压抑，有种透不过气的感觉，其实这个宽度是指在800×600的分辨率上网页的最宽宽度，不代表最佳视觉，不妨试试760~770的像素，不管在1024还是800的分辨率下都可以达到较佳的视觉效果。

2）合理广告

目前一些网站的广告（弹出广告、浮动广告、大广告、banner广告、通栏广告等）让人觉得很厌烦，根本就不愿意看，有时连这个网站都不上了，这样一来网站受到了严重的影响，广告也没达到宣传的目的。这些问题都是设计者在设计网站之前需要考虑、需要规划的内容之一。

浮动广告有两种，第一种是在网页两边空余的地方可以上下浮动的广告，第二种是满屏幕到处随机移动的广告。建议能使用第一种的情况下尽量使用第一种，不可避免第二种情况时尽量在数量上控制最多一个就好。如果数量过多会直接影响用户的承受心理、妨碍到用户浏览信息，结果得不偿失。如在注册或者某个购买步骤的页面上最好不要出现过多的其他无关的内容让用户分心，避免客户流失。

3）空间的合理利用

很多网页都具有一个特点，用一个字来形容，那就是“塞”，它将各种各样的信息如文字、图片、动画等不加考虑地塞到页面上，有多少挤多少，不加以规范，导致浏览时会遇到很多的不方便，主要就是页面主次不分，喧宾夺主，要不就是没有重点，没有很好地归类，整体就像大杂烩，让人难以找到需要的东西。如图2-32所示的网页信息承载量大且布局也很合理。

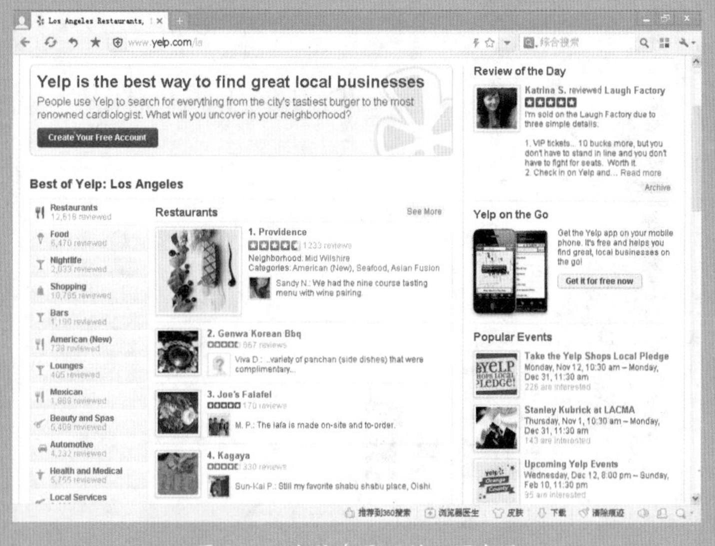

图 2-32　大信息量下的网页布局

有的则是一片空白失去平衡，也可以用个“散”字来形容。 并非要把整个页面塞满了才不觉得空，也并非让整个页面空旷才不觉得满，只要合理地安排、有机地组合，使页面达到平衡，即使在一边的部分大面积留空，同样不会让人感到空，相反这样会给人留下广阔的思考空间，给人以回味又达到了视觉效果。图 2-33 所示网页既简洁又能烘托主题。

图 2-33　简洁生动的网页布局

4）文字编排

在网页设计中，字体的处理同样非常关键。

(1) 文字图形化。文字图形化就是将文字用图片的形式来表现，这种形式在页面的子栏目里面最为常用，因为它更能突出内容，同时又美化了页面，增强了视觉效果。这些效果是纯文字无法达到的。对于通用性的网站，其弊端就是扩展性不强。

(2) 强调文字。如果将个别文字作为页面的诉求重点，则可以通过加粗、加下划线、加大字号、加指示性符号、倾斜字体、改变字体颜色等手段有意识地强化文字的视觉效果，使其在页面整体中显得出众而夺目。这些方法实际上都是运用了对比的法则。图 2-34 所示为通过对文字的合理调整使页面看上去很清新。

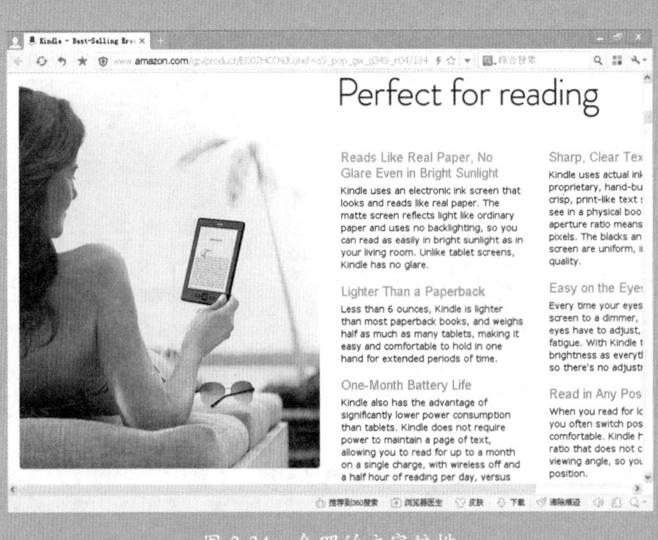

图 2-34　合理的文字编排

案例精讲 025 多媒体文件的添加

本例将讲解在网页中添加多媒体文件，具体操作方法如下。

案例文件：无

视频文件：视频教学 \ Cha02 \ 多媒体文件的添加 .avi

（1）启动 Dreamweaver CC 2017，在欢迎界面的【新建文档】页面选择 HTML，如图 2-35 所示。

（2）单击【创建】按钮，然后选择菜单栏中的【插入】|【媒体】| Flash SWF 命令，将随书附带光盘中的“CDROM\ 素材 \ Cha02\ 自行车 .swf”文件插入当前文档，如图 2-36 所示。

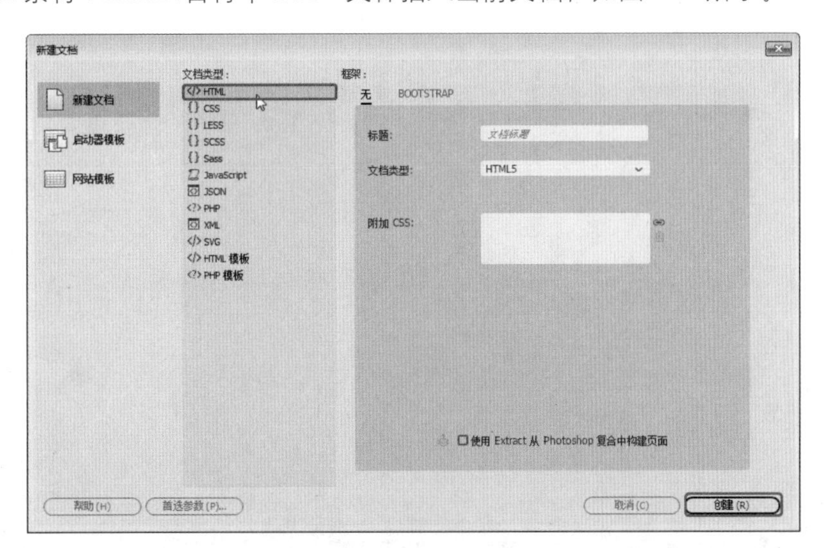

图 2-35 选择 HTML 选项

图 2-36 选择对象

（3）单击【确定】按钮后会弹出询问是否复制文件的对话框，单击【是】按钮，如图 2-37 所示。

（4）在设置属性对话框中，标题随意设置即可，单击【确定】按钮即可插入图 2-38 所示对象。

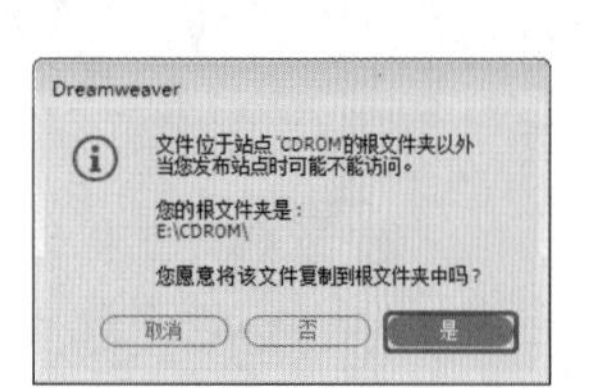

图 2-37　单击【是】按钮以复制文件

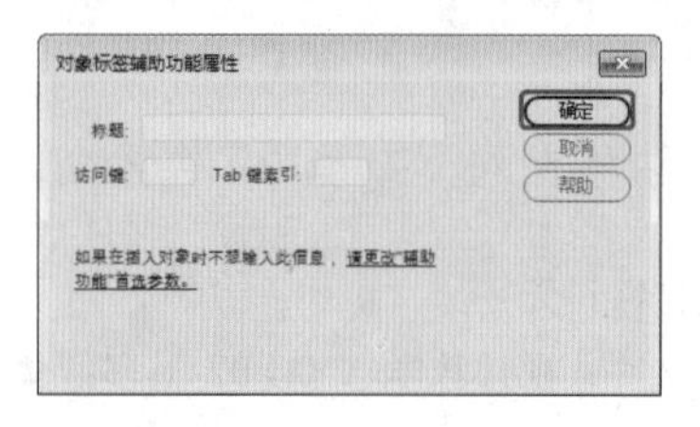

图 2-38　【对象标签辅助功能属性】对话框

(5) 完成上述操作后的效果如图 2-39 所示。

(6) 完成后进行保存，按 F12 键可以在浏览器中预览效果，如图 2-40 所示。

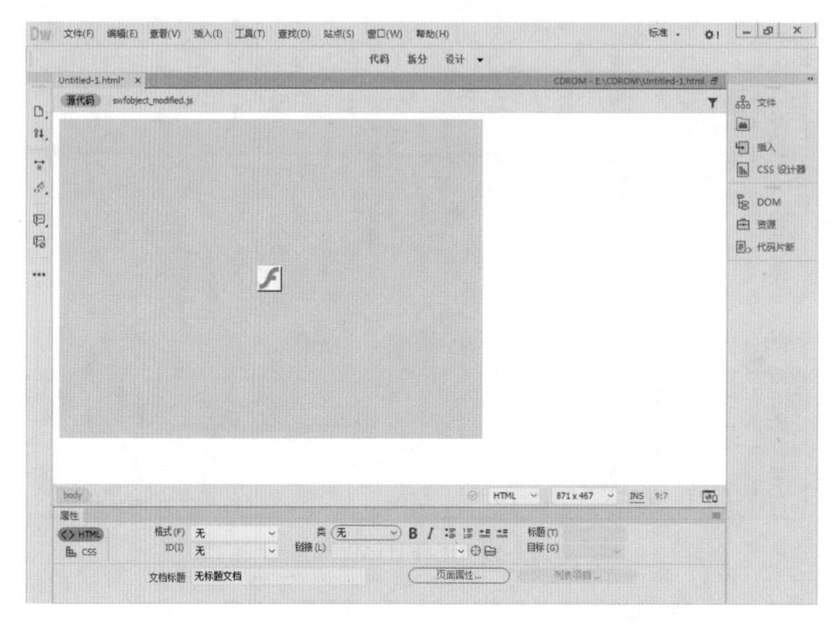

图 2-39　完成操作后的效果

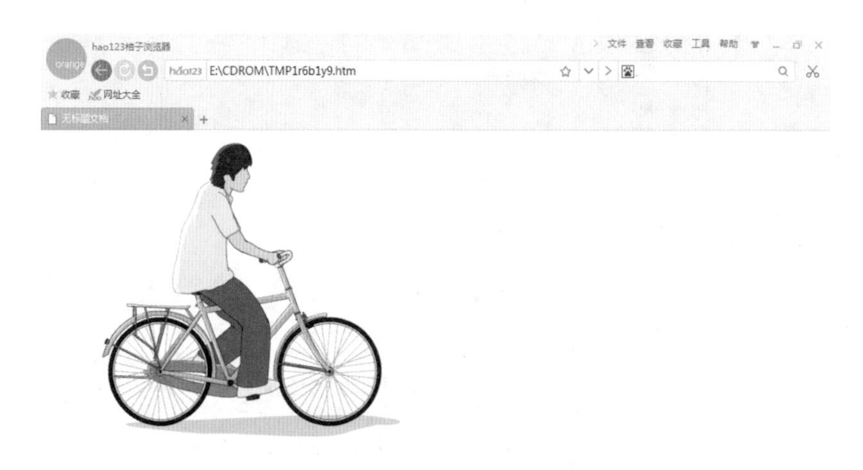

图 2-40　预览效果

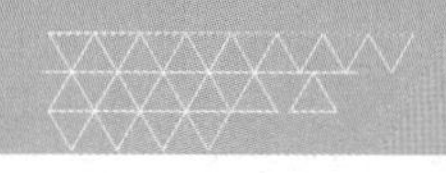

知识链接

与这些传统媒体相比，网页包含了更多的组成元素——除了文字、图像、音频、视频外，还有很多其他的对象也可以加入网页中，如 Java Applet 小程序、Flash 动画、QuickTime 电影等。

1. 文字

文字是网页的主体，是传达信息最重要的方式。因为它占用的存储空间非常小（一个汉字只占用两个字节），所以很多大型的网站提供纯文字的版面以缩短浏览者的下载时间。文字在网页上的主要形式有标题、正文、文本链接等。

2. 图像

采用图像可以减少纯文字给人的枯燥感，巧妙的图像组合可以带给用户美的享受。图像在网页中有很多用途，可以用来作图标、标题、背景等，甚至构成整个页面。

1）图标

网站的标志是风格和主题的集中体现，其中可以包含文字、符号、图案等元素。设计师就是用这些元素进行巧妙组合来达到表现公司、网站形象的目的。

2）标题

标题可以用文本，也可以用图像。但是使用图像标题要比文本标题的表现力更强，效果更加突出。有时页面中的标题需要使用特殊的字体，但可能很多浏览者的机器上没有安装这种字体，那么浏览者看到的效果和设计师看到的效果是不同的。此时最好的解决方法就是将标题文字制作成图片，这样可以保证所有人看到的效果是一样的。

3）插图

通过照片和插图可以直观地表达效果和展现主题，但也有一些插图仅仅是为了装饰。

4）广告条

网络媒体和其他传统媒体一样，投放广告是获取商业利益的重要手段。网站中的广告通常有两种形式：一种是文字链接广告；一种是广告条。前者通过 HTML 语言即可实现，后者是把广告内容设计为吸引浏览者注意的图像或者动画，让浏览者通过单击来访问特定的宣传网页。

5）背景

使用背景是网站整体设计风格的重要方法之一。背景可通过 HTML 语言定义为单色或背景图像，背景图像可以是 JPEG 和 GIF 两种格式。

6）导航栏

导航栏用来帮助浏览者熟悉网站结构，让浏览者可以很方便地访问自己想要的页面。导航栏的风格需要和页面保持一致。

导航栏主要有文字导航和图形导航两种形式。文字式导航清楚易懂，下载迅速，适用于信息量大的网站。图形化导航栏美观，表现力强，适用于一般商业网站或个人网站。

3. 音频

将多媒体引入网页，可以在很大程度上吸引浏览者的注意。利用多媒体文件可以制作出更有创造性、艺术性的作品，它的引入使网站成了一个有声有色、动静相宜的世界。

多媒体一般指音频、视频、动画等形式。网上常见的音频格式有 MIDI、WAV、MP3 等。

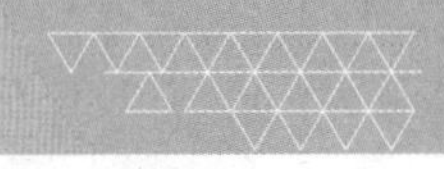

（1）【MIDI 音乐】：每逢节日，我们都会到贺卡网站上收发电子贺卡。其中有些贺卡就有一种音色类似电子琴的背景音乐，这种背景音乐就是网上常见的一种多媒体格式——MIDI 音乐，它的文件以 .mid 为扩展名，特点是文件容量非常小，很快就可下载完毕，但音色很单调。

（2）【WAV 音频】：每次打开计算机时听到的进入系统的音乐实际上就是 WAV 音频。该音频是以 .wav 为扩展名的声音文件，它的特点是表现力丰富，但文件容量很大。

（3）【MP3 音乐】：MP3 是人们非常熟悉的文件格式，现在互联网上的音乐大多数是 MP3 格式的，它的特点是在尽可能保证音质的情况下减小文件容量，通常长度为 3 分钟左右的歌曲文件大概为 3MB。

4. 视频

视频在网页上出现的不多，但它有着其他媒体不可替代的优势。视频传达的信息形象生动，能给人深刻的印象。

常见的网上视频文件格式有 AVI，RM 等。

（1）【AVI 视频】：AVI 视频文件是由 Microsoft 开发的视频文件格式，其文件的扩展名为 .avi。它的特点是视频文件不失真，视觉效果很好，但缺点是文件容量太大，短短几分钟的视频文件需要耗费几百兆的硬盘空间。

（2）【RM 视频】：喜欢在线看电影的朋友一定认识它，它是由 Real Networks 公司开发的音/视频文件格式，主要用于网上的电影文件传输，扩展名为 .rm。它的特点是能一边下载一边播放，又称为流式媒体。

（3）【QuickTime 电影】：QuickTime 电影是由美国苹果电脑公司开发的用于 Mac OS 的一种电影文件格式，在 PC 机上也可以使用，但需要安装 QuickTime 的插件，这种媒体文件的扩展名是 .mov。

（4）【WMV 视频】：这是微软开发的新一代视频文件格式，特点是文件容量小而且视频效果较好，能够支持边下载边播放，目前已经在网上电影市场中站稳了脚跟。

（5）【FLV 视频】：FLV 是 Flash Video 的简称。FLV 串流媒体格式是一种新的网络视频格式，它的出现有效地解决了视频文件导入 Flash 后，使导出的 SWF 文件体积庞大，不能在网络上有效使用等缺点。随着网络视频网站的丰富，这个格式已经非常普及。

5. 动画

动画是网页中最吸引眼球的地方，好的动画能够使页面显得活泼生动，达到“动静相宜”的效果。特别是 Flash 动画产生以来，动画成了网页设计中最热门的话题。

（1）【常见的动画格式】：GIF 动画是多媒体网页动画最早的动画格式，优点是文件容量小，但没有交互性，主要用于网站图标和广告条。

（2）【Flash 动画】：Flash 动画是基于矢量图形的交互性流式动画文件格式，可以用 Adobe 开发的 Flash CS3 进行制作。使用其内置的 ActionScript 语言还可以创建出各种复杂的应用程序，甚至是各种游戏。

（3）Java Applet：在网页中可以调用 Java Applet 来实现一些动画效果。

6. 链接和路径

当用鼠标单击网页上的一段文本（或一张图片）时，此时会出现小手的形状，如果可以打开网络上一个新的地址，就代表该文本（或图片）上有链接。

案例精讲 026 E-mail 链接

本例将讲解在网页中添加电子邮件链接，具体操作方法如下。

案例文件：无

视频文件：视频教学 \ Cha02 \ E-mail 链接 .avi

（1）运行 Dreamweaver CC 2017，在欢迎界面的【新建文档】栏中选择 HTML，然后输入"有空联系，可以给我发邮件"文本，如图 2-41 所示。

（2）选中其中的【邮件】文本，如图 2-42 所示。

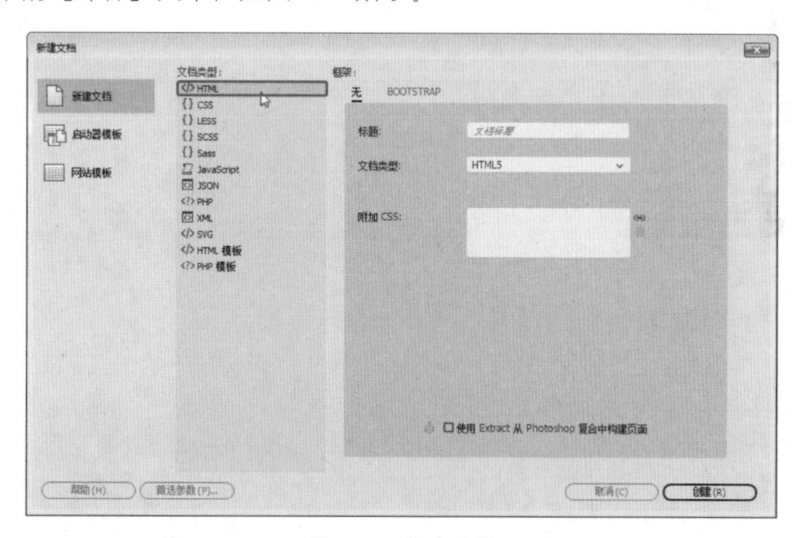

图 2-41 新建文件

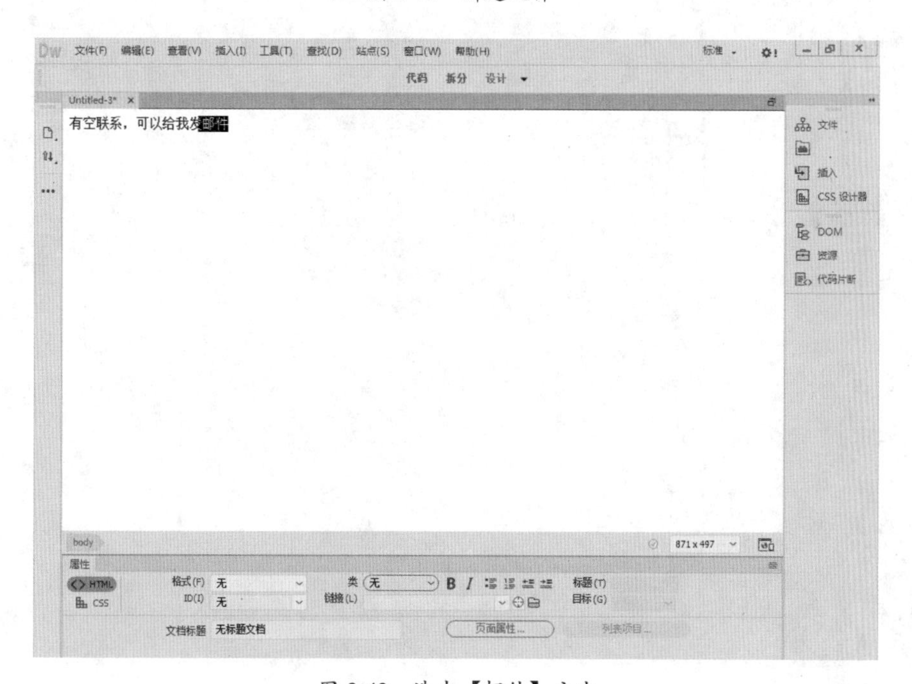

图 2-42 选中【邮件】文本

(3) 选择菜单栏中的【插入】| HTML |【电子邮件链接】命令，在弹出的【电子邮件链接】对话框的【电子邮件】文本框中输入电子邮件地址“3290243649@qq.com”，然后单击【确定】按钮，即可为选择的文本添加电子链接，如图 2-43 所示。

(4) 电子邮件链接添加完成后，保存文件。按 F12 键可以在浏览器中预览效果，如图 2-44 所示。

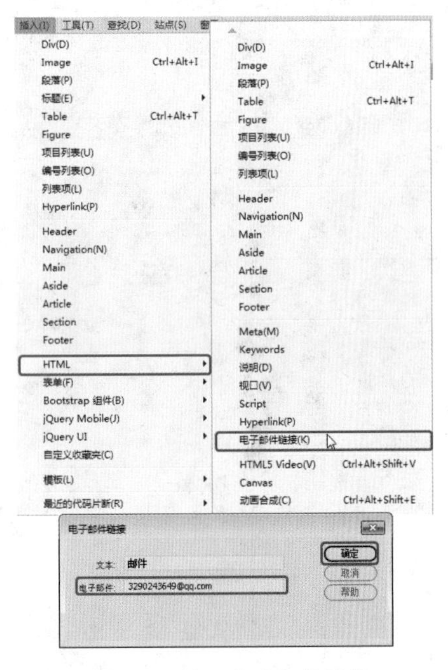

图 2-43　添加电子邮件链接

图 2-44　预览效果

知识链接

电子邮件（标志：@，也被大家昵称为“伊妹儿”），是一种用电子手段提供信息交换的通信方式，是互联网应用最广的服务。通过网络的电子邮件系统，用户可以以非常低廉的价格（不管发送到哪里，都只需负担网费）、非常快速的方式（几秒钟之内可以发送到世界上任何指定的目的地），与世界上任何一个角落的网络用户联系。

电子邮件可以是文字、图像、声音等多种形式。同时，用户可以得到大量免费的新闻、专题邮件，并实现轻松的信息搜索。电子邮件的存在极大地方便了人与人之间的沟通与交流，促进了社会的发展。

超级链接是网页中最重要、最基本的元素之一。每个网站实际上都是由很多网页组成的，这些网页都是通过超级链接的形式关联在一起的。超级链接的作用是在因特网上建立一个位置到另一个位置的链接。超级链接由源地址文件和目标地址文件构成，当访问者单击超级链接时，浏览器会自动从相应的目的网址检索网页并显示在浏览器中。如果目标地址不是网页而是其他类型的文件，浏览器会自动调用本机上的相关程序打开所要访问的文件。

在网页中的链接按照链接路径的不同可分为 3 种形式，即绝对路径、相对路径和根目录路径。这些路径都是网页中的统一资源定位，只不过后两种路径将 URL 的通信协议和主机名省略了，后两种路径必须有参照物，一种以文档为参照物，另一种是以站点的根目录为参照物，而根目录路径就不需要有参照物，它是最完整的路径，也是标准的 URL。

案例精讲 027 鼠标经过图像

本例将讲解在网页中添加鼠标经过图像的效果，具体操作方法如下。

案例文件：无

视频文件：视频教学 \ Cha02 \ 鼠标经过图像 .avi

（1）启动 Dreamweaver CC 2017，在欢迎界面中的【新建文档】栏中选择 HTML，如图 2-45 所示。

（2）单击【确定】按钮，选择菜单栏中的【插入】| HTML |【鼠标经过图像】命令，如图 2-46 所示。

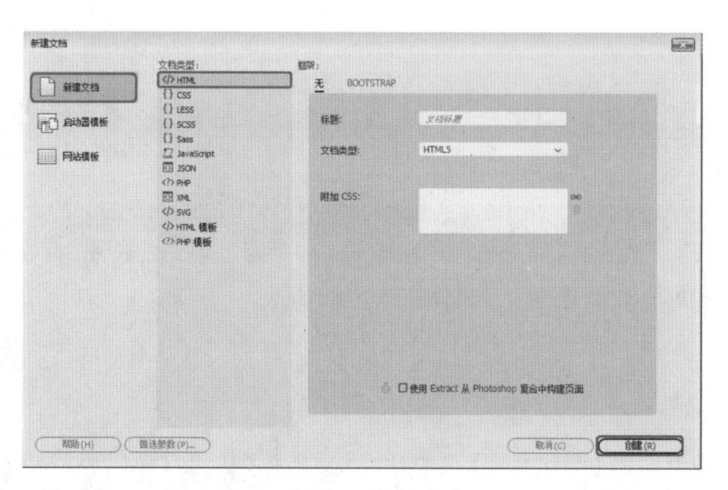

图 2-45 新建文件

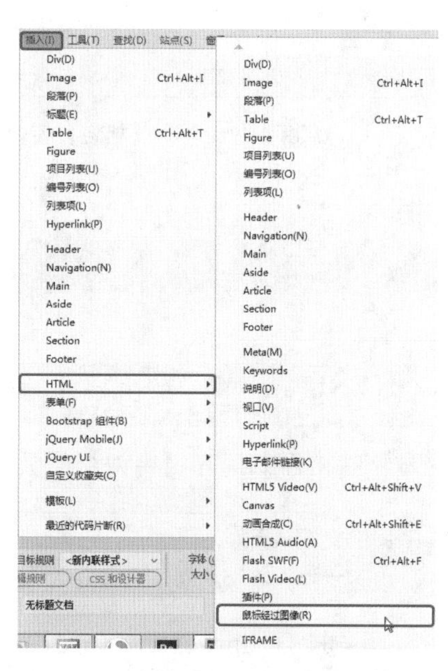

图 2-46 选择【鼠标经过图像】命令

（3）弹出【鼠标经过图像】对话框，单击【原始图像】文本框右侧的【浏览】按钮，在弹出的【原始图像】对话框中选择鼠标经过前的图像文件“科技 1.jpg”，如图 2-47 所示。

（4）单击【确定】按钮，然后单击【鼠标经过图像】文本框右侧的【浏览】按钮，在弹出的原始图像对话框中选择鼠标经过的图像文件“人物 .jpg”，如图 2-48 所示。

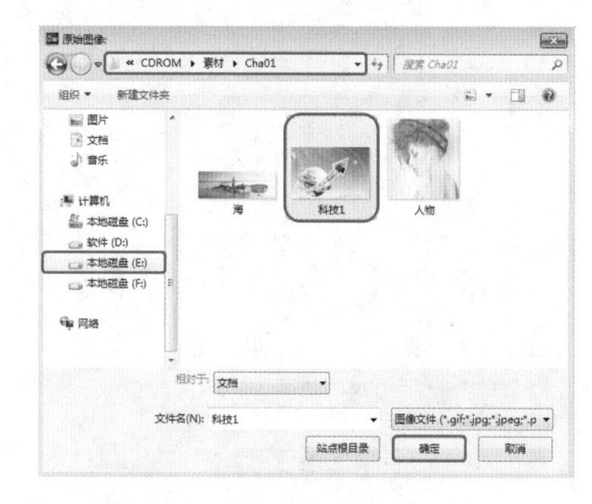

图 2-47 选择鼠标经过前的图像

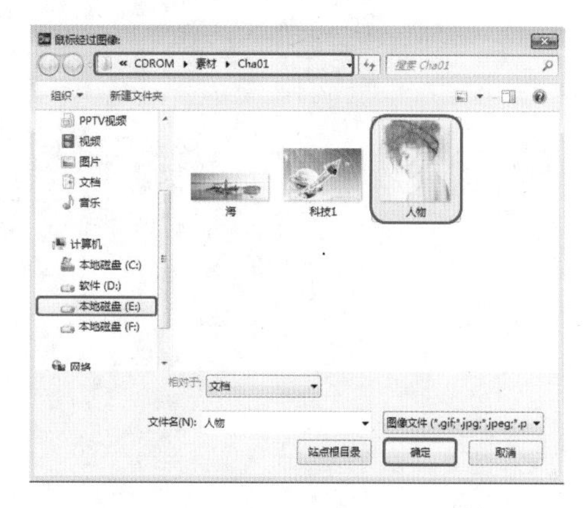

图 2-48 选择鼠标经过时的图像

（5）完成后单击【确定】按钮，如图 2-49 所示。

（6）然后单击【确定】按钮，单击菜单栏下面的【实时视图】按钮预览效果，最后保存即可，如图 2-50 所示。

图 2-49　单击【确定】按钮

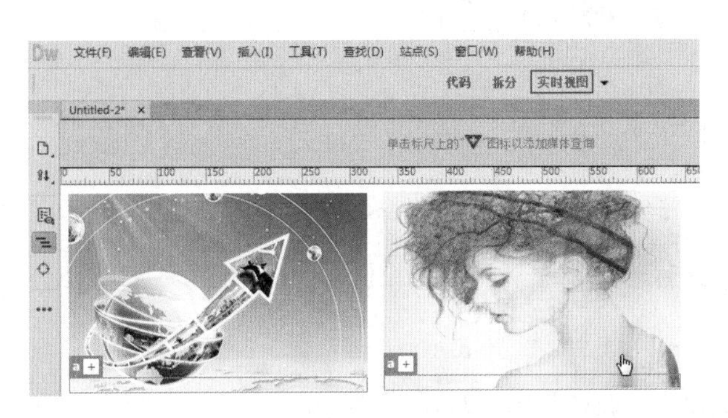

图 2-50　预览效果

提 示

在【实时视图】中可以查看网页的效果。

案例精讲 028　弹出信息设置

本例将讲解如何在【行为】面板中为网页添加弹出信息，具体操作方法如下。

案例文件：无

视频文件：视频教学 \ Cha02 \ 弹出信息设置 . avi

（1）启动 Dreamweaver CC 2017，在欢迎界面的【新建文档】栏中选择"文档类型"为 HTML，单击【创建】按钮，如图 2-51 所示。

（2）选择菜单栏中的【插入】| HTML | Image 命令，在弹出的【选择图像源文件】对话框中，选择随书附带光盘中的"CDROM\ 素材 \Cha01\ 海 .jpg"素材图片，如图 2-52 所示。

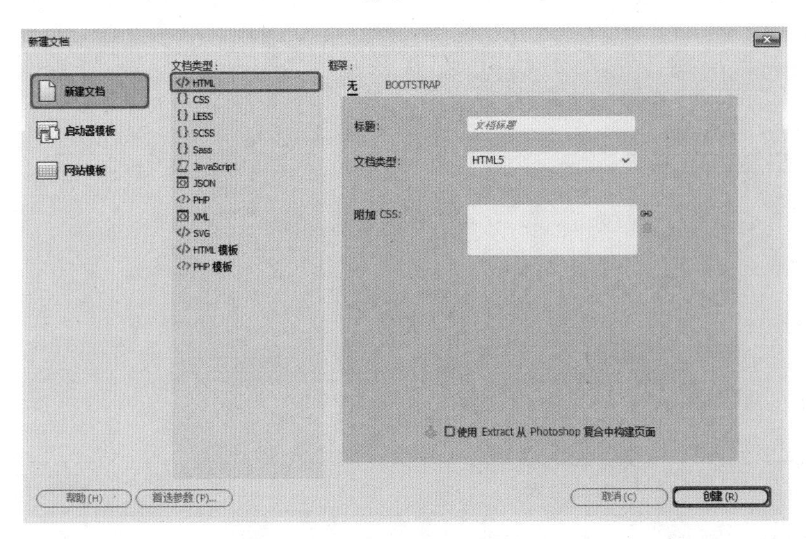

图 2-51　新建文档

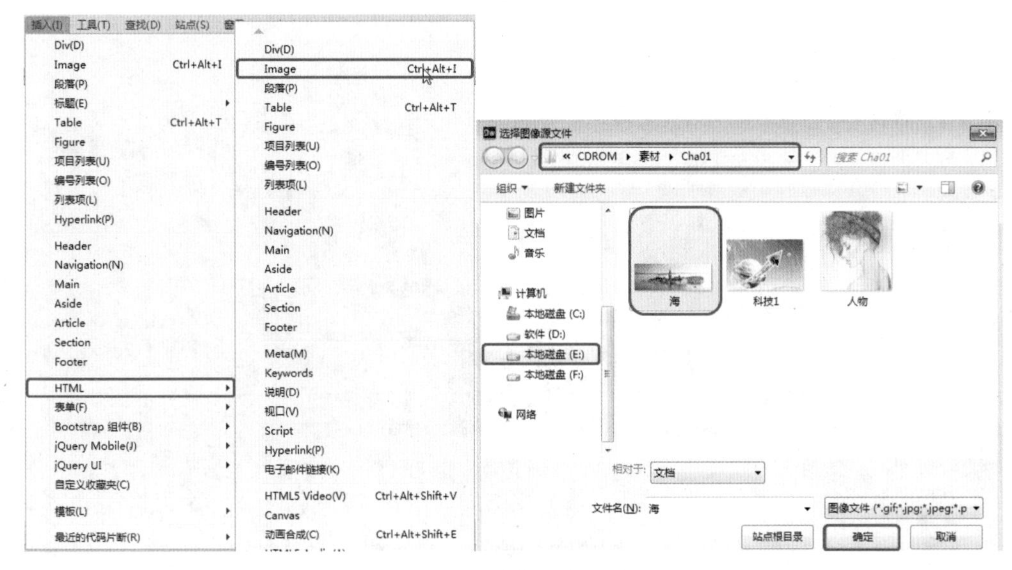

图 2-52　选择素材图片

（3）单击【确定】按钮，选择菜单栏中的【窗口】|【行为】命令，如图 2-53 所示。

（4）在【弹出信息】对话框中输入要显示的信息内容“欢迎光临本店”，单击【确定】按钮，在【行为】面板中显示了添加行为，如图 2-54 所示。

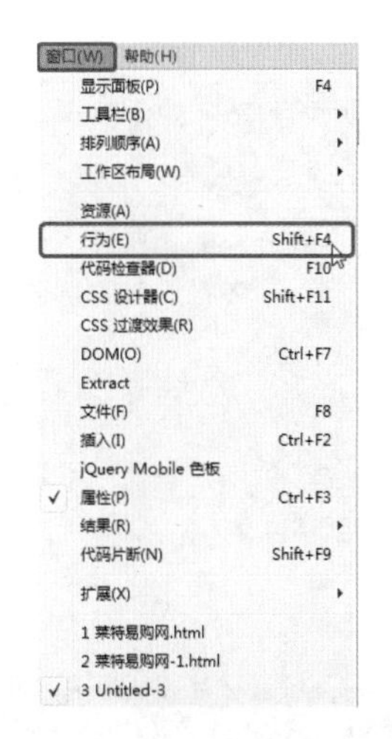

图 2-53　选择【行为】命令

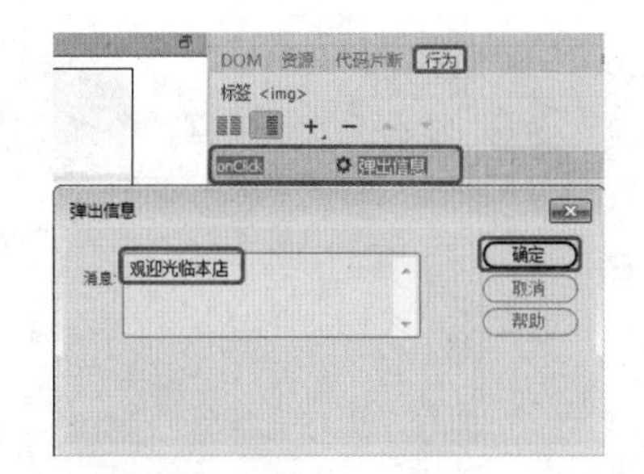

图 2-54　输入信息内容

知识链接

行为：行为是由对象、事件和动作构成的。对象是产生行为的主体。在网页制作中，图片、文字和多媒体文件等都可以成为对象，对象也是基于成对出现的标记的，在创建时应首先选中对象的标记。此外，在某个特定的情况下，网页本身也可以作为对象。Dreamweaver 中的行为是一系列的 JavaScript 程序组合而成的，使用行为可以在不使用编程的基础上来实现程序动作。行为是用来动态响应用户操作，改变当前页面效果或是执行特定任务的一种方法。使用行为可以使得网页制作人员不用编程即可实现一些程序动作，如验证表单、打开浏览器窗口等。

（5）保存添加行为后的网页，按 F12 键可以在浏览器中预览效果，将指针移至图像上，单击图像即可弹出信息提示，如图 2-55 所示。

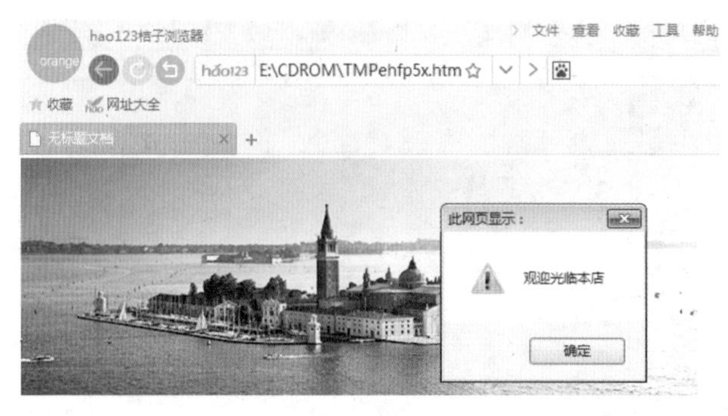

图 2-55　在浏览器中预览效果

案例精讲 029　设置空链接

本例将讲解在网页中设置空链接，具体操作方法如下。

案例文件：无

视频文件：视频教学 \ Cha02 \ 设置空连接 .avi

（1）运行 Dreamweaver CC 2017，在欢迎界面的【新建文档】栏中选择"文档类型"为 HTML 选项，如图 2-56 所示。

（2）单击【创建】按钮，然后输入文本并将其选中，如图 2-57 所示。

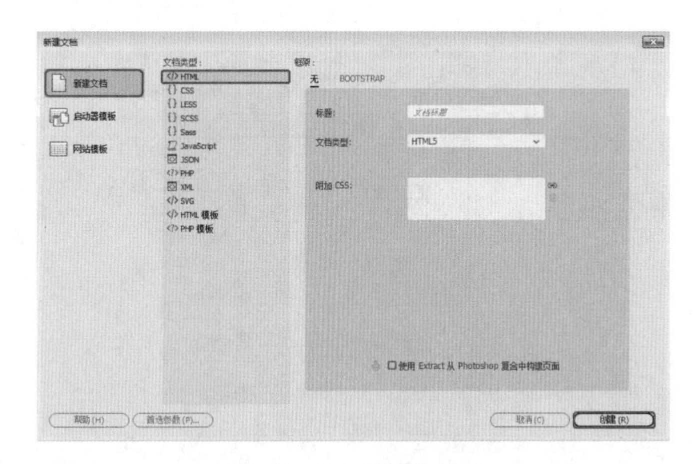

图 2-56　选择 HTML 选项

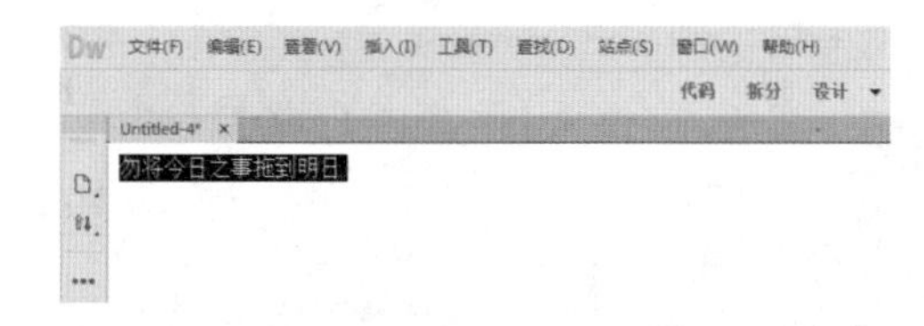

图 2-57　输入文本并选中

（3）在【属性】面板的【链接】文本框中输入"#"，如图 2-58 所示。

（4）脚本链接完成后保存文件，按 F12 键可以在浏览器中预览效果，如图 2-59 所示。

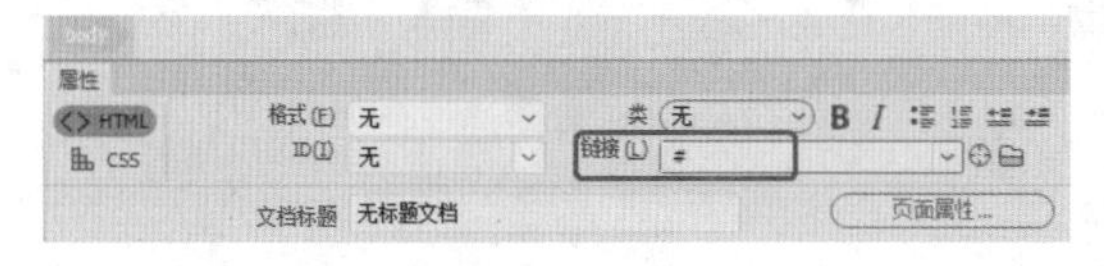

图 2-58　输入 #

图 2-59 在浏览器中预览效果

提 示

空链接是一种没有链接目标地址的链接。为文字或图片设置空链接后，链接指向文字或图片本身。

知识链接

网站是由网页组成的，而大家通过浏览器看到的画面就是网页，网页是一个 HTML 文件。

1. 网页的认识

网页是构成网站的基本元素，是将文字、图形、声音及动画等各种多媒体信息相互链接起来而构成的一种信息表达方式，也是承载各种网站应用的平台。网页一般由站标、导航栏、广告栏、信息区和版权区等部分组成，如图 2-60 所示。

图 2-60 网页的组成

在访问一个网站时，首先看到的网页一般称为该网站的首页。网站首页是一个网站的入口网页，因此往往会编辑得使浏览者易于了解该网站，如图 2-61 所示。

首页只是网站的开场页，单击页面上的文字或图片，即可打开网站的主页，如图 2-62 所示，此时首页也随之关闭。

图 2-61　首页

图 2-62　主页

网站主页与首页的区别在于：主页设有网站的导航栏，是所有网页的链接中心。但多数网站的首页与主页通常合为一体，即省略了首页而直接显示主页，在这种情况下，它们指的是同一个页面，如图 2-63 所示。

图 2-63　将首页与主页合为一体的网站

2. 网站的认识

网站就是在 Internet 上通过超级链接的形式构成的相关网页的集合。人们可以通过网页浏览器来访问网站，获取自己需要的资源或享受网络提供的服务。如果一个企业建立了自己的网站，那么就可以更加直观地在 Internet 中宣传公司产品，展示企业形象。

根据网站用途的不同，可以将网站分为以下几个类型。

（1）门户网站：是指通向某类综合性互联网信息资源并提供有关信息服务的应用系统，是涉及领域非常广泛的综合性网站，如图 2-64 所示。

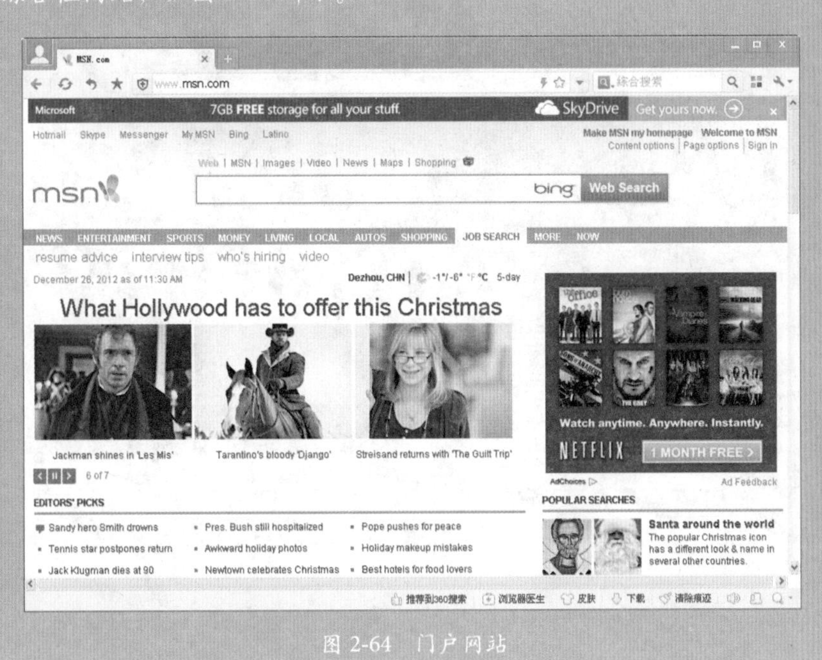

图 2-64　门户网站

(2) 行业网站：行业网站即行业门户，其拥有丰富的资讯信息和强大的搜索引擎功能，如图 2-65 所示。

图 2-65　行业网站

(3) 个人网站：个人网站就是由个人开发建立的网站，它在内容形式上具有很强的个性化，通常用来宣传自己或展示个人的兴趣爱好，如图 2-66 所示。

图 2-66　个人网站

第3章 娱乐休闲类网页的设计

本章重点

- 麦克疯音乐网页的设计
- 速播电影网页的设计
- 嘟嘟交友网页的设计
- 媚图吧网页的设计
- 下载吧网页的设计
- 网络游戏网页的设计
- 足球体育网页的设计

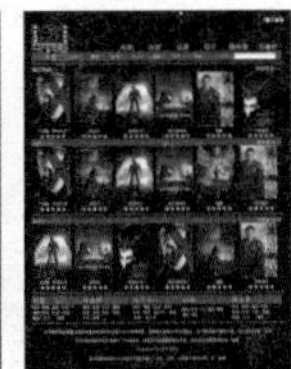

娱乐休闲类网页是比较受欢迎的一类网页，此类网页种类繁多，涉及音乐、电影、体育、游戏等众多领域。本章将通过几个网页设计案例来介绍此类网页的设计方法，使用户对此类网页的布局结构有所了解。

案例精讲 030 麦克疯音乐网页的设计

本例将介绍如何制作关于音乐方面的网页。图片以黑色为主背景，文字以白色和灰色为主，在制作网页过程中，主要应用了表格工具和文字、图片的创建。具体操作方法如下，完成后的效果如图 3-1 所示。

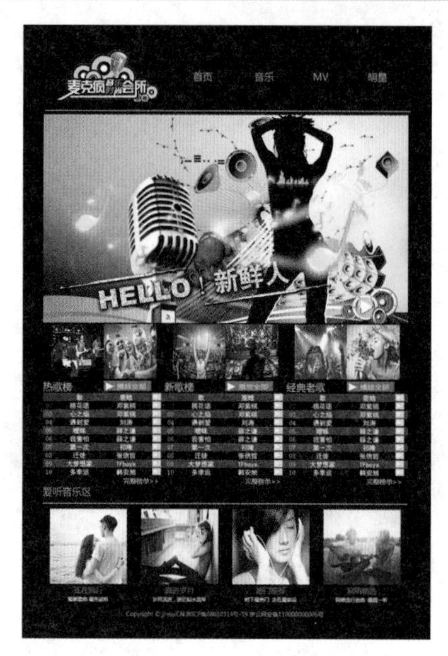

图 3-1 麦克疯音乐网页

案例文件：CDROM \ 场景 \ Cha03 \ 麦克疯音乐网页设计.html
视频文件：视频教学 \ Cha03 \ 麦克疯音乐网页设计.avi

（1）启动软件后，按 Ctrl+N 组合键，弹出【新建文档】对话框，选择【新建文档】| HTML |【无】，将【文档类型】设置为 HTML5，单击【创建】按钮，如图 3-2 所示。

（2）新建文档后，在文档底部的属性面板中选择 CSS，然后单击【页面属性】按钮，弹出【页面属性】对话框，在【分类】列表框中选择【外观（CSS）】，将【左边距】、【右边距】、【上边距】、【下边距】都设为 50px，设置完成后单击【确定】按钮，如图 3-3 所示。

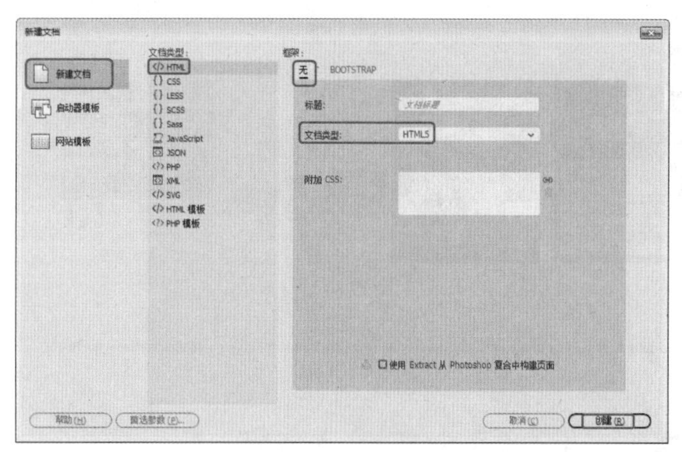

图 3-2 新建文档

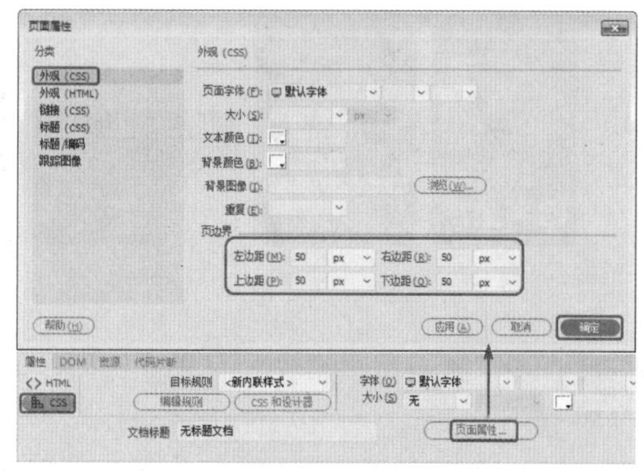

图 3-3 设置颜色

（3）按 Ctrl+Alt+T 组合键，弹出 Table（表格）对话框，将【行数】设为 1，将【列】设为 5，将【表格宽度】设为 900 像素，将【边框粗细】、【单元格边距】、【单元格间距】设为 0，单击【确定】按钮，如图 3-4 所示。

（4）选择上一步创建的所有表格，设置 CSS 属性，将【水平】设为【居中对齐】，将【高】设为 100，如图 3-5 所示。

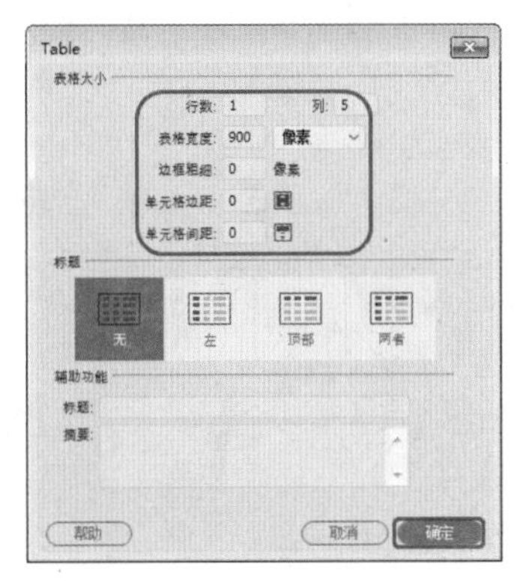

图 3-4　创建表格

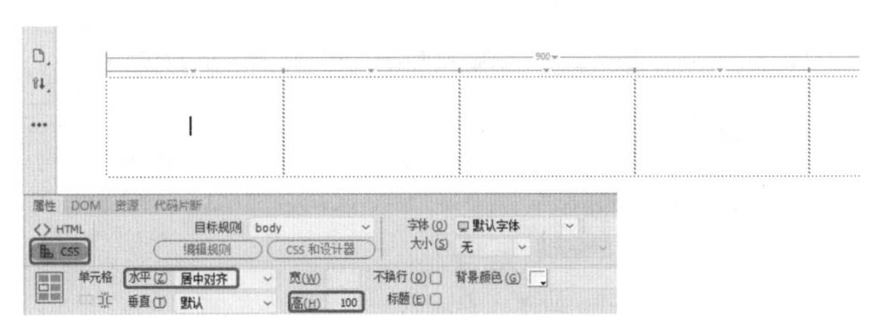

图 3-5　设置表格属性

知识链接

表格是网页中一个非常重要的元素，它可以控制文本和图形在页面上出现的位置，HTML 本身没有提供更多的排版手段，为了实现网页的精细排版，经常使用表格来实现。在页面创建表格之后，可以为其添加内容、修改单元格和列/行属性，或者复制和粘贴多个单元格等。

在网页制作过程中，它被更多地用于网页内容排版。例如，要将文字放在页面的某个位置，就可以插入表格，然后设置表格属性，文字放在表格的某个单元格里即可。

在 Dreamweaver 中可以使用表格清晰地显示列表数据，也可以利用表格将各种数据排成行和列，从而更容易阅读信息。

如果创建的表格不能满足需要，可以重新设置表格的属性，如表格的行数、列数以及表格高度、宽度等。修改表格属性一般在【属性】面板中进行。

(5) 选择第 1 列表格，将其宽度设为 316，将其他列设为 146，将光标置于第一列单元格中，按 Ctrl+Alt+I 组合键弹出【选择图像源文件】对话框，选择随书附带光盘中的"CDROM\素材\Cha03\麦克疯音乐\logo.png"文件，单击【确定】按钮，如图 3-6 所示。

(6) 插入图片后的效果如图 3-7 所示。

图 3-6　插入图片素材

图 3-7　插入图片后的效果

（7）选择第二列单元格，输入“首页”文字，将【字体】设为【微软雅黑】，将【字号大小】设为 24pt，将【字体颜色】设为 #999，如图 3-8 所示。

（8）使用同样的方法，在其他的表格中输入文字。完成后的效果如图 3-9 所示。

图 3-8　输入文本

图 3-9　输入其他文本

在设置文字字体时，如果在属性列表中没有需要的文字，可以单击 CSS 属性栏中的【字体】后面的下三角按钮，在弹出的下拉菜单中选择【管理字体】命令，如图 3-10 所示。此时会弹出【管理字体】对话框，切换到【自定义字体堆栈】选项卡，在【可用字体】列表框中选择【微软雅黑】字体，然后单击 << 按钮，添加完成后单击【完成】按钮，如图 3-11 所示。

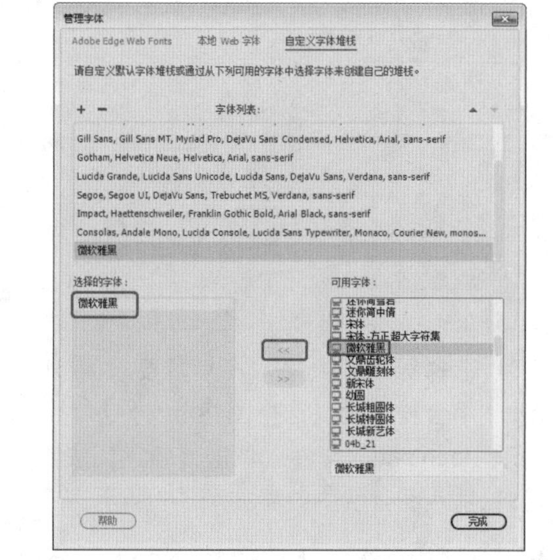

图 3-10　选择【管理字体】命令

图 3-11　添加字体

（9）在表格下面单击，在菜单栏中选择【插入】| HTML |【水平线】命令，选择插入的水平线，在属性栏中将【宽】设为 900 像素，如图 3-12 所示。

（10）水平线插入完成后，在水平线下的空白区域单击，按 Ctrl+Alt+T 组合键，弹出 Table 对话框，将【行数】和【列】都设为 1，将【表格宽度】设为 900 像素，将【边框粗细】、【单元格边距】、【单元格间距】都设为 0，如图 3-13 所示。

（11）将光标置于上一步创建的表格中，按 Ctrl+Alt+I 组合键，在弹出的【选择图像源文件】对话框中选择随书附带光盘中的“CDROM \ 素材 \ Cha03 \ 麦克疯音乐 \ 01.jpg”文件，单击【确定】按钮，效果如图 3-14 所示。

（12）将光标置于插入图片表格的下方，按 Ctrl+Alt+T 组合键，弹出 Table 对话框，将【行数】和【列】分别设为 1 和 3，将【表格宽度】设为 900 像素，将【边框粗细】、【单元格边距】、【单元格间距】都设为 0，如图 3-15 所示。

图 3-12　插入水平线

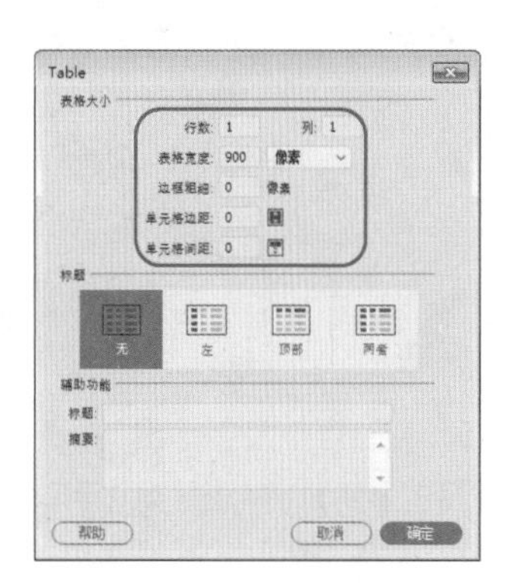

图 3-13　设置表格

图 3-14　插入素材图片

图 3-15　插入表格

（13）选择上一步插入的表格，在 CSS 属性栏中将【宽】设为 300，将【水平】设为【居中对齐】，如图 3-16 所示。

（14）使用前面讲过的方法，分别在表格中插入素材图片，如图 3-17 所示。

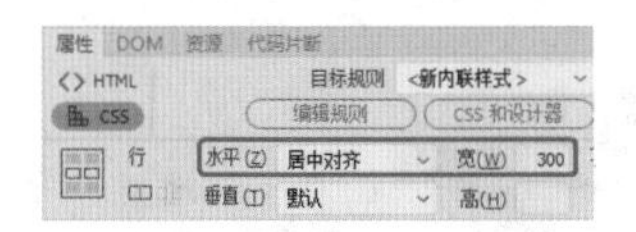

图 3-16　设置表格属性

图 3-17　插入素材图片

知识链接

单元格的属性如下。

（1）【水平】：指定单元格、行或列内容的水平对齐方式。可以将内容对齐到单元格的左侧、右侧或使之居中对齐，也可以指定浏览器使用其默认的对齐方式（通常常规单元格为左对齐，标题单元格为居中对齐）。

（2）【垂直】：指定单元格、行或列内容的垂直对齐方式。可以将内容对齐到单元格的顶端、中间、底部或基线，或者指示浏览器使用其默认的对齐方式（通常是中间）。

（3）【宽】和【高】：设置所选单元格的宽度和高度，以像素为单位或按整个表格宽度或高度的百分比指定。若要指定百分比，请在值后面使用百分比符号 (%)。若要让浏览器根据单元格的内容以及其他列和行的宽度和高度确定适当的宽度或高度，请将此域留空（默认设置）。

（15）在上一步插入图片表格的下方空白区域单击，按 Ctrl+Alt+T 组合键，弹出 Table 对话框，将【行数】和【列】分别设为 1 和 6，将【表格宽度】设为 900 像素，将【边框粗细】、【单元格边距】、【单元格间距】都设为 0，选择创建所有表格，将其【宽】设为 150，如图 3-18 所示。

（16）将光标置于上一步创建的表格第一列中，输入【热歌榜】文字，将【字体】设为【微软雅黑】，将【大小】设为 24px，将【字体颜色】设为 #CCC，如图 3-19 所示。

图 3-18　插入表格

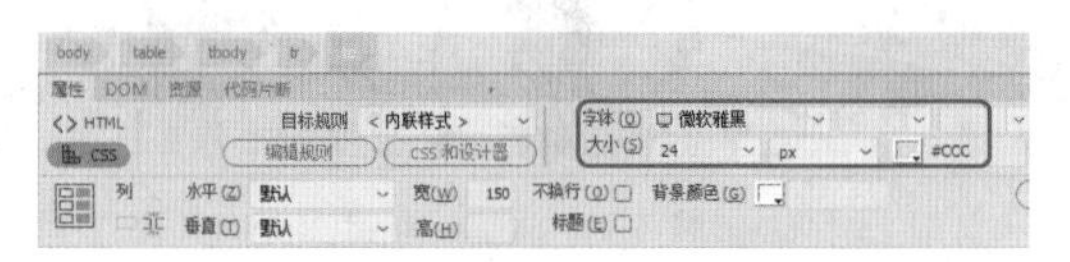

图 3-19　输入文字并设置

（17）使用同样的方法在第 3、5 列中分别输入【新歌榜】和【经典老歌】文字，如图 3-20 所示。

图 3-20　输入文字

（18）对于剩余的列分别插入素材 04.png 文件，效果如图 3-21 所示。

图 3-21　插入图片

（19）在空白区域单击，按 Ctrl+Alt+T 组合键，弹出 Table 对话框，将【行数】和【列】分别设为 1 和 3，将【表格宽度】设为 900 像素，将【边框粗细】、【单元格边距】、【单元格间距】都设为 0，选择所有单元格，将其宽度设为 300，如图 3-22 所示。

图 3-22　插入表格

（20）将光标置于第 1 列单元格中，按 Ctrl+Alt+T 组合键，弹出 Table 对话框，将【行数】和【列】分别设为 10、4，将【表格宽度】设为 100%，将【边框粗细】、【单元格边距】、【单元格间距】都设为 0，如图 3-23 所示。

（21）在场景中选择第 1、3、5、7、9 行，将背景色设为 #333333，效果如图 3-24 所示。

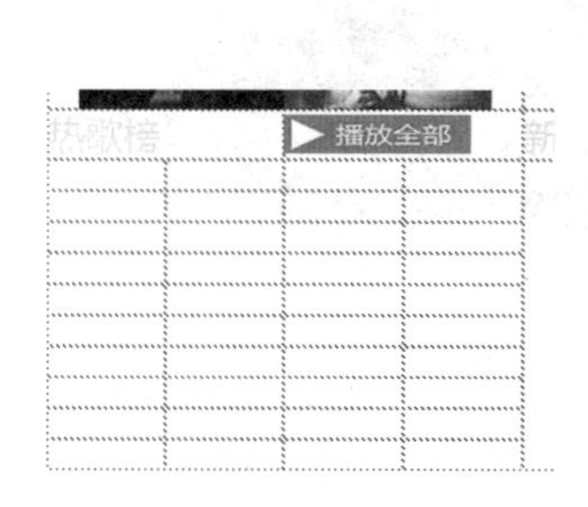

图 3-23　插入表格

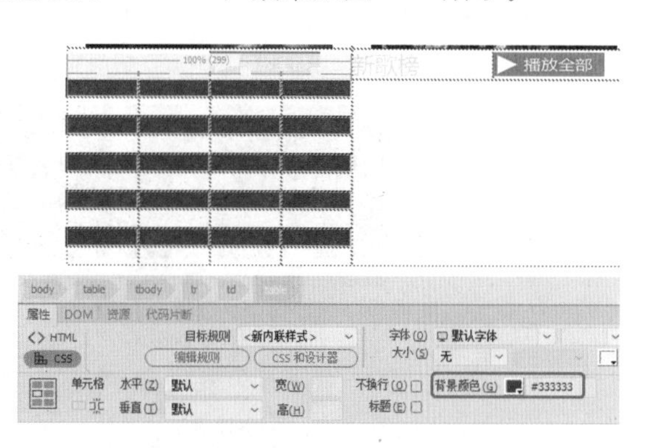

图 3-24　设置颜色

知识链接

默认情况下，浏览器选择行高和列宽的依据是能够在列中容纳最宽的图像或最长的行。这就是为什么当将内容添加到某个列时，该列有时变得比表格中其他列宽得多的原因。

（22）使用前面讲过的方法，在上一步创建的表格内输入文字并插入素材图片，为了便于观察，首先对白色表格填充黑色，完成后的效果如图 3-25 所示。

（23）选择上一步制作的歌单表格，按 Ctrl+C 组合键进行复制，将光标分别置于另外两个单元格中，按 Ctrl+V 组合键进行粘贴，如图 3-26 所示。

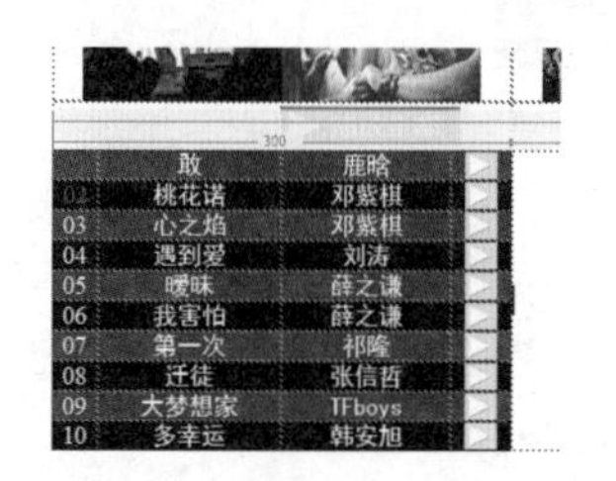

图 3-25　输入文字并插入素材

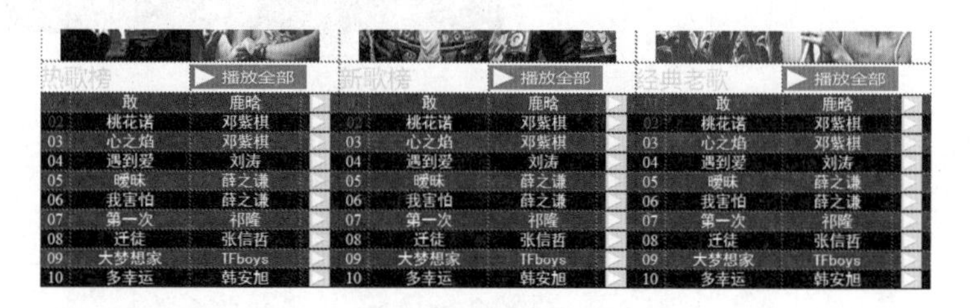

图 3-26　复制表格后的效果

（24）按 Ctrl+Alt+T 组合键，弹出 Table 对话框，将【行数】和【列】分别设为 1 和 3，将【表格宽度】设为 900 像素，将【边框粗细】、【单元格边距】、【单元格间距】都设为 0，并将其【宽度】

设为 300，如图 3-27 所示。

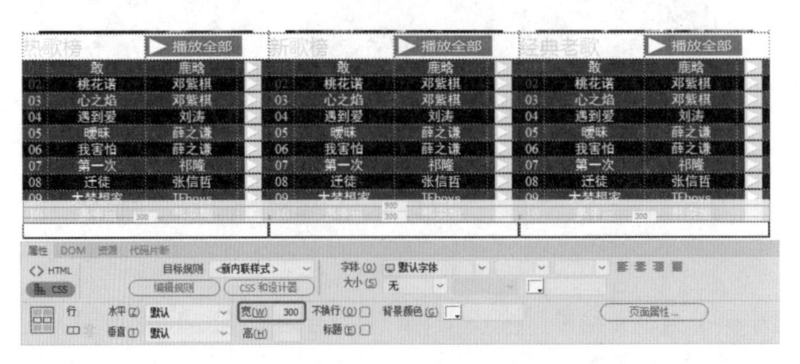

图 3-27　创建表格

(25) 选择上一步创建的三个单元格，并在每个单元格中输入【完整榜单 >>】，将【字体】设为【微软雅黑】，将【字体大小】设为 16px，将【字体颜色】设为 #CCC，配合空格键进行设置，效果如图 3-28 所示。

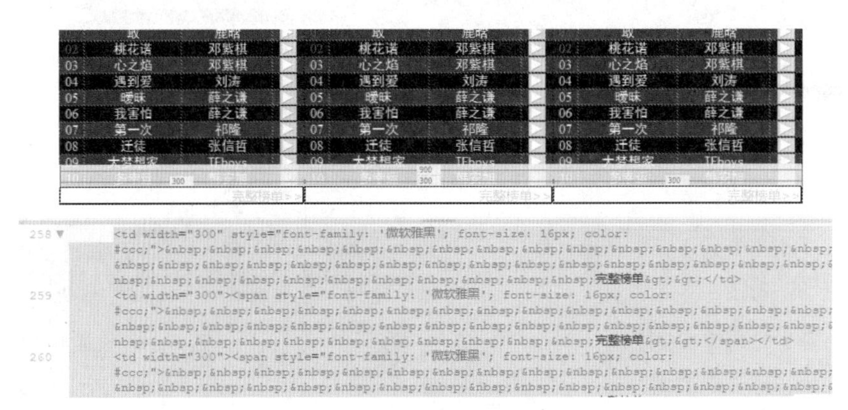

图 3-28　输入文字

提 示

在文字的前面输入“ ”代码，可以输入空格。

(26) 再次插入 1 行 1 列的单元格，【表格宽度】设为 900 像素，并在单元格中输入文字“爱听音乐区”，将【字体】设为【微软雅黑】，将【大小】设为 24px，将【字体颜色】设为 #999，如图 3-29 所示。

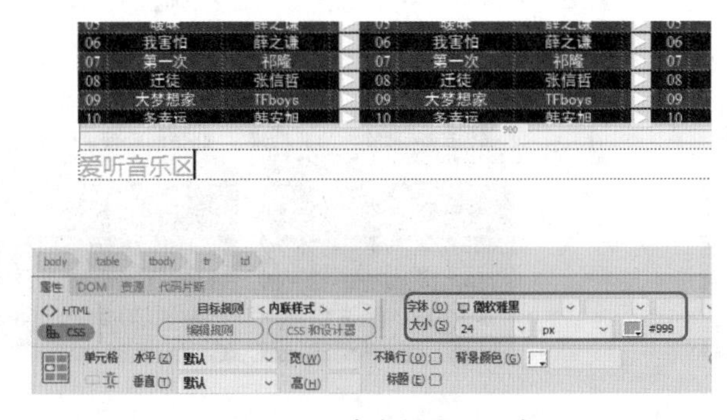

图 3-29　创建表格输入文字

(27) 将光标置于文字的后面，在菜单栏中执行【插入】| HTML |【水平线】命令，这样就可以插入水平线，单击【实时视图】按钮，预览效果如图 3-30 所示。

图 3-30　插入水平线

（28）文档线空白处单击，并插入 1 行 4 列的表格，【表格宽度】设为 900 像素，选择创建的 4 个表格，在 CSS 属性栏中将【水平】设为【居中对齐】，将【宽】设为 225，并在每个表格中插入相应的素材图片，如图 3-31 所示。

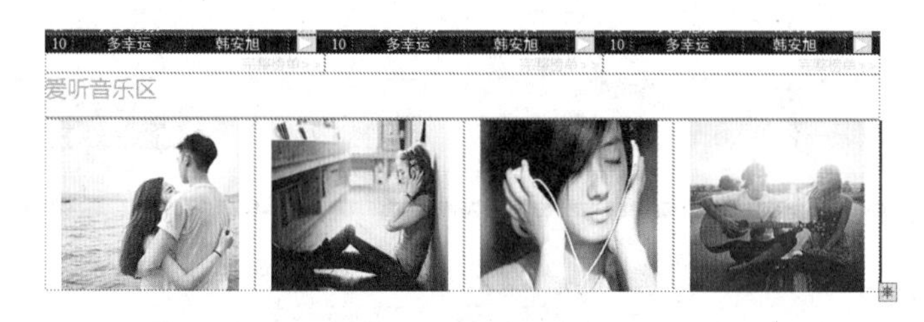

图 3-31　创建表格并插入素材图片

（29）将光标置于文档的最下端，按 Ctrl+Alt+T 组合键，插入 2 行 4 列的表格，将【表格宽度】设为 900 像素，选择所有的表格，在属性栏中将【水平】设为【居中对齐】，将【宽】设为 225，如图 3-32 所示。

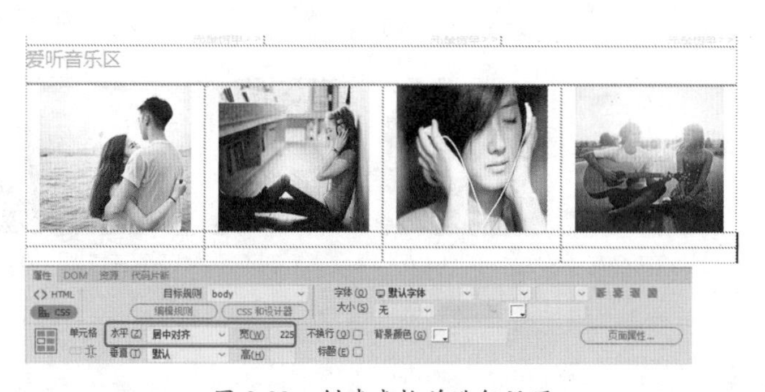

图 3-32　创建表格并进行设置

（30）在第 1 行单元格中输入相应的文字，将【字体】设为【微软雅黑】，【大小】设为 18px，【字体颜色】设为 #F0F，完成后的效果如图 3-33 所示。

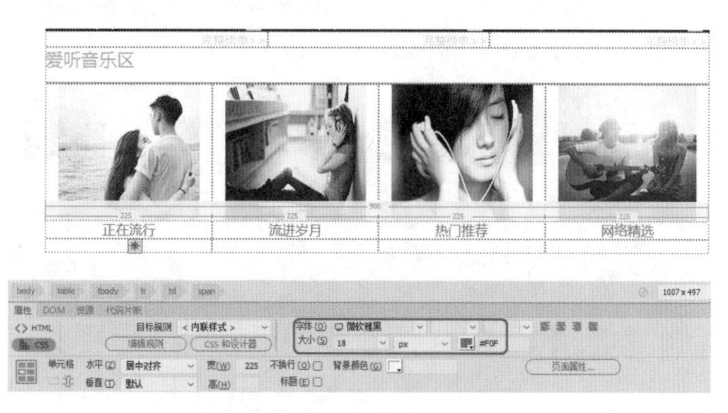

图 3-33　输入文字并进行设置

知识链接

微软雅黑是美国微软公司委托中国北大方正电子有限公司设计的一款全面支持 ClearType 技术的字体。Monotype 公司负责字体 Hinting 工作。它属于 OpenType 类型，文件名是 MSYH.TTF，字体设计上属于无衬线字体和黑体。该字体家族还包括“微软雅黑 Bold”（粗体），文件名为 MSYHBD.TTF。这个粗体不是单纯地将普通字符加粗，而是在具体笔画上分别进行处理，因此是独立的一个字体。微软雅黑随简体中文版 Windows Vista 一起发布，是 Windows Vista 默认字体。另外，Microsoft Office 2007 简体中文版也附带这个字体。

（31）在第二行配合空格键输入文字，将【字体】设为【微软雅黑】，将【大小】设为 12px，将【字体颜色】设为 #FFF，为了便于观察，先将表格的背景设为黑色，效果如图 3-34 所示。

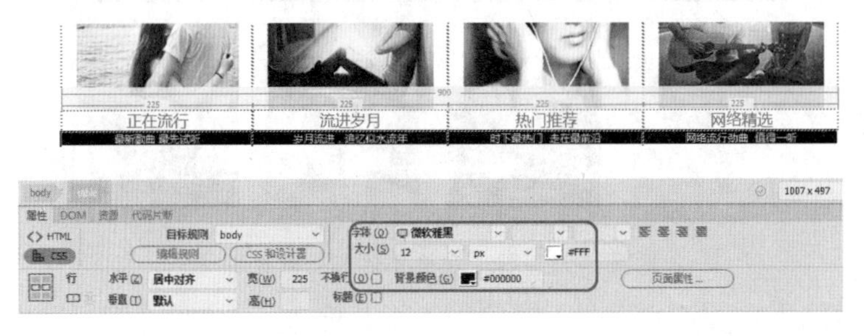

图 3-34　输入文字

（32）将光标置于文档的最底层，插入一个 1 行 1 列的表格，表格宽度设为 900 像素，选择插入的表格，在 CSS 属性栏中将【水平】设为【居中对齐】，将【高】设为 20，如图 3-35 所示。

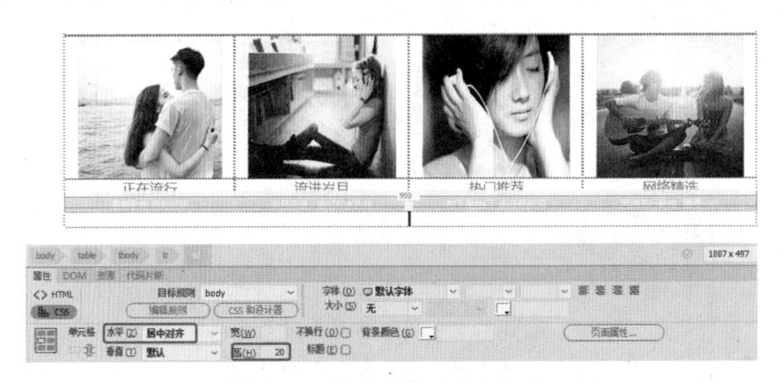

图 3-35　创建表格并进行设置

（33）将光标置于表格中，按住 Shift 键，然后按 Enter 键将光标向下移动一个字符，之后输入文字，将【字体】设为【微软雅黑】，将【大小】设为 14px，将【字体颜色】设为 #999，如图 3-36 所示。

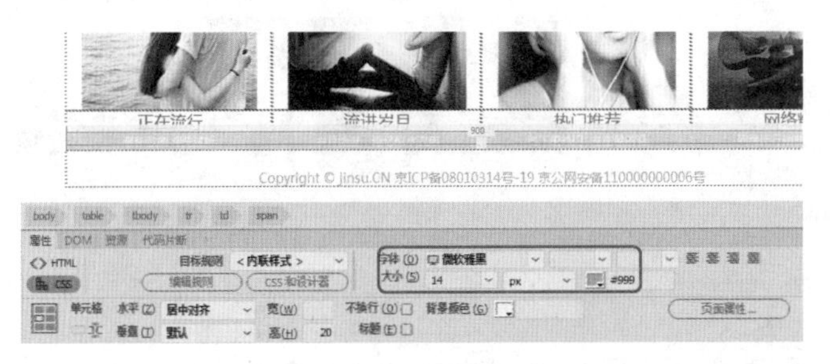

图 3-36　输入文字并进行设置

(34) 在 CSS 属性栏中单击【页面属性】按钮，在弹出的【页面属性】对话框中，选择【分类】列表框中的【外观（CSS）】，将【背景颜色】设为黑色，单击【确定】按钮，完成后的效果如图 3-37 所示。

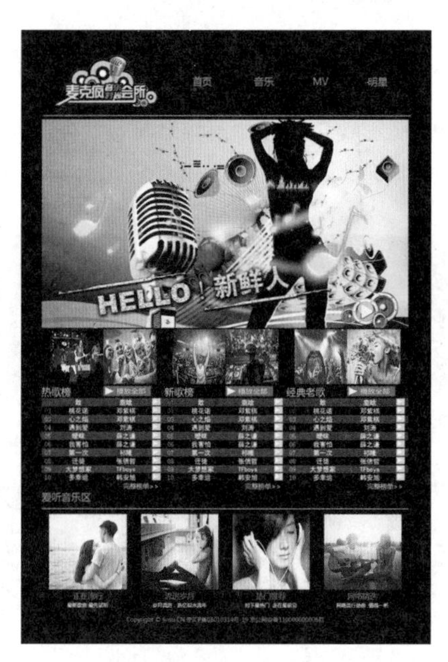

图 3-37 最终效果

案例精讲 031 速播电影网页的设计【视频案例】

本例将讲解如何制作电影网页，其中主要应用了表格、鼠标经过图像和水平线的应用，具体操作方法请参考光盘中的视频文件，完成后的效果如图 3-38 所示。

案例文件：CDROM \ 场景 \ Cha03 \ 速播电影网页设计 .html

视频文件：视频教学 \ Cha03 速播电影网页设计 .avi

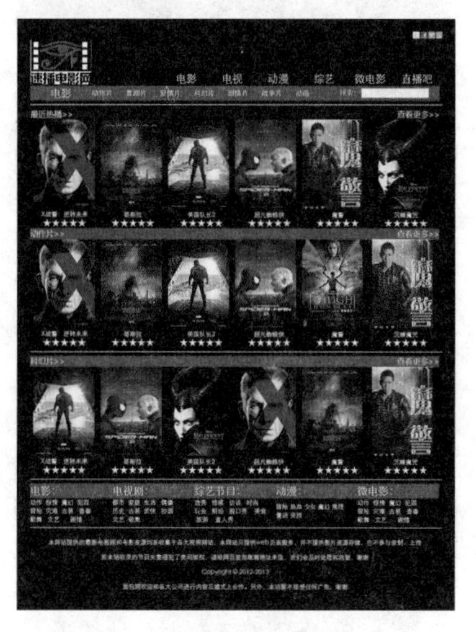

图 3-38 速播电影网页的设计效果

案例精讲 032　嘟嘟交友网页的设计【视频案例】

本例将介绍交友网站主页设计，在制作过程中主要应用了表格、Div 以及一些背景的设置，具体操作方法请参考光盘中的视频文件，完成后的效果如图 3-39 所示。

案例文件：CDROM \ 场景 \ Cha03 \ 嘟嘟交友网页设计 .html

视频文件：视频教学 \ Cha03 \ 嘟嘟交友网页设计 .avi

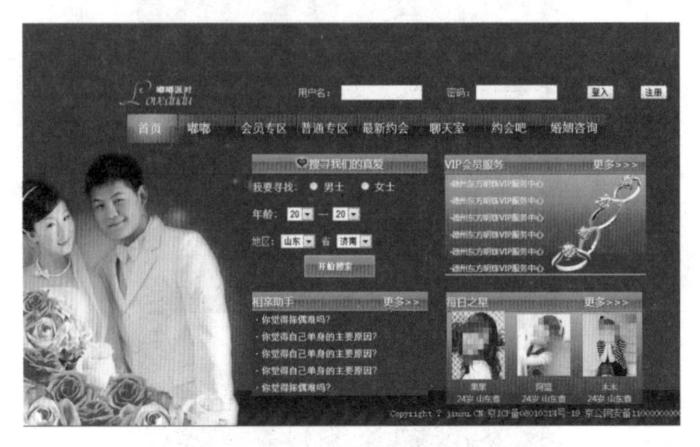

图 3-39　嘟嘟交友网页的设计效果

案例精讲 033　媚图吧网页的设计【视频案例】

本例将介绍媚图吧网页的制作过程，主要讲解了 Div 的应用，其中还介绍了如何设置单元格背景。具体操作方法请参考光盘中的视频文件，完成后的效果如图 3-40 所示。

案例文件：CDROM \ 场景 \ Cha03 \ 媚图吧网页设计 .html

视频文件：视频教学 \ Cha03 \ 媚图吧网页设计 .avi

图 3-40　媚图吧网页的设计效果

案例精讲 034 下载吧网页的设计

本例将介绍下载吧网页设计的制作过程，主要讲解了表格和 Div 的应用，其中还介绍了如何设置 Div 的背景图像和插入图片的方法。具体操作方法如下，完成后的效果如图 3-41 所示。

案例文件：CDROM \ 场景 \ Cha03 \ 下载吧网页设计 .html
视频文件：视频教学 \ Cha03 \ 下载吧网页设计 .avi

图 3-41　下载吧网页的设计效果

（1）启动软件后，新建一个 HTML 文档，新建文档后，单击【页面属性】按钮，在弹出的【页面属性】对话框中，将【文本颜色】设置为 #FFFF00，【左边距】和【右边距】都设置为 13px，【上边距】和【下边距】都设置为 0，然后单击【确定】按钮，如图 3-42 所示。

（2）按 Ctrl+Alt+T 组合键，弹出的 Table 对话框，将【行数】设置为 8，【列】设为 1，将【表格宽度】设为 1000 像素，然后单击【确定】按钮，如图 3-43 所示。

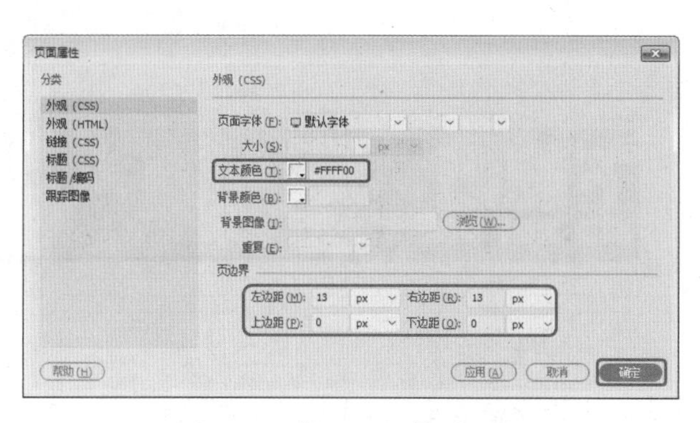

图 3-42　【页面属性】对话框

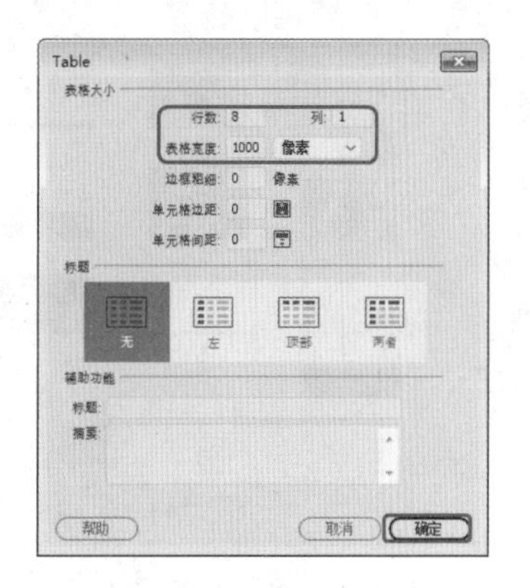

图 3-43　Table 对话框

(3) 选中第 1 行单元格，在【属性】面板中将【高】设置为 148，如图 3-44 所示。

(4) 单击【拆分】按钮，在 <td> 标签中输入代码，插入随书附带光盘中的"CDROM\素材\Cha03\下载吧网页设计\10.png"素材文件，如图 3-45 所示。

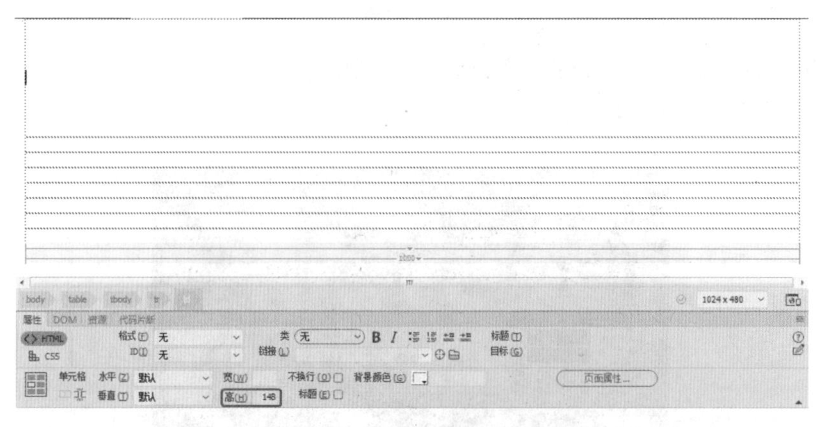

图 3-44　设置单元格【高】

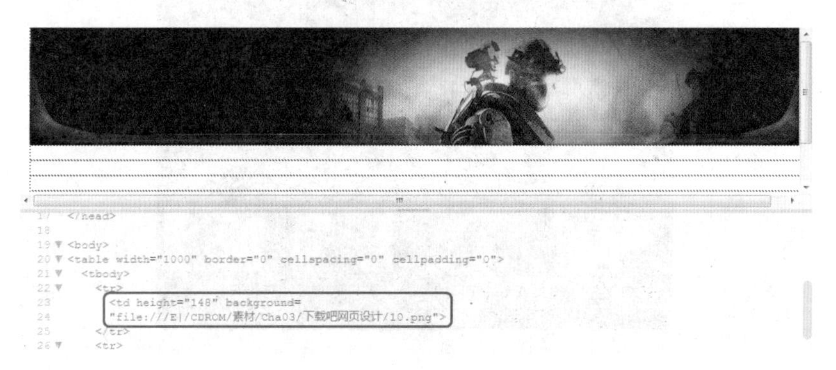

图 3-45　输入代码

(5) 单击【设计】按钮，将光标插入第 1 行单元格中，然后按 Ctrl+Alt+I 组合键，弹出【选择图像源文件】对话框，选择随书附带光盘中的"CDROM\素材\Cha03\下载吧网页设计\11.png"素材文件，单击【确定】按钮，如图 3-46 所示。插入图片后的效果如图 3-47 所示。

图 3-46　选择素材图片

图 3-47　插入素材图片效果

(6) 将第2行单元格拆分为3列，将第1列和第3列的【宽】都设置为25，将第2列的【宽】设置为950、【高】设置为62，如图3-48所示。

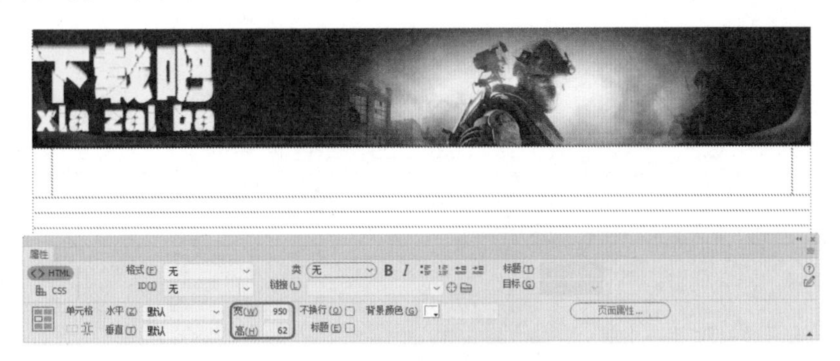

图 3-48 设置单元格

(7) 单击【拆分】按钮，在<td>标签中输入代码，插入随书附带光盘中的"CDROM\素材\Cha03\下载吧网页设计\12.png"素材文件，如图3-49所示。

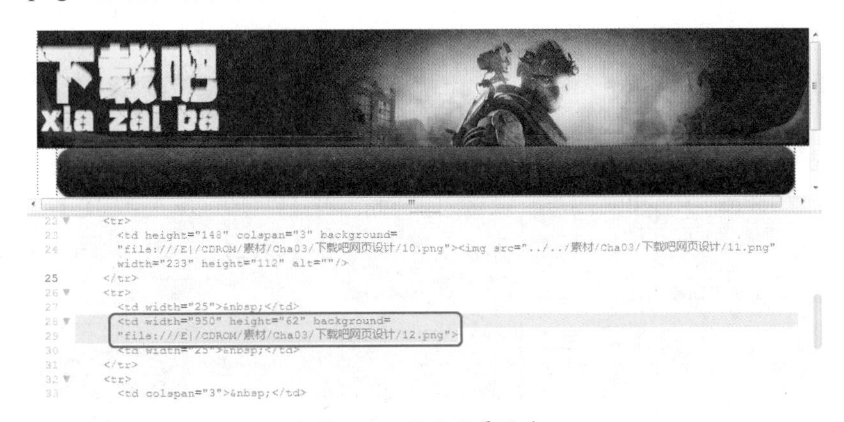

图 3-49 设置背景图片

(8) 单击【设计】按钮，将第2列单元格的【垂直】设置为居中，然后输入文字，将【字体】设置为微软雅黑，【大小】设置为14，将【字体颜色】设置为#FFFF00，如图3-50所示。

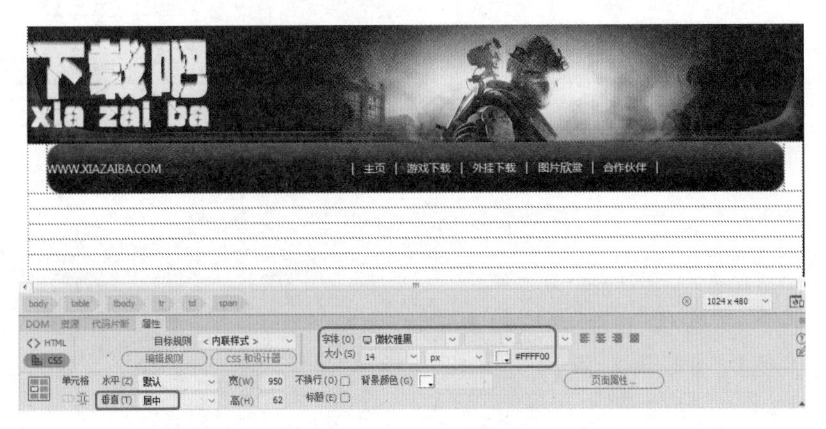

图 3-50 输入文字

(9) 将光标插入第3行单元格中，将【高】设置为200，如图3-51所示。

(10) 将光标插入第3行单元格中，在菜单栏中选择【插入】| Div命令，在弹出的【插入Div】对话框中，将ID设置为div01，如图3-52所示。

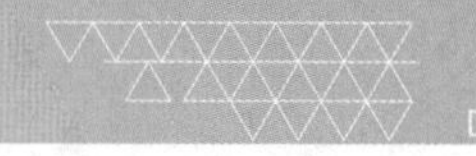

图 3-51　设置单元格

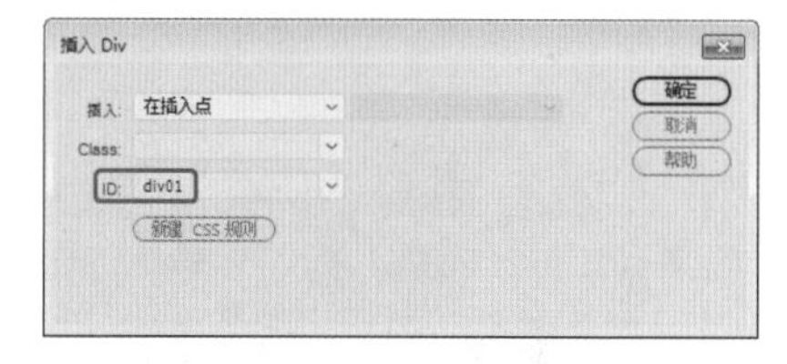

图 3-52　【插入 Div】对话框

(11) 然后单击【新建 CSS 规则】按钮，在弹出的【新建 CSS 规则】对话框中，使用默认参数，然后单击【确定】按钮，如图 3-53 所示。

注意

在【插入 Div】对话框中，【在插入点】表示光标所在的位置。

(12) 在弹出的对话框中，将【分类】选择为【定位】，然后将 Position（定位）设置为 absolute，Width（宽度）设置为 258px，Height（高度）设置为 195px，将【Placement（布局）】选项组中的 Top（上坐标）设置为 215px，Left（左坐标）设置为 13px，然后单击【确定】按钮，如图 3-54 所示。

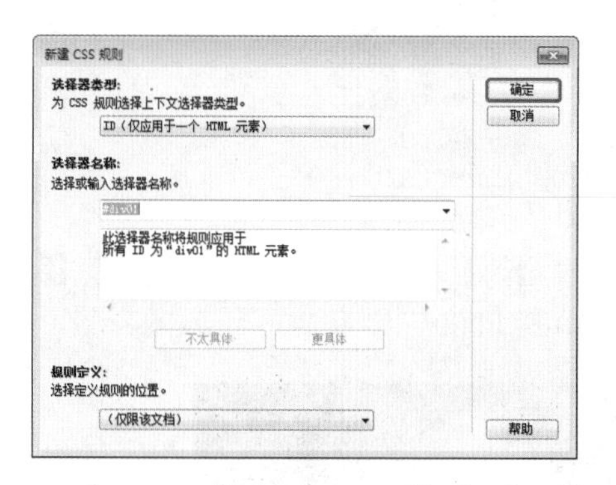

图 3-53　【新建 CSS 规则】对话框

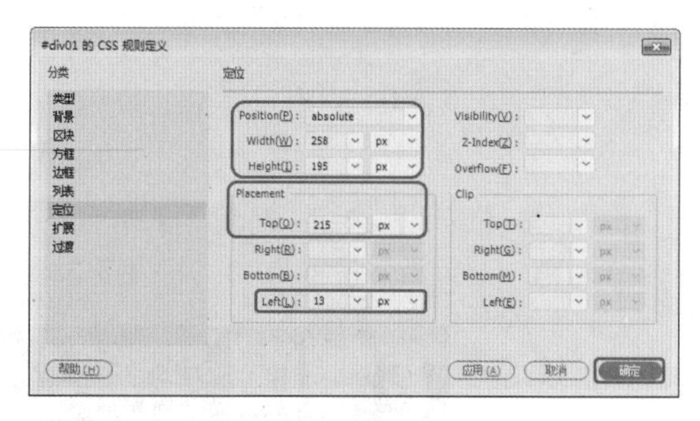

图 3-54　设置【定位】

知识链接

Position（定位）下拉列表框：确定浏览器应如何定位选定的元素，如下所示。

(1) absolute（绝对的）选项：使用定位框中输入的、相对于最近的绝对或相对定位上级元素的坐标（如果不存在绝对或相对定位的上级元素，则为相对于页面左上角的坐标）来放置内容。

(2) fixed（固定的）选项：使用定位框中输入的、相对于区块在文档文本流中的位置的坐标来放置内容区块。例如，若为元素指定一个相对位置，并且其上坐标（Top）和左坐标（Left）均为 20px，则将元素从其在文本流中的正常位置向右和向下移动 20px。也可以在使用（或不使用）上坐标（Top）、左坐标（Left）、右坐标（Right）或下坐标（bottom）的情况下对元素进行相对定位，以便为绝对定位的子元素创建一个上下文。

(3) relative(相对的)选项:使用定位框中输入的坐标(相对于浏览器的左上角)来放置内容。当用户滚动页面时,内容将在此位置保持固定。

(4) static(静止的)选项:将内容放在其在文本流中的位置。这是所有可定位的HTML元素的默认位置。

Placement(布局)选项组:指定内容块的位置和大小。浏览器如何解释位置取决于【类型】设置。如果内容块的内容超出指定的大小,则将改写大小值。位置和大小的默认单位是像素。还可以指定以下单位:pc(皮卡)、pt(点)、in(英寸)、mm(毫米)、cm(厘米)、em(全方)、(ex)或%(父级值的百分比)。缩写必须紧跟在值之后,中间不留空格,如3mm。

(13) 返回到【插入Div】对话框,然后单击【确定】按钮,在页面中插入Div。选中插入的div01,在【属性】面板中单击【浏览文件】按钮,弹出【选择图像源文件】对话框,选择随书附带光盘中的"CDROM\素材\Cha03\下载吧网页设计\13.png"素材文件,将其设置为div01的背景图像,如图3-55所示。

(14) 将div01中的文字删除,然后插入一个2行1列的表格,将【表格宽度】设置为100%,如图3-56所示。

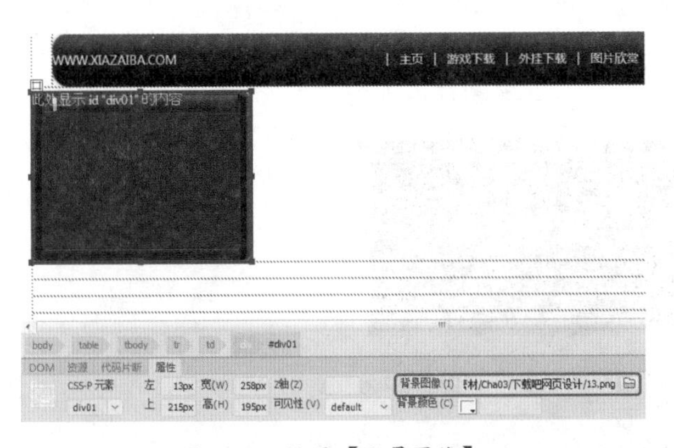

图3-55 设置【背景图像】

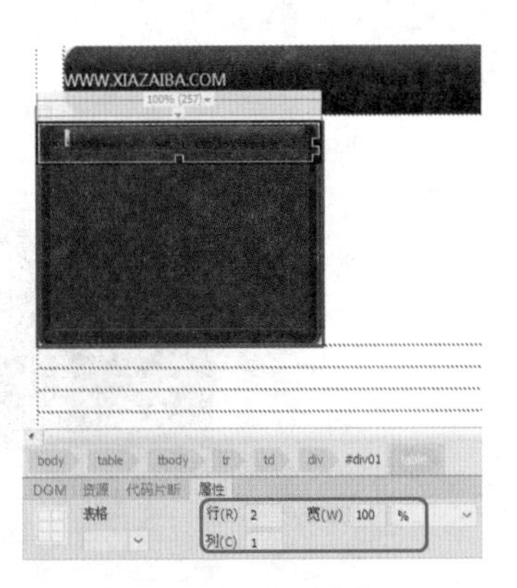

图3-56 插入表格

(15) 将选中插入的两行单元格,将【水平】设置为居中对齐,然后将第1行单元格的【高】设置为25,第2行单元格的【高】设置为150,如图3-57所示。

(16) 在第一行单元格中输入文字,将【字体】设置为微软雅黑,【大小】设置为18px,如图3-58所示。

(17) 在第二行单元格中输入文字,将【字体】设置为微软雅黑,【大小】设置为16px,如图3-59所示。

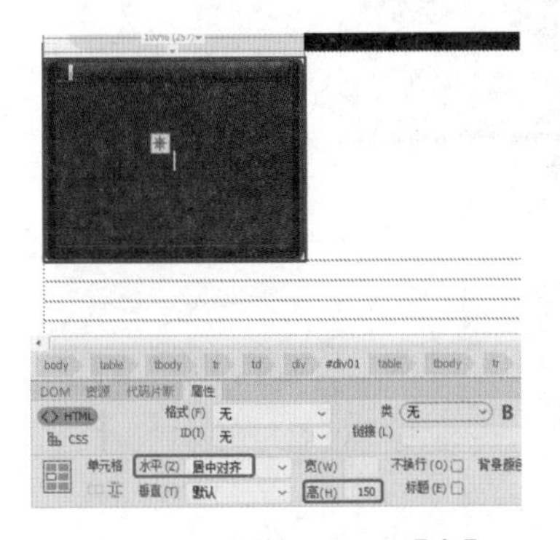

图3-57 设置单元格的【高】

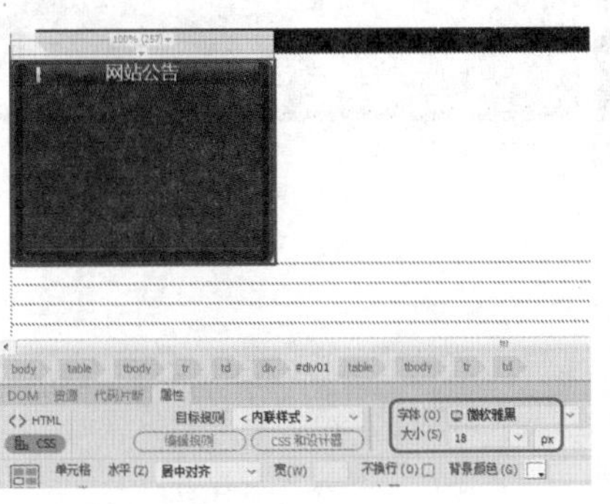

图3-58 输入文字并设置(1)

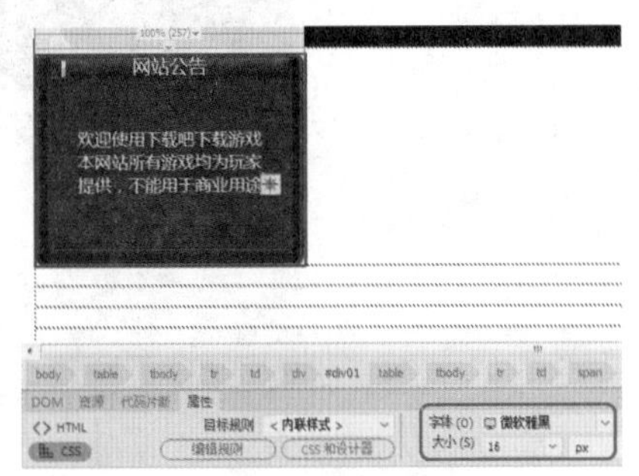

图3-59 输入文字并设置(2)

（18）使用相同的方法插入新的 Div，将其命名为 div02，【宽】设置为 685px，【高】设置为 195px，【左】设置为 284px，【上】设置为 214px，如图 3-60 所示。

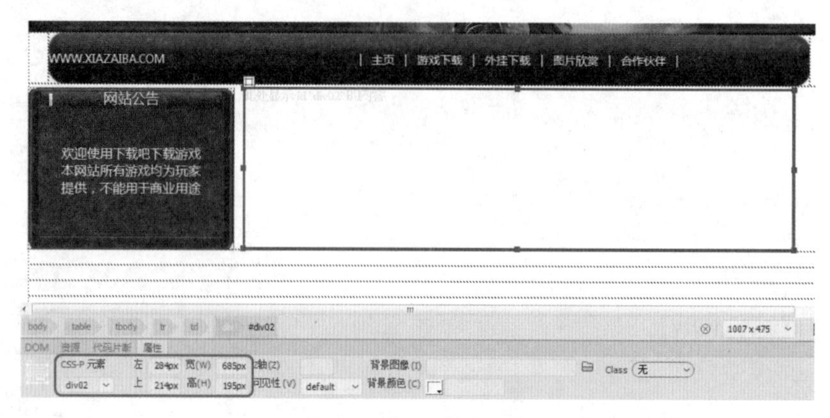

图 3-60　插入【div02】

（19）单击【浏览文件】按钮，弹出【选择图像源文件】对话框，选择随书附带光盘中的"CDROM\素材\Cha03\下载吧网页设计\14.png"素材文件，将其设置为 div02 的背景图像，如图 3-61 所示。

（20）将 div02 中的文字删除，将【水平】设置为居中对齐，【垂直】设置为居中。然后按 Ctrl+Alt+I 组合键，弹出【选择图像源文件】对话框，选择随书附带光盘中的"CDROM\素材\Cha03\下载吧网页设计\15.png"素材文件，单击【确定】按钮，插入素材图片，如图 3-62 所示。

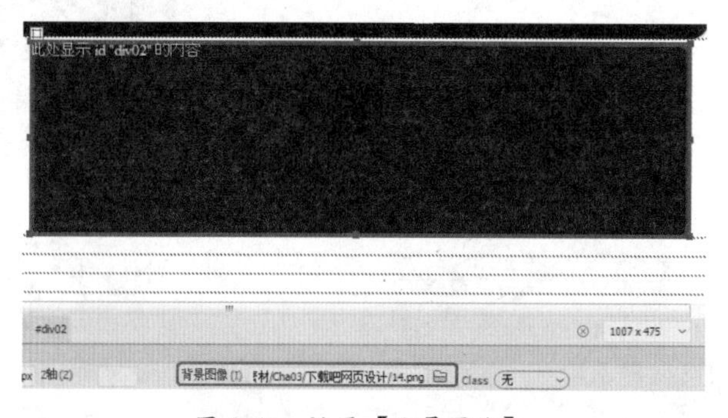

图 3-61　设置【背景图像】

图 3-62　插入素材图片

（21）将光标插入下一行单元格中，将【高】设置为22。然后单击【拆分】按钮，在<td>标签中输入代码，插入随书附带光盘中的"CDROM\素材\Cha03\下载吧网页设计\16.png"素材文件，如图3-63所示。

图3-63 设置单元格背景图片

（22）然后单击【设计】按钮，在单元格中输入文字，将【字体】设置为微软雅黑，【大小】设置为18px，如图3-64所示。

（23）将光标插入下一行单元格中，将【高】设置为270，如图3-65所示。

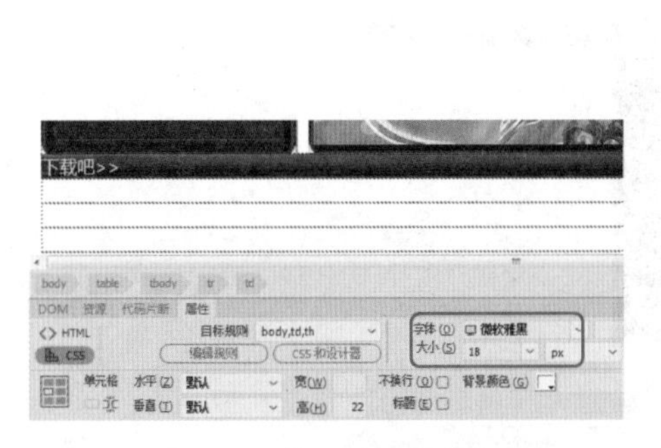

图3-64 输入并设置文字

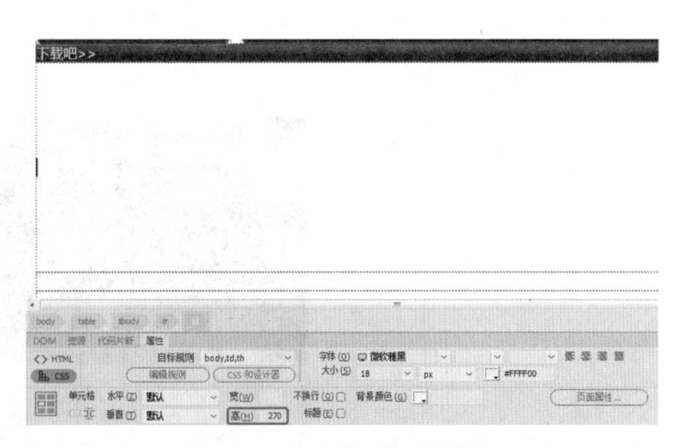

图3-65 设置单元格的【高】

（24）使用相同的方法插入新的Div，将其命名为div03，【宽】设置为471px，【高】设置为268px，【左】设置为13px，【上】设置为435px，如图3-66所示。

（25）将div03中的文字删除，然后插入一个3行4列的表格，将【宽】设置为100%，如图3-67所示。

图3-66 插入div03

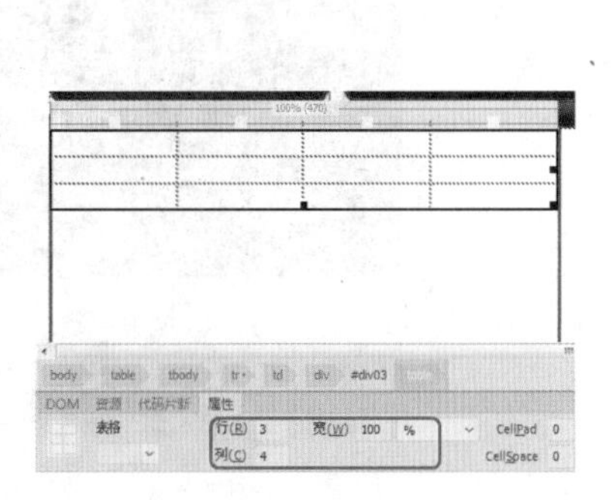

图3-67 插入表格

（26）选中所有单元格，将其【宽】设置为 117，【高】设置为 89，【水平】设置为【居中对齐】，【垂直】设置为【居中】，如图 3-68 所示。

（27）参照前面的操作方法插入素材图片并输入文字，如图 3-69 所示。

图 3-68　设置单元格

图 3-69　插入素材图片并输入文字

（28）选中 div03，将其【背景图像】设置为随书附带光盘中的"CDROM\ 素材 \Cha03\ 下载吧网页设计 \ 17.png"素材文件，如图 3-70 所示。

图 3-70　设置【背景图像】

（29）使用相同的方法插入新的 Div，将其命名为 div04，【宽】设置为 471px，【高】设置为 268px，【左】设置为 499px，【上】设置为 435px，如图 3-71 所示。

图 3-71　插入【div04】

（30）参照前面的操作步骤，编辑 div04 中的内容，如图 3-72 所示。

图 3-72　编辑 div04 中的内容

（31）参照前面的操作步骤，设置下一行单元格的背景并输入文字，如图 3-73 所示。

图 3-73　设置单元格背景并输入文字

（32）将光标插入下一行单元格中，将其【高】设置为 308，如图 3-74 所示。

（33）使用相同的方法插入新的 Div，将其命名为 div05，【宽】设置为 955px，【高】设置为 308px，【左】设置为 13px，【上】设置为 725px，如图 3-75 所示。

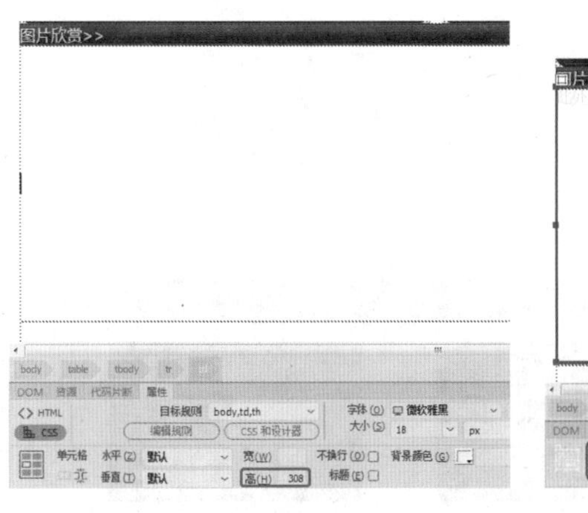

图 3-74　设置单元格的【高】

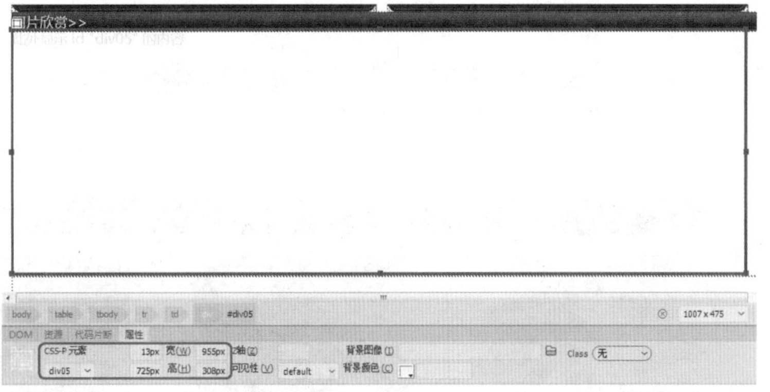

图 3-75　设置 div 的参数

（34）删除 div05 中的文字，在 div05 中插入一个 2 行 4 列表格，将其【宽】设置为 100%，如图 3-76 所示。

（35）选中所有单元格，在【属性】面板中将【水平】设置为【居中对齐】，【垂直】设置为【居中】，【宽】设置为 238，【高】设置为 154，如图 3-77 所示。

（36）参照前面的操作步骤，插入素材图片，如图 3-78 所示。

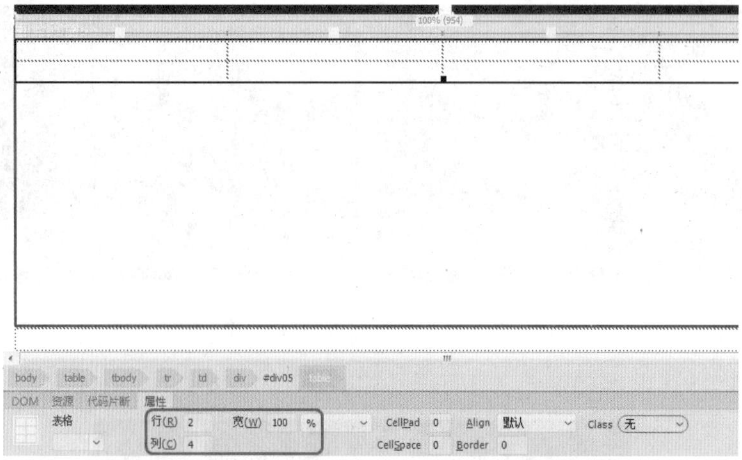

图 3-76　插入表格

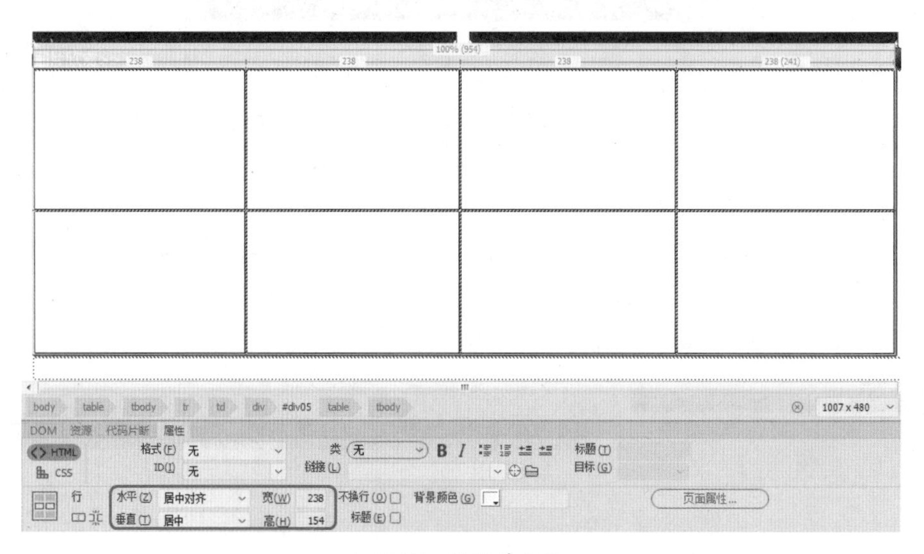

图 3-77　设置单元格

图 3-78　插入素材图片

(37) 选中 div05，将其【背景图像】设置为随书附带光盘中的“CDROM\ 素材 \Cha03\ 下载吧网页设计 \ 18.png”素材文件，如图 3-79 所示。

图 3-79　设置【背景图像】

(38) 在最后一行单元格中插入一个 1 行 1 列的表格，将其【水平】设置为【居中对齐】，【垂直】设置为【居中】，【高】设置为 80，【背景颜色】设置为 #000000，如图 3-80 所示。

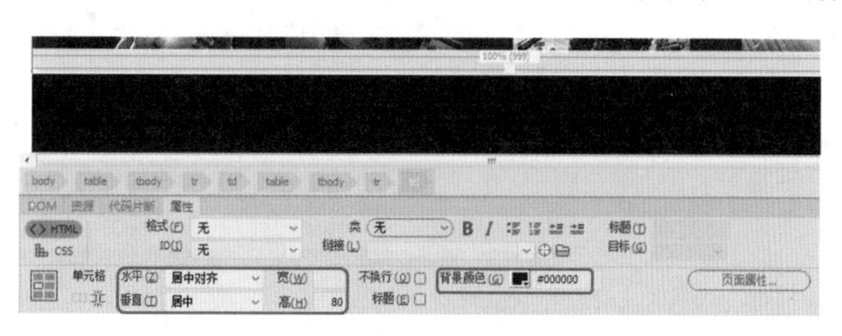

图 3-80　插入表格并设置

(39) 参照前面的操作步骤，在单元格中输入并设置文字，将【字体】设为【微软雅黑】，将【大小】设为 14px，【字体颜色】设为 #999999，如图 3-81 所示。

(40) 在【属性】面板中单击【页面属性】按钮，在弹出的【页面属性】对话框中，将【背景图像】设置为随书附带光盘中的“CDROM\ 素材 \Cha03\ 下载吧网页设计 \ 01.jpg”素材文件，然后单击【确定】按钮，如图 3-82 所示。

图 3-81　输入并设置文字

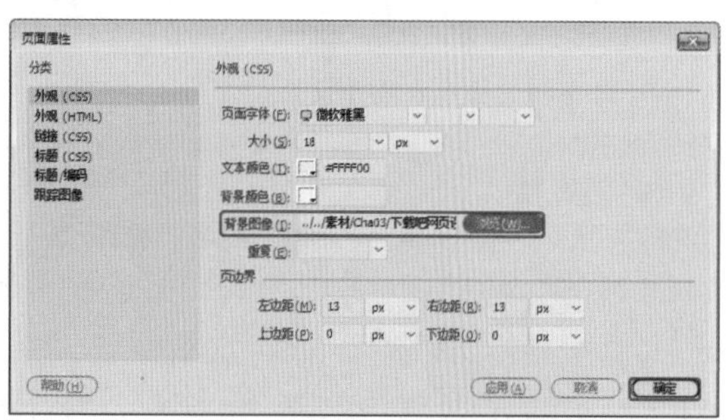

图 3-82　设置【背景图像】

案例精讲 035　网络游戏网页的设计

本例将介绍网络游戏网页的制作过程，主要讲解了表格和 Div 的应用，其中还介绍了如何设置单元格背景和 CSS 样式。具体操作方法如下，完成后的效果如图 3-83 所示。

案例文件：CDROM \ 场景 \ Cha03 \ 网络游戏网页设计 .html

视频文件：视频教学 \ Cha03 \ 网络游戏网页设计 .avi

图 3-83　网络游戏网页的设计效果

(1) 启动软件后，新建一个 HTML 文档，新建文档后，按 Ctrl+Alt+T 组合键，在弹出的 Table 对话框中，将【行数】设置为 2，【列】设为 1，将【表格宽度】设为 1000 像素，将【边框粗细】、【单元格边距】和【单元格间距】设为 0，然后单击【确定】按钮，如图 3-84 所示。

(2) 将光标放置在第 1 行单元格中，在【属性】面板中，将单元格的【高】设置为 450，如图 3-85 所示。

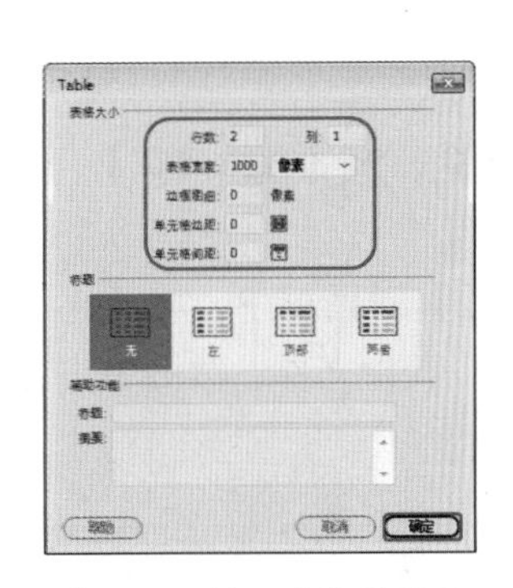

图 3-84　插入表格并设置

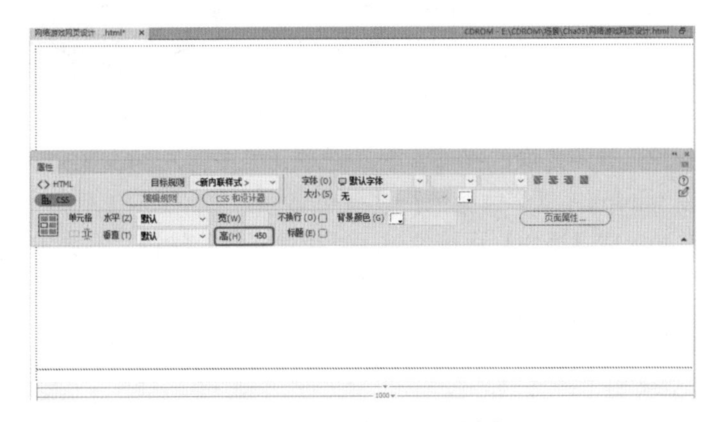

图 3-85　设置单元格的【高】

知识链接

网络游戏：英文名称为 Online Game，又称“在线游戏”，简称“网游”，指以互联网为传输介质，以游戏运营商服务器和用户计算机为处理终端，以游戏客户端软件为信息交互窗口的旨在实现娱乐、休闲、交流和取得虚拟成就的具有可持续性的个体性多人在线游戏。

(3) 单击【拆分】按钮，在 <td> 标签中输入代码，添加随书附带光盘中的"CDROM\ 素材 \Cha03\ 网络游戏网页设计 \ 游戏背景 2.jpg"素材图片，如图 3-86 所示。

(4) 然后单击【设计】按钮，在菜单栏中选择【插入】| Div 命令，在弹出的【插入 Div】对话框中将 ID 设置为 div01，然后单击【新建 CSS 规则】按钮，如图 3-87 所示。

(5) 在弹出的【新建 CSS 规则】对话框中使用默认参数，然后单击【确定】按钮，如图 3-88 所示。

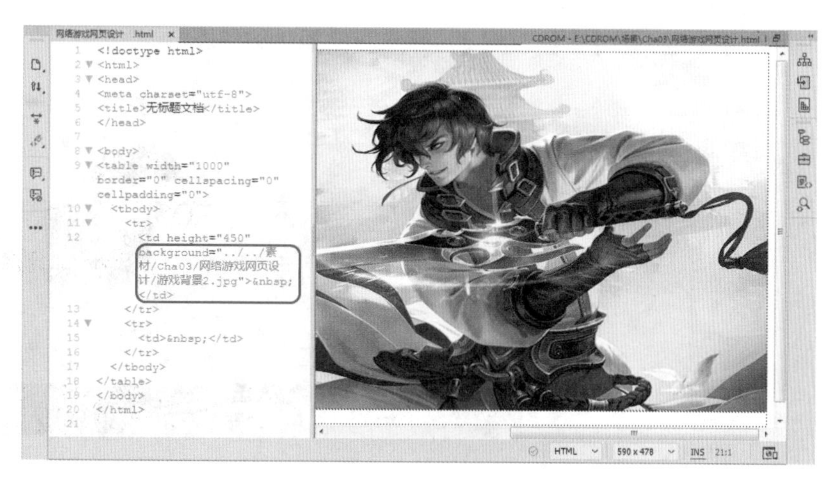

图 3-86 添加背景图片

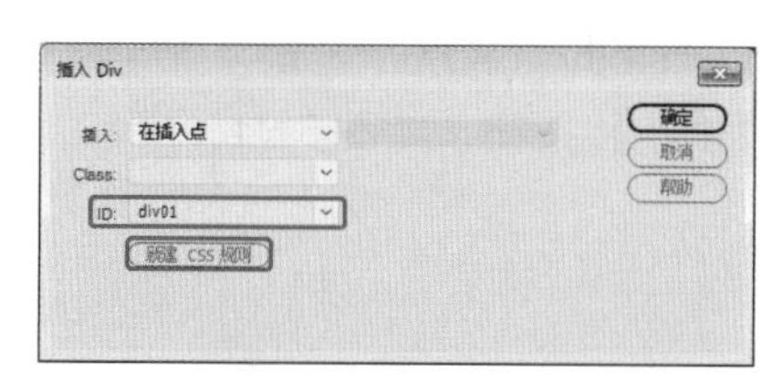

图 3-87 【插入 Div】对话框

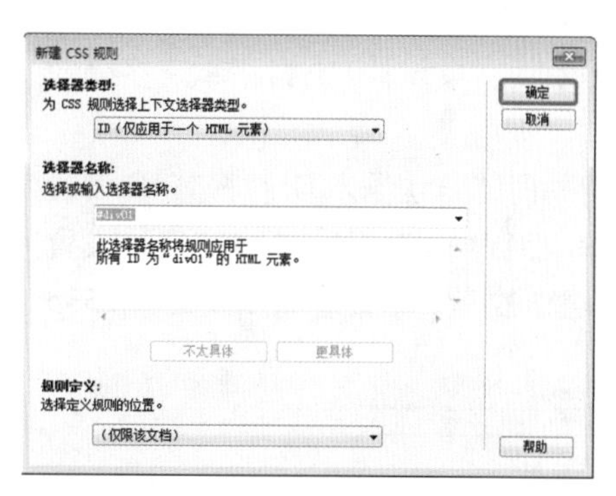

图 3-88 【新建 CSS 规则】对话框

（6）在弹出的对话框中，将【分类】选择为【定位】，然后将 Position（定位）设置为 absolute（绝对的），Width（宽度）设置为 1000px，Height（高度）设置为 117px，将 Placement（布局）选项组中的 Top（上坐标）设置为 130px，然后单击【确定】按钮，如图 3-89 所示。

（7）返回到【插入 Div】对话框，然后单击【确定】按钮，在表格的第 1 行中插入 Div，如图 3-90 所示。

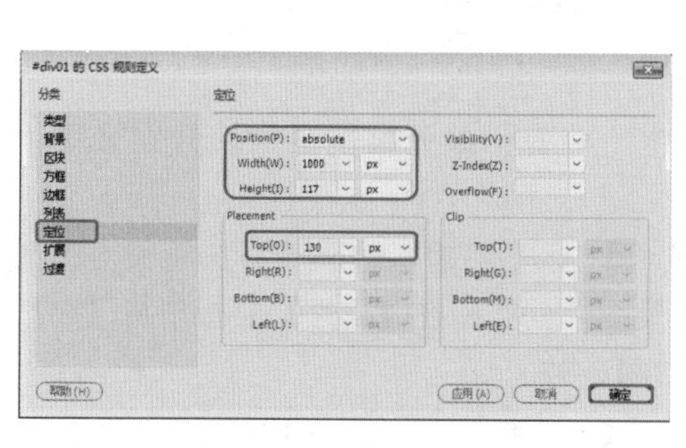

图 3-89 设置【定位】参数

图 3-90 插入 Div

（8）将 div01 中的文字删除，然后选择菜单栏中的【插入】| Table 命令，在弹出的 Table 对话框中将【行数】设置为 1、【列】设为 2，将【表格宽度】设为 1000px，然后单击【确定】按钮，如图 3-91 所示。

（9）将新插入表格的第 1 行的【宽】设置为 406px，如图 3-92 所示。

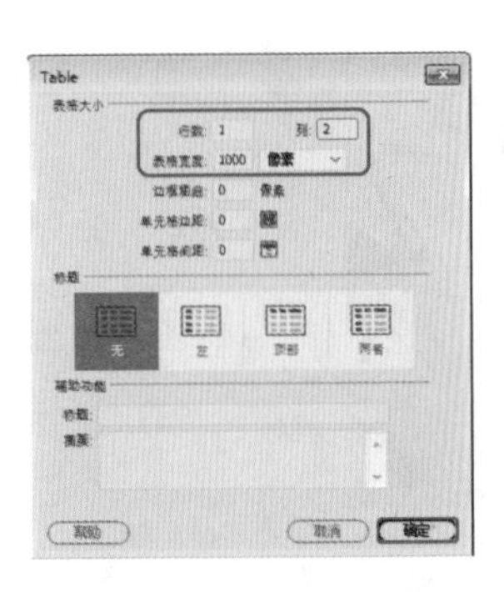

图 3-91　插入表格并设置

图 3-92　设置宽度

（10）按 Ctrl+Alt+I 组合键，弹出【选择图像源文件】对话框，选择随书附带光盘中的"CDROM\素材\Cha03\网络游戏网页设计\王者荣耀文字.png"素材图片，单击【确定】按钮，插入素材图片，如图 3-93 所示。

（11）使用相同的方法插入 Div，将其 ID 设置为 div02，将【分类】选择为【定位】，然后将 Position（定位）设置为 absolute（绝对的），Width（宽度）设置为 1000px，Height（高度）设置为 195px，将 Placement（布局）选项组中的 Top（上坐标）设置为 255px，单击【确定】按钮，如图 3-94 所示。

图 3-93　选择图像素材文件

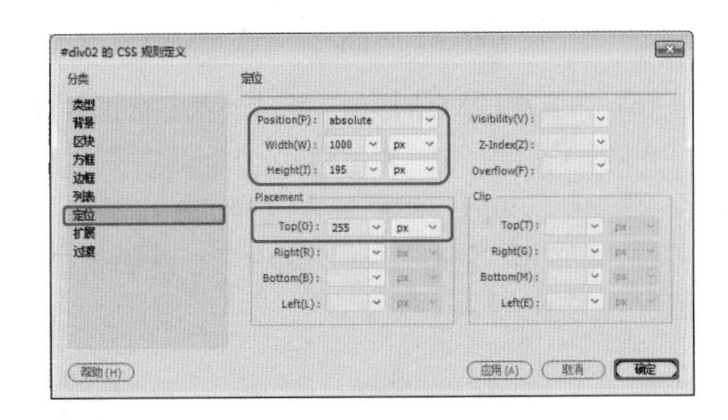

图 3-94　设置 div 参数

（12）插入 Div 后的效果如图 3-95 所示。

（13）然后插入一个 1 行 3 列的表格，在【属性】面板中，将各个单元格的【宽】分别设置为 480、40、480，如图 3-96 所示。

（14）将光标插入第 2 列表格中，单击【拆分】按钮，在 <td> 标签中输入代码，添加随书附带光盘中的"CDROM\素材\Cha03\网络游戏网页设计\01.png"背景图片，然后在【属性】面板中将【高】设置为 196，【水平】设置为左对齐，【垂直】设置为顶端，如图 3-97 所示。

图 3-95　插入 Div 后的效果

图 3-96　插入表格

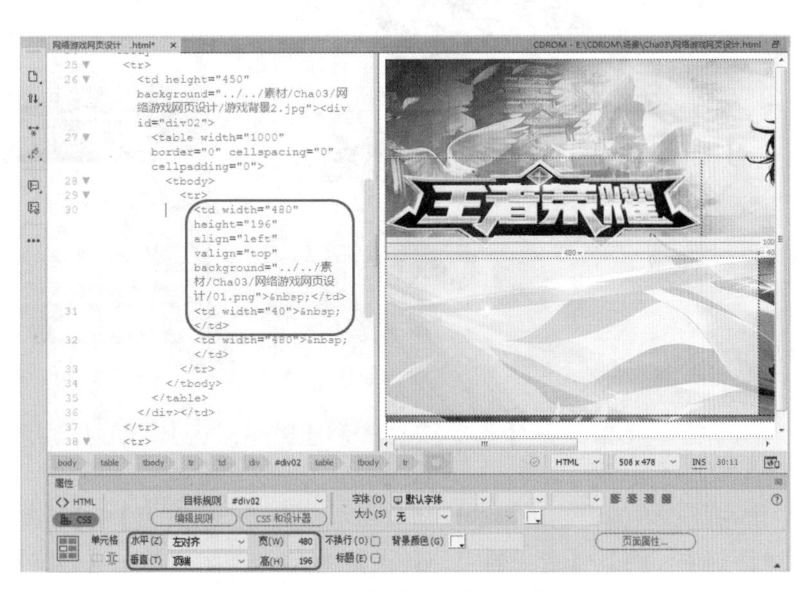

图 3-97　插入素材图片并设置单元格

技 巧

除了上述输入代码的方法外，用户还可以将光标置于 td 的后面按空格键，在弹出的快捷菜单中选择 background 并双击，在弹出的菜单中单击【浏览】按钮，在弹出对话框中选择相应的素材文件。

（15）然后单击【设计】按钮，按 Ctrl+Alt+T 组合键，插入一个 7 行 1 列的表格，如图 3-98 所示。

（16）将第 1 行拆分为两列，并将第 1 行第 1 列的单元格设置为 68×48，然后插入随书附带光盘中的〞CDROM\ 素材 \Cha03\ 网络游戏网页设计 \02.png〝素材图片，如图 3-99 所示。

图 3-98　插入表格

图 3-99　插入图片

（17）在第 1 行第 2 列单元格中输入文本，选中输入的文本，在【属性】面板中将【垂直】设置为【居中】，单击 CSS 按钮，将【字体】设置为隶书，【大小】设置为 20pt，【字体颜色】设置为黑色，如图 3-100 所示。

（18）选中输入的文本并右击，在弹出的快捷菜单中选择【样式】|【下划线】命令，如图 3-101 所示。

图 3-100　输入文本

图 3-101　设置下划线

（19）选中剩余的 6 行单元格，将【水平】设置为【居中对齐】，然后输入文本，如图 3-102 所示。

（20）在文档中单击鼠标右键，在弹出的快捷菜单中选择【CSS 样式】|【新建】命令，在弹出的【新建 CSS 规则】对话框中，将其【选择器名称】设置为 text1，然后单击【确定】按钮，如图 3-103 所示。

（21）在弹出【类型】对话框中，将 Font-family（字体）设置为【宋体】，Font-size（字号）设置为 12px，Color（颜色）设置为 #191970，然后单击【确定】按钮，如图 3-104 所示。

图 3-102　输入文本

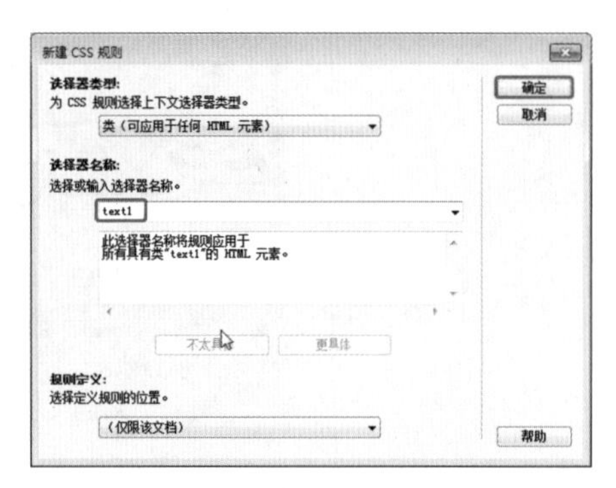

图 3-103　【新建 CSS 规则】对话框

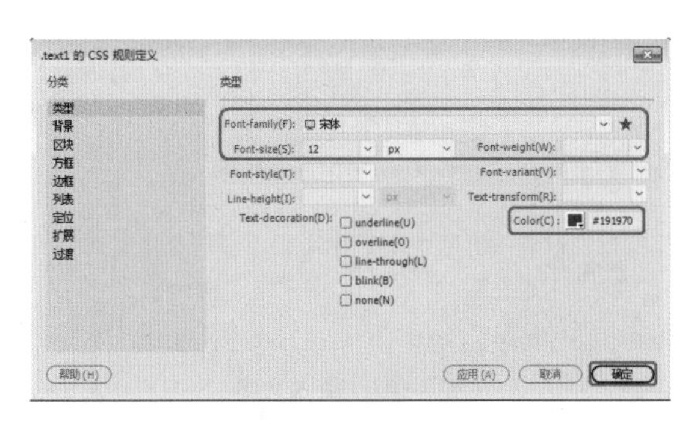

图 3-104　设置【类型】

（22）选中输入的文本，在【属性】面板中将【目标规则】设置为 text1，然后将单元格的【高】设置为 20，如图 3-105 所示。

图 3-105　设置文本样式

提 示

若单元格的宽度有变化，可以手动拖拽单元格进行调整。

（23）使用相同的方法，插入单元格并输入文本，如图 3-106 所示。

图 3-106 插入单元格并输入文本

（24）将光标插入最后一行单元格中，将【水平】设置为【居中对齐】，【背景颜色】设置为 #CCCCCC，然后输入文字，并将其样式应用于 text1，如图 3-107 所示。

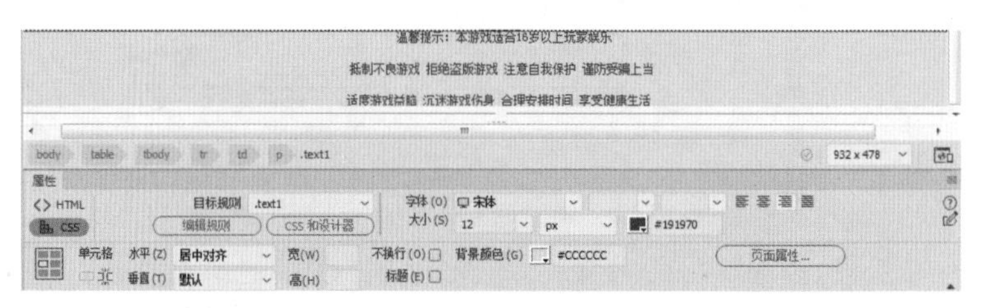

图 3-107 输入文本

案例精讲 036 足球体育网页的设计

本例将介绍足球体育网页设计的制作过程，主要讲解了表格和 Div 的应用，其中还介绍了如何设置单元格背景和插入表单。具体操作方法如下，完成后的效果如图 3-108 所示。

案例文件：CDROM \ 场景 \ Cha03 \ 足球体育网页设计 .html

视频文件：视频教学 \ Cha03 \ 足球体育网页设计 .avi

图 3-108 足球体育网页设计

（1）启动软件后，新建一个 HTML 文档，新建文档后，单击【页面属性】按钮，在弹出的【页面属性】对话框中，将【左边距】、【右边距】、【上边距】和【下边距】都设置为 0，然后单击【确定】按钮，如图 3-109 所示。

（2）按 Ctrl+Alt+T 组合键，弹出 Table 对话框，将【行数】设置为 1，【列】设为 1，将【表格宽度】设为 1000 像素，然后单击【确定】按钮，如图 3-110 所示。

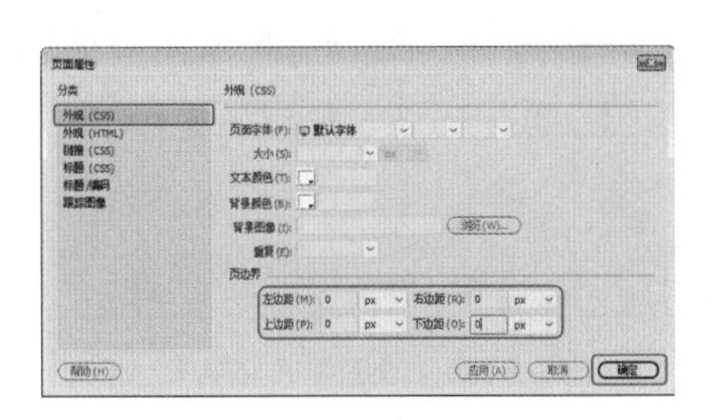

图 3-109 【页面属性】对话框

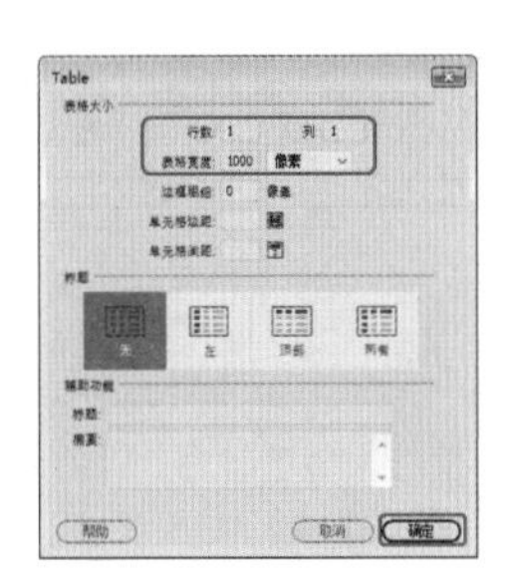

图 3-110 Table 对话框

技 巧

足球，有“世界第一运动”的美誉，是全球体育界最具影响力的单项体育运动。标准的足球比赛由两队各派 10 名球员与 1 名守门员，共 11 人，在长方形的草地球场上对抗、进攻。比赛目的是尽量将足球射入对方的球门内，每射入 1 球就可以得到 1 分，当比赛完毕后，得分最多的一队则胜出。如果在比赛规定时间内得分相同，则须看比赛章则而定，可以抽签、加时再赛或互射点球（十二码）等形式比赛分高下。足球比赛中除了守门员可以在己方禁区内利用手部接触足球外，球场上每名球员只可以利用手以外的身体其他部分控制足球（开界外球例外）。

（3）将第 1 行单元格的【高】设置为 96，【背景颜色】设置为 #FF0004，如图 3-111 所示。

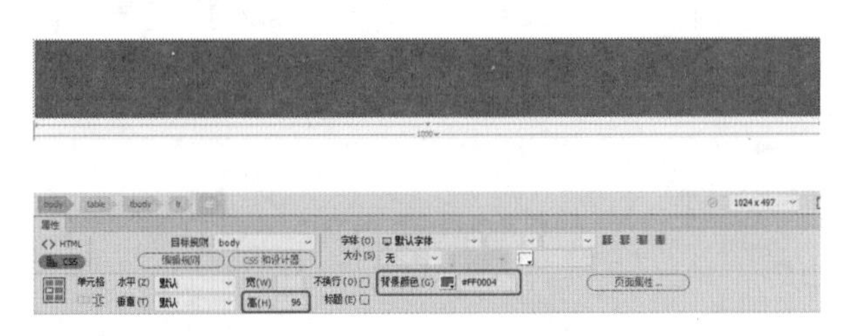

图 3-111 设置单元格属性

（4）将光标插入第一行单元格中，按 Ctrl+Alt+I 组合键，弹出【选择图像源文件】对话框，选择随书附带光盘中的"CDROM\素材\Cha02\足球体育网页设计\12345.png"素材图片，单击【确定】按钮，如图 3-112 所示。插入图片后的效果如图 3-113 所示。

图 3-112 选择素材图片

图 3-113 插入图片

（5）继续插入一个 1 行 10 列的表格，将【宽】设置为 1000 像素，如图 3-114 所示。

（6）选中前 9 列单元格，在【属性】面板中，将【宽】设置为 72，【高】设置为 37，如图 3-115 所示。

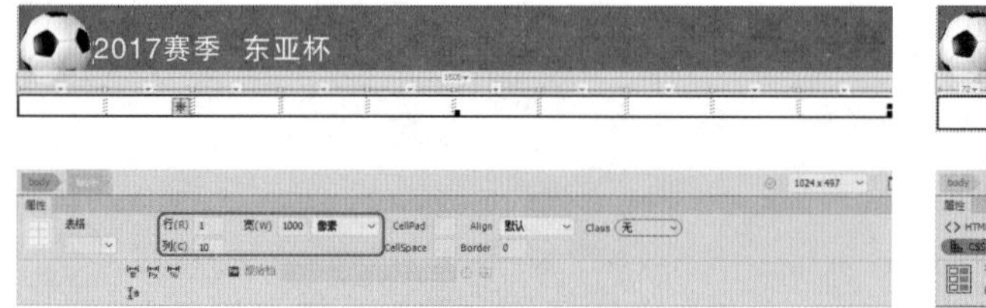

图 3-114　插入表格

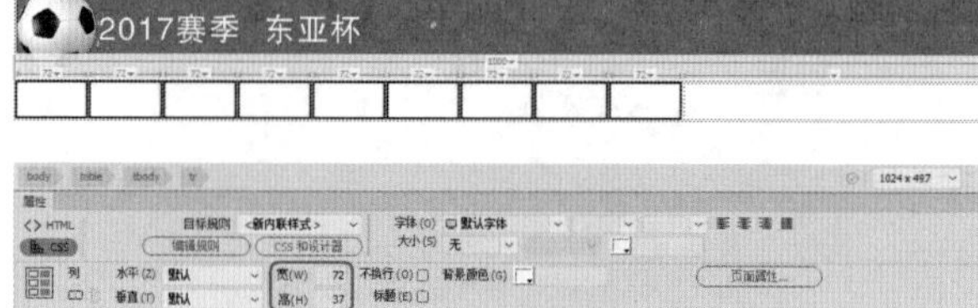

图 3-115　设置单元格属性

（7）然后将所有单元格的【背景颜色】设置为 #FF0004，如图 3-116 所示。

（8）将单元格【水平】设置为【居中对齐】，在单元格中输入文字，将【文字】设置为【微软雅黑】，【大小】设置为 14px，【字体颜色】设置为 #FFFFFF，如图 3-117 所示。

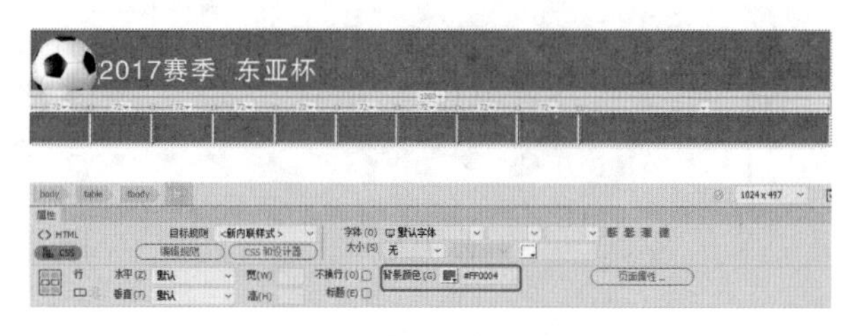

图 3-116　设置单元格属性

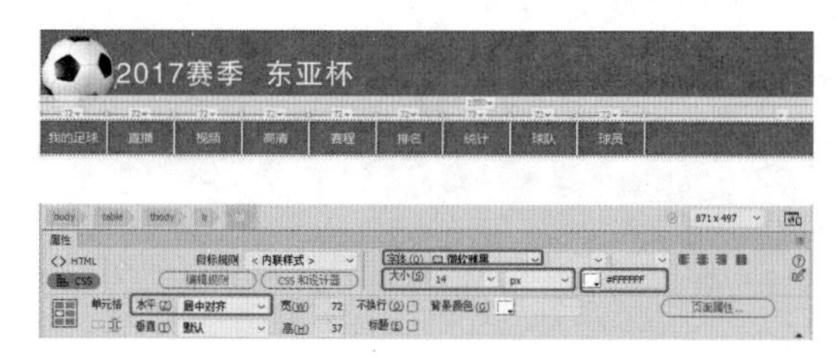

图 3-117　输入并设置文字

（9）将光标插入第 10 列单元格中，在菜单栏中选择【插入】|【表单】|【表单】命令，如图 3-118 所示。在单元格中插入表单后的效果如图 3-119 所示。

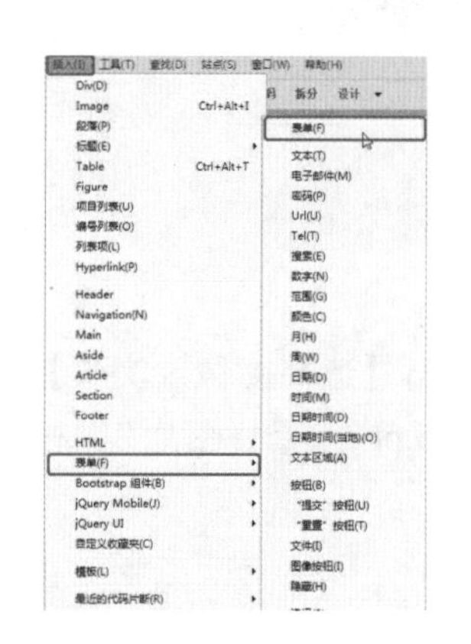

图 3-118　选择【表单】命令

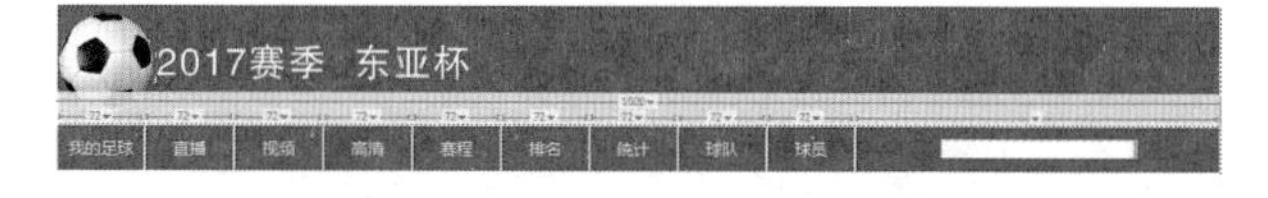

图 3-119　插入表单

（10）将光标插入表单中，然后选择菜单栏中的【插入】|【表单】|【搜索】命令，将插入的【搜索】控件的英文文字删除，然后选中文本框，在【属性】面板中，将 Value 的值设置为【请输入关键字】，如图 3-120 所示。

（11）将光标插入文本框的右侧，然后选择菜单栏中的【插入】|【表单】|【按钮】命令，将【按钮】控件的 Value 设置为【查询】，如图 3-121 所示。

（12）参照前面的操作方法，插入一个 1 行 1 列的表格，将单元格的【高】设置为 23，【背景颜色】设置为 #C7C7C7。然后输入文字，将【字体】设置为微软雅黑，【大小】设置为 16px，【字体颜色】设置为白色，如图 3-122 所示。

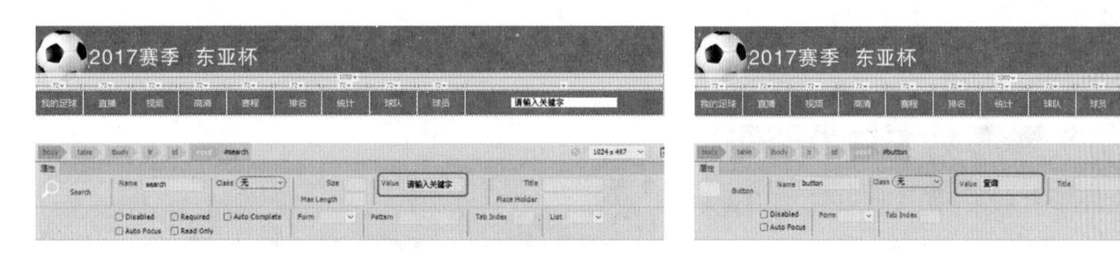

图 3-120 插入【搜索】控件　　图 3-121 插入【按钮】控件

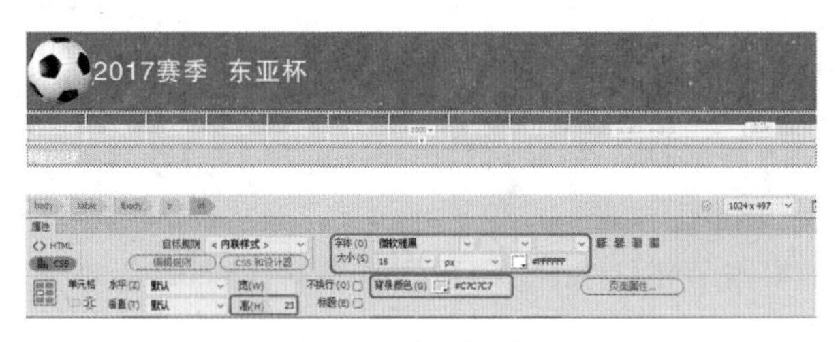

图 3-122 插入单元格并输入文字

(13) 单击页面中的空白处，在菜单栏中选择【插入】|Div 命令，在弹出的【插入 Div】对话框中，将 ID 设置为 div01，如图 3-123 所示。

(14) 然后单击【新建 CSS 规则】按钮，在弹出的【新建 CSS 规则】对话框中，使用默认参数，然后单击【确定】按钮，如图 3-124 所示。

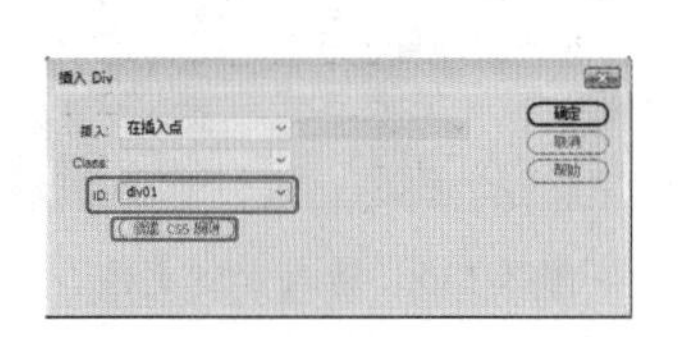

图 3-123 【插入 Div】对话框

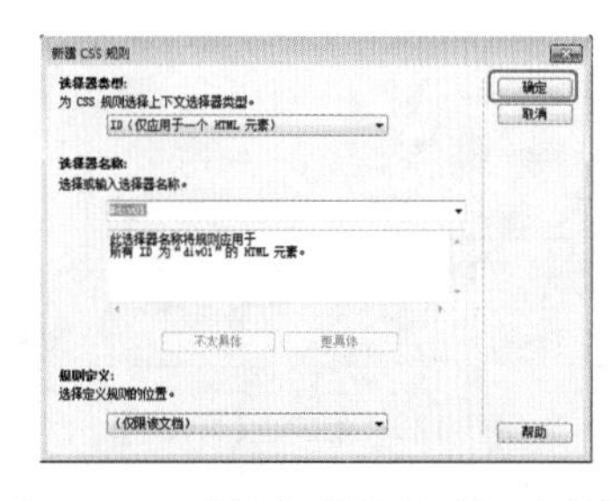

图 3-124 【新建 CSS 规则】对话框

(15) 在弹出的对话框中，将【分类】选择为【定位】，然后将 Position（定位）设置为 absolute（绝对的），Width（宽度）设置为 300px，Height（高度）设置为 27px，将 Placement（布局）选项组中的 Top（上坐标）设置为 8px，Left（做坐标）设置为 609px，然后单击【确定】按钮，如图 3-125 所示。

(16) 返回到【插入 Div】对话框，然后单击【确定】按钮，插入 div01，如图 3-126 所示

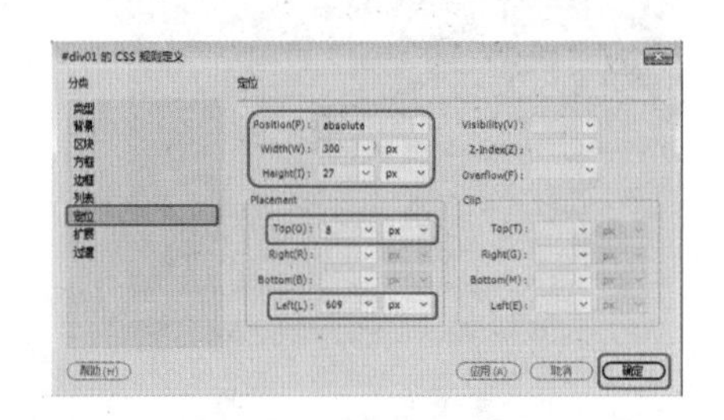

图 3-125 设置【定位】

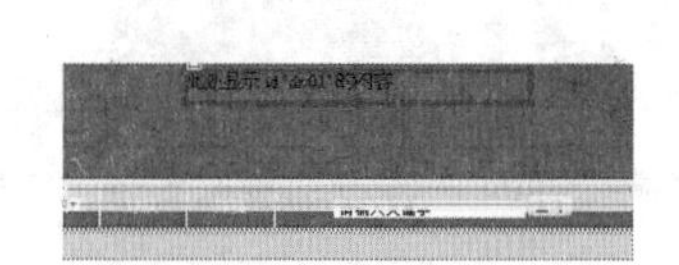

图 3-126 插入【div01】

(17) 将 div01 中的文字删除，插入一个 1 行 4 列的表格，【表格宽度】为 100%，将单元格的【水平】设置为【居中对齐】，【宽】设置为 75，【高】设置为 28，如图 3-127 所示。

（18）然后输入文字，将【字体】设置为微软雅黑，【大小】设置为12px，字体颜色设置为#FFFFFF，如图3-128所示。

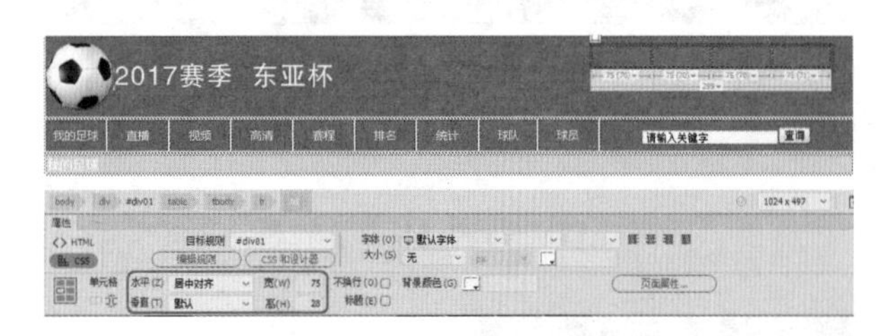

图 3-127　设置单元格

图 3-128　输入并设置文字

（19）使用相同的方法插入新的Div，将其命名为div03，将【左】设置为1px，【上】设置为174px，【宽】设置为600px，【高】设置为350px，如图3-129所示。

（20）在div03中插入随书附带光盘中的"CDROM\素材\Cha02\篮球体育网页设计|体育照片.png"素材图片，如图3-130所示。

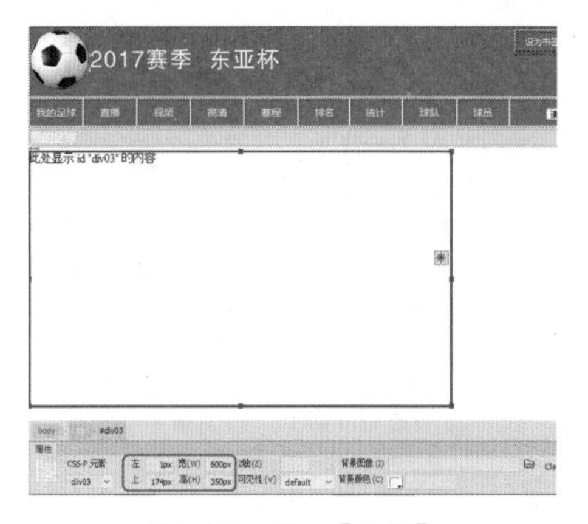

图 3-129　插入【div03】

图 3-130　插入素材文件

（21）使用相同的方法插入新的Div，将其命名为div05，将div05中的文字删除，然后插入一个1行1列的表格，将【宽】设置为1000像素，将【背景颜色】设置为#FF0004，如图3-131所示。

（22）在表格中输入文字，将【字体】设置为【微软雅黑】0，【大小】设置为18px，【字体颜色】设置为#FFFFFF，【字体样式】设置为粗体，如图3-132所示。

图 3-131　插入div并插入表格进行设置

图 3-132　输入文字并进行设置

(23) 使用相同的方法插入新的Div，将其命名为div06，【宽】设置为389px，【高】设置为385px，【左】设置为606px，【上】设置为170px，如图3-133所示。

(24) 将div06中的文字删除，然后插入一个2行1列的表格，将第1行单元格拆分成4列，并选中第1行的4列单元格，将单元格的【水平】设置为【居中对齐】，【宽】设置为25%，【高】设置为31，并输入文字，将【文字】设置为【微软雅黑】，【大小】设置为14px，【颜色】设置为#000000，【背景】设置为E1E1E1，如图3-134所示。

图3-133 插入【div06】

图3-134 插入表格并输入文字进行设置

(25) 将光标置于上一步插入表格的右侧，插入一个1行1列的表格，将单元格的【高】设置为30，【背景颜色】设置为#FF0004，如图3-135所示。

(26) 在单元格中输入文字，将【水平】设置为【居中对齐】，【字体】设置为微软雅黑，【大小】设置为16px，【字体颜色】设置为#FFFFFF，按Ctrl+B组合键将字体样式设置为粗体，如图3-136所示。

图3-135 插入表格并进行设置

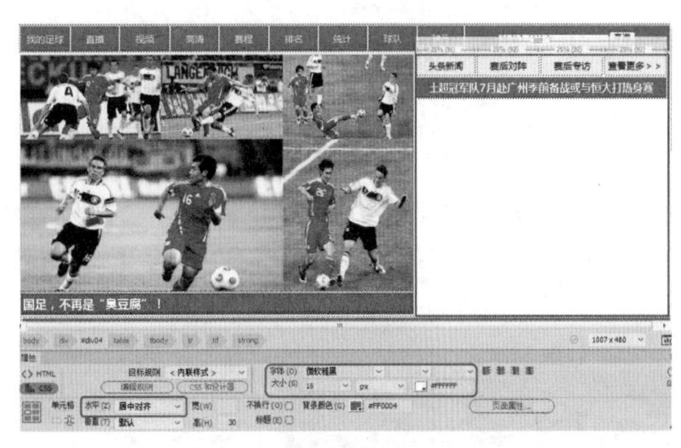

图3-136 输入文字并进行设置

(27) 将光标置于上一步插入表格的右侧，插入一个6行2列的表格，将单元格的【水平】设置为【居中对齐】，【宽】设置为11%，【高】设置为21，如图3-137所示。

(28) 在单元格分别插入素材图片并输入文字，将单元格的【背景颜色】设置为#E1E1E1，【字体】设置为【微软雅黑】，【大小】设置为12px，【字体颜色】设置为#000000，如图3-138所示。

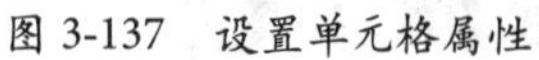

图 3-137　设置单元格属性

图 3-138　插入素材文件并输入文字

（29）将光标置于上一步插入表格的右侧，插入一个 1 行 1 列的表格，将【水平】设置为【居中对齐】，【高】设置为 30，如图 3-139 所示。

（30）将单元格的【背景颜色】设为 #FF0004，如图 3-140 所示。

图 3-139　插入表格并进行设置

图 3-140　设置单元格背景颜色

（31）输入文字，将【字体】设置为【微软雅黑】，【大小】设置为 16px，【字体颜色】设置为白色，按 Ctrl+B 组合键将字体样式设置为粗体，如图 3-141 所示。

（32）插入一个 2 行 2 列的表格，将【水平】设置为【居中对齐】，【宽】设置为 11%，【高】设置为 21，如图 3-142 所示。

图 3-141　输入文字并进行设置

图 3-142　插入表格并进行设置

中国国家男子足球队（国足），始建于1924年，于1931年加入国际足联。1979年以前中国国家足球队以亚洲最早成立的职业足球联赛香港球员为主的“中华民国国家足球队”代表参赛，当时中华人民共和国不受国际普遍承认，中华人民共和国足球协会在国际足球协会没有中国足球的代表权，后于1979年加入。从1976年起，中国队参加亚洲杯足球赛，于1984年和2004年两度跻身决赛。2002年，中国队首次跻身世界杯决赛圈。2015年列入亚洲杯八强。2017年获中国杯季军。

（33）使用相同的方法插入图片并输入文字，将单元格的【背景颜色】设置为#E1E1E1，【字体】设置为【微软雅黑】，【大小】设置为12px，【字体颜色】设置为#000000，如图3-143所示。

（34）将光标置于上一步插入表格的右侧，插入一个1行1列的表格，【表格宽度】为1000像素，将【水平】设置为【居中对齐】，【高】设置为40，【背景颜色】设置为#FF0004，如图3-144所示。

图3-143 插入素材图片并输入文字

图3-144 插入表格并进行设置

（35）输入文字，将【字体】设置为【微软雅黑】，【大小】设置为16px，【字体颜色】设置为#FFFFFF，如图3-145所示。

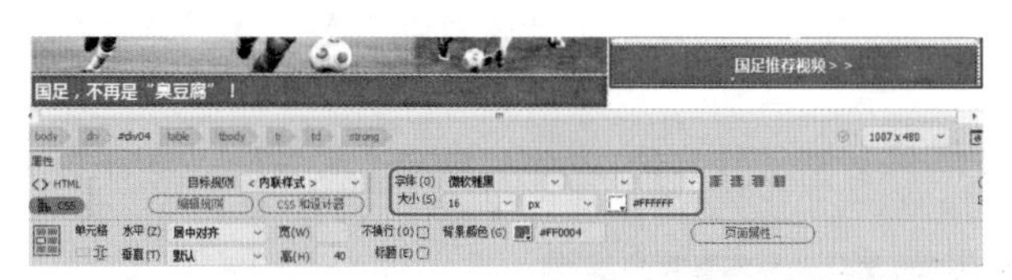

图3-145 输入文字并进行设置

（36）插入新的div，将其命名为div8，如图3-146所示。

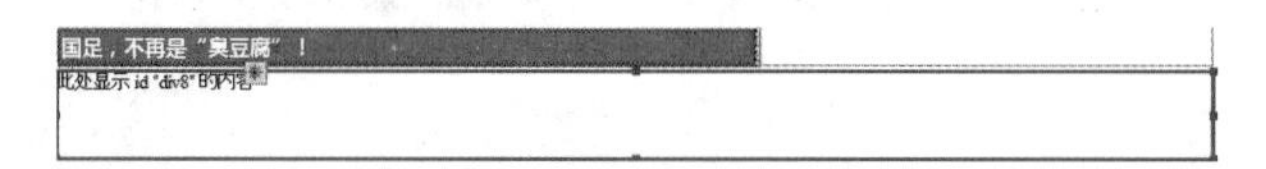

图3-146 插入div8

（37）在div8中插入一个1行1列的表格，表格宽度设置为1000像素，如图3-147所示。

（38）将【高】设置为36，【背景颜色】设置为#FF0004，如图3-148所示。

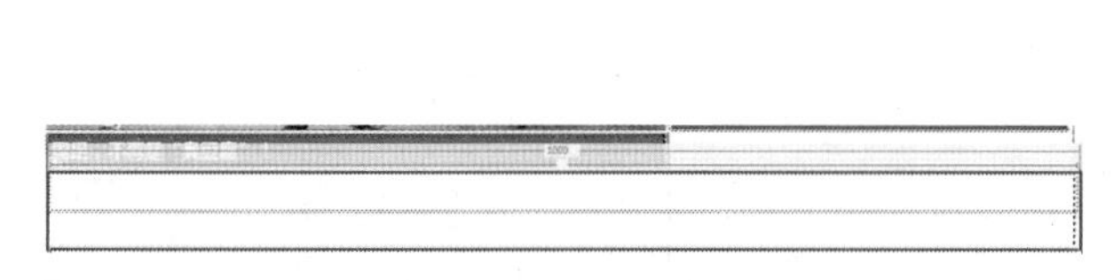

图3-147 插入表格

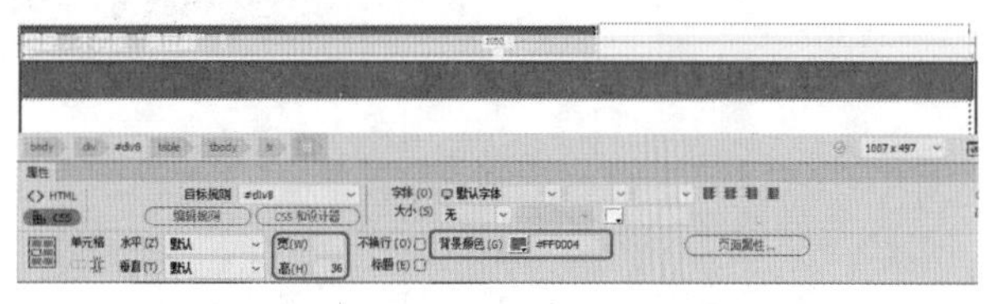

图3-148 设置表格属性

（39）输入文字，【字体】设置为【微软雅黑】，【大小】设置为16px，【字体颜色】设置为#FFFFFF，如图3-149所示。

（40）插入新的 div，将其命名为 div10，【宽】设置为 1000px，【高】设置为 164px，如图 3-150 所示。

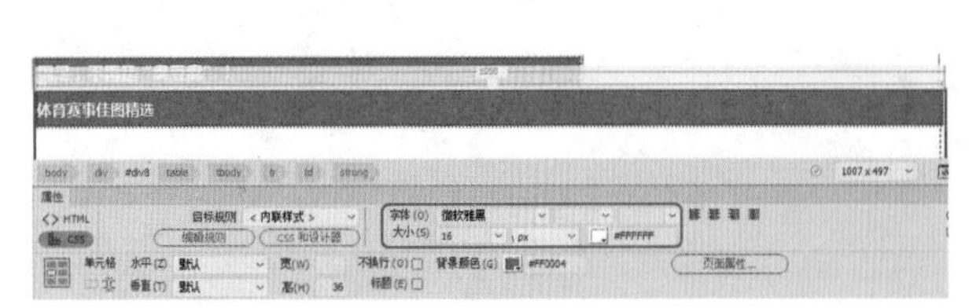

图 3-149　输入文字并进行设置

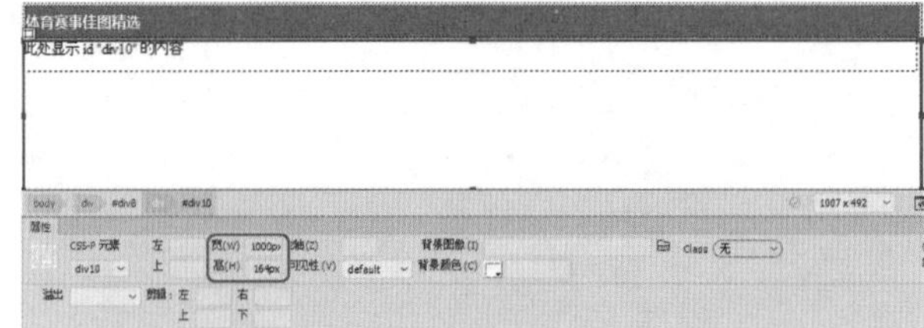

图 3-150　插入【div10】并进行设置

（41）插入随书附带光盘中的素材图片，如图 3-151 所示。

（42）插入新的 div，将其命名为 div16，在 div 中插入一个 1 行 1 列的表格，表格【宽】度设置为 1000 像素，将【高】设置为 25，如图 3-152 所示。

图 3-151　插入素材图片

图 3-152　插入并设置表格

（43）将表格的【背景颜色】设置为 #FF0004，如图 3-153 所示。

（44）在表格里输入文字，将【字体】设置为【微软雅黑】，【字体大小】设置为 16px，【背景颜色】设置为 #FFFFFF，如图 3-154 所示。

（45）插入新的 div，插入一个 3 行 10 列的表格，将其【水平】设置为【居中对齐】，如图 3-155 所示。

图 3-153　插入图片

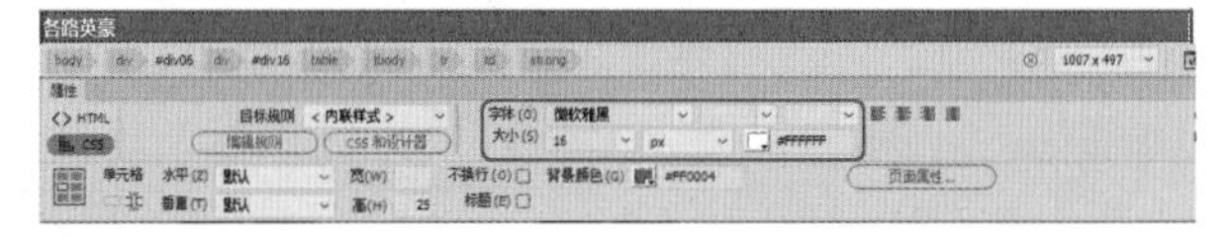

图 3-154　输入文字

图 3-155　插入表格并进行设置

中国知名足球俱乐部排名榜：Top.1 山东鲁能泰山；Top.2 广州恒大；Top.3 河南建业；Top.4 长春亚泰；Top.5 青岛中能；Top.6 北京国安；Top.7 天津泰达；Top.8 江苏舜天；Top.9 上海申花；Top.10 大连实德；Top.11 陕西中新浐灞；Top.12 延边长白虎；Top.13 重庆力帆；Top.14 杭州绿城；Top.15 辽宁恒远；Top.16 成都谢菲联；Top.17 南昌衡源；Top.18 深圳红钻。

（46）插入素材图片，如图 3-156 所示。

图 3-156　插入素材图片

（47）使用相同的方法插入新的 div，插入一个 1 行 1 列的表格，将表格【背景颜色】设置为 #CDCDCD，【高】设置为 90，然后输入文字，将【字体】设置为【微软雅黑】，【大小】设置为 14px，【字体颜色】设置为 #000000，如图 3-157 所示。

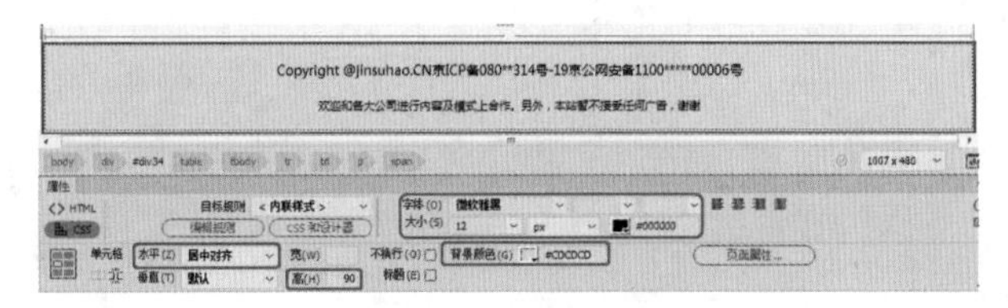

图 3-157　输入文字

第4章 电脑网络类网页的设计

本章重点

- IT 信息网站
- 技术网站
- 人民信息港
- 绿色软件网站
- 设计网站
- 速腾科技网页设计
- 个人博客网站

互联网的迅猛发展不仅带动了相关产业的发展，也促使了各种电脑网络类网页的出现。在浏览网页时，经常会登录一些信息类网站、博客类网站和软件类网站。本章将介绍电脑网络类网页的设计方法。

案例精讲 037 IT 信息网站

本例将介绍 IT 信息网站的制作过程，主要讲解了使用表格布局网站结构，其中还介绍了如何插入图片、设置单元格背景、设置字体样式。具体操作方法如下，完成后的效果如图 4-1 所示。

案例文件：CDROM \ 场景 \ Cha04 \ IT 信息网站 .html
视频文件：视频教学 \ Cha04 \ IT 信息网站 .avi

图 4-1　IT 信息网站

（1）启动软件后，新建一个 HTML 文档。新建文档后，按 Ctrl+Alt+T 组合键，弹出 Table 对话框，将【行数】设置为 4，【列】设置为 1，将【表格宽度】设为 900 像素，将【边框粗细】、【单元格边距】和【单元格间距】设为 0，然后单击【确定】按钮，如图 4-2 所示。

（2）选中插入的表格，在【属性】面板中将 Align（对齐）设置为【居中对齐】，如图 4-3 所示。

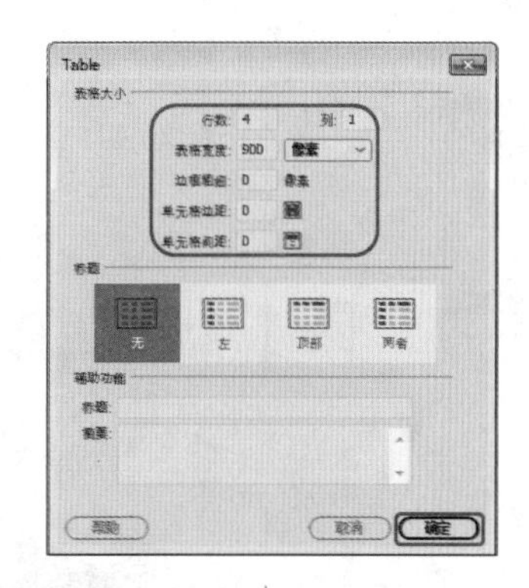

图 4-2　Table 对话框

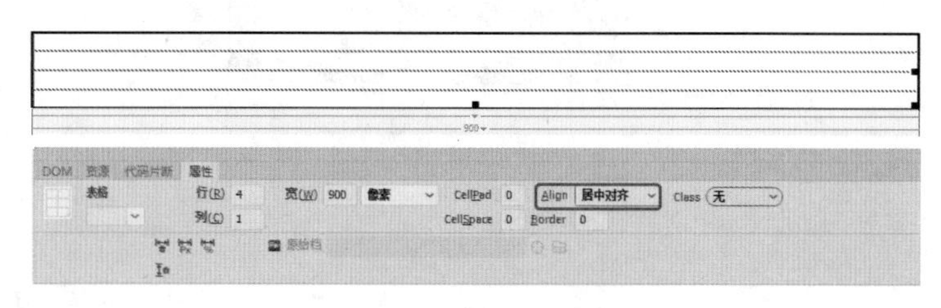

图 4-3　设置表格对齐

（3）将光标插入第1行单元格中，在【属性】面板中将【水平】设置为【居中对齐】，然后按Ctrl+Alt+I组合键，弹出【选择图像源文件】对话框，选择随书附带光盘中的“CDROM\素材\Cha04\IT网站\IT.jpg”素材图片，单击【确定】按钮，插入素材图片，将图片设置为679×306，如图4-4所示。

图 4-4　插入图片

知识链接

IT（Information Technology，信息科技和产业）划分为IT生产业和IT使用业。IT生产业包括计算机硬件业、通信设备业、软件、计算机及通信服务业。至于IT使用业几乎涉及所有的行业，其中服务业使用IT的比例更大。由此可见，IT行业不仅仅指通信业，还包括硬件和软件业，不仅仅包括制造业，还包括相关的服务业，因此通信制造业只是IT业的组成部分，而不是IT业的全部。

（4）在第2行单元格中插入一个1行3列的表格，然后将CellSpace设置为1，如图4-5所示。

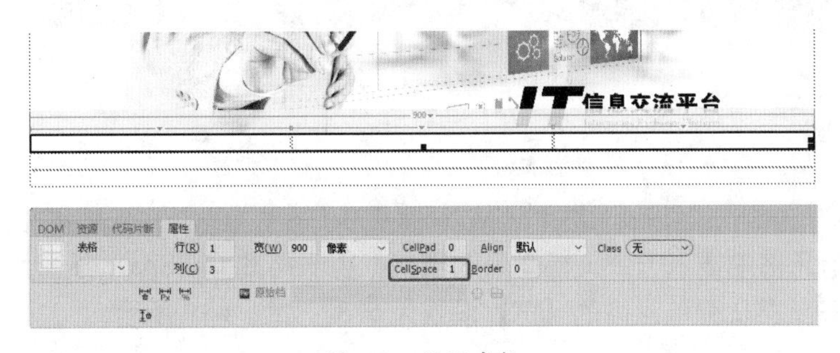

图 4-5　设置表格

（5）在【属性】面板中，将左、右两个单元格设置为30×30，【背景颜色】都设置为#006699，如图4-6所示。

（6）将光标插入第2行中间的单元格中，按Ctrl+Alt+T组合键，弹出Table对话框，将【行数】设置为1，【列】设置为7，将【表格宽度】设为100%，将【边框粗细】、【单元格边距】和【单元格间距】设置为0，然后单击【确定】按钮，如图4-7所示。

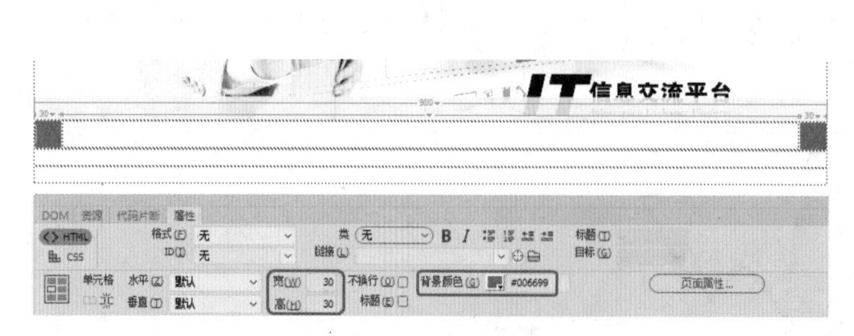

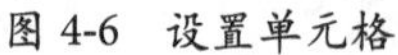
图 4-6　设置单元格

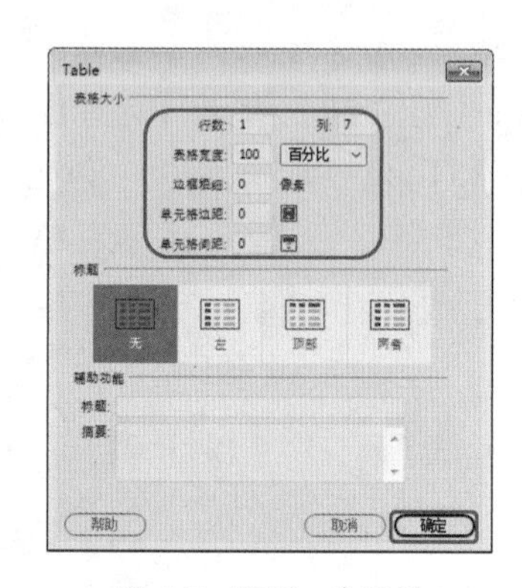

图 4-7　Table 对话框

（7）选中插入的表格，然后将 CellSpace 设置为 1。选中表格中的所有单元格，在【属性】面板中，将【水平】设置为【居中对齐】，【宽】设置为 14%，【高】设置为 30，如图 4-8 所示。

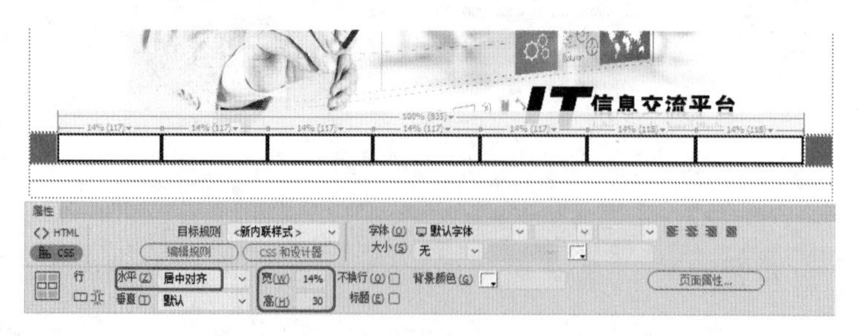

图 4-8　设置单元格

（8）在单元格中分别输入文字，然后将【字体】设置为【经典粗黑简】，【大小】设置为 18px，字体颜色设置为白色，【背景颜色】设置为 #006699，如图 4-9 所示。

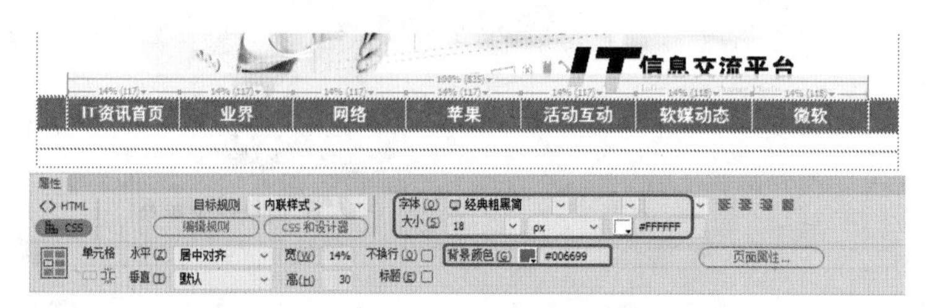

图 4-9　输入文字并设置文字

（9）在第 3 行单元格中插入一个 1 行 2 列的表格，将表格的 CellSpace 设置为 1。然后将第 1 列单元格的【宽】设置 319，第 2 列单元格的【宽】设置为 578，如图 4-10 所示。

提 示

CellSpace 的中文意思是单元格之间的空间，与 Table 对话框中的【单元格边距】选项相同。

（10）将光标插入第 1 列单元格中，按 Ctrl+Alt+T 组合键，弹出 Table 对话框，将【行数】设置为 7，【列】设为 1，将【表格宽度】设为 300 像素，如图 4-11 所示。

（11）将新表格的 CellSpace 设置为 1。然后在第 1 行中输入文字，将【字体】设置为【华文中宋】，【大小】设置为 24，【字体颜色】设置为 #006699，如图 4-12 所示。

（12）将光标定位在文字的后面，按 Shift+Enter 组合键进行换行。然后执行菜单栏中的【插入】|HTML|【水平线】命令，插入水平线。选中插入的水平线，将【宽】设置为 300 像素，【高】设置为 3，如图 4-13 所示。

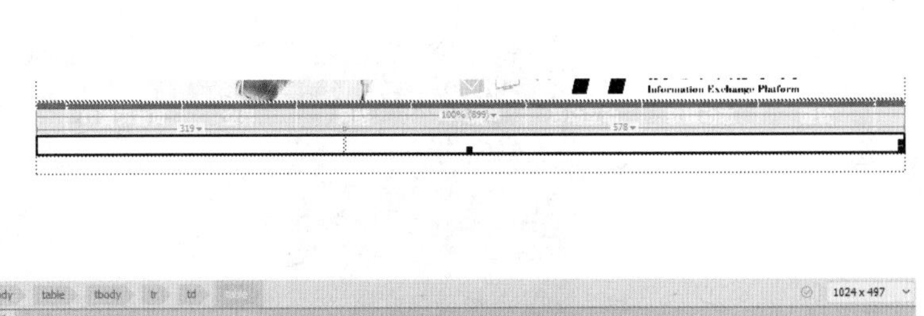
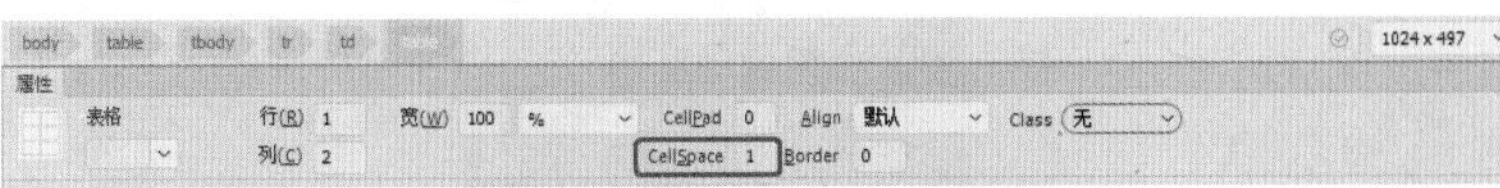

图 4-10　插入并设置单元格

图 4-11　Table 对话框

图 4-12　输入文字

图 4-13　插入水平线

（13）选中水平线，并单击【拆分】按钮。在 <hr> 标签中添加代码 color=″#006699″，为水平线设置颜色，如图 4-14 所示。

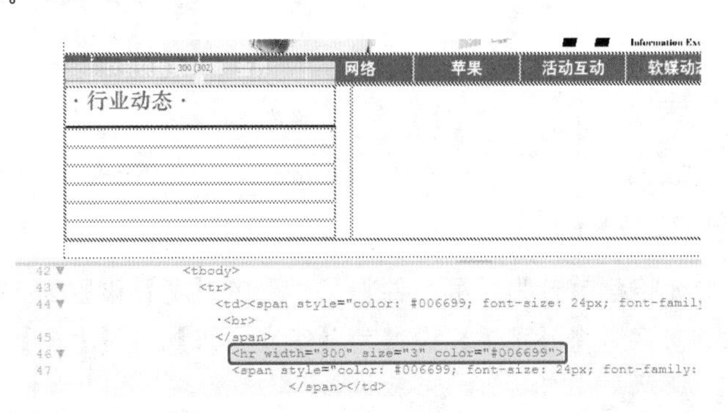

图 4-14　设置水平线颜色

（14）然后单击【设计】按钮。选中剩余的 6 行单元格，将【高】设置为 67，【背景颜色】设置为 #006699，如图 4-15 所示。

（15）在单元格中输入文字，将【字体】设置为【华文中宋】，【大小】设置为 18，【字体颜色】设置为白色，如图 4-16 所示。

（16）在第 2 列单元格中插入一个 7 行 1 列的表格，将【宽】设置为 578 像素，将 CellSpace 设置为 1，如图 4-17 所示。

（17）将光标插入第一行单元格中，按 Ctrl+Alt+I 组合键，选择随书附带光盘中的“CDROM\素材\Cha04\IT 网站\IT 信息资讯.jpg”文件，然后单击【确定】按钮。在弹出的对话框中单击【确定】按钮，将其【宽】设置为 578，【高】设置为 328，如图 4-18 所示。

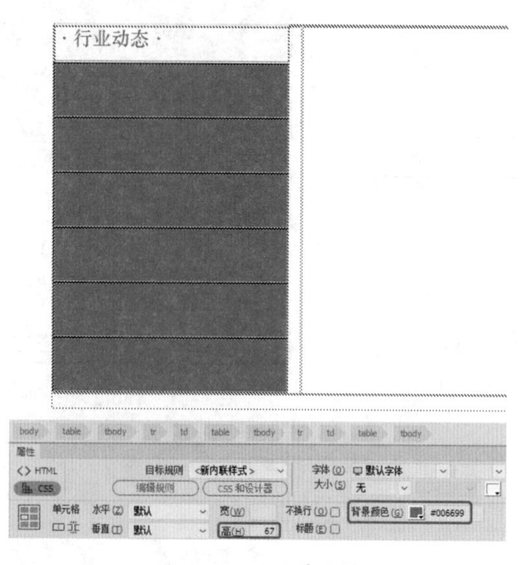

图 4-15　设置单元格

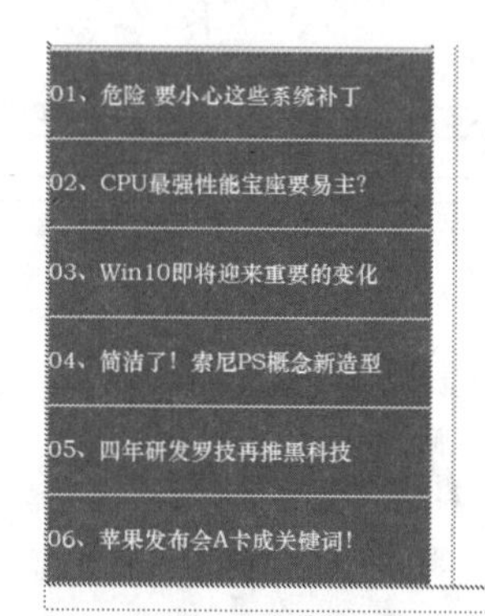

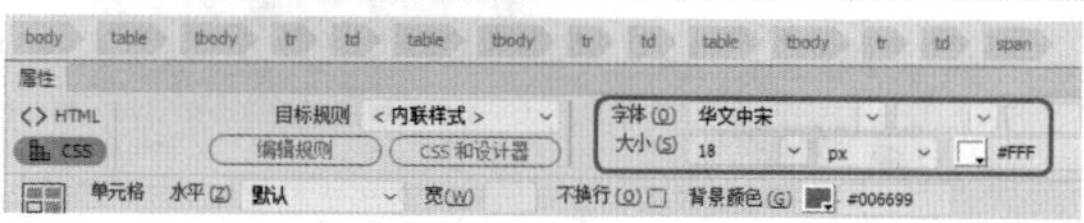

图 4-16　输入并设置文字

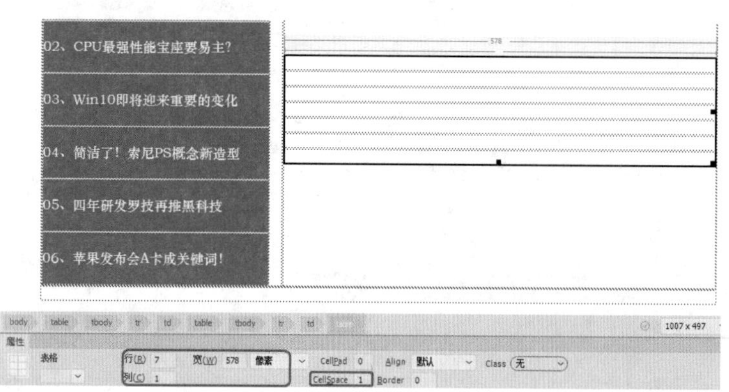

图 4-17　插入表格

图 4-18　插入图片

（18）将剩余的 6 行单元格都拆分为两列，并将第 1 列的【宽】设置为 50%，如图 4-19 所示。

（19）在单元格中输入文字，将【字体】设置为【华文中宋】，【大小】设置为 16，【字体颜色】设置为 #006699，如图 4-20 所示。

（20）参照前面的操作步骤，插入并设置水平线，如图 4-21 所示。

（21）然后输入文字，【字体】为默认字体，【大小】为 13，如图 4-22 所示。

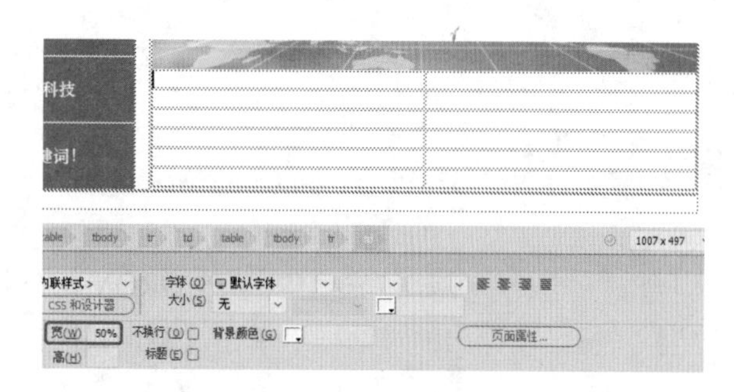

图 4-19　拆分单元格

图 4-20　输入并设置文本

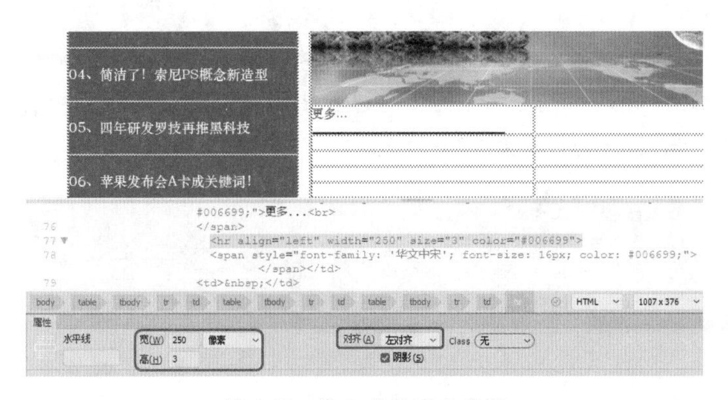

图 4-21 插入并设置水平线

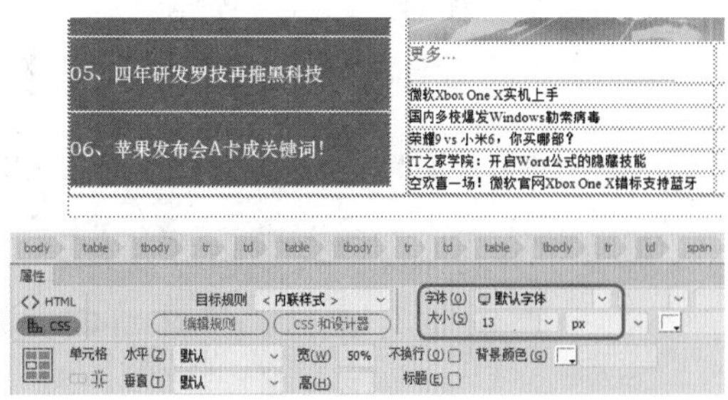

图 4-22 输入并设置文字

（22）使用相同的方法输入并设置另外 6 行文字，如图 4-23 所示。

（23）将光标插入最后一行单元格中，将【水平】设置为【居中对齐】，【高】设置为 50，【背景颜色】设置为 #006699。然后输入文字并将文字颜色设置为白色，如图 4-24 所示。

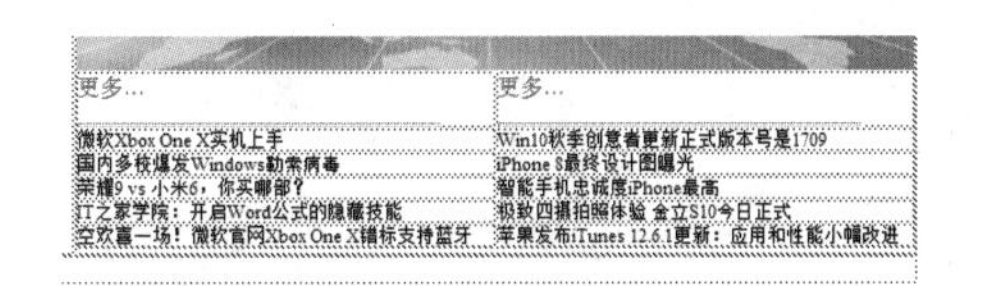

图 4-23 输入并设置另外 6 行文字

图 4-24 设置单元格并输入文字

案例精讲 038 技术网站【视频案例】

本例将介绍技术网站的制作过程，主要讲解了使用表格布局网站结构，首先插入主体表格，然后分别设置网站标题、网站主体信息和网站底部信息。其中，还介绍了如何插入图片和设置单元格背景。具体操作方法请参考光盘中的视频文件，完成后的效果如图 4-25 所示。

案例文件：CDROM \ 场景 \ Cha04 \ 技术网站 .html

视频文件：视频教学 \ Cha04 \ 技术网站 .avi

图 4-25 技术网站

案例精讲 039 人民信息港【视频案例】

本例将介绍如何制作绿色软件网站，主要使用 Div 布局网站结构，通过表格对网站的结构进行细化调整，具体操作方法请参考光盘中的视频文件，完成后的效果如图 4-26 所示。

案例文件：CDROM \ 场景 \ Cha04 \ 人民信息港 .html

视频文件：视频教学 \ Cha04 \ 人民信息港 .avi

图 4-26 人民信息港的网页设计效果

案例精讲 040 绿色软件网站

本例将介绍如何制作绿色软件网站，主要使用 Div 布局网站结构，通过表格对网站的结构进行细化调整，具体操作方法请参考光盘中的视频文件，完成后的效果如图 4-27 所示。

案例文件：CDROM \ 场景 \ Cha04 \ 绿色软件网站 .html

视频文件：视频教学 \ Cha04 \ 绿色软件网站 .avi

图 4-27　绿色软件网站的设计效果

（1）启动软件后，新建一个 HTML 文档。新建文档后，按 Ctrl+Alt+T 组合键，弹出 Table 对话框，将【行数】设置为 1，【列】设为 1，将【表格宽度】设置为 100%，将【边框粗细】、【单元格边距】和【单元格间距】均设为 0，如图 4-28 所示。

知识链接

绿色软件，或称便携软件（英文称为 Portable Application、Portable Software 或 Green Software），指一类小型软件，多数为免费软件，其最大特点是不恶意捆绑软件，软件无广告，可存放于可移除式存储媒体中（因此称为便携软体），移除后也不会将任何记录（注册表信息等）留在本机电脑上。

（2）单击【确定】按钮，将光标插入表格中，在【属性】面板中，将【高】设置为 78，如图 4-29 所示。

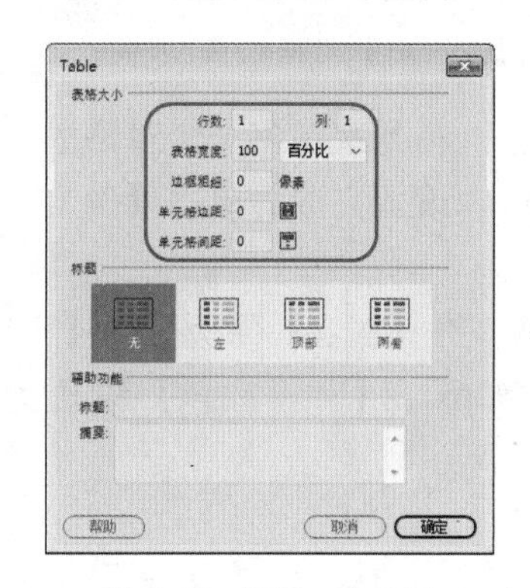

图 4-28　Table 对话框

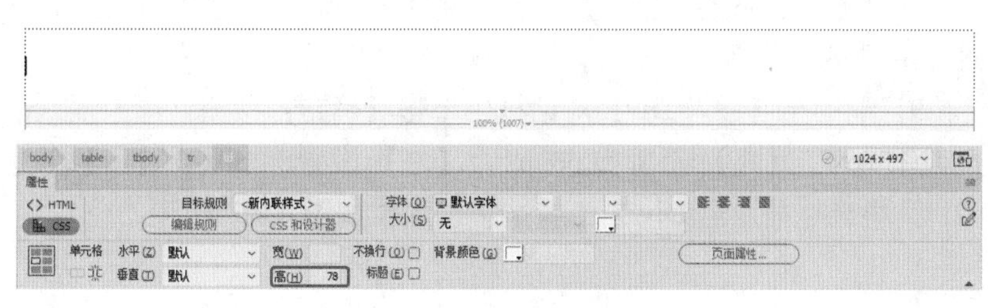

图 4-29　设置表格

（3）将光标插入表格中，单击拆分按钮，切换至拆分视图中，在打开的界面中找到代码中光标所在的段落，将光标插入“<td”的右侧，如图 4-30 所示。

（4）然后按空格键，在弹出的下拉列表框中选择 background 选项，并双击，如图 4-31 所示。

```
1  <!doctype html>
2  <html>
3  <head>
4  <meta charset="utf-8">
5  <title>无标题文档</title>
6  </head>
7
8  <body>
9  <table width="100%" border="0" cellspacing="0" cellpadding="0">
10   <tbody>
11     <tr>
12       <td height="78"> </td>
13     </tr>
14   </tbody>
15 </table>
16 </body>
17 </html>
18
```

图 4-30 【新建文档】对话框

```
1  <!doctype html>
2  <html>
3  <head>
4  <meta charset="utf-8">
5  <title>无标题文档</title>
6  </head>
7
8  <body>
9  <table width="100%" border="0" cellspacing="0" cellpadding="0">
10   <tbody>
11     <tr>
12       <td height="78"> </td>
13     </tr>     abbr
14   </tbody>    align
15 </table>      aria-
16 </body>       axis
17 </html>       background
18
```

图 4-31 单击【background】

（5）执行上一步操作后，即可弹出【浏览】选项，单击该选项，打开【选择图像源文件】对话框，选择素材 01.png 文件，单击【确定】按钮，返回到文档中，单击设计按钮，切换至设计视图中，效果如图 4-32 所示。

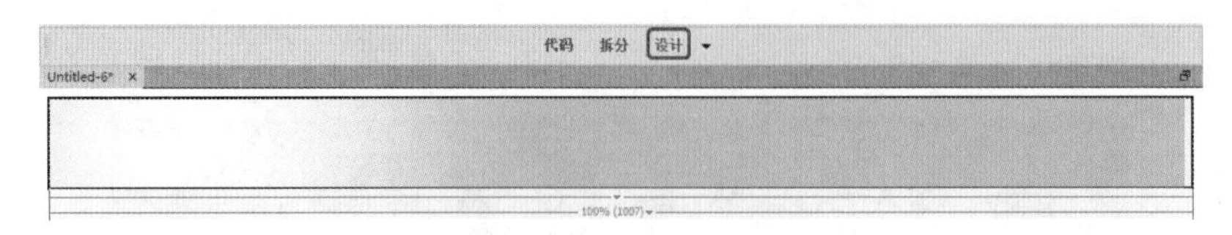

图 4-32 【新建文档】对话框

（6）按 Ctrl+Alt+I 组合键，打开【选择图像源文件】对话框，选择素材 02.png 文件，单击【确定】按钮，效果如图 4-33 所示。

（7）将光标插入表格右侧，在菜单栏中选择【插入】| Div 命令，打开【插入 Div】对话框，在 ID 框中输入名称，如图 4-34 所示。

图 4-33 导入素材文件

图 4-34 【插入 Div】对话框

（8）然后单击新建 CSS 规则按钮，在打开的对话框中单击【确定】按钮，将再次弹出一个对话框，从中选择【分类】下的【定位】，在右侧将 Position（定位）设置为 absolute，设置完成后单击【确定】按钮，如图 4-35 所示。

（9）返回至【插入 Div】对话框中单击【确定】按钮，选中插入的 Div，在【属性】面板中将【宽】设置为 177px，【高】设置为 662px，【左】设置为 8px，【上】设置为 92px，【背景颜色】设置为 #f0f2f3，将光标插入至 Div 中，将文字删除，如图 4-36 所示。

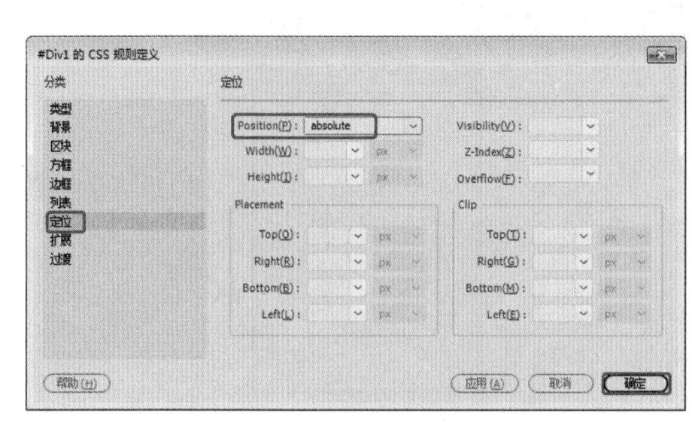

图 4-35 设置新建 Div 的规则

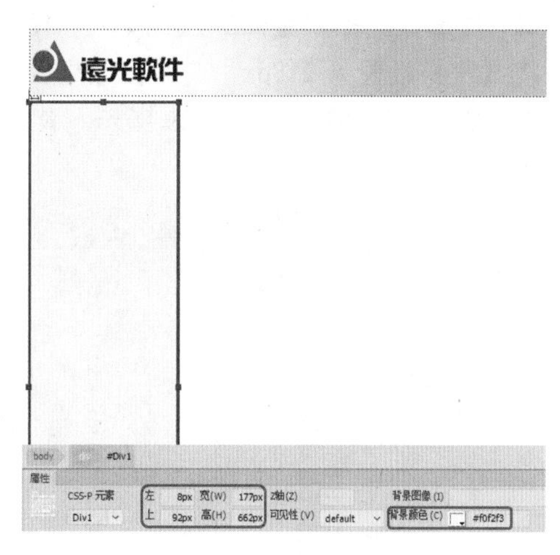

图 4-36 设置 Div 属性

（10）按 Ctrl+Alt+T 组合键，弹出 Table 对话框，将【行数】设置为 22，【列】设为 1，将【表格宽度】设为 100%，将【边框粗细】、【单元格边距】和【单元格间距】设为 0，单击【确定】按钮，如图 4-37 所示。

提 示

如果没有明确指定边框粗细或单元格间距和单元格边距的值，则大多数浏览器都按边框粗细和单元格边距设置为 1、单元格间距设置为 2 来显示表格。若要确保浏览器显示表格时不显示边距或间距，请将【单元格边距】和【单元格间距】设置为 0。

（11）在各个单元格中输入文字，选中文字，在【属性】面板中将【字体】设置为【微软雅黑】，将第 1 行单元格的文字【大小】设置为 16px，将【高】设置为 40，其他单元格中的文字【大小】设置为 14 px，将【高】设置为 30，将数字与括号的颜色设置为 #999999，并将【水平】设置为【居中对齐】，如图 4-38 所示。

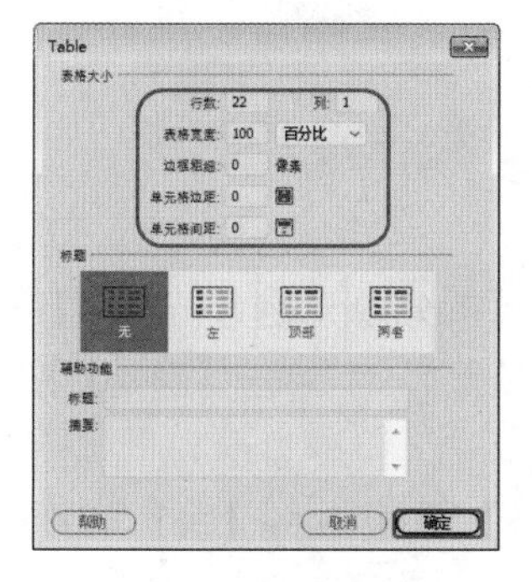

图 4-37 Table 对话框

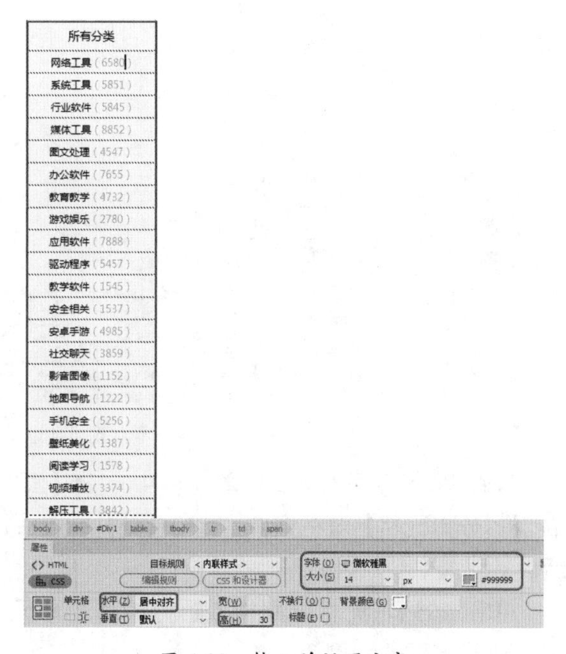

图 4-38 输入并设置文字

(12) 然后在文档中空白的位置单击，使用同样方法插入一个新的 Div，选中插入的 Div，在【属性】面板中将【宽】设置为 218px，【高】设置为 283px，【左】设置为 775 px，【上】设置为 92 px，【背景颜色】设置为 #f0f2f3，如图 4-39 所示，将文字删除。

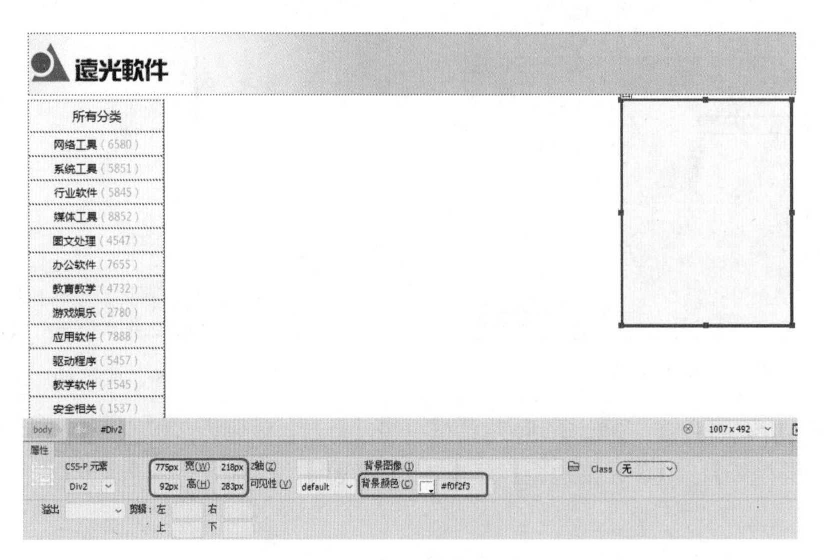

图 4-39　插入并设置 Div

(13) 将光标插入 Div 中，使用前面介绍的方法插入 5 行 1 列，表格宽度为 100%，将第 1 行单元格的高设置为 50，第 2 行单元格的高设置为 70，第三行单元格的高设置为 34，第 4、5 行单元格的高均设置为 60，输入文字，并选中输入的文字，将【字体】设置为【微软雅黑】，【大小】设置为 18px，颜色设置为 #24b8fd，如图 4-40 所示。

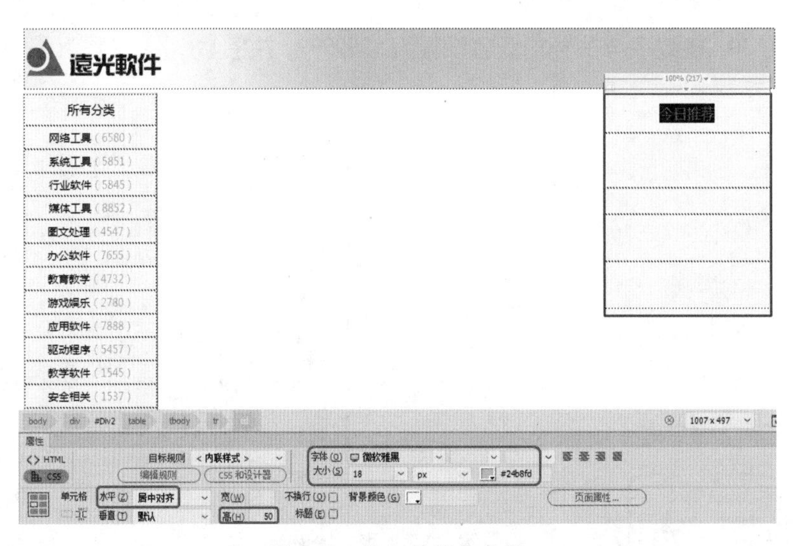

图 4-40　插入并调整表格

(14) 将光标插入第 2 行单元格中，在【属性】面板中单击【拆分单元格为行或列】按钮，在弹出的【拆分单元格】对话框中，选中【列】单选按钮，将【列数】设置为 2，单击【确定】按钮，如图 4-41 所示。

(15) 然后将光标分别插入拆分的两个单元格中，在【属性】面板中将【宽】分别设置为 44%、56%，效果如图 4-42 所示。

图 4-41 【拆分单元格】对话框

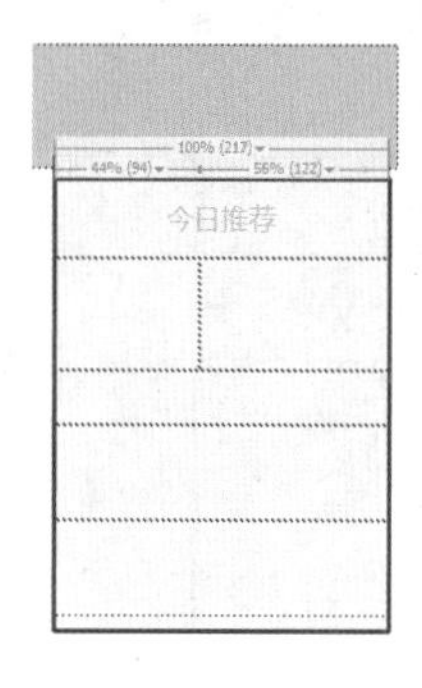

图 4-42 设置拆分后的单元格

（16）设置完成后，根据前面介绍的方法，在单元格中插入图片素材，并输入文字，设置单元格的内容为居中对齐，效果如图 4-43 所示。

（17）然后在文档中空白的位置，单击鼠标，使用同样方法插入一个新的 Div，选中插入的 Div，在【属性】面板中将【宽】设置为 218px，【高】设置为 382 px，【左】设置为 775px，【上】设置为 370px，【背景颜色】设置为 #f0f2f3，如图 4-44 所示，将文字删除。

图 4-43 插入并调整素材

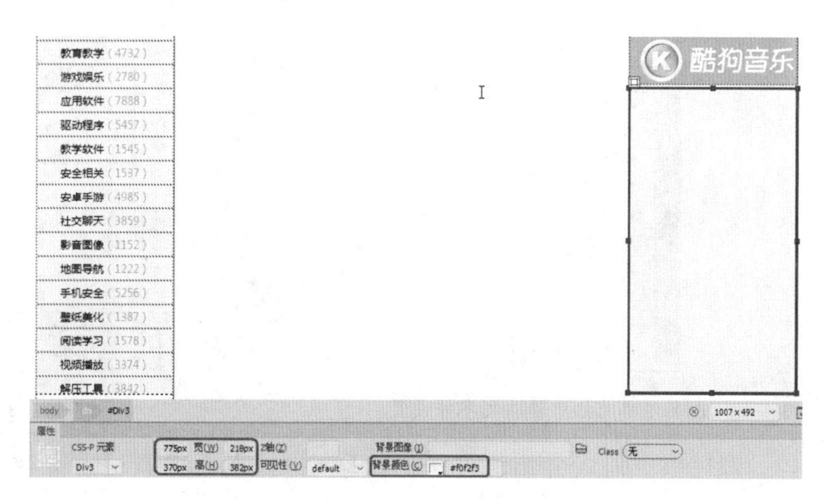

图 4-44 插入并设置 Div

（18）将光标插入至 Div 中，使用前面介绍的方法插入 11 行 3 列，表格宽度为 100%，选中插入的第 1 行单元格，在【属性】面板中单击【合并所选单元格，使用跨度】按钮，合并所选单元格，然后分别设置 3 列单元格的宽度，效果如图 4-45 所示。

（19）将光标插入第一行的单元格中，输入文字，在【属性】面板中将【字体】设置为【微软雅黑】，【大小】设置为 18px，颜色设置为白色，【水平】设置为【居中对齐】，【垂直】设置为【居中】，【背景颜色】设置为 #24B8FD，如图 4-46 所示。

（20）使用相同的方法，在该表格中输入其他文字，设置背景颜色，并插入图片素材，效果如图 4-47 所示。

（21）然后在文档中空白的位置单击，使用同样方法插入一个新的 Div，选中插入的 Div，在【属性】面板中将【宽】设置为 570 px，【高】设置为 240px，【左】设置为 196px，【上】设置为 91px，【背景颜色】设置为 #f0f2f3，如图 4-48 所示，将文字删除。

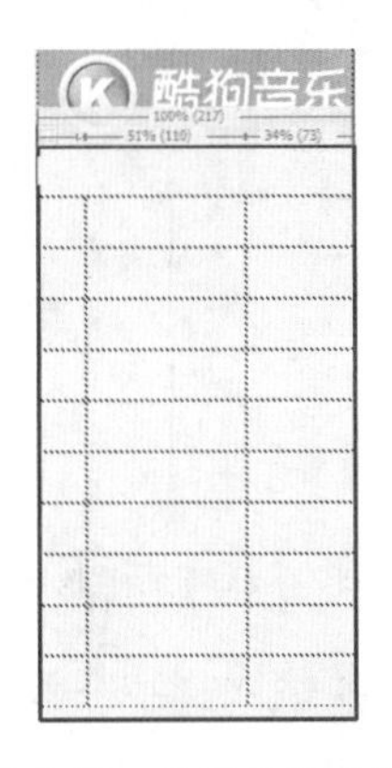

图 4-45　设置表格属性

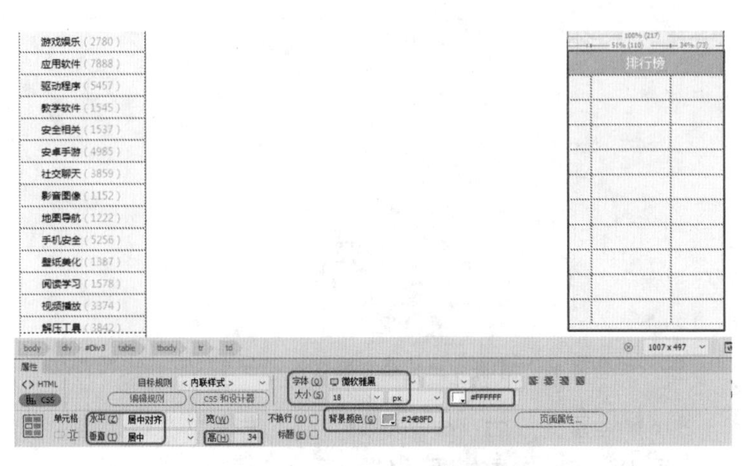

图 4-46　输入并设置文字和表格属性

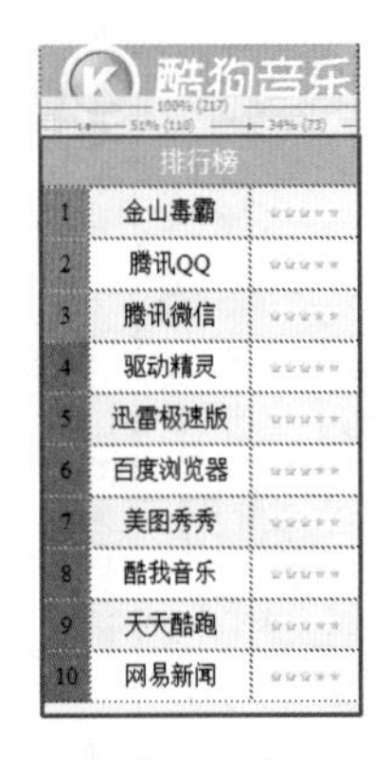

图 4-47　在其他单元格中输入文字并设置

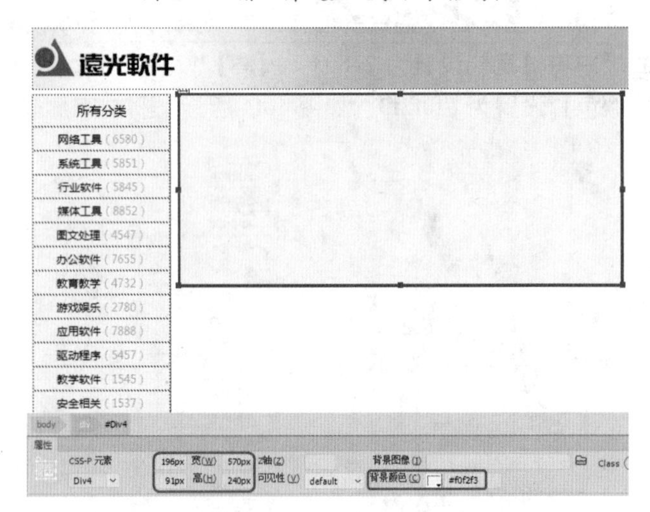

图 4-48　插入并设置 Div

(22) 根据前面介绍的方法，在 Div 中插入图像素材，将素材的【宽】、【高】分别设置为 570px、240px，如图 4-49 所示。

(23) 再次插入一个 Div，然后在【属性】面板中将【宽】设置为 570px，【高】设置为 39px，【左】设置为 196px，【上】设置为 335px，如图 4-50 所示，将文字删除。

图 4-49　插入素材

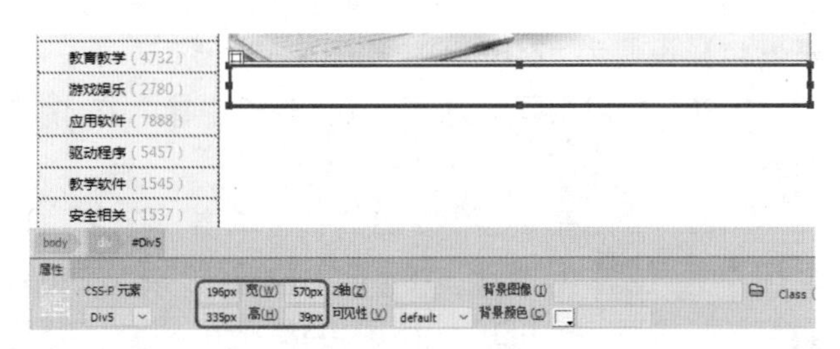

图 4-50　再次插入并设置 Div

（24）根据前面介绍的方法向 Div 中插入 1 行 2 列，表格宽度为 100%，并将左侧单元格的【宽】设置为 79%，【高】设置为 39，如图 4-51 所示。

提 示

在【属性】面板中设置表格、Div 或其他对象的【宽】或【高】时，在其参数尾处，添加或不添加“%”号，结果是不一样的。

（25）使用前面介绍的方法输入文字并将文字的【字体】设置为【微软雅黑】，【大小】设置为 14，颜色设置为 #1f6491，将【水平】设置为【右对齐】，并在右侧的单元格中插入图片素材，如图 4-52 所示，设置图片为左对齐。

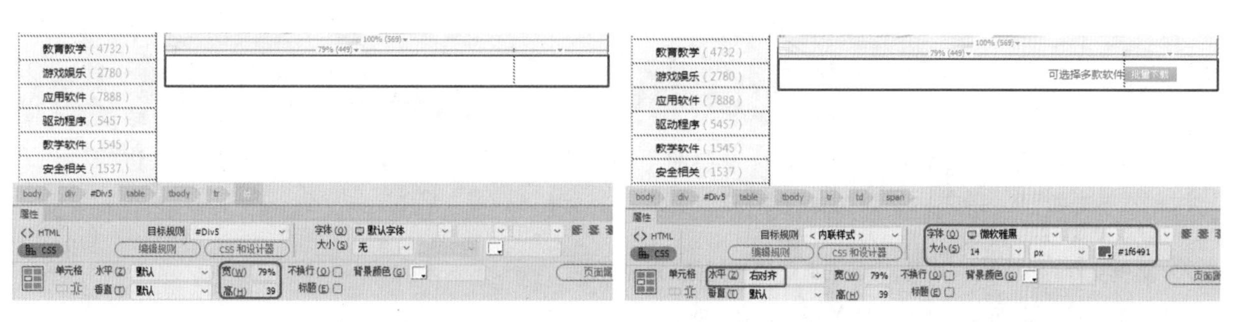

图 4-51　插入并设置表格　　　　图 4-52　输入文字插入素材

（26）继续插入一个 Div，在【属性】面板中将【宽】设置为 570px，【高】设置为 380px，【左】设置为 196px，【上】设置为 375px，【背景颜色】设置为 #f0f2f3，如图 4-53 所示。

（27）根据前面介绍的方法向 Div 中插入 6 行 5 列，表格宽度为 100%，并对单元格的【宽】和【高】进行设置，效果如图 4-54 所示。

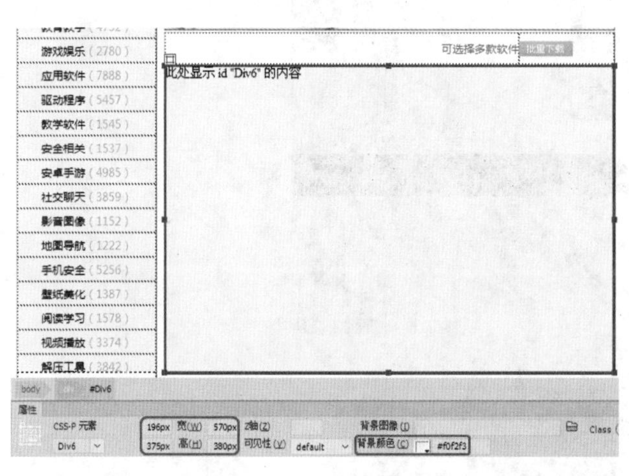

图 4-53　插入并设置 Div

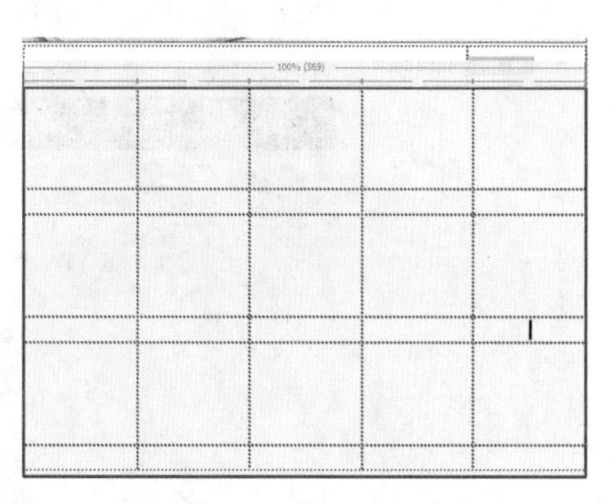

图 4-54　向 Div 中插入表格

（28）根据前面介绍的方法，在各个表格中插入图像素材和输入文字，并进行相应的设置，效果如图 4-55 所示。

（29）综合前面介绍的方法插入 Div 和表格，并设置背景颜色，输入文字并进行相应的设置，效果如图 4-56 所示。

图 4-55　插入素材输入文字

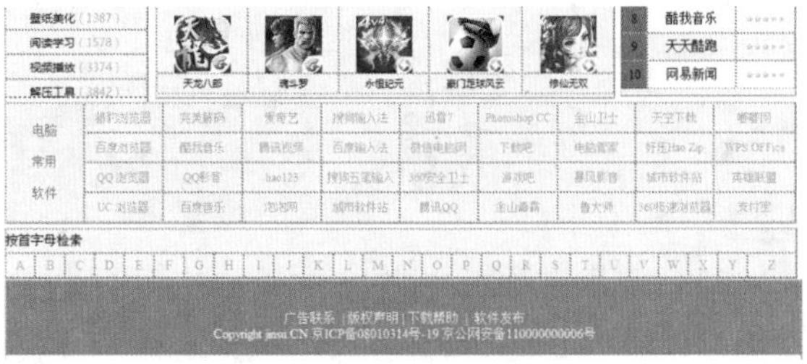

图 4-56　制作其他效果

案例精讲 041　设计网站

本例将讲解如何制作设计类的网站，主要使用插图表格和插入 Div 以及图像素材的方法进行制作，具体操作方法如下，完成后的效果如图 4-57 所示。

案例文件：CDROM \ 场景 \ Cha04 \ 设计网站 . html

视频文件：视频教学 \ Cha04 \ 设计网站 . avi

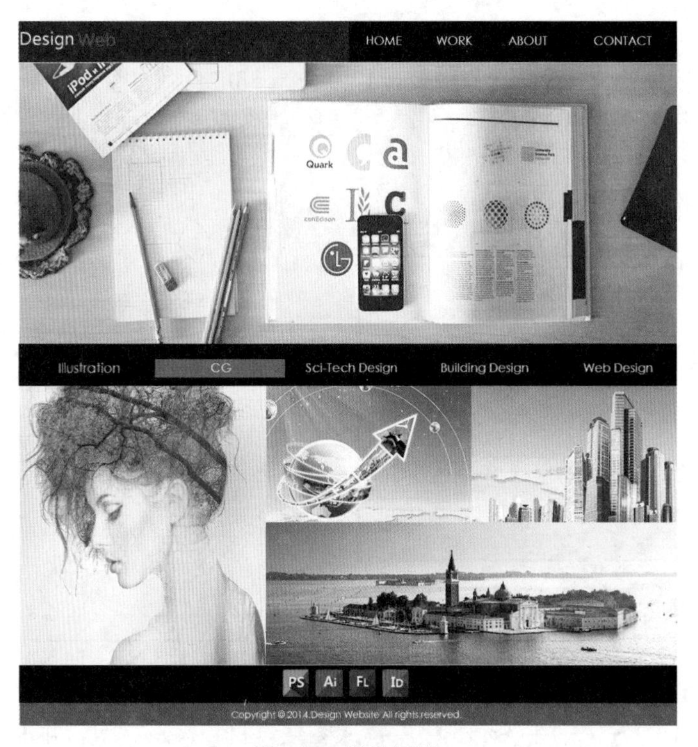

图 4-57　设计网站

（1）启动软件后，按 Ctrl+N 组合键打开【新建文档】对话框，选择【空白页】| HTML |【无】选项，单击【创建】按钮，如图 4-58 所示。

（2）进入工作界面后，在菜单栏中选择【插入】| Div 命令，打开【插入 Div】对话框，在 ID 文本框中输入 div1，如图 4-59 所示。

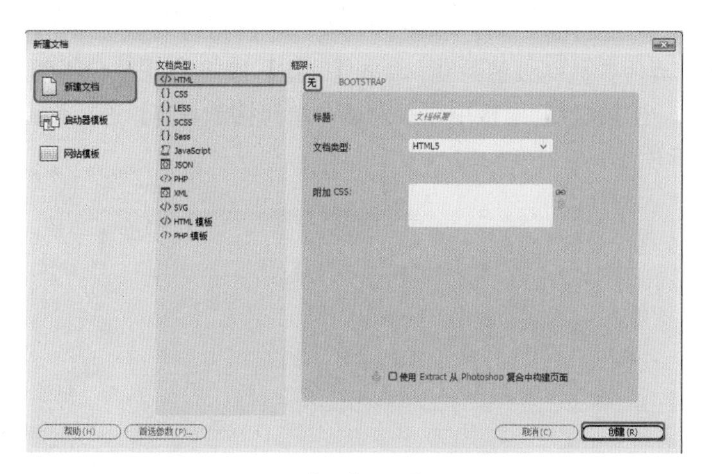

图 4-58 【新建文档】对话框

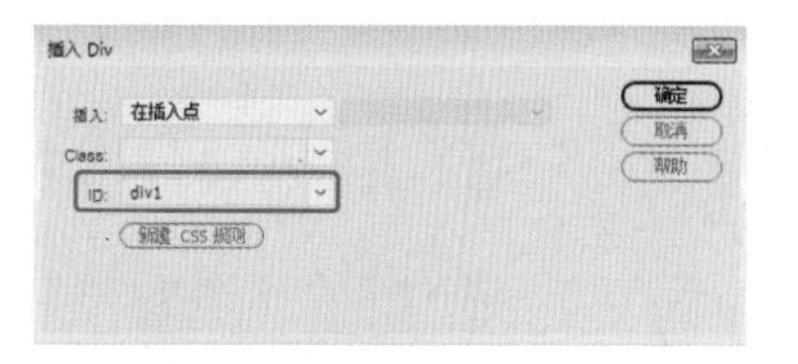

图 4-59 【插入 Div】对话框

(3) 然后单击 新建 CSS 规则 按钮，在打开的对话框中保持默认值，然后单击【确定】按钮，如图 4-60 所示。

(4) 在再次打开的对话框中，选择【分类】中的【定位】，在右侧将 Position（定位）设置为 absolute，设置完成后单击【确定】按钮，如图 4-61 所示。

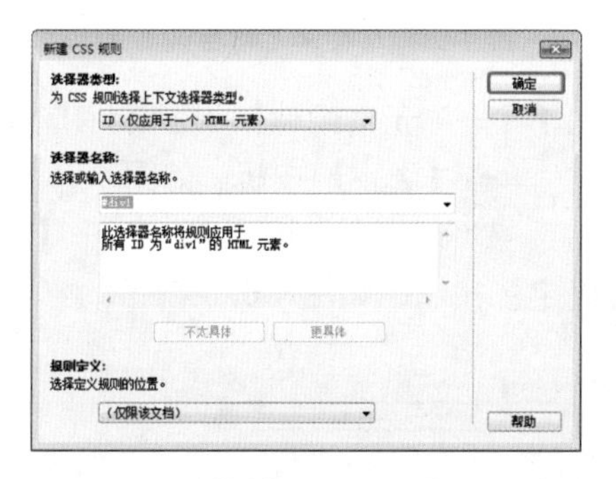

图 4-60 【新建 CSS 规则】对话框

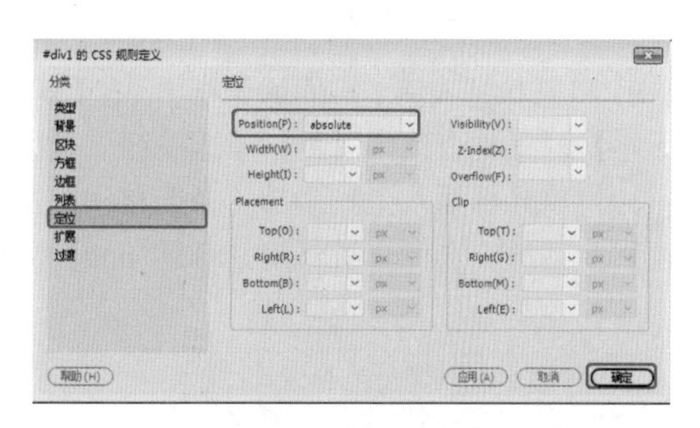

图 4-61 设置定位

(5) 返回到【插入 Div】对话框，单击【确定】按钮，即可在文档中插入一个 div，如图 4-62 所示。

(6) 在文档中选中插入的 div，在【属性】面板中将【宽】设置为 1000px，如图 4-63 所示。

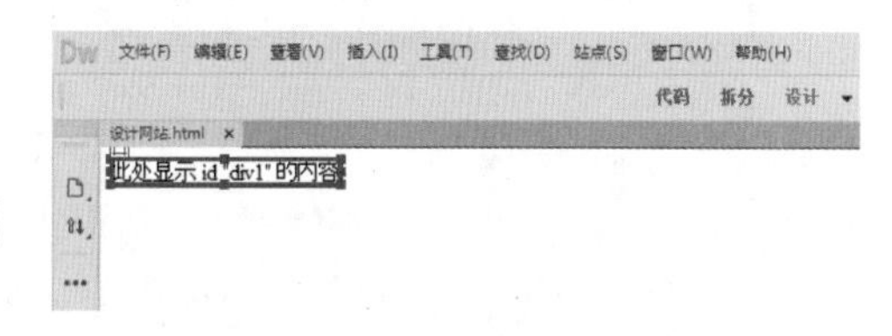

图 4-62 插入 div 后的效果

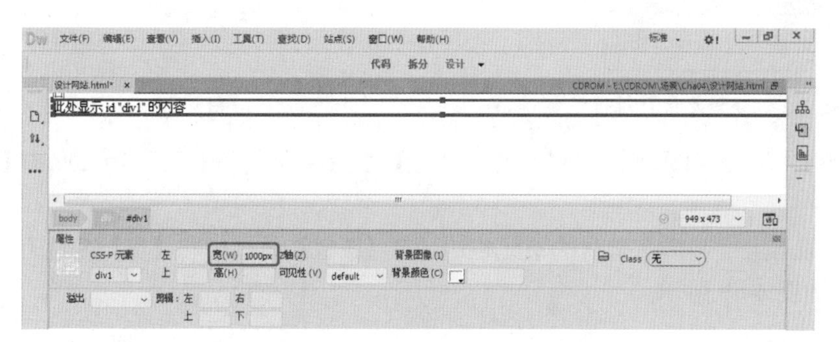

图 4-63 设置 div 的宽度

（7）将 div 表单中的文字删除，按 Ctrl+Alt+T 组合键，打开 Table 对话框，将【行数】设置为 5，【列】设置为 1，将【表格宽度】设置为 1000 像素，其他参数均设置为 0，单击【确定】按钮，如图 4-64 所示。

（8）将光标从上到下分别插入单元格中，在【属性】面板中分别对各个单元格的【高】进行设置，分别为 60、409、60、409、90，效果如图 4-65 所示。

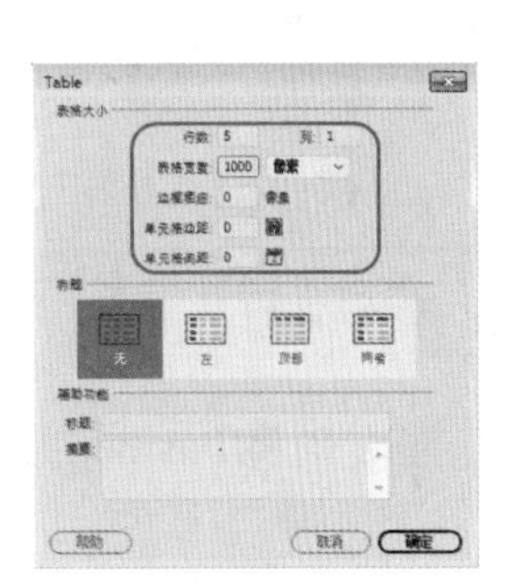

图 4-64　Table 对话框

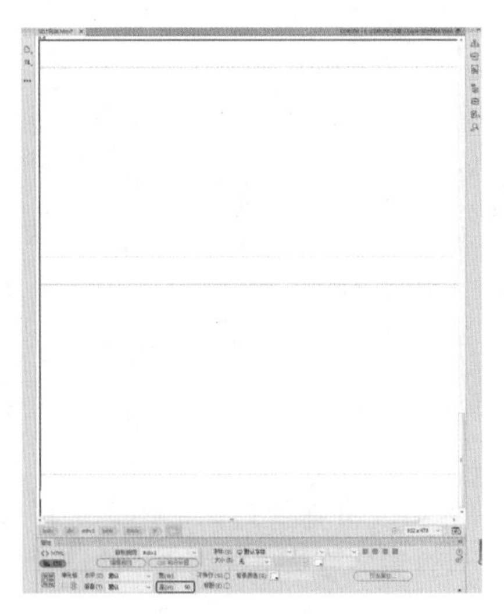

图 4-65　设置单元格后的效果

（9）将光标插入第 1 行的单元格中，在【属性】面板中单击【拆分单元格或列】按钮，即可弹出【拆分单元格】对话框，选中【列】单选按钮，【列数】设置为 2，单击【确定】按钮，如图 4-66 所示。

（10）将光标插入上一步拆分单元格得到的左侧单元格中，按 Ctrl+Alt+I 组合键，打开【选择图像源文件】对话框，选择素材【网站标题 .png】文件，单击【确定】按钮，如图 4-67 所示。

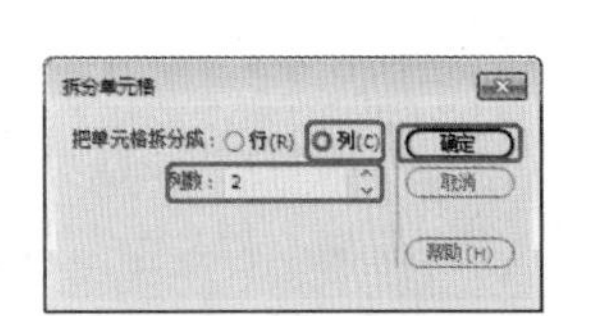

图 4-66　【拆分单元格】对话框

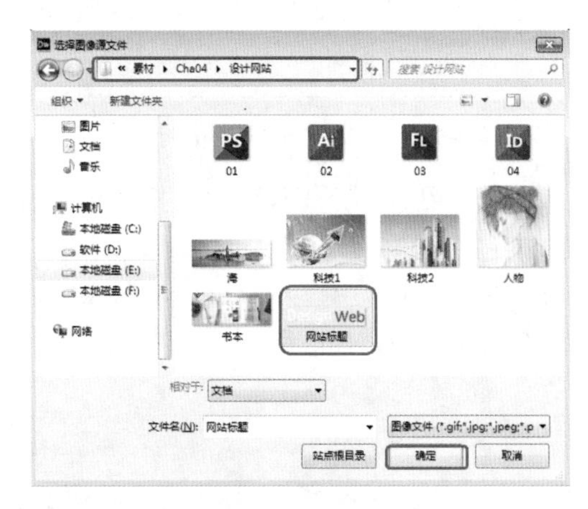

图 4-67　选择素材文件

（11）返回到文档中选中插入的素材，在【属性】面板中将【宽】设置为 200、【高】设置为 43，如图 4-68 所示。

（12）将光标插入上一步带有素材的单元格中，在【属性】面板中将【宽】设置为 520，【背景颜色】设置为 #333333，如图 4-69 所示。

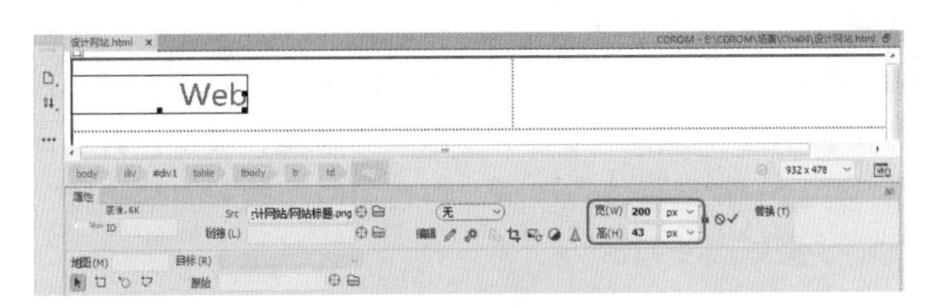

图 4-68　设置素材属性

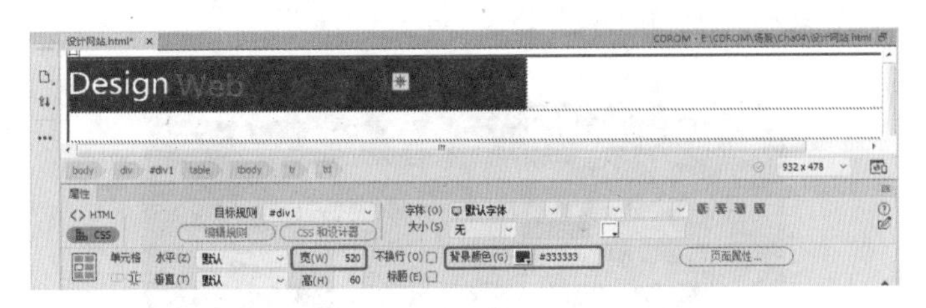

图 4-69　设置单元格

(13) 将光标置于右侧的单元格中，使用前面介绍的方法插入一个1行4列、宽度设置为497的表格，并输入文字，在【属性】面板中设置单元格颜色为黑色，将文字的【字体】设置为【华文细黑】，【大小】设置为18，颜色设置为白色，【水平】设置为【居中对齐】，效果如图4-70所示。

(14) 使用前面介绍的方法插入单元格，拆分单元格、设置单元格的宽和高，并输入文字，制作出其他效果，最终效果如图4-71所示。

图 4-70　插入并设置表格

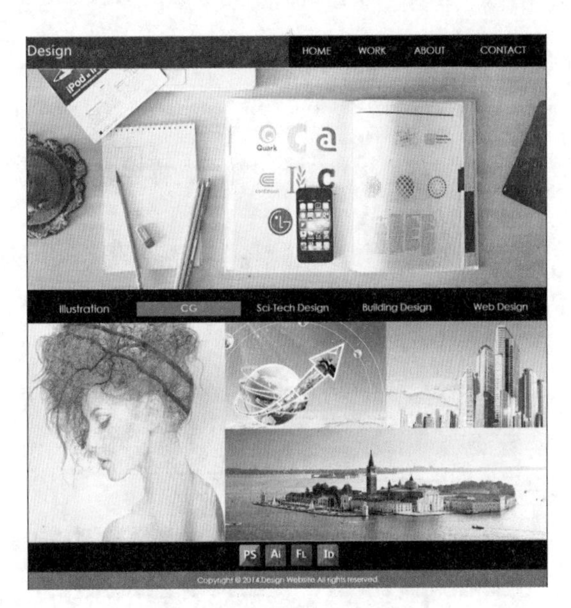

图 4-71　制作出其他效果

案例精讲 042　速腾科技网页的设计【视频案例】

本例将介绍如何制作速腾科技公司的网页设计，以一个电脑科技的图片为网页的主背景，通过利用 Div 在网页中不同的布局，营造一种高科技的氛围，与公司所做的职业很符合，具体操作方法请参考光盘中的视频文件，完成后的效果如图 4-72 所示。

案例文件：CDROM \ 场景 \ Cha04 \ 速腾科技网页设计 . html
视频文件：视频教学 \ Cha04 \ 速腾科技网页设计 . avi

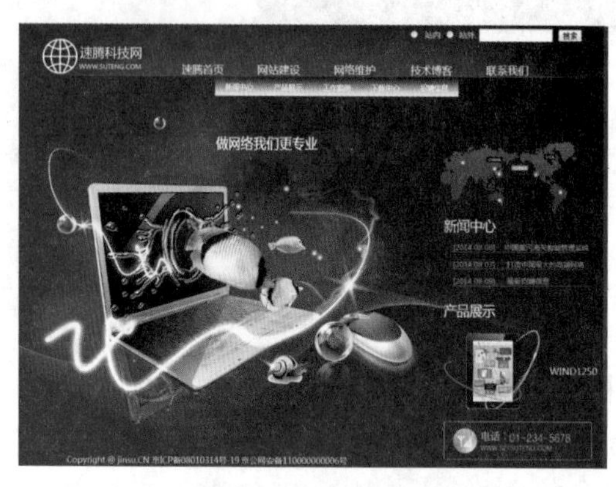

图 4-72　速腾科技网页的设计效果

案例精讲 043　个人博客网站

本例将介绍个人博客网站的制作过程，主要讲解了使用表格布局网站结构，首先对网站的整体结构布局进行设置，插入主题图片和各个标题，然后分别设置网站导航栏、网站主体信息和网站底部信息。最后介绍了如何插入 Div 和表单。具体操作方法如下，完成后的效果如图 4-73 所示。

案例文件：CDROM \ 场景 \ Cha04 \ 个人博客网站 . html
视频文件：视频教学 \ Cha04 \ 个人博客网站 . avi

图 4-73　个人博客网站

（1）启动软件后，新建一个 HTML 文档。新建文档后，按 Ctrl+Alt+T 组合键，弹出 Table 对话框，将【行数】设置为 6，【列】设为 1，将【表格宽度】设为 900 像素，将【边框粗细】、【单元格边距】和【单元格间距】均设为 0，单击【确定】按钮，如图 4-74 所示。

（2）选中插入的表格，在【属性】面板中将 Align 设置为居中对齐，如图 4-75 所示。

知识链接

博客，又译为网络日、部落格或部落阁等，是一种通常由个人管理、不定期张贴新的文章的网站。博客上的文章通常根据张贴时间，以倒序方式由新到旧排列。许多博客专注在特定的课题上提供评论或新闻，其他则被作为比较个人的日记。一个典型的博客结合了文字、图像、其他博客或网站的链接及其他与主题相关的媒体，能够让读者以互动的方式留下意见，是许多博客的重要要素。大部分博客内容以文字为主，仍有一些博客专注在艺术、摄影、视频、音乐、播客等各种主题。博客是社会媒体网络的一部分。比较著名的有新浪、网易、搜狐等博客。

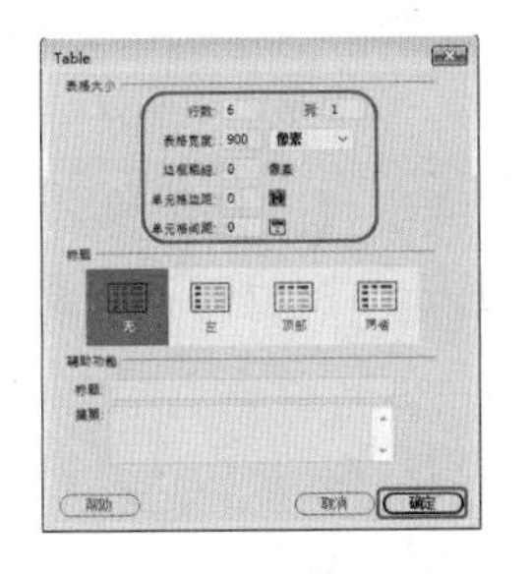

图 4-74 Table 对话框

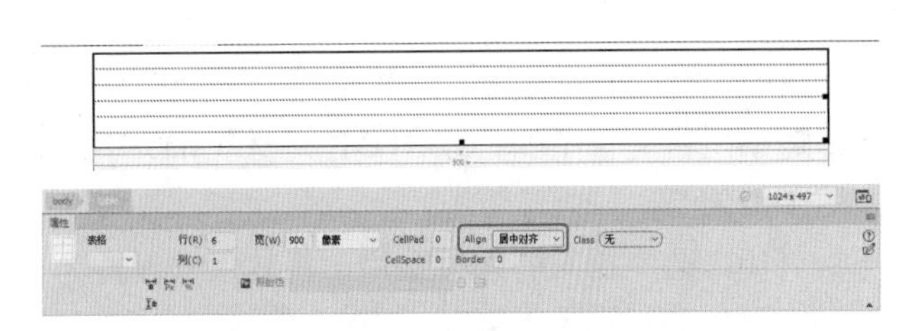

图 4-75 设置表格对齐

（3）将光标插入第 1 行单元格中，在【属性】面板中单击【拆分单元格为行或列】按钮，将其拆分为两列，并将第 1 列的【宽】设置为 738，如图 4-76 所示。

（4）将光标插入第 1 行、第 1 列单元格中，按 Ctrl+Alt+T 组合键，弹出 Table 对话框，将【行数】设置为 1，【列】设为 4，将【表格宽度】设为 60%，将【单元格间距】设为 5，如图 4-77 所示。

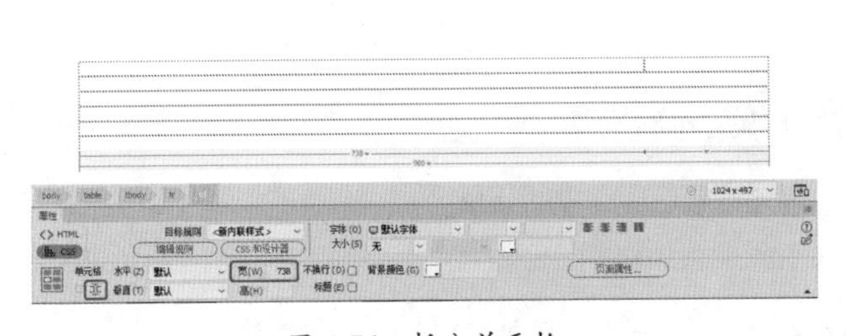

图 4-76 拆分单元格

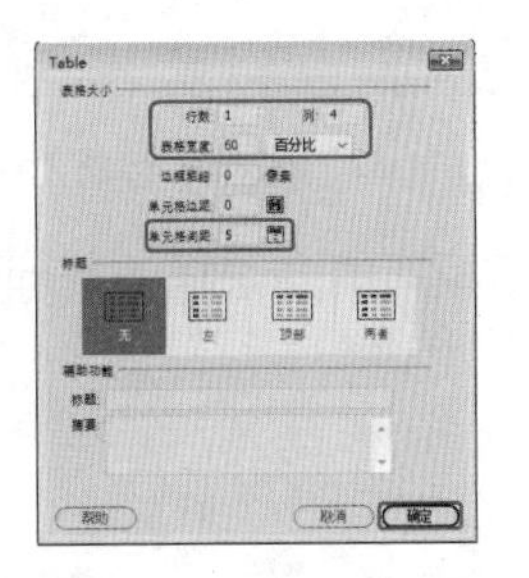

图 4-77 Table 对话框

（5）单击【确定】按钮，选中新插入的各个单元格，将【宽】设置为 25%，【高】设置为 25，如图 4-78 所示。

（6）将第一个单元格的【背景颜色】设置为 #E6B8FF，如图 4-79 所示。

（7）在主体表格的第 1 行第 2 列单元格中插入一个 1 行 5 列的表格，其【宽】设置为 100%，【单元格间距】设置为 2，如图 4-80 所示。

（8）选中新插入的各个单元格，将【宽】设置为 20%，如图 4-81 所示。

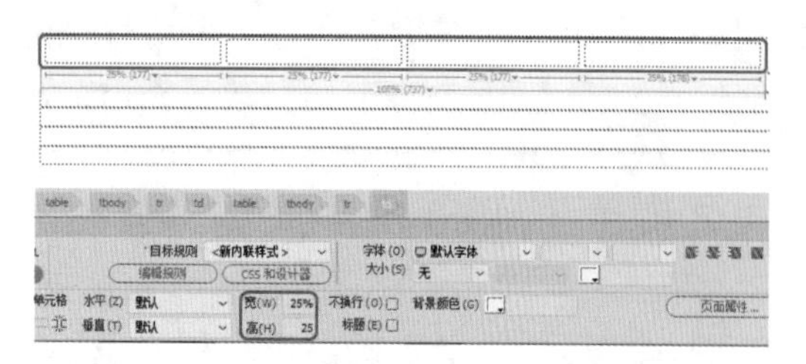

图 4-78　设置单元格的属性

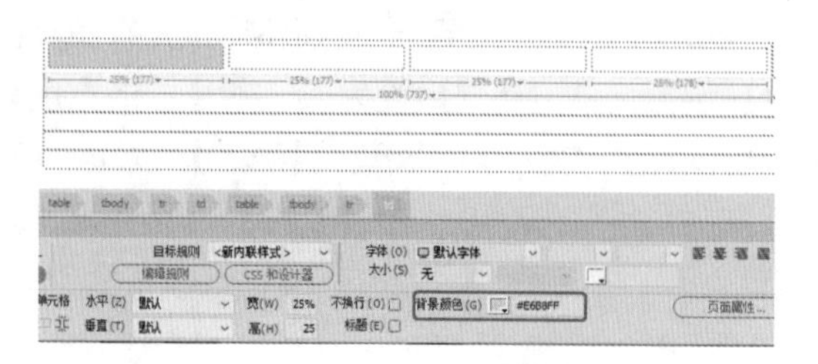

图 4-79　设置单元格的【背景颜色】

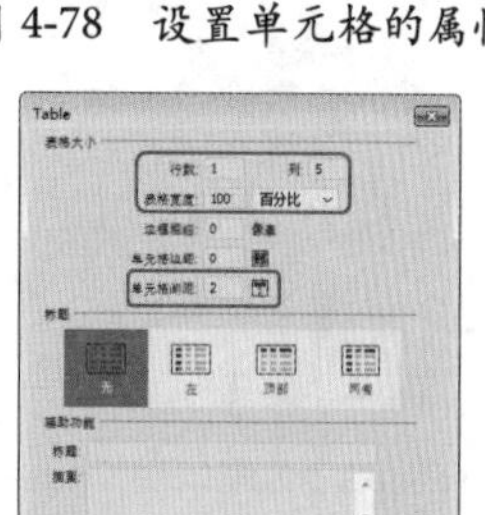

图 4-80　Table 对话框

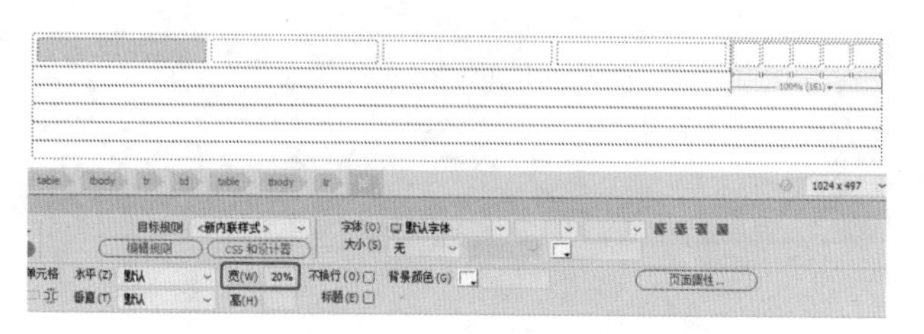

图 4-81　设置单元格属性

（9）将光标插入第 1 列单元格中，然后按 Ctrl+Alt+I 组合键，弹出【选择图像源文件】对话框，选择随书附带光盘中的"CDROM\ 素材 \Cha03\ 个人博客网站 \ 图标 1.jpg"素材图片，单击【确定】按钮，如图 4-82 所示。

（10）选中插入的素材图片，将其尺寸设置为 25×25，如图 4-83 所示。

图 4-82　选择素材图片

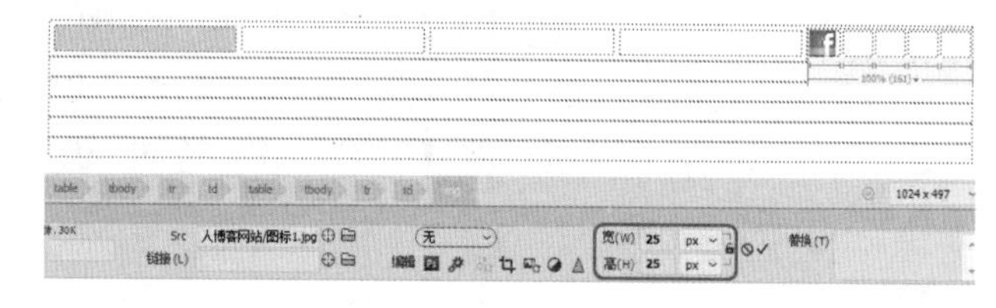

图 4-83　插入素材图片

（11）使用相同的方法插入其他的图表素材图片，如图 4-84 所示。

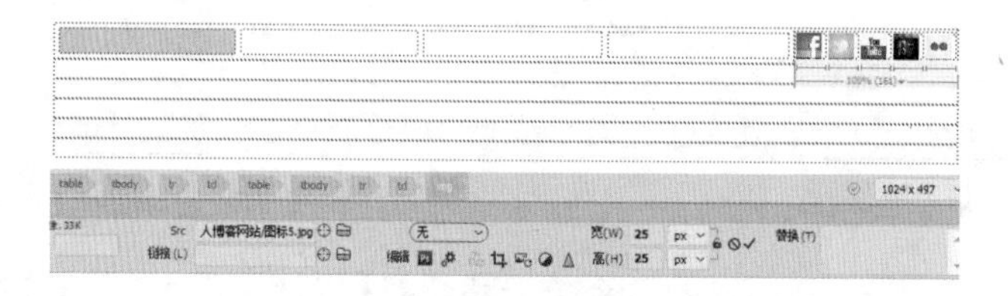

图 4-84　插入其他的图表素材图片

（12）在第 2 行单元格中插入一个 2 行 2 列的表格，将其【宽】设置为 100%，【单元格间距】设置为 3，如图 4-85 所示。

（13）选择第 1 行的两列单元格，单击【合并所选单元格，使用跨度】按钮将其合并。然后选中新插入的所有单元格，将【背景颜色】设置为 #D383FF，如图 4-86 所示。

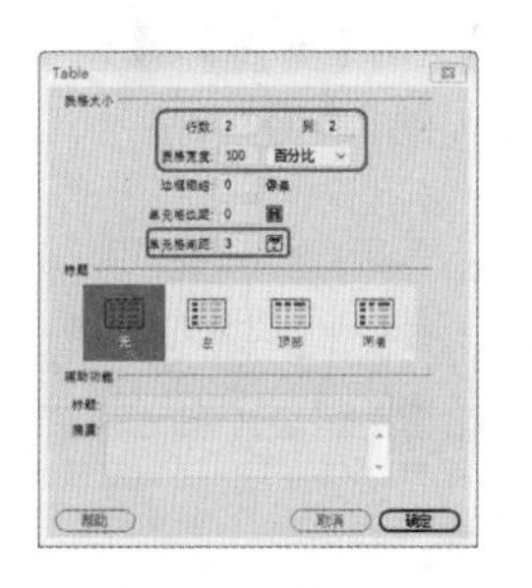

图 4-85 Table 对话框

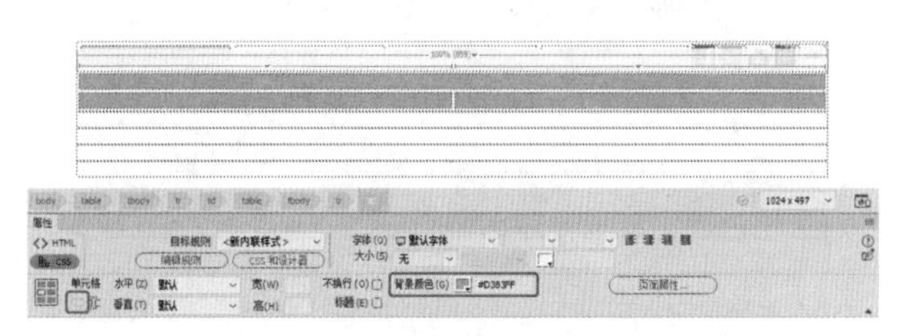

图 4-86 设置单元格

(14) 将光标插入第 1 行单元格中，然后按 Ctrl+Alt+I 组合键，弹出【选择图像源文件】对话框，选择随书附带光盘中的"CDROM\素材\Cha03\个人博客网站\MY LOGO.png"素材图片，如图 4-87 所示，单击【确定】按钮，选中插入的图片，将【宽】、【高】分别设置为 349px、83px，如图 4-88 所示。

图 4-87 选择素材图片

图 4-88 插入素材图片（1）

(15) 将光标插入第 2 行第 1 列单元格中，将【宽】设置为 349，【高】设置为 83，【垂直】设置为【底部】，按 Ctrl+Alt+I 组合键弹出【选择图像源文件】对话框，选择随书附带光盘中的"CDROM\素材\Cha03\个人博客网站\个人资料.jpg"素材图片，如图 4-89 所示。

(16) 将第 2 行第 2 列单元格的【垂直】设置为底部，使用相同的方法插入随书附带光盘中的"CDROM\素材\Cha03\个人博客网站\图片相册.jpg"素材图片，如图 4-90 所示。

知识链接

【垂直】：指定单元格、行或列内容的垂直对齐方式。可以将内容对齐到单元格的顶端、中间、底部或基线，或者指示浏览器使用其默认的对齐方式（通常是中间）。

图 4-89 插入素材图片（2）

图 4-90 插入素材图片（3）

(17) 在下一行单元格中插入一个 1 行 2 列的表格，将其【宽】设置为 900 像素，CellPad 和 CellSpace 都设置为 3，如图 4-91 所示。

（18）选中第 2 行的两个单元格，将【水平】设置为【居中对齐】，【垂直】设置为【居中】，【背景颜色】设置为 #D383FF，并将第 1 列单元格的【宽】设置为 318，如图 4-92 所示。

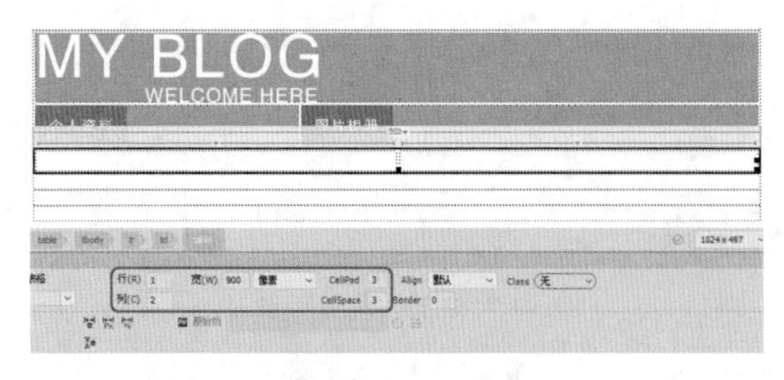

图 4-91　插入表格

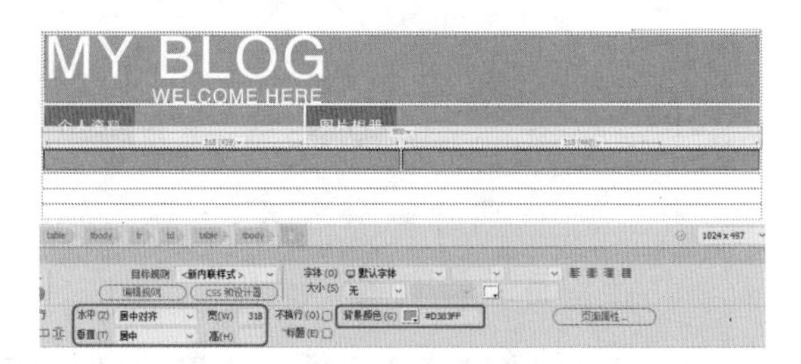

图 4-92　设置单元格

（19）将光标插入下一行单元格中，参照前面的操作步骤，设置单元格并插入素材图片，如图 4-93 所示。

（20）将光标插入下一行单元格中，按 Ctrl+Alt+T 组合键，弹出 Table 对话框，将【行数】设置为 2，【列】设为 4，将【表格宽度】设为 100%，将【边框粗细】设置为 0、【单元格边距】设为 5、【单元格间距】设为 3，如图 4-94 所示。

图 4-93　设置单元格并插入素材图片

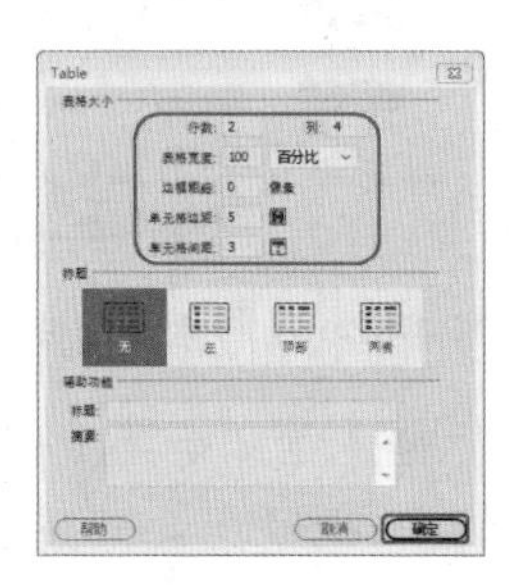

图 4-94　Table 对话框

（21）选中新插入的单元格，将其【水平】设置为【居中对齐】，【宽】设置为 25%，然后将【背景颜色】设置为 #D383FF，如图 4-95 所示。

（22）选中新插入的单元格，将其【水平】设置为【居中对齐】，【宽】设置为 25%，然后将【背景颜色】设置为 #E6B8FF，如图 4-96 所示。

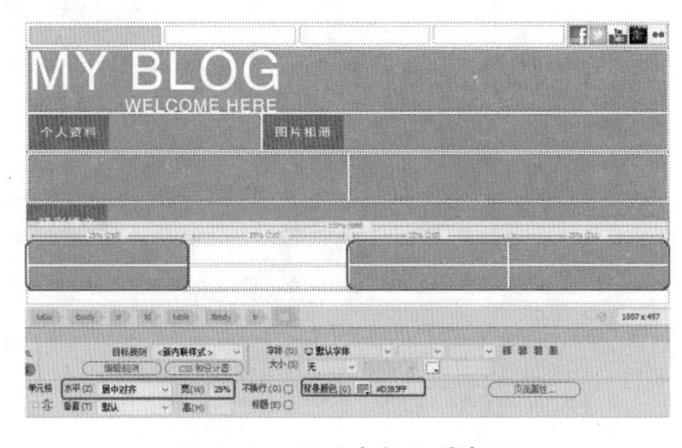

图 4-95　设置表格背景颜色

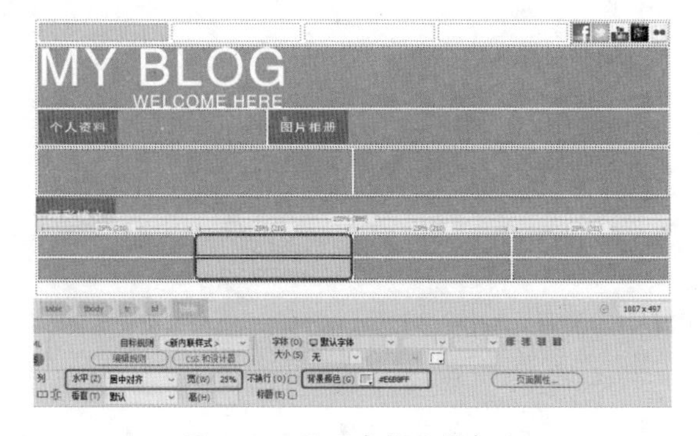

图 4-96　设置表格背景颜色

（23）选择红色框中的表格，将其【背景颜色】设置为 #BF43FF，如图 4-97 所示。

（24）在菜单栏中选择【文件】|【页面属性】命令，如图 4-98 所示。

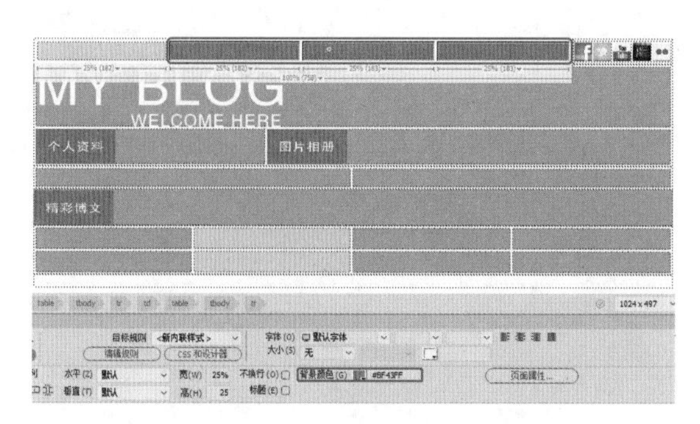

图 4-97 设置表格背景颜色

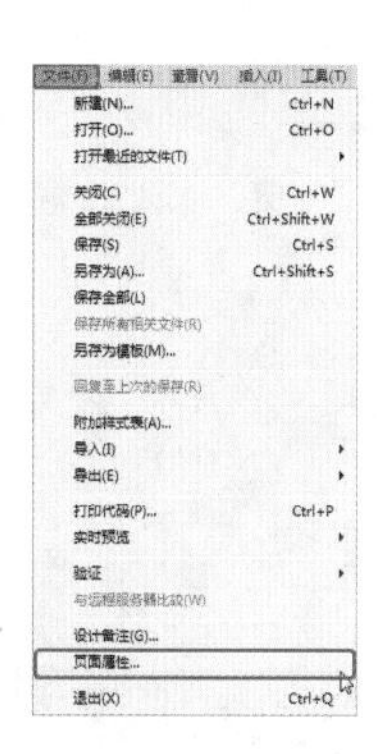

图 4-98 选择【页面属性】命令

（25）在弹出的【页面属性】对话框中，选择左侧列表中的【外观（HTML）】选项，将【背景】设置为 #BF43FF，【左边距】设置为 50px，【上边距】设置为 50px，【边距宽度】设置为 30px，【边距高度】设置为 30px，单击【确定】按钮，如图 4-99 所示。

（26）将红色框中的表格【水平】设置为【居中对齐】，【宽】设置为 25%，【高】设置为 25，输入文字，【字体】设置为【华文中宋】，【大小】设置为 18px，【颜色】设置为 #FFFFFF，如图 4-100 所示。

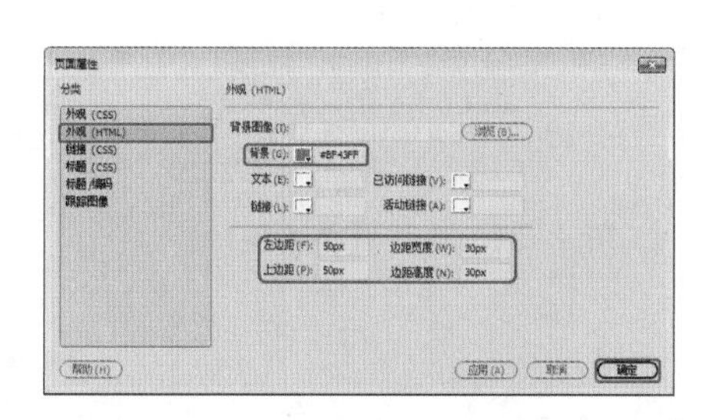

图 4-99 设置【页面属性】

图 4-100 设置表格并输入文字

提 示

在输入文字时，按 Enter 键进行换行。

（27）将红色框中的表格【水平】设置为【居中对齐】，【垂直】设置为【居中】，【宽】设置为 318，在表格中插入素材图片，并输入文字，将图片【宽度】设置为 250px，【高度】设置为 150px，将【大小】设置为 16px，【字体颜色】设置为 #FFFFFF，如图 4-101 所示。

（28）将随书附带光盘的素材图片插入表格中，如图 4-102 所示。

（29）将其【宽度】设置为 80px，【高度】设置为 30px，如图 4-103 所示。

（30）在菜单栏中选择【插入】|【表单】|【单选按钮】命令，如图 4-104 所示。

（31）将按钮后的文字删除，输入"加好友"文字，将【字体颜色】设置为 #FFFFFF，如图 4-105 所示。

（32）使用相同的方法插入单选按钮，输入并设置文字，如图 4-106 所示。

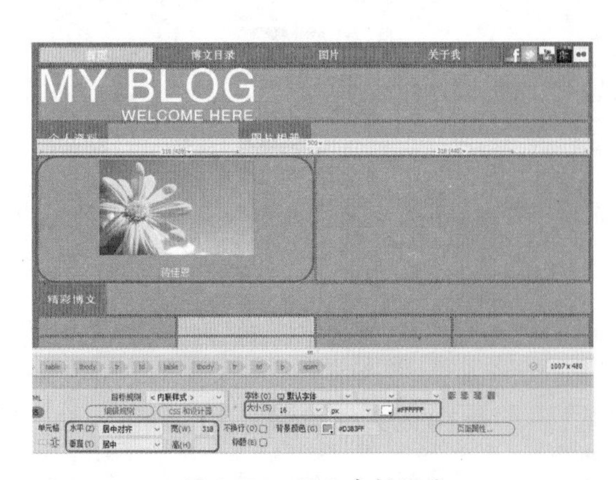

图 4-101　插入素材图片

图 4-102　插入素材图片

图 4-103　插入图片并设置

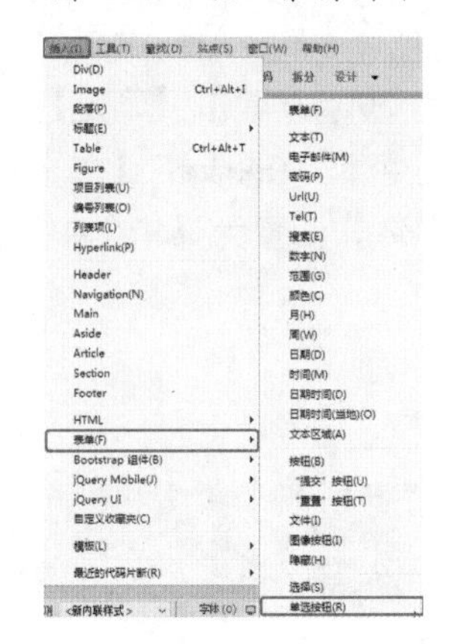

图 4-104　选择【单选按钮】命令

图 4-105　插入单选按钮并输入文字

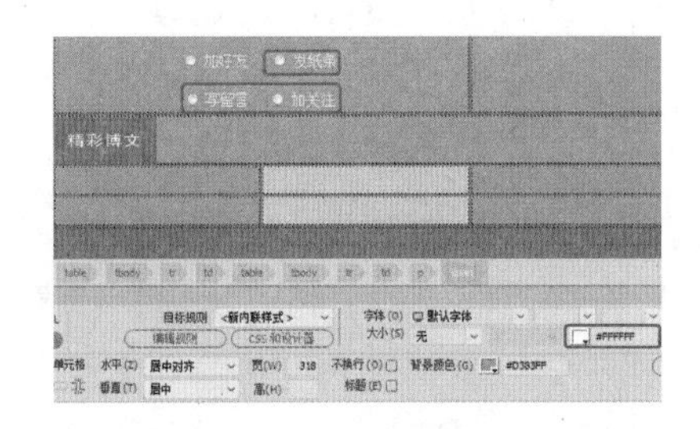

图 4-106　插入其他单选按钮并输入文字

（33）在红色框的表格中插入随书附带光盘中的素材图片，将其【宽度】设置为 662px，【高度】设置为 380px，如图 4-107 所示。

（34）在红色框的表格中插入随书附带光盘中的素材图片，将其【宽度】设置为 210px，【高度】设置为 150px，如图 4-108 所示，

（35）使用相同的方法插入并设置素材图片，如图 4-109 所示。

（36）将红色框中的表格【水平】设置为【居中对齐】，输入文字，将其【字体】设置为【微软雅黑】，【大小】设置为 14px，【字体颜色】设置为 #FFFFFF，如图 4-110 所示。

图 4-107　插入素材图片

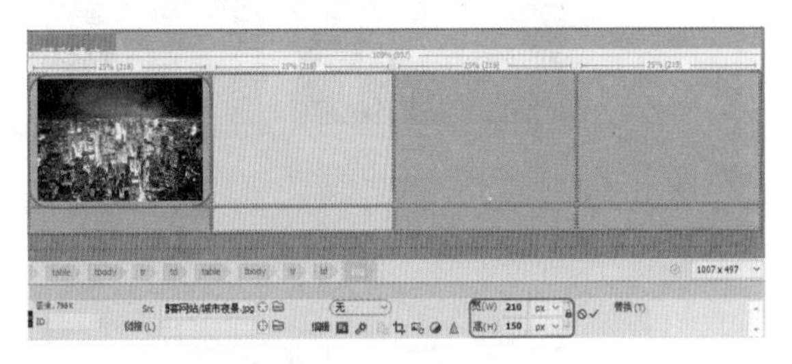

图 4-108　插入素材图片

图 4-109　插入其他素材图片

图 4-110　输入并设置文字

(37) 使用同样的方法输入并设置文字，如图 4-111 所示。

(38) 将表格【水平】设置为【居中对齐】，【高】设置为 30，输入文字，将【文字】设置为 16px，【字体颜色】设置为 #FFFFFF，如图 4-112 所示。

图 4-111　输入其他文字

图 4-112　输入文字并设置

第5章 商业经济类网页的设计

本章重点

- 申通物流网页
- 恒洁卫浴网页
- 宏泰投资网页
- 凯莱顿酒店网页
- 尼罗河汽车网页
- 莱特易购网
- 美食网

互联网作为信息互相交流和通信工具，已经成为商家青睐的传播介质，被称为第五种媒体——数字媒体。企业通过网站可以展示单位风采、传播文化、树立形象，通过网站可以利用电子信箱经济而又快捷地与外界进行各种信息沟通，也可以通过网站寻求合资与合作。本章将通过 7 个案例来讲解如何制作商业经济类网站。通过本章的学习可以使读者在设计网站时思路更加清晰，目标更加明确，从而设计出更好的网页。

案例精讲 044　申通物流网页

本例将介绍如何制作申通物流网页，主要利用插入表格来为网页进行排版，然后在插入的表格内输入文字、插入图片和表单，完成后的效果如图 5-1 所示。

案例文件：CDROM \ 场景 \ Cha05 \ 申通物流网页 . html
视频文件：视频教学 \ Cha05 \ 申通物流网页 .avi

图 5-1　申通物流网页设计

（1）启动软件后，在打开的界面中单击【新建文档】列表下的 HTML 选项，在【属性】面板中单击【页面属性】按钮，在弹出的对话框中选择【外观（HTML）】选项，将【左边距】、【上边距】都设置为 0，单击【确定】按钮，如图 5-2 所示。

（2）按 Ctrl+Alt+T 组合键打开 Table 对话框，将【行数】、【列】、【表格宽度】分别设置为 3、3、900，将【边框粗细】、【单元格边距】、【单元格间距】都设置为 0，单击【确定】按钮，如图 5-3 所示。

知识链接

物流是指为了满足客户的需求，以最低的成本，通过运输、保管、配送等方式，实现原材料、半成品、成品或相关信息进行由商品的产地到商品的消费地的计划、实施和管理的全过程。

所谓物流公司是指生产经营企业为集中精力搞好主业，把原来属于自己处理的物流活动，以合同方式委托给专业物流服务企业，同时通过信息系统与物流企业保持密切联系，以达到对物流全程管理的控制的一种物流运作与管理方式，以托运的方式可以节约企业成本，在运输上更好地管理与操作。

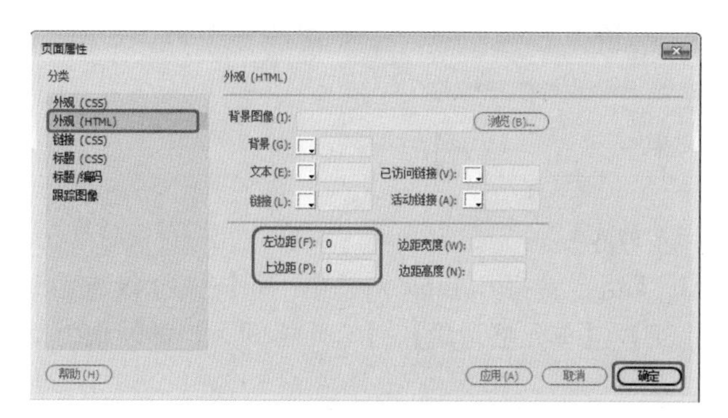

图 5-2 【页面属性】对话框

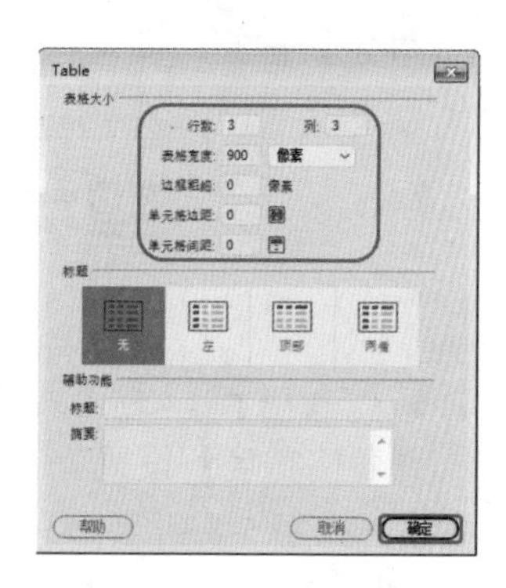

图 5-3 Table 对话框

（3）选择插入的表格，在【属性】面板中将 Align（对齐）设置为居中对齐。选择所有的单元格，在【属性】面板中将【背景颜色】设置为 #FFFFFF（白色），完成后的效果如图 5-4 所示。

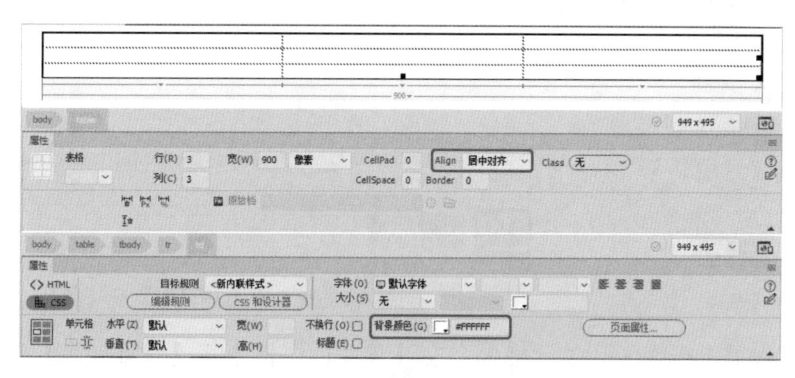

图 5-4 设置表格的背景颜色

（4）选择第 1 列单元格，将【宽】设置为 250，将第 2 列单元格【宽】设置为 630，将第 3 列单元格【宽】设置为 20，将第 1 行、第 2 行单元格【高】设置为 40，将第 3 行单元格【高】设置为 45，选择第 1 列的第 2 行和第 3 行单元格，按 Ctrl+Alt+M 组合键进行合并单元格，完成后的效果如图 5-5 所示。

（5）将光标置入合并后的单元格内，按 Ctrl+Alt+I 组合键打开【选择图像源文件】对话框，在该对话框选择随书附带光盘中的"CDROM\ 素材 \Cha05\ 申通物流 \L1.png"素材图片，如图 5-6 所示。

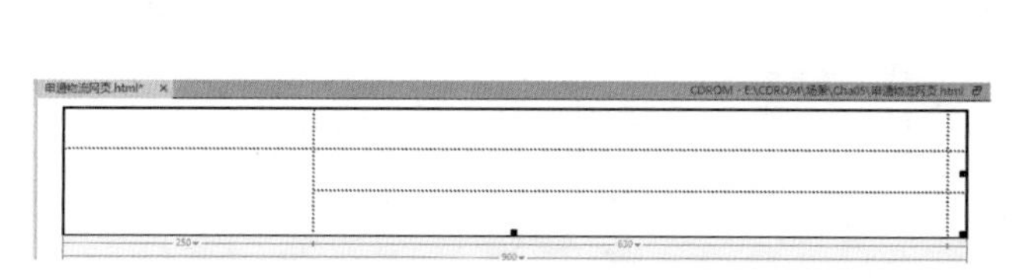

图 5-5 设置单元格

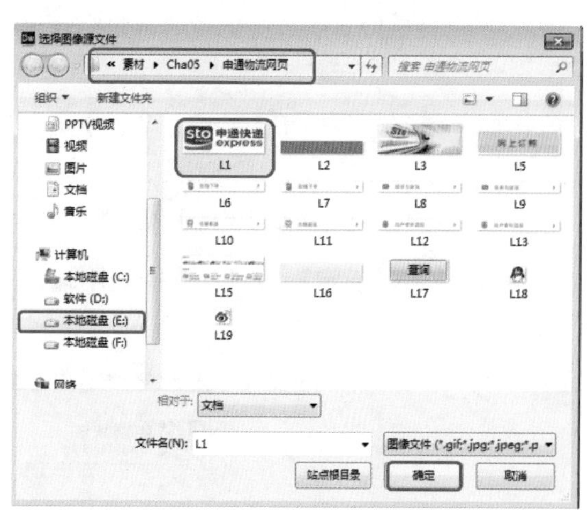

图 5-6 选择素材图片

（6）单击【确定】按钮，即可将图片置入合并的单元格内，完成后的效果如图 5-7 所示。

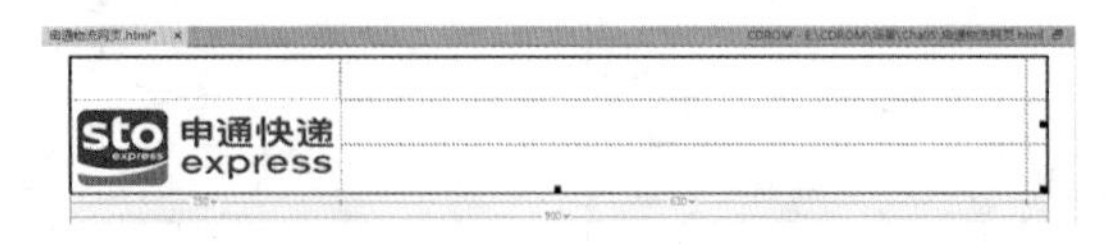

图 5-7　插入图片后的效果

（7）将光标置入第 1 行第 2 列单元格内，按 Ctrl+Alt+T 组合键打开 Table 对话框，将【行数】设置为 1，【列】设置为 2，【表格宽度】设置为 630，将【边框粗细】【单元格边距】【单元格间距】都设置为 0，单击【确定】按钮，如图 5-8 所示。

（8）将光标放置于新的单元格的第 1 行内，将【宽】设置为 400，【高】设置为 40，然后将光标放置于第 1 行第 2 列内，将【宽】设置为 230，效果如图 5-9 所示。

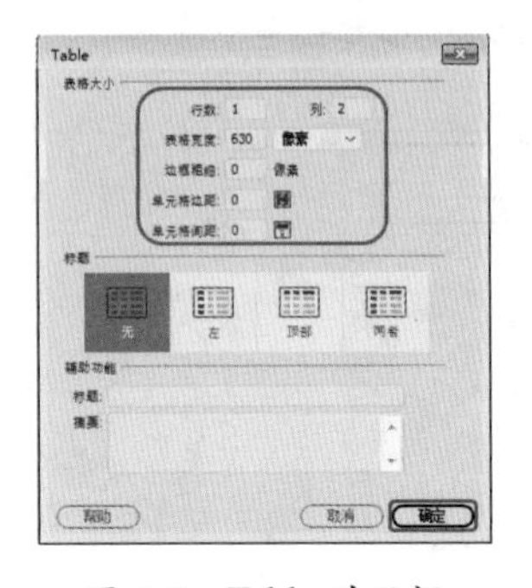

图 5-8　Table 对话框

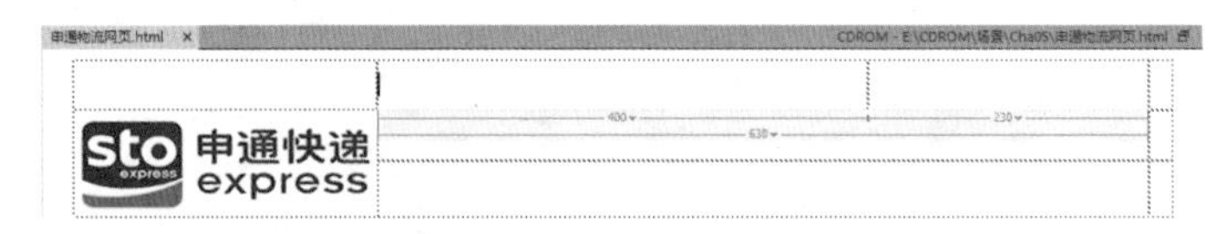

图 5-9　设置单元格【宽】和【高】

（9）将光标置入第 1 行第 2 列单元格内，在【属性】面板中将【背景颜色】设置为 #EDEDED，在单元格内输入文字【全国服务统一热线：95543| 企业邮箱】，单击鼠标右键，在弹出的快捷菜单中选择【CSS 样式】|【新建】命令，在弹出的对话框中将【选择器名称】设置为 w1，如图 5-10 所示。

（10）单击【确定】按钮，在弹出对话框中的【分类】列表中选中【类型】，将 Font-size（字号）设置为 13，将 Color（颜色）设置为 #000000（黑色），如图 5-11 所示。

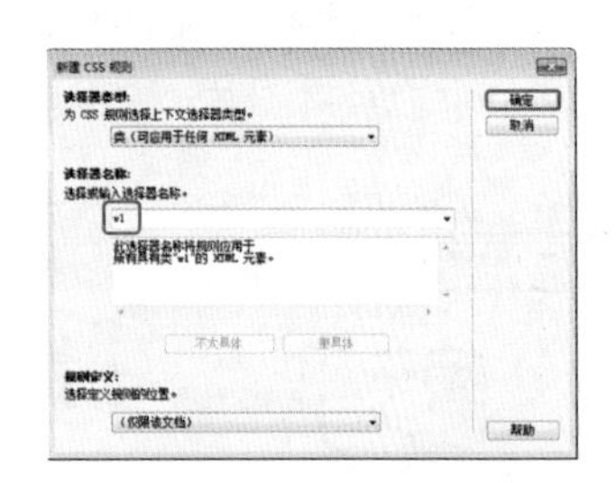

图 5-10　【新建 CSS 规则】对话框

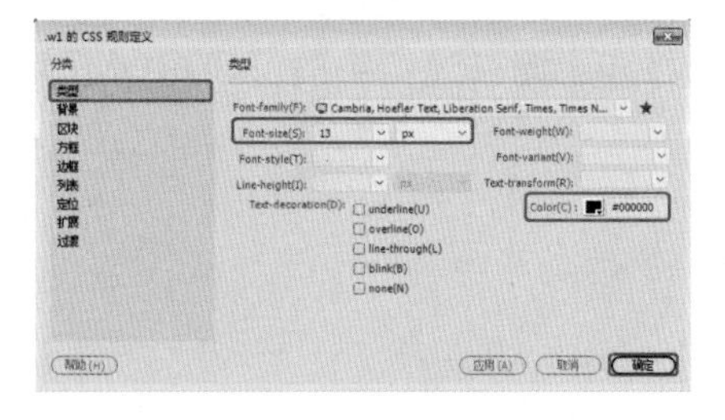

图 5-11　设置规则

（11）单击【确定】按钮，选择刚刚输入的文字，在【属性】面板中将【目标规则】设置为 w1，完成后的效果如图 5-12 所示。

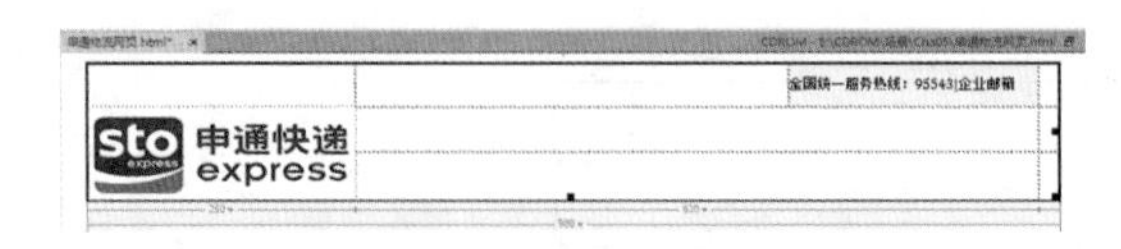

图 5-12　为文字设置目标规则后的效果

（12）将光标置于第 2 行第 2 列单元格内，在【属性】面板中将【水平】设置为【右对齐】，【垂

直】设置为【居中】，然后输入文字“通过安全、快捷的服务，传爱心、送温暖、更便利，成为受人尊敬、值得依赖、服务更好的物流公司”，单击鼠标右键，在弹出的快捷菜单中选择【CSS 样式】|【新建】命令，在弹出的对话框中将【选择器名称】设置为 w2，单击【确定】按钮，如图 5-13 所示。

（13）在弹出对话框中的【分类】列表中选择【类型】，将 Font-size（字号）设置为 12，将 Color（颜色）设置为 #FFFFFF，如图 5-14 所示。

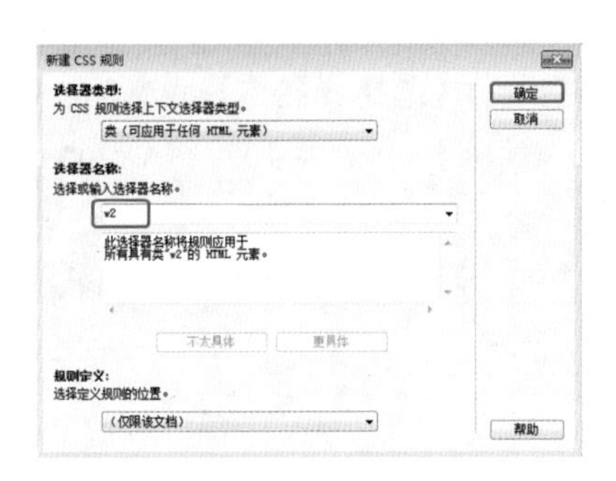

图 5-13　设置规则

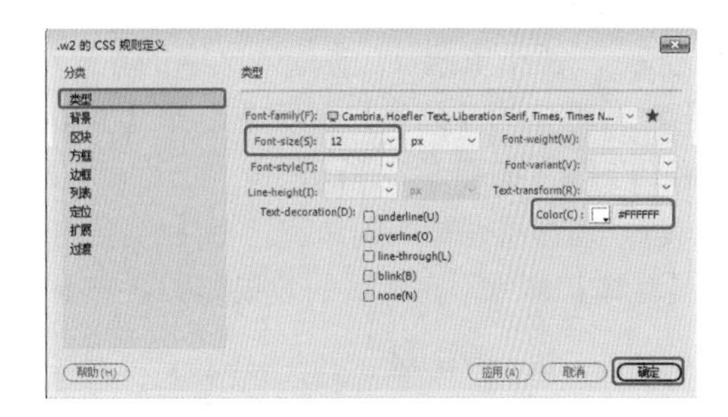

图 5-14　设置完成后的效果

（14）单击【确定】按钮，选择刚刚输入的文字，在【属性】面板中将【目标规则】设置为 w2，完成后的效果如图 5-15 所示。

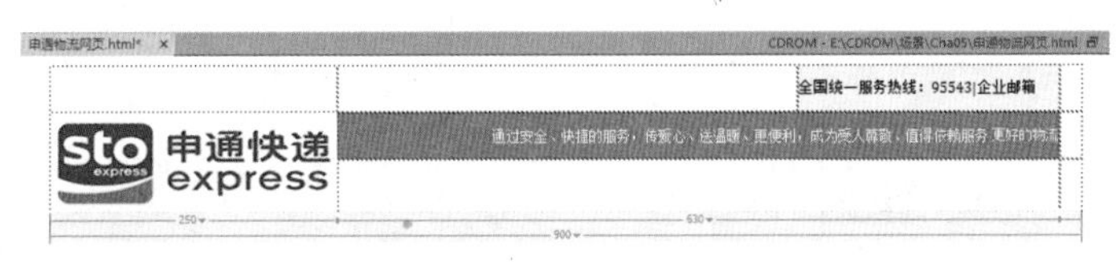

图 5-15　为文字设置目标规则后的效果

知识链接

在【类型】选项中具体参数如下。

① Font-family（字体）：用户可以在下拉列表中选择需要的字体。

② Font-size（字号）：用于调整文本的大小。用户可以在列表中选择字号，也可以直接输入数字，然后在后面的列表中选择单位。

③ Font-style（字型）：提供了 normal（正常）、Italic（斜体）、oblique（偏斜体）和 inherit（继承）4 种字体样式，默认为 normal。

④ Line-height（行高）：设置文本所在行的高度。该设置传统上称为【前导】。选择 normal（正常）选项，将自动计算字体大小的行高，也可以输入一个确切的值并选择一种度量单位。

⑤ Text-decoration（文本修饰）：向文本中添加下划线、上划线、删除线或使文本闪烁。正常文本的默认设置是【无】。链接的默认设置是【下划线】。将链接设置为【无】时，可以通过定义一个特殊的类删除链接中的下划线。

⑥ Font-weight（粗细）：对字体应用特定或相对的粗细量。【正常】等于 400；【粗体】等于 700。

⑦ Font-variant（变体）：设置文本的小型大写字母变体。Dreamweaver 不在文档窗口中显示该属性。

⑧ Text-transform（改变大小写）：将选定内容中的每个单词的首字母大写或将文本设置为全部大写或小写。

⑨ Color（颜色）：设置文本颜色。

（15）将光标置入第 3 行第 2 列单元格中，在【属性】面板中将【背景颜色】设置为 #FF5F00，将【水平】和【垂直】分别设置为【居中对齐】【居中】。按 Ctrl+Alt+T 组合键打开 Table 对话框，在该对话框中将【行数】、【列】设置为 1、7，将【表格宽度】设置为 630，【边框粗细】、【单元格边距】、【单元格间距】都设置为 0，单击【确定】按钮，如图 5-16 所示。

（16）选择插入表格的所有单元格，将【高】设置为 30，将【水平】、【垂直】分别设置为【居中对齐】、【居中】，然后在单元格内依次输入文字“首页”“客户服务”“产品服务”“新闻资讯”“申通国际”“帮助与支持”“关于申通”，在输入文字的单元格内鼠标右击新建一个【选择器名称】为 w3 的 CSS 样式，在弹出对话框中的【分类】列表中选择【类型】，将 Font-size（字号）设置为 16、将 Color（颜色）设置为 #FFFFFF，如图 5-17 所示。

（17）选择所有输入的文字，将【目标规则】设置为 w3，然后单击鼠标右键选择快捷菜单中的【样式】|【粗体】命令，完成后的效果如图 5-18 所示。

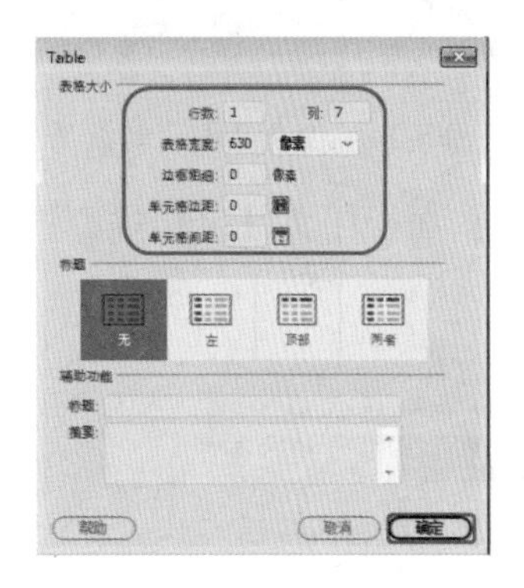

图 5-16　Table 对话框

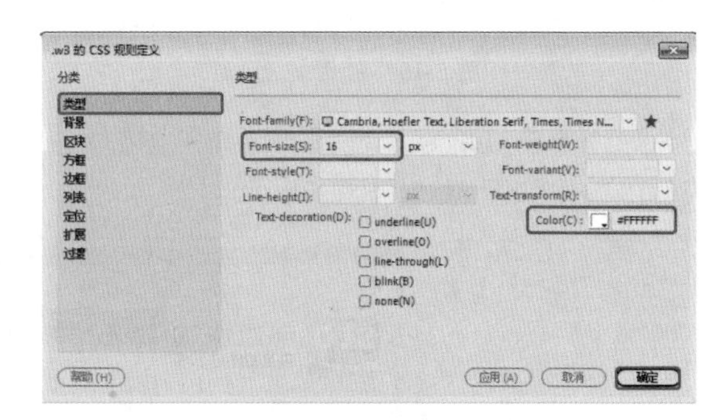

图 5-17　设置规则

图 5-18　设置完成后的效果

（18）将光标置入大表格的右侧，按 Ctrl+Alt+T 组合键打开 Table 对话框，在该对话框中将【行数】、【列】分别设置为 2、2，将【表格宽度】设置为 900 像素，其他保持默认设置，如图 5-19 所示。

（19）单击【确定】按钮，即可插入表格。选择插入的表格，在【属性】面板中将 Align（对齐）设置为【居中对齐】，将第 1 行单元格【高】设置为 10，选择第 2 行的第 1 列单元格，将【宽】设置为 320，将光标置入该单元格内，将【水平】【垂直】分别设置为【居中对齐】【居中】。按 Ctrl+Alt+T 组合键，在弹出的对话框中将【行数】、【列】分别设置为 13、1，将【表格宽度】设置为 300，将【单元格间距】设置为 5，其他保持默认设置，完成后的效果如图 5-20 所示。

提 示

Align 的中文意思是对齐。

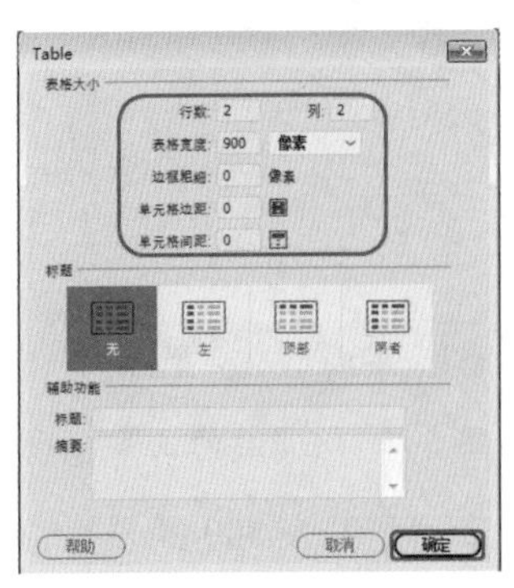

图 5-19 Table 对话框

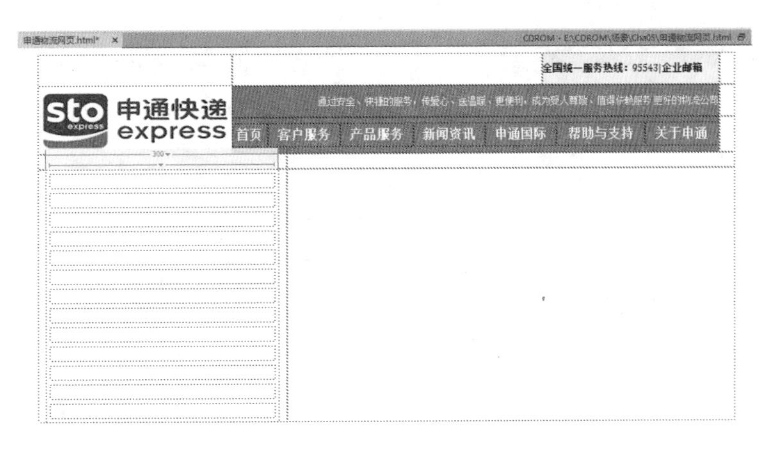

图 5-20 插入表格后的效果

（20）选择第 1 行、第 8 行、第 9 行单元格，将其单元格的高设置为 45；选择第 2~7 行单元格，将其单元格的高设置为 30；选择第 10~13 行单元格，将其高设置为 35。将光标置入第 1 行单元格内，单击【拆分】按钮，在命令行 <td height="45"> 中的 td 后按空格键，在弹出的下拉列表中单击 background，然后单击【浏览】按钮，弹出【选择图像源文件】对话框，在该对话框中选择随书附带光盘中的"CDROM\素材\Cha05\申通物流\L2.png"素材文件，如图 5-21 所示。

（21）单击【确定】按钮，然后单击【设计】按钮。使用同样的方法为第 9 行单元格设置同样的背景，完成后的效果如图 5-22 所示。

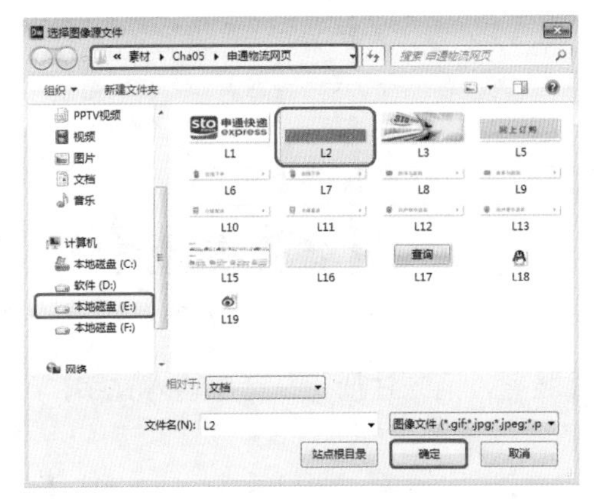

图 5-21 【选择图像源文件】对话框

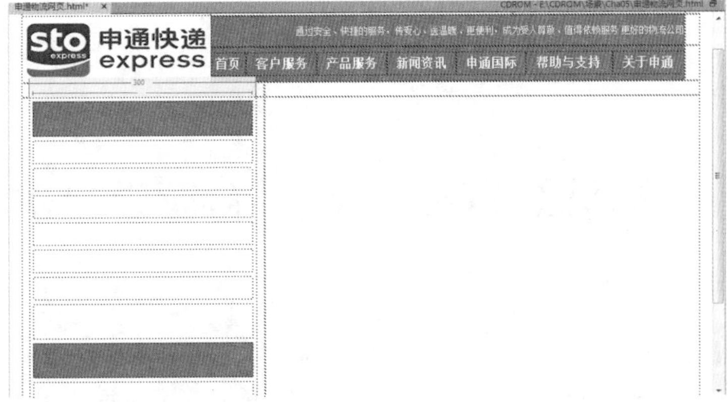

图 5-22 设置背景后的效果

（22）在设置背景的单元格内输入文字【登录我的申通】和【快速入口】，在【属性】面板中将【水平】、【垂直】分别设置为【居中对齐】【居中】，新建选择器名称为 w4 的 CSS 样式，将 Font-size（字号）设置为 20，将 Color（颜色）设置为 #FFFFFF，然后为输入的文字应用该样式，完成后的效果如图 5-23 所示。

（23）选择第 2~8 行单元格，将【水平】【垂直】分别设置为【居中对齐】【居中】。将光标置入第 2 行单元格内，选择菜单栏中的【插入】|【表单】|【文本】命令。在单元格内将英文删除，然后在【属性】面板中将 Size（大小）设置为 35，将 Value（值）设置为用户名 / 手机 /E-mail，效果如图 5-24 所示。

（24）使用同样的方法插入其他【文本】表单，效果如图 5-25 所示。

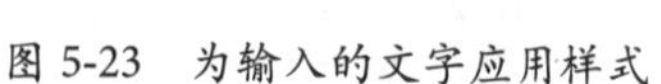
图 5-23　为输入的文字应用样式

图 5-24　插入【文本表单】

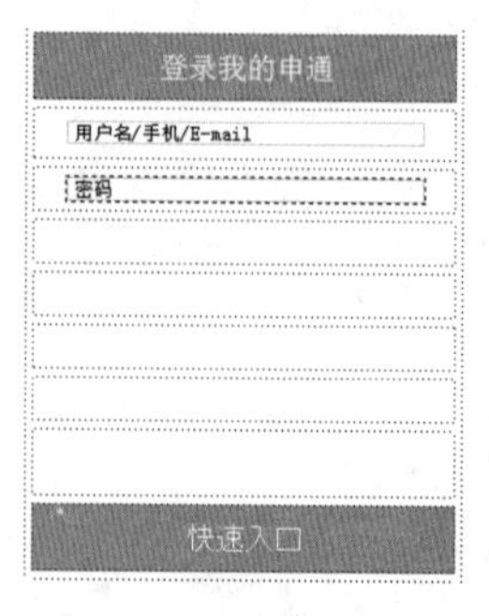

图 5-25　完成后的效果

（25）将光标置入第 4 行单元格内，按 Ctrl+Alt+T 组合键插入一个 1 行 2 列宽度为 300 的表格，如图 5-26 所示。

（26）选中新添加的表格，在【属性】面板中将【水平】和【垂直】分别设置为【居中对齐】和【居中】，然后将光标置于新加表格中的第 1 行第 1 列，选择菜单栏中的【插入】|【表单】|【复选框】命令，将英文更改为“记住用户名”，然后在第 1 行第 2 列中输入“忘记密码？”文字，完成后的效果如图 5-27 所示。

（27）将光标置于第 5 行单元格中，选择【插入】|【表单】|【按钮】命令，将 Value 改为【登 录】（为了美观，所以在这里将登录中间空格），如图 5-28 所示。

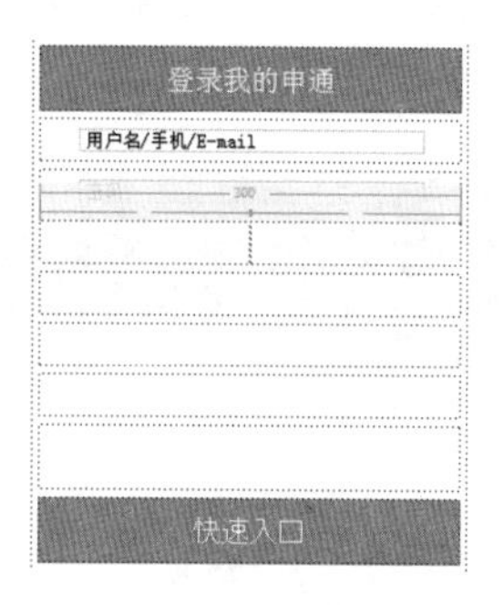

图 5-26　添加单元格

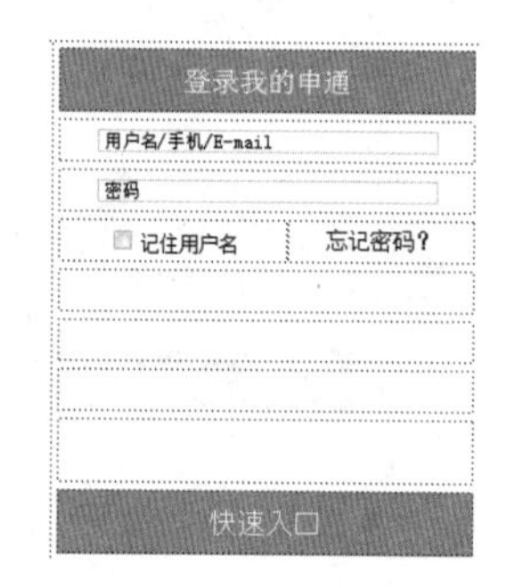

图 5-27　输入文字

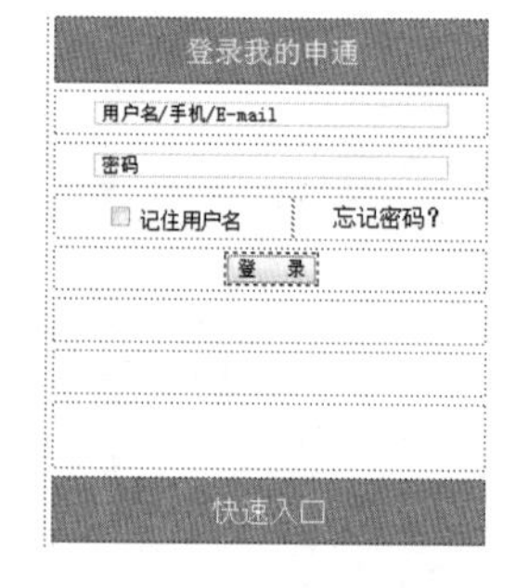

图 5-28　添加按钮

（28）将光标置于第 6 行单元格中，输入文字“享受一站式服务，请先注册”，选中输入文字，在【属性】面板中将【大小】设置为 14，效果如图 5-29 所示。

（29）将光标置于第 7 行单元格中，输入文字“使用合作账号登录”，并选中输入的文字，将其【大小】设置为 14，然后按 Ctrl+Alt+T 组合键，在弹出的【选择图像源文件】对话框中选择随书附带光盘中的“CDROM\ 素材 \Cha05\ 申通物流”中的 L18.jpg 和 L19.jpg 素材文件，单击【确定】按钮，如图 5-30 所示。

（30）完成后的效果如图 5-31 所示。

（31）将光标置入第 8 行单元格中，按 Ctrl+Alt+I 组合键，在弹出的【选择图像源文件】对话框中选择随书附带光盘中的“CDROM\ 素材 \Cha05\ 申通物流”中的 L18.jpg 和 L19.jpg 素材文件，单击【确定】按钮，如图 5-32 所示。

（32）完成后的效果如图 5-33 所示。

（33）将光标置入第 10 行单元格内，选择菜单栏中的【插入】| HTML |【鼠标经过图像】命令，弹出【插入鼠标经过图像】对话框，在该对话框中单击【原始图像】右侧的【浏览】按钮，弹出【原始图像】对话框，在该对话框中选择 L6.jpg 素材图片，如图 5-34 所示。

(34) 单击【确定】按钮，返回到【插入鼠标经过图像】对话框，在该对话框中单击【鼠标经过图像】右侧的【浏览】按钮，在弹出的对话框中选择 L7.jpg 素材图片，单击【确定】按钮，返回到【插入鼠标经过图像】对话框中，效果如图 5-35 所示。

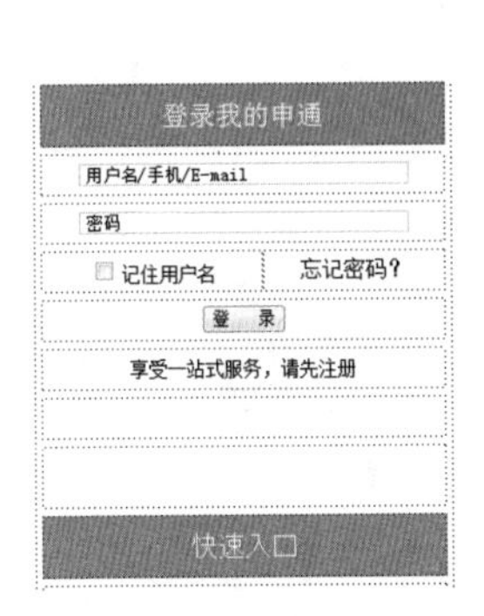

图 5-29 输入文字

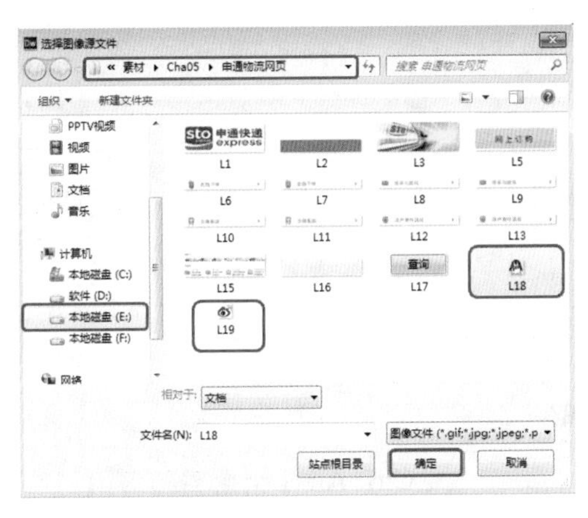

图 5-30 输入文字并插入图片

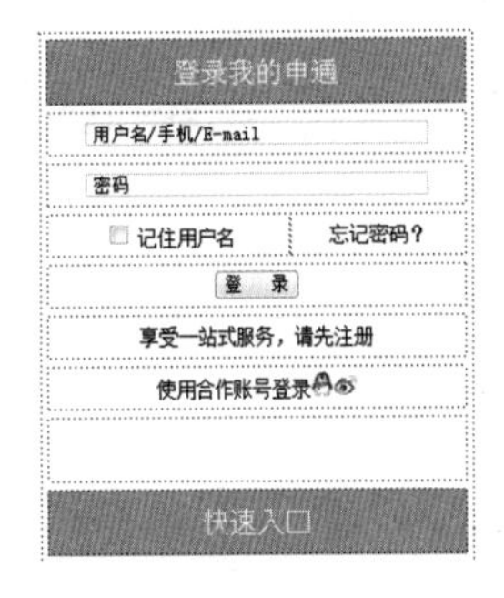

图 5-31 完成后的效果

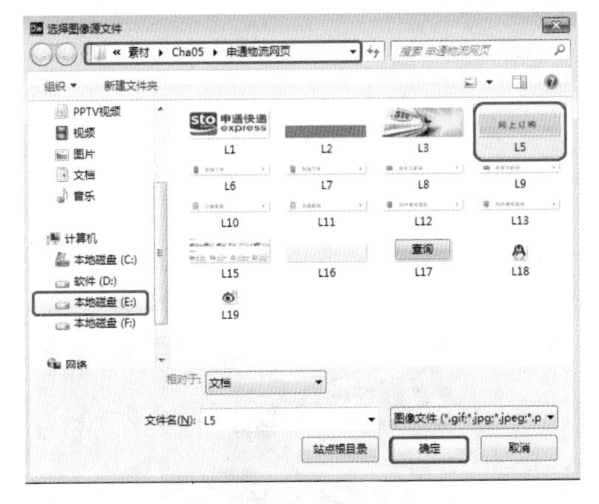

图 5-32 选择素材

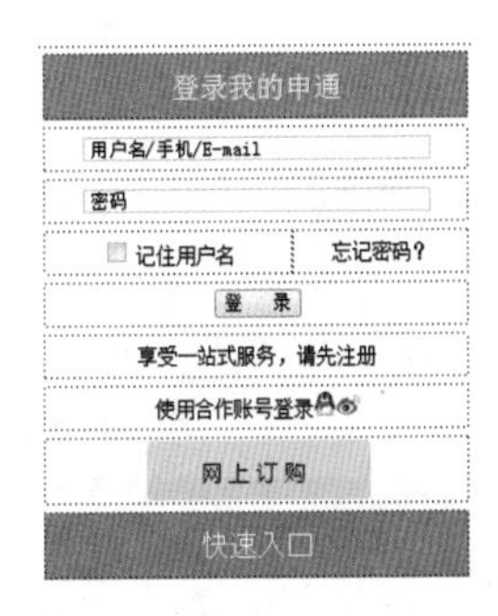

图 5-33 完成后的效果

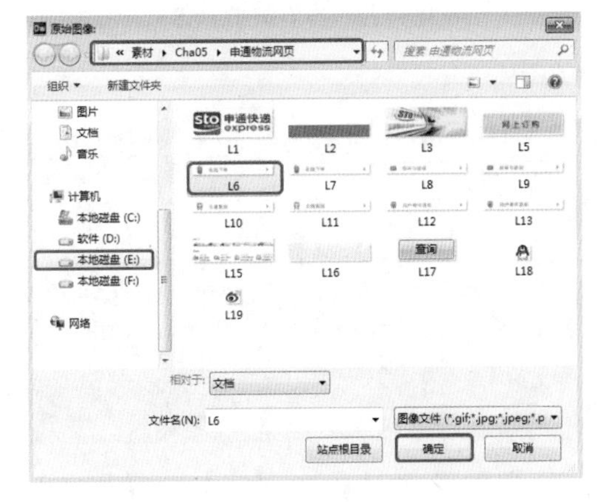

图 5-34 【原始图像】对话框

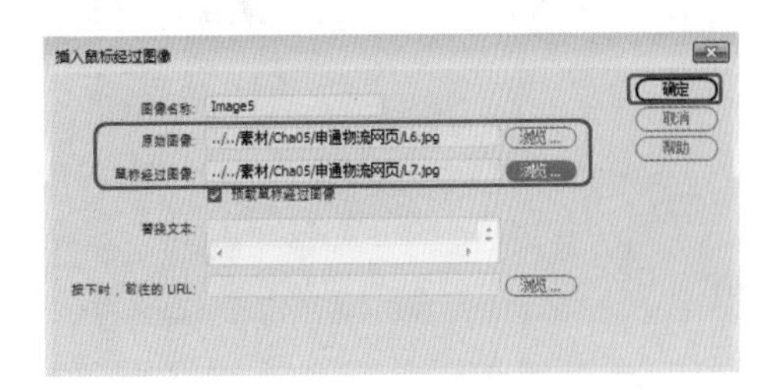

图 5-35 【插入鼠标经过图像】对话框

(35) 使用同样的方法插入剩余的鼠标经过图像，完成后的效果如图 5-36 所示。

(36) 将光标置入大表格的右侧单元格中，将【水平】【垂直】分别设置为【居中对齐】【居中】。

按 Ctrl+Alt+T 组合键打开 Table 对话框，在该对话框中将【行数】、【列】分别设置为 3、1，将【表格宽度】设置为 580 像素，将【表格间距】设置为 0，其他保持默认设置，如图 5-37 所示。

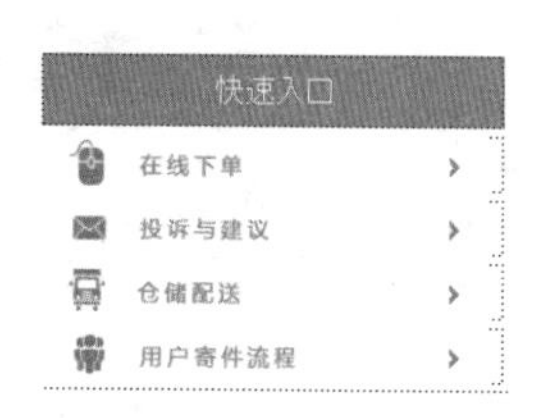

图 5-36　插入其他图像

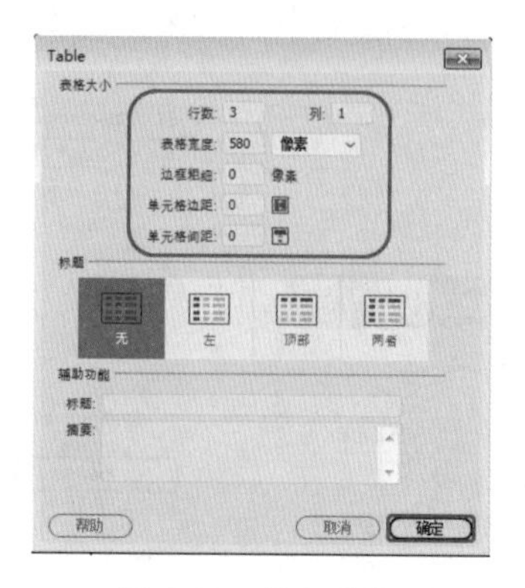

图 5-37　添加表格

（37）将光标置于第 2 行第 2 列中，按 Ctrl+Alt+I 组合键打开【选择图像源文件】对话框，在该对话框中选择随书附带光盘中的“CDROM\素材\Cha05\申通物流网页\L2.jpg”素材文件，如图 5-38 所示。

（38）单击【确定】按钮，完成后的效果如图 5-39 所示。

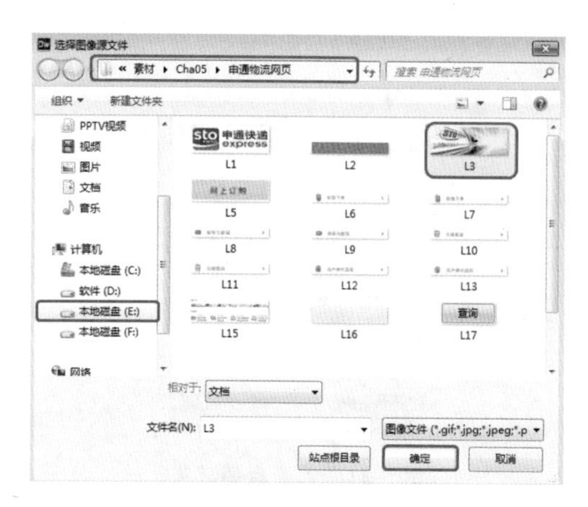

图 5-38　选择素材文件

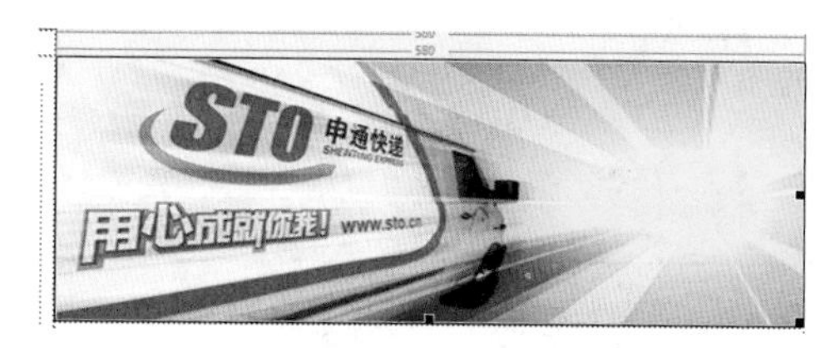

图 5-39　插入后的效果

知识链接

swf(shock wave flash) 是 Macromedia 公司（现已被 Adobe 公司收购）的动画设计软件 Flash 的专用格式，是一种支持矢量和点阵图形的动画文件格式，被广泛应用于网页设计，动画制作等领域，swf 文件通常也称为 Flash 文件。swf 普及程度很高，现在超过 99% 的网络使用者都可以读取 swf 文件。这个文件格式由 FutureWave 创建，后来伴随着一个主要的目标受到 Macromedia 公司的支持：创作小文件以播放动画。计划理念是可以在任何操作系统和浏览器中进行，并让网络较慢的人也能顺利浏览。swf 可以用 Adobe Flash Player 打开，浏览器必须安装 Adobe Flash Player 插件。

（39）选择第 2 行单元格，将【水平】、【垂直】分别设置为【居中对齐】、【居中】。按 Ctrl+Alt+T 组合键，将【行数】、【列】分别设置为 1、3，将【表格宽度】设置为 580 像素，将【单元格间距】设置为 5，其他保持默认设置，完成后的效果如图 5-40 所示。

（40）单击【确定】按钮，即可插入表格。将表格置入第 1 列单元格内，插入 4 行 1 列、【表格宽度】

为186像素、单元格间距为0的表格，选择刚刚插入表格的所有单元格，将【高】设置为38，【水平】、【垂直】分别设置为【居中对齐】、【居中】，【背景颜色】设置为#EDEDED，完成后的效果如图5-41所示。

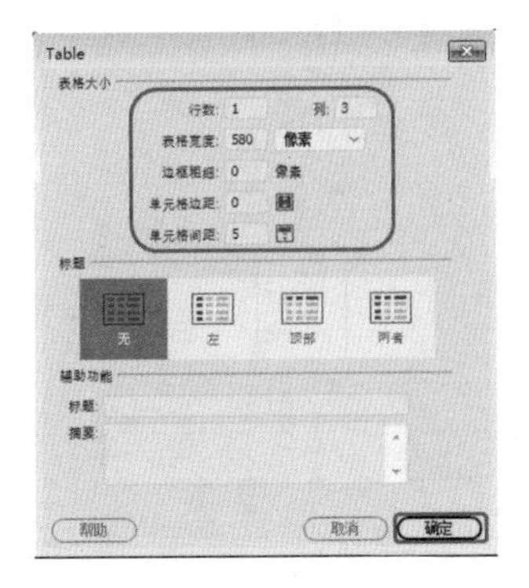

图5-40 添加表格

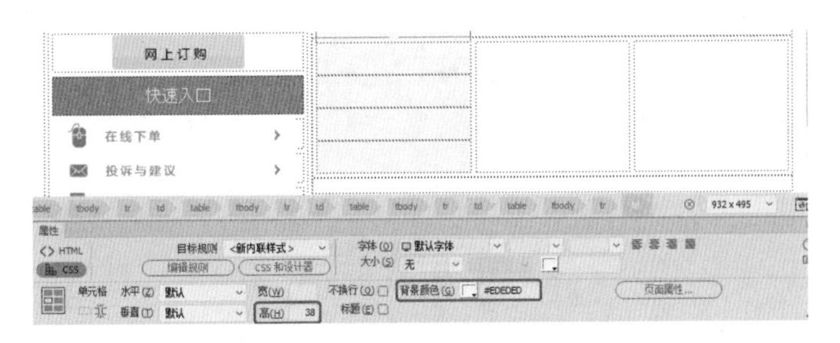

图5-41 改变该表格的背景颜色

（41）使用同样的方法为剩余的单元格插入相同的表格。并对单元格进行相应的设置，完成后的效果如图5-42所示。

（42）将光标置于第1行第1列单元格中，在【属性】面板中将【背景颜色】设置为#E5E5F2，输入文字“网点查询”，将【字体】设置为黑体，【大小】设置为17，【字体颜色】设置为#3E3C60，如图5-43所示。

图5-42 设置其他单元格

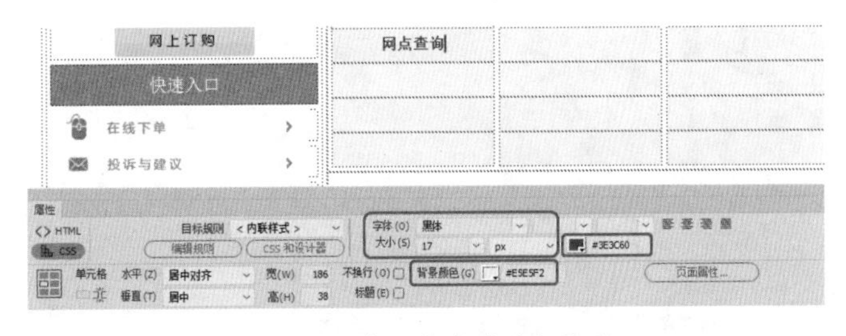

图5-43 输入文字并进行设置

（43）将光标置于第1行第2列单元格中，选择菜单栏中的【插入】|【表单】|【文本】命令。在单元格内将英文删除，然后在【属性】面板中将Value（值）设置为【请选择省市区】，效果如图5-44所示。

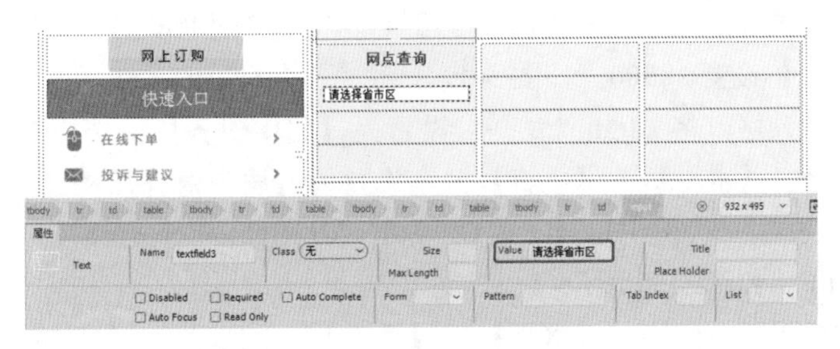

图5-44 添加文本

（44）将光标置于第1行第3列单元格中，在【属性】面板中将【水平】、【垂直】分别设置为【右对齐】、【居中】，然后按Ctrl+Alt+I组合键打开【选择图像源文件】对话框，在该对话框选择随书附带光盘中的“CDROM\素材\Cha05\申通物流\L7.jpg”素材图片，如图5-45所示。

（45）效果如图 5-46 所示。

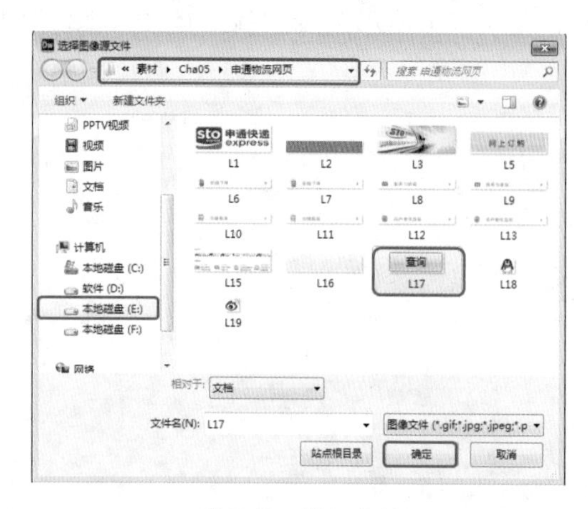

图 5-45 插入素材

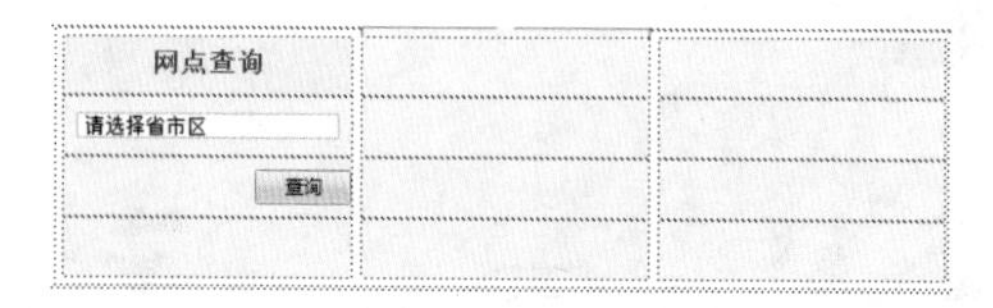

图 5-46 完成后的效果

（46）使用相同的方法对其他单元格进行相应的设置，完成后的效果如图 5-47 所示。

（47）选择第 3 行单元格，将【宽】、【高】分别设置为 580、179，按 Ctrl+Alt+I 组合键打开【选择图像源文件】对话框，在该对话框中选择 L15.jpg 素材图片，单击【确定】按钮，完成后的效果如图 5-48 所示。

图 5-47 对其他单元格进行设置

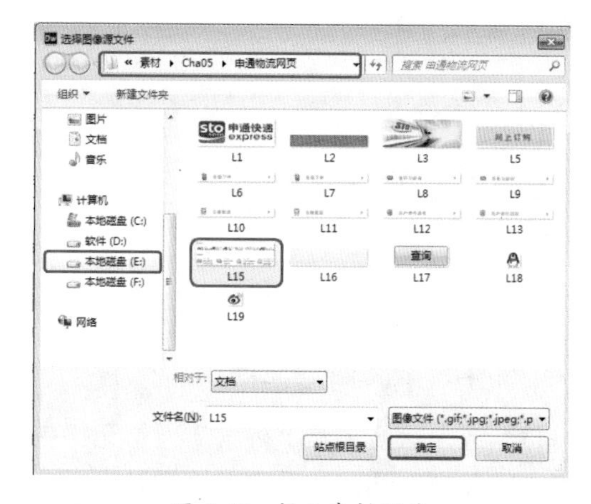

图 5-48 插入素材图片

（48）将光标置入大表格的右侧，按 Ctrl+Alt+T 组合键打开 Table 对话框，将【行】、【列】分别设置为 2、1，【表格宽度】设置为 900，如图 5-49 所示。

（49）选择插入的单元格，将 Align（对齐）设置为【居中对齐】，表格的【高】设置为 35，然后将光标置入第 1 行单元格，【水平】、【垂直】分别设置为【居中对齐】、【底部】，【背景颜色】设置为 #FF5F00，然后输入文字“Copyright HONGDA Ltd，All Rights Reserved”，【大小】设置为 11，【字体颜色】设置为 #FFFFFF，如图 5-50 所示。

（50）将光标置入第 2 行单元格，【水平】、【垂直】分别设置为【居中对齐】、【顶端】，【背景颜色】设置为 #FF5F00，然后输入文字“软件开发与维护：申通物流有限公司”，【大小】设置为 11，【字体颜色】设置为 #FFFFFF，如图 5-51 所示。

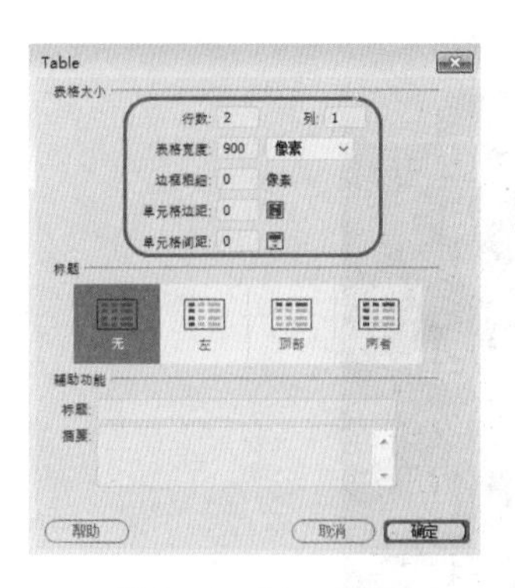

图 5-49　插入表格

图 5-50　输入文字并进行设置

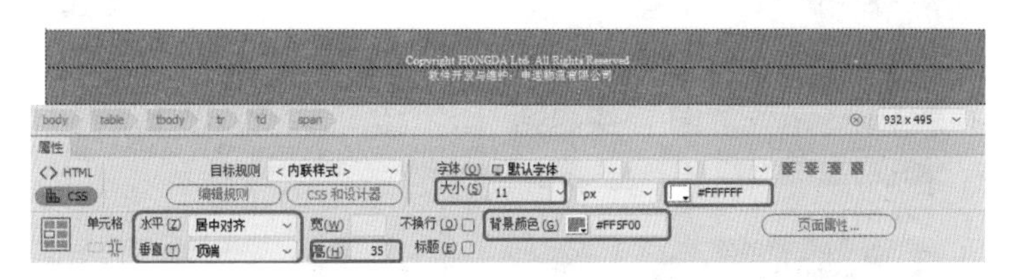

图 5-51　输入文字并进行设置

（51）至此，申通物流网页就制作完成了，将场景保存后按 F12 键进行预览，查看最终效果如图 5-52 所示。

图 5-52　最终效果

案例精讲 045　恒洁卫浴网页

本例将介绍如何制作恒洁卫浴网页，主要利用表格对网页进行布局，然后通过插入图像、鼠标经过图像、输入文字和插入表单来完成网页的填充内容，完成后的效果如图 5-53 所示。

案例文件：CDROM \ 场景 \ Cha05 \ 恒洁卫浴网页 .html

视频文件：视频教学 \ Cha05 \ 恒洁卫浴网页 .avi

图 5-53 恒洁卫浴网页

（1）启动软件后，在打开的界面中单击【新建文档】列表下的HTML，即可新建一个空白文档。单击【页面属性】按钮，在弹出的对话框中选择【外观（HTML）】选项，将【背景】设置为 #ece4d7，将【左边距】、【上边距】均设置为 0，如图 5-54 所示。

知识链接

卫浴俗称卫生间，是供居住者便溺、洗浴、盥洗等日常卫生活动的空间及用品。卫浴设备的造型风格不仅多元且日趋精致，各种不同的浴缸造型、材质表现、洗脸盆的形式变化、莲蓬头的造型、马桶的样式、收纳柜的丰富多样……无论是选择整体的卫浴设施，还是选购单一卫浴设备，琳琅满目的产品，每一件都让人爱不释手，常常令人不知道该选择哪一种才好。

在考虑卫浴设备的风格时，除了能够强调自己的审美喜好之外，空间的搭配、材质的协调、色彩的融合等，也都是评量的要点。图文过于复杂、讲究奢华的浴缸，便不适合小坪数的卫浴空间；强调线条简单的卫浴设备，可以塑造出返璞归真的东方禅风，或是利落简洁的现代风。

（2）按 Ctrl+Alt+T 组合键打开 Table 对话框，在该对话框中将【行数】、【列】分别设置为 2、4，将【表格宽度】设置为 900 像素，其他均设置为 0，如图 5-55 所示。

（3）单击【确定】按钮，在【属性】面板中将 Align（对齐）设置为【居中对齐】，将第 1 列所有单元格选中，在【属性】面板中单击【合并所选单元格，使用跨度】按钮。将合并后的单元格的【宽】、【高】分别设置为 240、60，将第 2 列单元格【宽】设置为 150，将第 2 列第 1 行、第 2 行【高】分别设置为 25、35，将第 3 列单元格【宽】设置为 500，完成后的效果如图 5-56 所示。

（4）将光标置入合并的单元格内，按 Ctrl+Alt+I 组合键打开【选择图像源文件】对话框，在该对话框中选择随书附带光盘中的“CDROM\ 素材 \Cha05\ 标题 .png”素材图片，如图 5-57 所示。

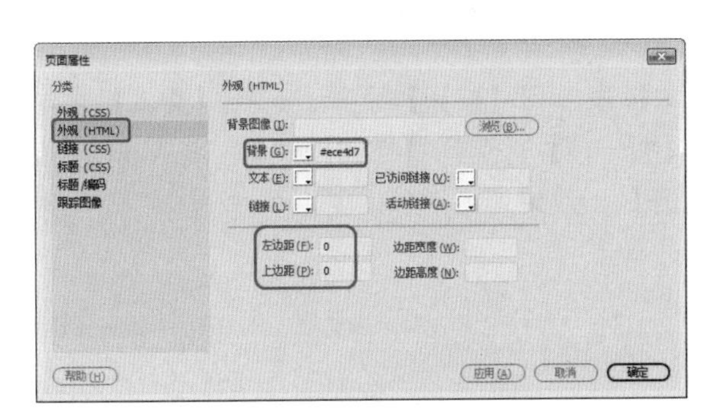

图 5-54 【页面属性】对话框

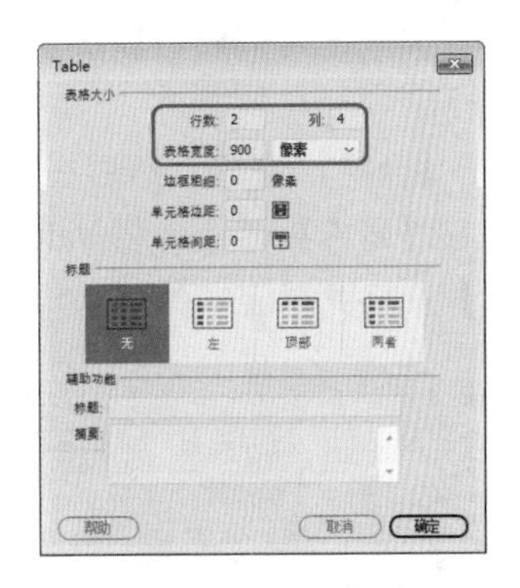

图 5-55 Table 对话框

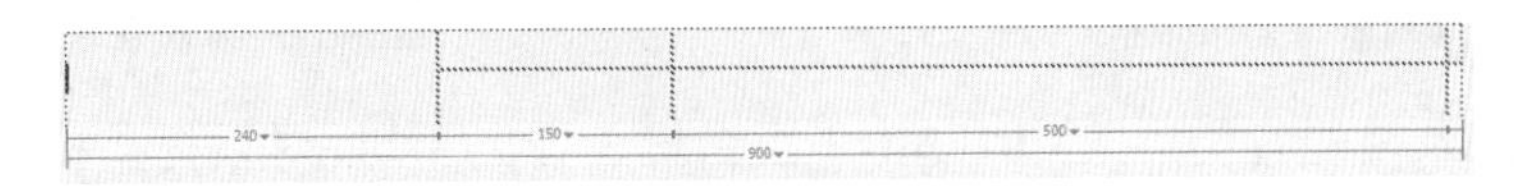

图 5-56 对插入的表格进行设置

（5）单击【确定】按钮即可插入图像。将图片大小设置为 230×50，在第 3 列第 1 行单元格内输入文字"返回首页 登录 注册 产品频道 产区频道 RSS订阅"，单击鼠标右键，在弹出的快捷菜单中选择【CSS 样式】|【新建】命令，弹出【新建 CSS 规则】对话框，在该对话框中将【选择器名称】设置为 wz1，单击【确定】按钮，如图 5-58 所示。

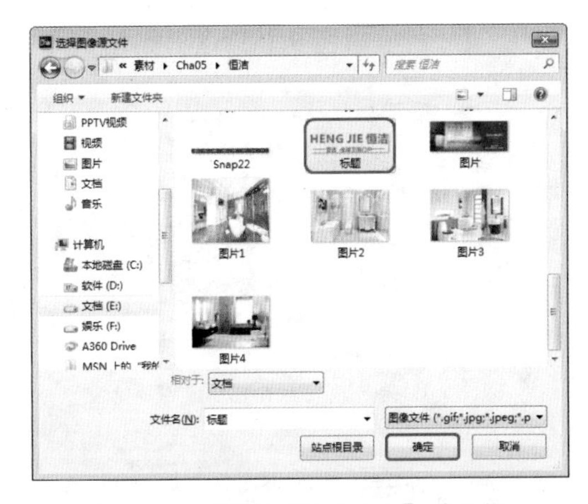

图 5-57 【选择图像源文件】对话框

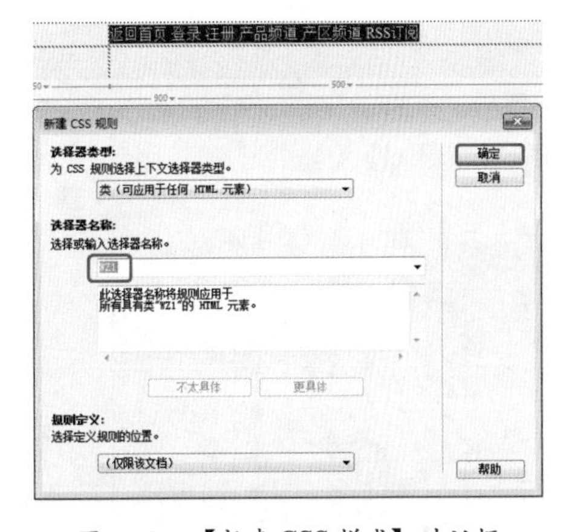

图 5-58 【新建 CSS 样式】对话框

（6）将 Color（颜色）设置为 #82543a，将【大小】设置为 13px，选择刚刚输入的文字，在【属性】面板中将【目标规则】设置为 WZ1，将【水平】设置为【右对齐】，效果如图 5-59 所示。

图 5-59 设置【属性】面板

（7）将光标置入第 3 列第 2 行单元格内，在菜单栏中选择【插入】|【表单】|【选择】命令，即可插入表单，将文字更改为【产品搜索】，在【属性】面板中将字体大小设置为 14。然后选择右侧的表单，

在【属性】面板中单击【列表值】按钮，弹出【列表值】对话框，在该对话框中输入相应的列表值，效果如图 5-60 所示。

(8) 单击【确定】按钮，然后在其右侧插入【文本】表单和【按钮】表单。选择【文本】表单，将文字删除，在【属性】面板中将 Value（值）设置为【搜一搜】。选择【按钮】表单，将 Value（值）设置为【搜索】，将此单元格的【水平】设置为【右对齐】，效果如图 5-61 所示。

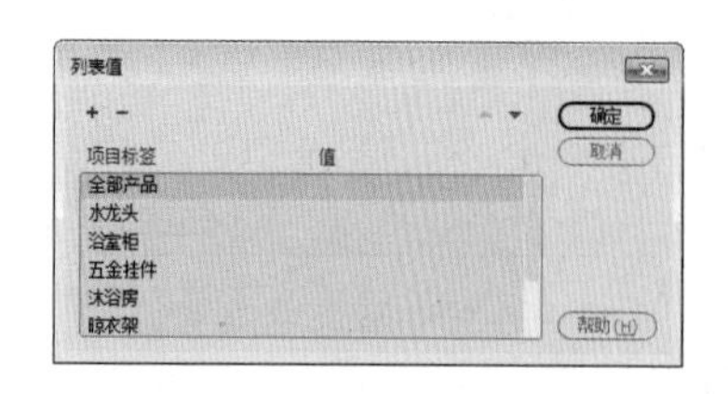

图 5-60 【列表值】对话框

图 5-61 插入表单后的效果

(9) 将光标置入表格的右侧，按 Ctrl+Alt+T 组合键，弹出 Table 对话框，将【行数】、【列】分别设置为 1、9，其他保持默认设置，如图 5-62 所示。

提 示

在 Table 对话框中提供有【标题】选项，最好使用标题以方便使用屏幕阅读器的 Web 站点访问者。屏幕阅读器可以读取表格标题并且帮助屏幕阅读器用户跟踪表格信息。

(10) 单击【确定】按钮即可插入表格。选择插入的表格，将 Align（对齐）设置为【居中对齐】，将光标置入第 1 列单元格内，在菜单栏中选择【插入】| HTML |【鼠标经过图像】命令，如图 5-63 所示。

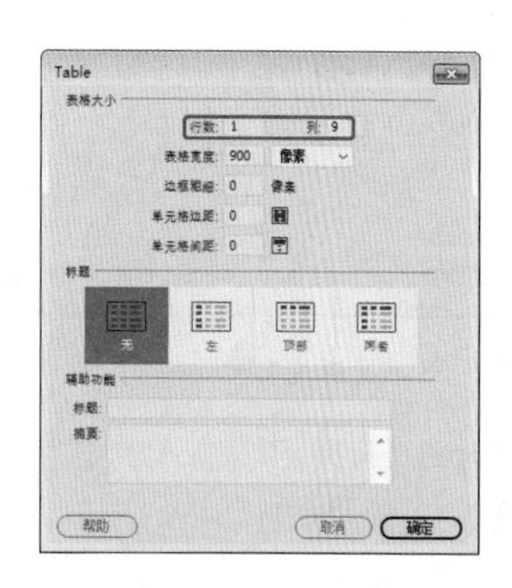

图 5-62 Table 对话框

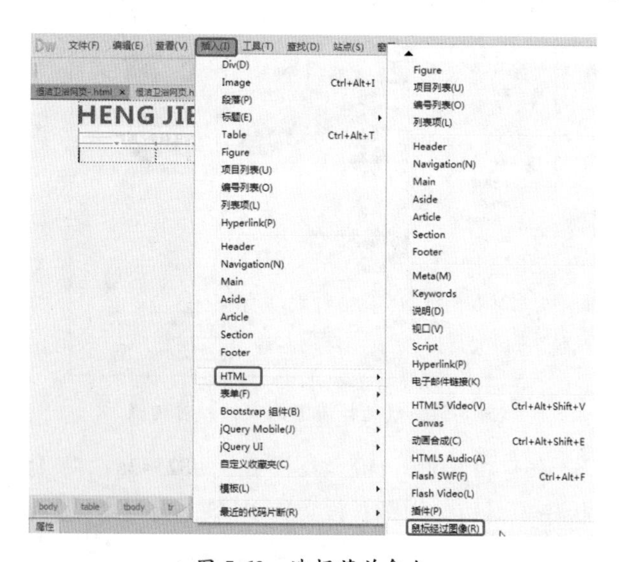

图 5-63 选择菜单命令

(11) 弹出【插入鼠标经过图像】对话框，在该对话框中单击【原始图像】右侧的【浏览】按钮，在弹出的对话框中选择随书附带光盘中的"CDROM\素材\Cha05\恒洁\J1.jpg"素材图片，如图 5-64 所示。

(12) 单击【确定】按钮，返回到插入【鼠标经过图像】对话框。单击【鼠标经过图像】右侧的【浏览】按钮，在弹出的对话框中选择 01.jpg 素材图片，单击【确定】按钮，返回到【插入鼠标经过图像】对话框，如图 5-65 所示。

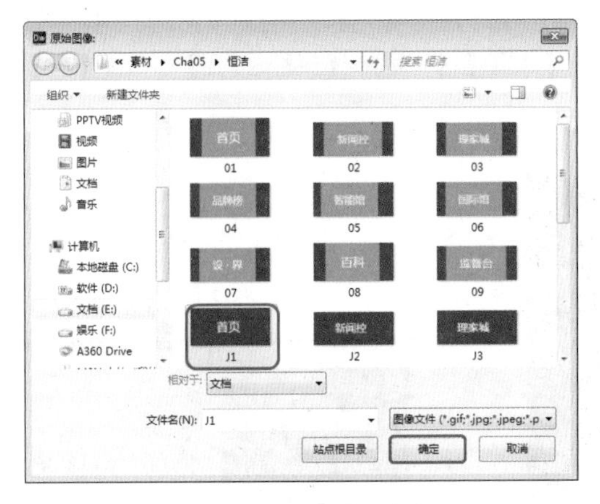

图 5-64 选择图片素材

图 5-65 【插入鼠标经过图像】对话框

（13）单击【确定】按钮即可插入鼠标经过图像，使用同样的方法插入其他鼠标经过图像，将图片大小设置为 100、42，完成后的效果如图 5-66 所示。

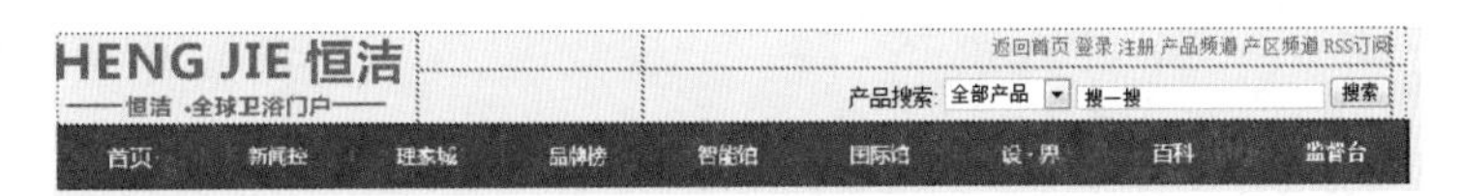

图 5-66 插入鼠标经过图像后的效果

（14）将光标移至表格的右侧，插入一行一列、表格宽度为 900 的表格。选择插入的表格，在【属性】面板中将 Align（对齐）设置为【居中对齐】，将光标置入单元格内，按 Ctrl+Alt+I 组合键，弹出【选择图像源文件】对话框，在该对话框中选择随书附带光盘中的"CDROM\素材\Cha05\雅洁\图片.jpg"素材文件，如图 5-67 所示。

（15）单击【确定】按钮，将图片的【宽】和【高】分别设置为 900px、410px，如图 5-68 所示。

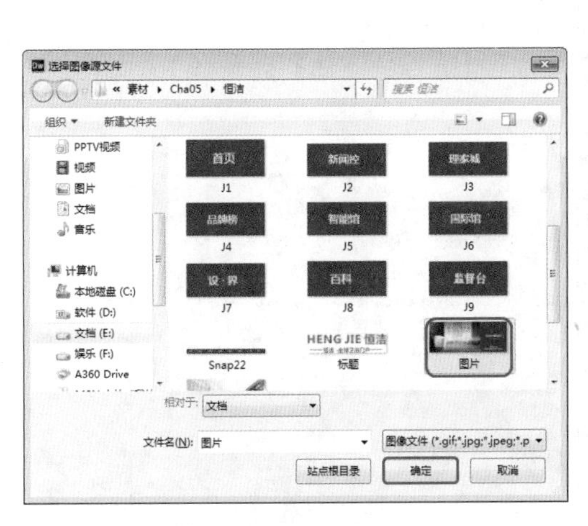

图 5-67 选择素材文件

图 5-68 设置图片大小

（16）将光标置入表格右侧，按 Ctrl+Alt+T 组合键，在打开的对话框中将【行数】、【列】分别设置为 3、2，其他保持默认设置，单击【确定】按钮。在【属性】面板中将 Align（对齐）设置为【居中对齐】，完成后的效果如图 5-69 所示。

（17）将第一列单元格的【宽】设置为 250，将光标置入第 1 列第 2 行单元格内，将【水平】、【垂直】

分别设置为【居中对齐】、【居中】。在该单元格内插入一个【行】、【列】分别为 6 和 1、【表格宽度】设置为 230 像素的表格，选择插入表格的所有单元格，将【水平】设置为【居中对齐】，将【高】设置为 30，将【背景颜色】设置为 #82543a，效果如图 5-70 所示。

图 5-69 插入表格

图 5-70 插入表格并进行设置

提 示

在默认情况下，浏览器选择行高和列宽的依据是能够在列中容纳最宽的图像或最长的行。这就是为什么将内容添加到某个列时，该列有时变得比表格中其他列宽得多的原因。

(18) 在表格内输入文字，单击鼠标右键，在弹出的快捷菜单中选择【CSS 样式】|【新建】命令，弹出【新建 CSS 样式】对话框，在该对话框中将【选择器名称】设置为 wz2，单击【确定】按钮，在弹出的对话框中单击 Font-family（字体）右侧的下三角按钮，在弹出的下拉菜单中选择【管理字体】命令，如图 5-71 所示。

(19) 弹出【管理字体】对话框，在该对话框中选择【自定义字体堆栈】选项卡，在【可用字体】列表框中选择【微软雅黑】字体，然后单击其 << 按钮，将其添加至【选择的字体】列表框中，如图 5-72 所示。

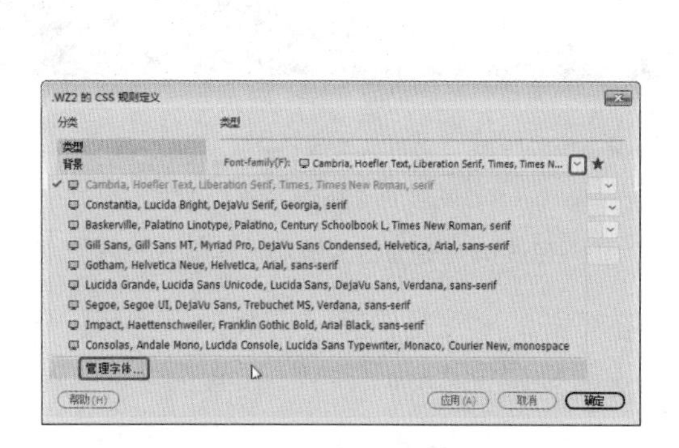

图 5-71 选择【管理字体】命令

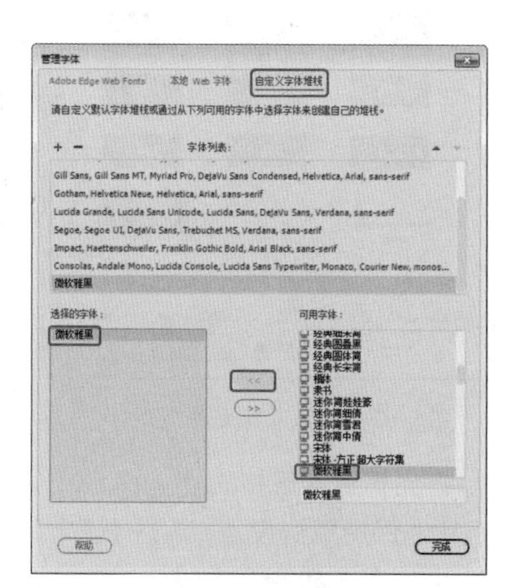

图 5-72 选择字体

（20）单击【完成】按钮，然后将Font-family（字体）设置为【微软雅黑】，将Color（颜色）设置为#FFF，单击【确定】按钮，如图5-73所示。

（21）选择输入的文字，将【目标规则】设置为WZ2，完成后的效果如图5-74所示。

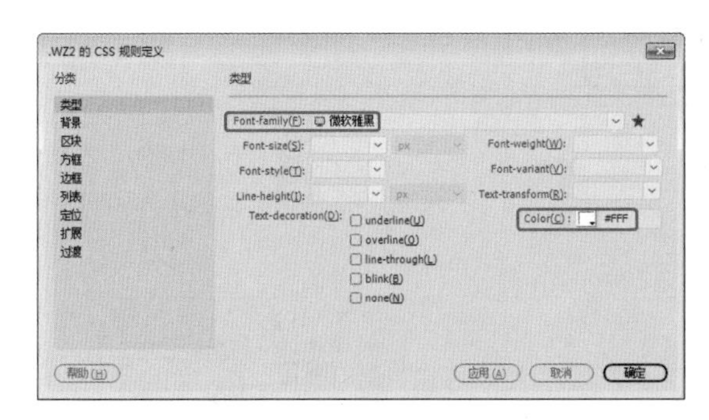

图 5-73 设置 CSS 规则

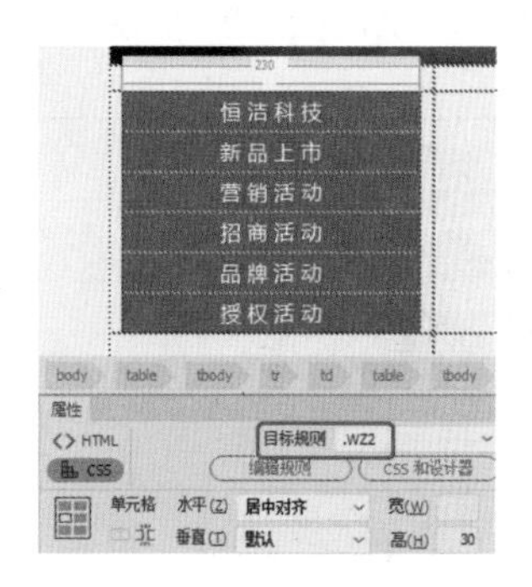

图 5-74 为文字应用规则

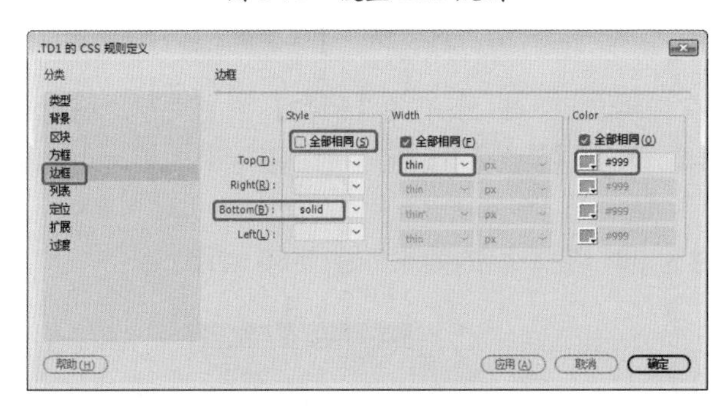

图 5-75 设置 CSS 规则

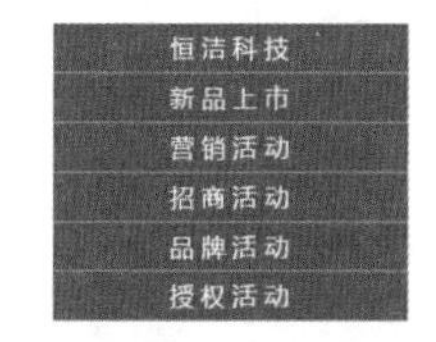

图 5-76 观看效果

（22）继续新建CSS样式，将【选择器名称】设置为TD1，在【TD1的CSS规则定义】对话框中选择【分类】列表框中的【边框】选项，取消选中Style（风格）选项下的【全部相同】复选框。将Bottom（底）设置为Solid，将Width（宽度）设置为thin，将Color（颜色）设置为#999，如图5-75所示。

（23）选择第1行单元格，将该单元格的【目标规则】定义为TD1，使用同样的方法为单元格设置目标规则。单击【实时视图】按钮观看效果，如图5-76所示。

知识链接

在【边框】选项中具体参数如下。

① Style（风格）：用于设置边框的样式外观，样式的显示方式取决于浏览器。Dreamweaver在文档窗口中将所有样式呈现为实线。其中的【全部相同】复选框表示将相同的边框样式属性设置为应用于元素的【上】、【右】、【下】和【左】侧。

② Width（宽度）：用于设置元素边框的粗细。其中的【全部相同】复选框表示将相同的边框宽度设置为应用于元素的【上】、【右】、【下】和【左】侧。

③ Color（颜色）：用于设置边框对应位置的颜色。可以分别设置每条边框的颜色，但其显示效果取决于浏览器。其中的【全部相同】复选框表示将相同的边框颜色设置为应用于元素的【上】、【右】、【下】和【左】侧。

（24）单击【设计】按钮，将光标置入大表格中的第1列第3行单元格内，将【高】设置为160，将【水平】设置为【居中对齐】。在此单元格内插入7行1列单元格，将【表格宽度】设置为230像素，选择插入的表格，将第 1、2 行单元格的【高】设置为 40。将第 3~7 行单元格的高设置为 20，完成后的效果如图 5-77 所示。

（25）将光标置入第 1 行单元格内，单击【拆分单元格为行或列】按钮，弹出【拆分单元格】对话框，在该对话框中选中【列】单选按钮，将【列数】设置为 2，效果如图 5-78 所示。

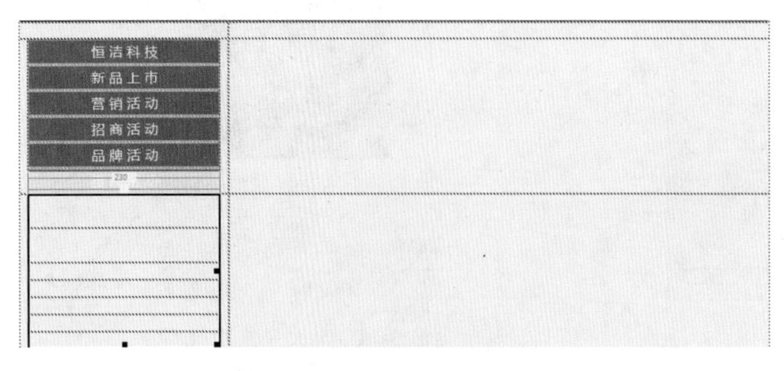

图 5-77　插入表格并进行设置

图 5-78　【拆分单元格】对话框

（26）将光标置入拆分单元格中的第 2 列单元格中，再次进行拆分，将【行数】设置为 2。将光标置入拆分单元格的第 1 行单元格内，将【高】设置为 10，单击【拆分】按钮，将命令行中的“ ”删除，效果如图 5-79 所示。

（27）将光标置入第 2 行单元格内，将【高】设置为 30，完成后的效果如图 5-80 所示。

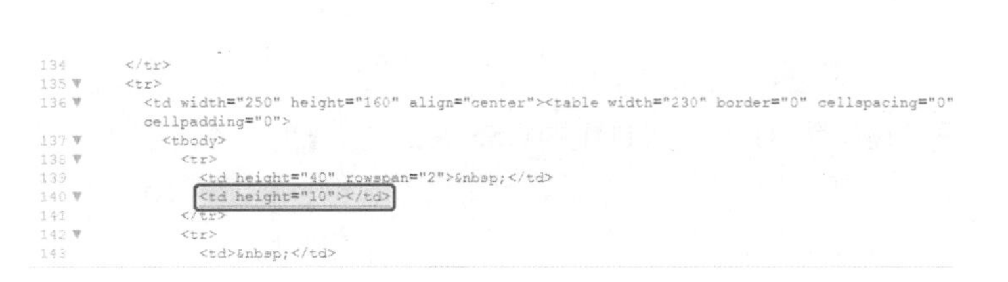

图 5-79　删除多余的命令

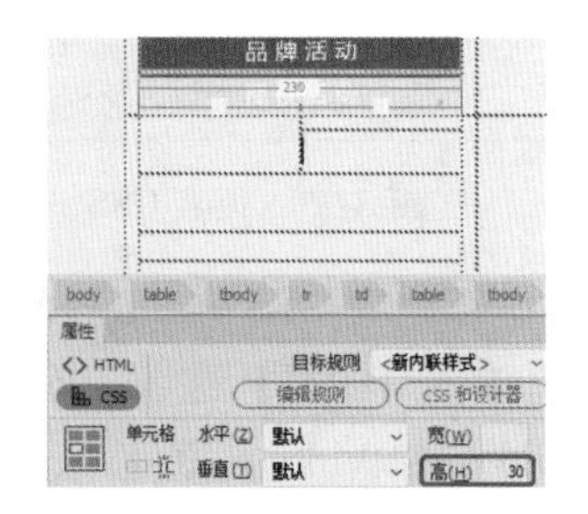

图 5-80　设置完成后的效果

（28）在表格内输入文字，将【联系我们】字体设置为【黑体】，将字体大小设置为 20，将字体颜色设置为 #82543a。将【水平】设置为居中对齐，将“Content us”字体设置为黑体，将字体大小设置为 13，将字体颜色设置为 #82543a，将【水平】设置为居中对齐，完成后的效果如图 5-81 所示。

（29）使用前面介绍的方法制作网页剩余的内容，按 F12 键观看剩余部分效果，如图 5-82 所示。

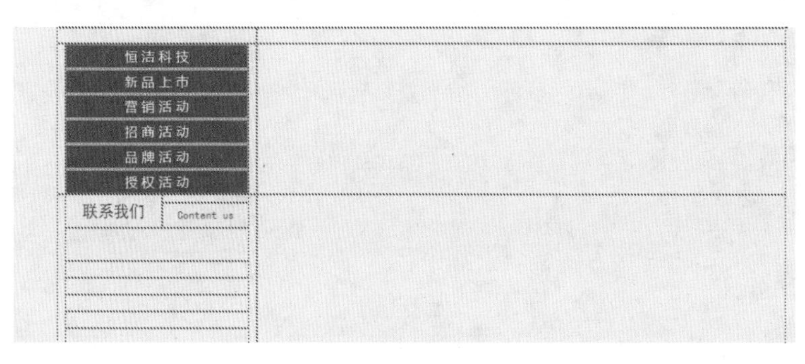

图 5-81　输入文字

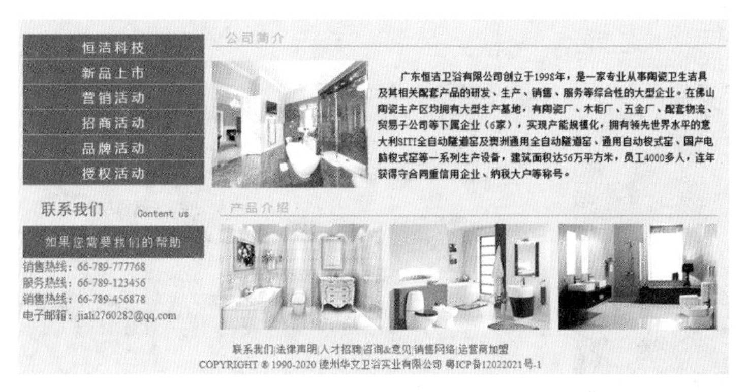

图 5-82 设置完成后的效果

案例精讲 046 宏泰投资网页【视频案例】

本例将介绍如何制作宏泰投资网页，利用 Table 命令网页进行规划，然后在表格中各个单元格制作内容，完成后的效果如图 5-83 所示。

案例文件：CDROM \ 场景 \ Cha05 \ 宏泰投资网页

视频文件：无

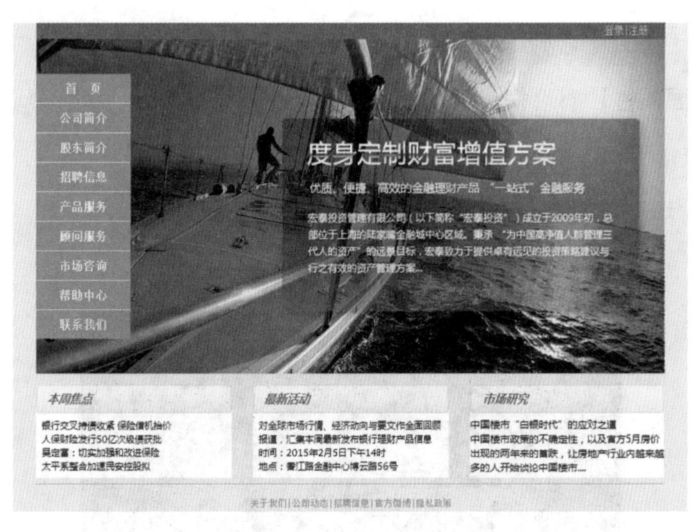

图 5-83 宏泰投资网页

案例精讲 047 凯莱顿酒店网页【视频案例】

本例将介绍通过鼠标经过图像和在单元格内插入表单等操作来制作凯莱顿酒店网页，完成后的效果如图 5-84 所示。

案例文件：CDROM \ 场景 \ Cha05 \ 凯莱顿酒店网页

视频文件：视频教学 \ Cha05 \ 凯莱顿酒店网页 .avi

图 5-84　凯莱顿酒店网页

案例精讲 048　尼罗河汽车网页【视频案例】

本例首先通过【页面属性】对话框设置网页页面的属性，然后利用表格对网页进行布局，向单元格内输入文字、插入图片、插入表单等操作，完成后的效果如图 4-85 所示。

案例文件：CDROM \ 场景 \ Cha05 \ 尼罗河汽车网页

视频文件：视频教学 \ Cha05 \ 尼罗河汽车网页 . avi

图 5-85　尼罗河汽车网页

案例精讲 049 莱特易购网

本例将介绍如何制作莱特易购网页。首先制作网页顶部，将导航栏设计成鼠标经过图像，然后在插入表格的单元格内输入文字和插入图片，完成后的效果如图 5-86 所示。

案例文件：CDROM \ 场景 \ Cha05 \ 莱特易购网 .html
视频文件：视频教学 \ Cha05 \ 莱特易购网 .avi

图 5-86　莱特易购网

（1）启动软件后，在打开的界面中单击 HTML 选项，单击【属性】面板中的【页面属性】按钮，在弹出的对话框中选择【外观（HTML）】选项，将【上边距】、【左边距】、【边距高度】都设置为 0，单击【确定】按钮，如图 5-87 所示。

（2）按 Ctrl+Alt+T 组合键打开 Table 对话框，在该对话框中将【行数】、【列】分别设置为 2、2，将【表格宽度】设置为 900 像素，其他保持默认设置，如图 5-88 所示。

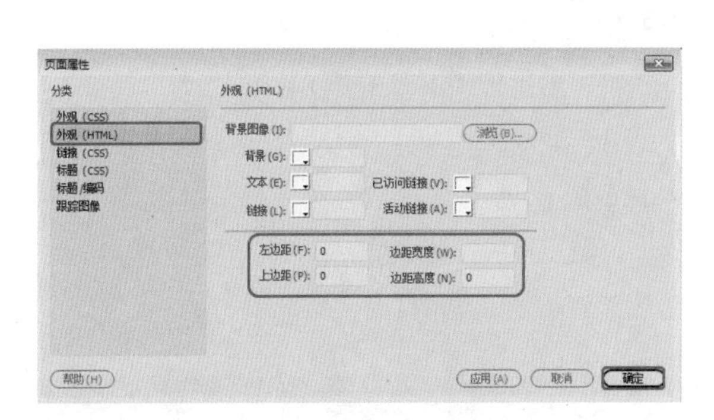

图 5-87　【页面属性】对话框

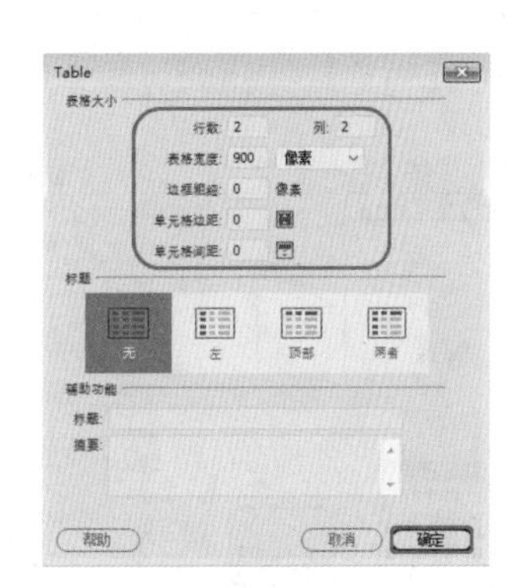

图 5-88　Table 对话框

（3）单击【确定】按钮，在【属性】面板中将 Align（对齐）设置为【居中对齐】，在第 1 行单元格内输入文字“您好！欢迎来到莱特易购！ 请登录 免费注册”，如图 5-89 所示。

(4) 将光标置于输入文字的单元格内，单击鼠标右键，在弹出的快捷菜单中选择【CSS 样式】|【新建】命令，弹出【新建 CSS 规则】对话框，在该对话框中将【选择器名称】设置为 wz1，如图 5-90 所示。

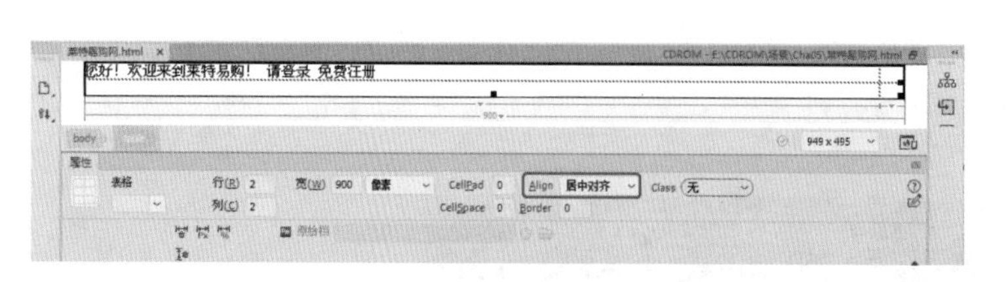

图 5-89　设置表格并输入文字

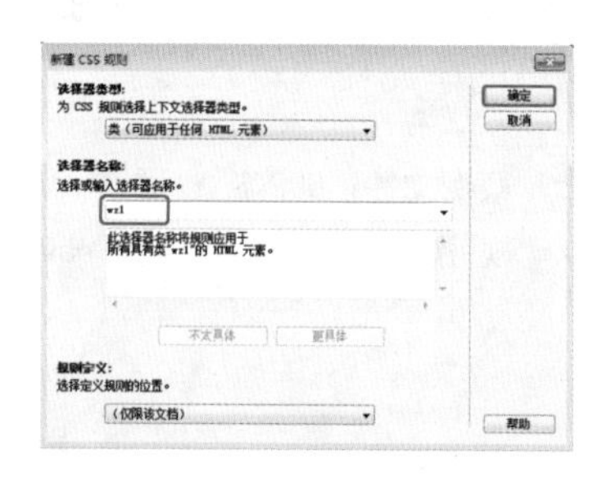

图 5-90　【新建 CSS 规则】对话框

(5) 单击【确定】按钮，在打开的对话框中【分类】区选择【类型】选项，将 Font-size（字号）设置为 13，将 Color（颜色）设置为 #666666，其他保持默认设置，单击【确定】按钮，如图 5-91 所示。

(6) 然后选择输入的文字，在【属性】面板中将【目标规则】设置为 wz1，将光标置于第 1 行第 2 列单元格中，【水平】设置为【右对齐】，输入文字"我的订单我的易购服务中心支付宝商家入驻网站导航"（为了更加美观，可以单击【拆分】按钮，在弹出的【代码】面板中适当位置输入   将文字间空格）。然后选择输入的文字，将文字样式与第 1 行第 1 列文字样式相一致，效果如图 5-92 所示。

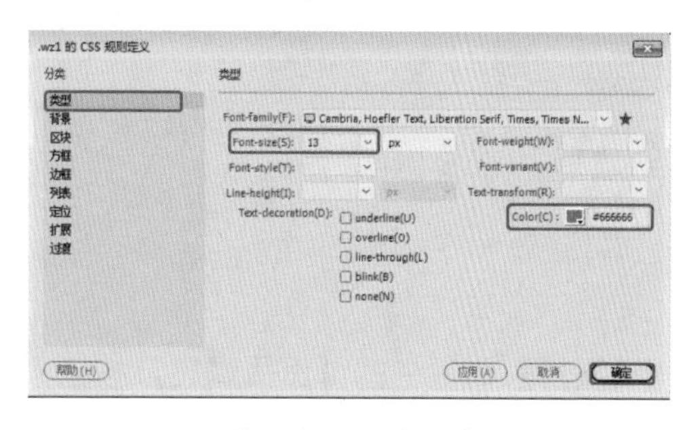

图 5-91　设置规则

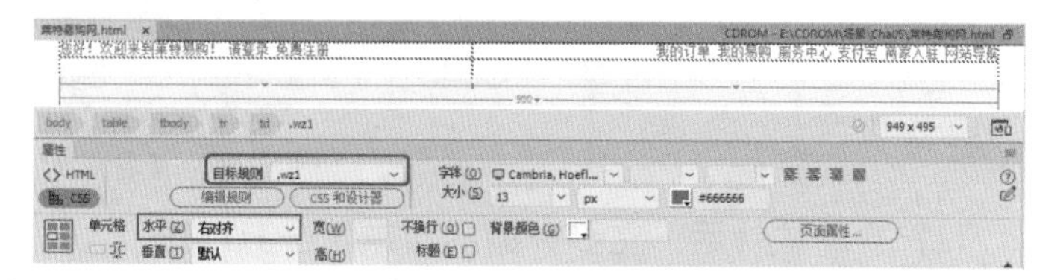

图 5-92　输入文字并进行设置

(7) 按 Ctrl+Alt+M 组合键将第 2 行单元格进行合并，按 Ctrl+Alt+I 组合键，打开【选择图像源文件】对话框，在该对话框中选择随书附带光盘中的"CDROM\素材\Cha05\莱特易购网\主页.jpg"素材图片，如图 5-93 所示。

(8) 单击【确定】按钮即可导入图片，完成后的效果如图 5-94 所示。

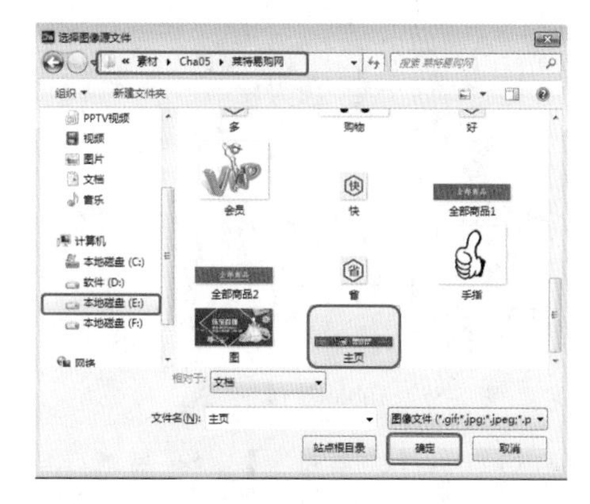

图 5-93　选择插入的图片

图 5-94　完成后的效果

（9）按 Ctrl+Alt+T 组合键打开 Table 对话框，在该对话框中将【行数】、【列】分别设置为 2、8，将【表格宽度】设置为 900 像素，其他保持默认设置，如图 5-95 所示。

（10）单击【确定】按钮，选择插入的表格，在【属性】面板中将 Align（对齐）设置为【居中对齐】，将第 1 列单元格的【宽】设置为 200，其他单元格的【宽】设置为 100，将第 1 行单元格合并，将其【高】设置为 10，选中该单元格，单击【拆分】按钮，将选中代码中的“ ”删除，如图 5-96 所示。

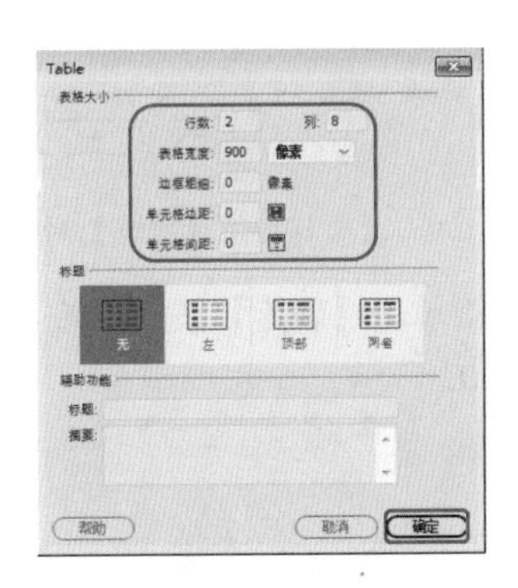

图 5-95　Table 对话框

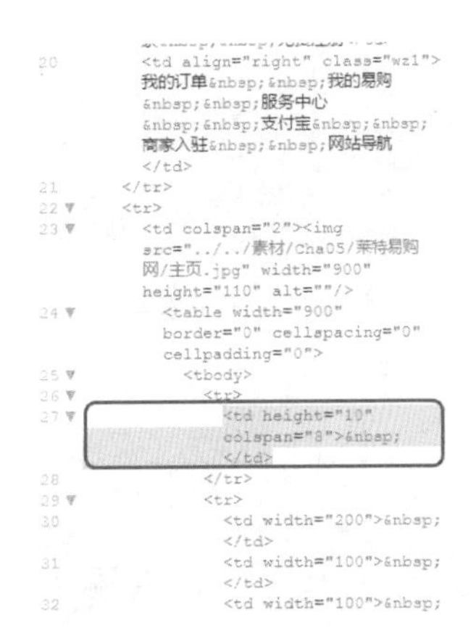

图 5-96　删除代码

（11）单击【设计】按钮，将光标置入第 2 行第 1 列单元格内，按 Ctrl+Alt+I 组合键打开【选择图像源文件】对话框，在该对话框中选择随书附带光盘中的“CDROM\ 素材 \Cha05\ 莱特易购 \ 全部商品 1.jgp”素材图片，如图 5-97 所示。

（12）使用同样的方法插入其他图片，完成后的效果如图 5-98 所示。

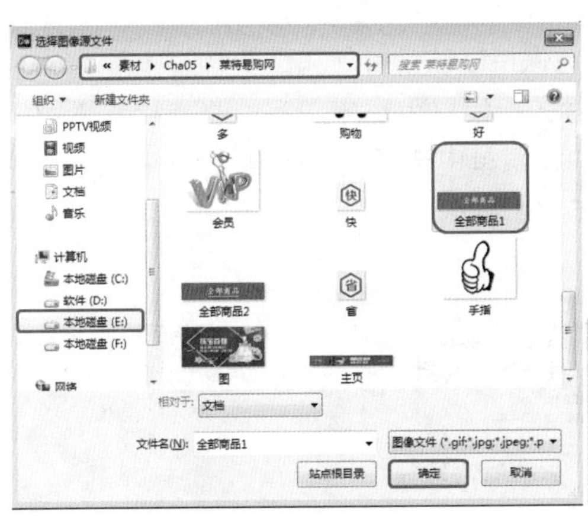

图 5-97　插入图片

图 5-98　插入其他图片

（13）选择【全部商品】图片，在【属性】面板中将 ID 设置为 T1。打开【行为】面板，在该面板中单击【添加行为】按钮，在弹出的下拉菜单中选择【交换图像】命令，弹出【交换图像】对话框，在该对话框中单击【浏览】按钮，如图 5-99 所示。

（14）弹出【选择图像源文件】对话框，在该对话框中选择随书附带光盘中的“CDROM\ 素材 \Cha05\ 莱特易购网 \ 全部商品 2.jpg”素材图片，如图 5-100 所示。

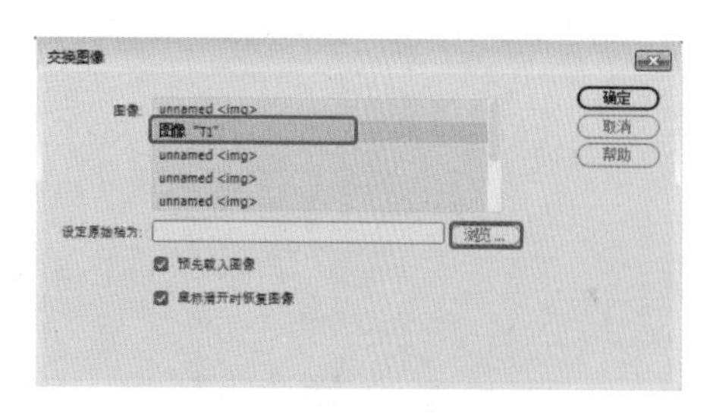

图 5-99　【交换图像】对话框

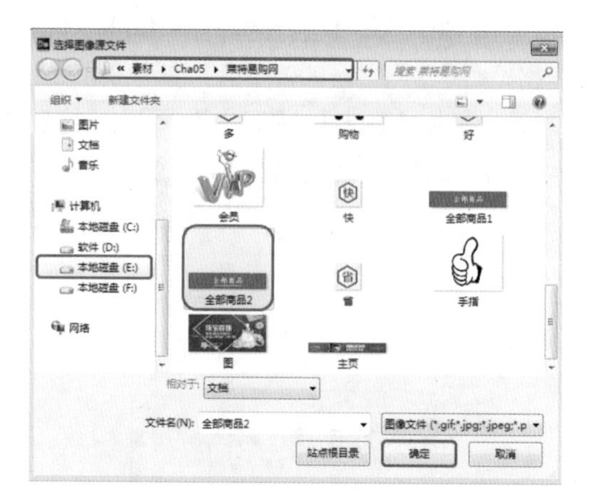

图 5-100　【选择图像源文件】对话框

（15）单击【确定】按钮，返回到【交换图像】对话框中，直接单击【确定】按钮，如图 5-101 所示。

（16）使用上述相同的方法添加其他交换图片，效果如图 5-102 所示。

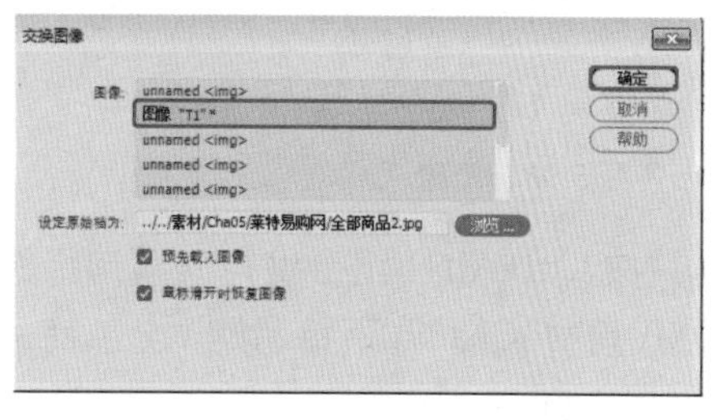

图 5-101　【交换图像】对话框

图 5-102　添加其他交换图片

（17）将光标置入表格的右侧，按 Ctrl+Alt+T 组合键打开 Table 对话框，在该对话框中将【行数】、【列】分别设置为 1、2，将【表格宽度】设置为 900 像素，其他保持默认设置，如图 5-103 所示。

（18）单击【确定】按钮，在【属性】面板中将 Align（对齐）设置为居中对齐。将光标置入第 1 列单元格内，将【宽】设置为 200，单击鼠标右键，在弹出的快捷菜单中选择【CSS 样式】|【新建】命令，在弹出的对话框中将【选择器名称】设置为 biaoge，如图 5-104 所示。

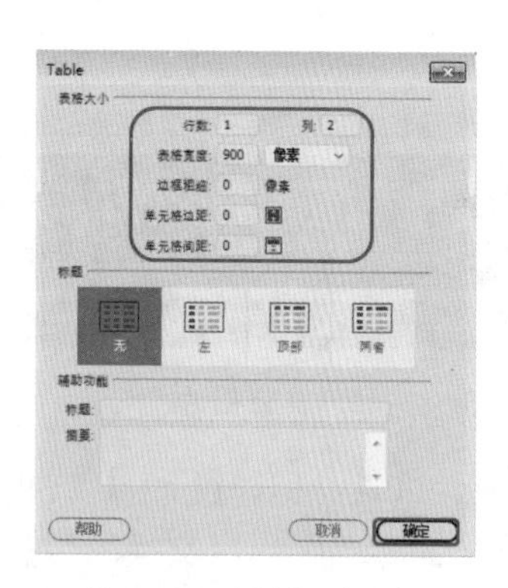

图 5-103　Table 对话框

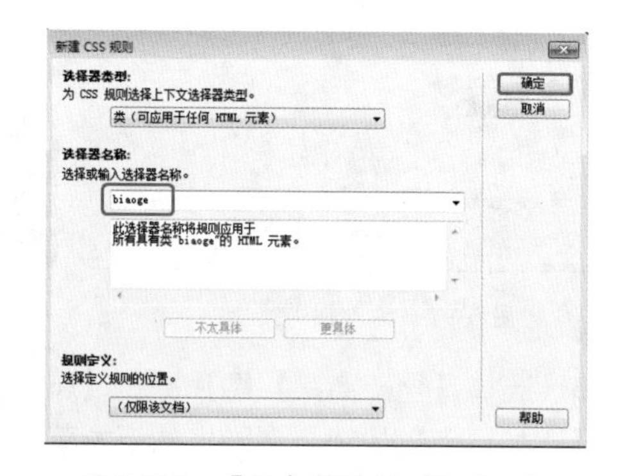

图 5-104　【新建 CSS 规则】对话框

（19）单击【确定】按钮，在弹出的对话框中选择【边框】选项，将 Top（上）设置为 solid，将 Width（宽度）设置为 thin，将 Color（颜色）设置为 #E43A3D，如图 5-105 所示。

（20）单击【确定】按钮，将光标置入第1列单元格中，在【属性】面板中将【目标规则】设置为biaoge。按Ctrl+Alt+T组合键打开Table对话框，在该对话框中将【行数】、【列】分别设置为14、1，将【表格宽度】设置为200像素，如图5-106所示。

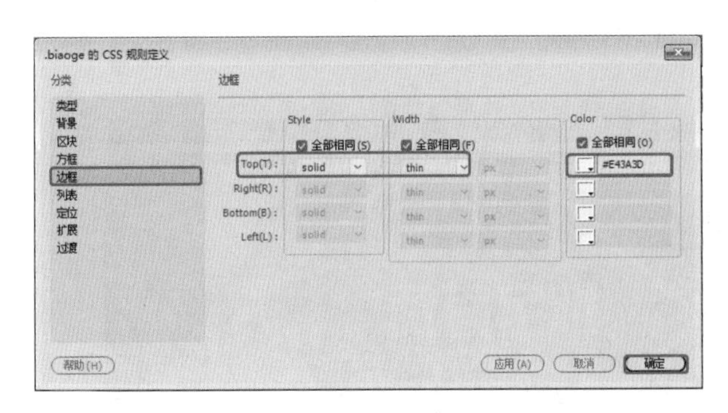

图 5-105 设置规则

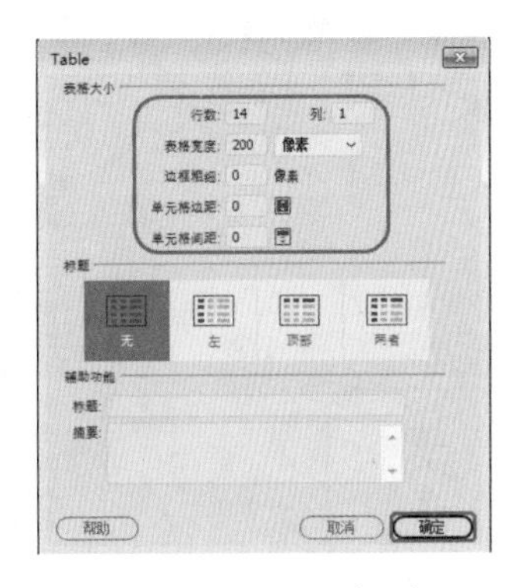

图 5-106 Table 对话框

（21）单击【确定】按钮即可插入表格，选择插入表格的所有单元格，将【高】设置为25，在单元格内输入文字，将【大小】设置为13，完成后的效果如图5-107所示。

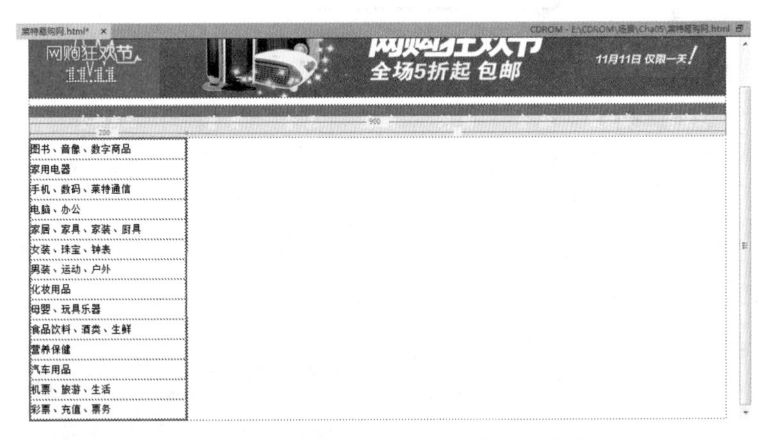

图 5-107 在单元格内输入文字后的效果

（22）将光标置入第2列单元格内，按Ctrl+Alt+I组合键打开【选择图像源文件】对话框，在该对话框中选择随书附带光盘中的"CDROM\素材\Cha05\莱特易购网\图.jpg"素材图片，完成后的效果如图5-108所示。

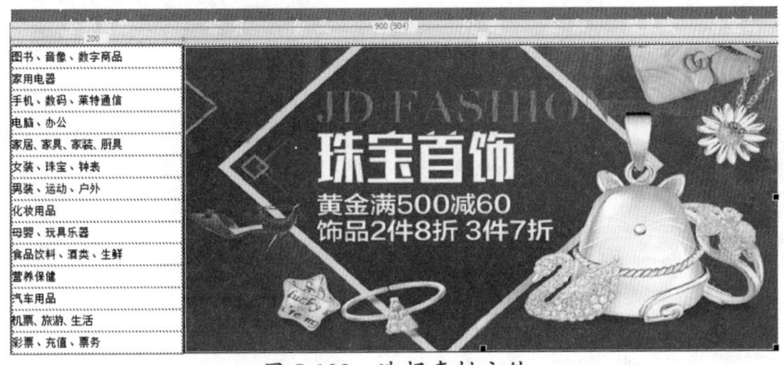

图 5-108 选择素材文件

（23）将光标置入表格的右侧，按Ctrl+Alt+T组合键打开Table对话框，在该对话框中将【行数】、

【列】分别设置为 1、3，将【表格宽度】设置为 900 像素，其他保持默认设置，如图 5-109 所示。

(24) 单击【确定】按钮即可插入表格，选择插入的表格，在【属性】面板中将 Align（对齐）设置为居中对齐。将单元格的【宽】都设置为 300，将光标置入第 1 列单元格内，在该单元格内插入 2 行 2 列单元格，将【表格宽度】设置为 300 像素，将插入表格的第 1 列单元格的【宽】设置为 80，将第 1 行、第 2 行单元格的【高】分别设置为 30、35，将第 1 列单元格合并，完成后的效果如图 5-110 所示。

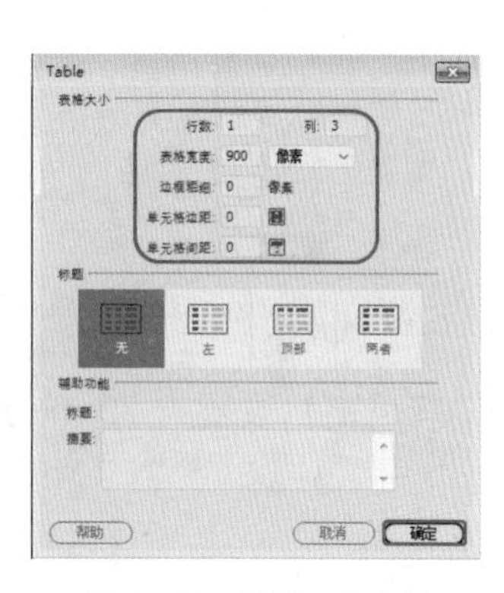

图 5-109 Table 对话框

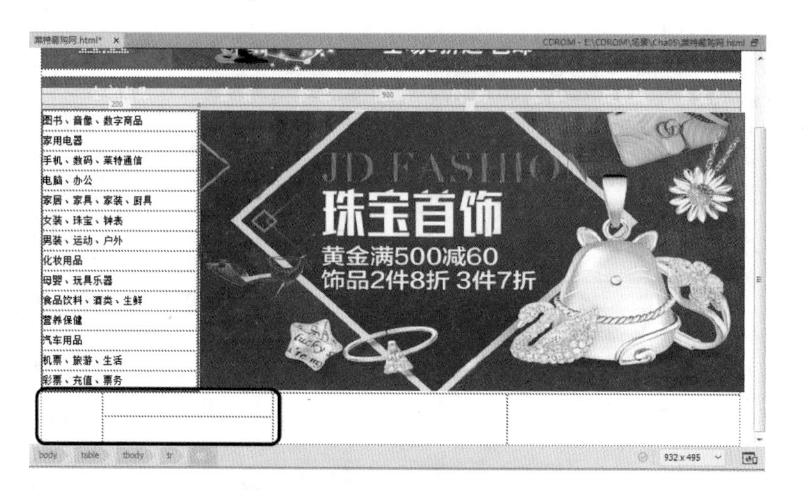

图 5-110 设置完成后的效果

(25) 将光标移至合并后的单元格内，按 Ctrl+Alt+I 组合键打开【选择图像源文件】对话框，在该对话框中选择随书附带光盘中的"CDROM\素材\Cha05\莱特易购网\购物.jpg"素材图片，如图 5-111 所示。

(26) 单击【确定】按钮，然后在第 2 列单元格内输入文字，选择输入的文字，将【大小】设置为 15，完成后的效果如图 5-112 所示。

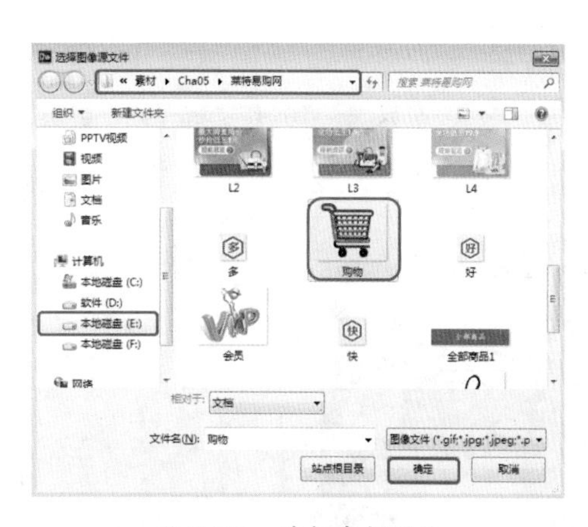

图 5-111 选择素材图片

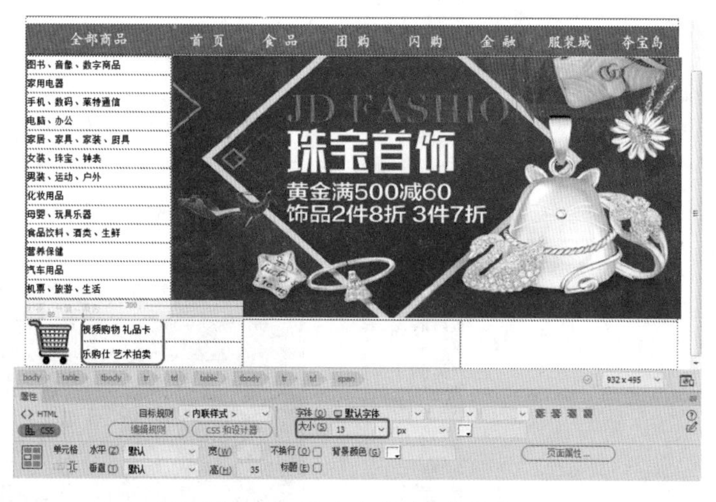

图 5-112 输入文字并进行设置

(27) 在其他单元格内插入表格并进行相应的设置，完成后的效果如图 5-113 所示。

(28) 将光标置入表格的右侧，按 Ctrl+Alt+T 组合键打开 Table 对话框，在该对话框中将【行数】、【列】分别设置为 1、4，将【表格宽度】设置为 900 像素，如图 5-114 所示。

图 5-113 设置剩余的单元格

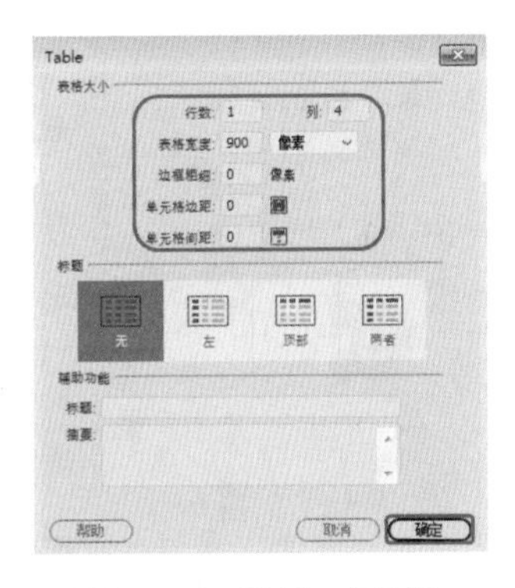

图 5-114 Table 对话框

(29) 单击【确定】按钮，将光标置于第 1 行第 1 列单元格中，按 Ctrl+Alt+I 组合键打开【选择图像源文件】对话框，在该对话框中选择随书附带光盘中的“CDROM\ 素材 \Cha05\ 莱特易网 \L1.jpg”素材文件，如图 5-115 所示。

(30) 插入其他素材图片，如图 5-116 所示。

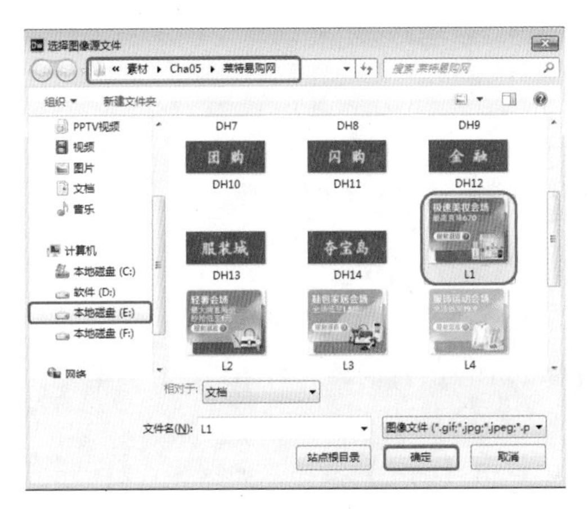

图 5-115 选择素材图片

图 5-116 插入其他图片后的效果

(31) 按 Ctrl+Alt+T 组合键打开 Table 对话框，在该对话框中将【行数】、【列】分别设置为 2、4，将【表格宽度】设置为 900 像素，如图 5-117 所示。

(32) 单击【确定】按钮，确定插入的表格处于选中状态，将 Align 设置为居中对齐。【宽】设置为 225，将【高】分别设置为 30、165，将光标置于第 1 行第 1 列中，按 Ctrl+Alt+T 组合键打开 Table 对话框，在该对话框中将【行】、【列】分别设置为 1、2，将【表格宽度】设置为 225 像素。将光标置于新添加的表格中的第 1 行第 1 列中，【宽】和【高】都设置为 30，完成后的效果如图 5-118 所示。

(33) 按 Ctrl+Alt+I 组合键打开【选择图像源文件】对话框，在该对话框中选择随书附带光盘中的“CDROM\ 素材 \Cha05\ 莱特易购网 \ 多 .jpg”素材图片，如图 5-119 所示。

(34) 将光标置于第 1 行第 2 列中，输入文字，将【字体】设置为【微软雅黑】，【大小】设置为 14，如图 5-120 所示。

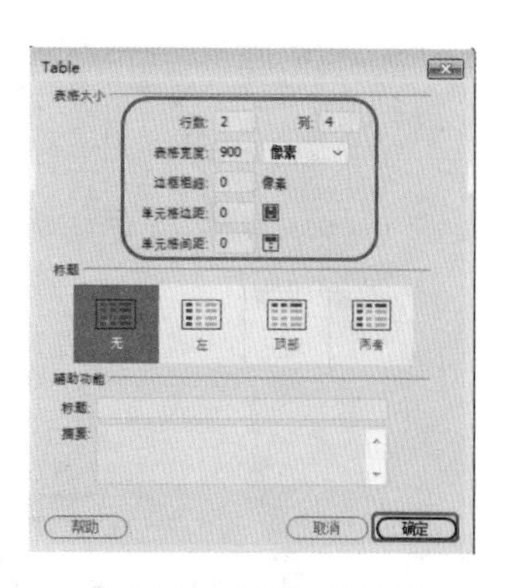

图 5-117　Table 对话框

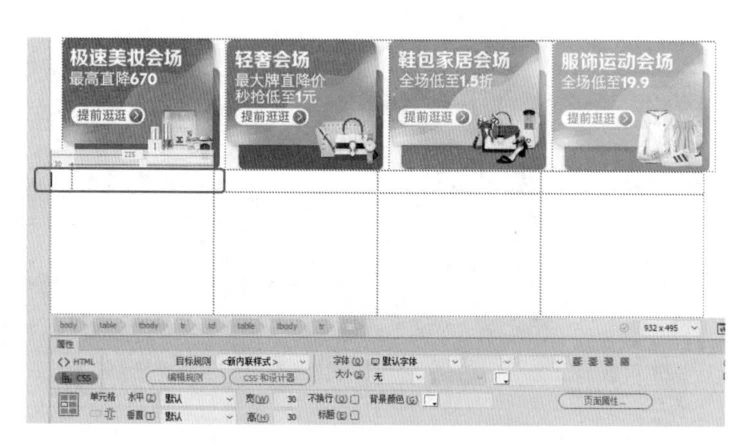

图 5-118　输入文字后的效果

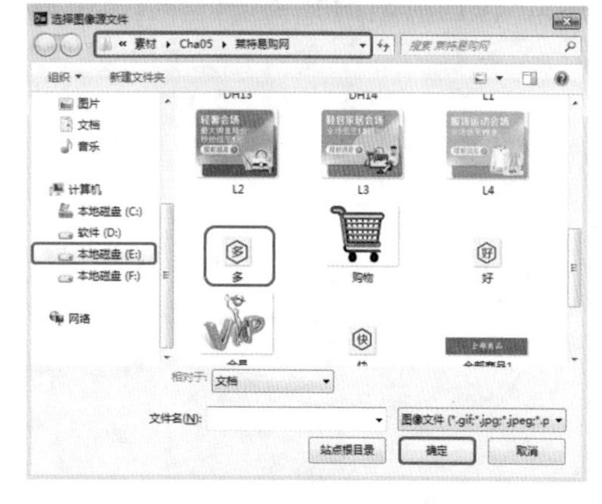

图 5-119　选择素材图片

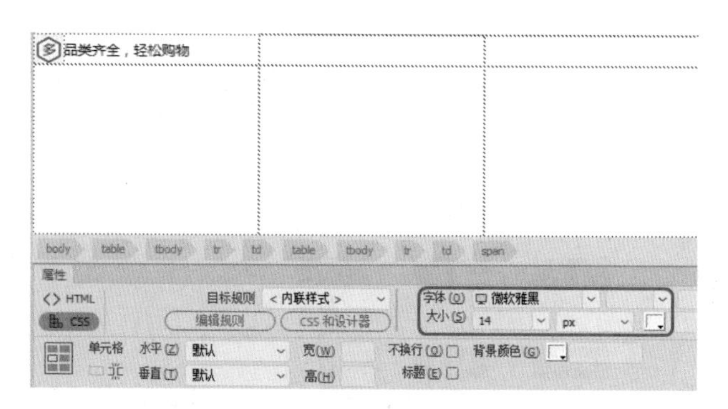

图 5-120　输入文字并进行设置

(35) 然后在菜单栏中选择【插入】|Div 命令，打开【插入 Div】对话框，在 ID 文本框中输入 Div1，如图 5-121 所示。

(36) 然后单击【新建 CSS 规则】按钮，在打开的对话框中单击【确定】按钮，如图 5-122 所示。

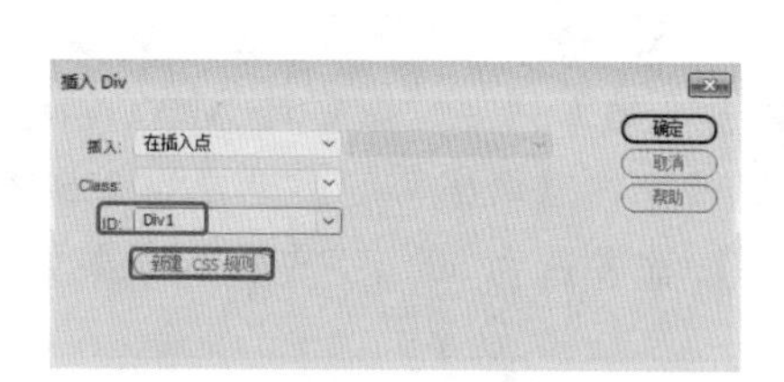

图 5-121　【插入 Div】对话框

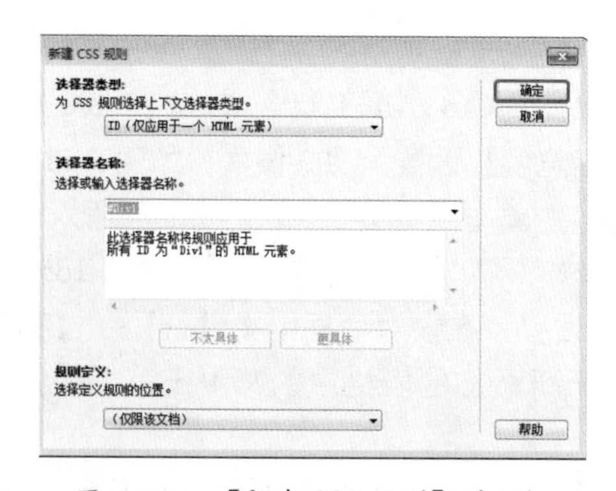

图 5-122　【新建 CSS 规则】对话框

(37) 在打开的对话框中，选择【分类】中的【定位】选项，在右侧将 Position（定位）设置为 absolute（绝对的），设置完成后单击【确定】按钮，如图 5-123 所示。

(38) 返回到【插入 Div】对话框，单击【确定】按钮，即可在文档中插入一个 Div，如图 5-124 所示。

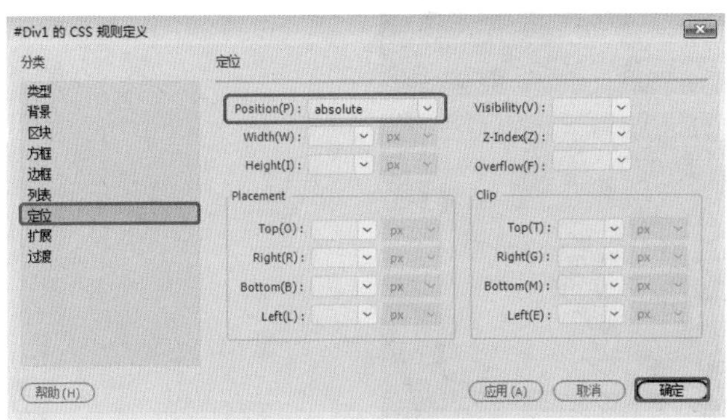

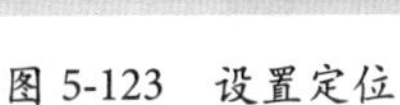

图 5-123 设置定位

图 5-124 插入 Div 后的效果

(39) 在文档中选择插入的 Div，在【属性】面板中将【宽】设置为 52，然后将 Div 表单中的文字删除，按 Ctrl+Alt+T 组合键打开 Table 对话框，将【行数】设置为 7，【列】设置为 1，将【表格宽度】设置为 52，其他参数均设置为 0，单击【确定】按钮，如图 5-125 所示。

(40) 然后输入文字，【大小】设置为 14，选中第 1 行文字，单击鼠标右键，选择快捷菜单中的【样式】|【粗体】命令，效果如图 5-126 所示。

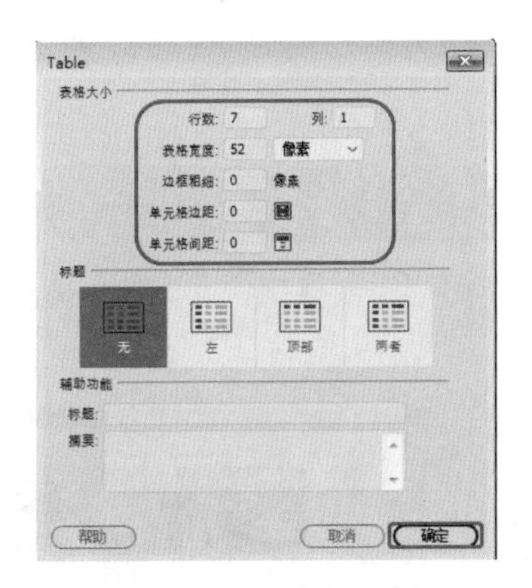

图 5-125 Table 对话框

图 5-126 输入文字并进行设置

(41) 完成后的效果如图 5-127 所示。

图 5-127 完成后的效果

(42) 至此，莱特易购网就制作完成了，将场景保存后按 F12 键进行预览，如图 5-128 所示。

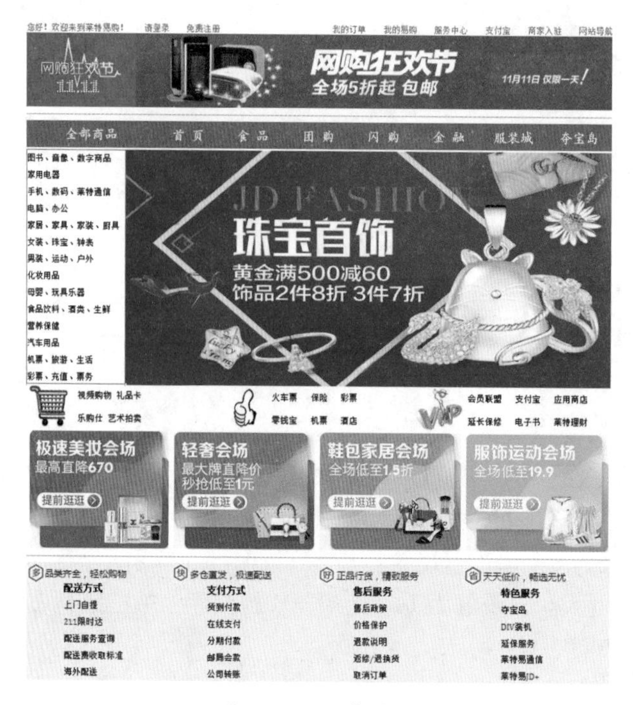

图 5-128　预览效果

案例精讲 050　美食网

本例利用表格和鼠标经过图像来制作网页的导航栏部分，然后利用表格制作网页的主体部分，在表格内插入图片和输入文字，完成后的效果如图 5-129 所示。

> **案例文件：**CDROM \ 场景 \ Cha05 \ 美食网 .html
> **视频文件：**视频教学 \ Cha05 \ 美食网 .avi

（1）启动软件后单击新建 HTML 选项，单击【属性】面板中的【页面属性】按钮，在弹出的对话框中选择【外观（HTML）】选项，将【左边距】、【上边距】、【边距高度】都设置为 0，如图 5-130 所示。

（2）单击【确定】按钮，按 Ctrl+Alt+T 组合键打开 Table 对话框，在该对话框中将【行数】、【列】分别设置为 1、18，将【表格宽度】设置为 1018 像素，如图 5-131 所示。

（3）插入表格后，将单元格【水平】设置为【居中对齐】，【宽】设置为 51，【高】设置为 30，【背景颜色】设置为 #FF9E23，如图 5-132 所示。

（4）输入文字，将单元格【宽】设置为 51，【高】设置为 30，【大小】设置为 14px，【字体颜色】设置为 #FFFFFF，【背景颜色】设置为 #FF9E23，如图 5-133 所示。

图 5-129　美食网

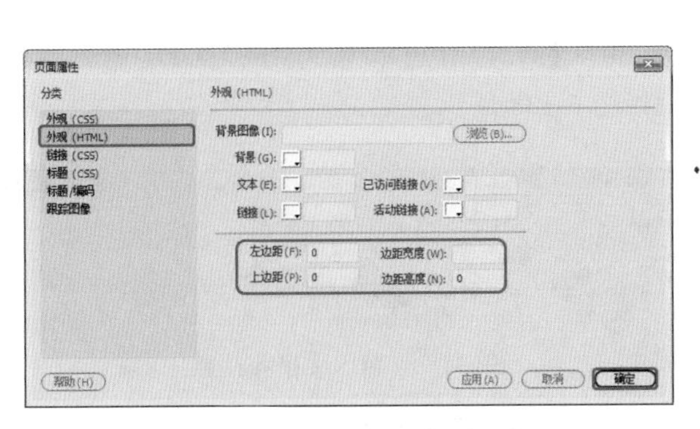
图 5-130 【页面属性】对话框

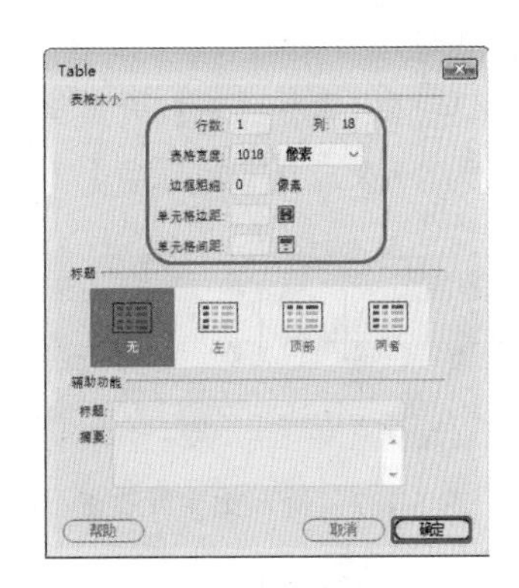
图 5-131 Table 对话框

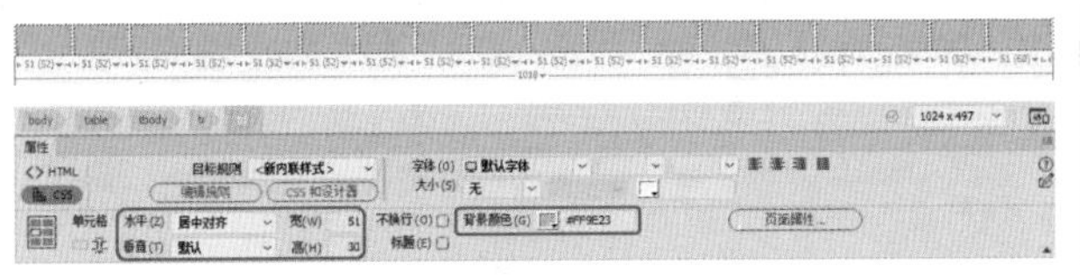
图 5-132 设置 Table（表格）

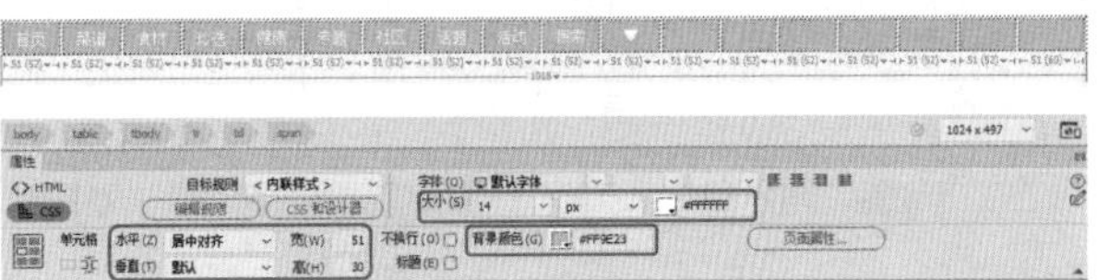
图 5-133 输入文字

知识链接

美食，顾名思义就是美味的食物，贵的有山珍海味，便宜的有街边小吃。但是不是所有人对美食的标准都是一样的，其实美食是不分贵贱的，只要是自己喜欢的，就可以称之为美食。美食还体现人类的文明与进步。

美食不仅仅是餐桌上的食物，休闲零食、各种饼干、糕点、糖类制品，众口难调，各有各的风味，从味觉到视觉的享受，都称之为美食！

(5) 选择红色框中的表格，将【水平】设置为【居中对齐】，【宽】设置为 30，如图 5-134 所示。

(6) 选择红色框中的表格，将【宽】设置为 51，【高】设置为 30，输入文字，【大小】设置为 14px，【字体颜色】设置为 #FFFFFF，【背景颜色】设置为 #FF9E23，如图 5-135 所示。

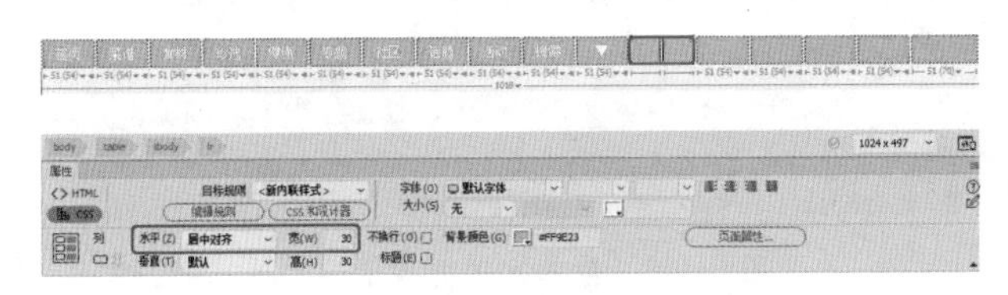
图 5-134 选择表格

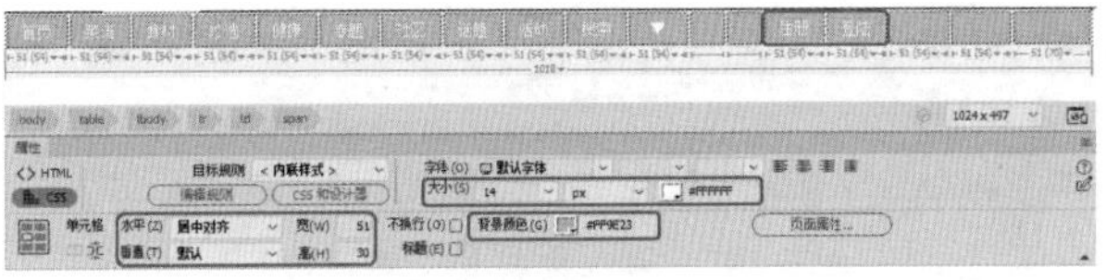
图 5-135 输入文字

(7) 将红色框中表格【宽】设置为 51，【高】设置为 30，【背景颜色】设置为 #26FFD7，输入文字，【大小】设置为 14px，【字体颜色】设置为 #FFFFFF，如图 5-136 所示。

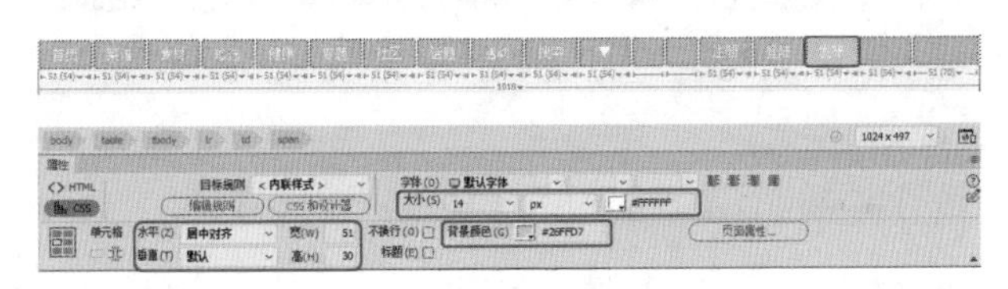
图 5-136 输入文字并设置

(8) 将红色框中表格【宽】设置为 80，【高】设置为 30，【背景颜色】设置为 #FFCB19，输入文字，【大小】设置为 14px，【字体颜色】设置为 #FFFFFF，如图 5-137 所示。

（9）将黑色框中表格【宽】设置为 72，【高】设置为 30，【背景颜色】设置为 #FF2D3D，输入文字，【大小】设置为 14px，【字体颜色】设置为 #FFFFFF，如图 5-138 所示。

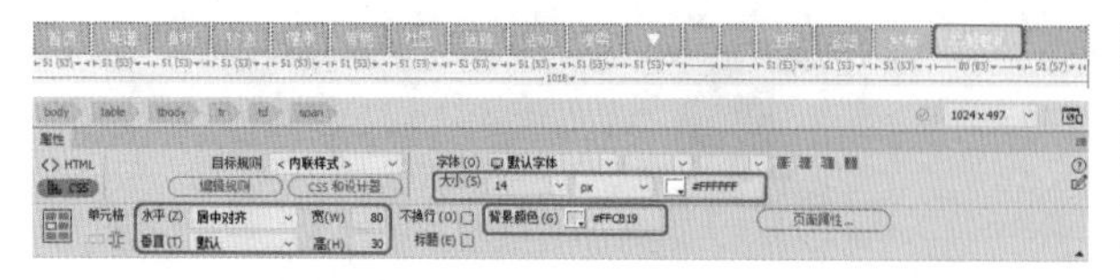

图 5-137　输入文字并设置

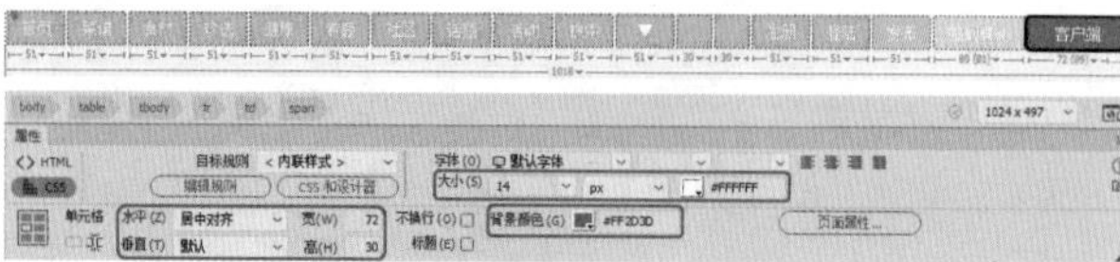

图 5-138　输入文字并设置

（10）插入一个 2 行 1 列的表格，将【宽】设置为 144 像素，如图 5-139 所示。

（11）输入文字，将单元格【水平】设置为居中对齐，【宽】设置为 138，【字体】设置为【微软雅黑】，【大小】设置为 24px，【字体颜色】设置为 #FF9E00，如图 5-140 所示。

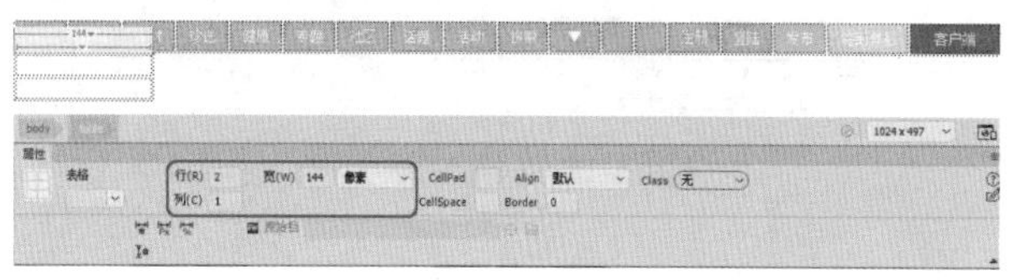

图 5-139　插入表格

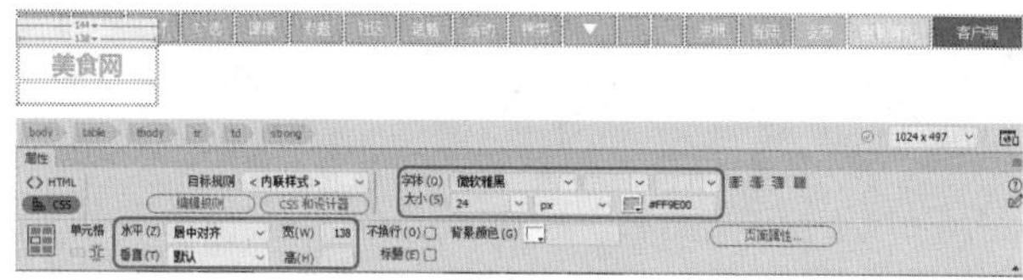

图 5-140　输入文字

提 示

使用 Ctrl+Alt+T 快捷组合键，可以更快速地插入表格。

（12）输入文字，将【字体】设置为【微软雅黑】，【大小】设置为 14px，【字体颜色】设置为 #FF9E00，如图 5-141 所示。

（13）输入文字，将【字体】设置为【微软雅黑】，【大小】设置为 14px，【字体颜色】设置为 #26FFD7，如图 5-142 所示。

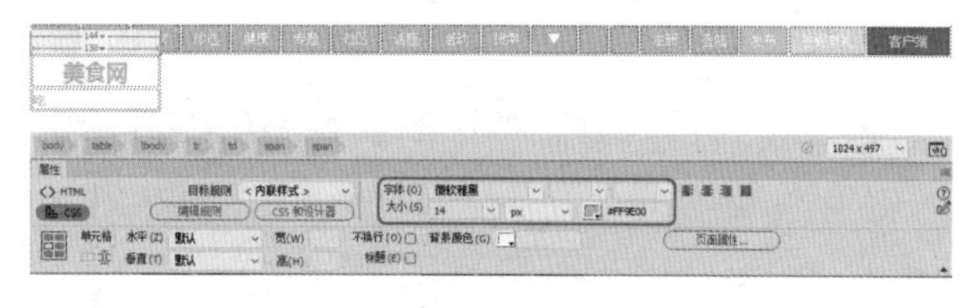

图 5-141　输入文字并设置（1）

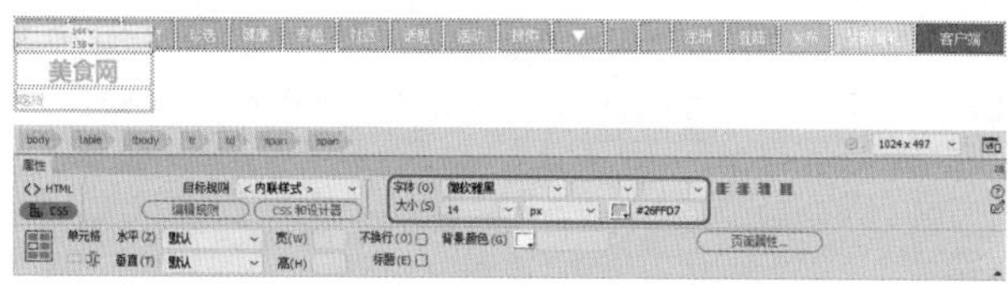

图 5-142　输入文字并设置（2）

（14）输入文字，将【字体】设置为【微软雅黑】，【大小】设置为 14px，【字体颜色】设置为 #FFCB19，如图 5-143 所示。

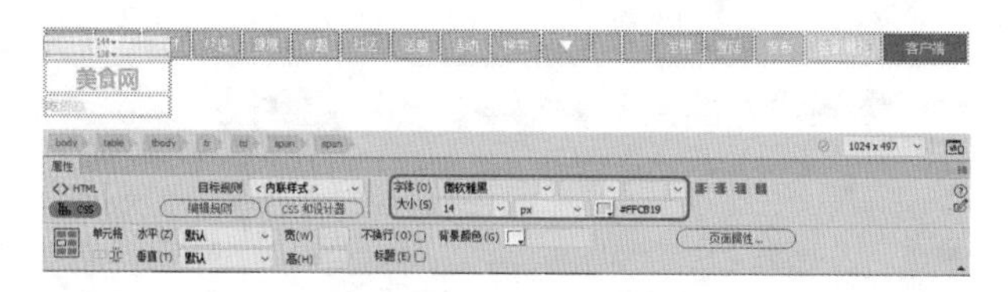

图 5-143　输入文字并设置（3）

（15）输入文字，将【字体】设置为【微软雅黑】，【大小】设置为 14px，【字体颜色】设置为

#FF2D3D，如图 5-144 所示。

（16）输入文字，将【字体】设置为【微软雅黑】，【大小】设置为 14px，【字体颜色】设置为 #F800FF，完成后的效果如图 5-145 所示。

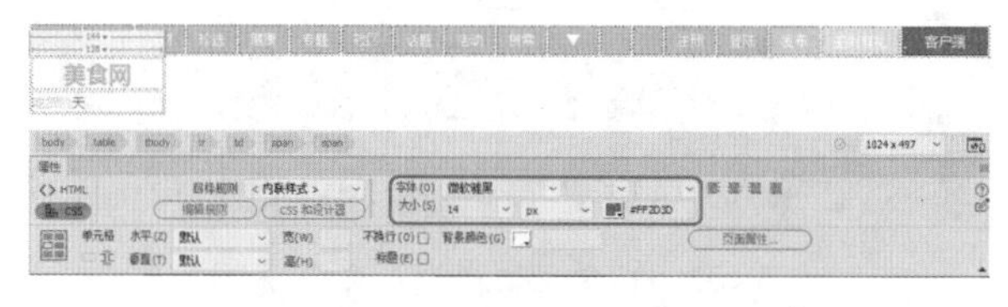

图 5-144 输入文字

图 5-145 输入文字

（17）输入文字，将【字体】设置为【微软雅黑】，【大小】设置为 14px，【字体颜色】设置为 #000000，如图 5-146 所示。

（18）单击页面中的空白处，在菜单栏中选择【插入】| Div 命令，在弹出的【插入 Div】对话框中，将 ID 设置为 div01，如图 5-147 所示。

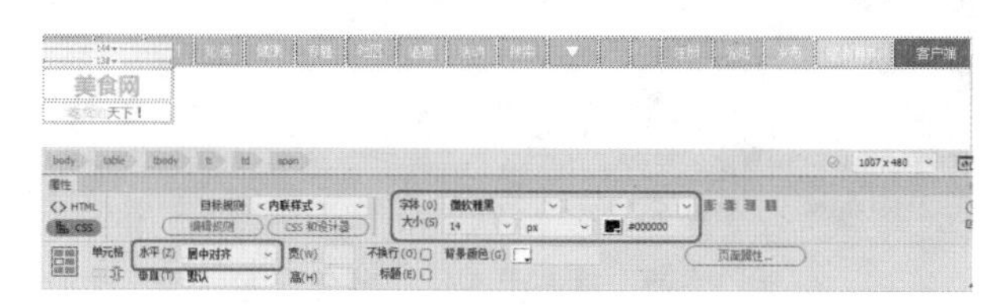

图 5-146 输入文字

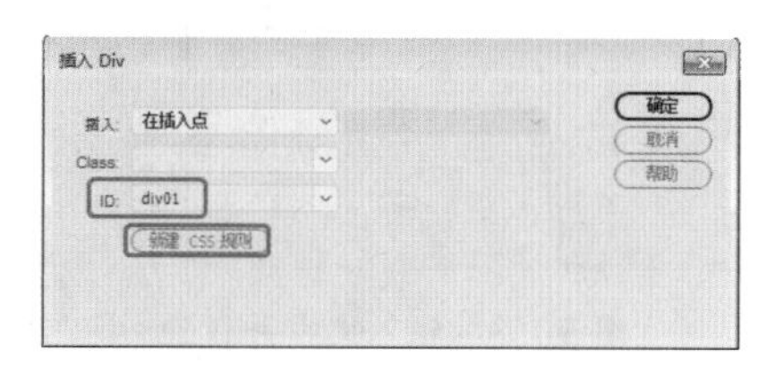

图 5-147 【插入 Div】对话框

（19）单击【新建 CSS 规则】按钮，在弹出的【新建 CSS 规则】对话框中，使用默认参数，单击【确定】按钮，如图 5-148 所示。

（20）在弹出的对话框中，将【分类】选择为【定位】，将 Position（定位）设置为 absolute（绝对的），单击【确定】按钮，如图 5-149 所示。

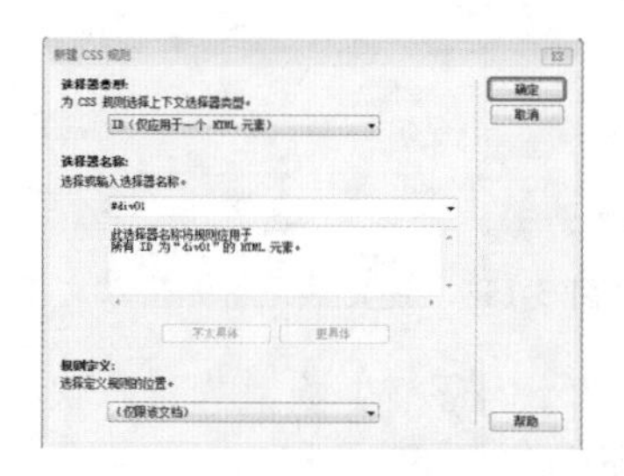

图 5-148 【新建 CSS 规则】对话框

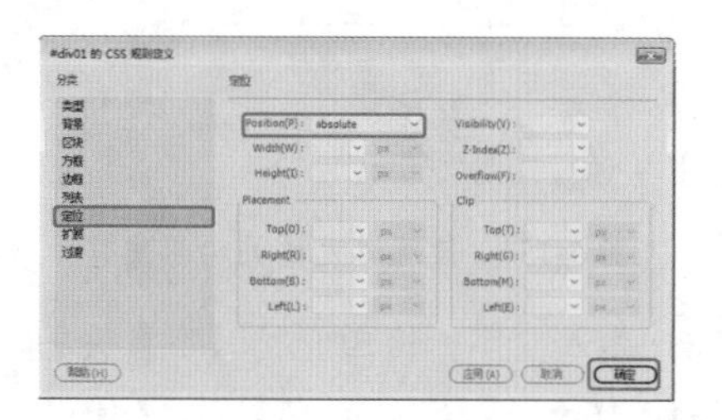

图 5-149 设置【定位】

（21）将 div01 中的文字删除，在 div 中插入一个 1 行 8 列的表格，将【像素】设置为 500，效果如图 5-150 所示。

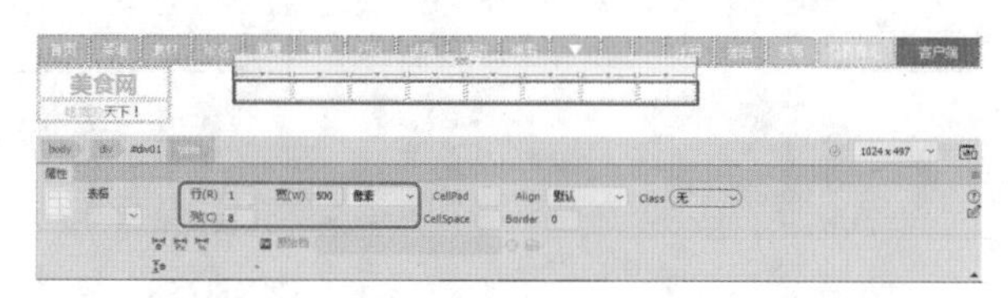

图 5-150 插入表格

（22）选中所有表格，将单元格【水平】设置为【居中对齐】，【高】设置为 35，如图 5-151 所示。

(23) 在表格中输入文字，将单元格【宽】设置为 52，【高】设置为 35，【字体】设置为【微软雅黑】，【大小】设置为 16px，【字体颜色】设置为 #FF9E00，如图 5-152 所示。

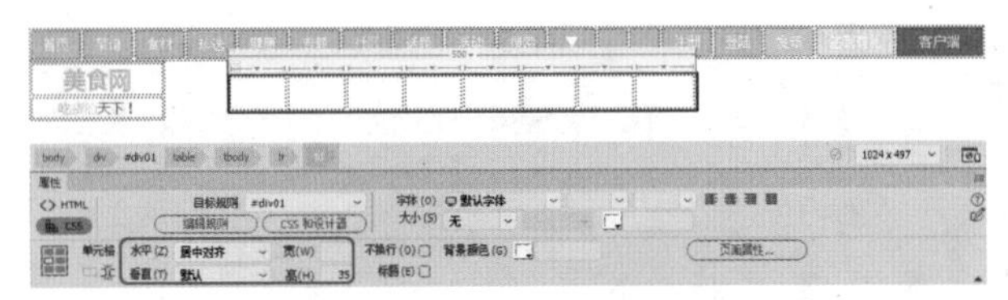

图 5-151　设置表格

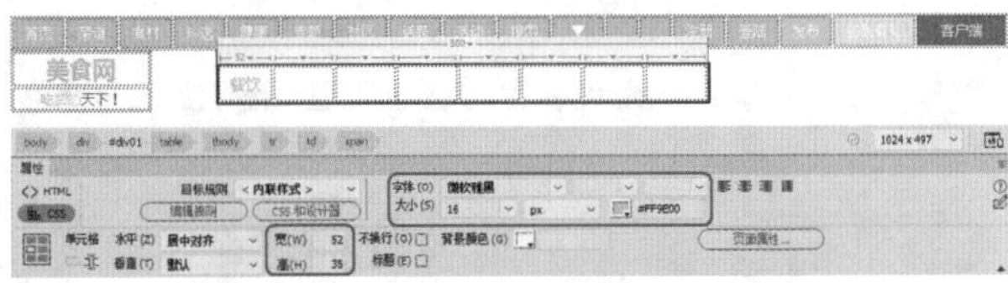

图 5-152　在单元格内输入文字并设置

(24) 继续输入文字，将单元格【宽】设置为 68，【高】设置为 35，【字体】设置为【微软雅黑】，【大小】设置为 16px，【字体颜色】设置为 #FF9E00，如图 5-153 所示。

(25) 输入文字，将单元格【宽】设置为 52，【高】设置为 35，【字体】设置为【微软雅黑】，【大小】设置为 16px，【字体颜色】设置为 #FF9E00，如图 5-154 所示。

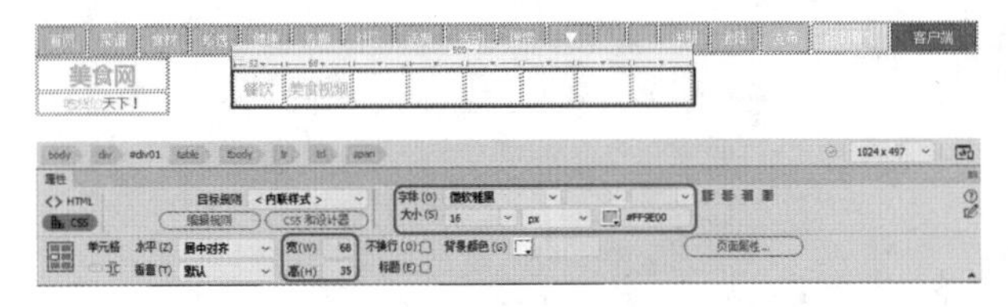

图 5-153　输入文字并设置

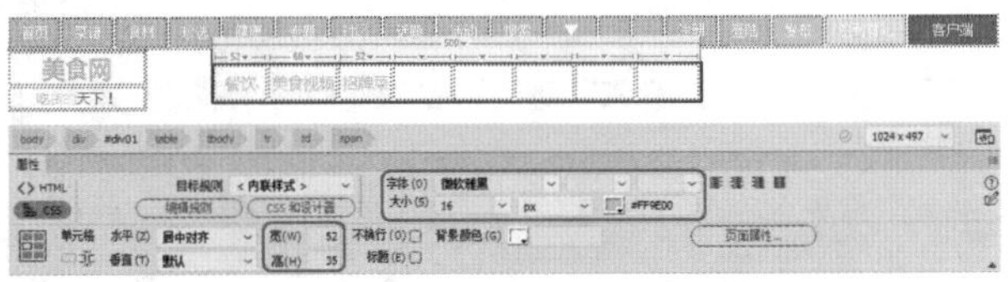

图 5-154　设置单元格并输入文字

(26) 输入文字，将单元格【宽】设置为 52，【高】设置为 35，【字体】设置为【微软雅黑】，【大小】设置为 16px，【字体颜色】设置为 #FF9E00，如图 5-155 所示。

(27) 输入文字，将单元格【宽】设置为 68，【高】设置为 35，【字体】设置为【微软雅黑】，【大小】设置为 16px，【字体颜色】设置为 #FF9E00，如图 5-156 所示。

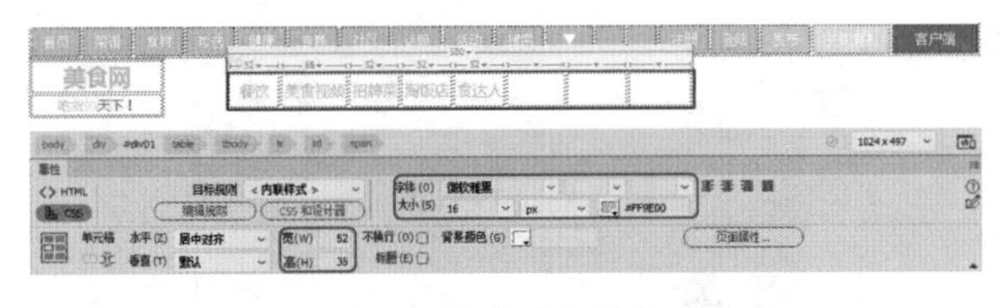

图 5-155　设置单元格并输入文字

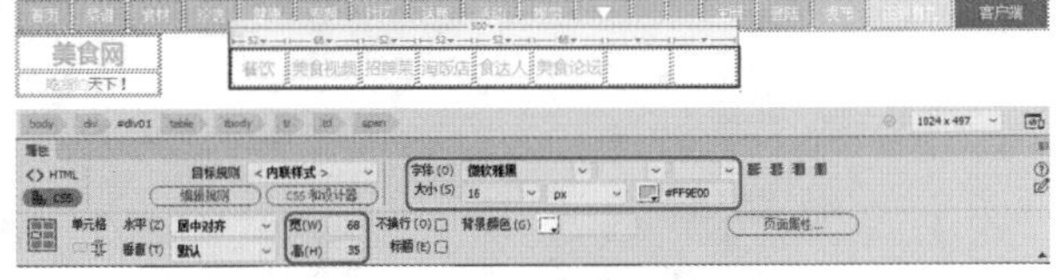

图 5-156　设置单元格并输入文字

(28) 输入文字，将单元格【宽】设置为 68，【高】设置为 35，【字体】设置为【微软雅黑】，【大小】设置为 16px，【字体颜色】设置为 #FF9E00，如图 5-157 所示。

(29) 输入文字，将单元格【宽】设置为 54，【高】设置为 35，【字体】设置为【微软雅黑】，【大小】设置为 16px，【字体颜色】设置为 #FF9E3A，如图 5-158 所示。

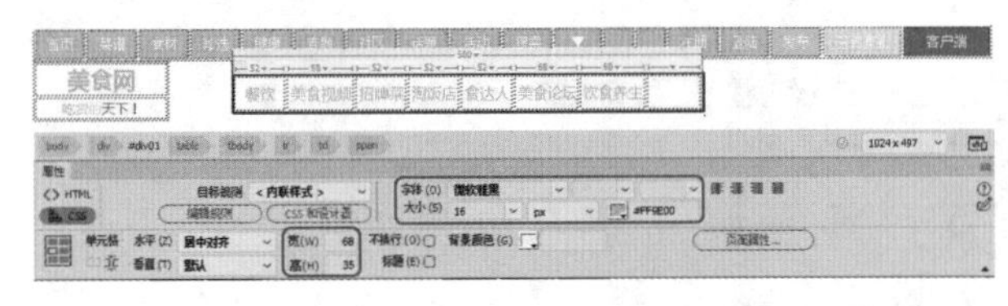

图 5-157　设置单元格并输入文字

图 5-158　设置单元格并输入文字

(30) 插入 div，在菜单栏中选择【插入】|【表单】|【搜索】命令，如图 5-159 所示，将插入的【搜索】

控件的英文文字删除，选中文本框，在【属性】面板中将 Value（值）设置为【请输入关键字】，如图 5-160 所示。

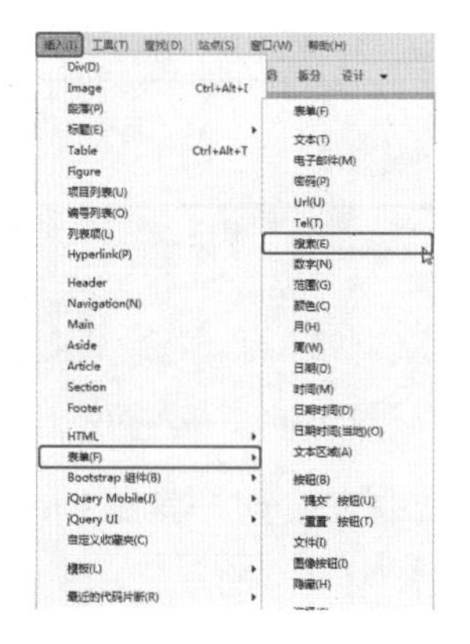

图 5-159 选择【搜索】命令

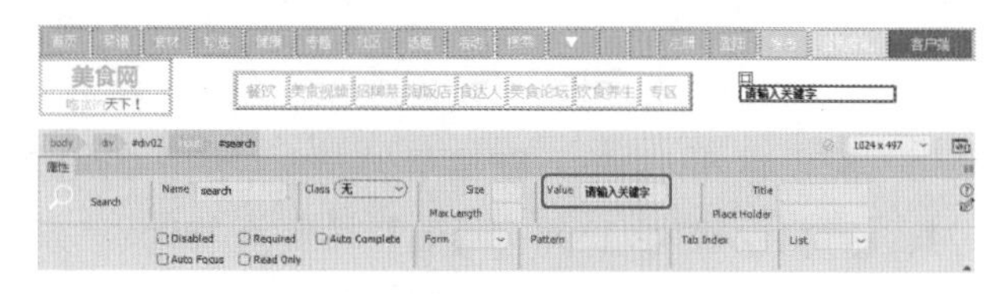

图 5-160 插入【搜索】控件

（31）将光标插入文本框的右侧，执行菜单栏中的【插入】|【表单】|【按钮】命令，将【按钮】控件的 Value 设置为【查询】，如图 5-161 所示。

（32）插入新的 div，将 div 中的文字删除，插入一个 5 行 2 列的表格，将【宽】设置为 180 像素，如图 5-162 所示。

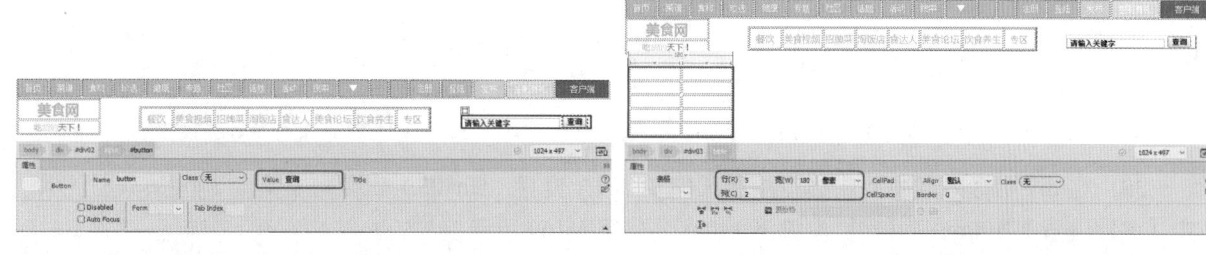

图 5-161 插入【按钮】控件

图 5-162 插入表格

（33）选中红色框中的表格，将单元格【水平】设置为【居中对齐】，【宽】设置为 51，【高】设置为 25，如图 5-163 所示。

（34）将素材图片插入表格中，将图片【宽度】设置为 30px，【高度】设置为 20px，如图 5-164 所示。

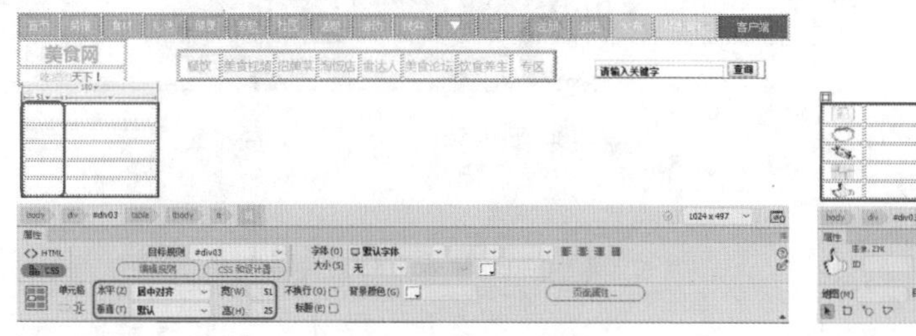

图 5-163 选择并设置表格

图 5-164 添加素材图片

（35）输入文字，将单元格的【高】设置为 25，【大小】设置为 16px，【字体颜色】设置为 #969696，如图 5-165 所示。

（36）插入新的 div，将单元格的【左】设置为 212px，【上】设置为 116px，【宽】设置为 800px，【高】

设置为 133px，如图 5-166 所示。

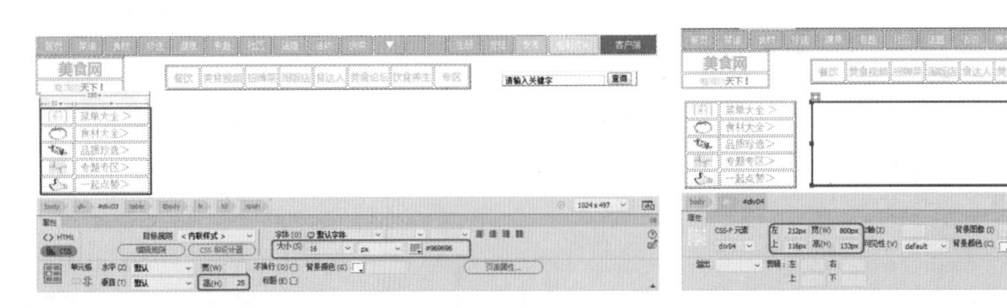

图 5-165 输入文字

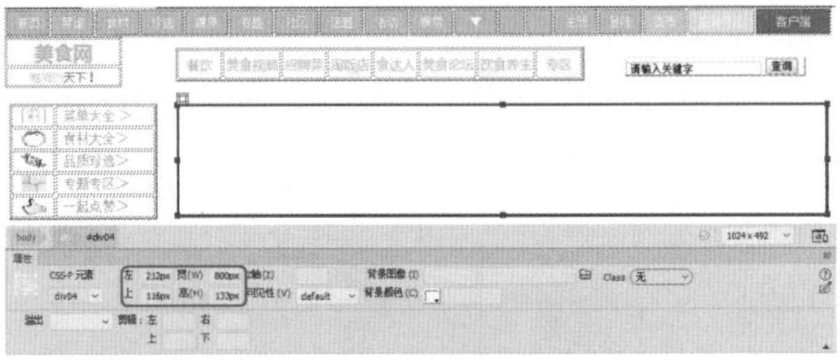

图 5-166 插入 div

（37）在 div 中插入随书附带光盘中的“CDROM \ 素材 \ Cha05 \ 美食网 \ 美食 1.jpg”素材图片，将其【宽】设置为 115px，【高】设置为 140px，如图 5-167 所示。

（38）在 div 中插入随书附带光盘中的“CDROM \ 素材 \ Cha05 \ 美食网 \ 美食 2.jpg”素材图片，将其【宽】设置为 115px，【高】设置为 140px，如图 5-168 所示。

图 5-167 插入素材图片并设置

图 5-168 插入素材图片并设置

（39）在 div 中插入随书附带光盘中的“CDROM \ 素材 \ Cha05 \ 美食网 \ 美食 3.jpg“素材图片，将其【宽】设置为 190px，【高】设置为 140px，如图 5-169 所示。

（40）在 div 中插入随书附带光盘中的”CDROM \ 素材 \ Cha05 \ 美食网 \ 美食 4.jpg”素材图片，将其【宽】设置为 190px，【高】设置为 140px，如图 5-170 所示。

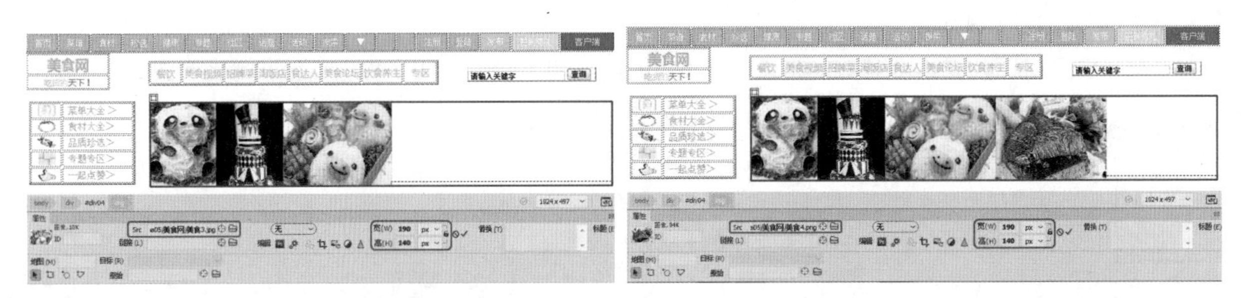

图 5-169 插入素材图片并设置

图 5-170 插入素材图片并设置

（41）在 div 中插入随书附带光盘中的“CDROM \ 素材 \ Cha05 \ 美食网 \ 美食 5.jpg”素材图片，将其【宽】设置为 190px，【高】设置为 140px，如图 5-171 所示。

（42）插入新的 div，将【左】设置为 1px，【上】设置为 260px，【宽】设置为 1018px，如图 5-172 所示。

图 5-171 插入素材图片并设置

图 5-172 插入 div

（43）将 div 中的文字删除，插入一个 3 行 3 列的表格，将【宽】设置为 1018 像素，如图 5-173 所示。

（44）将单元格的【宽】设置为 335px，输入文字，【字体】设置为【微软雅黑】，【大小】设置为 18px，【字体颜色】设置为 #FF9E00 和 #000000，如图 5-174 所示。

图 5-173 插入表格并设置

图 5-174 输入文字并设置（1）

（45）输入文字，【字体】设置为【微软雅黑】，【大小】设置为 12px，【字体颜色】设置为 #969696，如图 5-175 所示。

（46）输入文字，【字体】设置为【微软雅黑】，【大小】设置为 13px，【字体颜色】设置为 #FF9E00 和 #000000，如图 5-176 所示。

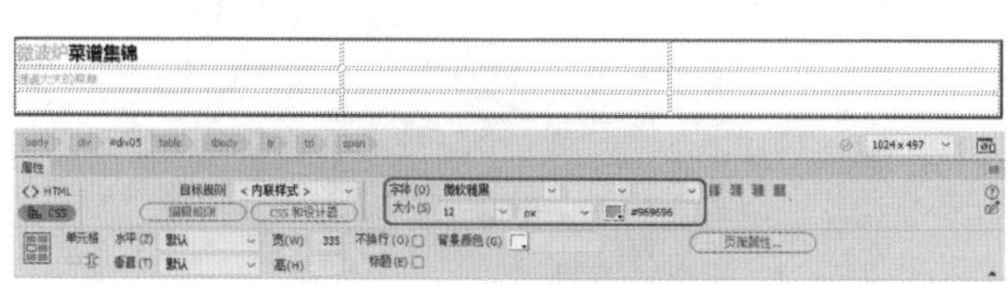

图 5-175 输入文字并设置（2）

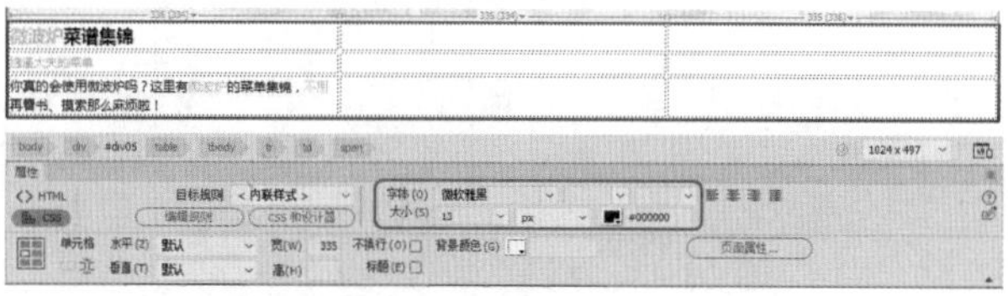

图 5-176 输入文字并设置（3）

（47）使用同样的方法输入其他文字，完成后的效果如图 5-177 所示。

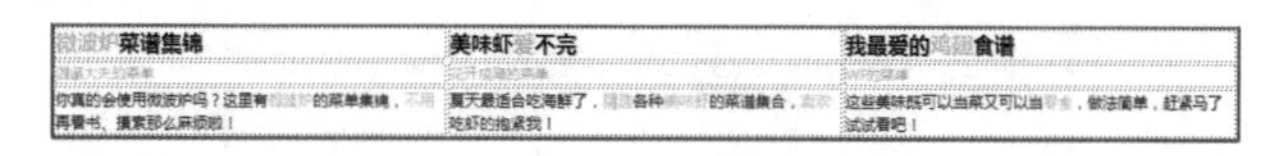

图 5-177 输入文字并设置（4）

（48）插入新的 div，将其【左】设置为 0px，【上】设置为 357px，【宽】设置为 751px，【高】设置为 33px，如图 5-178 所示。

（49）将 div 中的文字删除，插入一个 1 行 2 列的表格，将带有红色框的表格【宽】、【高】分别设置为 198px、30px，将第二个表格【宽】、【高】分别设置为 542px、30px，如图 5-179 所示。

图 5-178　插入 div

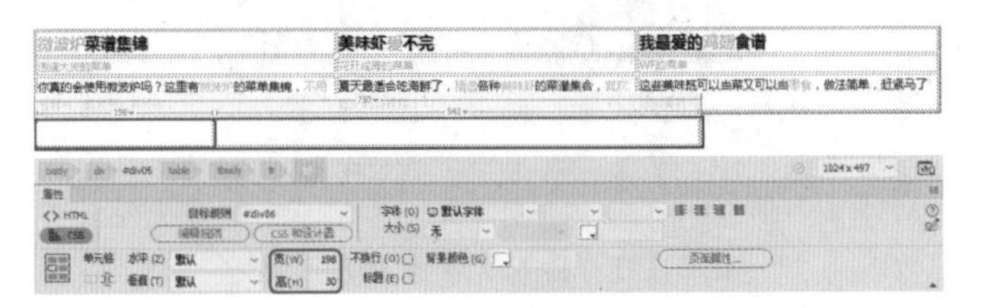

图 5-179　插入表格并设置

（50）在表格中输入文字，将【字体】设置为【微软雅黑】，【大小】设置为 18px，【字体颜色】#FF9E23，如图 5-180 所示。

（51）在表格中输入文字，将【字体】设置为【微软雅黑】，【大小】设置为 14px，【字体颜色】#FF9E00，如图 5-181 所示。

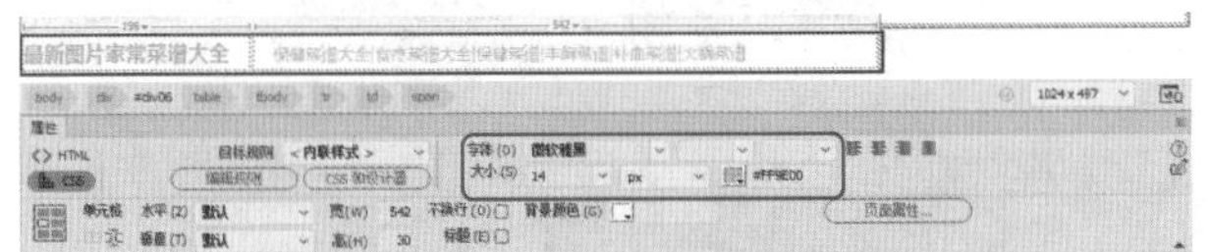

图 5-180　输入文字并设置

图 5-181　输入文字并设置

（52）插入新的 div，将 div 中的文字删除，插入一个 7 行 9 列的表格，将单元格【宽】设置为 750 像素，如图 5-182 所示。

（53）选中红色框中的表格，将【宽】设置为 32px，如图 5-183 所示。

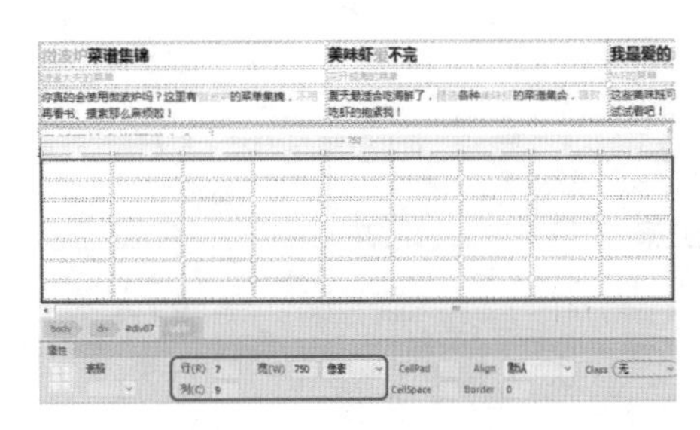

图 5-182　插入表格

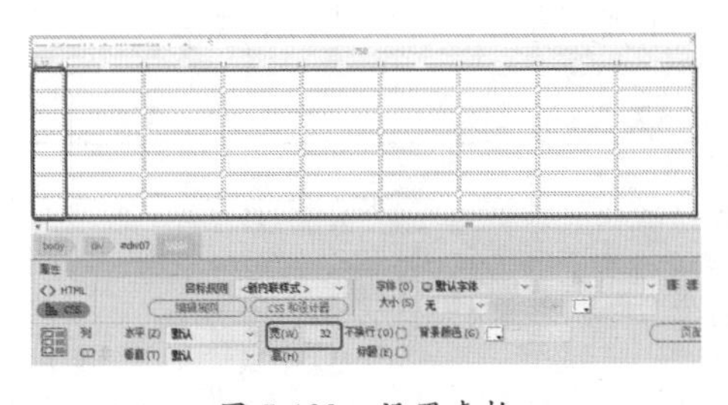

图 5-183　设置表格

（54）选择红色框中的表格，将【宽】设置为 124px，【高】设置为 60px，如图 5-184 所示。

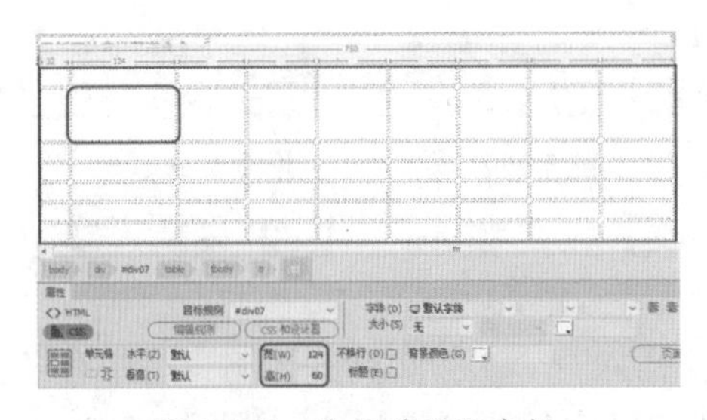

图 5-184　选择并设置表格

（55）在div中插入随书附带光盘中的素材图片，将其【宽】设置为123px，【高】设置为60px，如图5-185所示。

（56）将单元格【水平】设置为【居中对齐】，在表格中输入文字，将【字体】设置为【微软雅黑】，【大小】设置为12px，【字体颜色】设置为#000000，如图5-186所示。

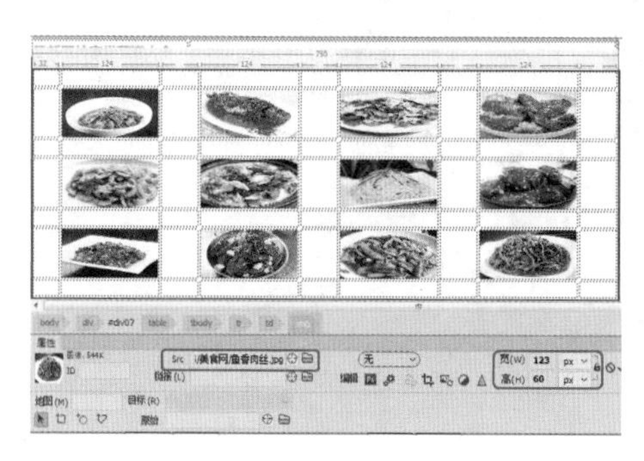

图5-185 插入素材图片

图5-186 输入文字并设置

（57）插入新的div，将其【左】设置为755px，【上】设置为357px，【宽】设置为263px，【高】设置为324px，如图5-187所示。

（58）在div中插入一个11行1列的表格，将【宽】设置为263像素，如图5-188所示。

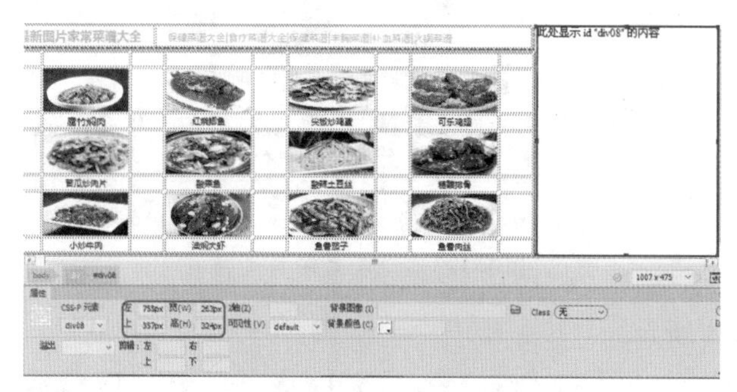

图5-187 插入div并设置

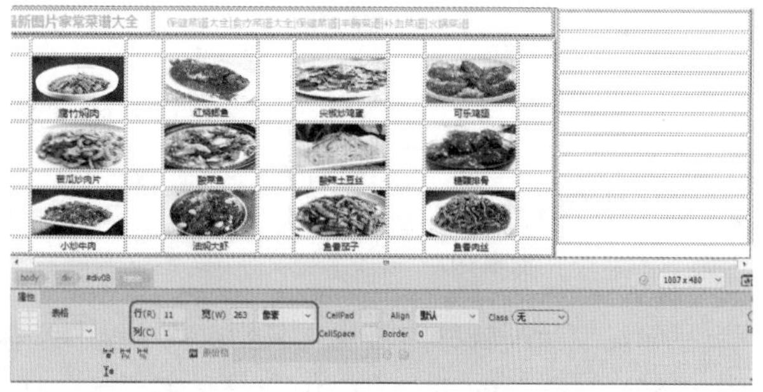

图5-188 插入表格

（59）将红色框的表格【高】设置为35，输入文字，将【字体】设置为【微软雅黑】，【大小】设置为16px，【字体颜色】设置为#FF9E00，如图5-189所示。

（60）在红色框表格中插入随书附带光盘中的素材图片，将【宽】设置为128px，【高】设置为45px，如图5-190所示。

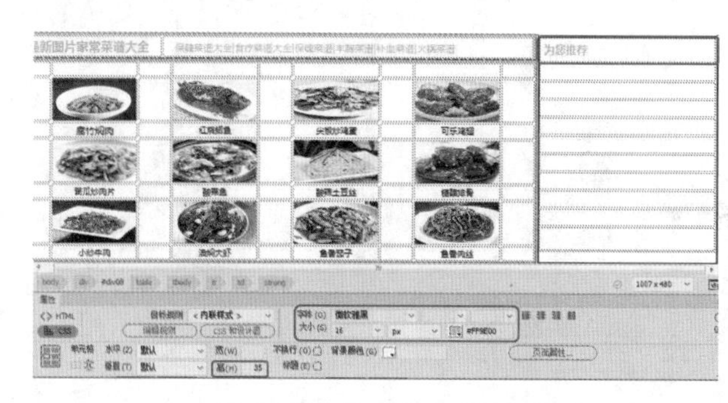

图5-189 输入文字并设置

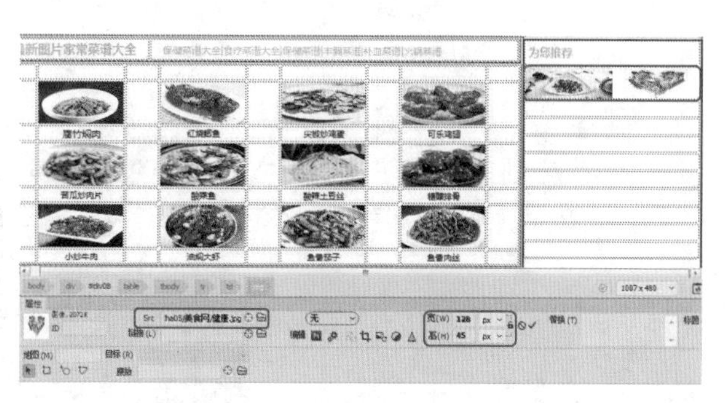

图5-190 插入素材图片

（61）将表格【高】设置为 20，输入文字，将【字体】设置为【微软雅黑】，【大小】设置为 14px，【字体颜色】分别设置为 #FF9E00 和 #000000，如图 5-191 所示。

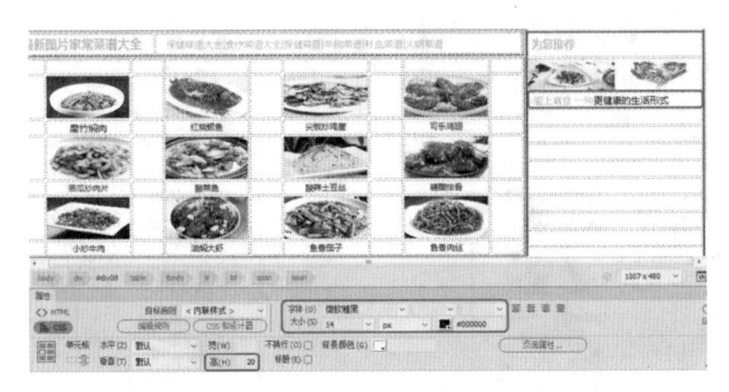

图 5-191　输入文字并设置

（62）使用同样的方法输入其他文字，如图 5-192 所示。

（63）将表格【高】设置为 35，输入文字，将【字体】设置为【微软雅黑】，【大小】设置为 16px，【字体颜色】设置为 #FF9E00，如图 5-193 所示。

图 5-192　输入其他文字

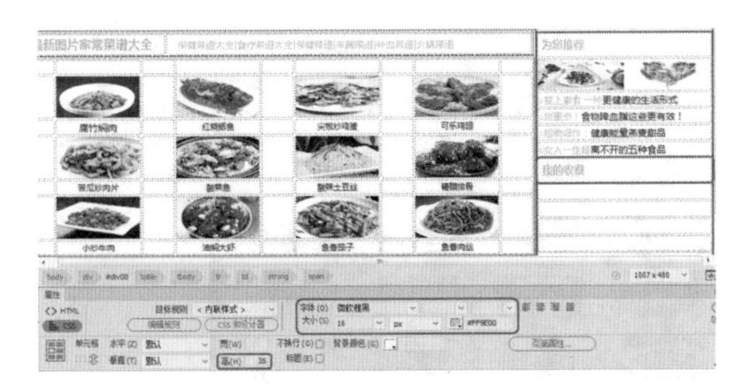

图 5-193　输入文字并设置

（64）使用同样的方法输入其他文字，如图 5-194 所示。

（65）插入新的 div，将 div 中的文字删除，插入一个 1 行 11 列的表格，将【宽】设置为 1019 像素，如图 5-195 所示。

图 5-194　输入其他文字并设置

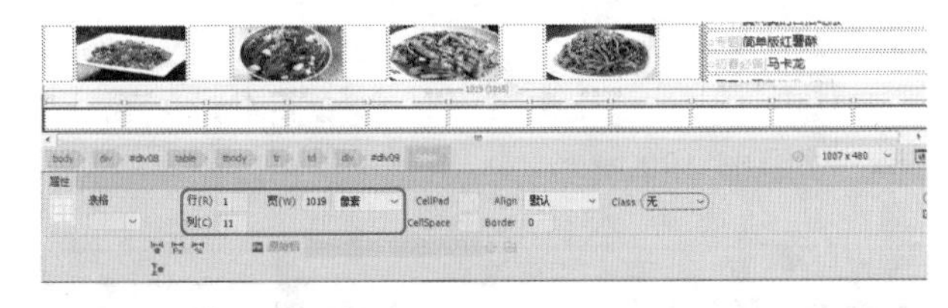

图 5-195　插入表格

（66）将红色框表格【宽】设置为 88px，输入文字，将【字体】设置为【微软雅黑】，【大小】设置为 18px，【字体颜色】设置为 #FF9E3A，如图 5-196 所示。

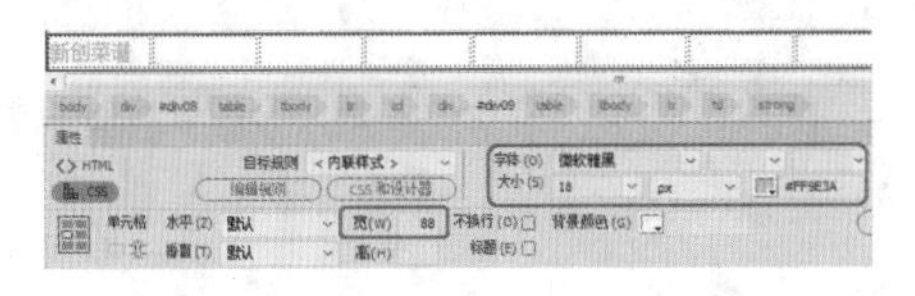

图 5-196　输入文字并设置

（67）将红色框表格【宽】设置为88px，输入文字，将【字体】设置为【微软雅黑】，【大小】设置为18px，如图5-197所示。

（68）继续输入文字，将【字体】设置为【微软雅黑】，【大小】设置为18px，选择红色框表格，将【宽】设置为108px，如图5-198所示。

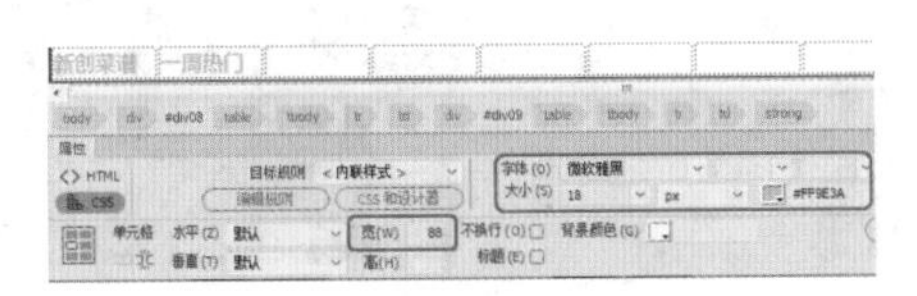

图5-197 输入文字并设置

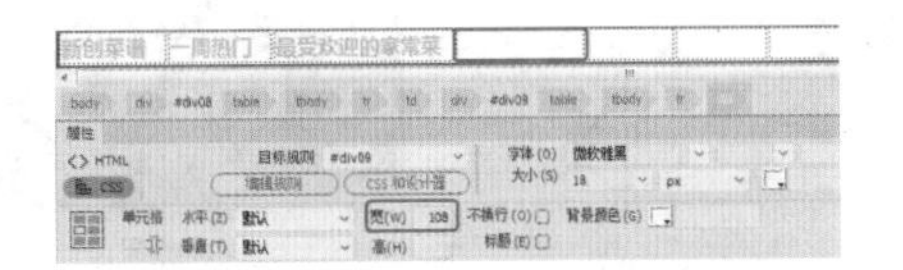

图5-198 选择并设置表格

（69）将红色框表格【宽】设置为68px，输入文字，将【字体】设置为【微软雅黑】，【大小】设置为18px，【字体颜色】设置为#FF9E3A，如图5-199所示。

（70）继续输入文字，将红色框表格【宽】设置为127px，输入文字，将【字体】设置为【微软雅黑】，【大小】设置为18px，【字体颜色】设置为#FF9E3A，如图5-200所示。

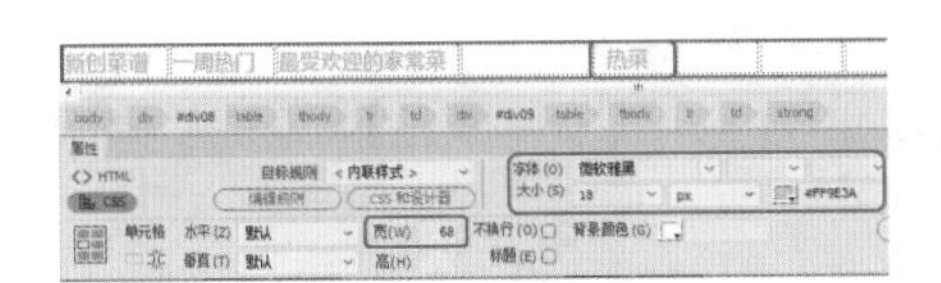

图5-199 选择并设置表格和输入并设置文字

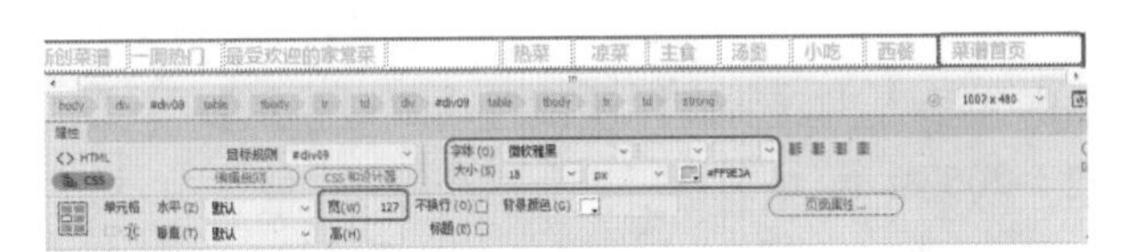

图5-200 输入文字并进行设置

（71）插入新的div，在div中插入一个6行4列的表格，如图5-201所示。

（72）将表格【宽】和【高】分别设置为250px、220px，在表格中插入随书附带光盘中的素材图片，如图5-202所示。

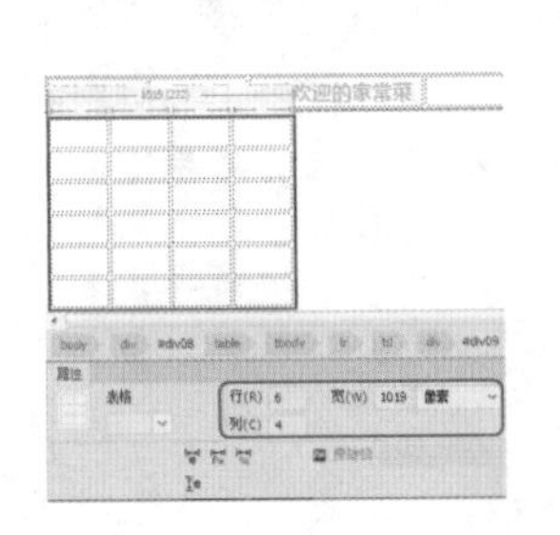

图5-201 插入div和表格

图5-202 插入素材图片并设置

（73）将表格【宽】和【高】分别设置为250px、220px，在表格中插入随书附带光盘中的素材图片，如图5-203所示。

（74）将红色框表格【水平】设置为【居中对齐】，【宽】设置为250px，在表格中输入文字，将【字体】设置为【微软雅黑】，【大小】设置为18px，【字体颜色】设置为#000000，如图5-204所示。

图 5-203　插入并设置素材图片

图 5-204　输入文字并设置（1）

（75）将红色框表格【水平】设置为【居中对齐】，【宽】设置为 250px，在表格中输入文字，将【字体】设置为【微软雅黑】，【大小】设置为 18px，【字体颜色】设置为 #000000，如图 5-205 所示。

（76）插入新的 div，在 div 中插入一个 1 行 1 列的表格，将表格【水平】设置为【居中对齐】，输入文字，将【字体】设置为【微软雅黑】，【大小】设置为 13px，【字体颜色】设置为 #666666，如图 5-206 所示。

图 5-205　输入文字并设置（2）

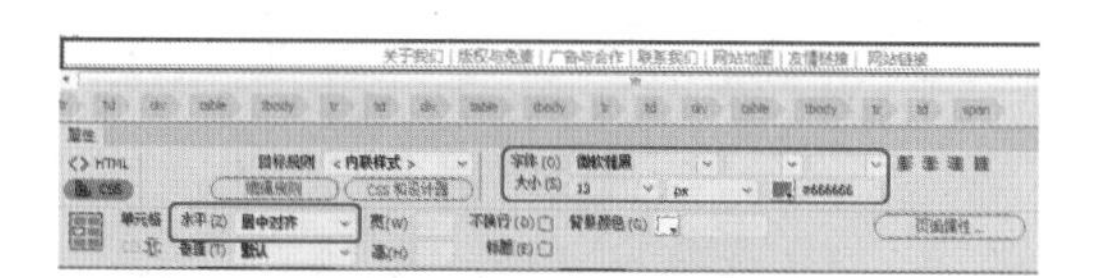

图 5-206　输入文字并设置（3）

第6章 教育培训类网站的设计

本章重点

- 小学网站网页设计
- 天使宝贝（一）
- 天使宝贝（二）
- 天使宝贝（三）
- 兴德教师招聘网
- 新起点图书馆

教育培训是近年来逐渐兴起的一种将知识教育资源信息化的机构或在线学习系统，是以提供教育资源和培训信息为主要内容的专门性网站或培训机构。本章就来介绍一下教育培训类网站的设计。

案例精讲 051 天使宝贝（一）

天使宝贝网站是一个关于亲子教育的网站，首先来介绍一下天使宝贝（一）网页的制作，该网页是网站的首页，难点在于为不同的单元格设置不同的样式，完成后的效果如图 6-1 所示。

案例文件：CDROM \ 场景 \ Cha06 \ 天使宝贝（一）.html

视频文件：视频教学 \ Cha06 \ 天使宝贝（一）.avi

图 6-1 天使宝贝（一）

(1) 首先制作天使宝贝网站的首页，按Ctrl+N组合键，在弹出的【新建文档】对话框中单击【新建文档】选项，将【文档类型】设置为 HTML，将【布局】设置为【无】，将【文档类型】设置为 HTML5，单击【创建】按钮，如图 6-2 所示。

(2) 按 Ctrl+Alt+T 组合键弹出 Table 对话框，将【行数】设置为 3，将【列】设置为 1，将【表格宽度】设置为 800 像素，将【边框粗细】、【单元格边距】、【单元格间距】均设置为 0，单击【确定】按钮即可插入表格，如图 6-3 所示。

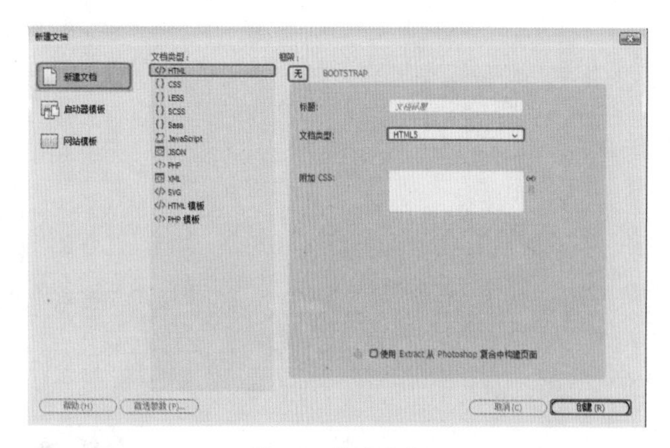

图 6-2 新建文档

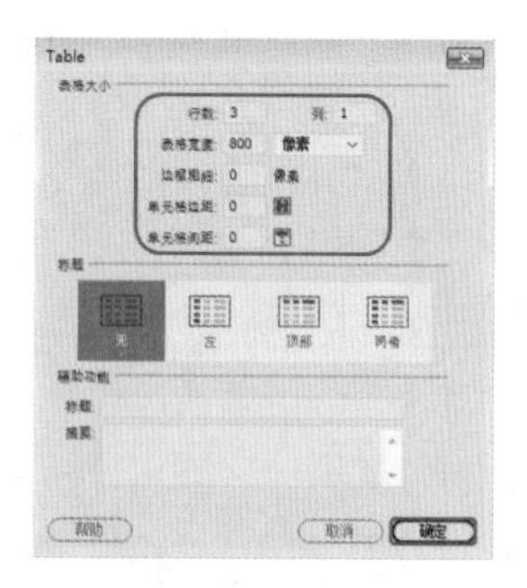

图 6-3 Table 对话框

知识链接

在访问一个网站时，首先看到的网页一般称为该网站的首页。有些网站的首页具有欢迎访问者的作用。首页只是网站的开场页，单击页面上的文字或图片，即可打开网站的主页，而首页也随之关闭。

网站主页与首页的区别在于：主页设有网站的导航栏，是所有网页的链接中心。但多数网站的首页与主页通常合为一体，即省略了首页而直接显示主页，这种情况下，它们指的是同一个页面。本例就是将网站的首页与主页合为一体。

(3) 在【属性】面板中将 Align（对齐）设置为【居中对齐】，如图 6-4 所示。

(4) 将光标置入第一行单元格中，在【属性】面板中将【垂直】设置为【底部】，将【高】设置为 87，如图 6-5 所示。

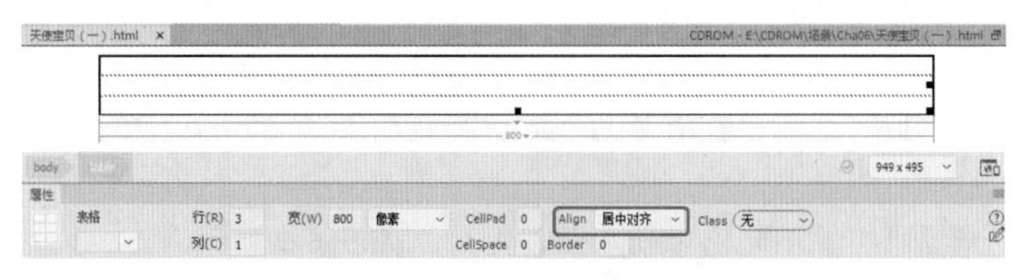

图 6-4 设置表格对齐方式

图 6-5 设置单元格属性

(5) 单击【拆分】按钮，将光标置入图 6-6 所示的位置，按下空格键，在弹出的下拉列表框中选择 background 选项。

(6) 然后单击【浏览】按钮，如图 6-7 所示。

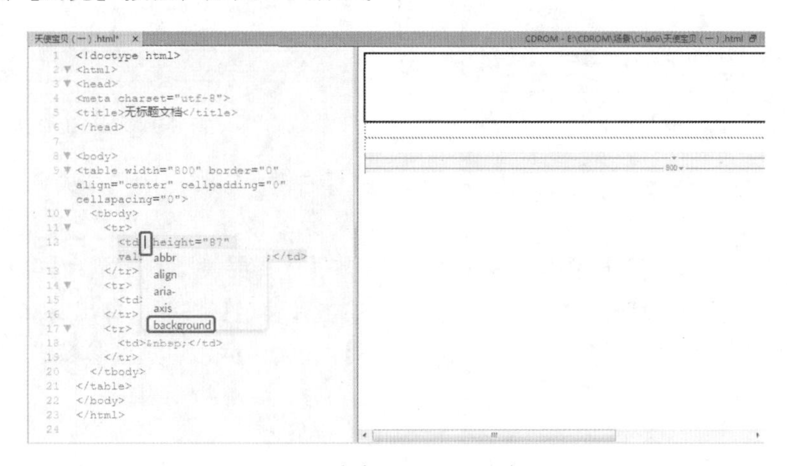

图 6-6 选中 background 选项

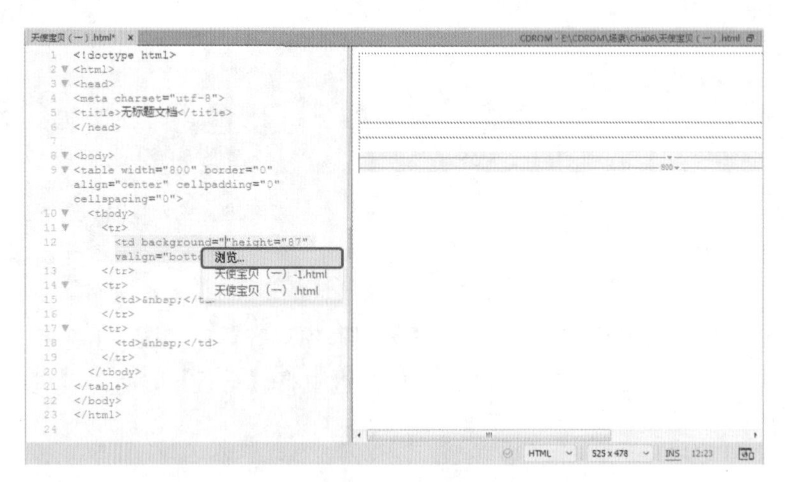

图 6-7　单击【浏览】按钮

（7）弹出【选择文件】对话框，在该对话框中选择素材图片 A1.jpg，单击【确定】按钮，如图 6-8 所示。

（8）这样即可在光标所在的单元格中插入背景图片，如图 6-9 所示。

技 巧

除了该方法之外，用户还可以在相应的位置输入 background=file:///E\CDROM\ 素材 \Cha06\ 文件名称，从而添加背景图像。

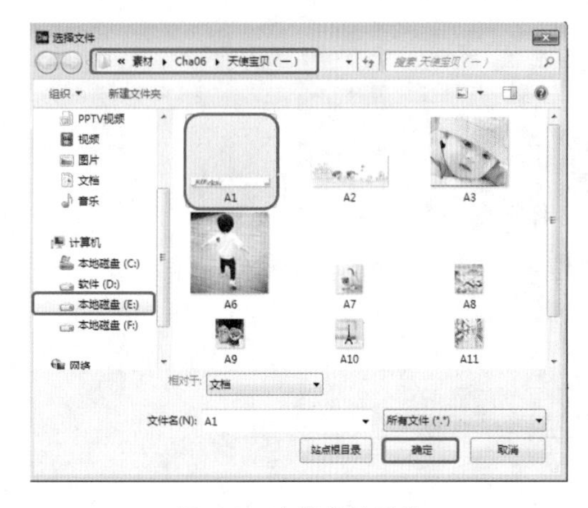

图 6-8　选择素材图片

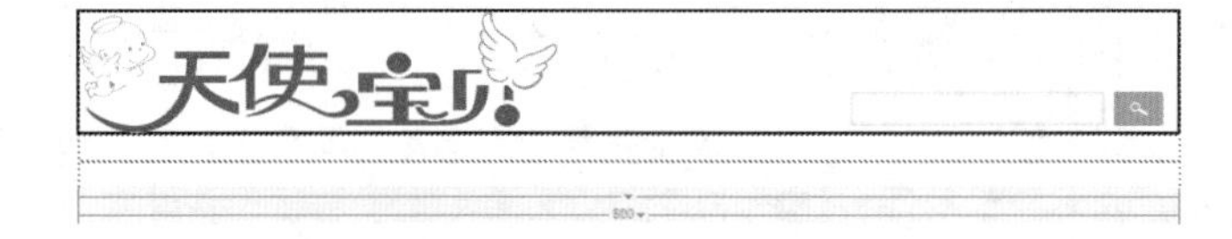

图 6-9　插入的背景图片

（9）将光标置入大表格的第 2 行单元格中，单击鼠标右键，在弹出的快捷菜单中选择【CSS 样式】|【新建】命令，如图 6-10 所示。

（10）弹出【新建 CSS 规则】对话框，在该对话框中将【选择器类型】设置为【类】，将【选择器名称】设置为 ge1，将【规则定义】设置为【仅限该文档】，单击【确定】按钮，弹出【.ge1 的 CSS 规则定义】对话框，在该对话框中选择【分类】列表框中的【边框】选项，然后对边框参数进行设置，设置完成后单击【确定】按钮即可，如图 6-11 所示。

图 6-10 选择【新建】命令

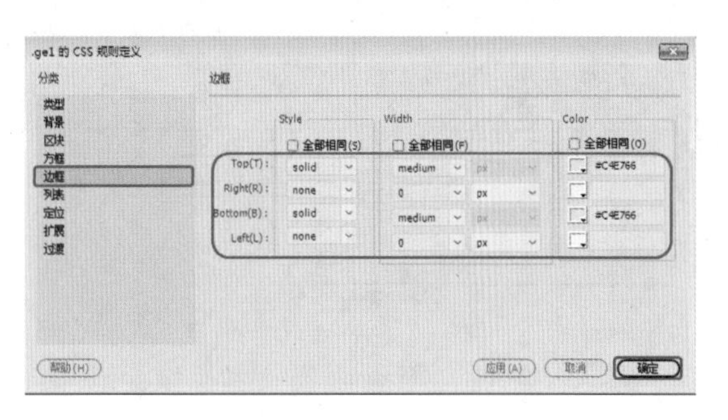

图 6-11 新建样式

（11）再次将光标置入第 2 行单元格中，在【属性】面板中的【目标规则】下拉列表框中选择样式 ge1，即可为单元格应用该样式，并单击【拆分单元格为行或列】按钮，弹出【拆分单元格】对话框，选中【列】单选按钮，将【列数】设置为 8，单击【确定】按钮，如图 6-12 所示。

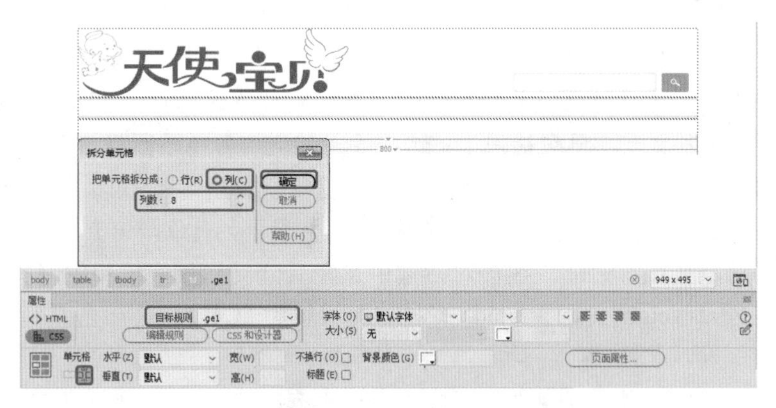

图 6-12 拆分单元格

（12）然后选择拆分后的所有单元格，在【属性】面板中将【水平】设置为【居中对齐】，将【宽】设置为 100，将【高】设置为 28，如图 6-13 所示。

图 6-13 设置单元格属性

（13）将光标置入拆分后的第 1 个单元格中，在【属性】面板中将【背景颜色】设置为 #C4E766，然后在第 1 个单元格中输入文字“首页”，选择输入的文字并单击鼠标右键，在弹出的快捷菜单中选择【CSS 样式】|【新建】命令，如图 6-14 所示。

（14）弹出【新建 CSS 规则】对话框，在该对话框中将【选择器类型】设置为【类】，将【选择器名称】设置为 A3，将【规则定义】设置为【仅限该文档】，单击【确定】按钮，弹出【.A3 的 CSS 规则定义】对话框，在该对话框中选择【分类】列表框中的【类型】选项，将 Font-size 设置为 14px，将 Font-weight 设置为 bold，将 Color 设置为 #FFF，单击【确定】按钮，如图 6-15 所示。

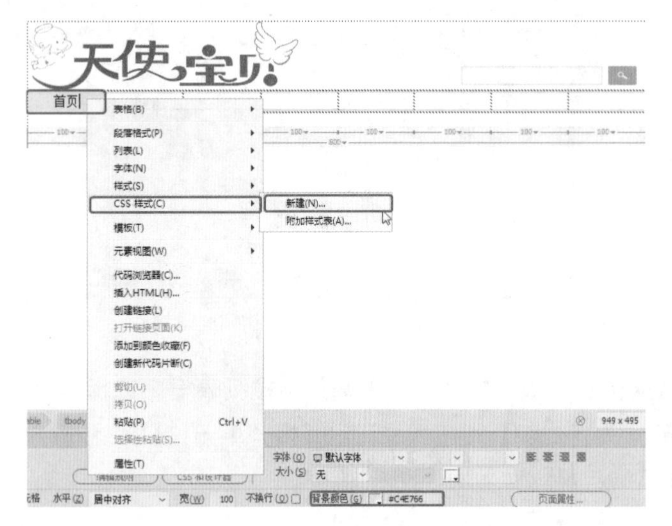

图 6-14 选择【新建】命令

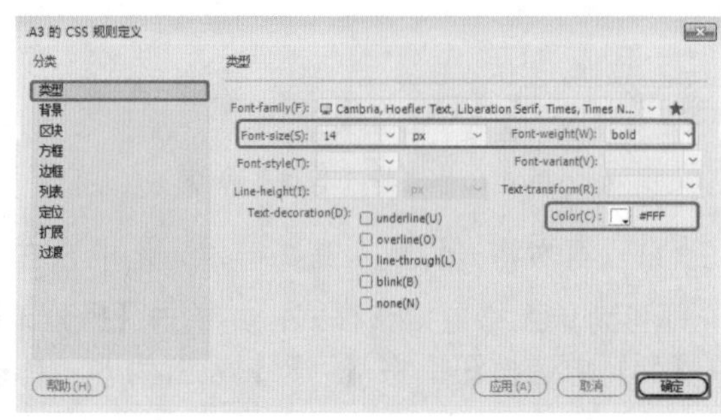

图 6-15 设置 CSS 样式

（15）再次选择文字，在【目标规则】列表框中选择样式 A3，即可为文字应用该样式，然后在拆分后的第 2 个单元格中输入文字“早教知识”，选择输入的文字并单击鼠标右键，在弹出的快捷菜单中选择【CSS 样式】|【新建】命令，弹出【新建 CSS 规则】对话框，在该对话框中将【选择器类型】设置为【类】，将【选择器名称】设置为 A4，将【规则定义】设置为【仅限该文档】，单击【确定】按钮，弹出【.A4 的 CSS 规则定义】对话框，在该对话框中选择【分类】列表框中的【类型】选项，将 Font-size 设置为 14px，将 Font-weight 设置为 bold，将 Color 设置为 #C4E766，单击【确定】按钮，如图 6-16 所示。

（16）再次选择文字，在【目标规则】下拉列表框中选择样式 A4，即可为文字应用该样式，使用同样的方法，在其他单元格中输入文字并应用样式，效果如图 6-17 所示。

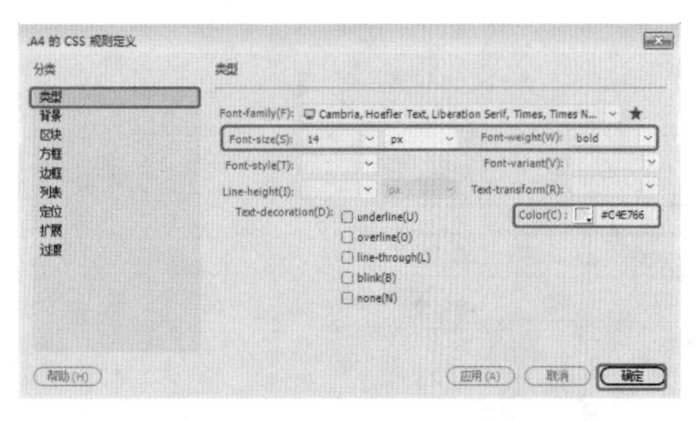

图 6-16 应用样式并新建样式

图 6-17 输入文字并应用样式

（17）将光标置入大表格的第 3 行单元格中，然后在该单元格中插入素材图片 A2.jpg，效果如图 6-18 所示。

（18）将光标置入大表格的右侧，按 Ctrl+Alt+T 组合键弹出 Table 对话框，将【行数】设置为 1，将【列】设置为 2，将【表格宽度】设置为 800 像素，单击【确定】按钮，即可插入表格，并在【属性】面板中将 Align 设置为【居中对齐】，如图 6-19 所示。

图 6-18　插入素材图片

图 6-19　插入表格并进行设置

提 示

Align 可以设置整个表格的对齐方式，如左对齐、居中对齐、右对齐等。

(19) 然后将光标置入第1个单元格中，将【宽】设置为539，并按Ctrl+Alt+T组合键弹出Table对话框，将【行数】设置为9，将【列】设置为2，将【表格宽度】设置为520像素，单击【确定】按钮，即可插入表格，如图6-20所示。

图 6-20　设置单元格宽度并插入表格

(20) 将光标置入新插入表格的第1个单元格中，在【属性】面板中将【宽】设置为270，将【高】设置为30，并单击鼠标右键，在弹出的快捷菜单中选择【CSS样式】|【新建】命令，如图6-21所示。

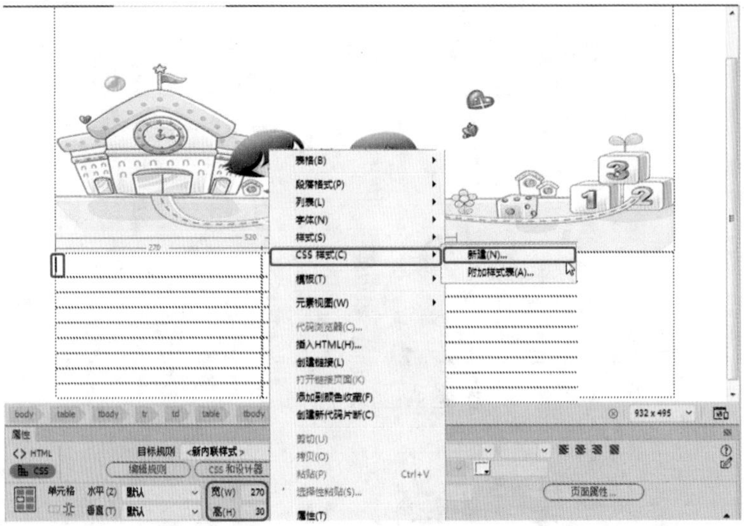

图 6-21　设置单元格属性并选择【新建】命令

（21）弹出【新建 CSS 规则】对话框，在该对话框中将【选择器类型】设置为【类】，将【选择器名称】设置为 ge2，将【规则定义】设置为【仅限该文档】，单击【确定】按钮，弹出【.ge2 的 CSS 规则定义】对话框，在该对话框中选择【分类】列表框中的【边框】选项，然后对边框参数进行设置，设置完成后单击【确定】按钮即可，如图 6-22 所示。

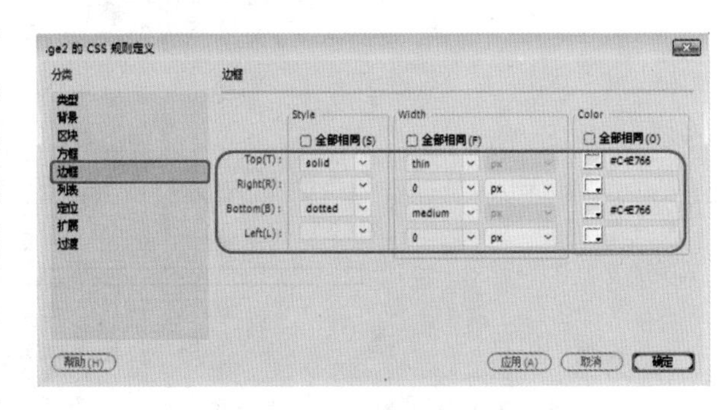

图 6-22　设置 CSS 样式

（22）再次将光标置入新插入表格的第 1 个单元格中，在【属性】面板中的【目标规则】下拉列表框中选择样式 ge2，即可为单元格应用该样式，然后再为第 1 行的第 2 个单元格应用该样式，效果如图 6-23 所示。

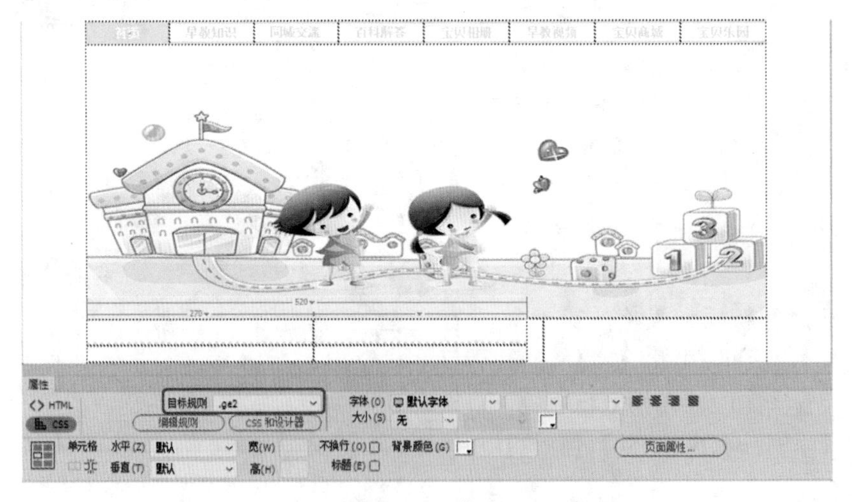

图 6-23　为单元格应用样式

知识链接

在 CSS 规则定义对话框中选择【分类】列表框中的【边框】选项，在该类别中主要用于设置元素周围的边框，其中各个选项的功能如下。

Style：用于设置边框的样式外观。样式的显示方式取决于浏览器。取消选中【全部相同】复选框，可设置元素各个边的边框样式。

Width：用于设置元素边框的粗细。取消选中【全部相同】复选框可设置元素各个边的边框宽度。

Color：用于设置边框的颜色。可以分别设置每条边的颜色，但显示方式取决于浏览器。取消选中【全部相同】复选框，可设置元素各个边的边框颜色。

（23）在第 1 个单元格中输入文字“育儿小知识”，选择输入的文字并单击鼠标右键，在弹出的快捷菜单中选择【CSS 样式】|【新建】命令，如图 6-24 所示。

（24）弹出【新建 CSS 规则】对话框，在该对话框中将【选择器类型】设置为【类】，将【选择器名称】设置为 A5，将【规则定义】设置为【仅限该文档】，单击【确定】按钮，弹出【.A5 的 CSS 规则定义】对话框，在该对话框中选择【分类】列表框中的【类型】选项，将 Font-size 设置为 14px，将 Font-weight 设置为 bold，单击【确定】按钮，如图 6-25 所示。

图 6-24 输入文字并选择【新建】命令

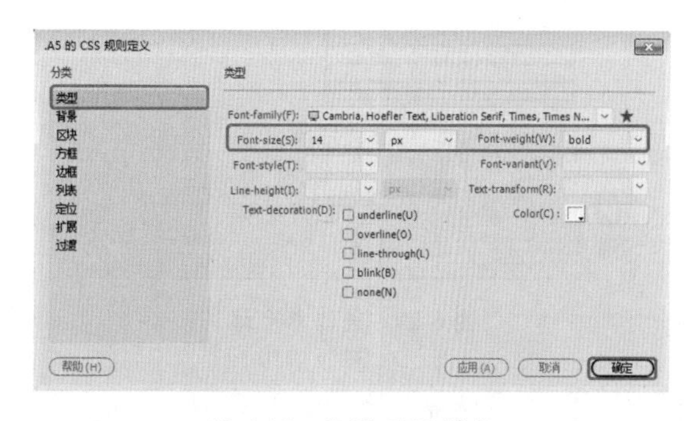

图 6-25 设置 CSS 样式

（25）再次选择文字，在【目标规则】列表框中选择样式 A5，即可为文字应用该样式，然后将光标置入第 1 行的第 2 个单元格中，在【属性】面板中将【水平】设置为【右对齐】，在该单元格中输入文字“更多 >>”，选择输入的文字并单击鼠标右键，在弹出的快捷菜单中选择【CSS 样式】|【新建】命令，如图 6-26 所示。

（26）弹出【新建 CSS 规则】对话框，在该对话框中将【选择器类型】设置为【类】，将【选择器名称】设置为 A6，将【规则定义】设置为【仅限该文档】，单击【确定】按钮，弹出【.A6 的 CSS 规则定义】对话框，在该对话框中选择【分类】列表框中的【类型】选项，将 Font-size 设置为 13，将 Color 设置为 #C4E766，单击【确定】按钮，如图 6-27 所示。

（27）再次选择文字，在【目标规则】下拉

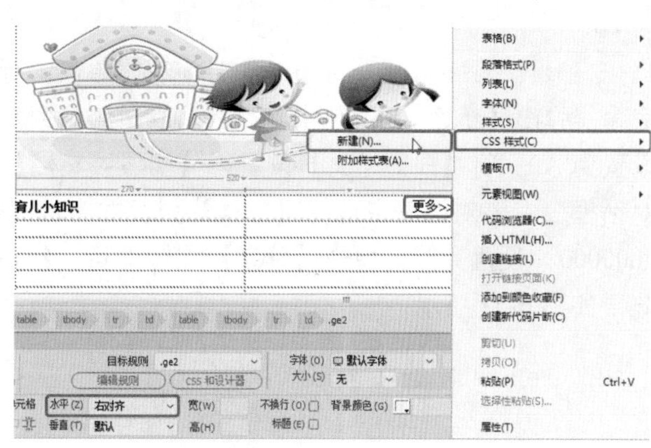

图 6-26 输入文字并选择【新建】命令

列表框中选择样式 A6，即可为文字应用该样式，效果如图 6-28 所示。

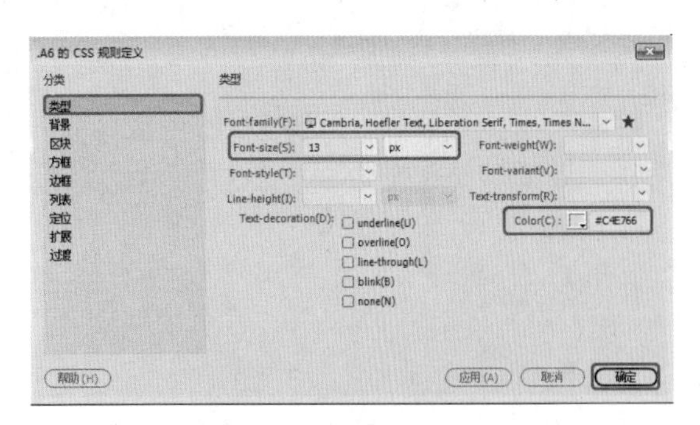

图 6-27 设置 CSS 样式

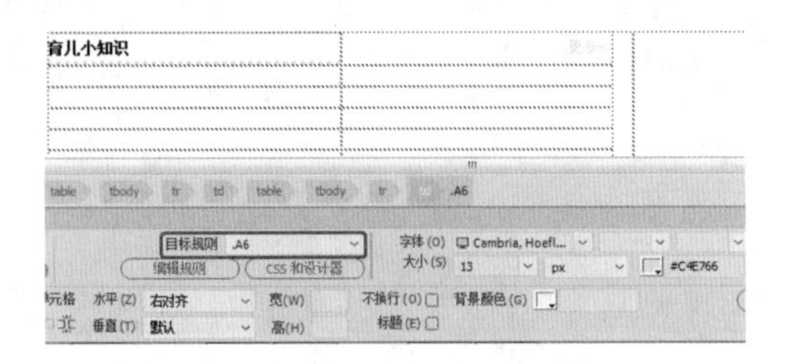

图 6-28 应用样式

（28）然后选择图 6-29 所示的单元格，在【属性】面板中单击【合并所选单元格，使用跨度】按钮 ，即可将选择的单元格合并。

（29）然后在合并后的单元格中插入素材图片 A3.jpg，如图 6-30 所示。

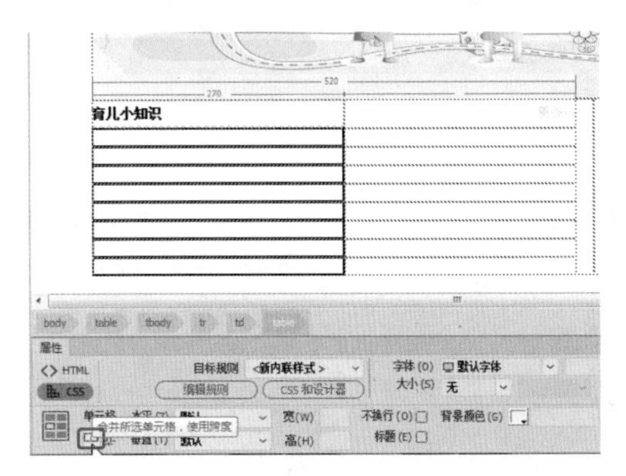

图 6-29 选择单元格

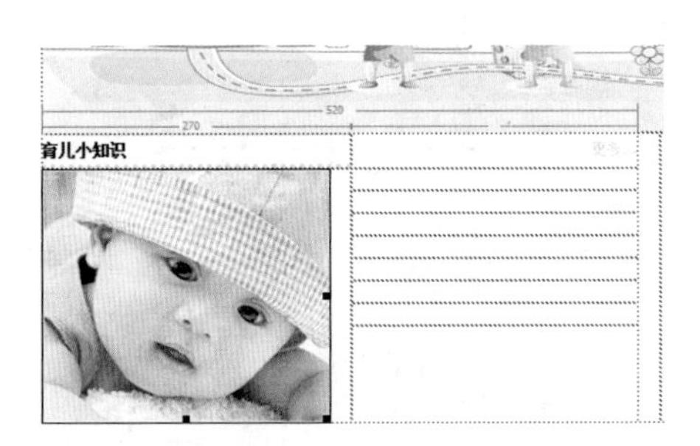

图 6-30 插入素材图片

提 示

通过单击【合并所选单元格，使用跨度】按钮可以实现表格中一列跨越多行或一行跨多列效果。也可以按 Ctrl+Alt+M 组合键直接合并单元格。

（30）在文档中选择图 6-31 所示的单元格，在【属性】面板中将【宽】设置为 250，将【高】设置为 28。

（31）然后在单元格中输入文字，然后单击鼠标右键，在弹出的快捷菜单中选择【CSS 样式】|【新建】命令，弹出【新建 CSS 规则】对话框，在该对话框中将【选择器类型】设置为【类】，将【选择器名称】设置为 A2，将【规则定义】设置为【仅限该文档】，单击【确定】按钮，弹出【.A2 的 CSS 规则定义】对话框，在该对话框中选择【分类】列表框中的【类型】选项，将 Font-size 设置为 13px，Color 设置为 #000000，设置完成后单击【确定】按钮即可，然后选中输入的文字为其应用新建的“.A2”CSS 样式，效果如图 6-32 所示。

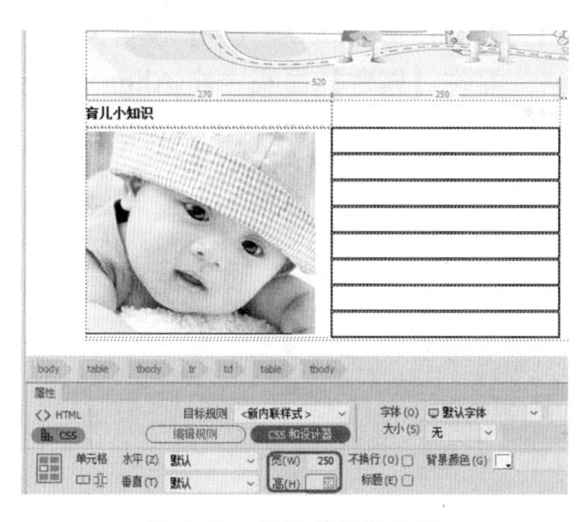

图 6-31　设置单元格属性

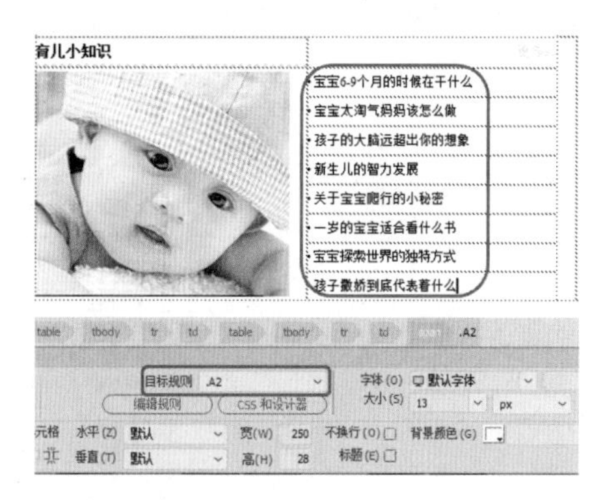

图 6-32　输入文字并应用样式

(32) 将光标置入大表格的第 2 个单元格中，并单击鼠标右键，在弹出的快捷菜单中选择【CSS 样式】|【新建】命令，如图 6-33 所示。

(33) 弹出【新建 CSS 规则】对话框，在该对话框中将【选择器类型】设置为【类】，将【选择器名称】设置为 ge3，将【规则定义】设置为【仅限该文档】，单击【确定】按钮，弹出【.ge3 的 CSS 规则定义】对话框，在该对话框中选择【分类】列表框中的【边框】选项，然后对边框参数进行设置，设置完成后单击【确定】按钮即可，如图 6-34 所示。

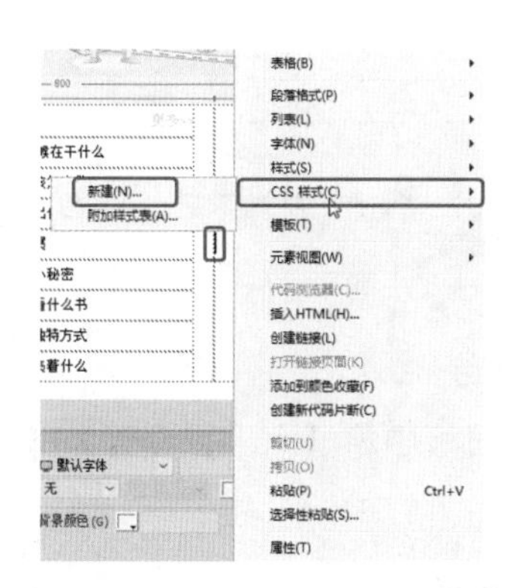

图 6-33　选择【新建】命令

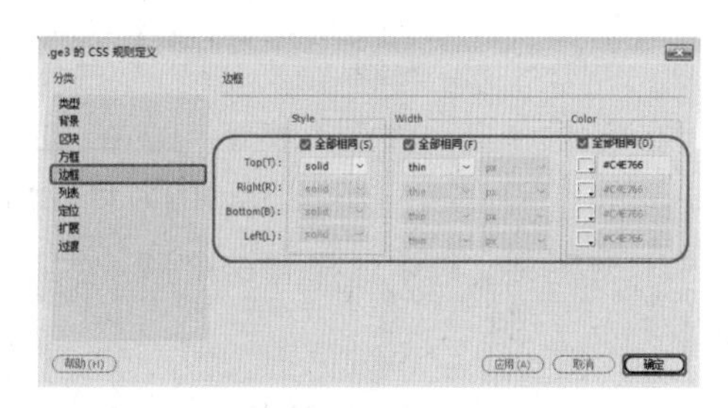

图 6-34　设置 CSS 样式

(34) 再次将光标置入大表格的第 2 个单元格中，在【属性】面板中的【目标规则】下拉列表框中选择样式 ge3，即可为单元格应用该样式，效果如图 6-35 所示。

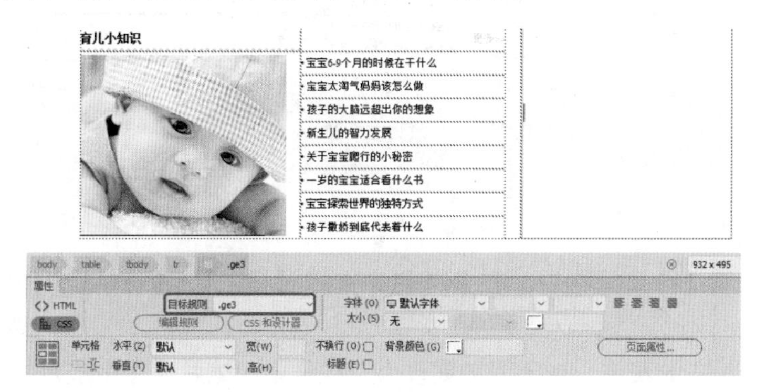

图 6-35　应用样式

（35）然后按 Ctrl+Alt+T 组合键弹出 Table 对话框，将【行数】设置为 5，将【列】设置为 1，将【表格宽度】设置为 240 像素，单击【确定】按钮即可插入表格，并在【属性】面板中将 Align 设置为【居中对齐】，如图 6-36 所示。

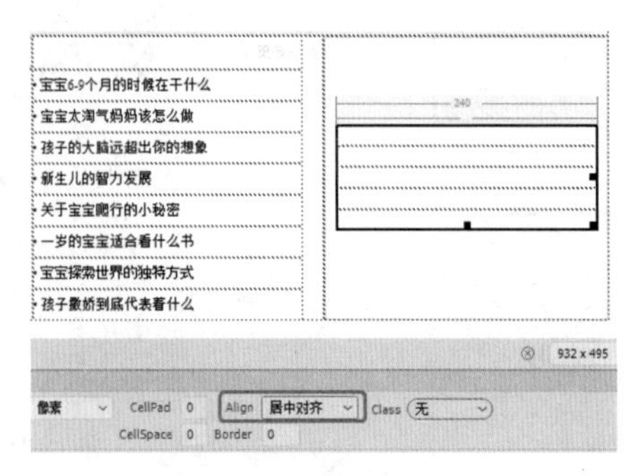

图 6-36　插入表格

（36）将光标置入新插入表格的第 1 行单元格中，在【属性】面板中将【高】设置为 30，然后在该单元格中输入文字，并为输入的文字应用样式 A5，效果如图 6-37 所示。

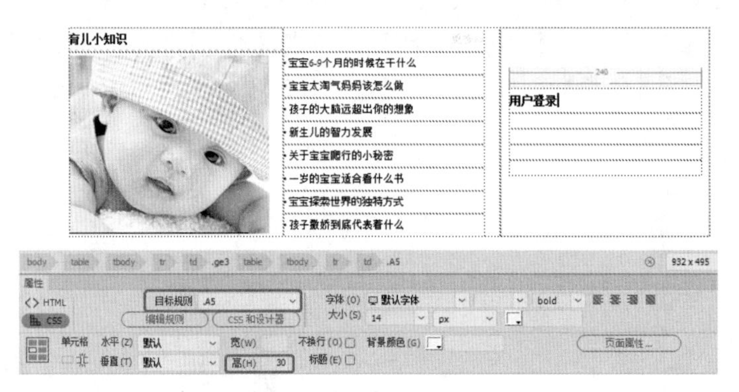

图 6-37　设置单元格属性并输入文字

（37）然后在文档中选择图 6-38 所示的单元格，在【属性】面板中将【水平】设置为【居中对齐】，将【高】设置为 55。

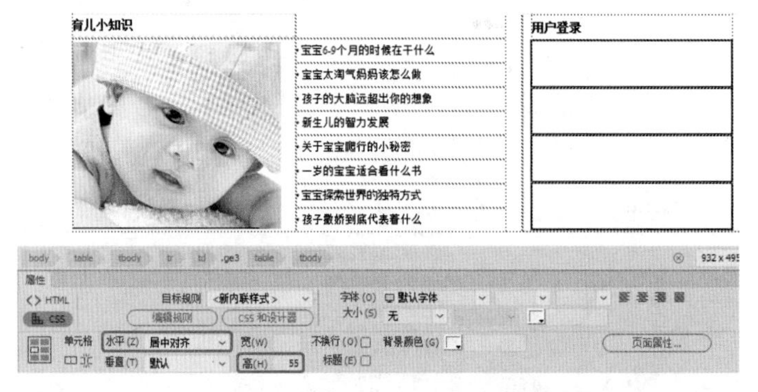

图 6-38　设置单元格属性

（38）将光标置入第 2 行单元格中，在菜单栏中选择【插入】|【表单】|【文本】命令，如图 6-39 所示。

（39）这样即可插入文本表单，并将英文更改为“账号”，然后为文字应用样式 A2，效果如图 6-40 所示。

图 6-39　选择【文本】命令

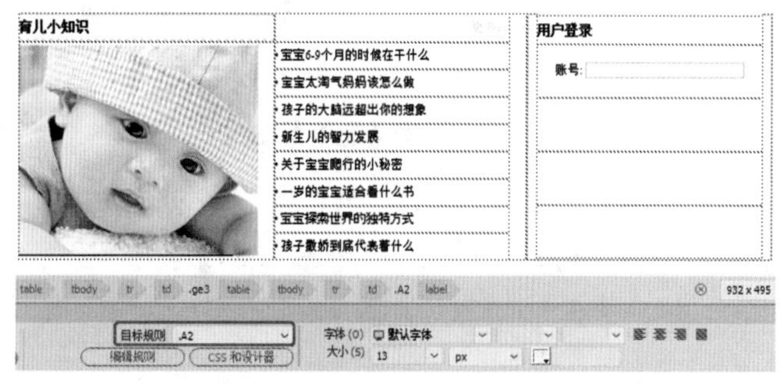

图 6-40　更改文字并应用样式

(40）使用同样的方法，在第3行单元格中插入【文本】表单，更改文字为"密码"，然后应用样式，效果如图 6-41 所示。

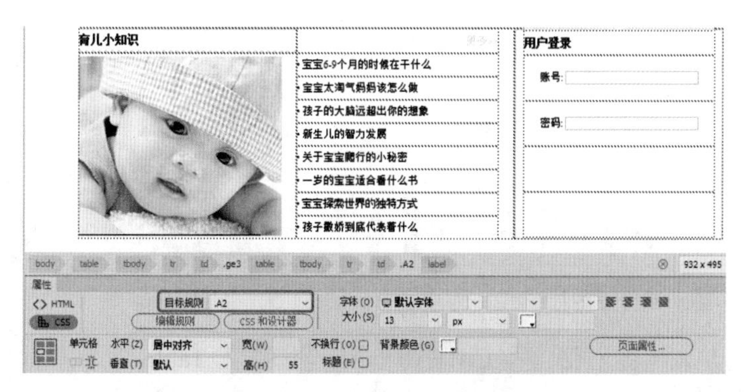

图 6-41　插入【密码】表单

(41）将光标置入第4行单元格中，插入【复选框】表单，将英文更改为"下次自动登录"，并应用样式 A2，然后选择复选框图标，在【属性】面板中勾选 Checked 复选框，效果如图 6-42 所示。

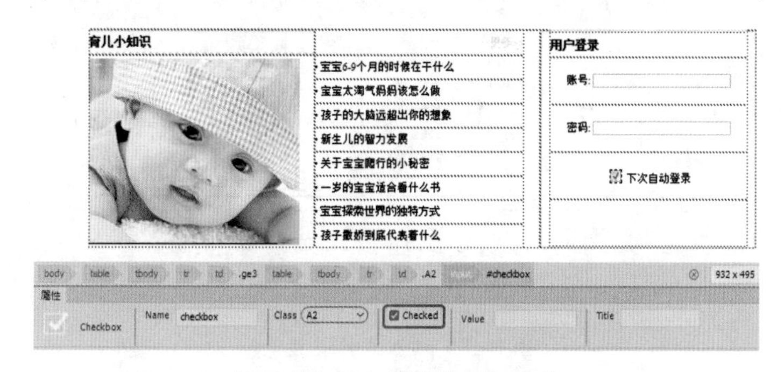

图 6-42　插入【复选框】表单

(42）将光标置入第5行单元格中，在【属性】面板中单击【拆分单元格为行或列】按钮，弹出【拆分单元格】对话框，选中【列】单选按钮，将【列数】设置为 2，单击【确定】按钮，如图 6-43 所示。

(43）这样即可拆分单元格，并将拆分后的第1个单元格的【宽】设置为 148，将第2个单元格的【宽】

设置为 92，效果如图 6-44 所示。

图 6-43　【拆分单元格】对话框

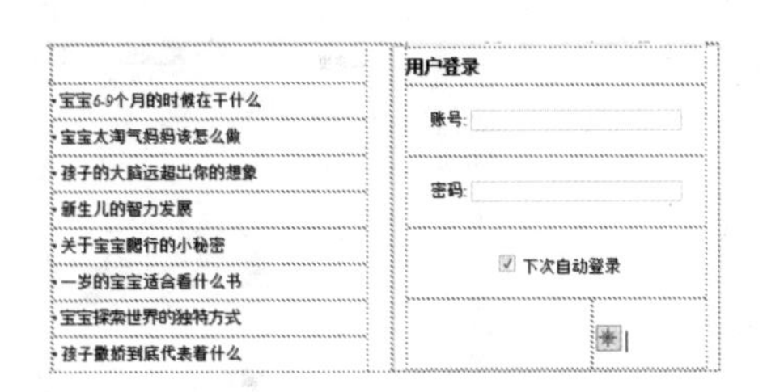

图 6-44　设置单元格宽度

（44）将光标置入拆分后的第 1 个单元格中，在菜单栏中选择【插入】|【表单】|【图像按钮】命令，弹出【选择图像源文件】对话框，在该对话框中选择素材图片 L4.jpg，单击【确定】按钮，如图 6-45 所示。

（45）使用相同的方法插入素材图片，效果如图 6-46 所示。

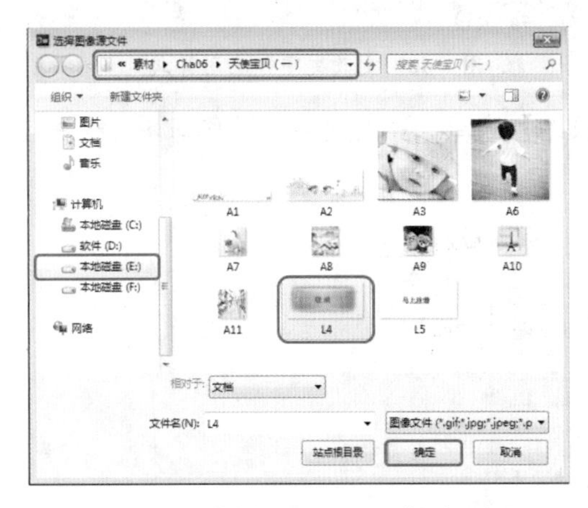

图 6-45　【选择图像源文件】对话框

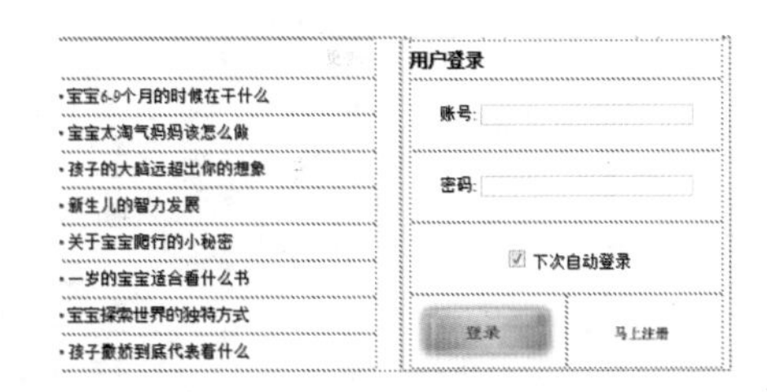

图 6-46　输入文字并应用样式

（46）将光标置入大表格的右侧，按 Ctrl+Alt+T 组合键弹出 Table 对话框，将【行数】和【列】均设置为 1，将【表格宽度】设置为 800 像素，单击【确定】按钮，即可插入表格，并在【属性】面板中将 Align 设置为【居中对齐】，如图 6-47 所示。

图 6-47　插入表格并设置

（47）将光标置入插入的表格中，在【属性】面板中将【高】设置为 40，效果如图 6-48 所示。

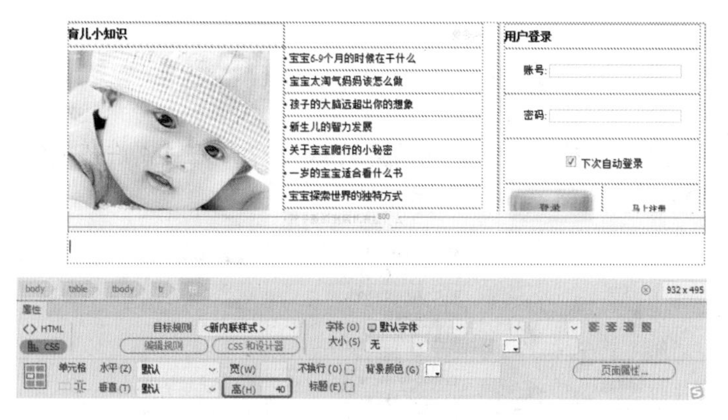

图 6-48 设置表格高度

（48）然后在菜单栏中选择【插入】|HTML|【水平线】命令，即可在单元格中插入水平线，在【属性】面板中将【高】设置为 1，并单击【拆分】按钮，在视图中输入代码，用于更改水平线颜色，如图 6-49 所示。

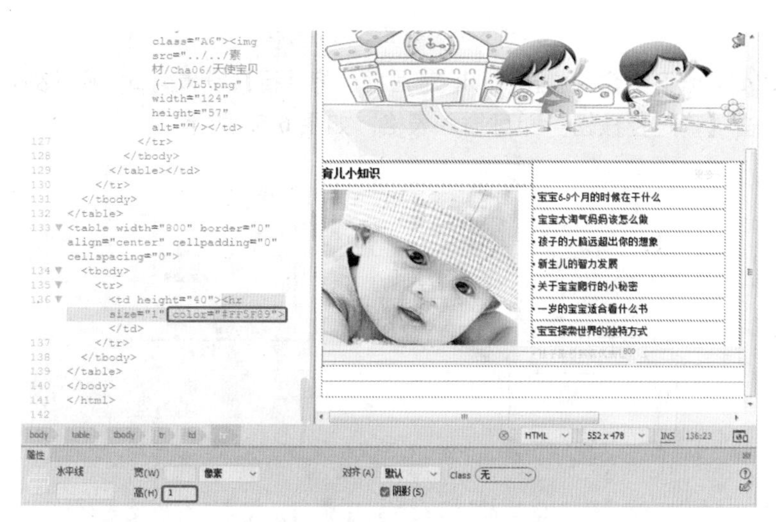

图 6-49 插入水平线并更改颜色

（49）单击【设计】按钮，切换到【设计】视图，将光标置入表格的右侧，按 Ctrl+Alt+T 组合键弹出 Table 对话框，将【行】设置为 1，将【列】设置为 3，将【宽】设置为 800 像素，单击【确定】按钮，即可插入表格，并在【属性】面板中将 Align 设置为【居中对齐】，如图 6-50 所示。

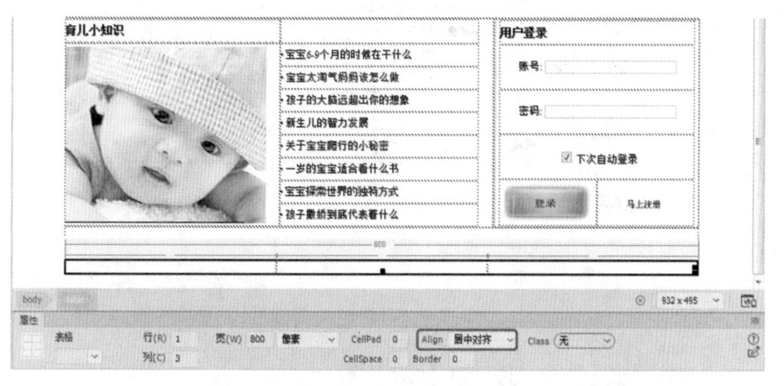

图 6-50 插入表格并设置

知识链接

水平线对于组织信息很有用。在页面上，可以使用一条或多条水平线以可视方式分隔文本和对象。

(50) 将光标置入第 1 个单元格中，为其应用样式 ge3，然后在【属性】面板中将【水平】设置为【居中对齐】，将【宽】设置为 250，如图 6-51 所示。

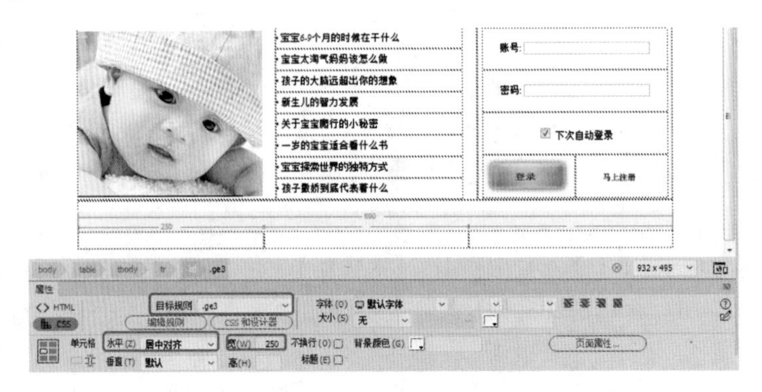

图 6-51　设置单元格属性

(51) 然后按 Ctrl+Alt+T 组合键弹出 Table 对话框，将【行】设置为 5，将【列】设置为 2，将【宽】设置为 235 像素，单击【确定】按钮，即可插入表格，如图 6-52 所示。

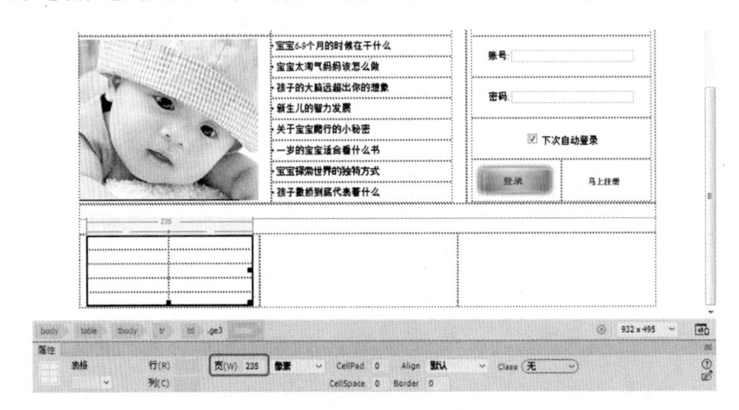

图 6-52　插入表格

(52) 将光标置入新插入表格的第 1 个单元格中，在【属性】面板中将【宽】设置为 60，将【高】设置为 30，并输入文字，然后为文字应用样式 A5，如图 6-53 所示。

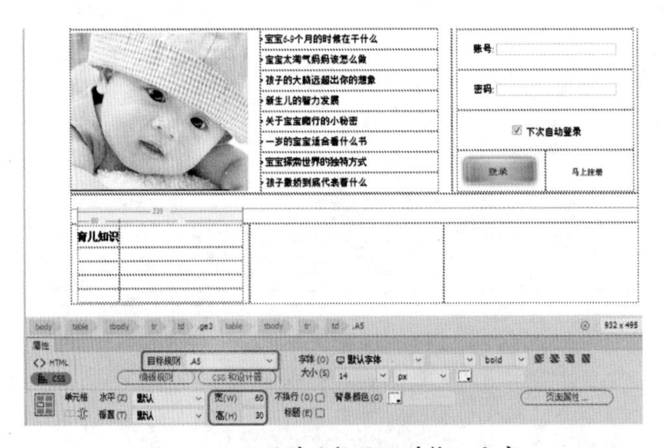

图 6-53　设置单元格属性并输入文字

（53）在文档中选择图 6-54 所示的单元格，在【属性】面板中将【高】设置为 50。

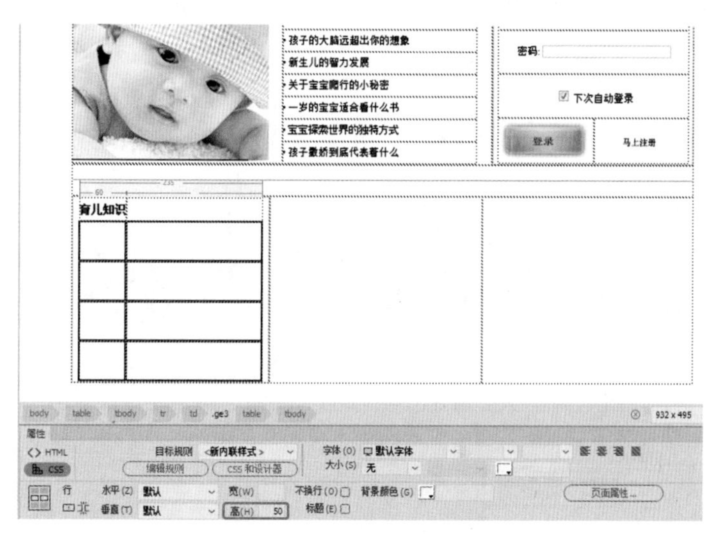

图 6-54　设置单元格高度

（54）将光标置入新插入表格的第 2 行第 1 列单元格中，输入文字，并单击鼠标右键，在弹出的快捷菜单中选择【CSS 样式】|【新建】命令，如图 6-55 所示。

（55）弹出【新建 CSS 规则】对话框，在该对话框中将【选择器类型】设置为【类】，将【选择器名称】设置为 A1，将【规则定义】设置为【仅限该文档】，单击【确定】按钮，弹出【.A1 的 CSS 规则定义】对话框，在该对话框中选择【分类】列表框中的【类型】选项，然后对边框参数进行设置，设置完成后单击【确定】按钮即可，如图 6-56 所示。

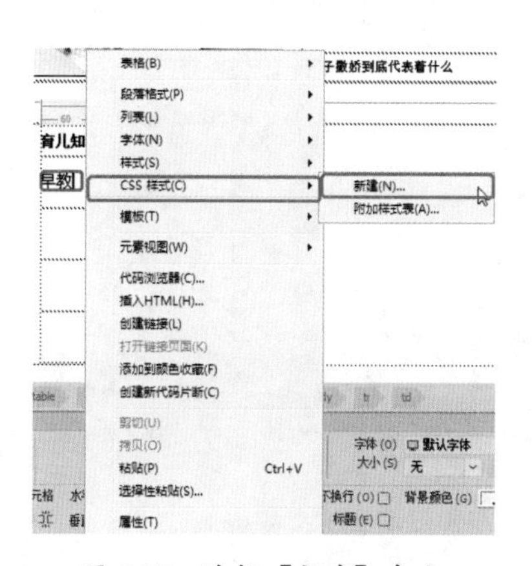

图 6-55　选择【新建】命令

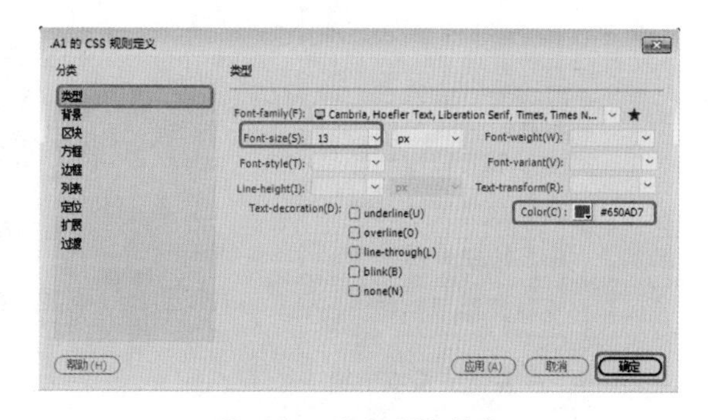

图 6-56　设置 CSS 样式

（56）再次将光标置入新插入表格的第 2 行第 1 列单元格中，在【属性】面板中的【目标规则】列表框中选择样式 A1，即可为单元格应用该样式，效果如图 6-57 所示。

（57）然后在第 2 个单元格中输入文字，为输入的文字应用样式 A2，效果如图 6-58 所示。

（58）使用同样的方法，在其他单元格中输入文字并应用样式，效果如图 6-59 所示。

（59）将光标置入大表格的第 2 个单元格中，在【属性】面板中将【水平】设置为【居中对齐】，将【宽】设置为 285，如图 6-60 所示。

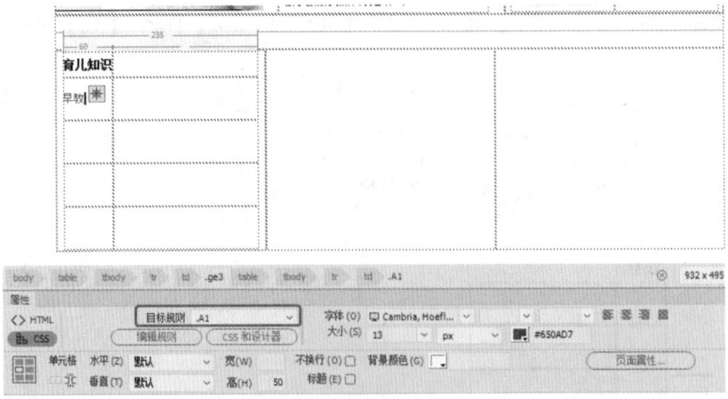

图 6-57 应用样式

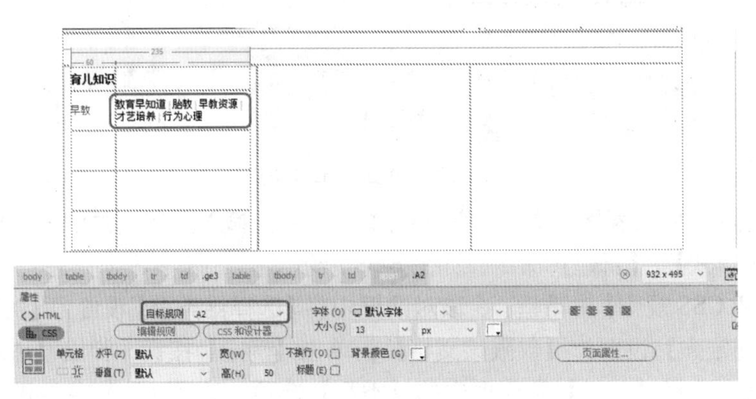

图 6-58 输入文字并应用样式

图 6-59 在其他单元格中输入文字

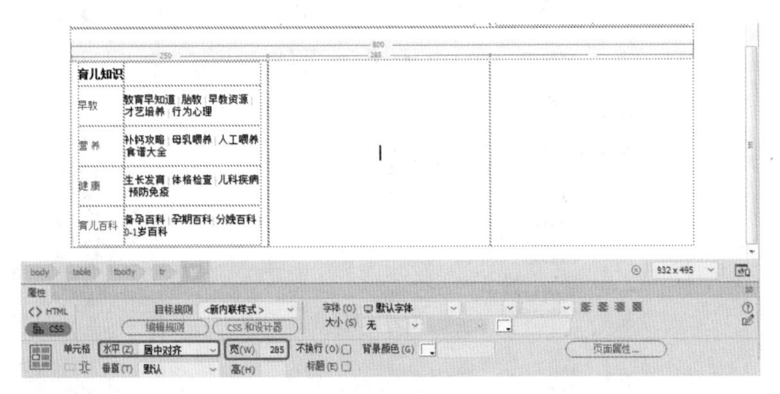

图 6-60 设置单元格属性

(60) 在单元格中插入素材图片然后 A6.jpg，效果如图 6-61 所示。

(61) 将光标置入大表格的第 3 个单元格中，为其应用样式 ge3，然后在【属性】面板中将【水平】设置为【居中对齐】，将【宽】设置为 257，如图 6-62 所示。

(62) 然后按 Ctrl+Alt+T 组合键弹出 Table 对话框，将【行数】设置为 6，将【列】设置为 2，将【表格宽度】设置为 240 像素，单击【确定】按钮即可插入表格，如图 6-63 所示。

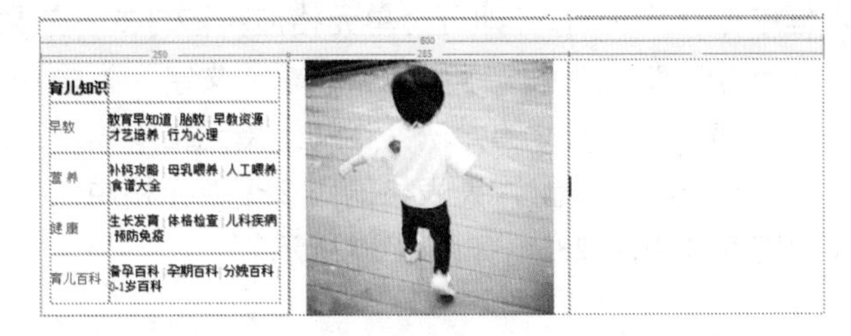

图 6-61 插入素材图片

（63）然后结合前面介绍的方法，设置单元格属性并添加内容，效果如图 6-64 所示。

图 6-62　设置单元格属性

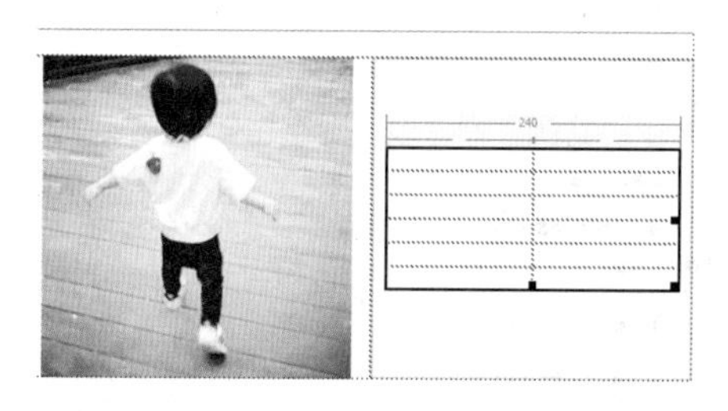

图 6-63　插入表格

图 6-64　制作其他内容

（64）用第（48）步插入水平线的方法，插入一条水平线，单击【拆分】按钮，并将颜色设置为 #C4E766，如图 6-65 所示。

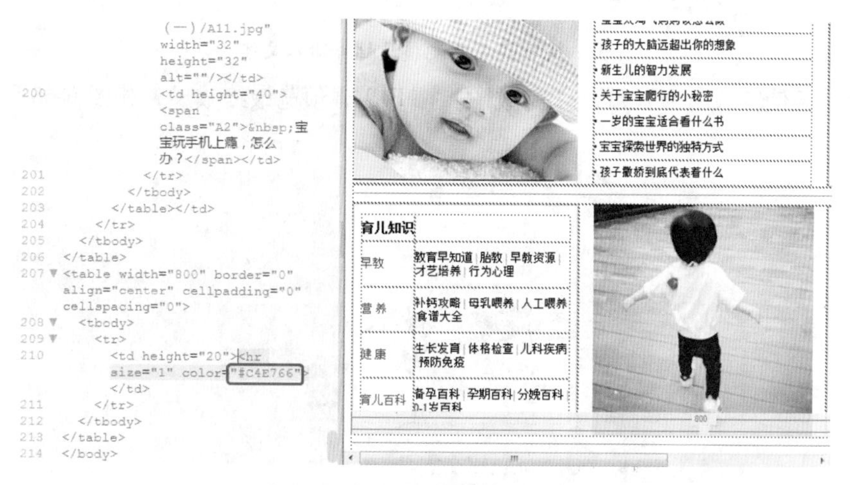

图 6-65　插入水平线并进行设置

（65）单击【设计】按钮，切换到【设计】视图，将光标置入复制后的表格右侧，按 Ctrl+Alt+T 组合键弹出 Table 对话框，将【行】和【列】都设置为 1，将【宽】设置为 800 像素，单击【确定】按钮，即可插入表格，并在【属性】面板中将 Align 设置为【居中对齐】，如图 6-66 所示。

图 6-66　插入表格

(66) 将光标置入新插入的表格中，在【属性】面板中将【水平】设置为【居中对齐】，并在单元格中输入文字，然后为输入的文字应用样式 A2，效果如图 6-67 所示。

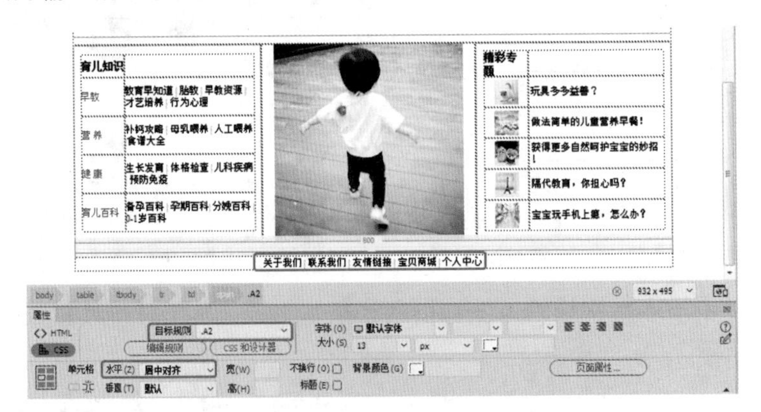

图 6-67　设置单元格属性并输入文字

(67) 至此，天使宝贝（一）就制作完成了，按 F12 键预览最终效果，如图 6-68 所示。

图 6-68　最终效果

案例精讲 052 天使宝贝（二）【视频案例】

本例将介绍天使宝贝（二）网页的制作，该网页主要是输入文字，并为输入的文字应用样式，完成后的效果如图 6-69 所示。

案例文件：CDROM \ 场景 \ Cha06 \ 天使宝贝（二）.html
视频文件：视频教学 \ Cha06 \ 天使宝贝（二）.avi

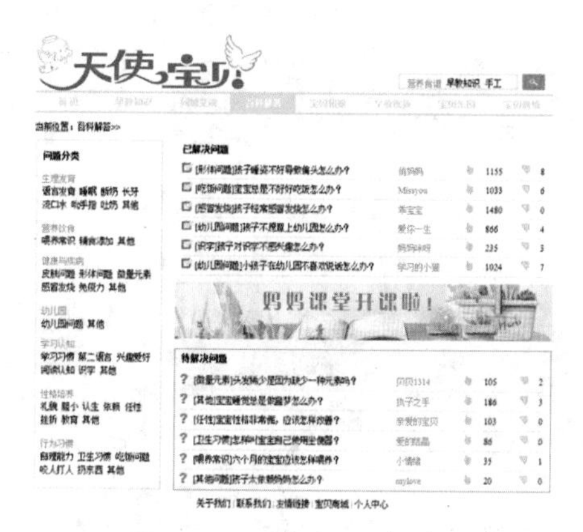

图 6-69 天使宝贝（二）

案例精讲 053 天使宝贝（三）【视频案例】

本例将介绍如何制作天使宝贝（三）网页，该网页的内容主要是展示宝贝照片，然后通过设置链接，将制作的首页、百科解答网页和该网页链接起来，完成后的效果如图 6-70 所示。

案例文件：CDROM \ 场景 \ Cha06 \ 天使宝贝（三）.html
视频文件：视频教学 \ Cha06 \ 天使宝贝（三）.avi

图 6-70 天使宝贝（三）

案例精讲 054　小学网站网页的设计

本案例将介绍小学网站网页设计的制作过程，主要讲解了使用表格和 Div 的布局网页，其中还介绍了如何设置 Div 的背景图像和插入图片的方法。具体操作方法如下，完成后的效果如图 6-71 所示。

案例文件：CDROM \ 场景 \ Cha06 \ 小学网站网页设计 .html
视频文件：视频教学 \ Cha06 \ 小学网站网页设计 .avi

图 6-71　小学网站网页的设计

（1）启动软件后，新建一个 HTML 文档，新建文档后，单击【页面属性】按钮，在弹出的【页面属性】对话框中，将【左边距】、【右边距】、【上边距】和【下边距】都设置为 0，然后单击【确定】按钮，如图 6-72 所示。

（2）在空白处单击鼠标，然后在菜单栏中执行【插入】| Div 命令，在弹出的【插入 Div】对话框中，将 ID 设置为 div01，如图 6-73 所示。

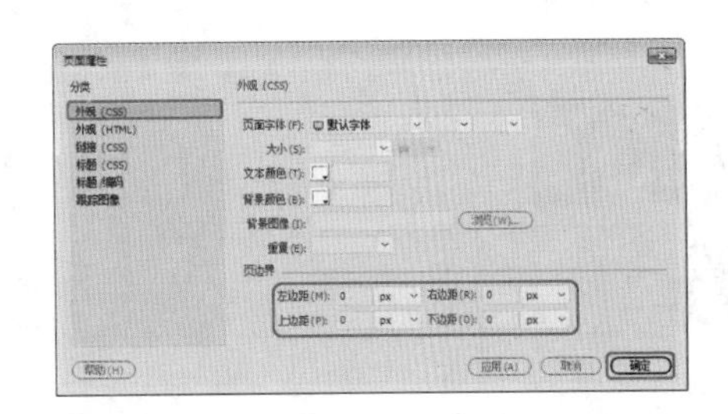

图 6-72　【页面属性】对话框

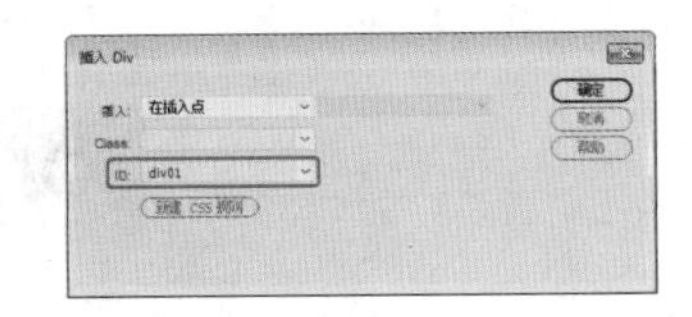

图 6-73　【插入 Div】对话框

（3）然后单击【新建 CSS 规则】按钮，在弹出的【新建 CSS 规则】对话框中使用默认参数，然后单击【确定】按钮，如图 6-74 所示。

(4) 在弹出的对话框中，将【分类】选择为【定位】选项，将 Position 设置为 absolute，然后单击【确定】按钮，如图 6-75 所示。

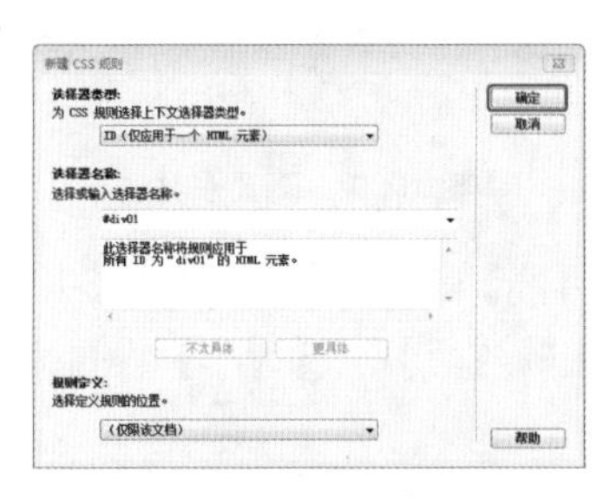

图 6-74 【新建 CSS 规则】对话框

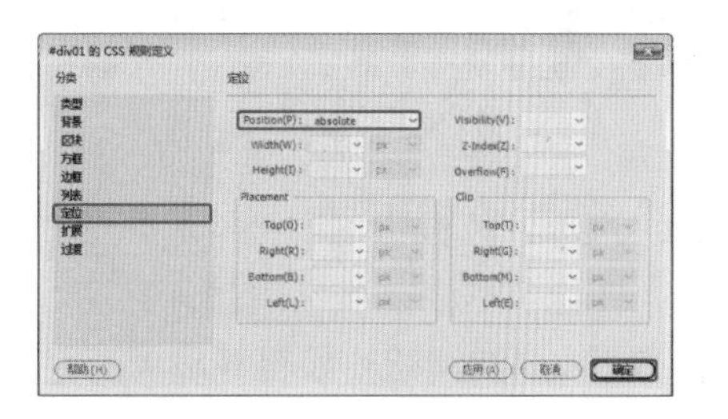

图 6-75 设置【定位】

(5) 返回到【插入 Div】对话框，然后单击【确定】按钮，在页面中插入 Div。选中插入的 div01，在【属性】面板中将【左】设置为 –1px，【上】设置为 10px，【宽】设置为 1012px，如图 6-76 所示。

提 示

在创建完 Div 后，为了丰富 Div，用户可以在 Div 中插入图像、文本以及表单等。

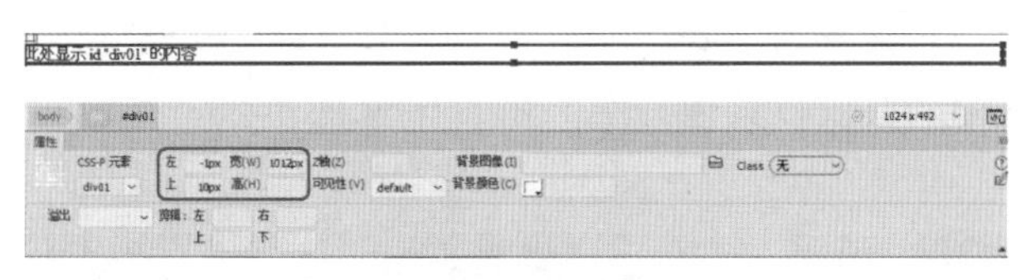

图 6-76 设置 div01

提 示

此外，用户还可以通过在要拆分的表格中右击鼠标，在弹出的快捷菜单中选择【表格】|【拆分单元格】命令，或按 Ctrl+Alt+S 组合键，在弹出的对话框中设置拆分参数。

(6) 将 div01 中的文字删除，然后按 Ctrl+Alt+T 组合键，弹出 Table 对话框，将【行数】设置为 1，【列】设为 4，将【表格宽度】设为 1011 像素，然后单击【确定】按钮，如图 6-77 所示。

(7) 将光标插入第一行单元格中，将所有表格的【背景颜色】设置为 #E3E3E3，选择红色框中的表格，在【属性】面板中将【宽度】设置为 425、【高度】设置为 37，然后单击【确定】按钮，如图 6-78 所示。

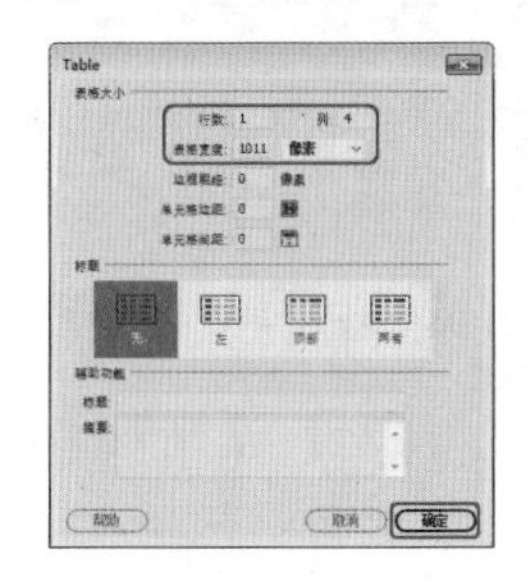

图 6-77 Table 对话框

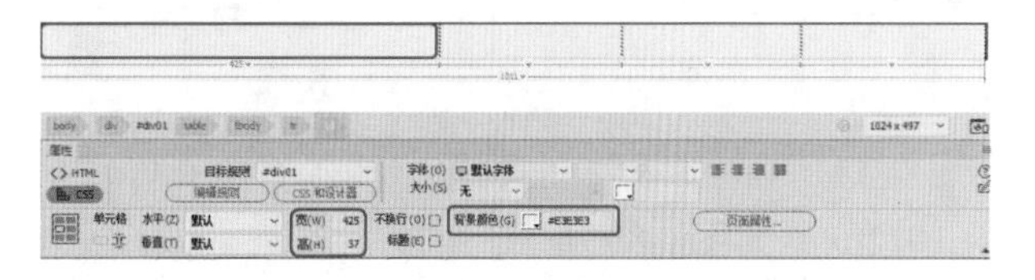

图 6-78 设置表格

(8) 选择红色框中的表格，将表格的【宽】设置为 269、【高】设置为 37，如图 6-79 所示。

(9) 选择红色框中的表格，将表格的【宽】设置为 152、【高】设置为 37，如图 6-80 所示。

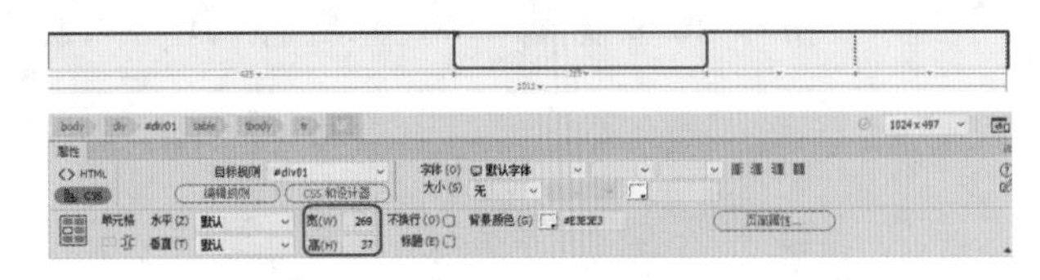

图 6-79 设置表格

图 6-80 设置表格

（10）选择红色框中的表格，将表格的【宽】设置为 138、【高】设置为 37，如图 6-81 所示。

（11）在红色框中的表格内输入文字，将【字体】设置为【微软雅黑】，【大小】设置为 24px，【字体颜色】设置为 #888888，如图 6-82 所示。

图 6-81 设置表格

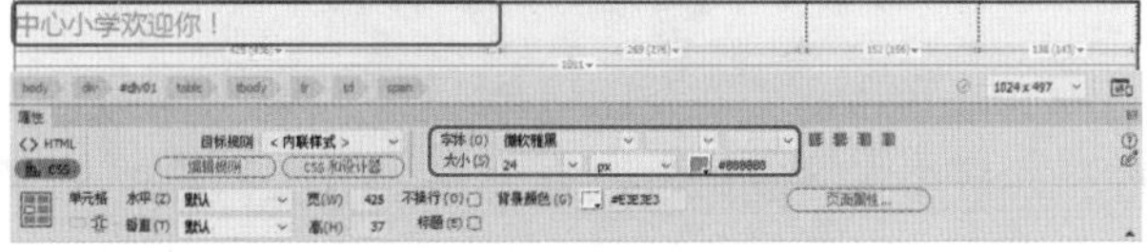

图 6-82 输入并设置文字

（12）选择红色框中的表格，将【水平】设置为右对齐，在红色框中的表格内输入文字，将【字体】设置为【微软雅黑】，【大小】设置为 16px，【字体颜色】设置为 #888888，如图 6-83 所示。

（13）使用相同的方法输入并设置其他文字，如图 6-84 所示。

提 示

图片与文字之间使用空格将其隔开。

知识链接

在 Dreamweaver 中可以使用以下方法来插入空格：

直接按空格键只可以空一个格，如果需要插入多个连续空格，可以在菜单栏中选择【编辑】|【首选项】命令，在弹出的【首选项】对话框中选择【分类】列表框中的【常规】选项，然后在【编辑选项】组中选中【允许多个连续的空格】复选框即可。

按 Shift+ 空格组合键将输入法的半角切换为全角，然后连续按空格键即可空出多个连续的空格。

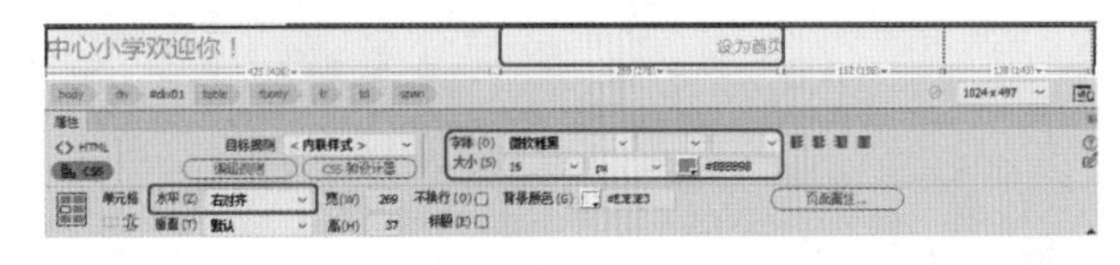

图 6-83 输入并设置文字

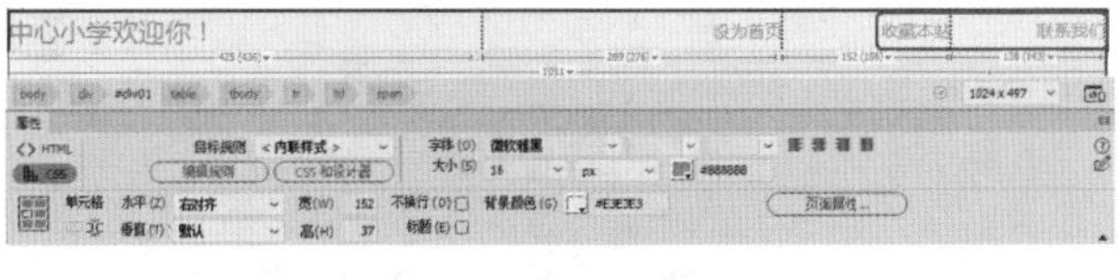

中心小学欢迎你！ 设为首页 收藏本站 联系我们

图 6-84 输入并设置其他文字

（14）在空白处单击鼠标，插入新的 div，将【左】设置为 2px，【上】设置为 42px，【宽】设置为 1012px，如图 6-85 所示。

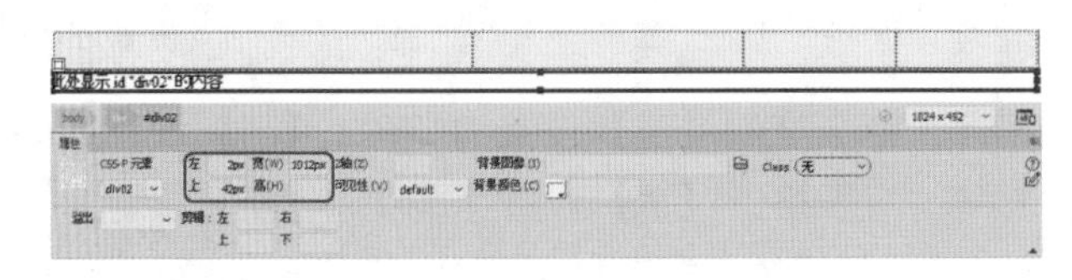

图 6-85 插入并设置 div

（15）将 div 中的文字删除，选择随书附带光盘中的素材图片，单击【确定】按钮，插入素材图片，将图片【宽】设置为 1012px，【高】设置为 150px，如图 6-86 所示。

（16）在空白处单击鼠标，插入新的 div，将【左】设置为 5px，【上】设置为 194px，【宽】设置为 1012px，如图 6-87 所示。

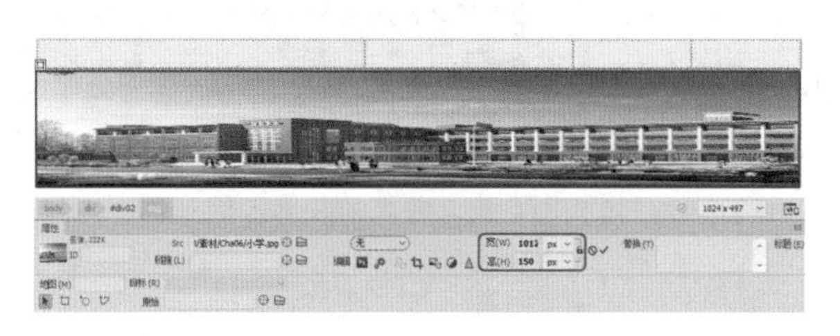

图 6-86 插入并设置图片

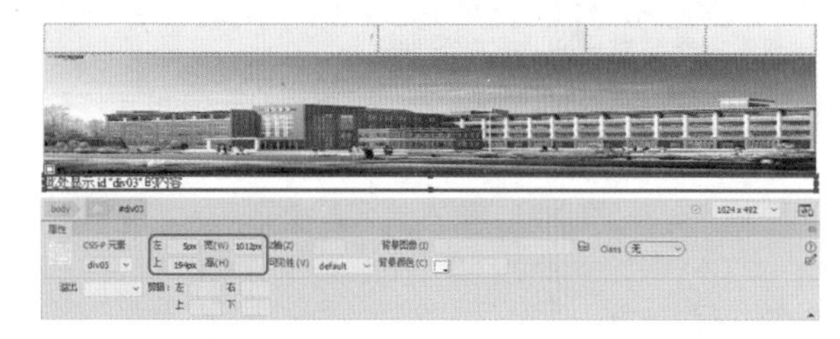

图 6-87 插入新的 div

（17）将 div03 中的文字删除，插入一个 1 行 10 列的表格，将【宽】设置为 1012 像素，如图 6-88 所示。

（18）选中所有单元格，将【背景颜色】设置为 #00B156，将红色框中的表格【宽】设置为 120px、【高】设置为 30px，如图 6-89 所示。

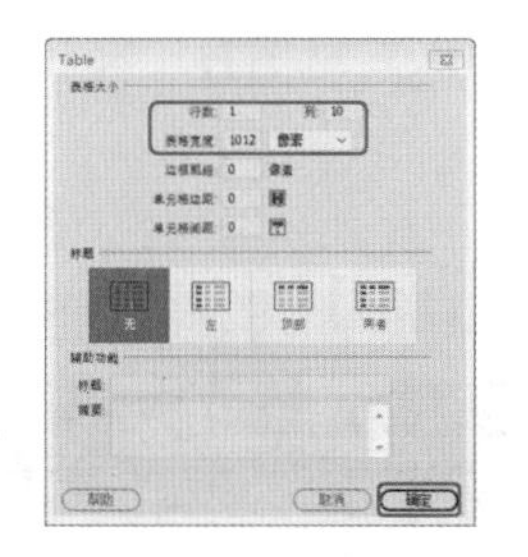

图 6-88 Table 对话框

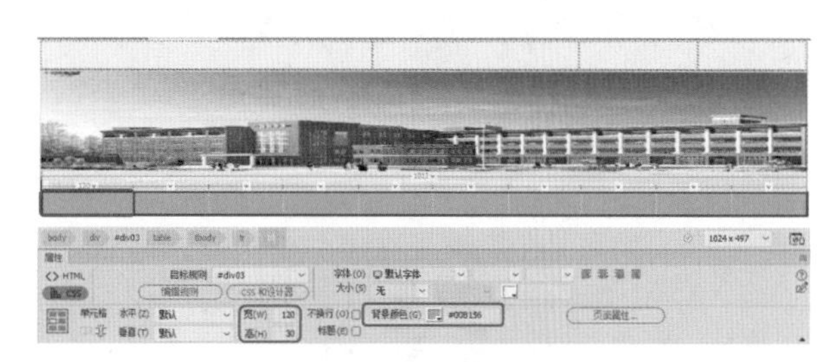

图 6-89 设置表格

（19）选择红色框中的表格，将其【宽】设置为 100px、【高】设置为 30px，如图 6-90 所示。

（20）选择红色框中的表格，将其【宽】设置为 80px、【高】设置为 30px，如图 6-91 所示。

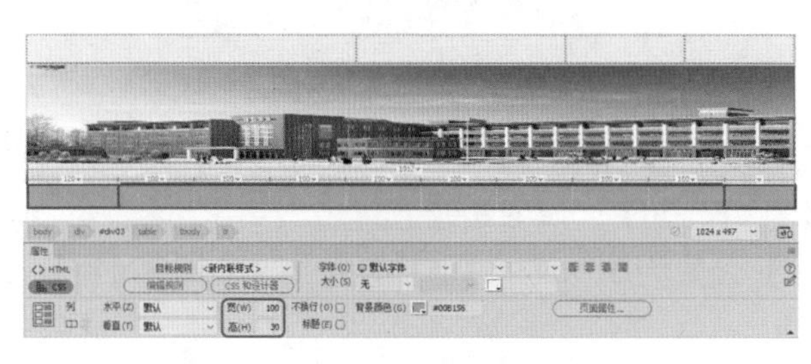

图 6-90 设置表格

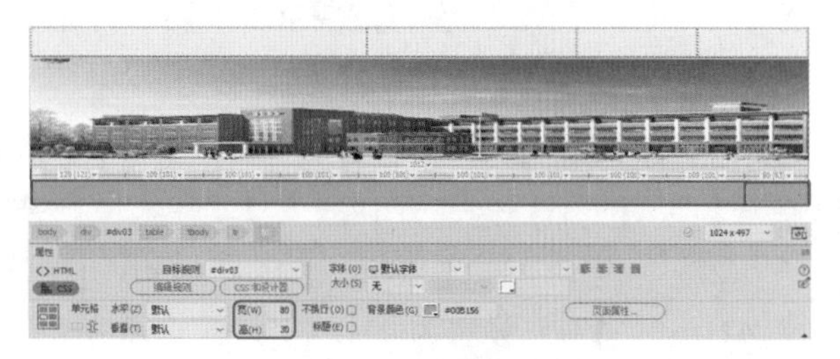

图 6-91 设置表格

（21）在红色框表格中输入文字，将【字体】设置为【微软雅黑】，【大小】设置为 16px，【字体颜色】设置为 #FFFFFF，如图 6-92 所示。

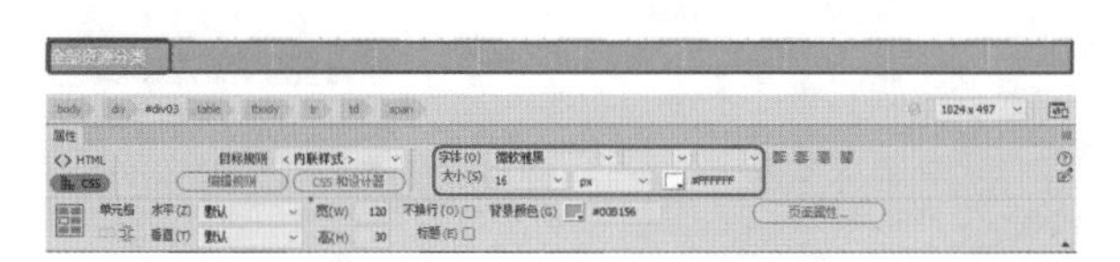

图 6-92 输入并设置表格

（22）将红色框中的表格【水平】设置为【居中对齐】，输入文字，将【字体】设置为【微软雅黑】，【大小】设置为 16px，【字体颜色】设置为 #FFFFFF，如图 6-93 所示。

（23）使用同样的方法输入并设置其他文字，如图 6-94 所示。

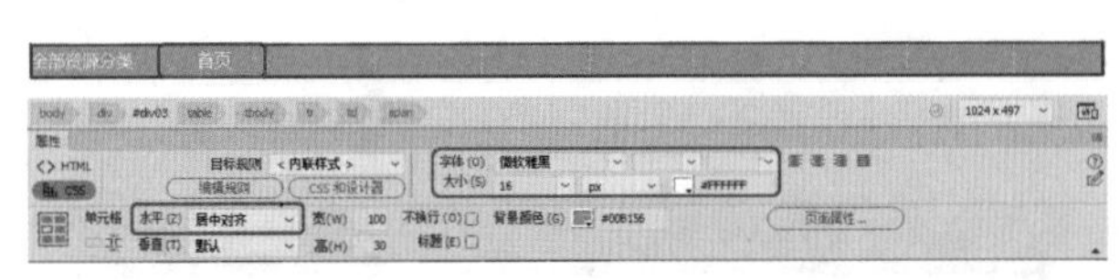

图 6-93　输入并设置文字

图 6-94　输入并设置其他文字

提 示

在为 Div 添加背景图像时，需要将背景图像的大小设置为与 Div 的大小相同，如果图像过大或者过小，将会出现图像显示不全或平铺整个 Div。

（24）在空白处单击鼠标，插入新的 div，将 div 中的文字删除，插入一个 2 行 1 列的表格，将【表格宽度】设置为 100%，如图 6-95 所示。

（25）选择随书附带光盘中的素材图片，单击【确定】按钮，插入素材图片，将其【宽度】设置为 300px、【高度】设置为 200px，如图 6-96 所示。

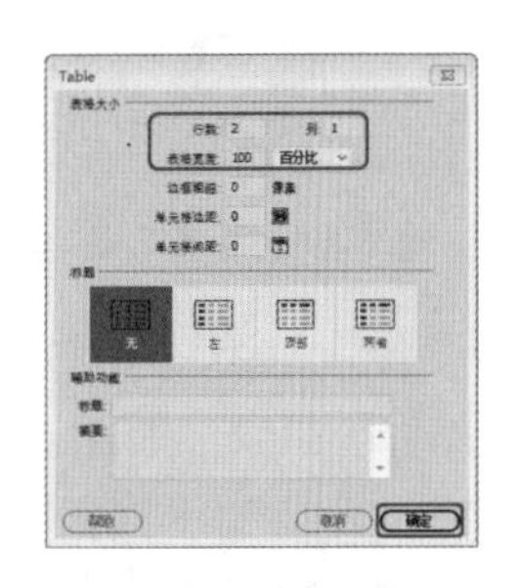

图 6-95　Table 对话框

图 6-96　插入表格和图片

（26）将表格【水平】设置为【居中对齐】，【高】设置为 30px，输入文字，将【字体】设置为【微软雅黑】，【大小】设置为 18px，【字体颜色】设置为 #FFFFFF，如图 6-97 所示。

（27）在空白处单击鼠标，插入新的 div，将【左】设置为 309px，【上】设置为 226px，【宽】设置为 421px，【高】设置为 231px，如图 6-98 所示。

图 6-97　输入并设置文字

图 6-98　插入 div

（28）将 div 中的文字删除，插入一个 7 行 4 列的表格，将表格【宽】设置为 100%，如图 6-99 所示。

（29）选择红色框中的表格，将其【水平】设置为【居中对齐】，【宽】设置为 23%，【高】设置为 40，如图 6-100 所示。

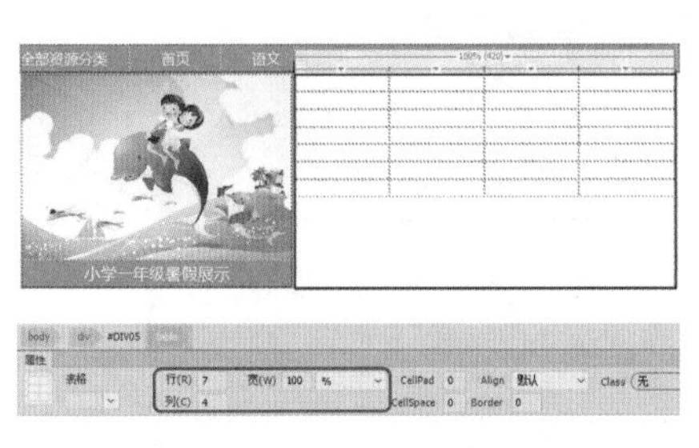

图 6-99　插入表格

图 6-100　设置表格

（30）选择红色框中的表格，将其【水平】设置为【居中对齐】，【宽】设置为 24%，【高】设置为 40，如图 6-101 所示。

（31）选择红色框中的表格，将其【水平】设置为【居中对齐】，【宽】设置为 23%，【高】设置为 40，如图 6-102 所示。

图 6-101　设置表格

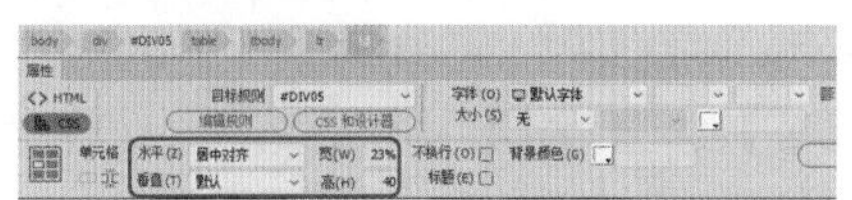

图 6-102　设置表格

（32）选择红色框中的表格，将其【水平】设置为【居中对齐】，【宽】设置为 30%，【高】设置为 40，如图 6-103 所示。

（33）将光标置于红色框区域，输入文字，将【字体】设置为【微软雅黑】，【大小】设置为 16px，【字体颜色】设置为 #000000，如图 6-104 所示。

图 6-103　插入表格

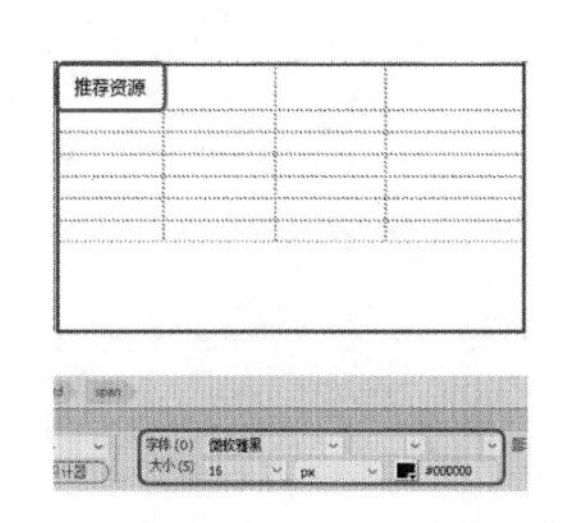

图 6-104　输入并设置文字

（34）使用相同的方法输入并设置其他文字，如图 6-105 所示。

（35）选择红色框中的表格，单击【合并所选单元格，使用跨度】按钮将其合并，然后将合并的单元格的【高】设置为 38，【背景颜色】设置为 #00B156，如图 6-106 所示。

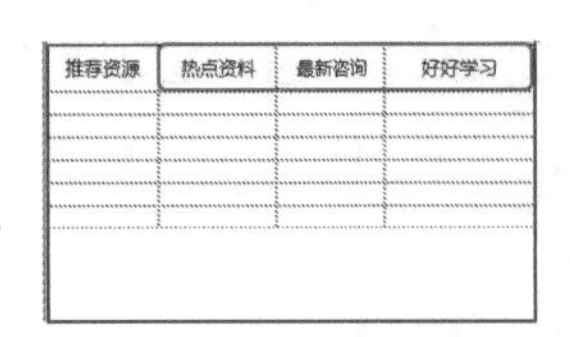

图 6-105　输入并设置其他文字

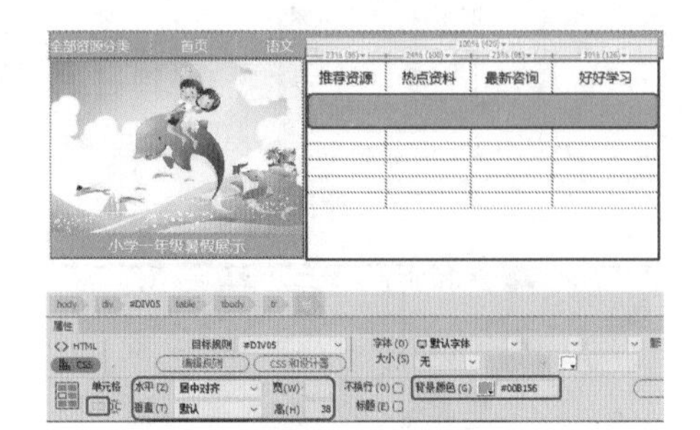

图 6-106　设置表格

知识链接

PNG，图像文件存储格式，其目的是试图替代 GIF 和 TIFF 文件格式，同时增加一些 GIF 文件格式所不具备的特性。PNG 用来存储灰度图像时，灰度图像的深度可多到 16 位，存储彩色图像时，彩色图像的深度可多到 48 位，并且可存储多到 16 位的 α 通道数据。PNG 使用从 LZ77 派生的无损数据压缩算法。一般应用于 Java 程序中，或网页或 S60 程序中，是因为它压缩比高，生成文件容量小。

PNG 格式图片因其高保真性、透明性及文件体积较小等特性，被广泛应用于网页设计、平面设计中。网络通信中因受带宽制约，在保证图片清晰、逼真的前提下，网页中不可能大范围地使用文件较大的 bmp、jpg 格式文件，gif 格式文件虽然文件较小，但其颜色失色严重，不尽如人意，所以 PNG 格式文件自诞生之日起就大行其道。

(36) 输入文字，将【大小】设置为 20px，【字体颜色】设置为 #FFFFFF，如图 6-107 所示。

(37) 选择红色框中的表格，单击【合并所选单元格，使用跨度】按钮将其合并，然后将合并的单元格的【高】设置为 28，【背景颜色】设置为 #00B156，如图 6-108 所示。

图 6-107　输入并设置文字

图 6-108　合并并设置表格

(38) 输入文字，将【大小】设置为 14px，【字体颜色】设置为 #000000，如图 6-109 所示。

(39) 参照前面的步骤将表格进行合并并设置，输入并设置文字，如图 6-110 所示。

图 6-109　插入 div12

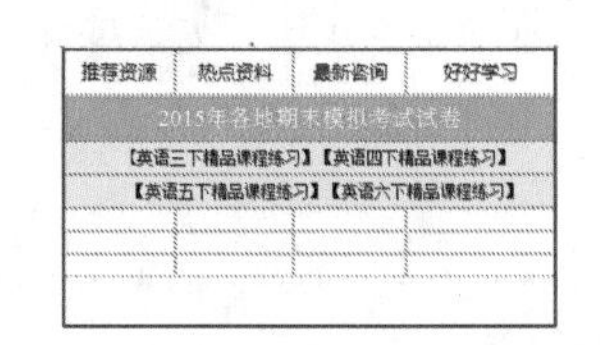

图 6-110　插入表格

（40）选择红色框中的表格，单击【合并所选单元格，使用跨度】按钮将其合并，然后将合并的单元格【水平】设置为居中对齐，【高】设置为 38，【背景颜色】设置为 #00B156，如图 6-111 所示。

（41）输入文字，将【大小】设置为 20px，【字体颜色】设置为 #FFFFFF，如图 6-112 所示。

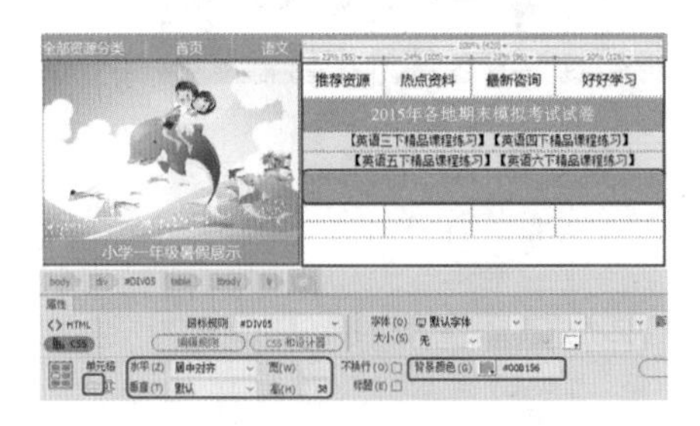

图 6-111　设置表格

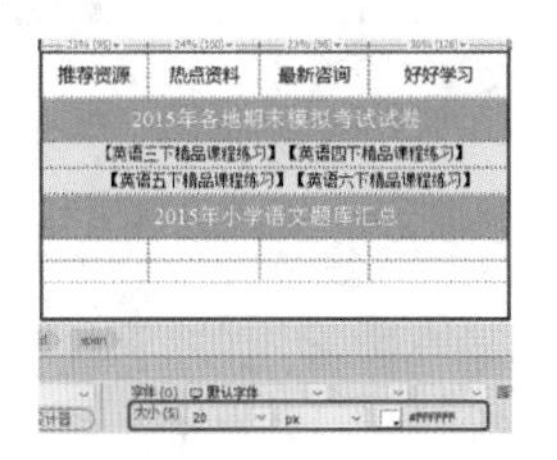

图 6-112　输入并设置文字

（42）选择红色框中的表格，单击【合并所选单元格，使用跨度】按钮将其合并，然后将合并的单元格的【水平】设置为【居中对齐】，【高】设置为 28，【背景颜色】设置为 #BEFF83，如图 6-113 所示。

（43）输入文字，将【大小】设置为 14px，【字体颜色】设置为 #FFFFFF，如图 6-114 所示。

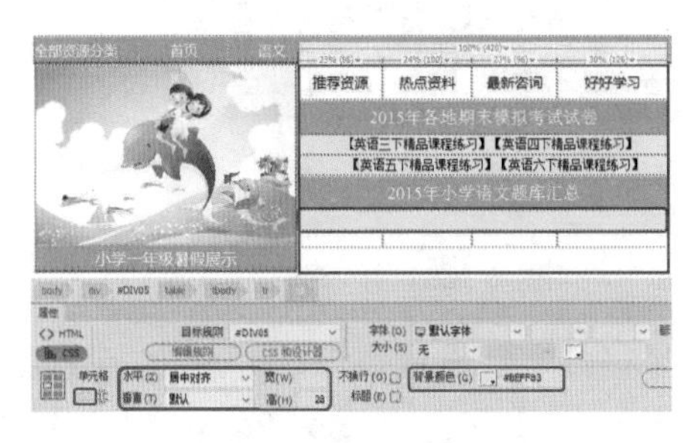

图 6-113　设置表格

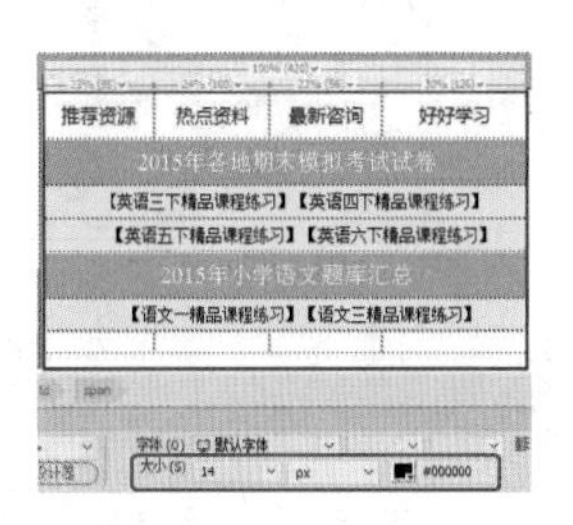

图 6-114　输入并设置文字

技 巧

将单元格的水平对齐方式设置为【居中对齐】，同样也可以产生文字居中对齐效果。

（44）使用相同的方法输入并设置文字，如图 6-115 所示。

（45）在空白处单击鼠标，插入 div，将【左】设置为 7px，【上】设置为 459px，如图 6-116 所示。

图 6-115　设置表格

图 6-116　设置表格

（46）插入随书附带光盘中的素材图片，在【属性】面板中将【宽】设置为 725px、【高】设置为 250px，如图 6-117 所示。

（47）在空白处单击鼠标，插入新的 div，将【左】设置为 733px、【上】设置为 226px、【宽】设置为 282px，如图 6-118 所示。

图 6-117　插入素材图片

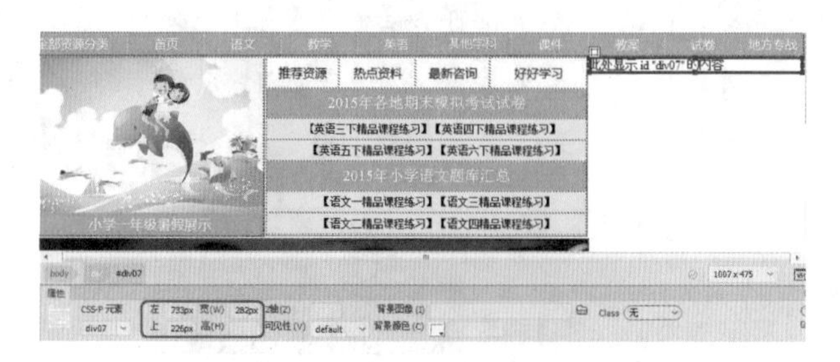

图 6-118　插入并设置 div

（48）分别插入随书附带光盘中的素材图片，在【属性】面板中依次将【宽】设置为 70px、【高】设置为 100px，如图 6-119 所示。

（49）在空白处单击鼠标，插入新的 div，将【左】设置为 733px、【上】设置为 333px、【宽】设置为 281px、【高】设置为 92px，如图 6-120 所示。

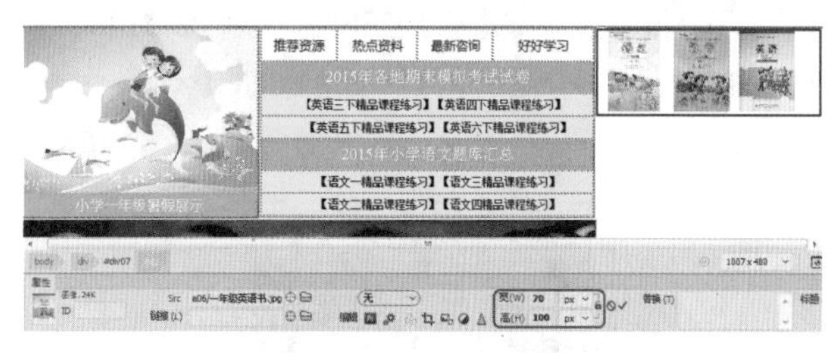

图 6-119　插入素材图片

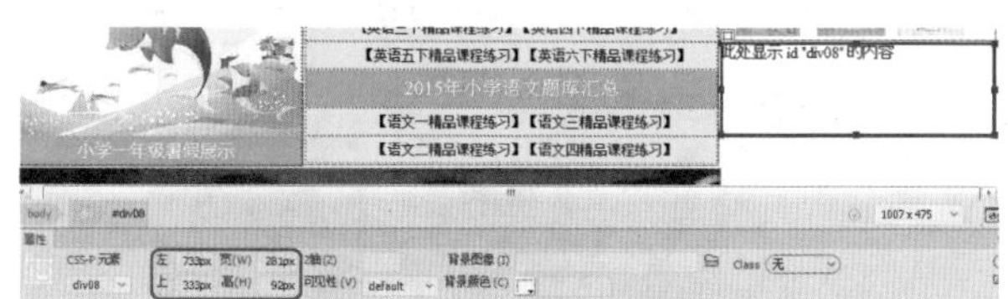

图 6-120　插入并设置 div

（50）将 div 中的文字删除，插入一个 3 行 3 列的表格，将【宽】设置为 100%，如图 6-121 所示。

（51）选中所有表格，将【水平】设置为【居中对齐】，【宽】设置为 96px、【高】设置为 30px，如图 6-122 所示。

图 6-121　插入表格

图 6-122　设置表格

（52）输入文字，将【字体】设置为【微软雅黑】，【大小】设置为 14px，【字体颜色】设置为 #000000，如图 6-123 所示。

（53）使用同样的方法输入并设置文字，如图 6-124 所示。

图 6-123　输入并设置文字

96 (93)	96 (93)	96 (95)
语文辅导	数学辅导	英语辅导
数理化辅导	升初	升学面试
小学奥数	小学作文	考试模拟

图 6-124　输入并设置其他文字

（54）在空白处单击鼠标，插入新的 div，将【左】设置为 734px、【上】设置为 428px、【宽】设置为 278px、【高】设置为 171px，如图 6-125 所示。

（55）将 div 中的文字删除，插入一个 8 行 1 列的表格，将【宽】设置为 100%，如图 6-126 所示。

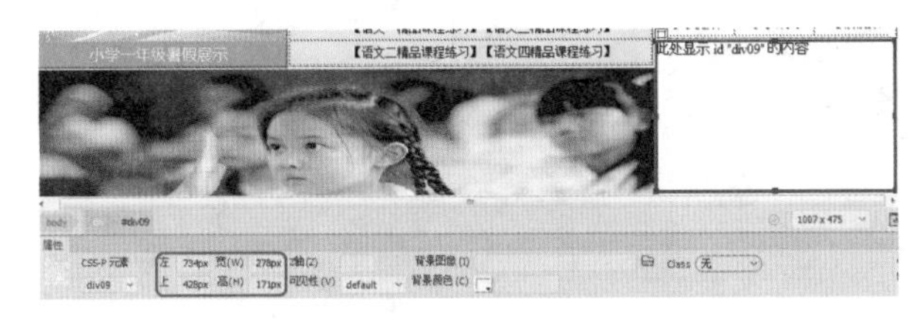

图 6-125 插入 div

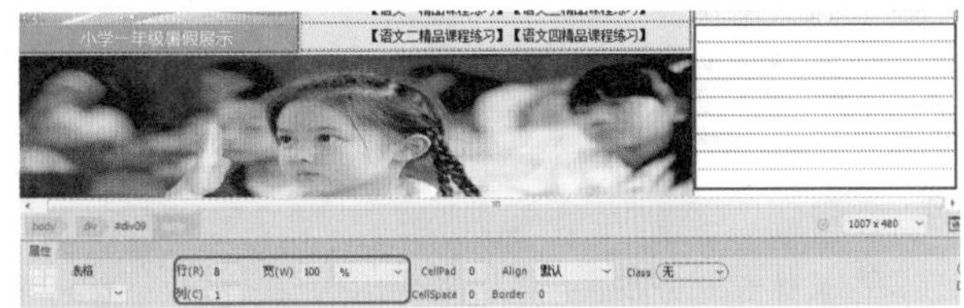

图 6-126 插入表格

（56）选择红色框中的表格，将其【水平】设置为【居中对齐】、【高】设置为 30、【背景颜色】设置为 #00B156，如图 6-127 所示。

（57）输入文字，将【字体】设置为【微软雅黑】、【大小】设置为 18px、【字体颜色】设置为 #FFFFFF，如图 6-128 所示。

（58）选择红色框中的表格，将其【背景颜色】设置为 #BEFF83，如图 6-129 所示。

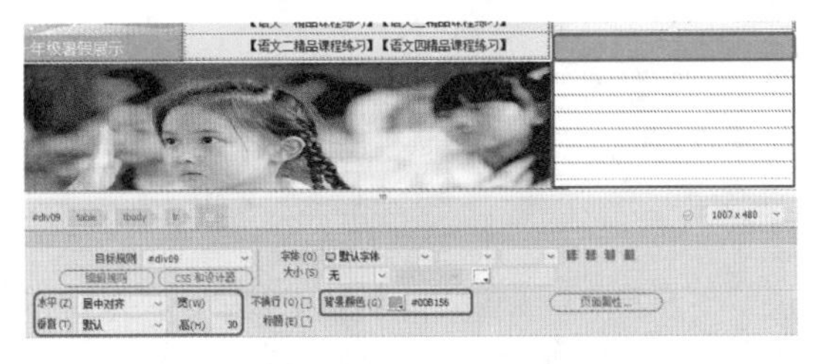

图 6-127 设置表格

图 6-128 输入并设置文字

图 6-129 设置表格背景颜色

（59）将表格【水平】设置为【居中对齐】，【高】设置为 20，输入文字，将【字体】设置为【宋体】、【大小】设置为 12px、【字体颜色】设置为 #000000，如图 6-130 所示。

（60）使用同样的方法输入并设置文字，如图 6-131 所示。

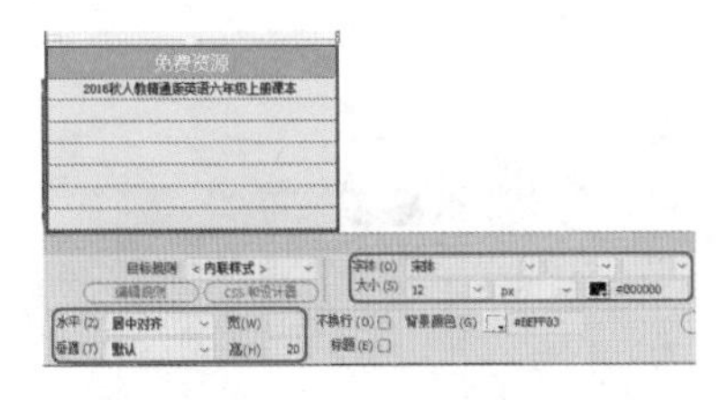

图 6-130 输入并设置文字

图 6-131 输入并设置其他文字

（61）在空白处单击鼠标，插入新的 div，将【左】设置为 735px、【上】设置为 602px、【宽】设置为 276px、【高】设置为 106px，如图 6-132 所示。

图 6-132 插入 div

（62）将 div 中的文字删除，插入一个 4 行 1 列的表格，将【宽】设置为 100%，如图 6-133 所示。

（63）将表格的【水平】设置为【居中对齐】、【高】设置为 30、【背景颜色】设置为 #00B156，如图 6-134 所示。

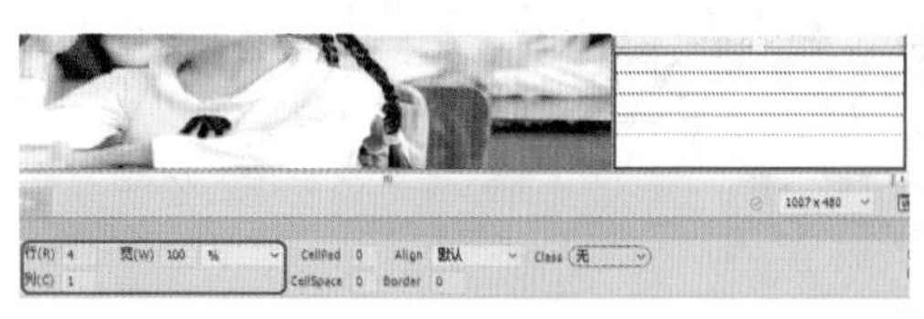

图 6-133　插入表格

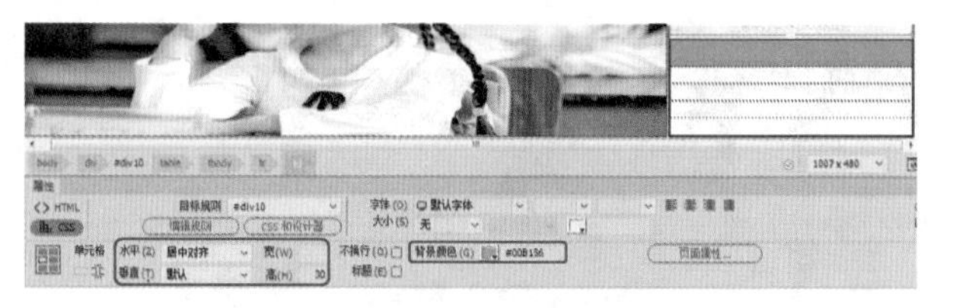

图 6-134　设置表格

（64）输入文字，将【字体】设置为【微软雅黑】，【大小】设置为 18px，【字体颜色】设置为 #FFFFFF，如图 6-135 所示。

（65）选择红色框中的表格，将其【水平】设置为【居中对齐】、【高】设置为 25，如图 6-136 所示。

（66）输入文字，将【字体】设置为【宋体】，【大小】设置为 12px、【字体颜色】设置为 #000000，如图 6-137 所示。

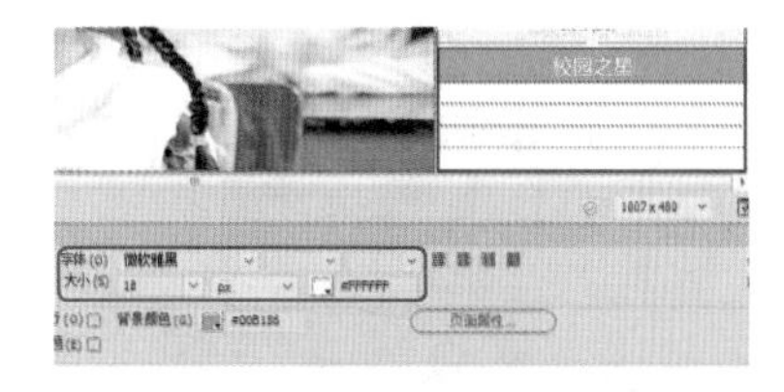

图 6-135　输入并设置文字

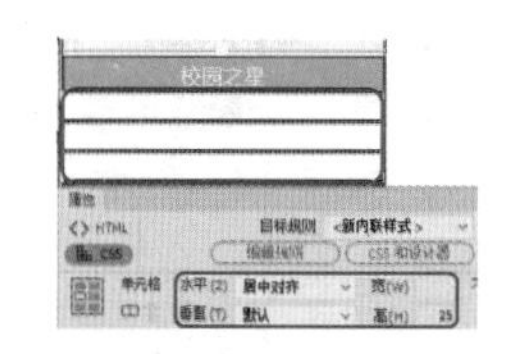

图 6-136　设置表格

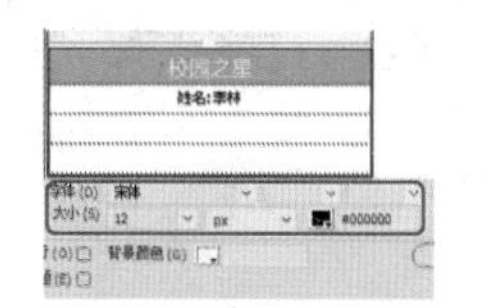

图 6-137　输入并设置文字

（67）使用同样的方法输入并设置其他文字，如图 6-138 所示。

（68）在空白处单击鼠标，插入新的 div，将【左】设置为 728px、【上】设置为 110px、【宽】设置为 330px、【高】设置为 218px，如图 6-139 所示。

（69）将 div 中的文字删除，插入一个 8 行 2 列的表格，【宽】设置为 100%，如图 6-140 所示。

（70）选择第一行的所有单元格，将【宽】设置为 77%、【高】设置为 34、【背景颜色】设置为 #00B156，如图 6-141 所示。

图 6-138　输入并设置其他文字

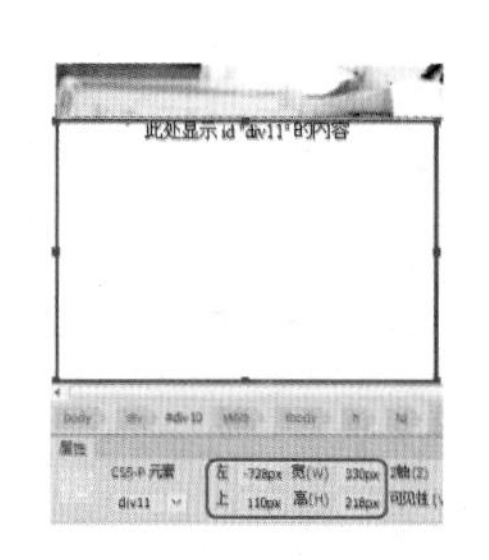

图 6-139　插入 div

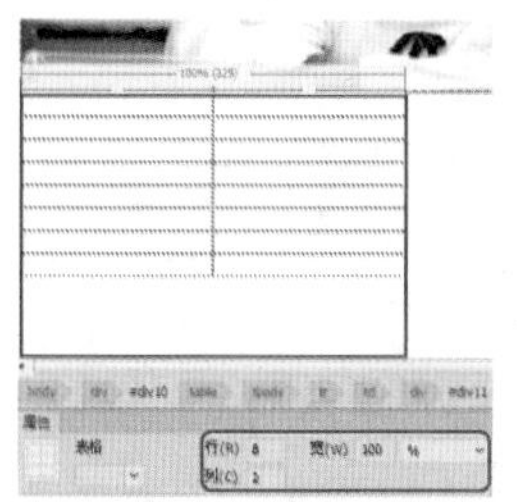

图 6-140　插入表格

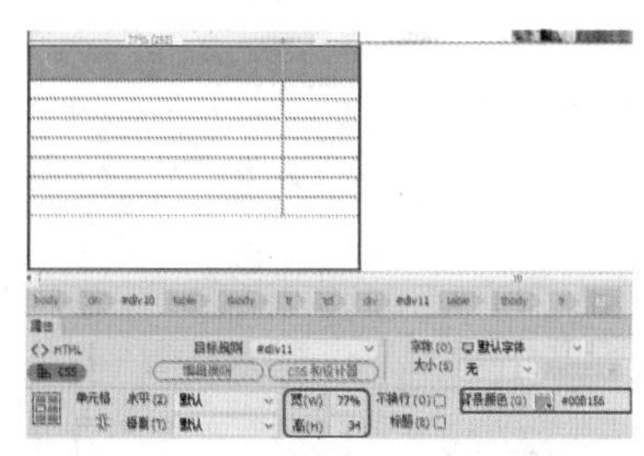

图 6-141　设置表格

（71）输入文字，将【字体】设置为【微软雅黑】，【大小】设置为 16px，【字体颜色】设置为 #FFFFFF，如图 6-142 所示。

（72）将表格【水平】设置为【居中对齐】、【宽】设置为 23%，输入文字，将【字体】设置为【宋体】、【大小】设置为 14px、【字体颜色】设置为 #000000，如图 6-143 所示。

(73) 选择红色框中的表格，将【水平】设置为【左对齐】、【高】设置为 26，如图 6-144 所示。

图 6-142　输入并设置文字

图 6-143　输入并设置文字

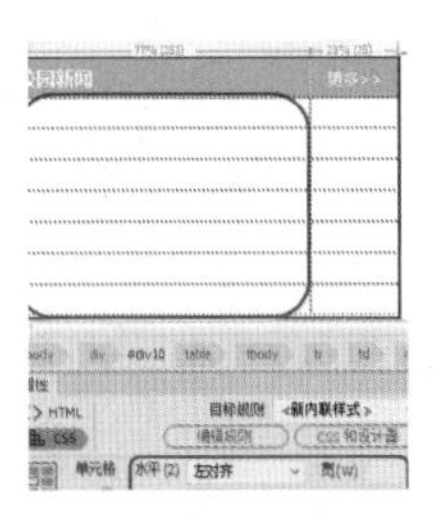
图 6-144　设置表格

(74) 将红色框中表格的【水平】分别设置为【左对齐】和【居中对齐】，输入文字，将【字体】设置为【宋体】，【大小】设置为 14px，【字体颜色】设置为 #000000 和 #999，如图 6-145 所示。

(75) 使用同样的方法输入并设置文字，如图 6-146 所示。

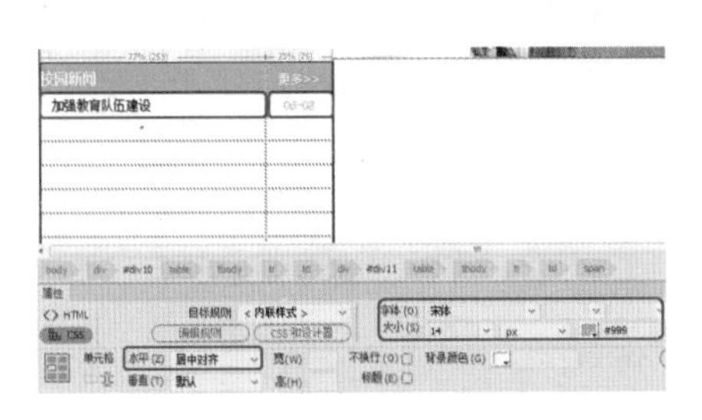
图 6-145　输入文字

图 6-146　输入并设置文字

(76) 复制并粘贴 div 到合适的位置，如图 6-147 所示。

(77) 在空白处单击鼠标，插入新的 div，把 div 中的文字删除，插入一个 2 行 5 列的表格，将【宽】设置为 100%，如图 6-148 所示。

(78) 选择红色框中的表格，将【水平】设置为【居中对齐】、【宽】设置为 80、【高】设置为 120，如图 6-149 所示。

图 6-147　输入并设置文字

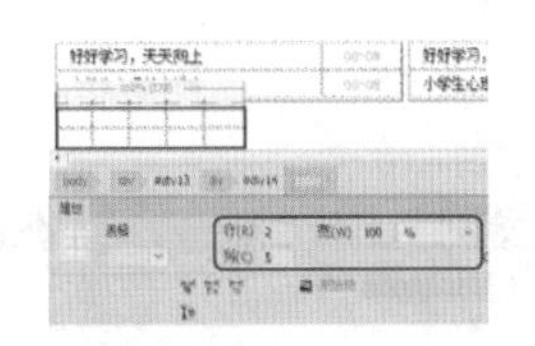
图 6-148　插入表格

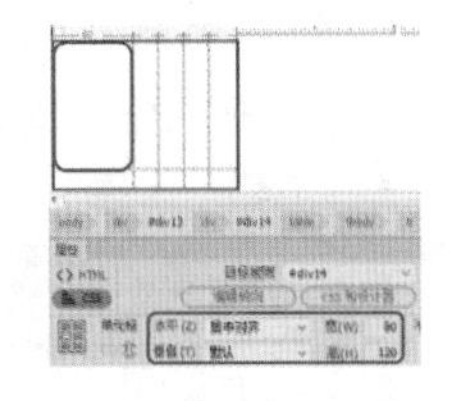
图 6-149　设置表格

(79) 选择红色框中的表格，将【宽】设置为 230、【高】设置为 150，如图 6-150 所示。

(80) 选择红色框中的表格，将【水平】设置为【居中对齐】，【高】设置为 25，如图 6-151 所示。

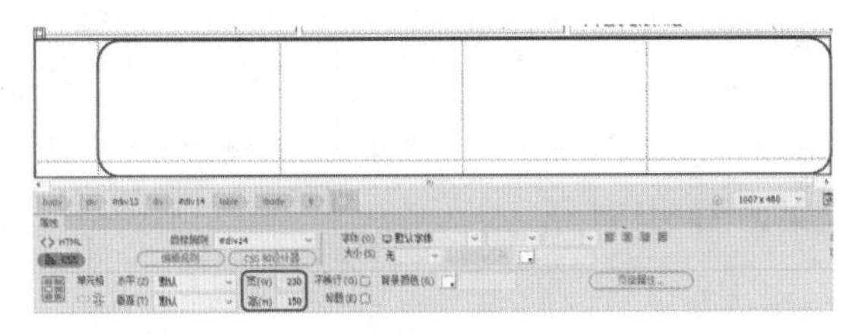
图 6-150　设置表格

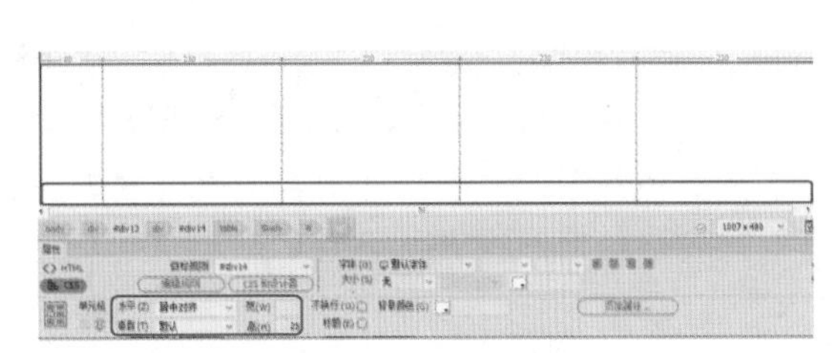
图 6-151　设置表格

（81）输入文字，将【大小】设置为 14px，【字体颜色】设置为 #FFFFFF，将表格的【背景颜色】设置为 #00B156，如图 6-152 所示。

（82）选择随书附带光盘中的素材图片，将其添加到表格中，将【宽】设置为 236px、【高】设置为 150px，如图 6-153 所示。

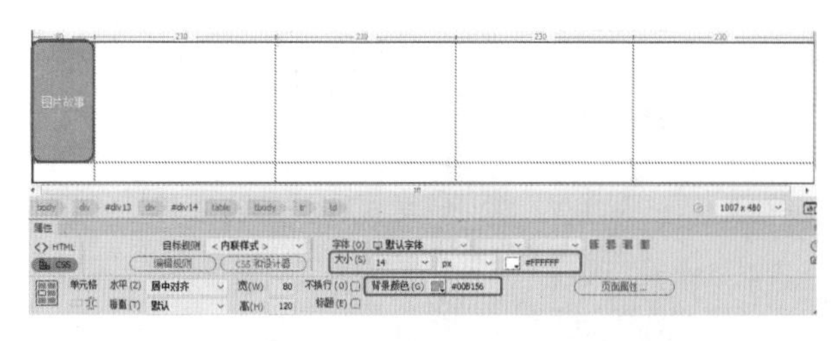

图 6-152　输入并设置文字

图 6-153　添加素材图片

（83）输入文字，将【字体】设置为【宋体】，【大小】设置为 14px，【字体颜色】设置为 #888888，将表格的【背景颜色】设置为 #E3E3E3，如图 6-154 所示。

（84）在空白处单击鼠标，插入新的 div，将【左】设置为 1px、【上】设置为 181px、【宽】设置为 1026px、【高】设置为 43px，如图 6-155 所示。

图 6-154　输入并设置文字

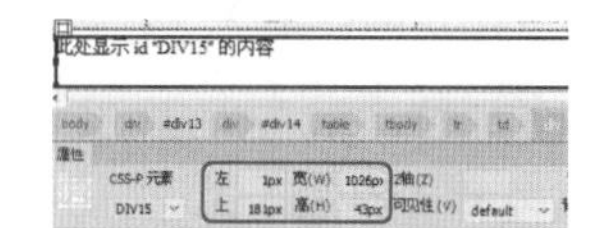

图 6-155　插入 div

（85）在空白处单击鼠标，插入新的 div，将 div 中的文字删除，插入一个 1 行 1 列的表格，将【水平】设置为【居中对齐】，【背景颜色】设置为 #00B156，如图 6-156 所示。

（86）将表格【水平】设置为【居中对齐】，输入文字，将【大小】设置为 14px、【字体颜色】设置为 #FFFFFF，如图 6-157 所示。

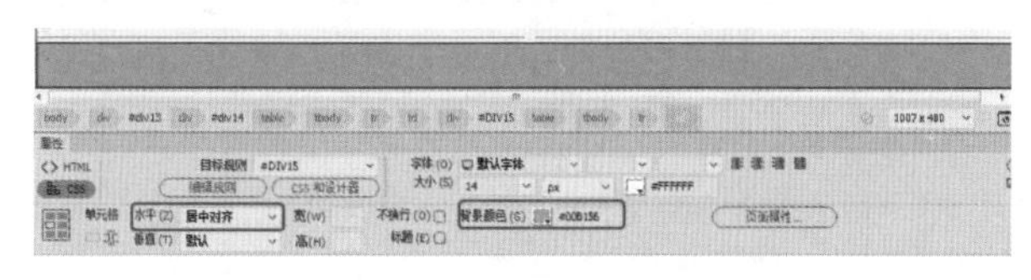

图 6-156　设置背景颜色

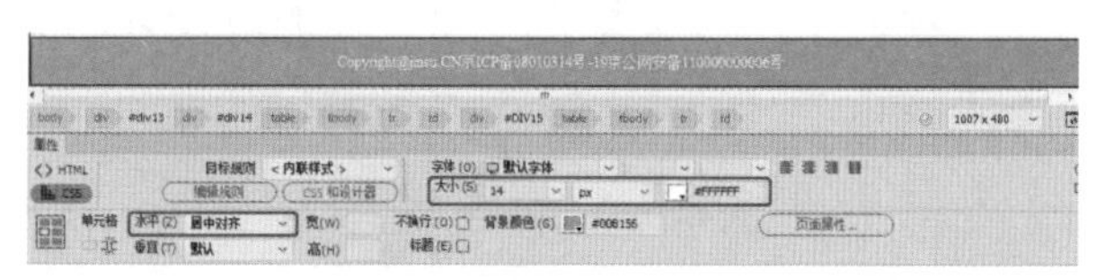

图 6-157　输入并设置文字

案例精讲 055　兴德教师招聘网【视频案例】

本案例将介绍如何制作兴德教师招聘网页，使用 Table 为网页进行布局，然后通过新建 CSS 样式，为插入的表格和输入的文字应用 CSS 样式，完成后的效果如图 6-158 所示。

案例文件：CDROM \ 场景 \ Cha06 \ 兴德教师招聘网.html

视频文件：视频教学 \ Cha06 \ 兴德教师招聘网.avi

图 6-158 兴德教师招聘网

案例精讲 056 新起点图书馆【视频案例】

本案例将介绍新起点图书馆网站的制作过程，主要使用表格布局网站结构，通过设置单元格背景、插入图片设置字体样式，制作更多效果。具体操作方法请参考光盘中的视频文件，完成后的效果如图6-159所示。

案例文件：CDROM \ 场景 \ Cha06 \ 新起点图书馆.html

视频文件：视频教学 \ Cha06 \ 新起点图书馆.avi

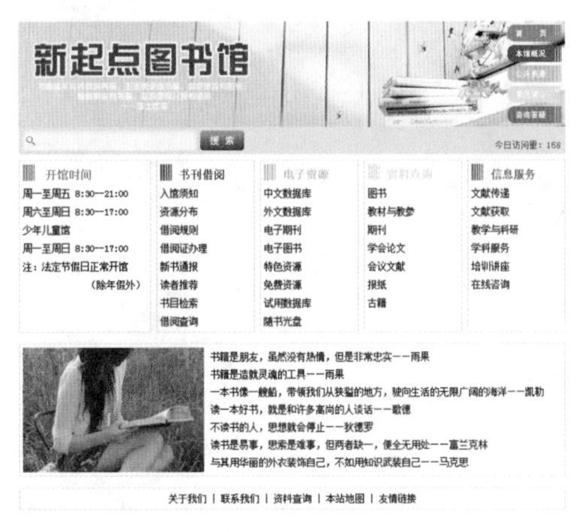

图 6-159 新起点图书馆

第7章 艺术爱好类网站的设计

本章重点

- 酷图网网页的设计
- 书画网网页的设计
- 唐人戏曲网页的设计
- 婚纱摄影网页的设计
- 家居网站的设计
- 工艺品网站的设计

艺术爱好类网站也是网络中常见的一类网站，一般由公益组织或商业企业创建，其目的是为了更好地宣传艺术内容。本章通过几个案例来介绍艺术爱好类网站的设计方法与技巧，通过本章的学习可以使读者在制作此类网站时有更清晰的思路，以便日后创建更加精美的网站。

案例精讲 057 酷图网网页的设计

本案例将介绍酷图网网页设计的制作过程，主要讲解了使用表格和 Div 的布局网页，其中还介绍了如何设置表单和插入 Div 的方法。具体操作方法如下，完成后的效果如图 7-1 所示。

案例文件：CDROM \ 场景 \ Cha07 \ 酷图网网页设计 .html
视频文件：视频教学 \ Cha07 \ 酷图网网页设计 .avi

图 7-1　酷图网网页的设计效果

（1）启动软件后，按 Ctrl+N 组合键，在弹出的【新建文档】对话框中，将左侧的【文档类型】选择为 HTML 选项，【布局】选择为【无】，右侧的【文档类型】选择为 HTML4.01 Transitional，然后单击【创建】按钮，如图 7-2 所示。

（2）单击【页面属性】按钮，在弹出的【页面属性】对话框中，将【左边距】【右边距】【上边距】和【下边距】都设置为 0px，然后单击【确定】按钮，如图 7-3 所示。

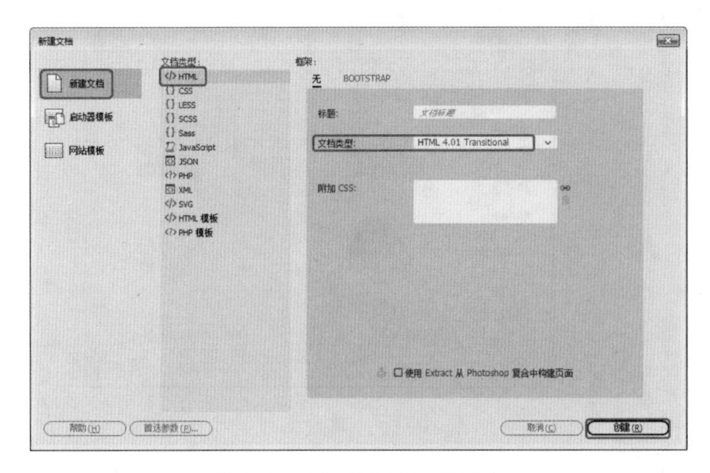

图 7-2 【新建文档】对话框

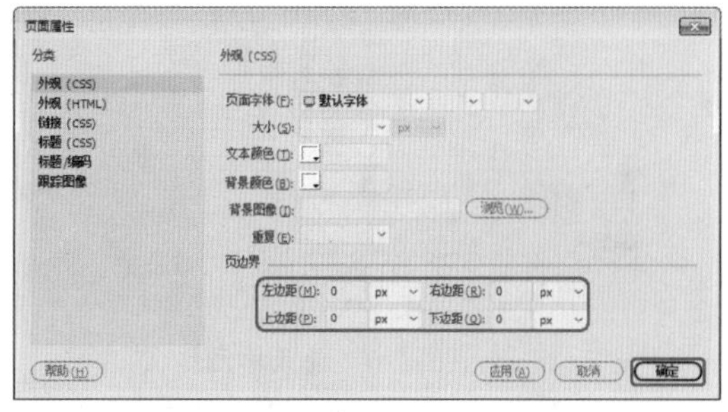

图 7-3 【页面属性】对话框

提 示

若在浏览网页时发现图片格局错位，可以将代码顶部选中，用于声明文档类型的以下代码删除：

"<!DOCTYPE HTML PUBLIC "-//W3C//DTD HTML 4.01 Transitional//EN" "http://www.w3.org/TR/html4/loose.dtd">"

(3) 按 Ctrl+Alt+T 组合键，弹出 Table 对话框，将【行数】设置为 2、【列】设置为 1，将【表格宽度】设为 1000 像素，然后单击【确定】按钮，如图 7-4 所示。

(4) 将光标插入第 1 行单元格中，然后单击【拆分单元格为行和列】按钮，在弹出的【拆分单元格】对话框中，将【把单元格拆分成】设置为【列】，将【列数】设置为 3，然后单击【确定】按钮，如图 7-5 所示。

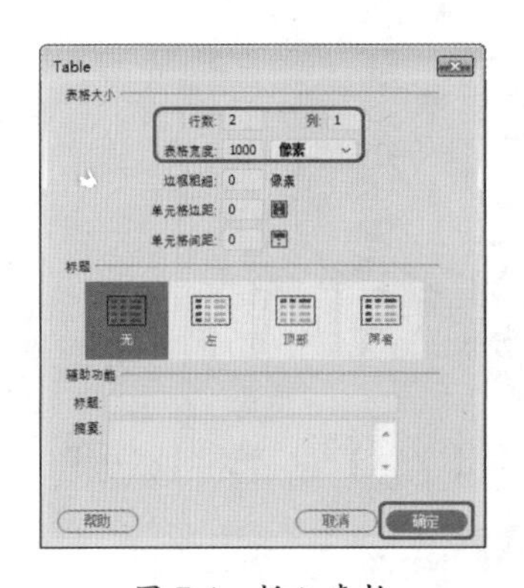

图 7-4 插入表格

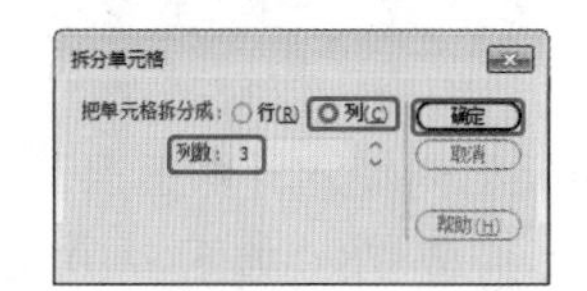

图 7-5 【拆分单元格】对话框

(5) 将光标插入第 1 行第 1 列单元格中，将【水平】设置为【居中对齐】、【垂直】设置为【居中】，【宽】设置为 30%、【高】设置为 100，如图 7-6 所示。

(6) 然后按 Ctrl+Alt+I 组合键，弹出【选择图像源文件】对话框，选择随书附带光盘中的"CDROM\素材\Cha07\酷图网网页设计\01.png"素材图片，单击【确定】按钮，如图 7-7 所示。

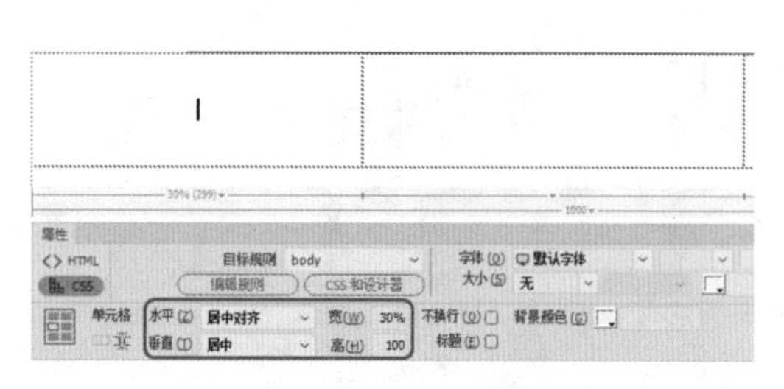

图 7-6 设置单元格

图 7-7 选择素材图片

(7) 将光标插入第2列单元格中，将【水平】设置为【居中对齐】、【垂直】设置为【居中】、【宽】设置为40%、【高】设置为100，如图7-8所示。

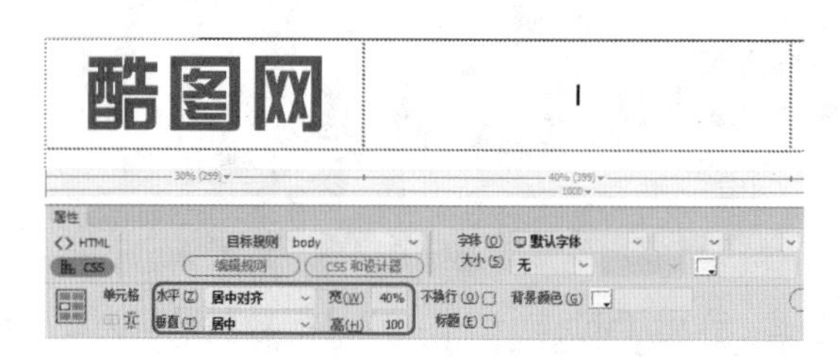

图 7-8 设置单元格

(8) 单击【拆分单元格为行或列】按钮，在弹出的【拆分单元格】对话框中，将【把单元格拆分成】设置为【行】，将【行数】设置为2，然后单击【确定】按钮，将光标置于如图7-9所示的单元格内。

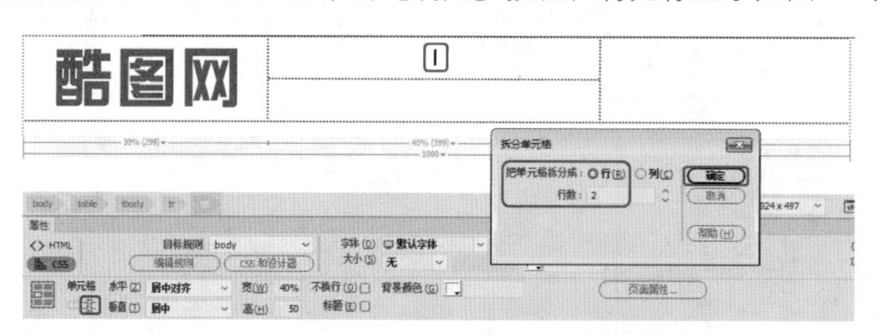

图 7-9 拆分单元格

(9) 在单元格内输入【真正拥有创意的免费素材】文字，将【字体】设置为【微软雅黑】，将【字体颜色】设置为#787878，如图7-10所示。

(10) 将光标插入图7-11所示的单元格中。

图 7-10 输入文字并设置

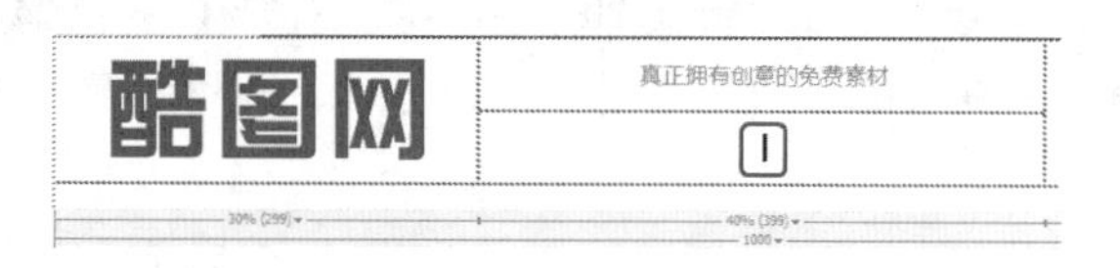

图 7-11 将光标置于单元格中

（11）将【水平】设置为【左对齐】，然后插入随书附带光盘中的“CDROM \ 素材 \Cha07 \ 酷图网网页设计 \ 02.png”素材图片，将图片的【宽】【高】分别设置为 400px 和 40px，如图 7-12 所示。

图 7-12　插入素材图片

（12）将光标放置在第 3 列单元格内，单击【拆分单元格为行或列】按钮，在弹出的【拆分单元格】对话框中，将【把单元格拆分成】设置为【行】，将【行数】设置为 2，然后单击【确定】按钮，确认光标置于图 7-13 所示的单元格内。

图 7-13　拆分单元格

（13）单击【拆分单元格为行或列】按钮，在弹出的【拆分单元格】对话框中，将【把单元格拆分成】设置为【行】，将【行数】设置为 2，然后单击【确定】按钮，将光标置于拆分后的单元格的第 1 行，将【水平】设置为【右对齐】，将【垂直】设置为【居中】，如图 7-14 所示。

图 7-14　拆分单元格并设置单元格对齐

（14）在单元格内输入文本【登录 | 注册 | 帮助中心】，将【字体】设置为【微软雅黑】，将【大小】设置为 12px，如图 7-15 所示。

图 7-15　输入文本

（15）将第 1 行和第 2 行的单元格的【高】设置为 25，如图 7-16 所示。

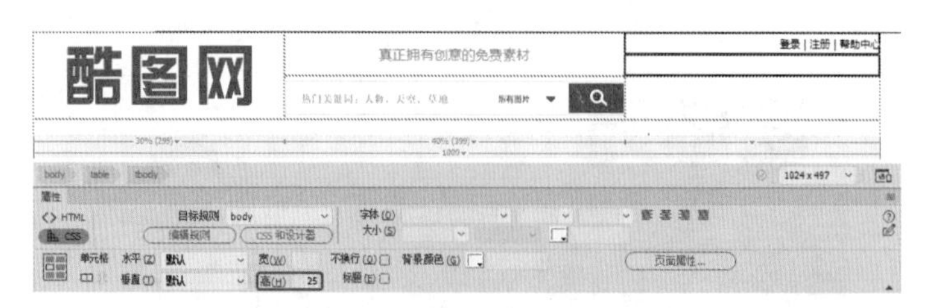

图 7-16　设置单元格高度

（16）将光标插入第 3 列单元格中，将【水平】设置为【居中对齐】、【垂直】设置为【居中】，然后输入文字，将【字体】设置为【微软雅黑】、【大小】设置为 24px，【字体颜色】设置为 #D30048，如图 7-17 所示。

图 7-17　设置单元格输入文字

（17）将光标插入下一行单元格中，将【高】设置为 56。然后单击【拆分】按钮，在 <td> 标签中输入代码，插入随书附带光盘中的“CDROM\ 素材 |Cha07 \ 酷图网网页设计 \ 03.png”素材图片，将其设置为单元格的背景图片，如图 7-18 所示。

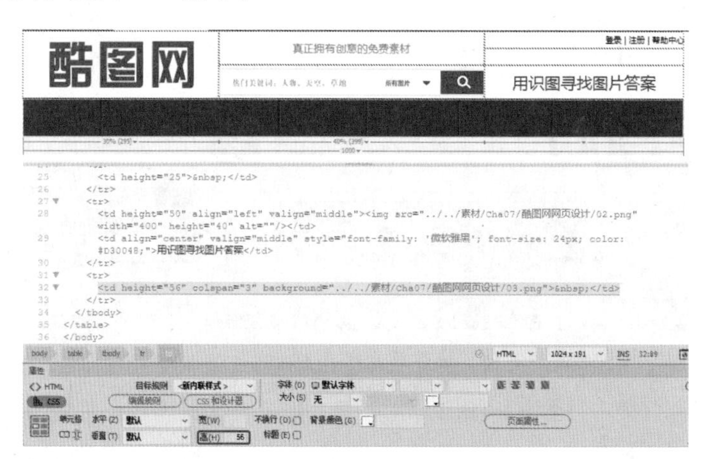

图 7-18　设置单元格的背景图片

（18）然后单击【设计】按钮。在单元格中插入一个 1 行 7 列的表格，将【宽】设置为 100%，如图 7-19 所示。

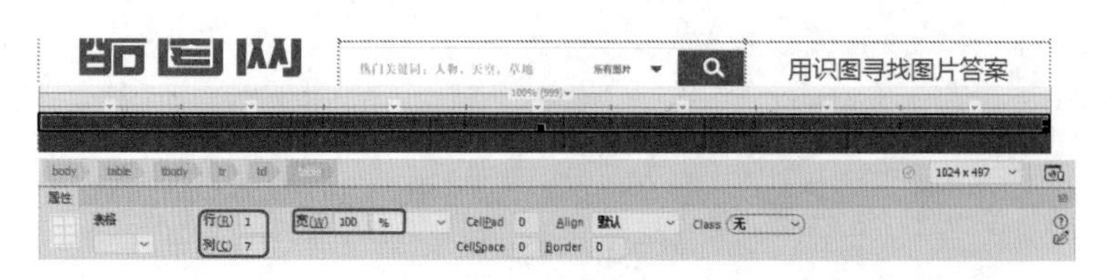

图 7-19　插入表格

(19) 选中新插入的所有单元格，将【水平】设置为【居中对齐】、【高】设置为 56，然后调整单元格的线框，将其与背景图片的竖线基本对齐，如图 7-20 所示。

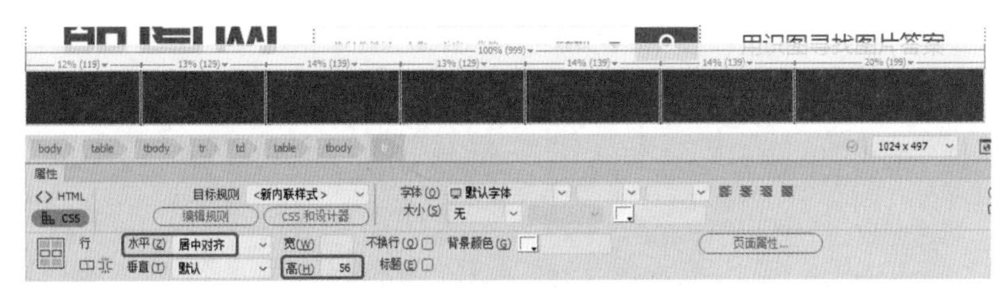

图 7-20 设置并调整单元格

(20) 在单元格中输入文字，将【字体】设置为【微软雅黑】、【大小】设置为 20px、【字体颜色】设置为 #FFFFFF，如图 7-21 所示。

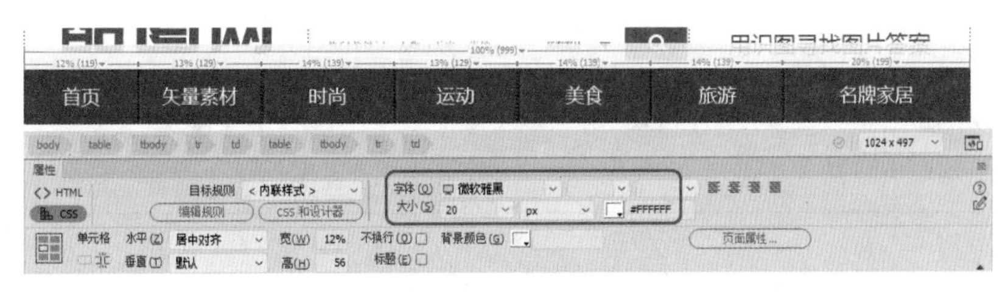

图 7-21 输入并设置字体

(21) 在空白位置单击，然后在菜单栏中选择【插入】| Div 命令，在弹出的【插入 Div】对话框中将 ID 设置为 div01，如图 7-22 所示。

(22) 然后单击【新建 CSS 规则】按钮，在弹出的【新建 CSS 规则】对话框中使用默认参数，然后单击【确定】按钮，如图 7-23 所示。

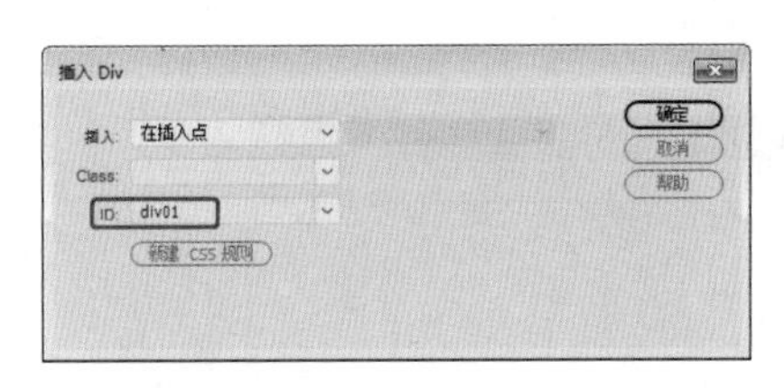

图 7-22 【插入 Div】对话框

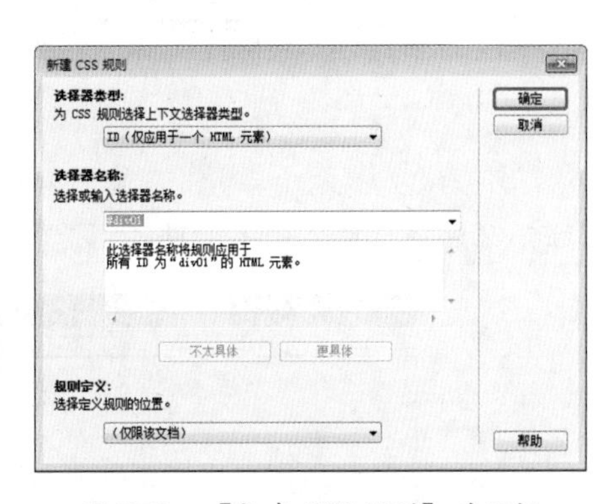

图 7-23 【新建 CSS 规则】对话框

(23) 在弹出的对话框中，将【分类】选择为【定位】，然后将 Position（定位）设置为 absolute（绝对的），单击【确定】按钮，如图 7-24 所示。

(24) 返回到【插入 Div】对话框，然后单击【确定】按钮，在页面中插入 Div。选中插入的 div01，在【属性】面板中将【上】设置为 159px、【宽】设置为 1000px、【高】设置为 352px，如图 7-25 所示。

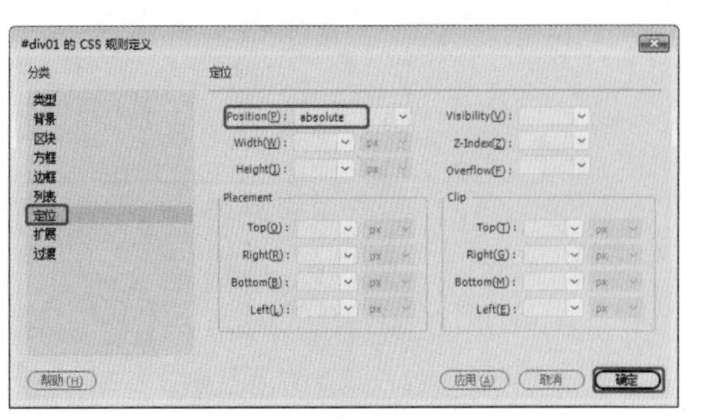

图 7-24 设置【定位】

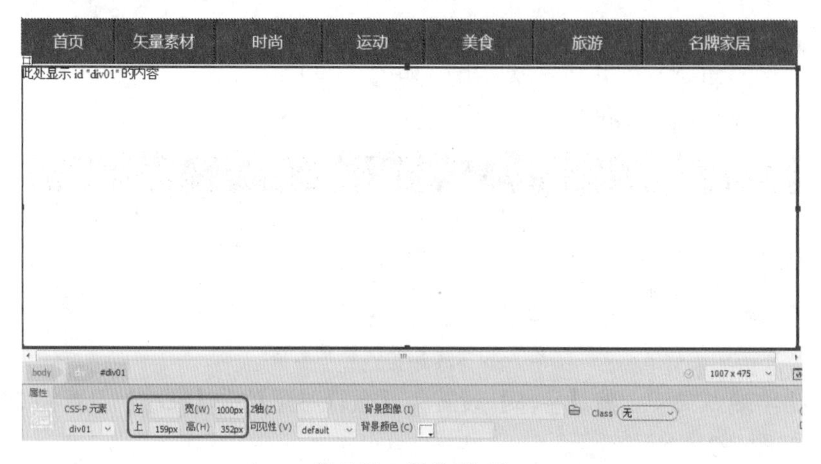

图 7-25　设置 div01

（25）将 div01 中的文字删除，然后插入一个 2 行 3 列的表格，将【宽】设置为 100%，如图 7-26 所示。

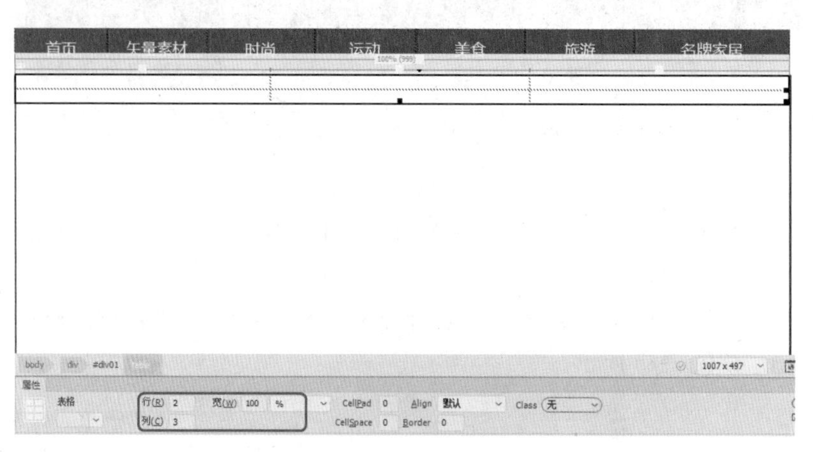

图 7-26　插入表格

（26）选中第 1 列的两个单元格，单击按钮，将其合并为一个单元格，然后将【宽】设置为 272、【高】设置为 352，然后将其他 4 个单元格的【高】都设置为 176，如图 7-27 所示。

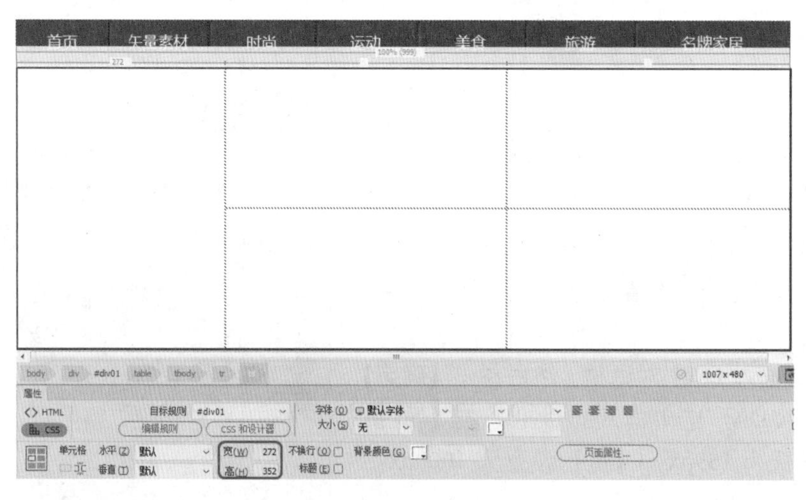

图 7-27　设置单元格

（27）参照前面的操作步骤，在各个单元格中插入素材图片，如图 7-28 所示。

（28）使用相同的方法插入新的 Div，将其命名为 div02，将【上】设置为 527px、【宽】设置为 121px、【高】设置为 35px，如图 7-29 所示。

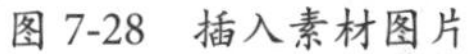

图 7-28　插入素材图片

图 7-29　插入 div02

（29）将 div02 中的文字删除，然后输入文字，将【字体】设置为【微软雅黑】、【大小】设置为 30px、【字体颜色】设置为 #666666，如图 7-30 所示。

（30）使用相同的方法插入新的 Div，将其命名为 div03，将【上】设置为 566px、【宽】设置为 230px、【高】设置为 290px，如图 7-31 所示。

图 7-30　输入文字

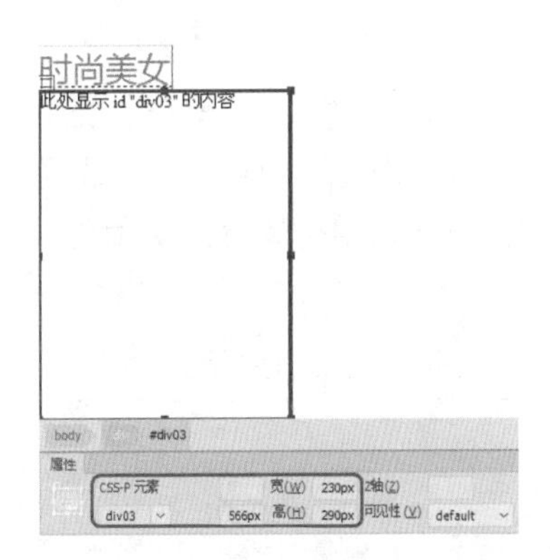

图 7-31　插入 div03

（31）将 div03 中的文字删除，然后插入一个 4 行 3 列的表格，将单元格的【水平】设置为【居中对齐】、【垂直】设置为【居中】、【宽】设置为 76、【高】设置为 72，如图 7-32 所示。

（32）按住 Ctrl 键选中图 7-33 所示单元格，将【背景颜色】设置为 #BC52F3，如图 7-33 所示。

（33）使用相同的方法，将其他几个单元格的【背景颜色】分别设置为 #4FBAFF、#7A75F9，如图 7-34 所示。

（34）在单元格中输入文字，将【字体】设置为【微软雅黑】、【大小】设置为 18px、【字体颜色】设置为 #FFFFFF，如图 7-35 所示。

（35）使用相同的方法插入新的 Div，将其命名为 div04，将【左】设置为 248px、【上】设置为 566px、【宽】设置为 465px、【高】设置为 290px，如图 7-36 所示。

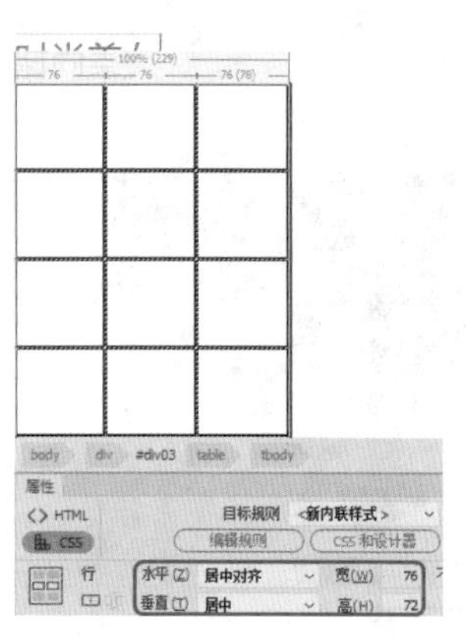

图 7-32　插入表格

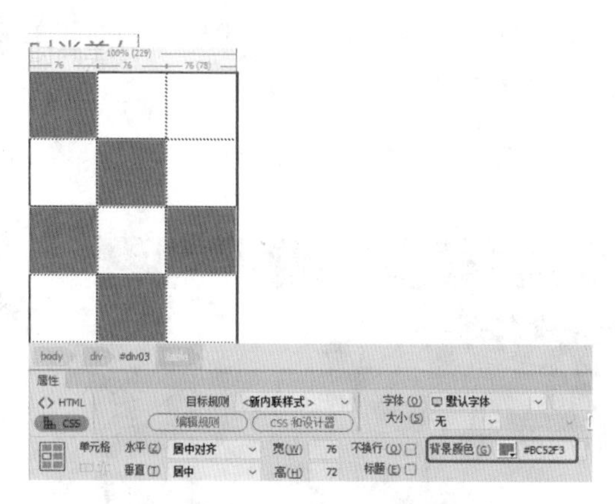

图 7-33　设置【背景颜色】

图 7-34　设置【背景颜色】

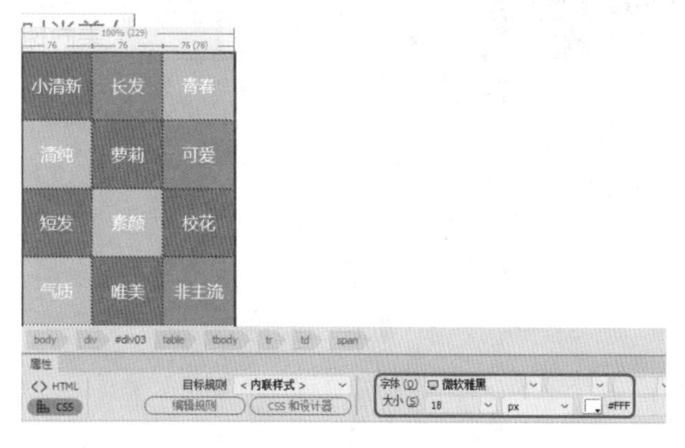

图 7-35　输入文字

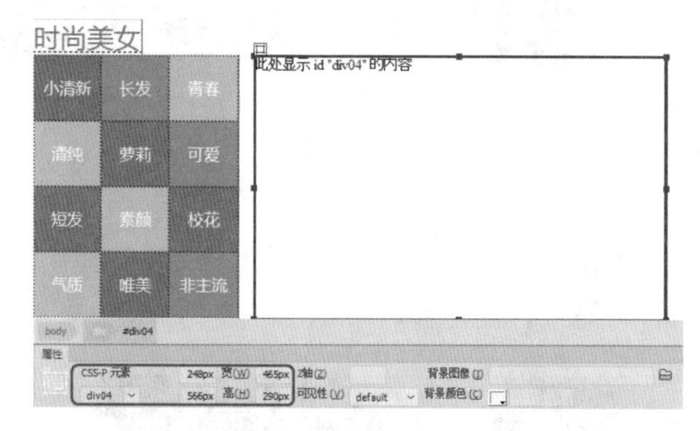

图 7-36　插入 div04

（36）将 div04 中的文字删除，然后插入一个 2 行 2 列的表格，将【表格宽度】设置为 100%，然后将第 1 列的两个单元格进行合并，如图 7-37 所示。

（37）在单元格中分别插入素材图片，如图 7-38 所示。

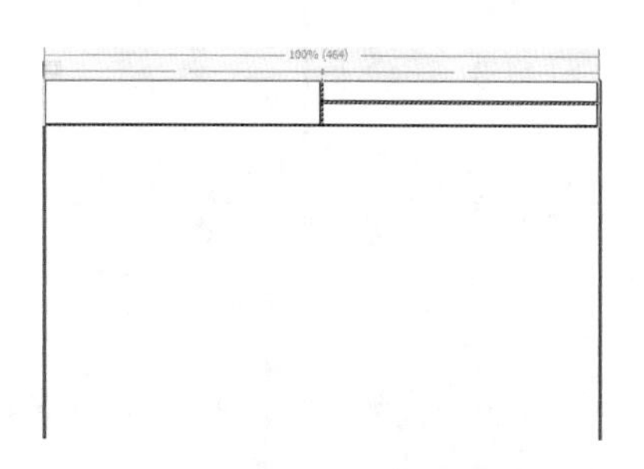

图 7-37　插入单元格

图 7-38　插入素材图片

（38）使用相同的方法插入新的 Div，将其命名为 div05，将【左】设置为 731px、【上】设置为 566px、【宽】设置为 260px、【高】设置为 290px，如图 7-39 所示。

（39）将 div05 中的文字删除，然后插入一个 3 行 3 列的表格，将【宽】设置为 100%，然后将最后一行的 3 个单元格合并，如图 7-40 所示。

图 7-39　插入 div05 并设置

图 7-40　插入表格并设置

（40）参照前面的操作步骤，设置单元格的【宽】和【高】，然后输入文字并插入素材图片，如图 7-41 所示。

（41）使用相同的方法插入其他 Div，并编辑 Div 中的内容，如图 7-42 所示。

图 7-41　输入文字并插入素材图片

图 7-42　插入其他 Div 并编辑 Div 中的内容

案例精讲 058　书画网网页的设计

本案例将介绍书画网网页设计的制作过程，主要讲解了表格和 Div 的应用，其中还介绍了如何设置单元格、设置 Div 的背景图像和插入图片的方法。具体操作方法如下，完成后的效果如图 7-43 所示。

案例文件：CDROM \ 场景 \ Cha07 \ 书画网网页设计 .html
视频文件：视频教学 \ Cha07 \ 书画网网页设计 .avi

图 7-43　书画网网页的设计效果

(1) 启动软件后，新建一个 HTML 文档，新建文档后，单击【页面属性】按钮，在弹出的【页面属性】对话框中，选择【外观 (CSS)】选项，将【左边距】【右边距】【上边距】和【下边距】都设置为 0px，然后单击【确定】按钮，如图 7-44 所示。

(2) 按 Ctrl+Alt+T 组合键，弹出 Table 对话框，将【行数】设置为 2、【列】设置为 1，将【表格宽度】设置为 1000 像素，然后单击【确定】按钮，如图 7-45 所示。

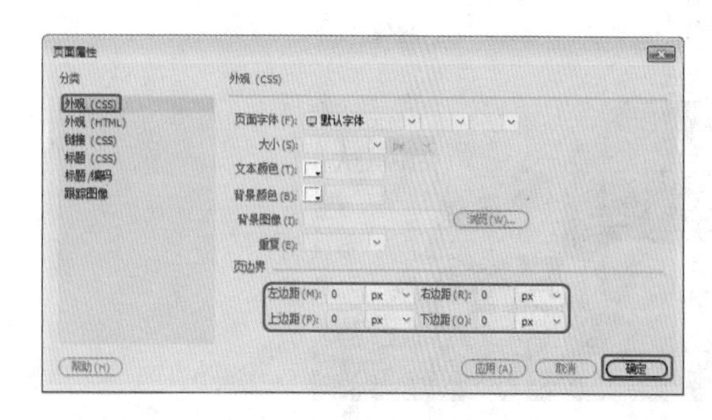

图 7-44　【页面属性】对话框

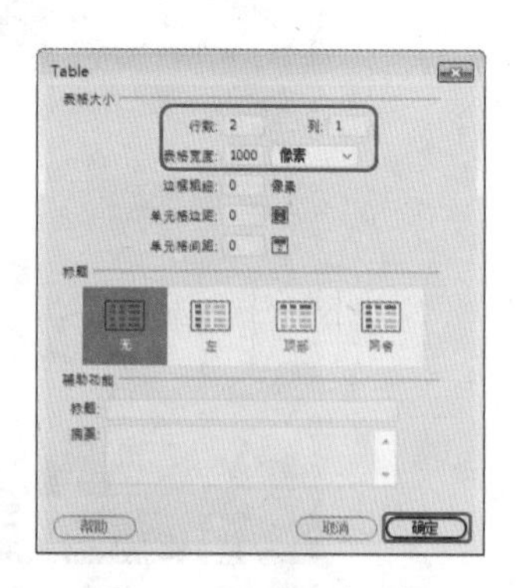

图 7-45　Table 对话框

(3) 将表格的 Align（对齐）设置为【居中对齐】，将光标插入第1行单元格中，然后按 Ctrl+Alt+I 组合键，弹出【选择图像源文件】对话框，选择随书附带光盘中的"CDROM\素材\Cha07\书画网网页设计\01.jpg"素材图片，单击【确定】按钮，如图 7-46 所示。插入图片后的效果如图 7-47 所示。

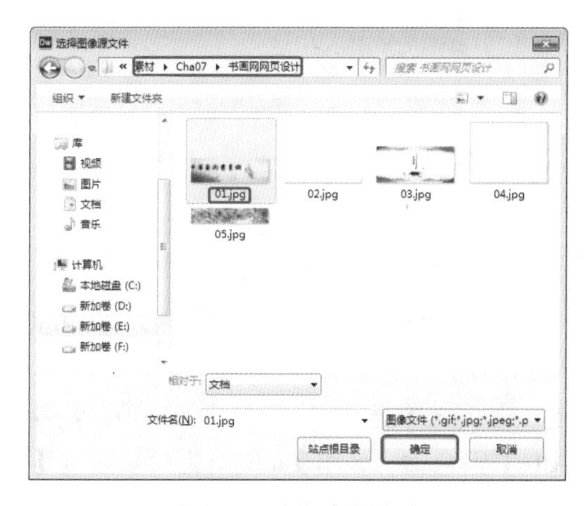

图 7-46 选择素材图片

图 7-47 插入素材图片

(4) 将光标置入下一行单元格中，将【高】设置为 70。按 Ctrl+Alt+I 组合键，弹出【选择图像源文件】对话框，选择随书附带光盘中的"CDROM\素材\Cha07\书画网网页设计\02.jpg"素材文件，如图 7-48 所示。

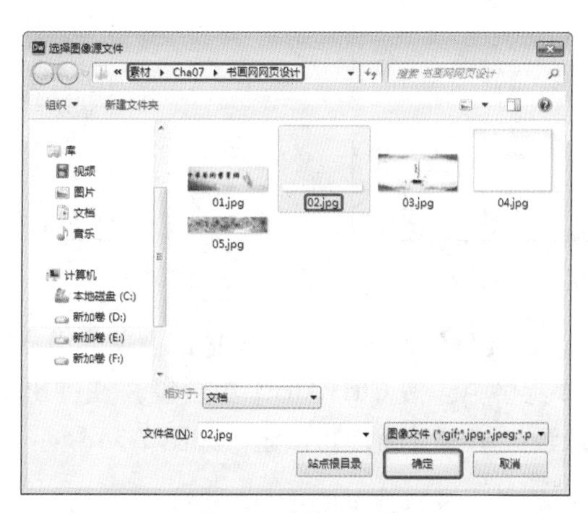

图 7-48 选择素材图片

知识链接

书画是书法和绘画的统称，也称为字画。书即是俗话说的所谓的字，但不是一般人写的字，一般写字，只求正确无讹，在应用上不发生错误即可。倘若图书馆和博物馆把一般人写的字收藏起来，没有这个必要。图书馆和博物馆要保存的是字中的珍品。历史上有名的书法家写的真迹，在写字技巧上有很多创造或独具一格的，称为书法艺术。

(5) 单击【确定】按钮，然后再单击空白处，在菜单栏中选择【插入】| Div 命令，在弹出的【插入 Div】对话框中将 ID 设置为 div01，如图 7-49 所示。

(6) 然后单击【新建 CSS 命令】按钮，在弹出的【新建 CSS 规则】对话框中使用默认参数，然后单击【确定】按钮，如图 7-50 所示。

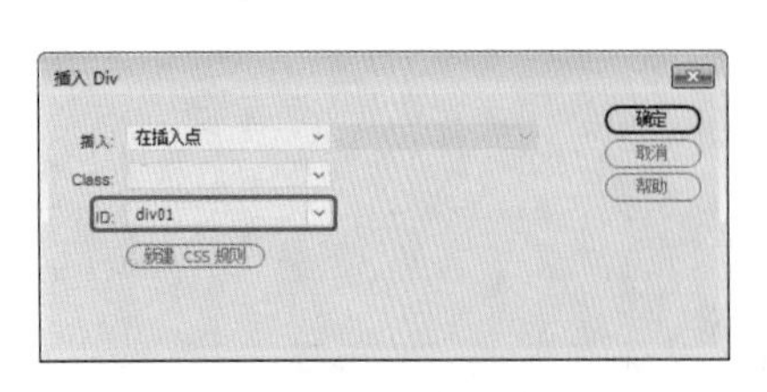

图 7-49　【插入 Div】对话框

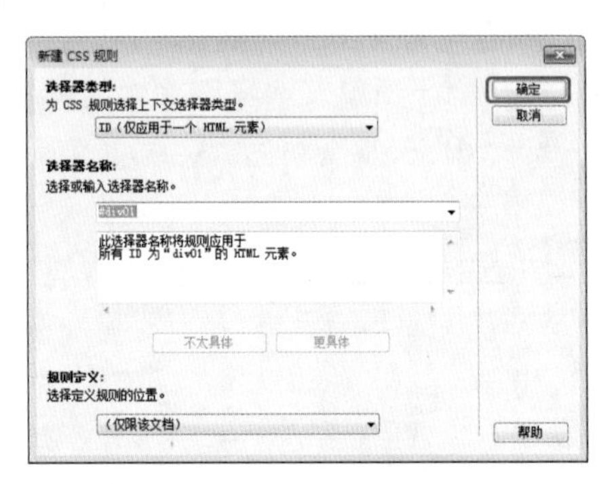

图 7-50　【新建 CSS 规则】对话框

（7）在弹出的对话框中，将【分类】选择为【定位】，然后将 Position（定位）设置为 absolute（绝对的），将 Width 设置为 1000px，单击【确定】按钮，如图 7-51 所示。

（8）返回到【插入 Div】对话框，然后单击【确定】按钮，在页面中插入 Div。将 div01 中的文字删除，将【高】设置为 50，将光标置于插入的 div01 中，按 Ctrl+Alt+T 组合键，弹出 Table 对话框，设置【行数】为 1、【列】数为 7、【表格宽度】为 1000 像素，然后单击【确定】按钮，如图 7-52 所示。

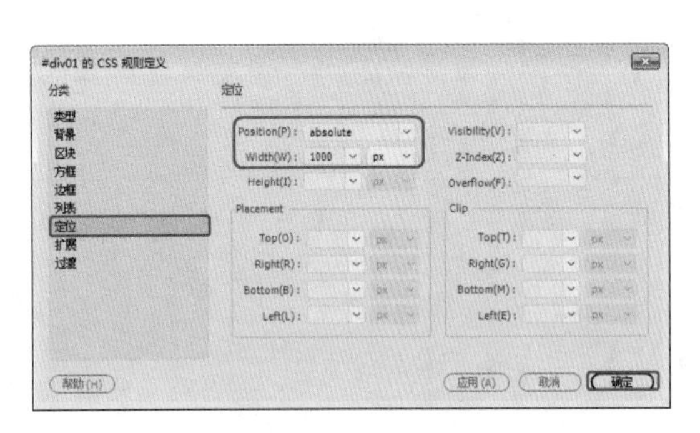

图 7-51　设置【定位】

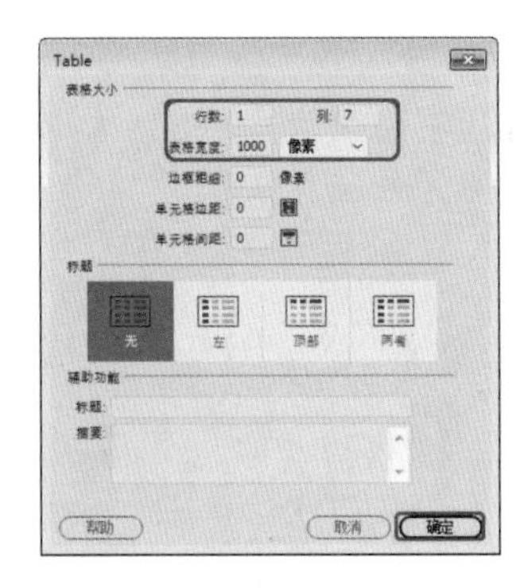

图 7-52　Table 对话框

（9）选中新插入的表格，设置【高】为 50，将【水平】设置为【居中对齐】，如图 7-53 所示。

（10）将光标置于第 1 列单元格中，按 Ctrl+Alt+T 组合键，在弹出的 Table 对话框中将其设置为 1 行 1 列，【表格宽度】为 100 像素，单击【确定】按钮，如图 7-54 所示。

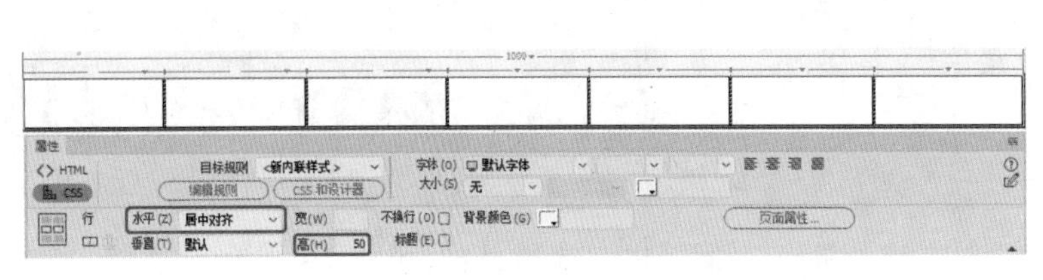

图 7-53　设置单元格

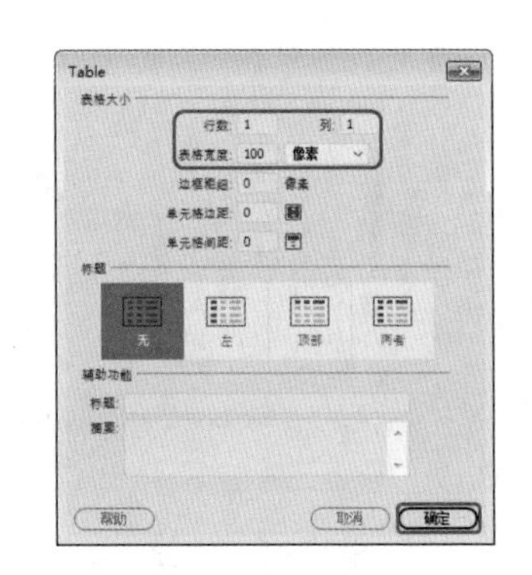

图 7-54　Table 对话框

（11）将新插入单元格的【背景颜色】设置为 #51A627，将【水平】设置为【居中对齐】，输入文字并设置文字的大小、颜色及字体，如图 7-55 所示。

图 7-55　插入表格并设置文字

（12）然后在剩余的单元格内输入文字，设置大小和字体，并将 Div 移动到合适的位置，如图 7-56 所示。

图 7-56　输入其他文字

（13）在空白处单击，按 Ctrl+Alt+T 组合键新建表格，在弹出的 Table 对话框中设置表格为 1 行 1 列，将【表格宽度】设置为 1000 像素，单击【确定】按钮，如图 7-57 所示。

（14）将表格的 Align 设置为【居中对齐】，然后将鼠标置入表格内，按 Ctrl+Alt+I 组合键，在弹出的【选择图像源文件】对话框中选择随书附带光盘中的"CDROM\ 素材 \Cha07\ 书画网网页设计 \03.jpg"素材图片，单击【确定】按钮，如图 7-58 所示。

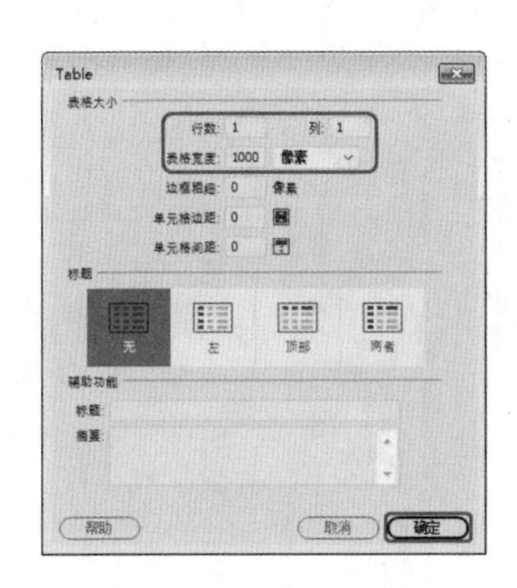

图 7-57　Table 对话框

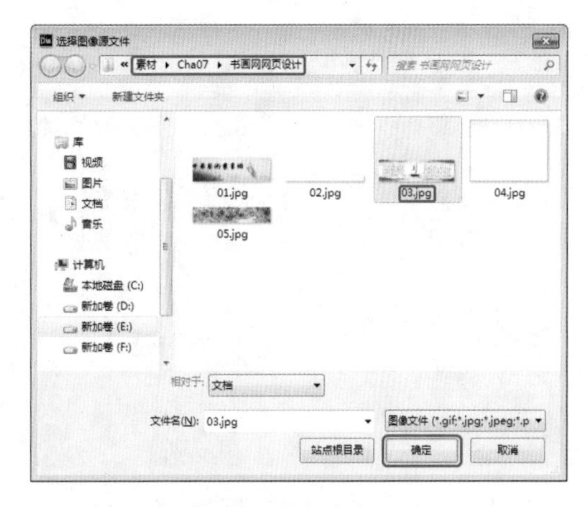

图 7-58　选择素材图片

（15）插入素材图片后的效果如图 7-59 所示。

（16）将光标置于表格右侧，再次插入一个 1 行 5 列的表格，将【表格宽度】设置为 1000 像素，Align 设置为【水平居中】，分别选择第 1、3、5 列单元格，按 Ctrl+Alt+I 组合键，在弹出的【选择图像源文件】对话框中选择随书附带的"CDROM| 素材 \Cha07\ 书画网网页设计 \ 04.jpg"素材图片，将第 2 列单元格的【宽】设置为 18，将第 4 列单元格的【宽】设置为 21，效果如图 7-60 所示。

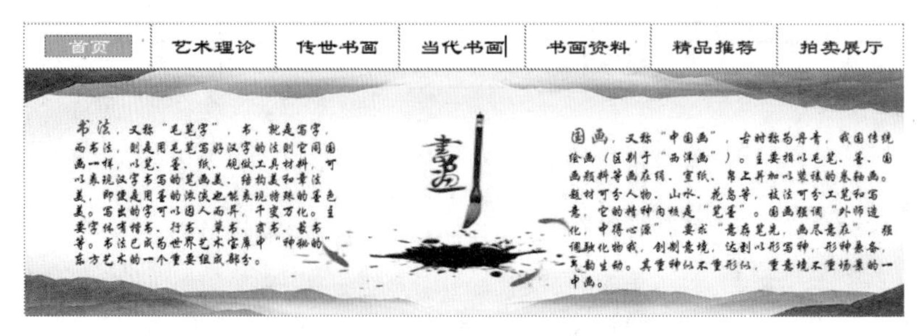

图 7-59　插入素材图片

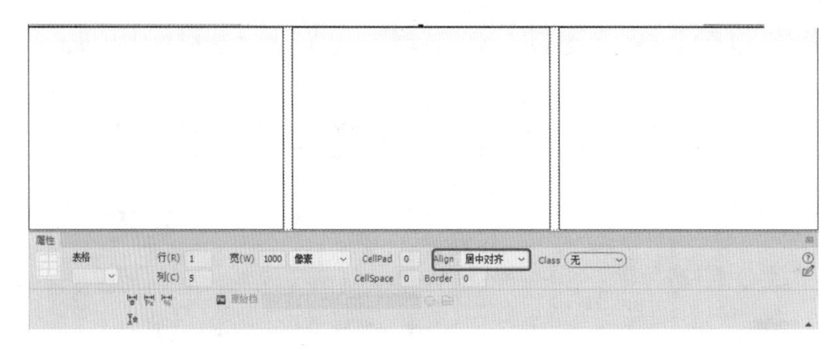

图 7-60　创建表格并插入图片

知识链接

在【属性】面板中的各项表格参数如下。

① Table：文本框中可以为表格命名。

②【行】：设置表格行数。

③ Cols：设置表格列数。

④【宽】：设置表格宽度。

⑤ Cellpad：单元格内容和单元格边界之间的像素数。

⑥ allSpace：相邻的表格单元格之间的像素数。

⑦ Align：设置表格的对齐方式，在下拉列表框中包含【默认】【左对齐】【居中对齐】和【右对齐】4个选项。

⑧ Border：用来设置表格边框的宽度。

【清除列宽】：用于清除列宽。

【清除行高】：用于清除行高。

【将表格宽度转换成像素】：将表格宽度转换为像素。

【将表格宽度转换成百分比】：将表格宽度转换为百分比。

(17) 根据之前所讲述的方法插入div02。选中div02，然后在【属性】面板中将【宽】设置为326px、【高】设置为250px，然后在div02中创建一个2行2列的表格，将【表格宽度】设置为326像素，将【边框粗细】【单元格边距】【单元格间距】均设置为0，如图7-61所示。

(18) 选择第2行单元格将其合并，并将【高】设置为210，将第1行第1列单元格的【水平】设置为【居中对齐】、【高】设置为46，输入文字并设置【字体颜色】为#009BFF，如图7-62所示。

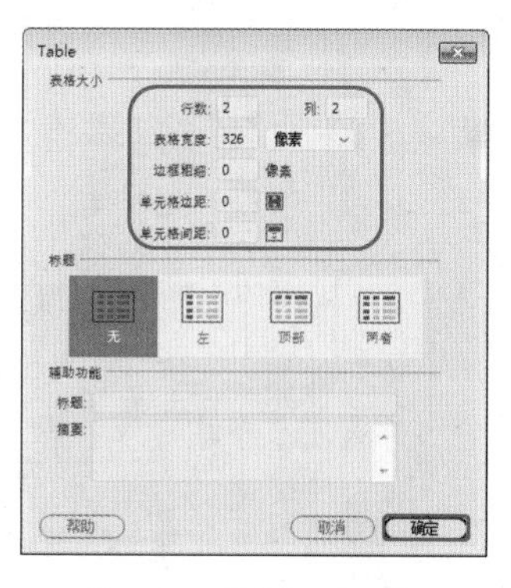

图 7-61 Table 对话框

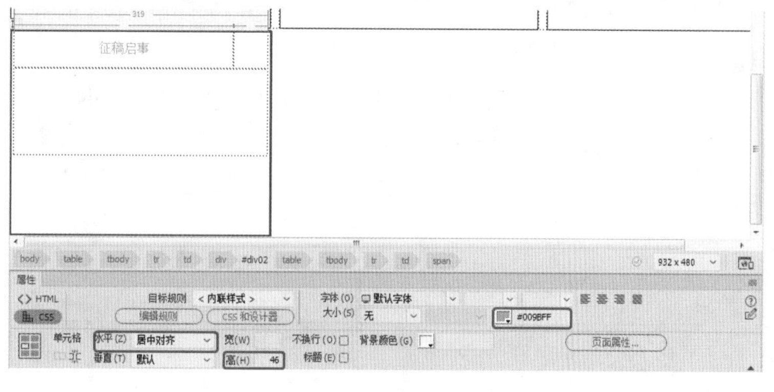

图 7-62 更改文字属性

(19) 将第 1 行第 2 列单元格的【水平】设置为【右对齐】并输入文字，然后选中输入的文字并在【属性】面板的【链接】文本框中输入“#”插入空链接，如图 7-63 所示。

(20) 选择第 2 行单元格，将【水平】设置为【居中对齐】，输入文字，将【大小】设置为 14，并插入空链接，如图 7-64 所示。

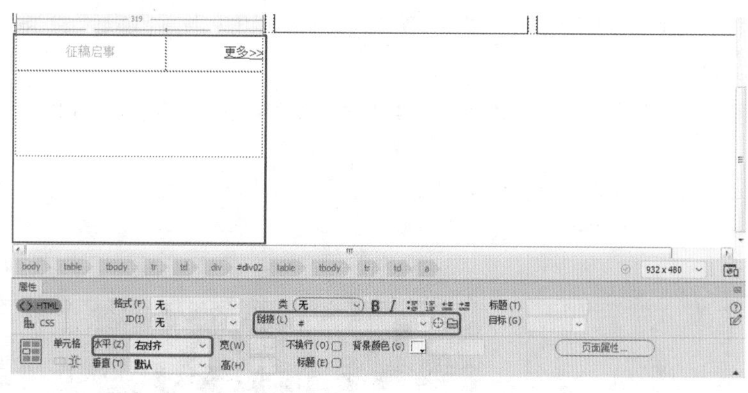

图 7-63 插入 div02

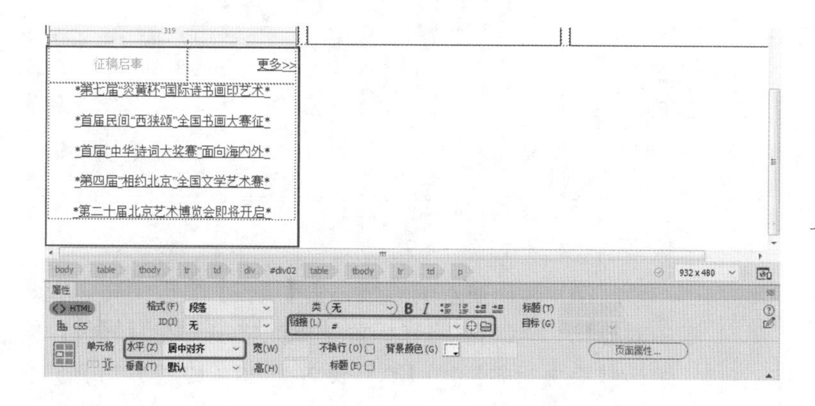

图 7-64 插入表格

提 示

在【链接】文本框中输入“#”会为选中的对象创建一个空链接。

（21）将 div02 移动到合适的位置并使用同样的方法创建其他 div，插入表格，输入文字。按 F12 键进行预览，如图 7-65 所示。

（22）在空白处单击，按 Ctrl+Alt+T 组合键弹出 Table 对话框，创建一个 1 行 1 列、【表格宽度】为 1000 像素的表格，如图 7-66 所示。

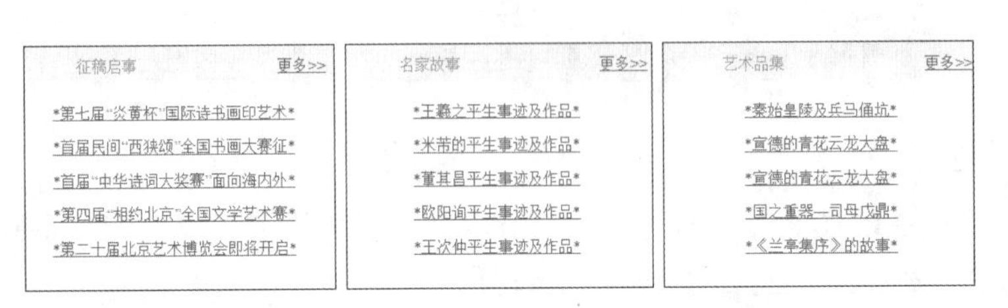

图 7-65　进行预览

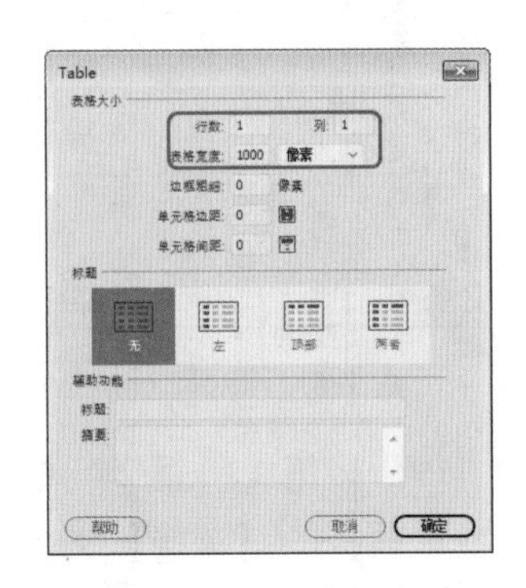

图 7-66　插入素材图片

（23）将 Align 设置为【水平居中】，然后将鼠标置入表格内，按 Ctrl+Alt+I 组合键，在弹出的【选择图像源文件】对话框中选择随书附带的"CDROM\ 素材 \Cha07\ 书画网网页设计 \ 05.jpg"素材图片，单击【确定】按钮，如图 7-67 所示。

（24）调整素材图片的【宽度】为 1000px、【高度】为 164px，如图 7-68 所示。

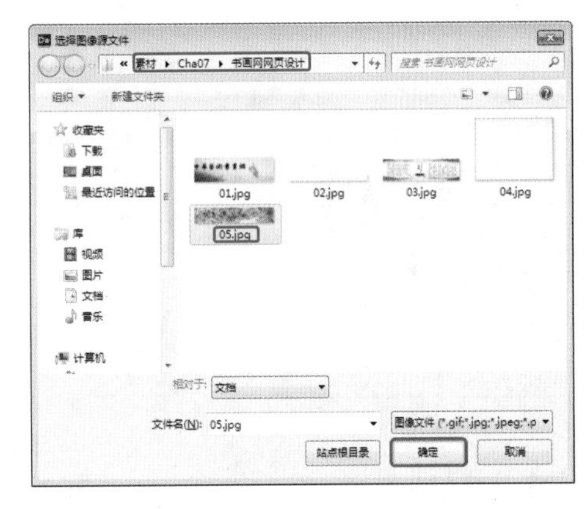

图 7-67　选择素材图片

图 7-68　插入素材图片

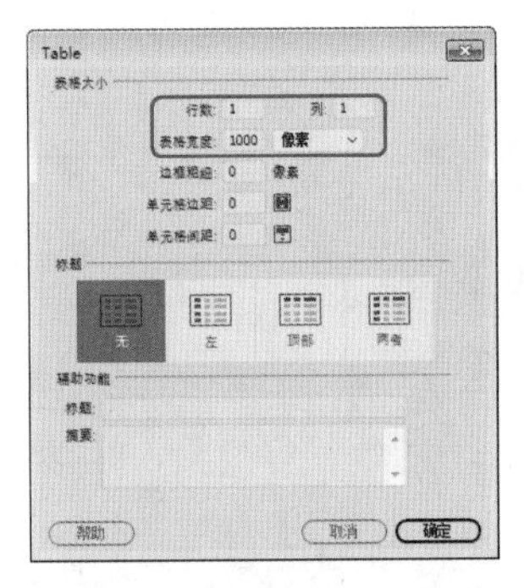

图 7-69　Table 对话框

（25）使用之前的方法再次创建一个 1 行 1 列、【表格宽度】为 1000 像素的表格，如图 7-69 所示。

（26）选择插入的表格，在【属性】面板中将 Align（对齐）设置为【居中对齐】，然后再将光标置于单元格中，在【属性】面板中将【水平】设置为【居中对齐】、【高】设置为 20，如图 7-70 所示。

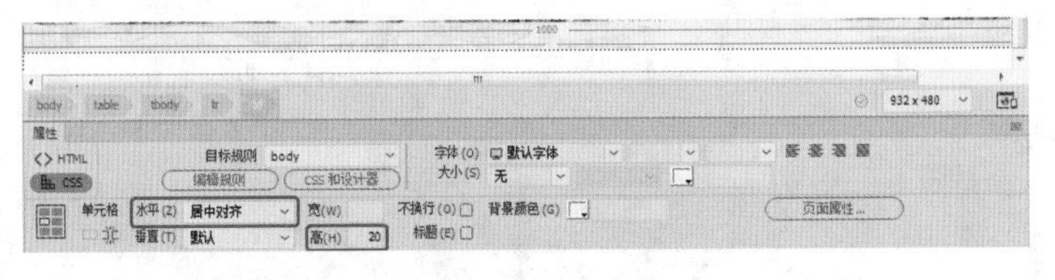

图 7-70　设置图片

（27）在表格中输入文字，如图 7-71 所示。

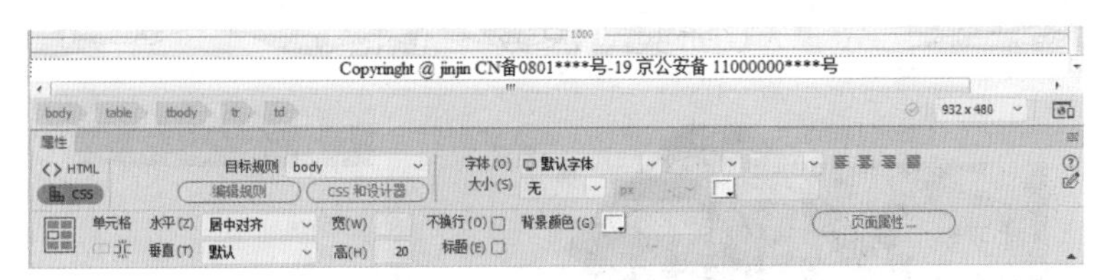

图 7-71 输入文字

（28）设置字体的【大小】为 14px，如图 7-72 所示。

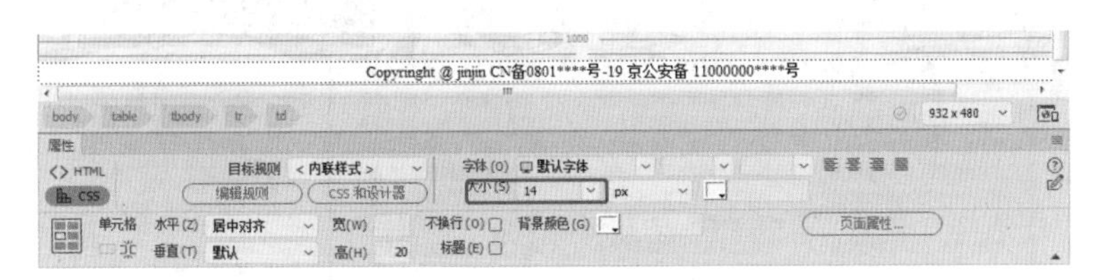

图 7-72 设置字号

（29）按 F12 键进行预览，如图 7-73 所示。

图 7-73 网页预览

案例精讲 059 唐人戏曲网页的设计【视频案例】

本案例将介绍如何制作唐人戏曲网页，在制作过程中主要应用 Div 的设置，对于网页的布局是本例的学习重点。具体操作方法请参考光盘中的视频文件，完成后的效果如图 7-74 所示。

案例文件：CDROM \ 场景 \ Cha07 \ 唐人戏曲网页设计 .html

视频文件：视频教学 \ Cha07 \ 唐人戏曲网页设计 .avi

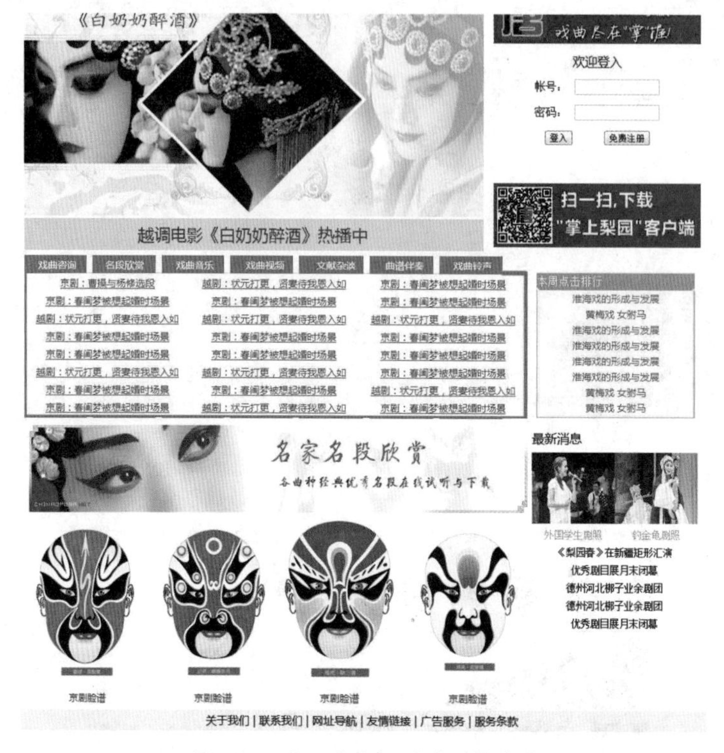

图 7-74　唐人戏曲网页的设计效果

案例精讲 060　婚纱摄影网页的设计【视频案例】

本案例将介绍如何制作婚纱摄影网页的设计，在制作这类网页时需要注意突出主题，通过大量的婚纱照片给网页内容带来丰富感。具体操作方法请参考光盘中的视频文件，完成后的效果如图 7-75 所示。

案例文件：CDROM \ 场景 \ Cha07 \ 婚纱摄影网页设计 .html

视频文件：视频教学 \ Cha07 \ 婚纱摄影网页设计 .avi

图 7-75 婚纱摄影网页的设计效果

案例精讲 061 家居网站的设计

本案例将讲解如何制作家居网站，主要使用插入表格命令和插入图像命令进行制作。具体操作方法如下，完成后的效果如图 7-76 所示。

案例文件：CDROM \ 场景 \ Cha07 \ 家居网站设计 .html

视频文件：视频教学 \ Cha07 \ 家居网站设计 .avi

图 7-76　家居网站的设计效果

（1）启动软件后，按 Ctrl+N 组合键打开【新建文档】对话框，选择【新建文档】| HTML | HTML5 选项，单击【创建】按钮，如图 7-77 所示。

（2）进入工作界面后，在菜单栏中选择【插入】| Table 命令，也可以按 Ctrl+Alt+T 组合键打开 Table 对话框，如图 7-78 所示。

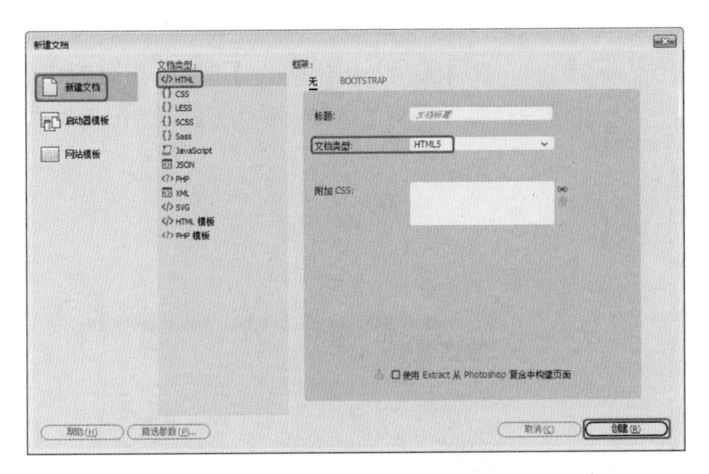

图 7-77 【新建文档】对话框

图 7-78 Table 命令

(3) 在 Table 对话框中将【行数】设置为 1、【列】设置为 9、【表格宽度】设置为 800 像素，其他参数均设置为 0，单击【确定】按钮，如图 7-79 所示。

(4) 然后将光标置于第 1 列单元格中，在【属性】面板中将【宽】设置为 135，如图 7-80 所示。

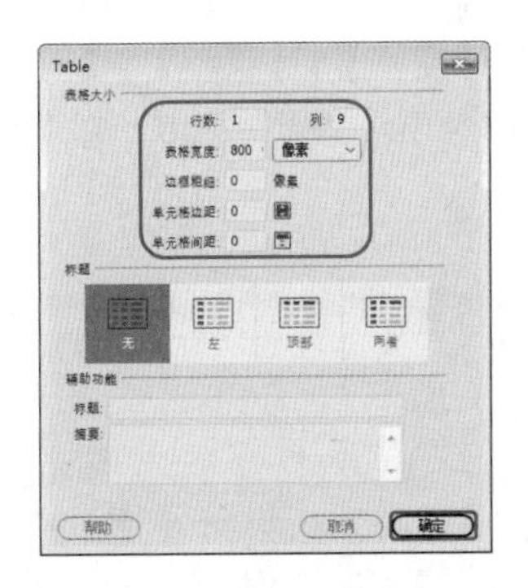

图 7-79 Table 对话框

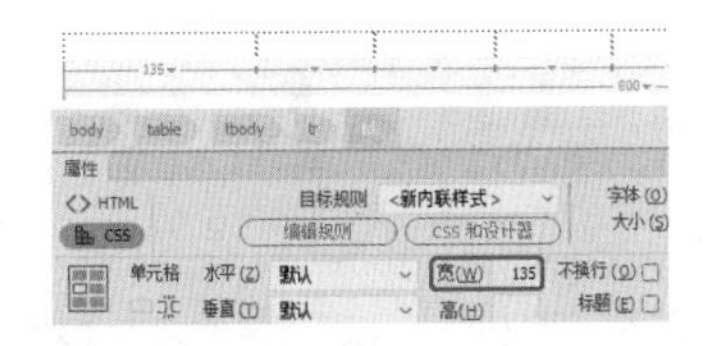

图 7-80 设置单元格的【宽】

(5) 然后在其他的单元格中输入文字，适当调整表格的宽度，并选中带有文字的单元格，在下方的【属性】面板中将【大小】设置为 12 px，如图 7-81 所示。

(6) 将光标插入右侧的表格外，按 Enter 键换至下一行，再次按 Ctrl+Alt+T 组合键，打开 Table 对话框，将【行数】设置为 1、【列】设置为 4、【表格宽度】设置为 800 像素、【单元格间距】设置为 2，其他参数均设置为 0，单击【确定】按钮，如图 7-82 所示。

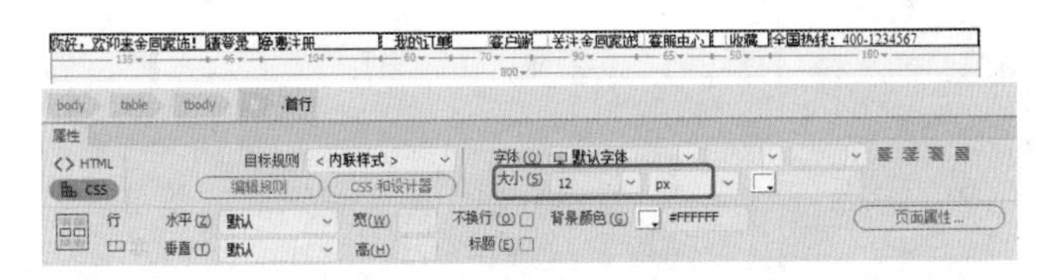

图 7-81 设置单元格中文字的大小

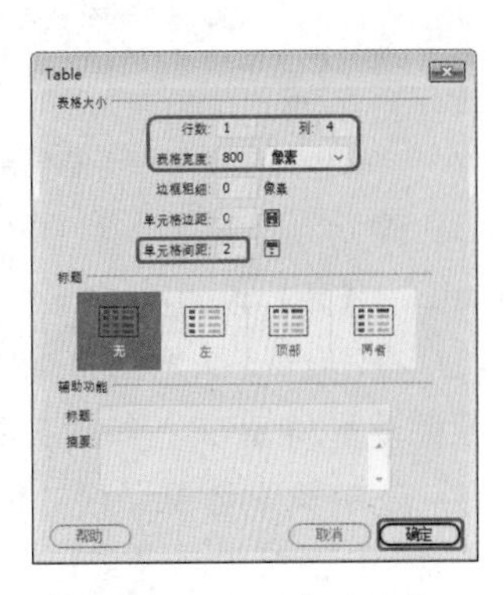

图 7-82 设置新的表格

（7）将光标置于第1列单元格中，按Ctrl+Alt+I组合键，打开【选择图像源文件】对话框，选择随书附带光盘中的"CDROM\素材\Cha07\家居网设计\标志.jpg"素材图片，单击【确定】按钮，如图7-83所示。

（8）确认光标还在上一步插入的单元格中，在【属性】面板中将【宽】设置为144，如图7-84所示。

图7-83 选择素材

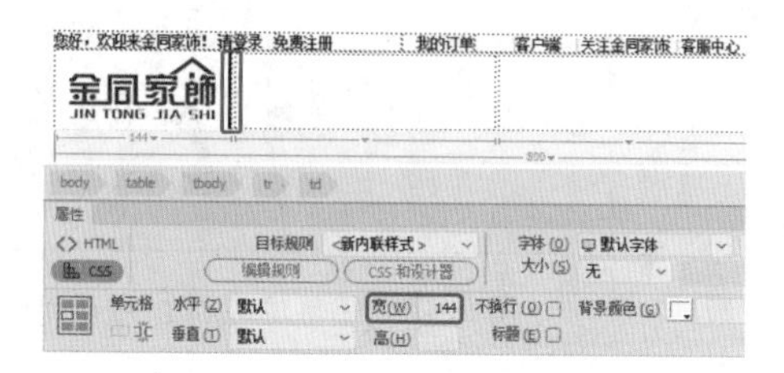

图7-84 设置单元格的【宽】

（9）选中第2列单元格，在【属性】面板中单击【拆分单元格为行或列】按钮，即可弹出【拆分单元格】对话框，选中【行】单选按钮，将【行数】设置为2，单击【确定】按钮，如图7-85所示。

（10）将光标插入上一步拆分的第1行中，在菜单栏中选择【插入】|【表单】|【搜索】命令，即可插入搜索框，将多余文字删除，然后在下方的【属性】面板中将Size设置为40，在Value文本框中输入【衣柜】，如图7-86所示。

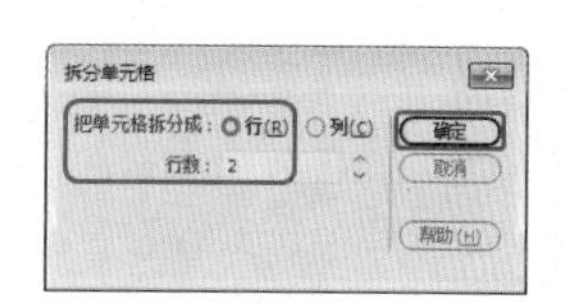

图7-85 【拆分单元格】对话框

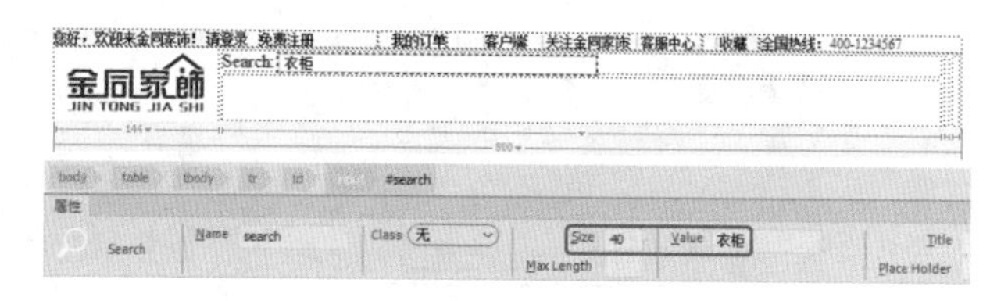

图7-86 插入搜索框并设置属性

（11）确认光标还在上一步插入的单元格中，在菜单栏中选择【插入】|【表单】|【按钮】命令，即可插入一个按钮，将多余文字删除，在下方的【属性】面板的Value文本框中输入【搜索】，如图7-87所示。

知识链接

按钮：按钮可以在单击时执行操作。可以为按钮添加自定义名称或标签，或者使用预定义的【提交】或【重置】标签。使用按钮可将表单数据提交到服务器或者重置表单，还可以指定其他已在脚本中定义的处理任务，如可能会使用按钮根据指定的值计算所选商品的总价。

（12）确认光标在上一步插入的单元格中，在【属性】面板中将【垂直】设置为【底部】，【宽】设置为402、【高】设置为59，如图7-88所示。

（13）在下一行单元格中输入文字，选中文字，将【垂直】设置为【顶端】、【大小】设置为12 px，将颜色设置为#F60，如图7-89所示。

（14）选中第3列单元格，使用前面介绍的方法拆分单元格，并将光标插入拆分后的第2个单元格中，在【属性】面板中将【高】设置为30 px，然后输入文字，并将文字【大小】设置为15 px，如图7-90所示。

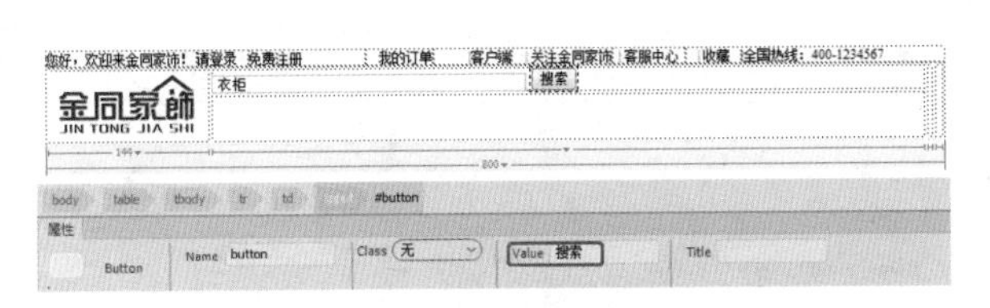

图 7-87　设置按钮属性

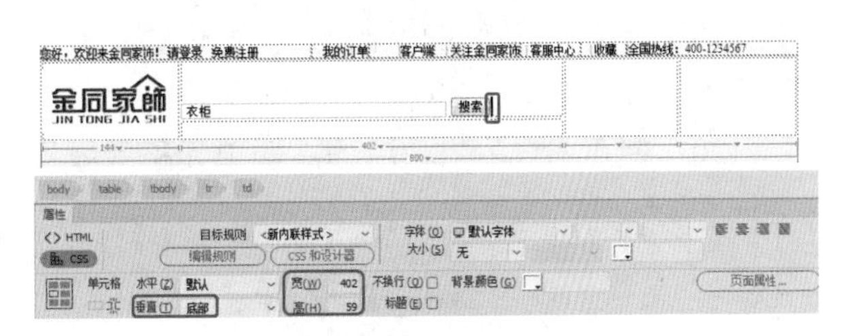

图 7-88　设置单元格

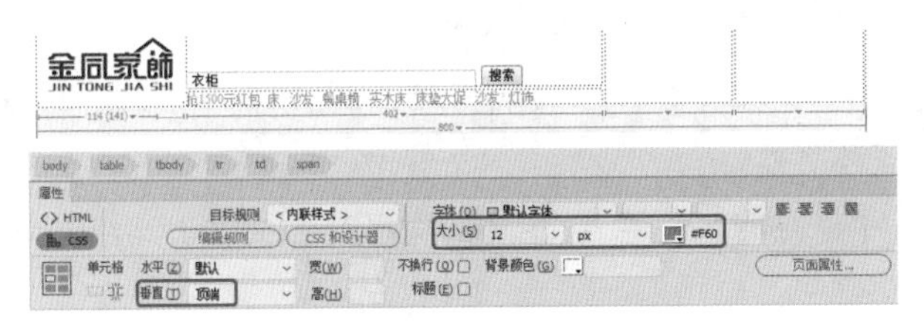

图 7-89　选择素材

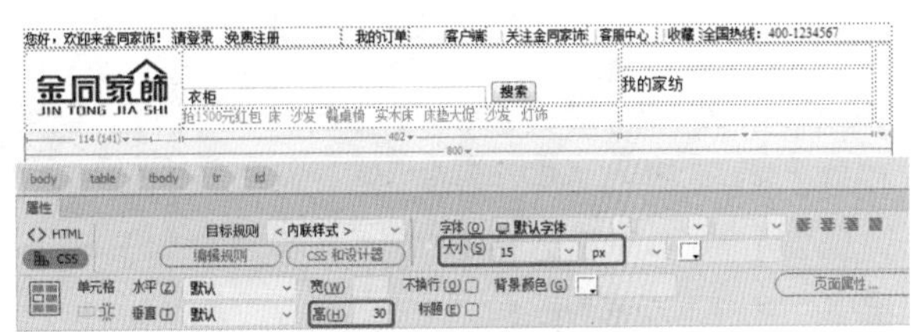

图 7-90　设置单元格

（15）确认光标插入在上一步的单元格中，在【文档】栏中单击**拆分**按钮，切换至拆分视图，在打开的界面中找到上一步输入的文字，并在该文字所在段落初始处的 <td 右侧插入光标，如图 7-91 所示。

（16）然后按空格键即可弹出选项面板，选择 background 选项，如图 7-92 所示。

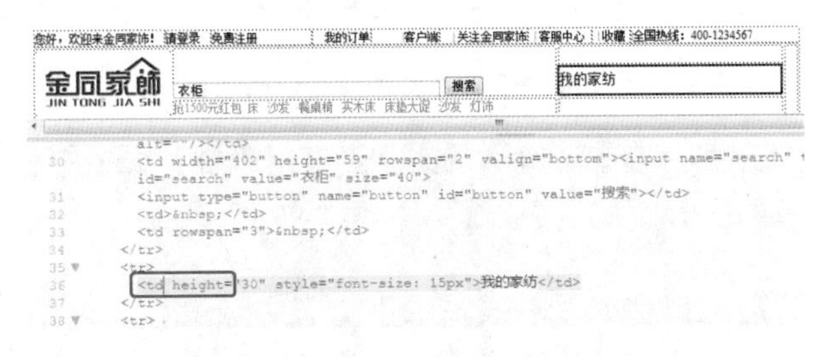

图 7-91　选择素材

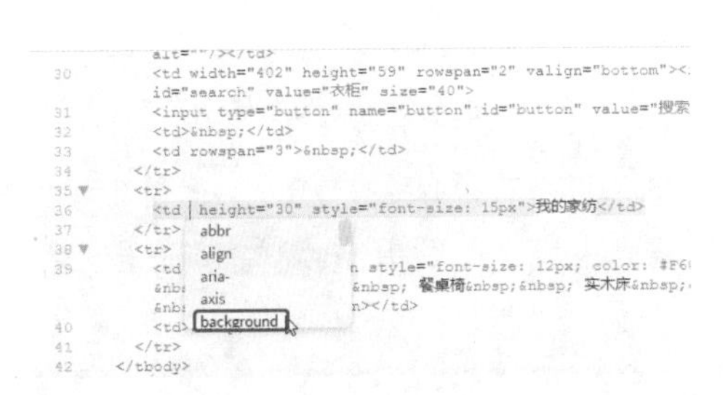

图 7-92　设置单元格

（17）执行上一步操作后，将弹出【浏览】选项，双击该选项，即可打开【选择文件】对话框，选择【底图 1.jpg】素材文件，单击【确定】按钮，如图 7-93 所示。

（18）返回到文档中后，在【文档】栏中单击**设计**按钮，切换至设计视图，然后输入文字，将【大小】设置为 15，效果如图 7-94 所示。

图 7-93　选择素材

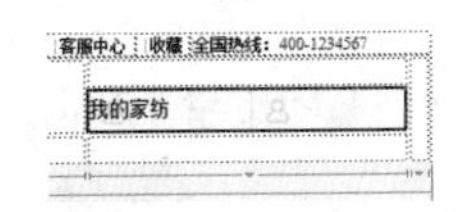

图 7-94　查看效果

（19）使用光标调整单元格边框的位置，调整至合适的位置，并在该单元格文字前加入空格调整文字的位置，如图 7-95 所示。

（20）使用同样的方法制作右侧单元格的效果，并将其中的文字颜色设置为红色，制作后的效果如图 7-96 所示。

图 7-95 调整单元格

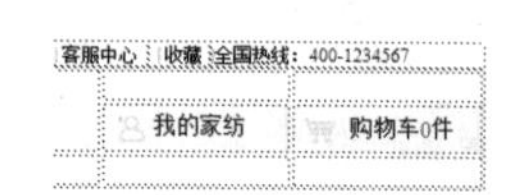

图 7-96 制作其他单元格效果

（21）使用前面介绍的方法插入一个 1 行 7 列、【单元格间距】为 0 的表格，并分别设置单元格的宽和高，效果如图 7-97 所示。

（22）选中新插入的单元格，在【属性】面板中【背景颜色】右侧文本框中输入 #550000，按 Enter 键确认，如图 7-98 所示。

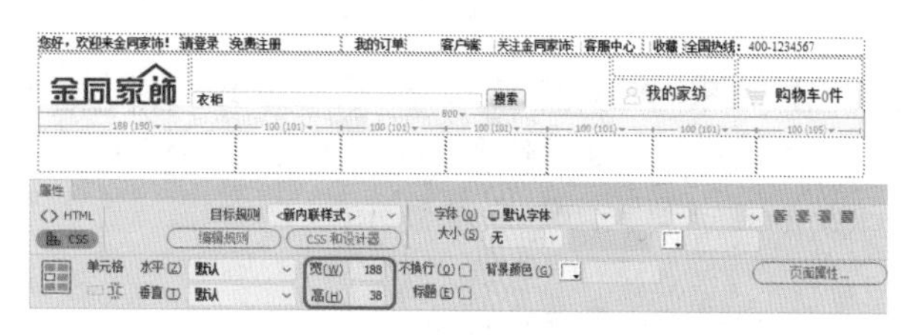

图 7-97 插入表格

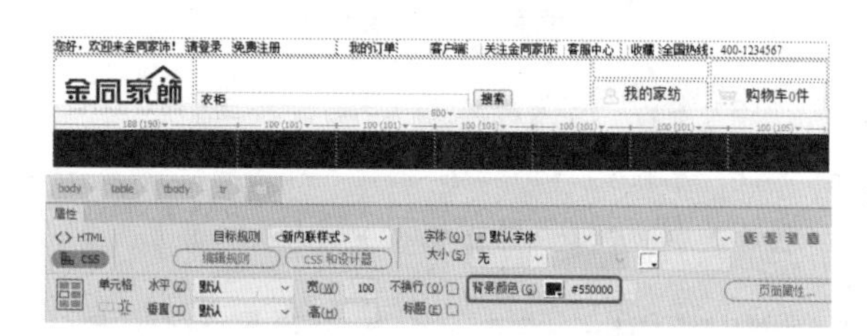

图 7-98 设置单元格【背景颜色】

（23）使用前面介绍的方法，在各个单元格中输入文字，选中新输入的文字，在【属性】面板中将颜色设置为白色，然后单击 HTML 按钮，切换面板，单击【粗体】按钮 B，如图 7-99 所示。

提 示

此外，用户还可以按 Ctrl+B 组合键对文字进行加粗，或在菜单栏中选择【格式】|【HTML 样式】|【加粗】命令来体现加粗效果。

（24）使用同样方法设置其他文字，并使用同样方法插入表格，制作具有类似效果的单元格，效果如图 7-100 所示。

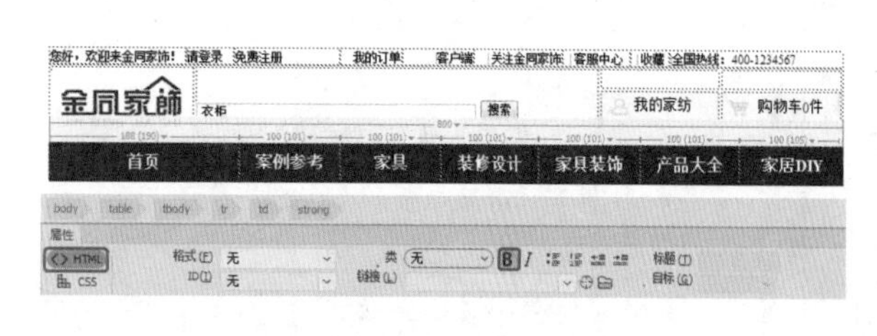

图 7-99 输入文字并加粗文字

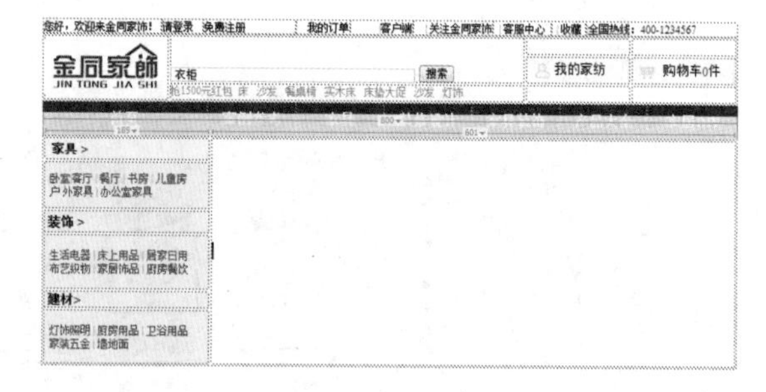

图 7-100 设置单元格

（25）在新插入表格的空白单元格中单击，按 Ctrl+Alt+I 组合键打开【选择图像源文件】对话框，选择“家居 .jpg”素材图片，单击【确定】按钮，将图片的【宽】【高】分别设置为 602px、252px，如图 7-101 所示。

（26）根据前面介绍的方法插入表格和图像，输入并设置文字，制作出其他的效果，效果如图 7-102 所示，通过将光标插入单元格中，在【属性】栏中设置文字的居中效果。

（27）最后将场景进行保存，可以按 F12 键通过浏览器预览网页效果，还可以在切换至实时视图中查看效果。

图 7-101　选择素材

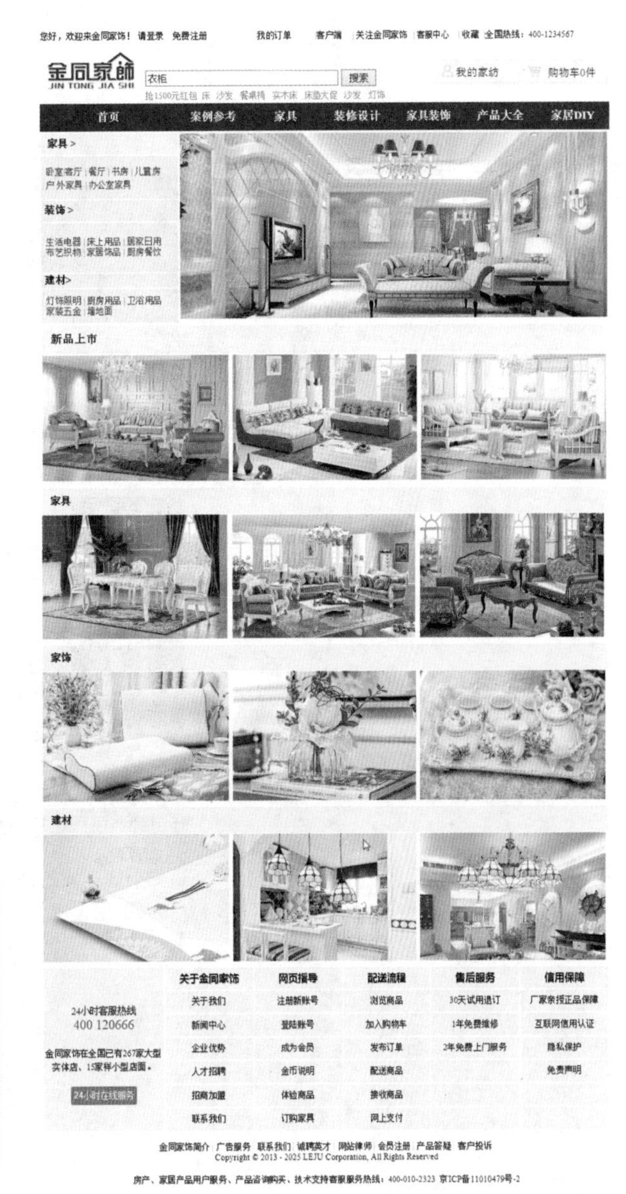

图 7-102　制作出其他效果

案例精讲 062　工艺品网站的设计【视频案例】

本案例将讲解如何制作工艺品网站，主要使用插入表格和图像，并使用了鼠标经过图像命令和插入 Div 的命令进行制作。具体操作方法请参考光盘中的视频文件，完成后的效果如图 7-103 所示。

案例文件：CDROM \ 场景 \ Cha07 \ 工艺品网站设计 .html

视频文件：视频教学 \ Cha07 \ 工艺品网站设计 .avi

图 7-103　工艺品网站的设计效果

第8章 旅游交通类网站的设计

本章重点

- 驰飞网网页的设计
- 天气预报网网页的设计
- 黑蚂蚁欢乐谷网页的设计（一）
- 黑蚂蚁欢乐谷网页的设计（二）
- 旅游网站（一）
- 旅游网站（二）
- 旅游网站（三）

本章将介绍旅游交通类网站的设计，其中包括驰飞网、天气预报、黑蚂蚁欢乐谷等网页的设计。通过本章的学习可以使读者对道路交通、天气类网页设计有一定的了解。

案例精讲 063　驰飞网网页的设计

本案例将介绍驰飞网网页的制作过程，主要讲解了使用表格布局网站结构，其中还介绍了如何插入图片、设置 CSS 规则、设置字体样式。具体操作方法如下，完成后的效果如图 8-1 所示。

案例文件：CDROM \ 场景 \ Cha08 \ 驰飞网网页的设计 .html

视频文件：视频教学 \ Cha08 \ 驰飞网网页的设计 .avi

图 8-1　驰飞网网页的设计效果

（1）启动软件后，新建一个 HTML 文档。新建文档后，按 Ctrl+Alt+T 组合键，弹出 Table 对话框，将【行数】设置为 1、【列】设置为 2，将【表格宽度】设为 800 像素，将【边框粗细】【单元格边距】和【单元格间距】均设为 0，然后单击【确定】按钮，如图 8-2 所示。

（2）选中插入的表格，在【属性】面板中将 Align（对齐）设置为【居中对齐】，如图 8-3 所示。

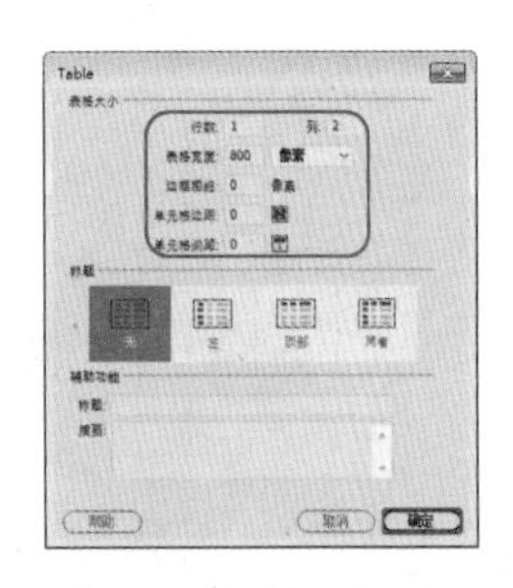

图 8-2　Table 对话框

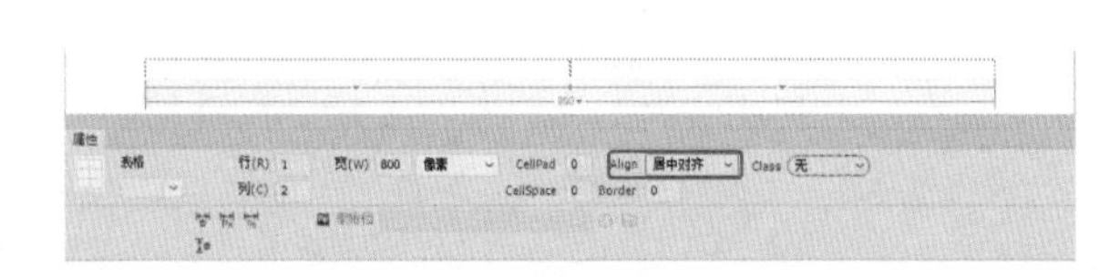

图 8-3　设置表格对齐

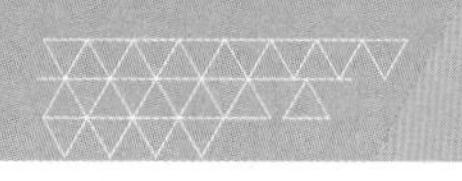

知识链接

HTML是一种规范、一种标准，它通过标记符号来标记要显示的网页中的各个部分。网页文件本身是一种文本文件，通过在文本文件中添加标记符，可以告诉浏览器如何显示其中的内容（如文字如何处理，画面如何安排，图片如何显示等）。浏览器按顺序阅读网页文件，然后根据标记符解释和显示其标记的内容，对书写出错的标记将不指出其错误，且不停止其解释执行过程，编制者只能通过显示效果来分析出错原因和出错部位。但需要注意的是，对于不同的浏览器，对同一标记符可能会有不完全相同的解释，因而可能会有不同的显示效果。

HTML之所以称为超文本标记语言，是因为文本中包含了“超链接”点。超链接就是一种URL指针，通过激活（单击）它，可使浏览器方便地获取新的网页。这也是HTML获得广泛应用的最重要的原因之一。

(3) 将光标插入单元格中，在【属性】面板中将【高】设置为90，如图8-4所示。

(4) 将光标置入第一列单元格，选择随书附带光盘中的“CDROM\素材\Cha08\驰飞网\驰飞网.jpg”素材图片，然后单击【确定】按钮，如图8-5所示。

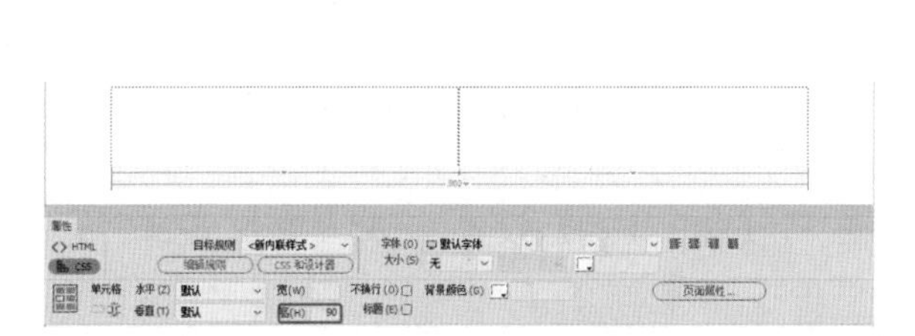

图8-4　设置单元格的【高】

图8-5　插入图片

提　示

除了输入代码外，用户还可以将光标置于td的后面，按Enter键，在弹出的快捷菜单中选择background命令，并双击该命令，弹出【浏览】选项，单击该选项，此时会弹出【选择文件】对话框，选择相应的背景素材即可。

(5) 然后将第2列单元格的【水平】设置为【右对齐】、【垂直】设置为【底部】，然后插入一个2行2列、【表格宽度】为300像素的表格，如图8-6所示。

(6) 选中新插入表格的第1行的两个单元格，单击按钮，将其合并。然后将第1行单元格的【水平】设置为【居中对齐】、【高】设置为40，如图8-7所示。

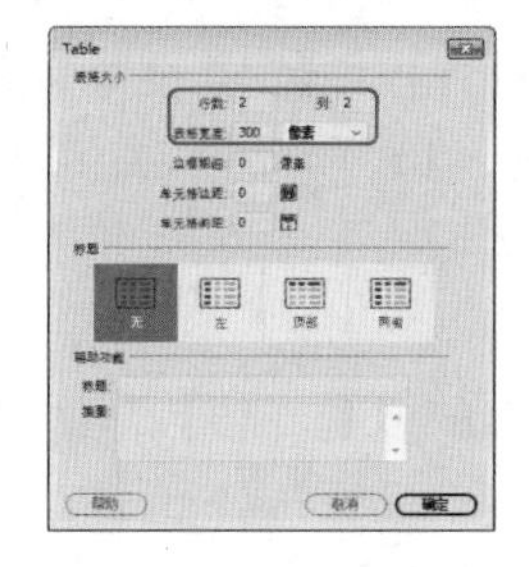

图8-6　Table对话框

图8-7　设置单元格

提 示

用户除了使用上述方法合并单元格外，还可以选择需要合并的单元格，右击在弹出的快捷菜单中选择【表格】|【合并单元格】命令，也可以按 Ctrl+Alt+M 组合键合并单元格。

(7) 然后右击，在弹出的快捷菜单中选择【CSS 样式】|【新建】命令，如图 8-8 所示。

(8) 在弹出的【新建 CSS 规则】对话框中，将【选择器类型】设置为【类（可应用于任何 HTML 元素）】，在【选择器名称】中输入 A1，然后单击【确定】按钮，如图 8-9 所示。

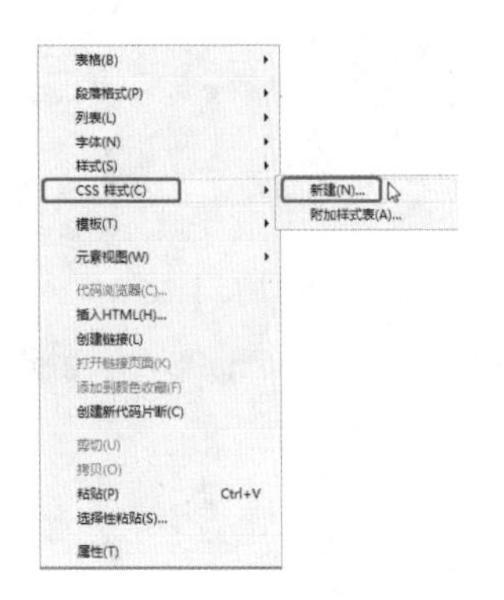

图 8-8 选择【CSS 样式】|【新建】命令

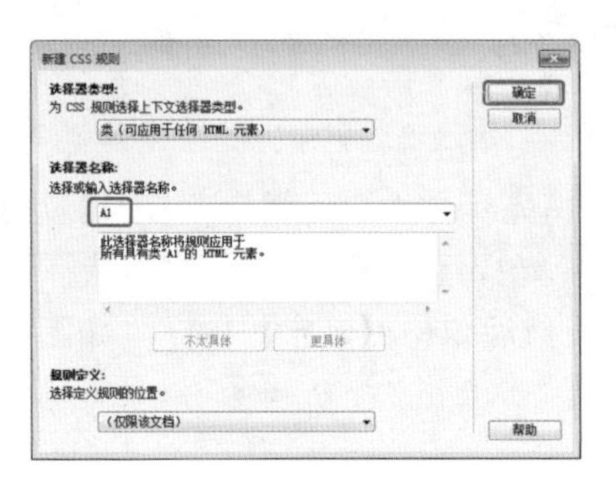

图 8-9 【新建 CSS 规则】对话框

(9) 在弹出对话框的【分类】列表中选择【类型】，将【类型】中的 Font-size（字号）设置为 13px，然后单击【确定】按钮，如图 8-10 所示。

(10) 在单元格中输入文字，然后在【属性】面板中将【目标规则】设置为 .A1，如图 8-11 所示。

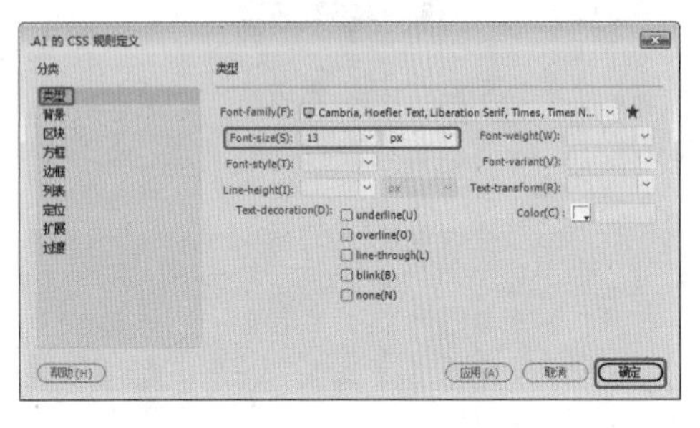

图 8-10 设置【类型】

图 8-11 输入文字并设置【目标规则】

提 示

Font-size：该选项表示设置文字的大小。

Color：设置文字的颜色。

(11) 将光标插入第 2 行第 1 列单元格中，将【水平】设置为【居中对齐】、【宽】设置为 198、【高】设置为 40。然后选择菜单栏中的【插入】|【表单】|【选择】命令，如图 8-12 所示。

(12) 将插入的【选择】控件前的 Delect 删除，然后输入文本“我的城市”，然后将【目标规则】设置为 .A1，如图 8-13 所示。

(13) 选中文本框控件，单击【属性】中的【列表值】按钮，在弹出的【列表值】对话框中添加多个项目标签，然后单击【确定】按钮，如图 8-14 所示。

(14) 将光标插入第 2 行第 2 列单元格中，将【水平】设置为【居中对齐】，如图 8-15 所示。

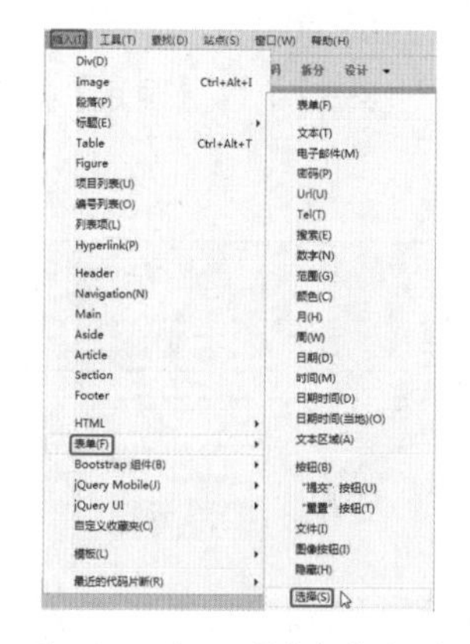

图 8-12　插入【选择】控件

图 8-13　修改文字并设置规则

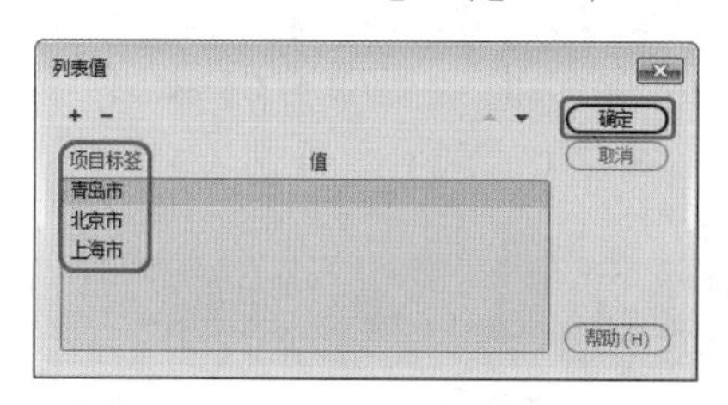

图 8-14　设置列表值

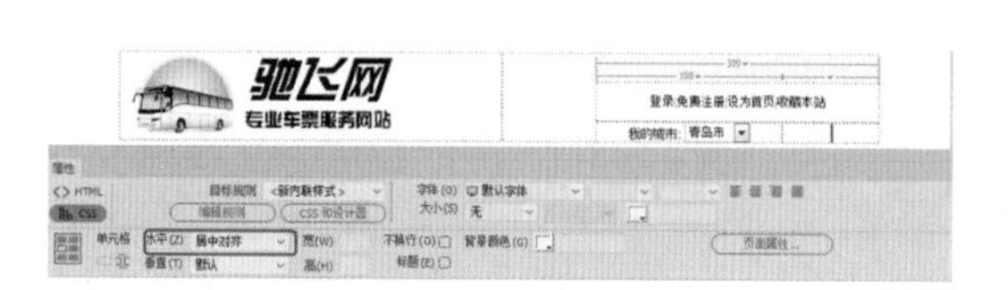

图 8-15　设置【水平】

(15) 在菜单栏中选择【插入】|【表单】|【按钮】命令。选中插入的【按钮】控件，在【属性】面板中将 Value（值）的值更改为【我的车票 >】，如图 8-16 所示。

(16) 在空白位置单击，然后按 Ctrl+Alt+T 组合键，弹出 Table 对话框，将【行数】设置为 1、【列】设置为 8，将【表格宽度】设为 800 像素，然后单击【确定】按钮。选中插入的表格，将 Align（对齐）设置为【居中对齐】，如图 8-17 所示。

图 8-16　设置 Value

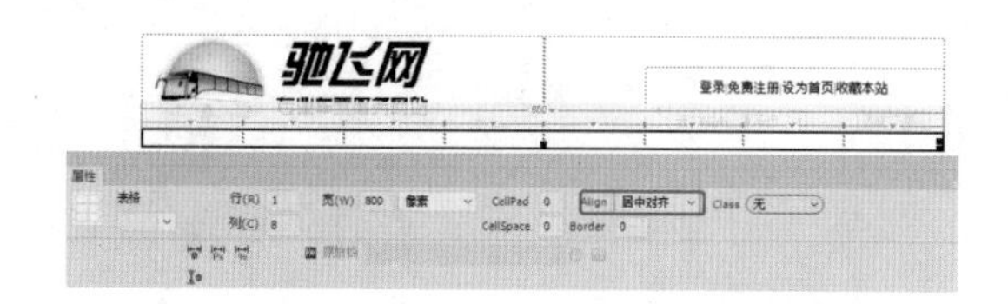

图 8-17　插入并设置表格

(17) 选中新插入的单元格，将【水平】设置为【居中对齐】、【宽】设置为 100、【高】设置为 30。将第 1 个单元格的【背景颜色】设置为 #4DB468，其他单元格的【背景颜色】设置为 #2F6F36，如图 8-18 所示。

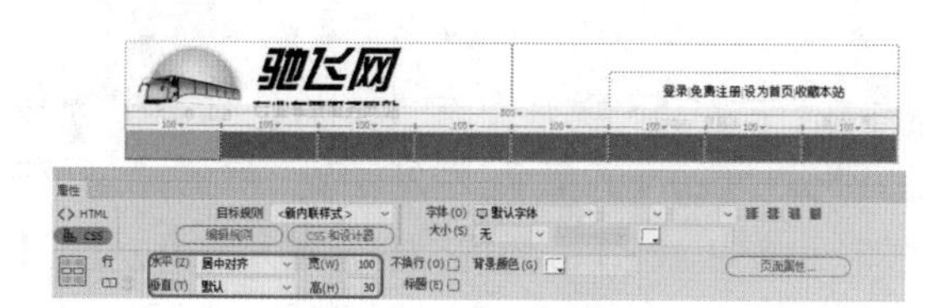

图 8-18　设置单元格

(18) 使用和之前相同的方法新建 .A2 的 CSS 规则，将【类型】中的 Font-size（字号）设置为 14px，Color（颜色）设置 #428EC8，然后单击【确定】按钮，如图 8-19 所示。

（19）使用相同的方法创建 .A3 的 CSS 规则，将【类型】中的 Font-size（字号）设置为 14px、Font-weight（字型）设置为 bold（加粗）、Color（颜色）设置为 #FFF，然后单击【确定】按钮，如图 8-20 所示。

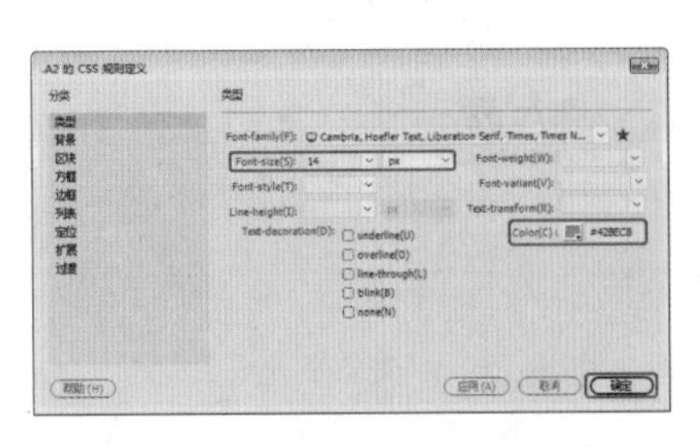

图 8-19　设置 A2 的 CSS 规则

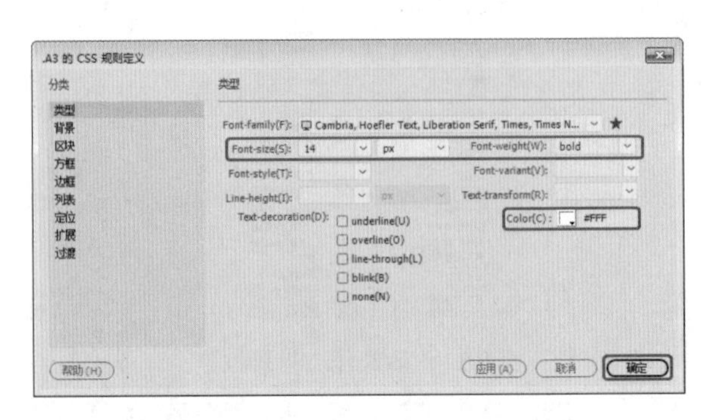

图 8-20　设置 A3 的 CSS 规则

提 示

在选中所有单元格的前提下新建 CSS 样式，可以对单元格直接应用该样式。

（20）在单元格中输入文字，然后将【目标规则】设置为 .A3，如图 8-21 所示。

（21）在空白位置单击，然后按 Ctrl+Alt+T 组合键，弹出 Table 对话框，将【行数】设置为 1，【列】设为 2，将【表格宽度】设为 820 像素，【单元格间距】设置为 10 像素，然后单击【确定】按钮。选中插入的表格，将 Align（对齐）设置为【居中对齐】，如图 8-22 所示。

图 8-21　输入并设置文字

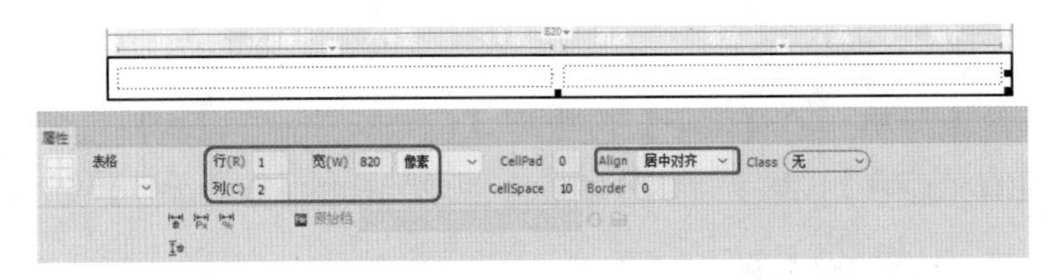

图 8-22　插入并设置表格

（22）使用相同的方法新建 .ge1 的 CSS 规则，在【分类】列表中选择【边框】选项，将 Top 中的 Style 设置为 solid、Width 设置为 5px、Color 设置为 #77D4F6，然后单击【确定】按钮，如图 8-23 所示。

（23）将光标插入到第 1 列单元格中，将【目标规则】设置为 .ge1、【宽】设置为 300，如图 8-24 所示。

（24）将光标置入第 1 列单元格中，按 Ctrl+Alt+T 组合键，弹出 Table 对话框，将【行数】设置为 2、【列】设置为 2、【表格宽度】设置为 300 像素，其他参数均设置为 0，单击【确定】按钮，如图 8-25 所示。

（25）将第 1 行单元格合并，将【高】设置为 40，将【背景颜色】设置为 #77D4F6。然后输入文字，将【字体】设置为【黑体】、【大小】设置为 18，【字体颜色】设置为 #FFF，如图 8-26 所示。

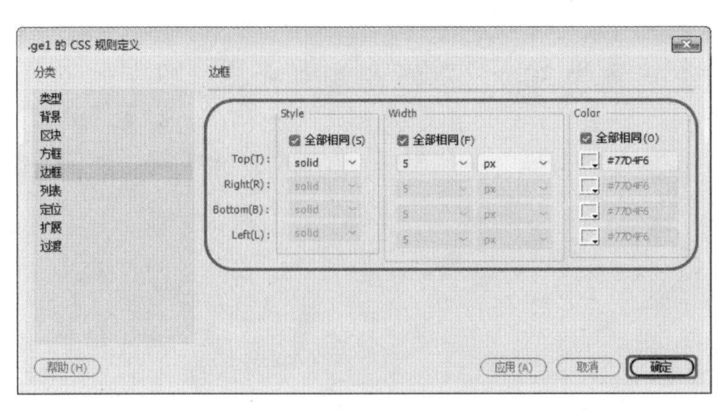

图 8-23 设置 .ge1 的 CSS 规则

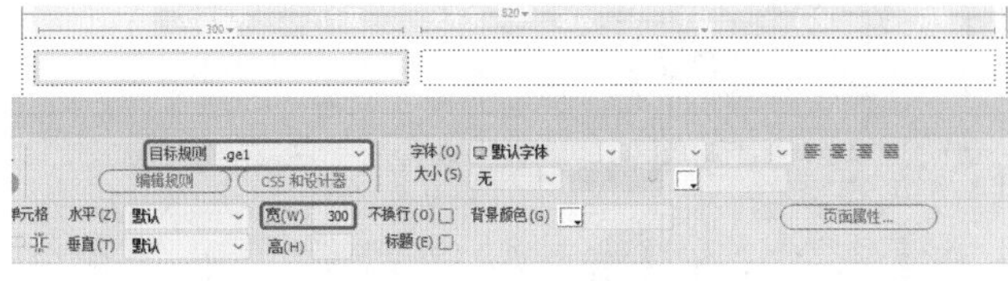

图 8-24 设置单元格

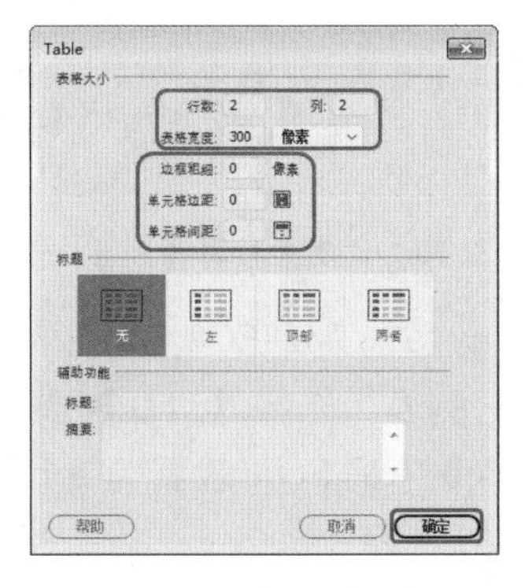

图 8-25 Table 对话框

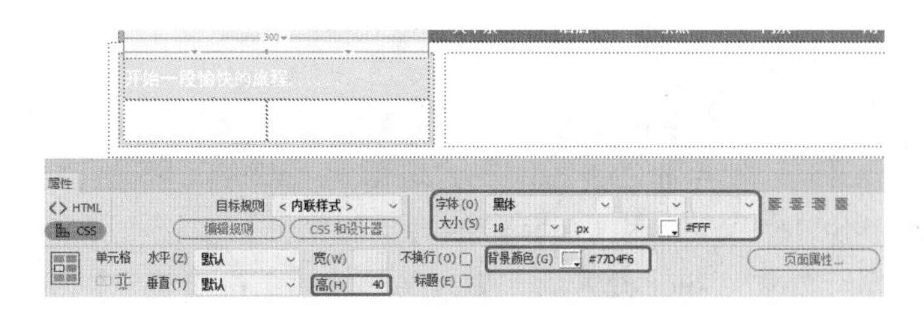

图 8-26 设置单元格并输入文字

(26) 将光标插入第 2 行、第 1 列单元格中，将【水平】设置为【居中对齐】、【宽】设置为 45、【高】设置为 40，如图 8-27 所示。

(27) 按 Ctrl+Alt+T 组合键，弹出 Table 对话框，创建一个 1 行 2 列、【表格宽度】为 100 像素的单元格，单击【确定】按钮，如图 8-28 所示。

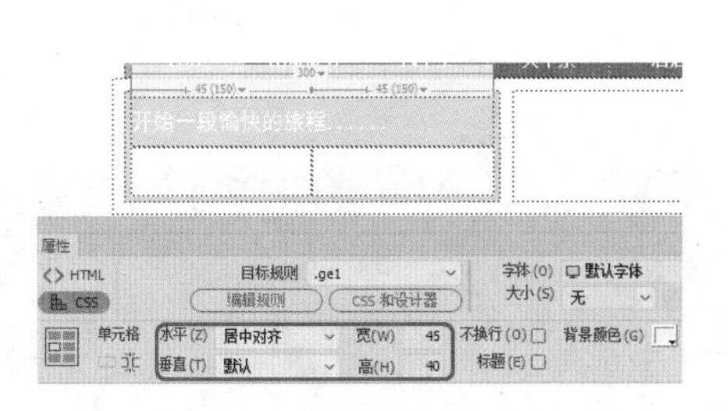

图 8-27 设置单元格

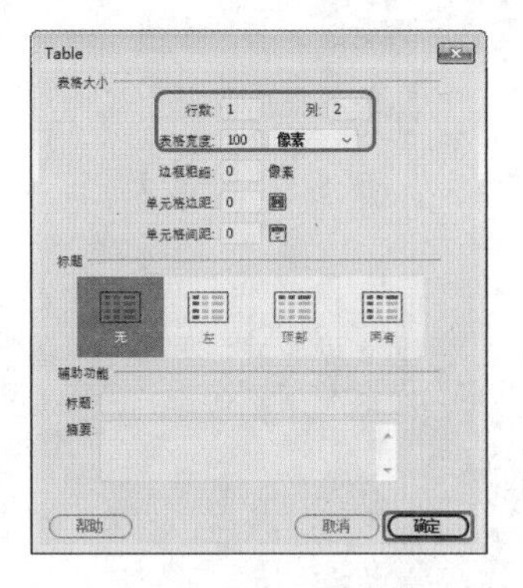

图 8-28 Table 对话框

提 示

除了用上述方法添加图像外，用户还可以在菜单栏中选择【插入】|【图像】|【图像】命令，同样的会弹出【选择图像源文件】对话框。

(28) 选择第 1 列的单元格，按 Ctrl+Alt+T 组合键，在弹出的【选择图像源文件】对话框中选择随书附带光盘中的"CDROM\素材\Cha08\驰飞网\客车.jpg"素材图片，然后单击【确定】按钮，如图 8-29

所示。

（29）选择素材图片，将【宽】设置为30px、【高】设置为30px，如图8-30所示。

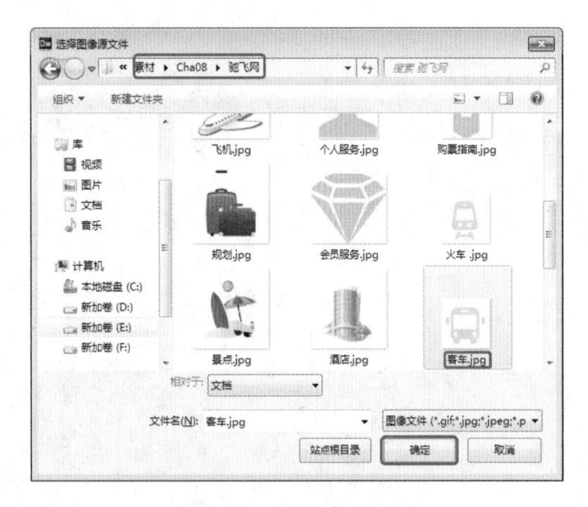

图8-29　选择素材图片

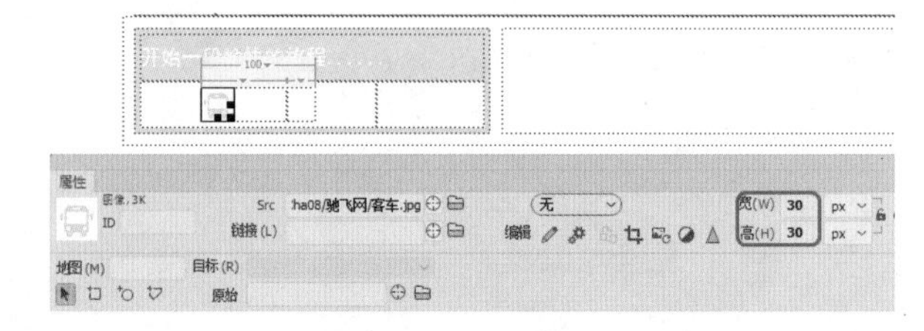

图8-30　设置素材图片

（30）在第2行输入文字，将【大小】设置为14px，【字体颜色】设置为#428EC8，如图8-31所示。

（31）使用和之前相同的方法新建.ge2的CSS规则，在【分类】列表中选择【边框】选项，取消选中Style、Width和Color中的【全部相同】复选框。将Bottom和Left中的Style设置为solid、Width设置为2px、Color设置为#77D4F6，然后单击【确定】按钮，如图8-32所示。

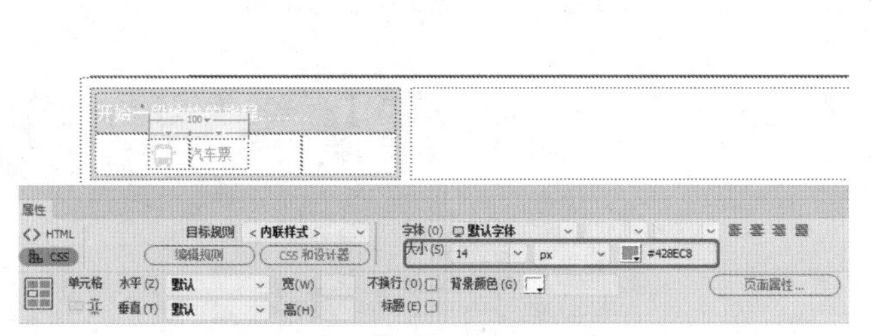

图8-31　设置文字

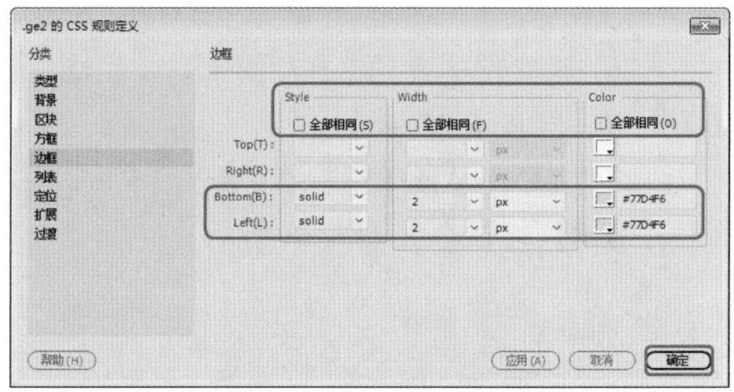

图8-32　设置【边框】

知识链接

① Style：设置边框的样式外观。样式的显示方式取决于浏览器。取消选中【全部相同】复选框可设置元素各个边的边框样式。

② Width：设置元素边框的粗细。取消选中【全部相同】复选框可设置元素各个边的边框宽度。

③ Color：设置边框的颜色。可以分别设置每条边的颜色，但显示方式取决于浏览器。取消选中【全部相同】复选框可设置元素各个边的边框颜色。

（32）选择大表格的第2行第2列，将其【目标规则】设置为.ge2，如图8-33所示。

（33）使用和之前相同的方法插入表格并设置文字。然后将光标置入大表格内，按Ctrl+Alt+T组合键，在弹出的Table对话框中将【行数】设置为4、【列】设置为1、【表格宽度】设置为240像素，单击【确定】按钮，如图8-34所示。

图 8-33 设置【目标规则】

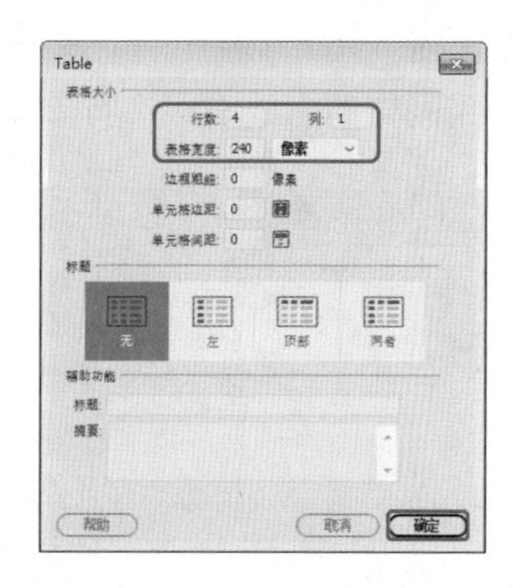

图 8-34 Table 对话框

(34) 选择新插入的表格，将 Align（对齐）设置为【居中对齐】，然后选择前 3 行单元格，将【垂直】设置为【底部】、【高】设置为 50，如图 8-35 所示。

(35) 在第 1 行单元格中输入文字，然后选中文字，将其【目标规则】设置为 A1，如图 8-36 所示。

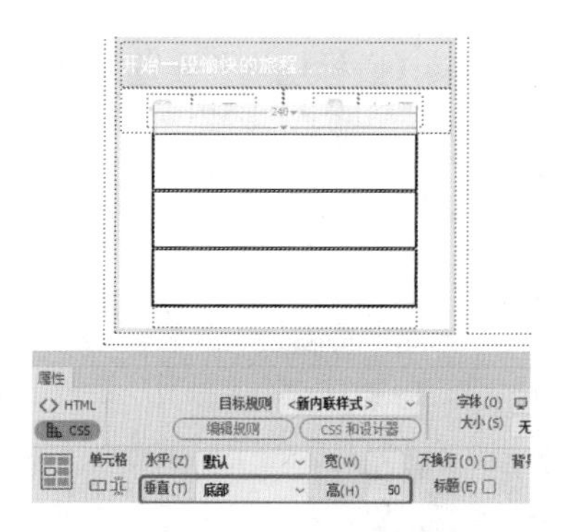

图 8-35 设置单元格

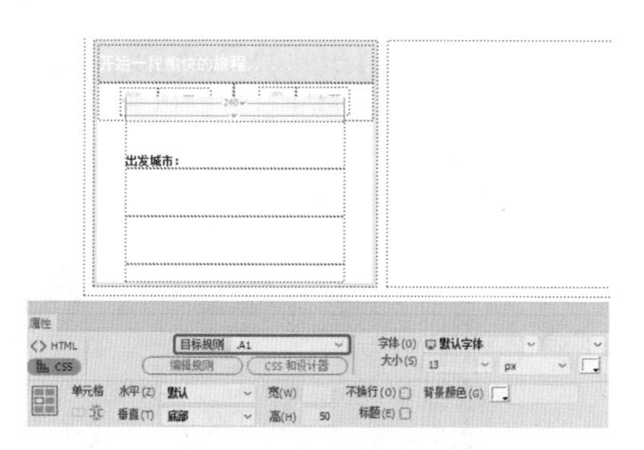

图 8-36 输入并设置文字

(36) 将光标插入文字的右侧，然后在菜单栏中选择【插入】|【表单】|【文本】命令，如图 8-37 所示。

(37) 将文本框的 Size（大小）设置为 18，并将英文文本删除，如图 8-38 所示。

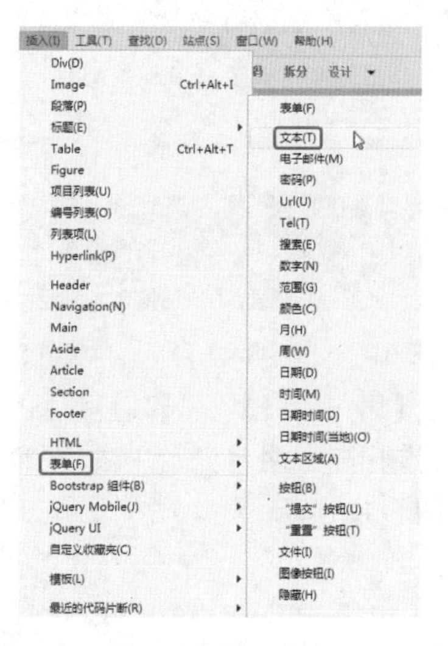

图 8-37 插入文本

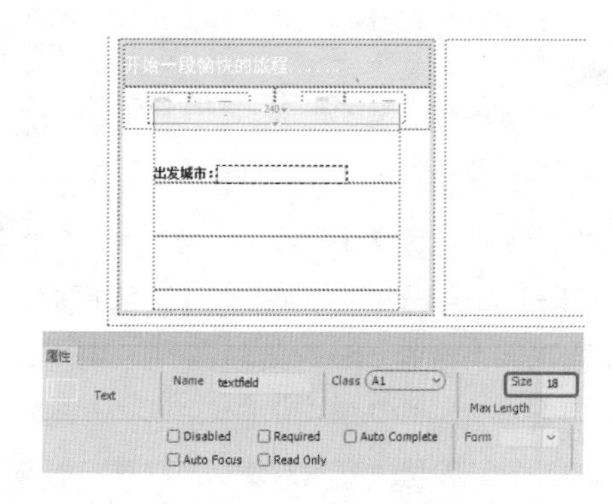

图 8-38 设置文本框

（38）然后在 Value（值）的文本框中输入“济南”，如图 8-39 所示。

（39）使用同样的方法在第 2 行单元格中输入文字，然后插入并设置【文本】控件，如图 8-40 所示。

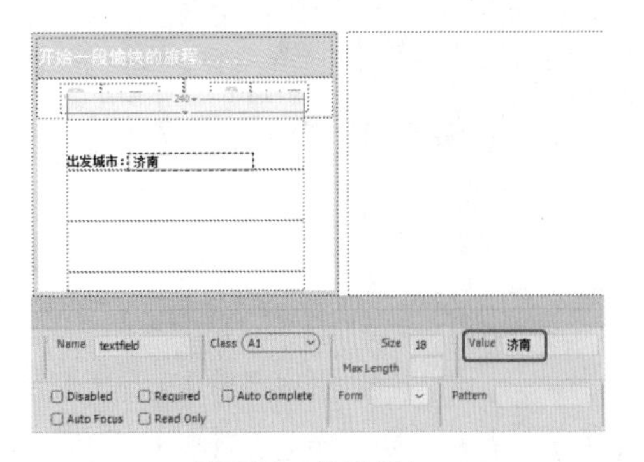

图 8-39　设置 Value

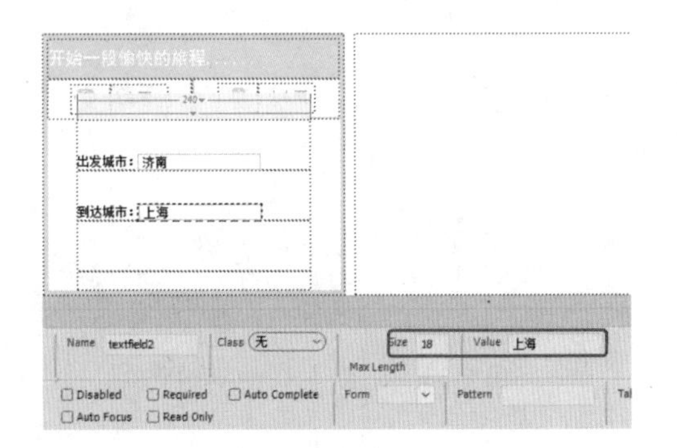

图 8-40　插入

（40）然后将光标插入第 3 行单元格中，在菜单栏中选择【插入】|【表单】|【日期】命令，如图 8-41 所示。

（41）插入【日期】控件后，将 Delete 删除，然后输入文字，将其【目标规则】设置为 A1，如图 8-42 所示。

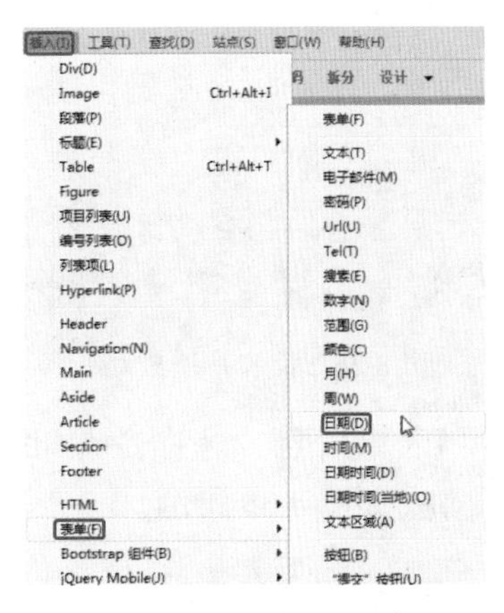

图 8-41　选择【日期】命令

图 8-42　设置【目标规则】

知识链接

【文本区域】：根据类型属性的不同，文本域可分为 3 种，即单行文本区域、多行文本区域和密码区域。文本域是最常见的表单对象之一，用户可以在文本域中输入字母、数字和文本等类型的内容，

（42）选中【日期】文本框，将 Value（值）设置为 2017-08-01，如图 8-43 所示。

（43）将光标置入最后一行单元格中，将【水平】设置为【居中对齐】、【高】设置为 67，然后按 Ctrl+Alt+I 组合键，在弹出的【选择图像源文件】对话框中选择随书附带光盘中的″CDROM\ 素材 |Cha08\ 驰飞网 \ 搜索 .jpg ″素材图片，单击【确定】按钮，如图 8-44 所示。

提 示

也可以在插入【文本】控件后，将英文部分删除，然后输入文字。

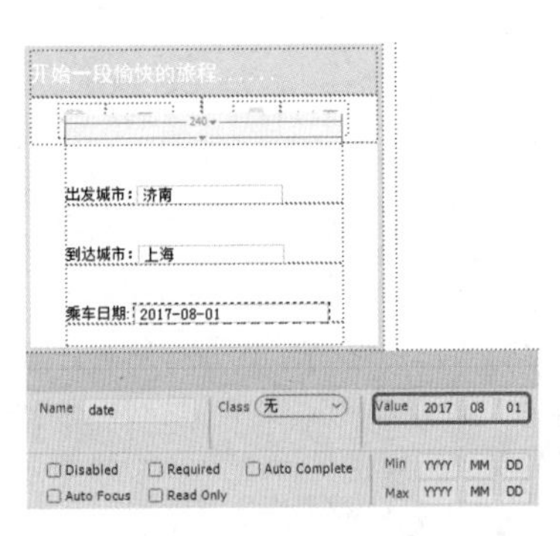

图 8-43 设置【日期】文本框

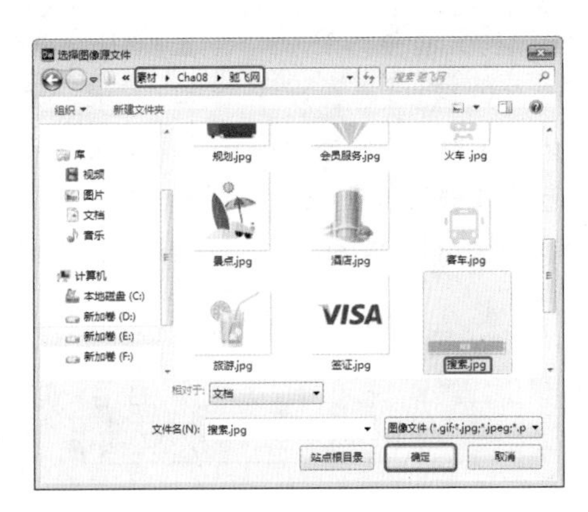

图 8-44 插入素材图片

(44) 将光标插入另一列单元格内，将【水平】设置为【居中对齐】、【宽】设置为 480，如图 8-45 所示。

(45) 使用相同的方法新建 .ge3 的 CSS 规则，在【分类】列表中选择【边框】选项，将 Top 中的 Style 设置为 solid、Width 设置为 thin、Color 设置为 #77D4F6；然后单击【确定】按钮，如图 8-46 所示。

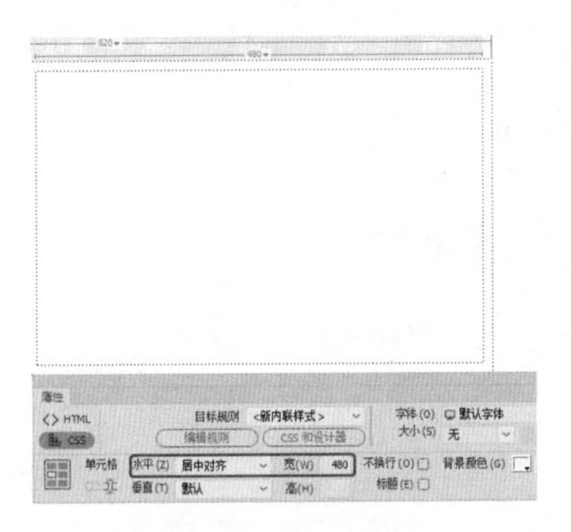

图 8-45 设置单元格

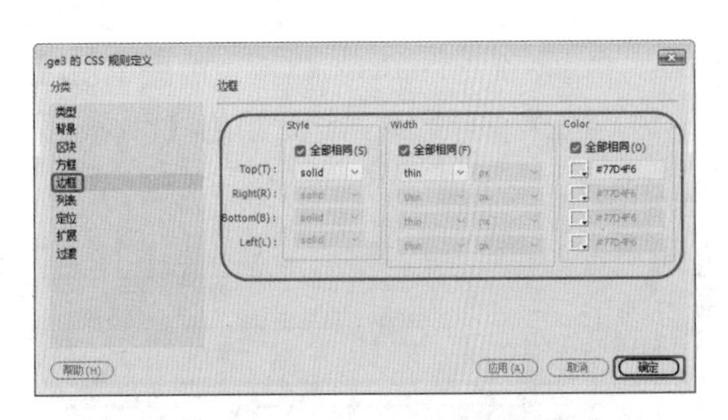

图 8-46 设置 ge3 的 CSS 规则

(46) 然后将单元格的【目标规则】设置为 .ge3，如图 8-47 所示。

(47) 按 Ctrl+Alt+T 组合键，在弹出的 Table 对话框中，将【行数】设置为 2、【列】设置为 1，将【表格宽度】设置为 460 像素，单击【确定】按钮，如图 8-48 所示。

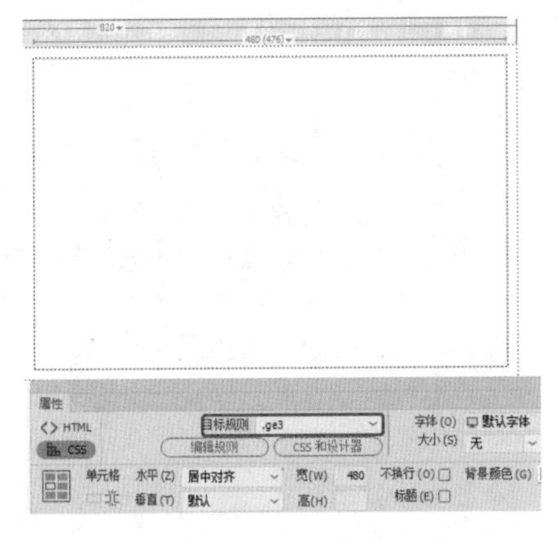

图 8-47 设置【目标规则】

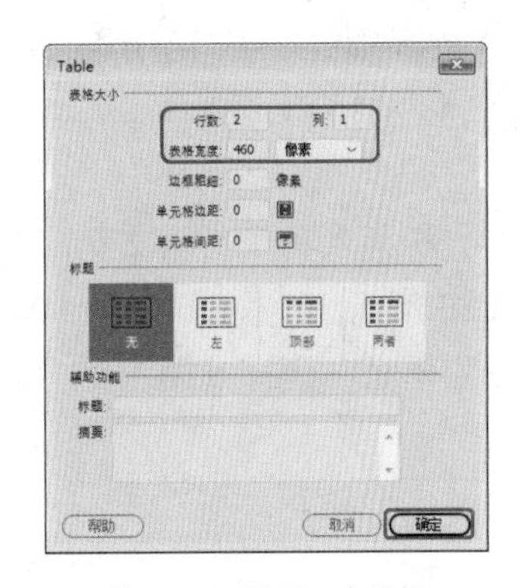

图 8-48 Table 对话框

(48) 将光标插入第 1 行单元格中，然后单击 按钮，将其拆分为 3 列，将其【宽】分别设置为 105、95、260，将【高】设置为 42，如图 8-49 所示。

(49) 将光标插入第 1 行第 1 列单元格中，使用和之前相同的方法创建 .ge4 CSS 规则，在【分类】列表中选择【边框】选项，取消选中 Style、Width 和 Color 中的【全部相同】复选框。将 Bottom 中的 Style 设置为 solid、Width 设置为 medium、Color 设置为 #428EC8，然后单击【确定】按钮，如图 8-50 所示。

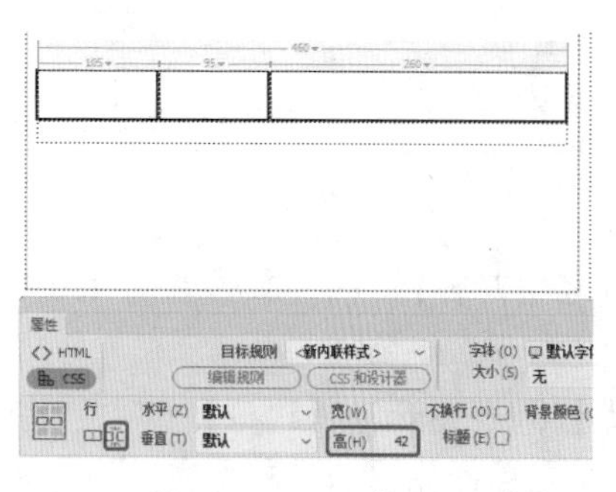

图 8-49 设置单元格

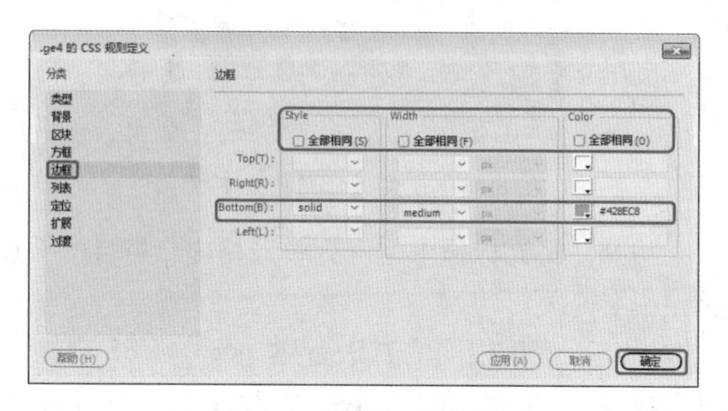

图 8-50 设置【边框】

(50) 然后使用相同的方法创建 .ge5 CSS 规则，在【分类】列表中选择【边框】选项，取消选中 Style、Width 和 Color 中的【全部相同】复选框。将 Bottom 中的 Style 设置为 solid，Width 设置为 medium，Color 设置为 #CCCCCC，然后单击【确定】按钮，如图 8-51 所示。

(51) 将第 1 行第 1 列单元格的【目标规则】设置为 .ge4，如图 8-52 所示。

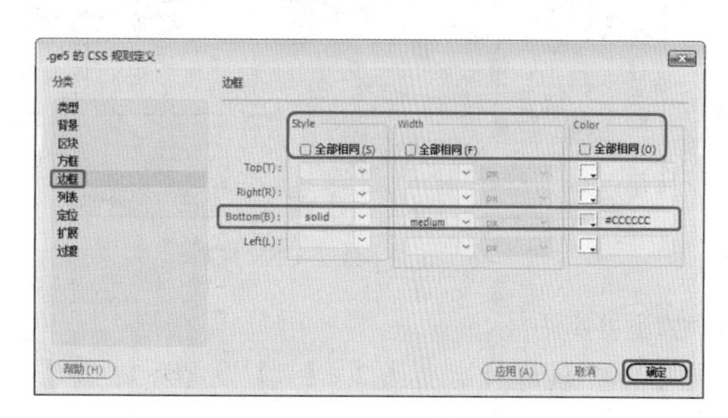

图 8-51 设置【边框】

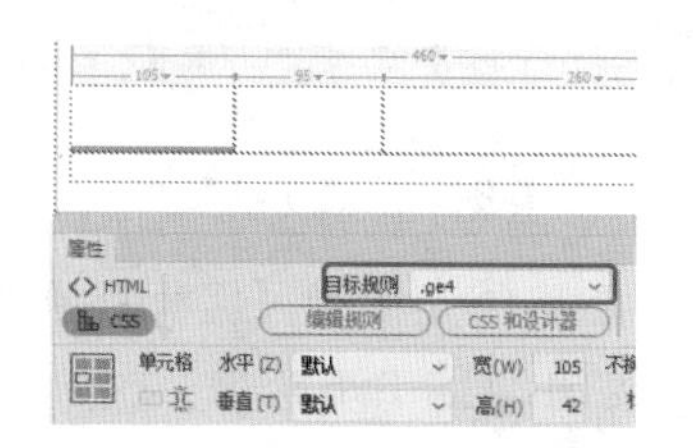

图 8-52 设置【目标规则】

(52) 然后使用和之前相同的方法新建 .A4 的 CSS 规则，将【类型】中的 Font-size 设置为 14px、Font-weight 设置为 bold，然后单击【确定】按钮，如图 8-53 所示。

(53) 在第 1 行第 1 列单元格中输入文字，然后选中输入的文字，将其【目标规则】设置为 .A4，如图 8-54 所示。

(54) 将光标插入第 1 行第 2 列单元格中，将【目标规则】设置为 .ge5，【水平】设置为【居中对齐】，如图 8-55 所示。

(55) 在菜单栏中选择【插入】|【表单】|【选择】命令，在单元格中插入【选择】控件，如图 8-56 所示。

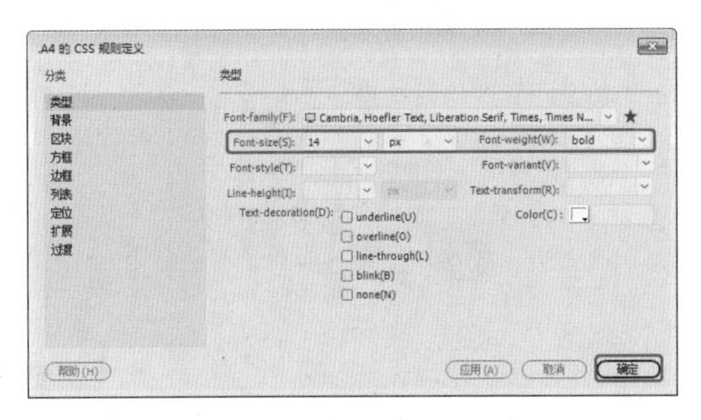

图 8-53 设置 .A4 的 CSS 规则

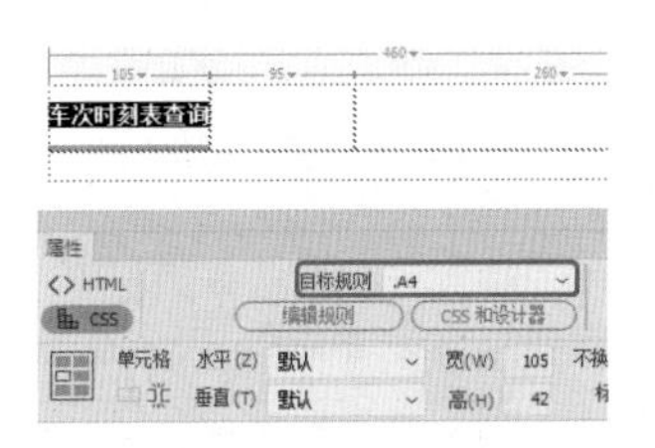

图 8-54 设置文字的【目标规则】

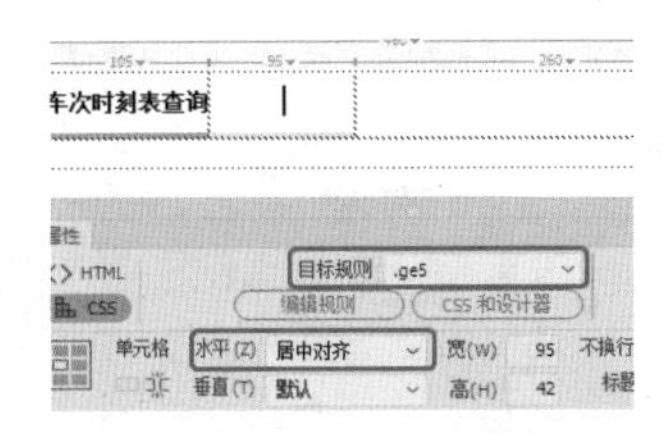

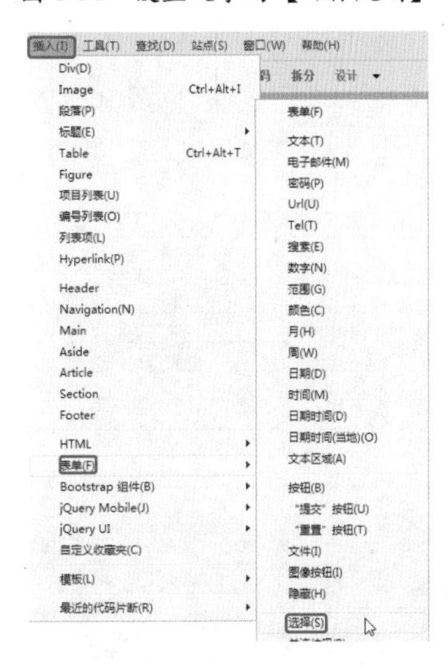

图 8-55 设置【边框】

图 8-56 插入【选择】控件

（56）将英文文字删除，然后选中【文本框】控件，单击【列表值】按钮，在弹出的【列表值】对话框中添加多个项目标签，然后单击【确定】按钮，如图 8-57 所示。

（57）将光标插入第 1 行第 3 列单元格中，将【目标规则】设置为 .ge5，【水平】设置为【右对齐】，如图 8-58 所示。

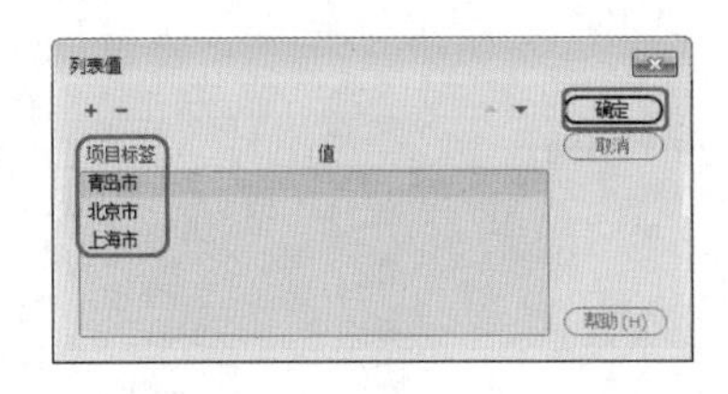

图 8-57 设置列表值

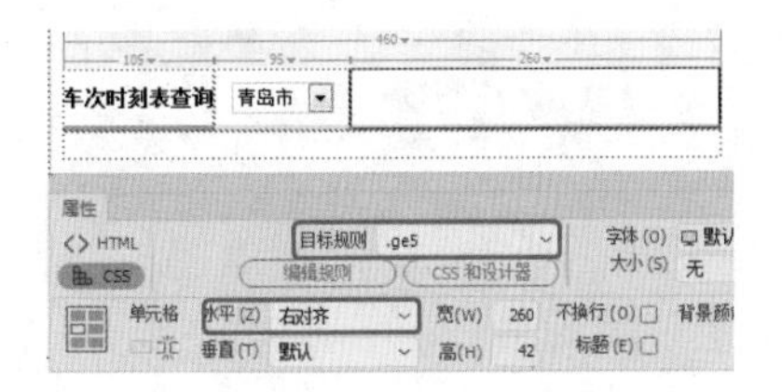

图 8-58 设置单元格

（58）在单元格中输入文字，然后选中输入的文字，设置文字的【大小】为 16，如图 8-59 所示。

（59）将光标置入下一行单元格中，按 Ctrl+Alt+T 组合键，在弹出的 Table 对话框中将【行数】设置为 9、【列】设置为 3，将【表格宽度】设置为 460 像素，然后单击【确定】按钮，如图 8-60 所示。

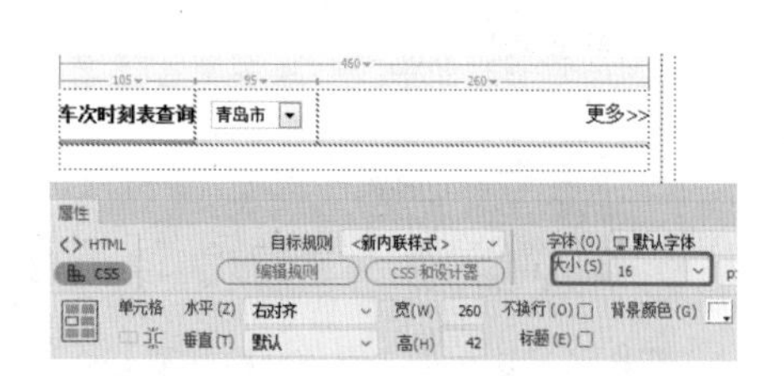

图 8-59　设置【大小】

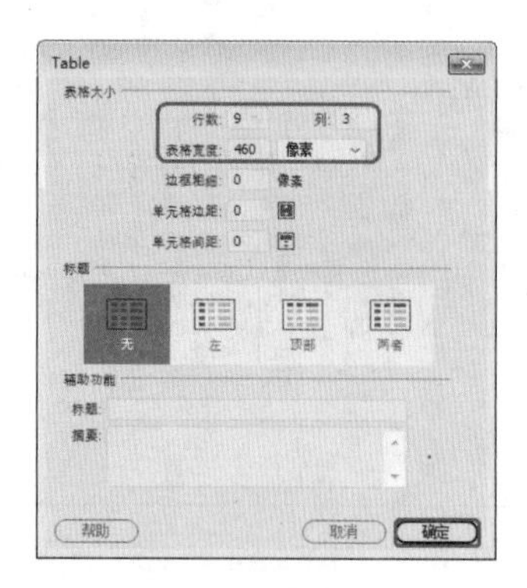

图 8-60　插入【选择】控件

（60）将每列单元格的【宽】分别设置为 169、181、110，【高】都设置为 30，如图 8-61 所示。

（61）在单元格中输入文字，并将其【目标规则】设置为 .A1，如图 8-62 所示。

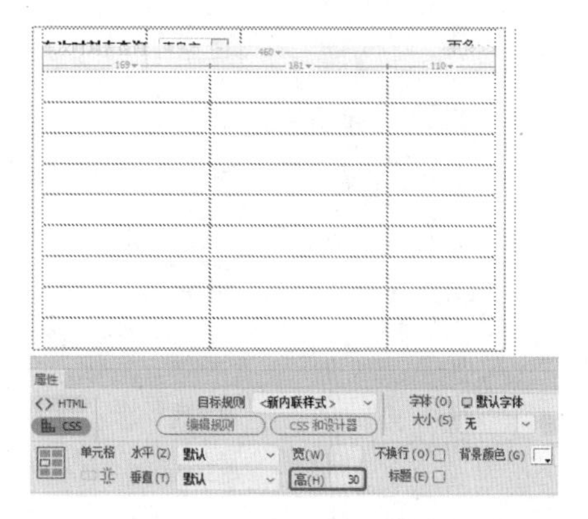

图 8-61　设置表格的【高】

图 8-62　输入并设置文字

（62）参照之前的操作，插入一个 1 行 1 列的表格，将其【宽】设置为 800 像素、Align（对齐）设置为【居中对齐】，如图 8-63 所示。

（63）将光标置入单元格内，按 Ctrl+Alt+I 组合键，弹出【选择图像源文件】对话框，在该对话框中选择随书附带光盘中的 "CDROM\ 素材 \Cha08\ 驰飞网 \ 图片 .jpg" 素材图片，单击【确定】按钮，如图 8-64 所示。

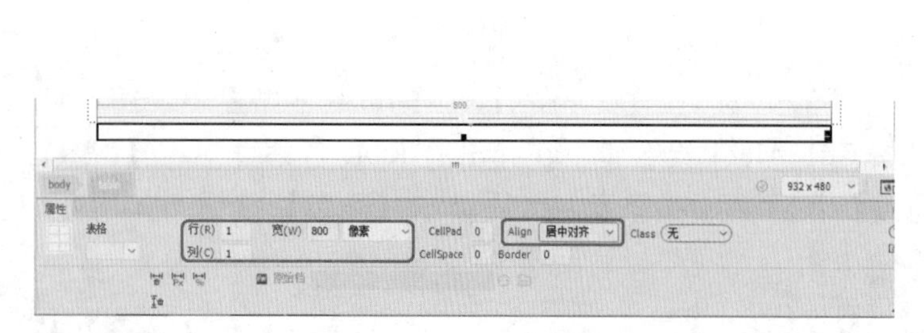

图 8-63　设置单元格

图 8-64　插入素材图片

在上述步骤插入图片时，可以按 Ctrl+Alt+I 组合键，也可以在菜单栏选择【插入】|【图像】|【图像】命令即可插入相应的图片。

(64) 选择图片，将其【高】设置为 245px，如图 8-65 所示。

图 8-65　设置图片

(65) 在空白位置处单击，然后按 Ctrl+Alt+T 组合键，弹出 Table 对话框，将【行数】设置为 1、【列】设置为 2，将【表格宽度】设置为 820 像素，CellSpace 设置为 10，然后单击【确定】按钮。选择插入的表格，将 Align（对齐）设置为【居中对齐】，如图 8-66 所示。

图 8-66　插入并设置表格

(66) 将两列单元格的【目标规则】都设置为 .ge3，如图 8-67 所示。

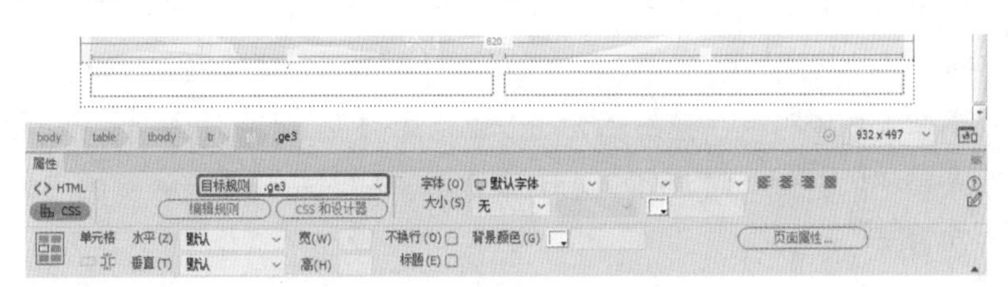

图 8-67　设置单元格

(67) 将两列单元格的【宽】分别设置为 306 和 476，【水平】都设置为【居中对齐】，如图 8-68 所示。

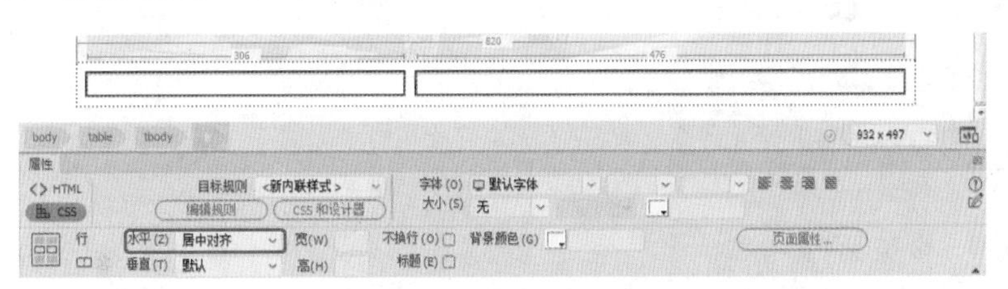

图 8-68　设置【目标规则】

注 意

两个单元格同时选中时只显示相同的属性，所以图 8-68 并没有显示其不同的宽度。

(68) 在第 1 列单元格中插入一个 1 行 2 列的表格，【宽】设置为 288 像素，如图 8-69 所示。

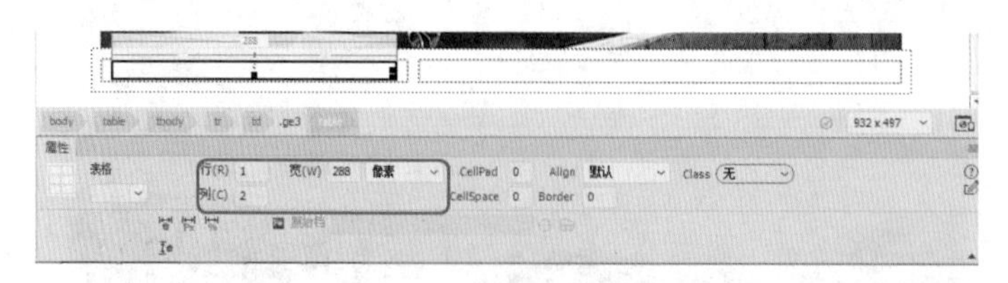

图 8-69 插入表格

(69) 将光标插入第 1 列单元格内，将【目标规则】设置为 .ge4、【宽】设置为 75、【高】设置为 40，如图 8-70 所示。

图 8-70 设置单元格

(70) 在单元格中输入文字，然后选中输入的文字，将【目标规则】设置为 .A4，如图 8-71 所示。

(71) 将光标插入第 2 列单元格中，将其【目标规则】设置为 .ge5、【水平】设置为【右对齐】、【宽】设置为 213，如图 8-72 所示。

图 8-71 输入文字

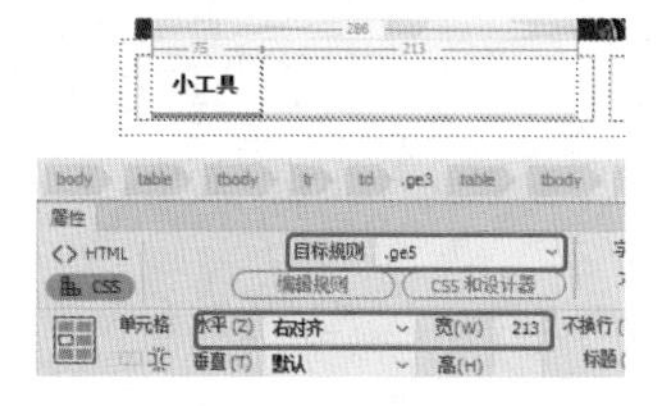

图 8-72 设置单元格

(72) 在单元格中输入文字，然后选中输入的文字，将【大小】设置为 16，如图 8-73 所示。

(73) 将光标置入表格的右侧，按 Ctrl+Alt+T 组合键，插入一个 4 行 4 列的表格，将其【宽】设置为 288 像素，如图 8-74 所示。

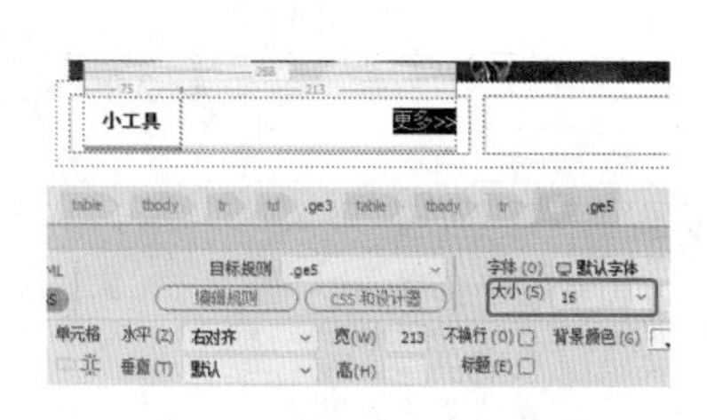

图 8-73 输入并设置文字

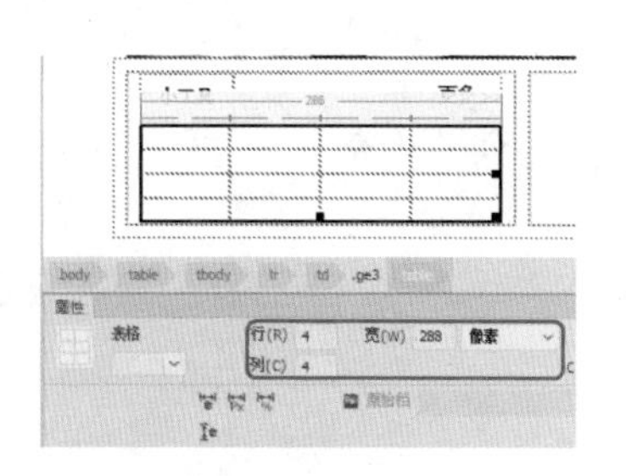

图 8-74 插入表格

(74) 分别选择第 1、3 行，将【水平】设置为【居中对齐】、【垂直】设置为【底部】、【宽】

设置为72，【高】设置为60，如图8-75所示。

（75）选中第1行第1列单元格，按Ctrl+Alt+I组合键，在弹出的【选择图像源文件】对话框中选择随书附带光盘中的"CDROM\素材\Cha08\驰飞网\天气预报.jpg"素材图片，单击【确定】按钮，如图8-76所示。

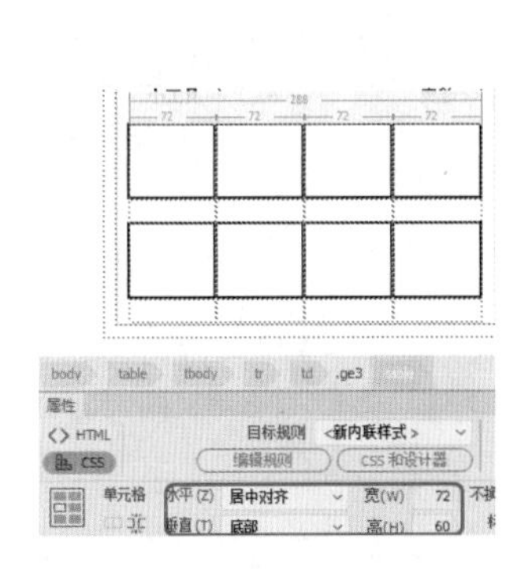

图8-75 设置单元格

图8-76 选择素材图片

（76）插入图片后，将【宽】设置为60、【高】为设置50，如图8-77所示。

（77）使用同样的方法，在其他单元格中插入图片并设置大小，如图8-78所示。

（78）分别选中第2、4行的单元格，将【水平】设置为【居中对齐】、【宽】设置为72、【高】设置为30，如图8-79所示。

（79）然后在单元格中输入文字，如图8-80所示。

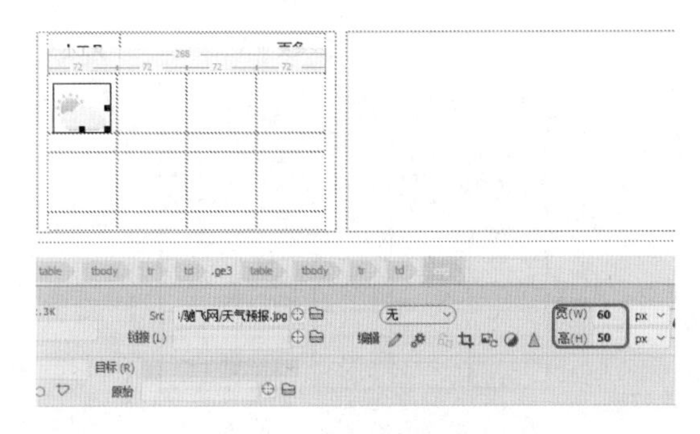

图8-77 插入素材图片

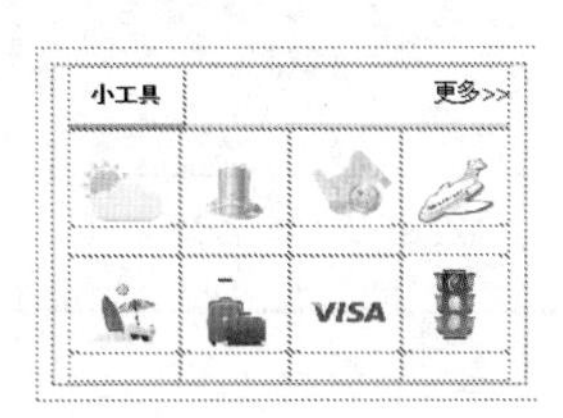

图8-78 插入其他图片

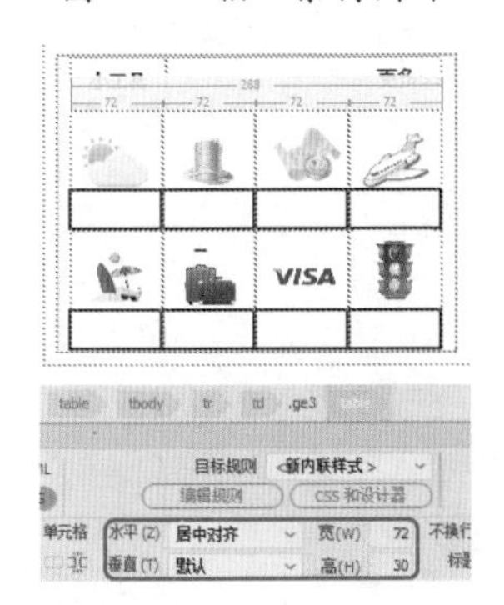

图8-79 设置单元格

图8-80 输入文字

(80) 选中输入的文字，将其【目标规则】设置为 .A2，如图 8-81 所示。

(81) 在另一列单元格中插入一个 1 行 2 列的表格，设置其【宽】为 460 像素，如图 8-82 所示。

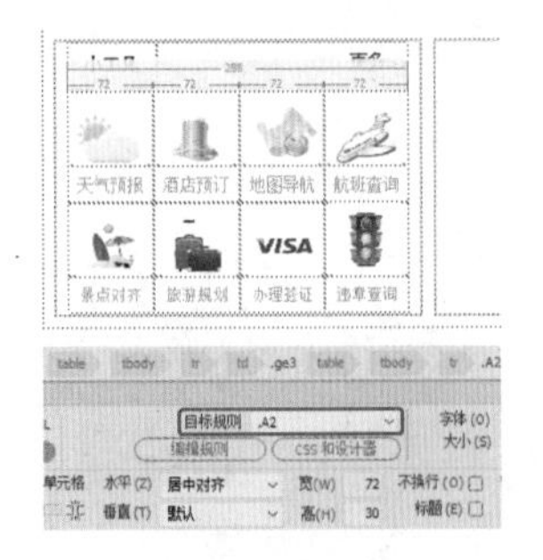

图 8-81　设置文字的【目标规则】

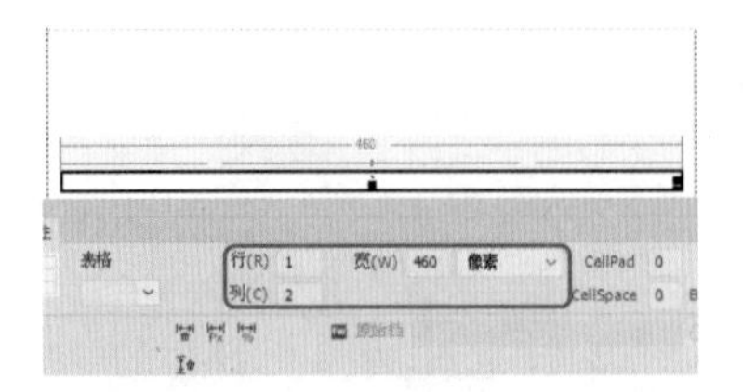

图 8-82　设置单元格

(82) 参照之前的方法，将【高】设置为 40，然后设置第 1 列单元格的【宽】为 147、【水平】为【居中对齐】，设置第 2 列单元格的【宽】为 313、【水平】为【右对齐】，如图 8-83 所示。

(83) 设置完毕后输入文字，并设置单元格的【目标规则】，如图 8-84 所示。

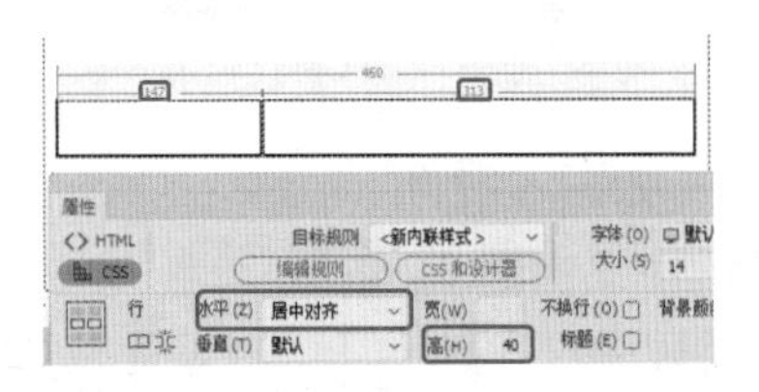

图 8-83　设置单元格

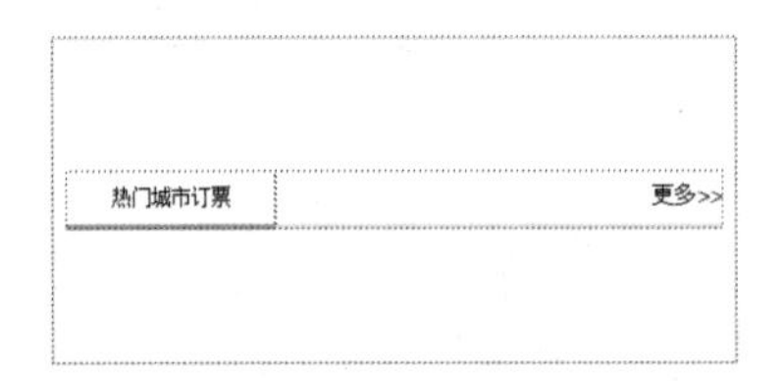

图 8-84　输入文字并设置单元格

(84) 继续插入一个 6 行 5 列的表格，将【宽】设置为 460 像素，如图 8-85 所示。

(85) 设置单元格的【高】为 30，如图 8-86 所示。

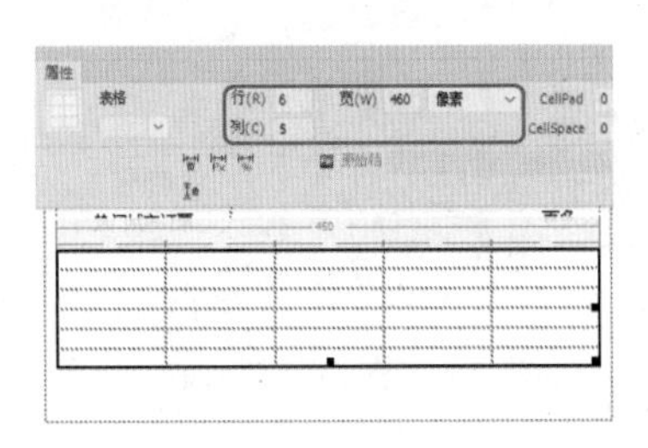

图 8-85　设置单元格

图 8-86　设置单元格的【高】

(86) 然后输入文字，将文字的【目标规则】设置为 .A1，如图 8-87 所示。

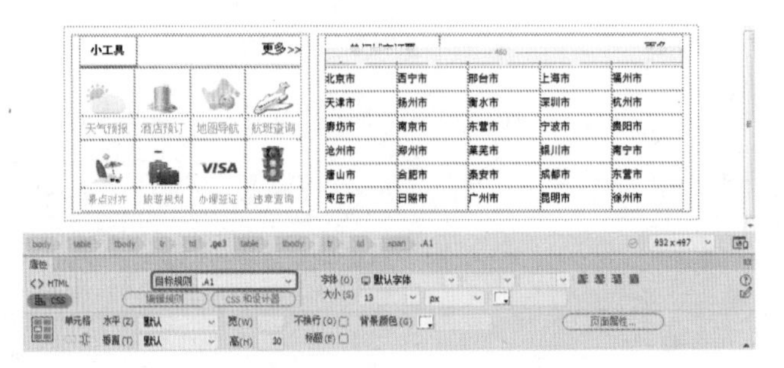

图 8-87　设置【目标规则】

（87）然后单击空白处，继续插入一个1行1列，将其【宽】设置为800像素，将Align设置为【居中对齐】，如图8-88所示。

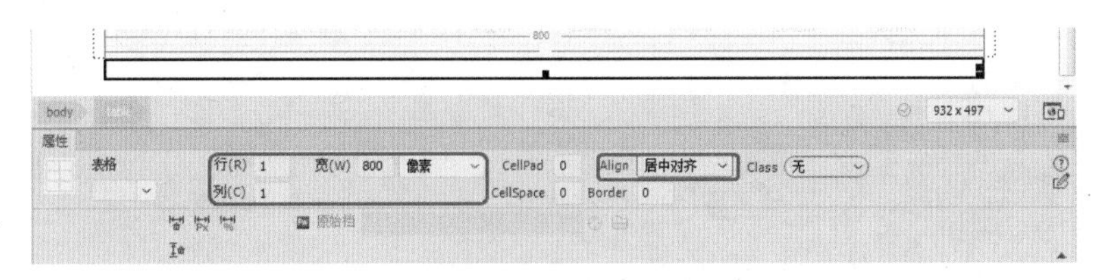

图 8-88　插入表格

（88）将光标置入单元格中，将【目标规则】设置为 .ge3，将【高】设置为152，如图8-89所示。

图 8-89　插入表格

（89）然后在单元格中插入一个1行10列的表格，将其【宽】设置为780像素、Align（对齐）设置为【居中对齐】，如图8-90所示。

（90）然后分别选择第1、3、5、7、9列单元格，将其【宽】设置为30，如图8-91所示。

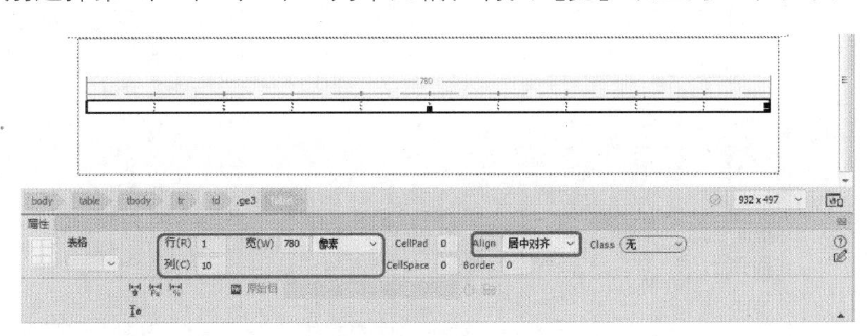

图 8-90　插入表格

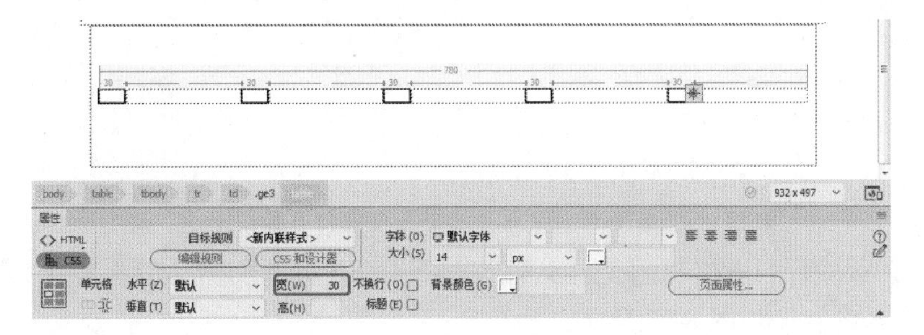

图 8-91　设置单元格

（91）然后再选择第2、4、6、8、10列单元格，将其【宽】设置为126，如图8-92所示。

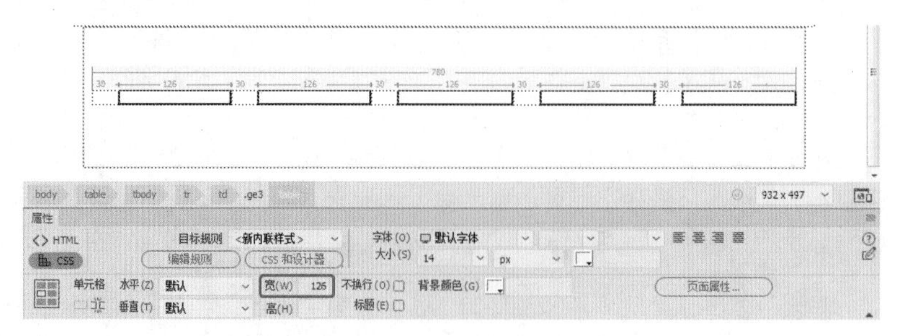

图 8-92　设置单元格的【宽】

（92）然后参照之前的操作步骤插入素材图片，调整图片的【宽】和【高】分别为 18、15，并将表格的【水平】设置为【居中对齐】，如图 8-93 所示。

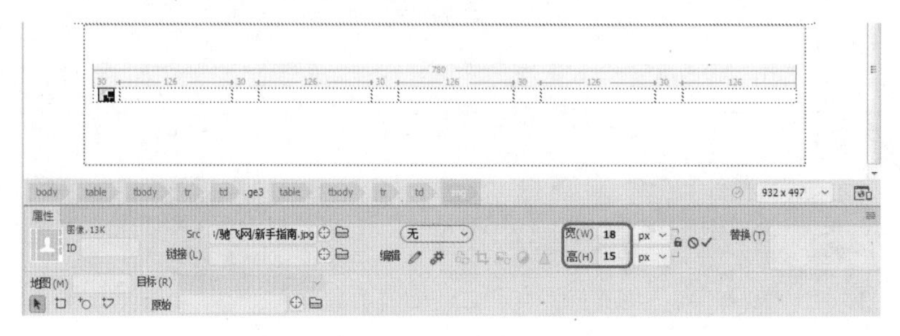

图 8-93　插入并调整图片

（93）然后在第 2、4、6、8、10 列单元格中输入文字，将【字体样式】设置为 bold，将颜色设置为 #999，如图 8-94 所示。

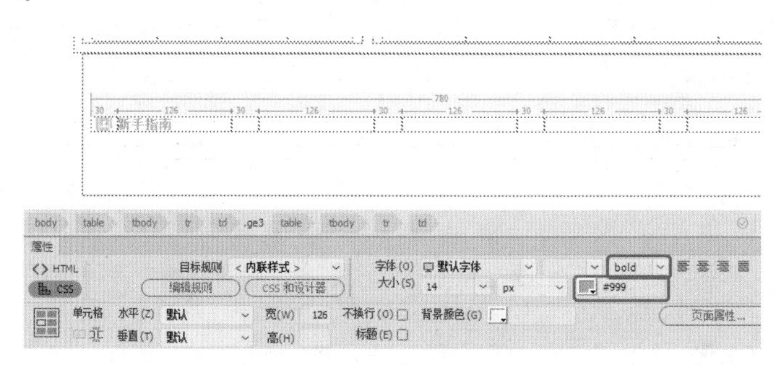

图 8-94　输入并设置文字

（94）根据之前的步骤为其他的单元格插入图片或输入文字，如图 8-95 所示。

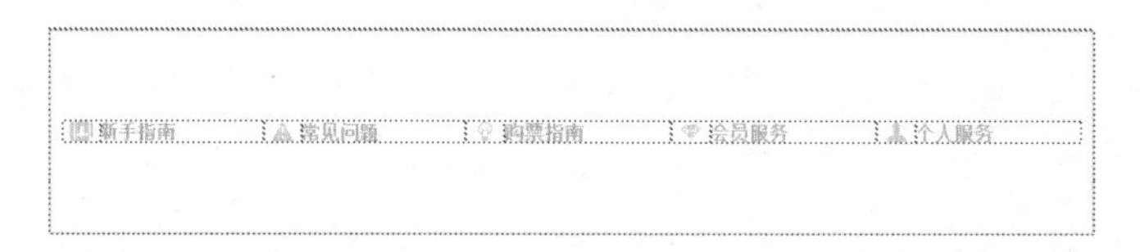

图 8-95　输入其他单元格中的内容

（95）然后将光标放置到表格右侧，再次插入一个 4 行 5 列的表格，设置其【宽】为 740 像素，将 Align 设置为【居中对齐】，如图 8-96 所示。

（96）选择单元格，将【高】设置为 30，并将【垂直】设置为【底部】，如图 8-97 所示。

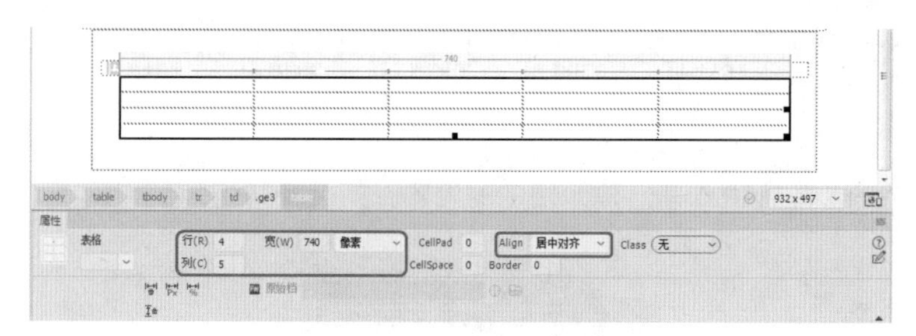

图 8-96　插入并设置单元格

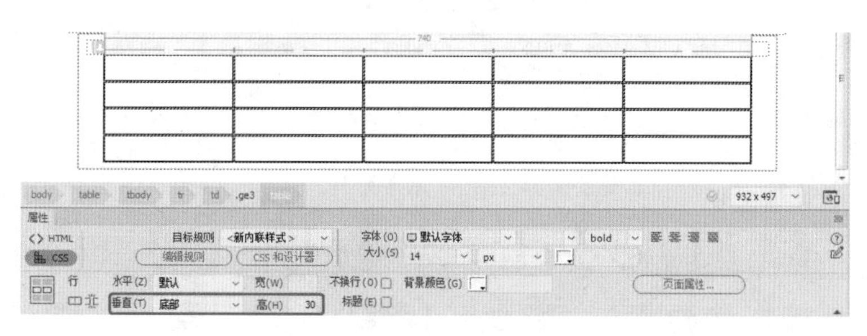

图 8-97　设置表格

(97)参照前面的操作步骤设置单元格并输入文字，将【大小】设置为13，将颜色设置为#666，如图8-98所示。

新手指南	常见问题	购票指南	会员服务	个人服务
注册流程	购票问题	如何购票	优惠券使用	找回密码
购票流程	支付问题	如何取票	经验值说明	订单查询
取票方式	车票预售期	旅客须知	帮助中心	投诉与建议
支付方式				联系客服

图 8-98　输入文字

(98) 单击空白区域，插入一个2行6列、【宽】为273像素的表格，将Align（对齐）设置为【居中对齐】，如图8-99所示。

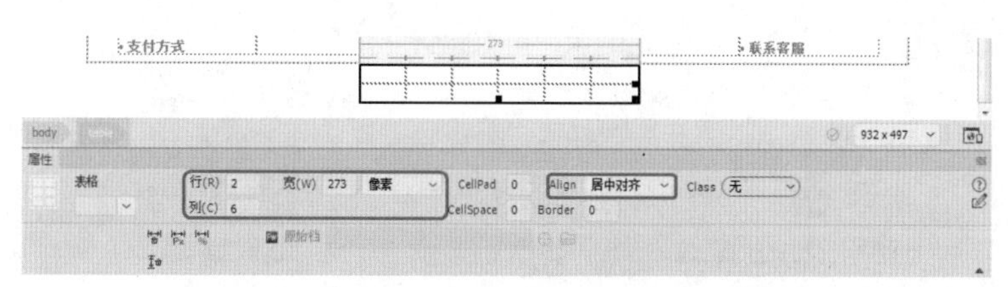

图 8-99　设置单元格并输入文字

(99) 选择第1行所有的单元格，单击按钮将其合并，如图8-100所示。

(100) 选择第1行的单元格，将【高】设置为39，将【水平】设置为【居中对齐】，然后输入文字，如图8-101所示。

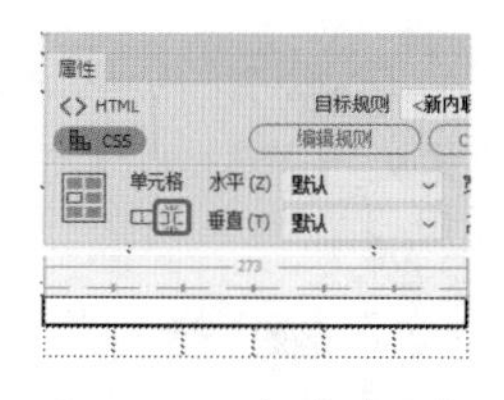

图 8-100　合并单元格

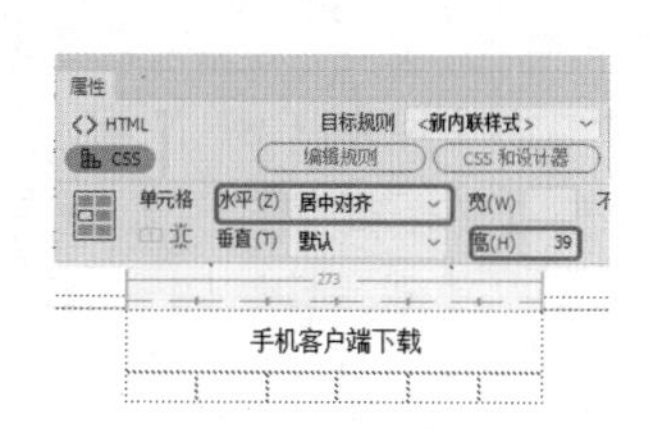

图 8-101　设置单元格并输入文字

(101) 选择第2行第1列单元格，为其插入图片并设置其【宽】为23px、【高】为27px，如图8-102所示。

(102) 选择第2行第2列单元格，输入文字，将【大小】设置为14px、颜色设置为#428EC8，如图8-103所示。

(103) 根据之前的步骤，输入其他单元格中的内容，如图8-104所示。

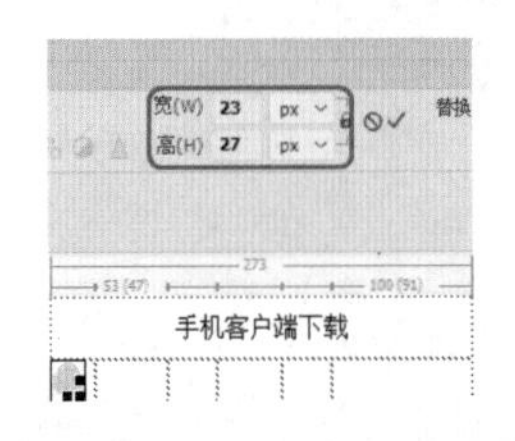
图8-102 插入并设置图片

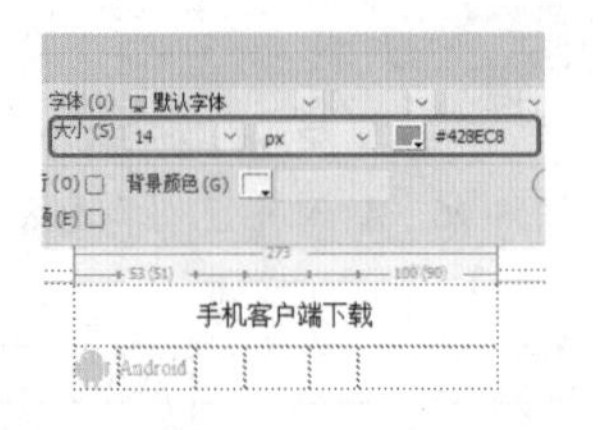
图8-103 输入并设置文字

图8-104 为其他单元格输入文字

案例精讲064 天气预报网网页的设计

本案例将介绍如何制作天气预报网，主要使用【表格】命令对场景进行布局，然后在插入的表格内进行相应的设置。具体操作方法如下，完成后的效果如图8-105所示。

案例文件：CDROM \ 场景 \ Cha08 \ 天气预报网网页的设计.html
视频文件：视频教学 \ Cha08 \ 天气预报网网页的设计.avi

图8-105 天气预报网页的设计效果

(1) 启动软件后，按Ctrl+N组合键，打开【新建文档】对话框，在该对话框中选择【新建文档】选项，然后单击【文档类型】列表框中的HTML选项，【框架】设置为【无】，【文档类型】设置为HTML5，然后单击【创建】按钮，即可创建空白的场景文件，如图8-106所示。

(2) 按Ctrl+Alt+T组合键打开Table对话框，在该对话框中将【行数】【列】分别设置为1、2，将【表格宽度】设置为800像素，如图8-107所示。

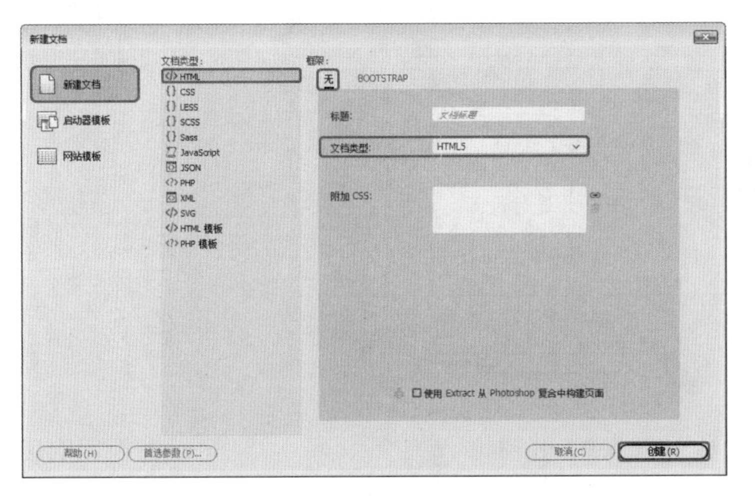

图 8-106 【新建文档】对话框

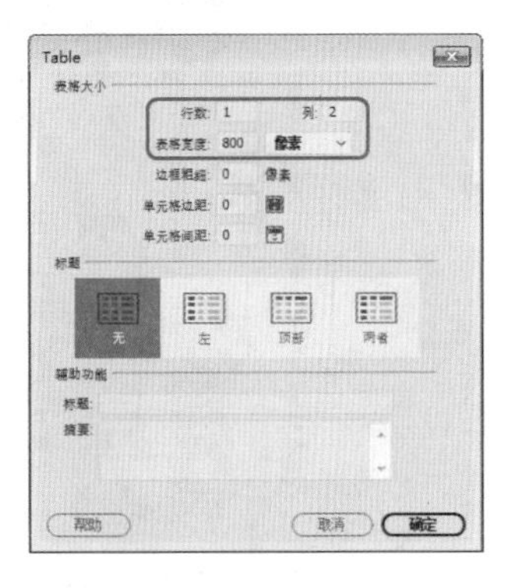

图 8-107 Table 对话框

知识链接

天气预报是根据大气科学的基本理论和技术对某一地区未来的天气作出分析与预测，它是根据对卫星云图和天气图的分析，结合有关气象资料、地形和季节特点、群众经验等综合研究后作出的。从史前人类就已经开始对天气进行预测来相应地安排其工作与生活（如农业生产、军事行动等）。

(3) 单击【确定】按钮即可创建表格，确定插入的表格处于选择状态，在【属性】面板中将 Align 设置为【居中对齐】，如图 8-108 所示。

(4) 将光标置入第 1 列单元格内，按 Ctrl+Alt+I 组合键打开【选择图像源文件】对话框，在该对话框中选择随书附带光盘中的"CDROM\素材\Cha08\天气预报网\彩虹.jpg"素材图片，并将该图片的【宽】和【高】分别设置为 67px、34px，如图 8-109 所示。

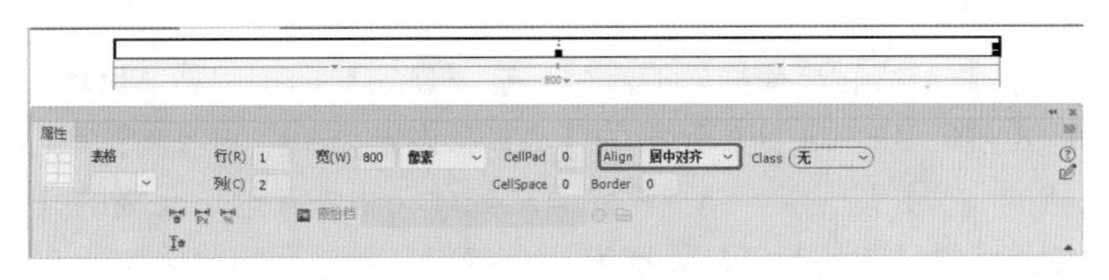

图 8-108 设置表格属性

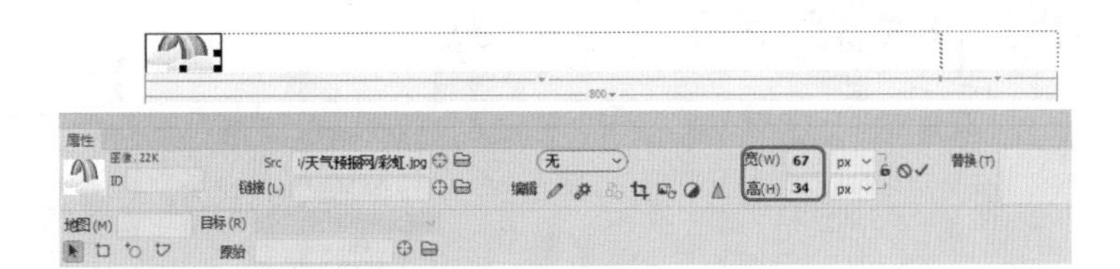

图 8-109 选择素材文件并设置尺寸大小

(5) 使用和 (4) 同样的步骤，在第 2 列单元格内插入标题框.jpg 素材图片，选择第 2 列单元格将【水平】设置为【右对齐】，如图 8-110 所示。

(6) 在第 1 列单元格内输入"中国天气预报"，并设置【大小】为 32px，颜色设置为 #59B0EF，如图 8-111 所示。

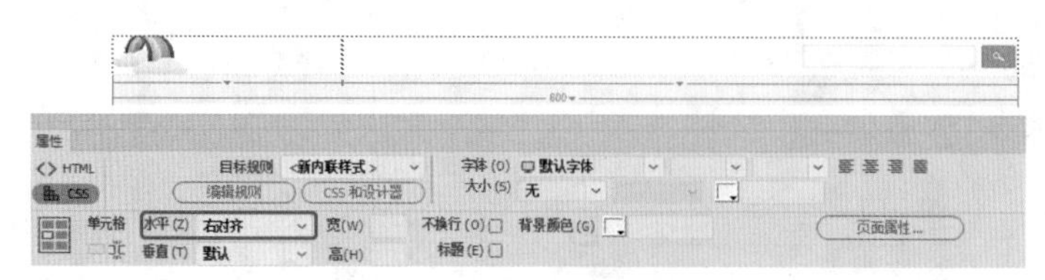

图 8-110　插入图片并进行设置

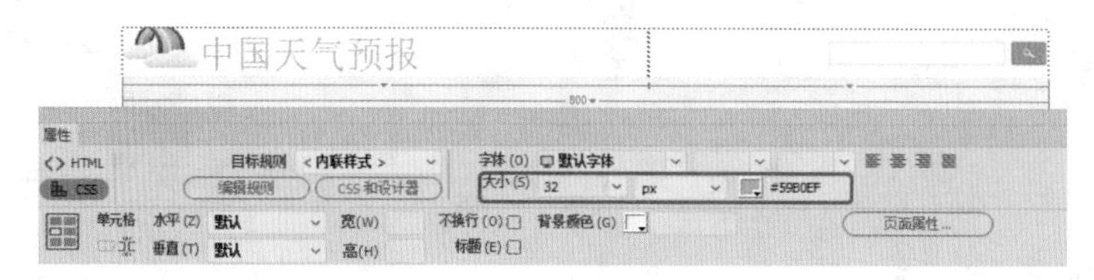

图 8-111　设置文字大小和颜色

（7）完成后的效果如图 8-112 所示。

（8）将光标置入表格的右侧，按 Ctrl+Alt+T 组合键打开 Table 对话框，在该对话框中将【行数】【列】分别设置为 1、15，将【表格宽度】设置为 800 像素，其他保持默认设置，如图 8-113 所示。

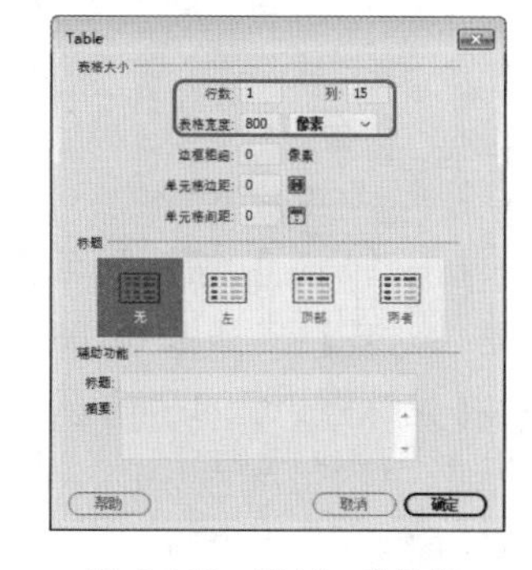

图 8-112　完成后的效果　　图 8-113　Table 对话框

（9）单击【确定】按钮，然后选择插入的表格，在【属性】面板中将 Align（对齐）设置为【居中对齐】。将第 2、4、6、8、10、12、14 列单元格的【宽】都设置为 98，将【高】都设置为 40，将第 3、5、7、9、11、13 列单元格的【宽】均设置为 5，将除第 2 列单元格外其他单元格的【背景颜色】均设置为 #3E91DD，将第 2 列单元格的【背景颜色】设置为 #0066CC，完成后的效果如图 8-114 所示。

（10）右击，在弹出的快捷菜单中选择【CSS 样式】|【新建】命令，弹出【新建 CSS 规则】对话框，在该对话框中将【选择器名称】设置为 dhwz，如图 8-115 所示。

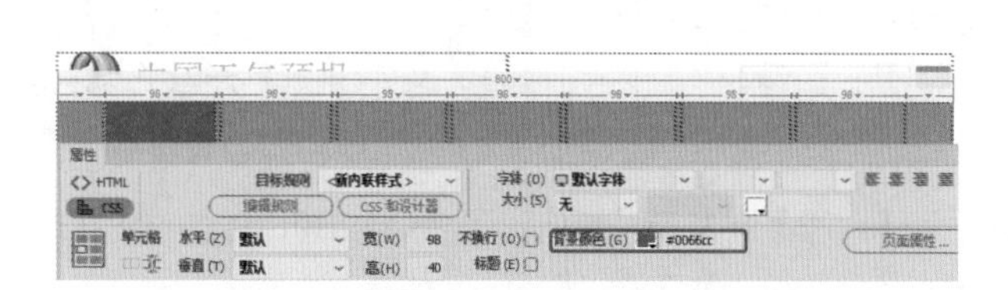

图 8-114　设置表格的【背景颜色】

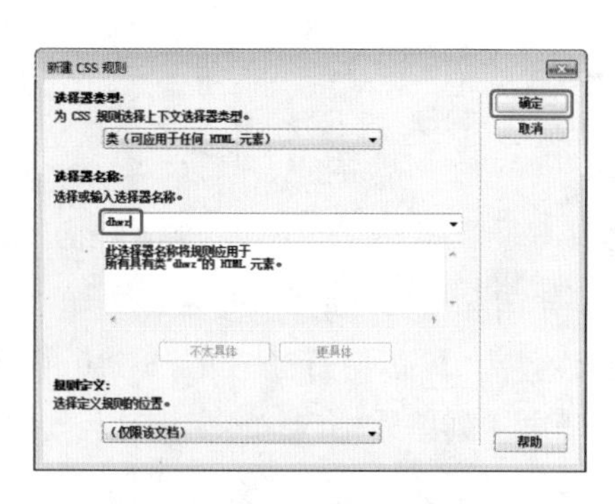

图 8-115　设置规则

（11）单击【确定】按钮，在弹出的对话框中将 Font-size（字号）设置为 16px，将 Font-weight(字型) 设置为 bold（加粗），将 Color（颜色）设置为 #FFF，如图 8-116 所示。

（12）在【分类】列表中选择【区块】选项，在右侧的区域中将 Text-align（文本对齐）设置为 center（居中），如图 8-117 所示。

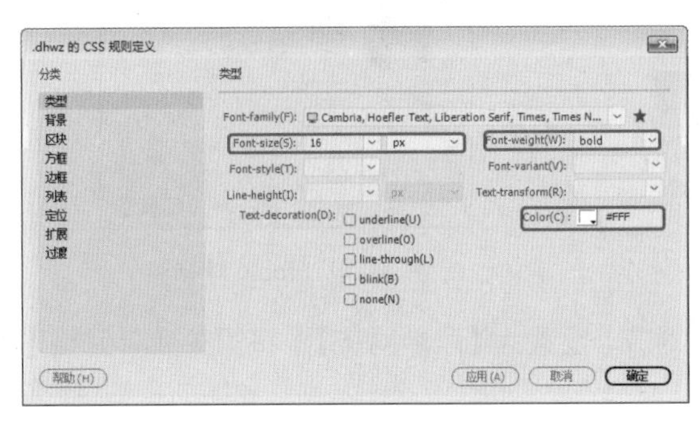

图 8-116　设置规则

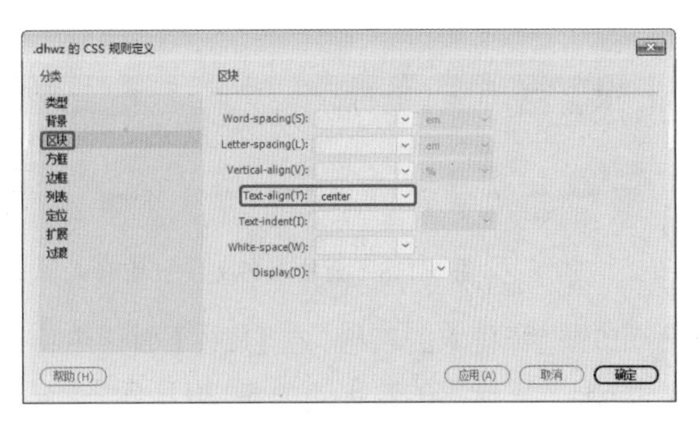

图 8-117　设置规则

知识链接

Font-family：为样式设置字体。

① Font-size：定义文本大小。可以通过选择数字和度量单位选择特定的大小，也可以选择相对大小。使用像素作为单位可以有效地防止浏览器扭曲文本。

② Font-style：指定字体样式为【normal（正常）】【italic（斜体）】和【oblique（偏斜体）】，默认为 normal。

③ Line-height：设置文本所在行的高度。选择 normal 自动计算字体大小的行高。

④ Font-weight：对字体应用特定或相对的粗体量。

⑤ Font-variant：设置文本的小型大写字母变体。Dreamweaver 不在文档窗口中显示此属性。Internet Explorer 支持变体属性，但 Navigator 不支持。

⑥ Text-transform：将所选内容中的每个单词的首字母大写或将文本设置为全部大写或小写。

⑦ Color：设置文本颜色。

⑧ Text-decoration：向文本中添加下划线、上划线、删除线或使文本闪烁。默认设置为【无】，链接的默认设置为【下划线】。

（13）单击【确定】按钮，然后在单元格内输入文字，在【宽】为 5 的单元格内输入 |，选择输入的文字和 |，为其应用 dhwzCSS 样式，完成后的效果如图 8-118 所示。

（14）将光标置入表格的右侧，按 Ctrl+Alt+T 组合键，打开 Table 对话框，在该对话框中将【行数】【列】分别设置为 1、2，将【表格宽度】设置为 800 像素，将【单元格间距】设置为 8，其他均设置为 0，如图 8-119 所示。

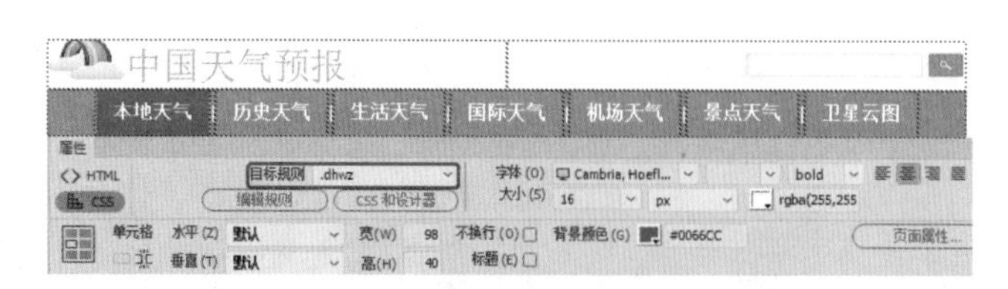

图 8-118　为输入的文字应用样式

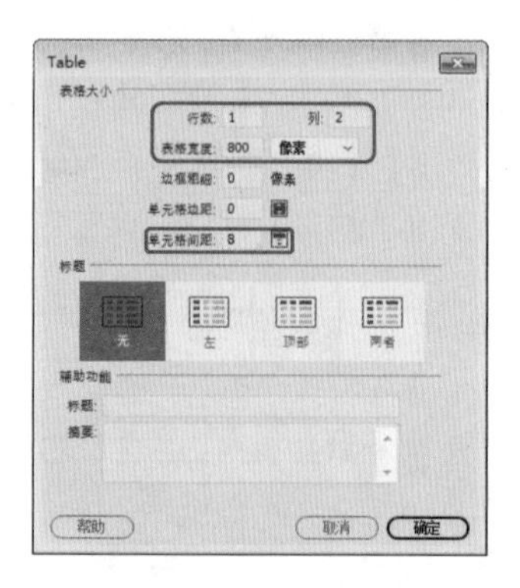

图 8-119　Table 对话框

(15) 选择插入的表格，在【属性】面板中将 Align（对齐）设置为【居中对齐】，将第 2 列单元格【宽】设置为 633，完成后的效果如图 8-120 所示。

(16) 右击，在弹出的快捷菜单中选择【CSS 样式】|【新建】命令，弹出【新建 CSS 规则】对话框，在该对话框中将【选择器名称】设置为 A3，如图 8-121 所示。

图 8-120　设置表格属性

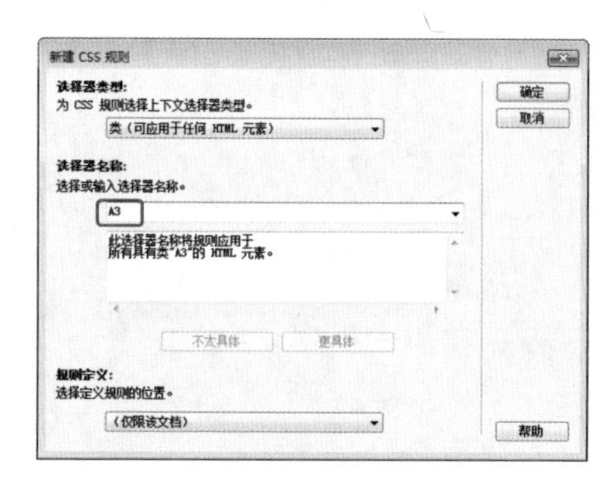

图 8-121　【新建 CSS 规则】对话框

(17) 单击【确定】按钮，在弹出的对话框中将 Font-size（字号）设置为 13px，将 Color（颜色）设置为 #000，如图 8-122 所示。

(18) 单击【确定】按钮，将光标置入第 1 列单元格内，在菜单栏中选择【插入】|【表单】|【选择】命令，选择插入的表单，单击【属性】面板中的【列表值】按钮，弹出【列表值】对话框，在该对话框中输入选项，如图 8-123 所示。

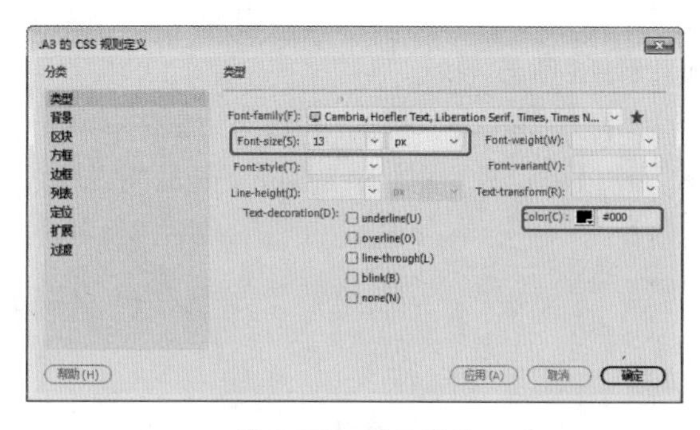

图 8-122　设置规则

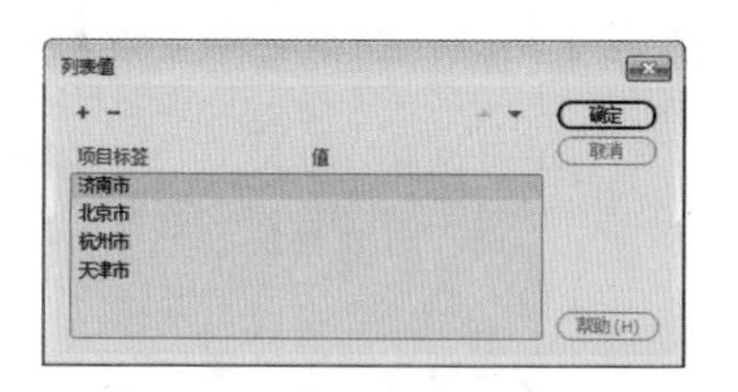

图 8-123　【列表值】对话框

(19) 输入完成后单击【确定】按钮，将表单左侧的文字更改为【城市：】，选择输入的文字，在【属性】面板中将【目标规则】设置为 .A3，然后在右侧的单元格内输入文字，将【目标规则】也设置为 .A3，完成后的效果如图 8-124 所示。

(20) 将光标置入表格的右侧，按 Ctrl+Alt+T 组合键打开 Table 对话框，在该对话框中将【行数】【列】分别设置为 1、2，将【表格宽度】设置为 820 像素，将【单元格间距】设置为 10，其他均设置为 0，如图 8-125 所示。

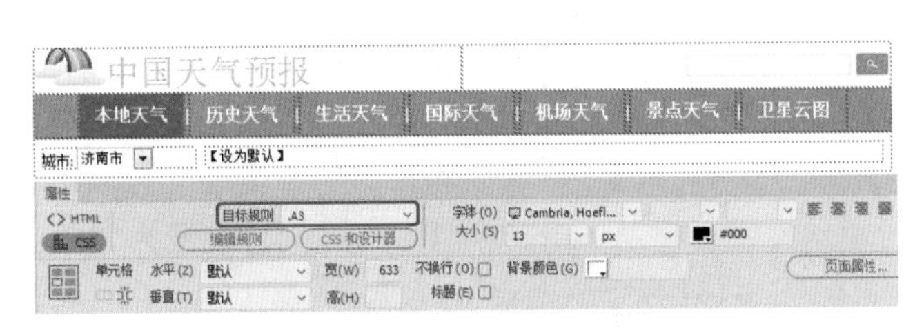

图 8-124　设置规则

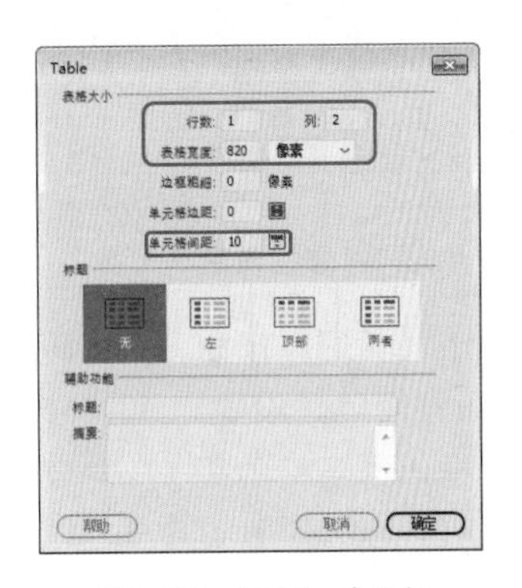

图 8-125　Table 对话框

(21) 选择插入的表格，将 Align 设置为【居中对齐】，将第 1 列单元格的【宽】设置为 540，将第 2 列单元格的【宽】设置为 250，完成后的效果如图 8-126 所示。

(22) 将光标置入第 1 列单元格内，按 Ctrl+Alt+T 组合键打开 Table 对话框，在该对话框中将【行数】【列】都设置为 3，将【表格宽度】设置为 540 像素，将【单元格边距】设置为 5，其他均设置为 0，如图 8-127 所示。

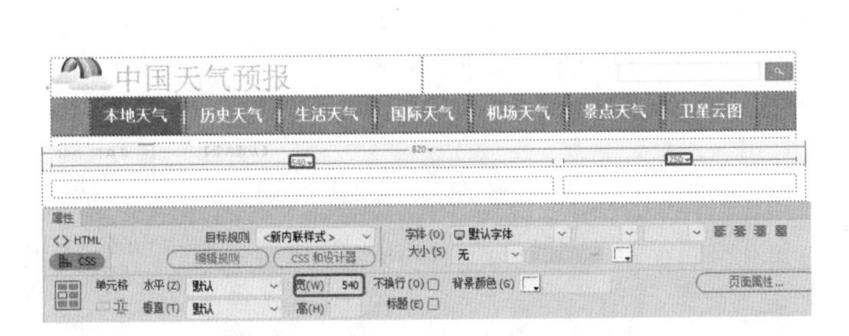

图 8-126　设置表格【宽】度

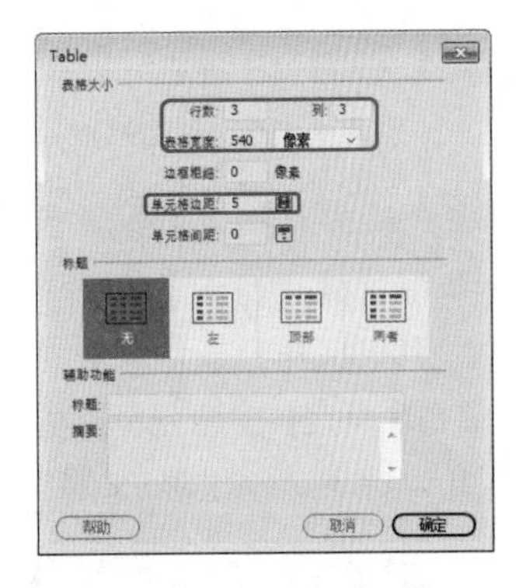

图 8-127　Table 对话框

(23) 单击【确定】按钮，选中插入表格的第 1 行单元格，将【宽】【高】分别设置为 170、30，将【水平】设置为【居中对齐】。选择第 2 行单元格，将【宽】【高】分别设置为 170、25，将【背景颜色】设置为 #9DD6FF，完成后的效果如图 8-128 所示。

(24) 右击，在弹出的快捷菜单中选择【CSS 样式】|【新建】命令，弹出【新建 CSS 规则】对话框，在该对话框中将【选择器名称】设置为 A2，其他保持默认设置，如图 8-129 所示。

图 8-128　设置单元格

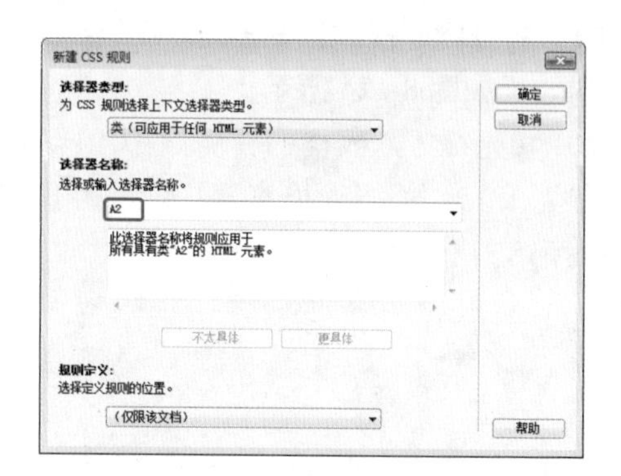

图 8-129　设置【选择器名称】

（25）单击【确定】按钮，将 Font-size（字号）设置为 16，将 Font-weight（字型）设置为 bold（加粗），将 Color（颜色）设置为 #0066cc，如图 8-130 所示。

（26）在插入的表格的第 1 行、第 2 行单元格内输入文字，将第 1 行文字【目标规则】设置为 .A2，将第 2 行文字【目标规则】设置为 .A3，完成后的效果如图 8-131 所示。

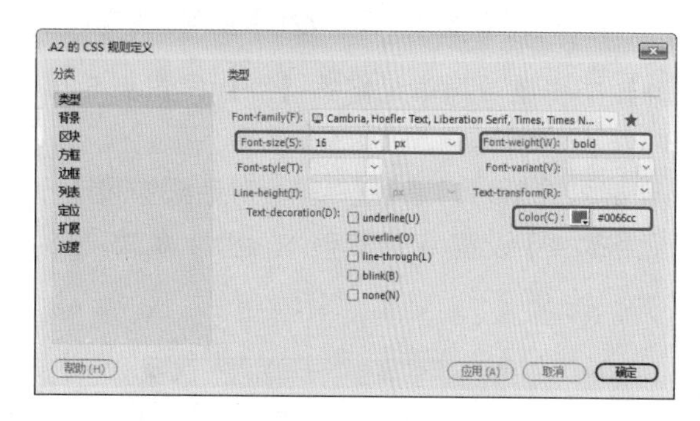

图 8-130　设置规则

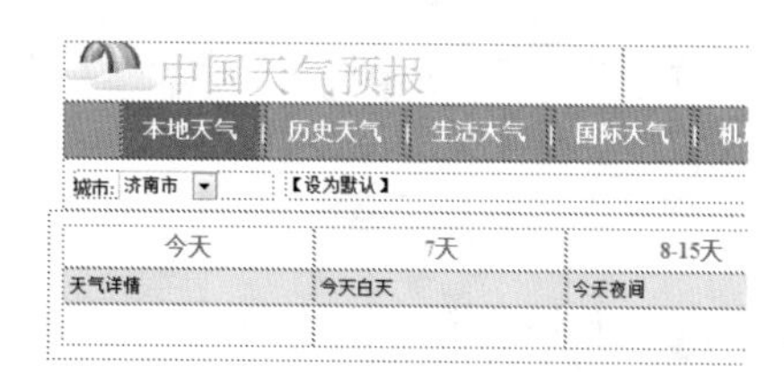

图 8-131　输入文字并设置【目标规则】后的效果

（27）将光标置入第 1 列第 3 行单元格内，将【水平】【垂直】分别设置为【居中对齐】【底部】。按 Ctrl+Alt+T 组合键，打开 Table 对话框，在该对话框中将【行数】【列】分别设置为 5、1，将【表格宽度】设置为 100 像素，其他均设置为 0，如图 8-132 所示。

（28）单击【确定】按钮，选择插入的单元格，将【高】设置为 28，在单元格内输入文字，将文字的【目标规则】设置为 .A3，将数字 35 的颜色设置为红色，完成后的效果如图 8-133 所示。

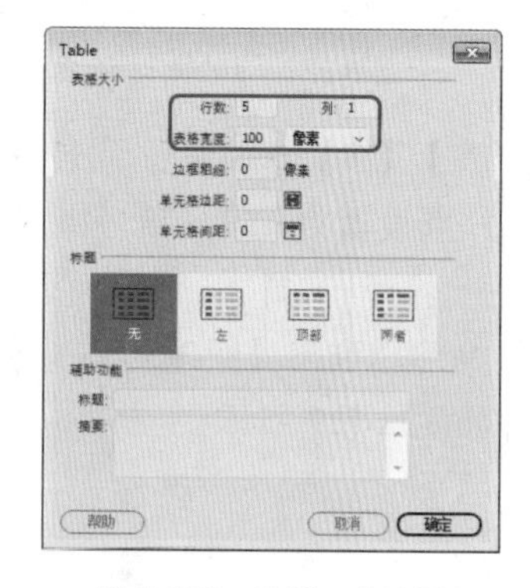

图 8-132　Table 对话框

图 8-133　输入文字后的效果

（29）将光标置入第 2 列第 3 行单元格内，将【水平】设置为【居中对齐】。按 Ctrl+Alt+T 组合键打开 Table 对话框，在该对话框中将【行数】【列】分别设置为 4、1，将【表格宽度】设置为 160 像素，如图 8-134 所示。

(30) 单击【确定】按钮，选择第 2~4 行单元格，将【高】设置为 28，将【水平】设置为【居中对齐】。然后将光标置入第 1 行单元格内，按 Ctrl+Alt+I 组合键打开【选择图像源文件】对话框，在该对话框中选择随书附带光盘中的“CDROM\ 素材 \Cha08\ 天气预报网 \ 晴 .jpg”素材图片，如图 8-135 所示。

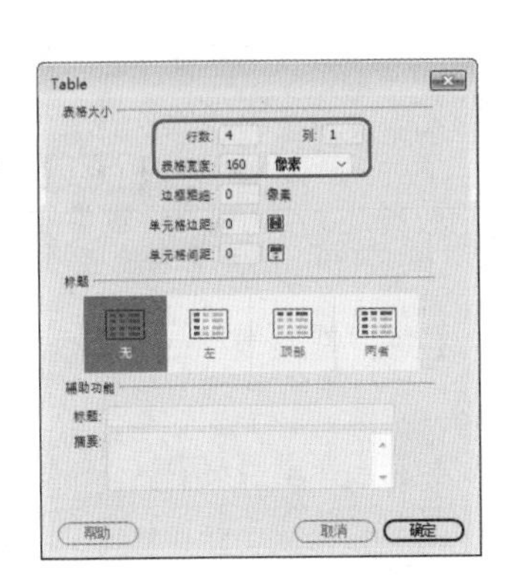

图 8-134 Table 对话框

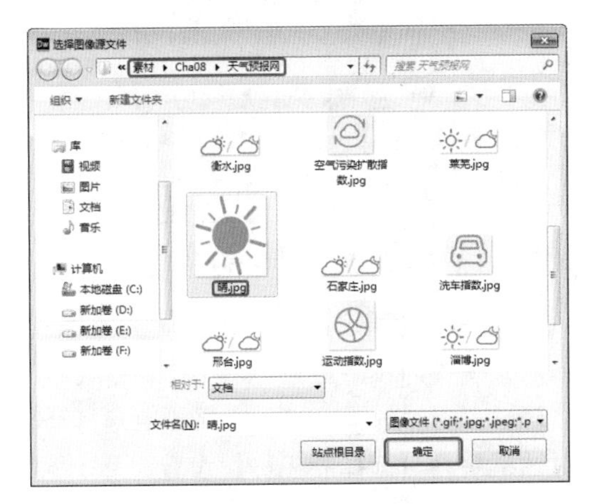

图 8-135 选择素材图片

(31) 单击【确定】按钮，选择插入的素材图片，在【属性】面板中将【宽】【高】都设置为 45，选择第 1 行的表格，将【水平】设置为【居中对齐】，如图 8-136 所示。

(32) 在第 2~4 行单元格输入文字，将文字的【目标规则】设置为 .A3，完成后的效果如图 8-137 所示。

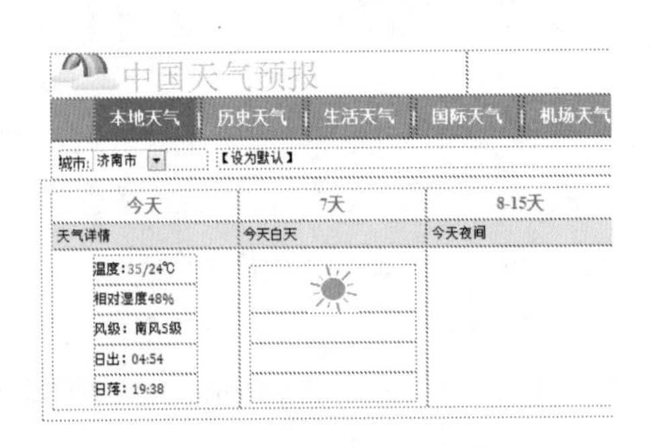

图 8-136 对图片进行设置

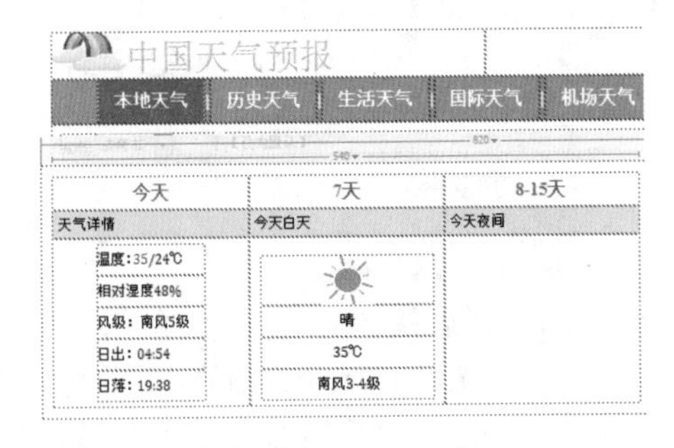

图 8-137 输入文字

(33) 将光标置入第 3 列第 3 行单元格内，将【水平】设置为【居中对齐】，【垂直】设置为【底部】，按 Ctrl+Alt+T 组合键，打开 Table 对话框，在该对话框中将【行数】【列】分别设置为 4、1，将【表格宽度】设置为 160 像素，如图 8-138 所示。

(34) 单击【确定】按钮，选择插入表格的第 2~4 行单元格，将【高】设置为 28，将【水平】设置为【居中对齐】。然后将光标置入第 1 行单元格内，将【水平】设置为【居中对齐】，按 Ctrl+Alt+I 组合键打开【选择图像源文件】对话框，在该对话框中选择随书附带光盘中的“CDROM\ 素材 \Cha08\ 天气预报网 \ 多云 .jpg”素材图片，如图 8-139 所示。

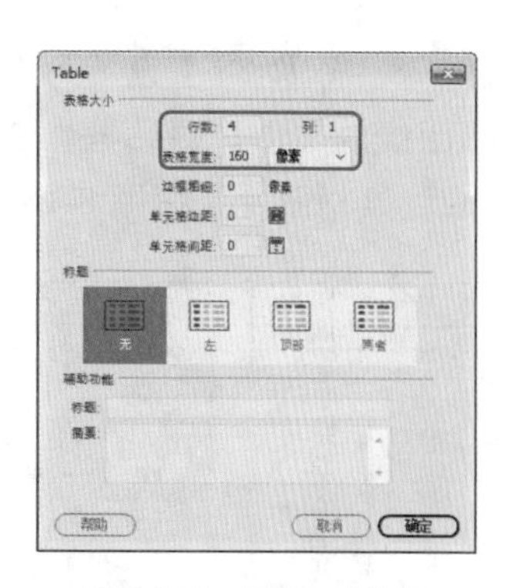
图 8-138 Table 对话框

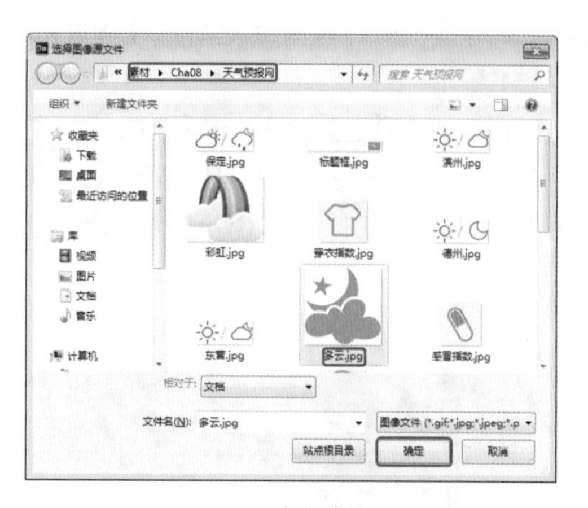
图 8-139 选择素材图片

（35）单击【确定】按钮，然后调整图片的大小，将【宽】【高】都设置为 45，然后在其他单元格内输入文字，为文字应用 A3 样式，完成后的效果如图 8-140 所示。

（36）右击，在弹出的快捷菜单中选择【CSS 样式】|【新建】命令，弹出【新建 CSS 规则】对话框，在该对话框中将【选择器名称】设置为 ge1，如图 8-141 所示。

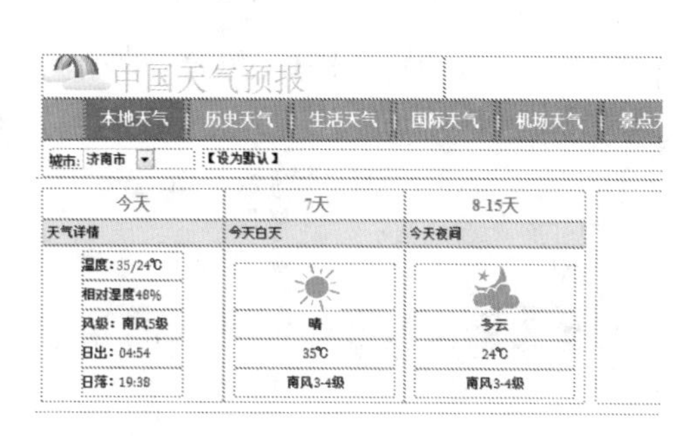
图 8-140 设置完成后的效果

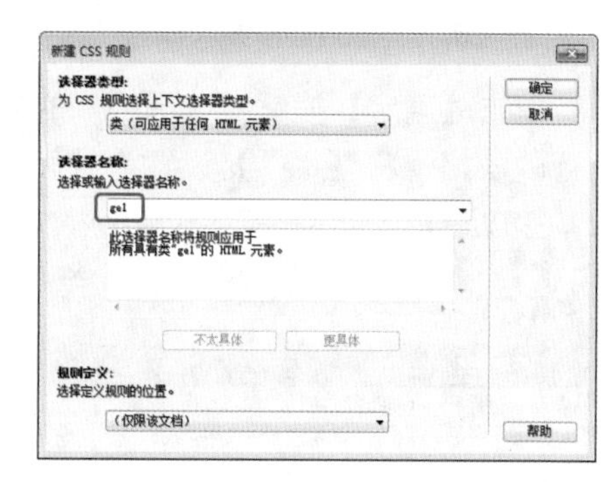
图 8-141 设置【选择器名称】

（37）单击【确定】按钮，选择【分类】列表中的【边框】选项。将 Style 下的【全部相同】复选框取消选中，将 Top、Right、Left 都设置为 solid，将 Bootom 设置为 none，将 Width 设置为 thin，将 Color 设置为 #09F，如图 8-142 所示。

（38）单击【确定】按钮，再次右击，在弹出的快捷菜单中选择【CSS 样式】|【新建】命令，在弹出的对话框中将【选择器名称】设置为 ge2，其他保持默认设置，如图 8-143 所示。

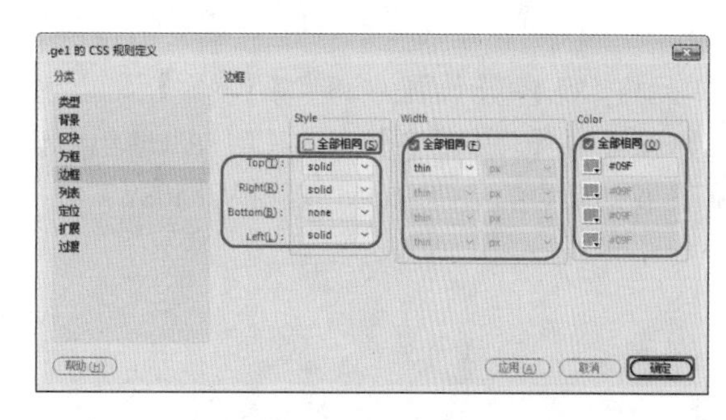
图 8-142 设置规则

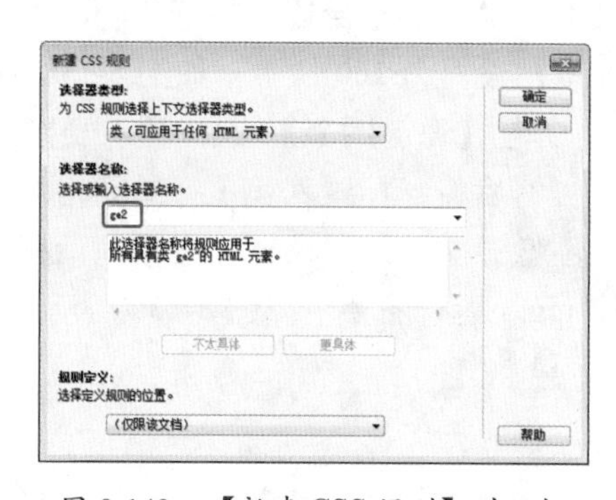
图 8-143 【新建 CSS 规则】对话框

（39）单击【确定】按钮，在弹出的对话框中选择【分类】列表中的【边框】选项，取消选中所有的【全部相同】复选框，将 Style 的 Bottom、Left 均设置为 solid，将 Width 的 Bottom 设置为 thin，Left 设置为 medium，将 Color 的 Bottom 设置为 #09F、Left 设置为 #FFF，如图 8-144 所示。

（40）选择大表格的第 1 行第 1 列单元格，将其【目标规则】设置为 .ge1，选择第 1 行第 2、3 列单元格，将其【背景颜色】设置为 #f1f1f1，为其单元格的【目标规则】设置为 .ge2，单击【实时视图】按钮，观看效果如图 8-145 所示。

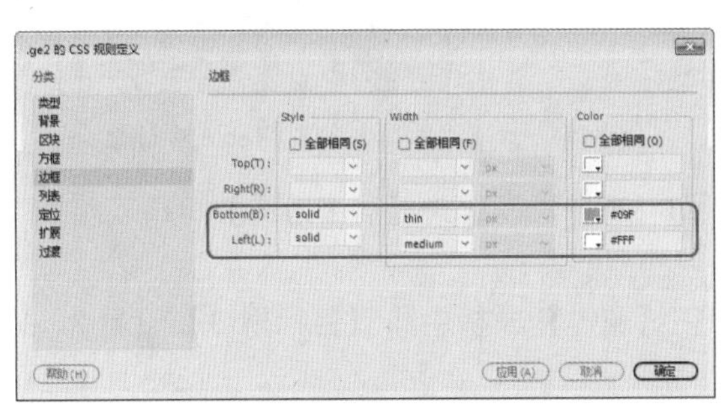

图 8-144　设置规则

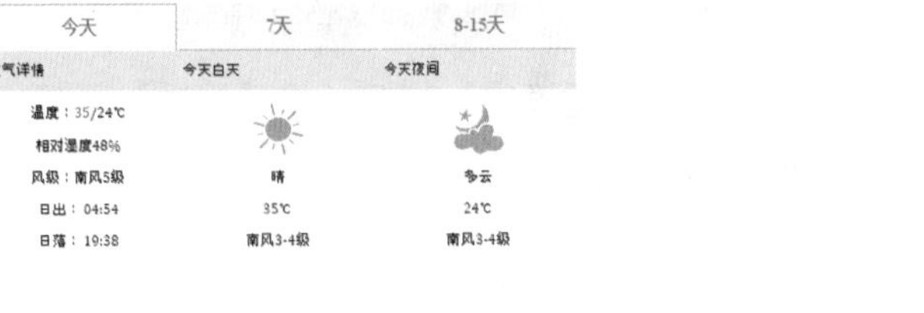

图 8-145　设置完成后的效果

（41）单击【设计】按钮，然后将光标置入大表格的第 2 列单元格内，按 Ctrl+Alt+T 组合键，打开 Table 对话框，在该对话框中将【行数】【列】分别设置为 7、4，将【表格宽度】设置为 250 像素，将【单元格边距】设置为 9，如图 8-146 所示。

（42）单击【确定】按钮，选择插入的第 1 行单元格，按 Ctrl+Alt+M 组合键合并单元格，然后将【背景颜色】设置为 #9DD6FF，将【高】设置为 20，如图 8-147 所示。

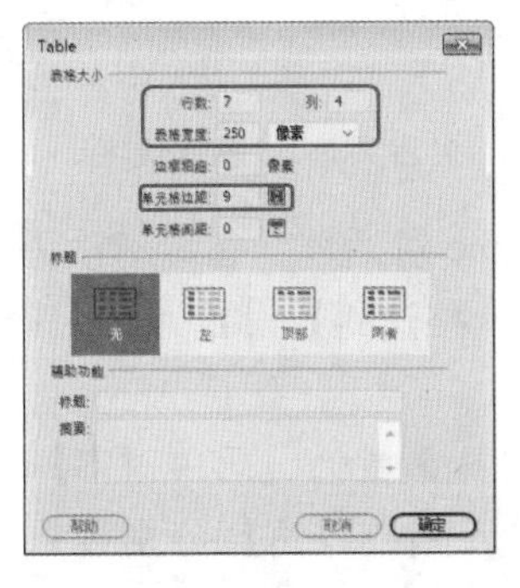

图 8-146　Table 对话框

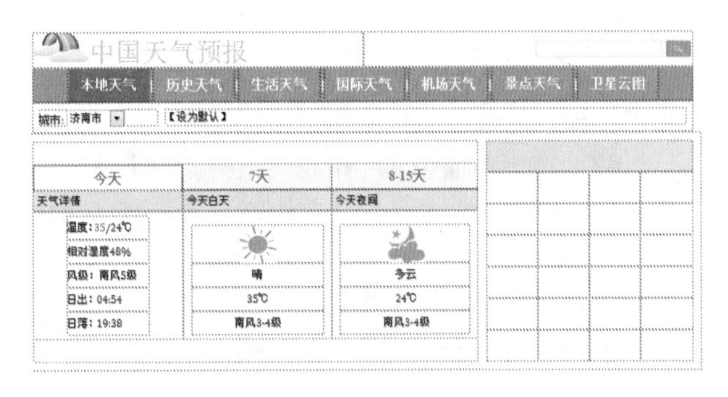

图 8-147　设置表格

提 示

除了上述方法组合单元格外，用户也可以右击，在弹出的快捷菜单中选择【表格】|【合并单元格】命令，还可以在【属性】面板中单击【合并单元格使用跨度】按钮。

（43）在合并的单元格内输入文字，并为文字应用 .A2 样式，将其余单元格的【背景颜色】设置为 #F1F1F1，在单元格内输入文字，然后为输入的文字应用 .A3 样式，完成后的效果如图 8-148 所示。

（44）将光标置入表格的右侧，按 Ctrl+Alt+T 组合键打开 Table 对话框，在该对话框中将【行数】【列】均设置为 1、1，将【表格宽度】设置为 800 像素，将【单元格边距】设置为 5，如图 8-149 所示。

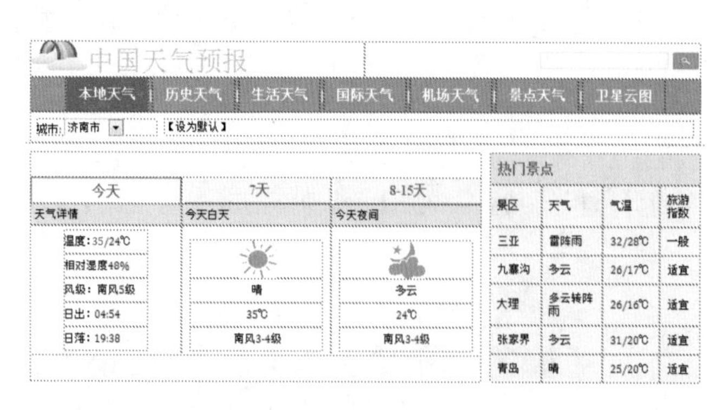

图 8-148　输入文字后的效果

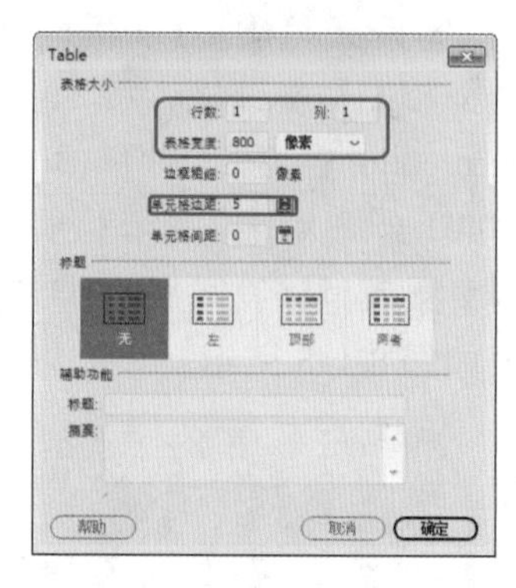

图 8-149　Table 对话框

（45）单击【确定】按钮，在【属性】面板中将 Align（对齐）设置为【居中对齐】，将表格的【背景颜色】设置为 #9DD6FF，效果如图 8-150 所示。

（46）在插入的表格中输入文字，选择输入的文字在【属性】面板中将【目标规则】设置为 .A2，效果如图 8-151 所示。

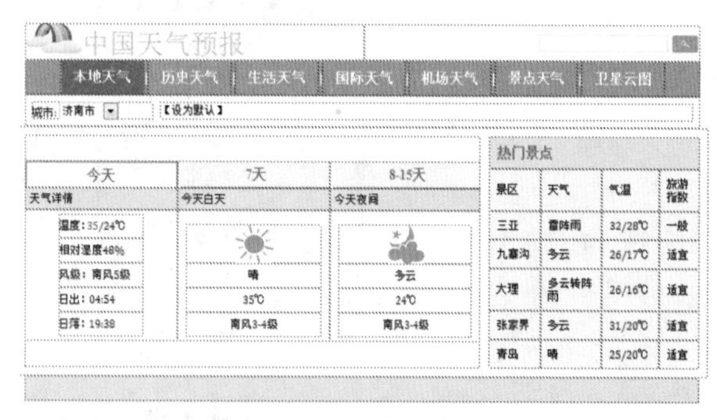

图 8-150　设置背景颜色

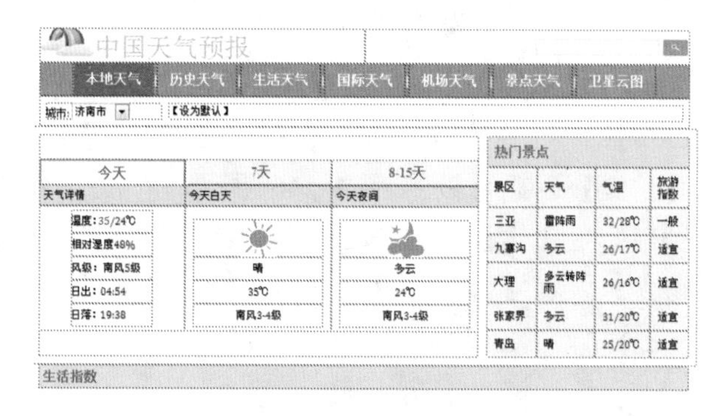

图 8-151　输入文字

（47）将光标置入表格的右侧，按 Ctrl+Alt+T 组合键打开 Table 对话框，在该对话框中将【行数】【列】分别设置为 3、8，将【表格宽度】设置为 810 像素，将【单元格边距】设置为 5，其他均设置为 0，如图 8-152 所示。

（48）单击【确定】按钮，在【属性】面板中将 Align（对齐）设置为【居中对齐】，将第 1、4、7 列单元格的【宽】分别设置为 55、56、65，将第 2、5、8 列单元格的【宽】分别设置为 183、196、185，效果如图 8-153 所示。

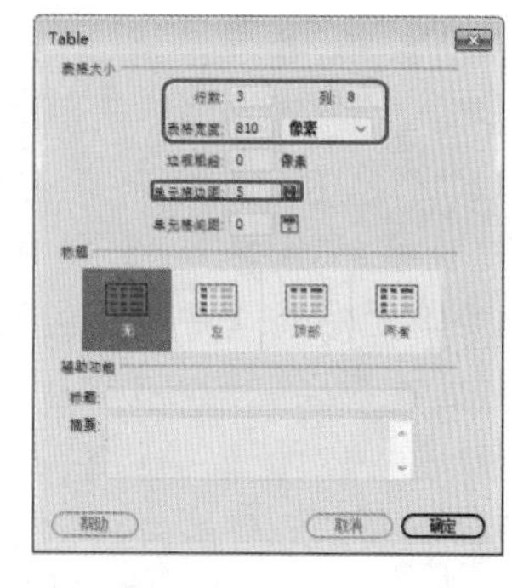

图 8-152　Table 对话框

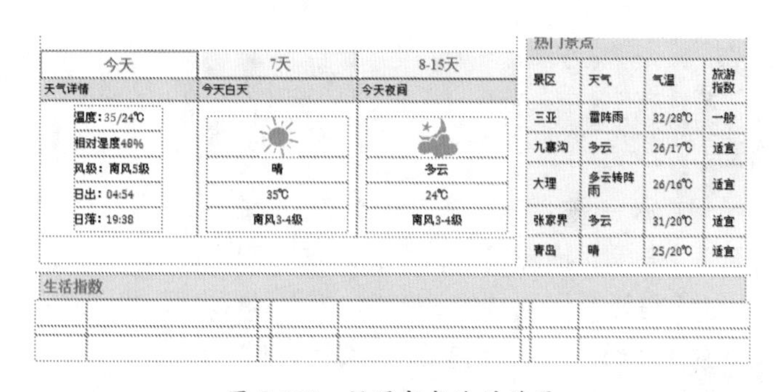

图 8-153　设置完成后的效果

(49) 将第1、2行的第1、2、4、5、7、8列的【背景颜色】设置为#DAEDFE，将光标置入第1行第1列单元格内，将【水平】设置为【居中对齐】，按Ctrl+Alt+I组合键打开【选择图像源文件】对话框，在该对话框中选中随书附带光盘中的"CDROM\素材\Cha08\紫外线指数.jpg"素材图片，如图8-154所示。

(50) 将光标置入第1行第2列单元格内，按Ctrl+Alt+T组合键打开【表格】对话框，在该对话框中将【行数】【列】分别设置为2、1，将【表格宽度】设置为190像素，将【边框粗细】【单元格边距】【单元格间距】的参数均设置为0，如图8-155所示。

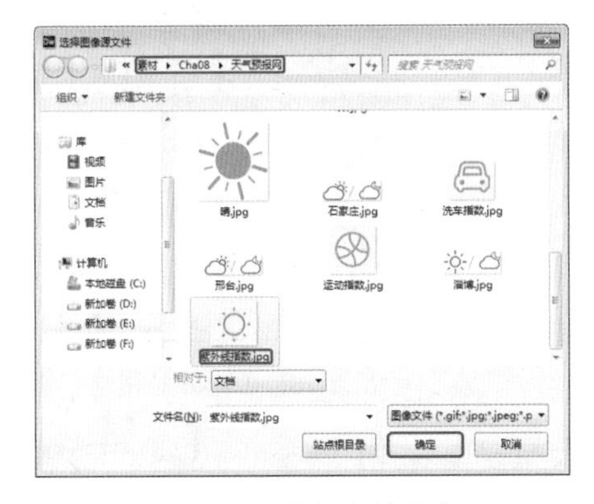

图8-154 选择素材图片

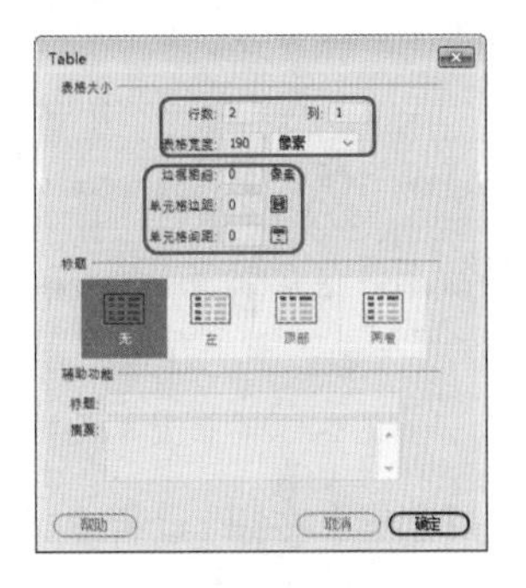

图8-155 设置表格

(51) 单击【确定】按钮，将单元格的【高】设置为23，然后在第1行单元格内输入文字，设置文字的【大小】为14，将冒号后的文字【目标规则】设置为.A2，效果如图8-156所示。

(52) 选择第2行单元格，在其中输入文字并设置【目标规则】为.A3，完成后的效果如图8-157所示。

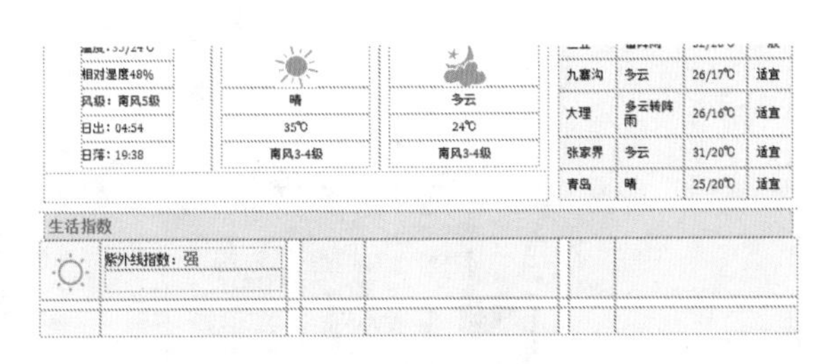

图8-156 输入文字并进行设置

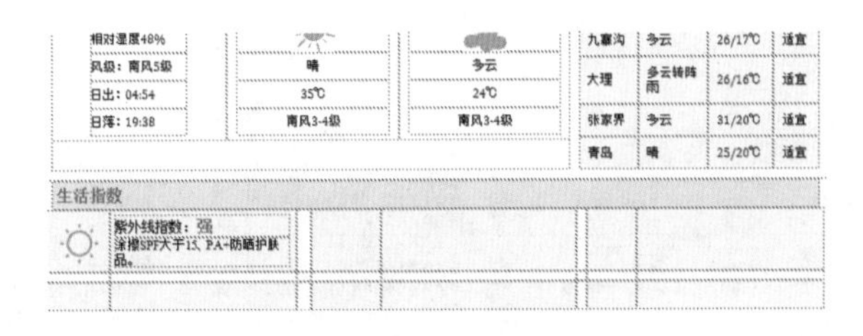

图8-157 完成后的效果

(53) 使用同样的方法在其他单元格内输入文字和插入图片并进行相应的设置，完成后的效果如图8-158所示。

(54) 将光标置入表格的右侧，按Ctrl+Alt+T组合键打开Table对话框，在该对话框中将【行数】【列】都设置为1，将【表格宽度】设置为800像素，将【单元格边距】设置为5，如图8-159所示。

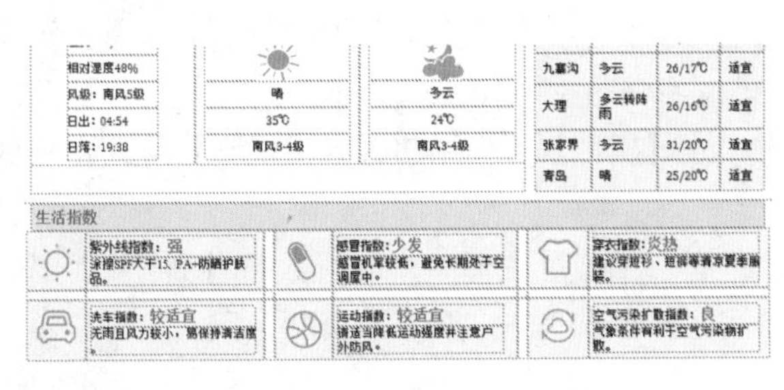

图8-158 设置完成后的效果

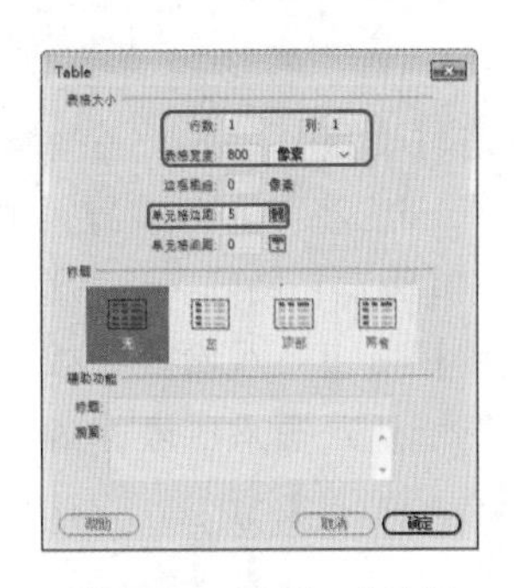

图8-159 Table对话框

（55）单击【确定】按钮，选择插入的表格，将 Align 设置为【居中对齐】，将【背景颜色】设置为 #9DD6FF，在该单元格内输入文字，将文字的【目标规则】设置为 .A2，如图 8-160 所示。

（56）将光标置入表格的右侧，按 Ctrl+Alt+T 组合键打开 Table 对话框，在该对话框中将【行数】【列】分别设置为 3、5，将【表格宽度】设置为 800 像素，其他参数设置为 0，如图 8-161 所示。

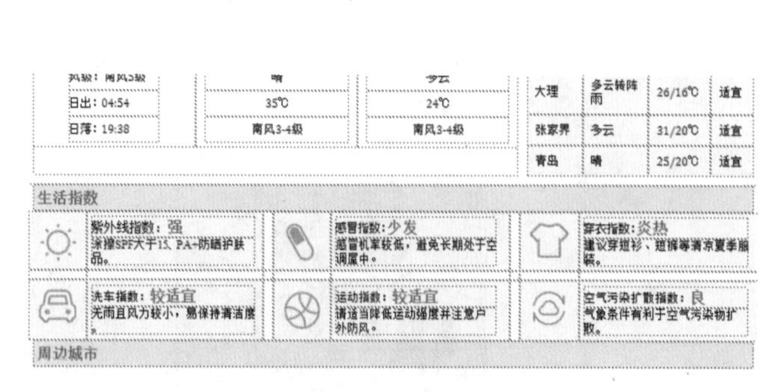

图 8-160　设置单元格属性

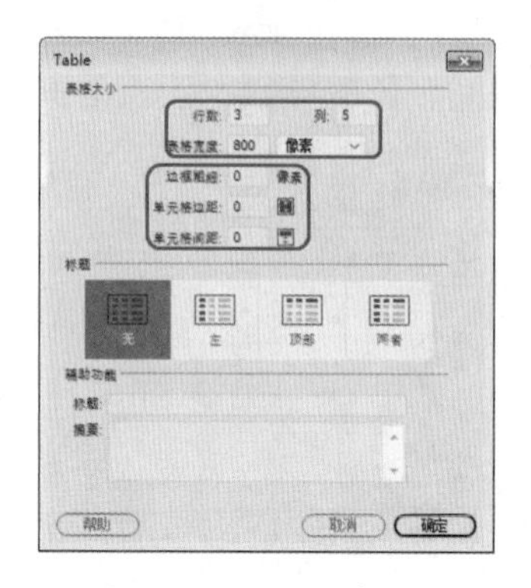

图 8-161　Table 对话框

（57）单击【确定】按钮，选择插入的表格，将 Align 设置为【居中对齐】。选择所有的单元格，将【高】设置为 50，将第 1、3、5 列单元格的【宽】都设置为 245，将第 2、4 列单元格的【宽】都设置为 32，完成后的效果如图 8-162 所示。

（58）再次选择所有的单元格，将【垂直】设置为【底部】。将光标置入第 1 行第 1 列单元格内，按 Ctrl+Alt+T 组合键打开 Table 对话框，在该对话框中将【行数】【列】均设置为 1、1，将【表格宽度】设置为 245 像素，如图 8-163 所示。

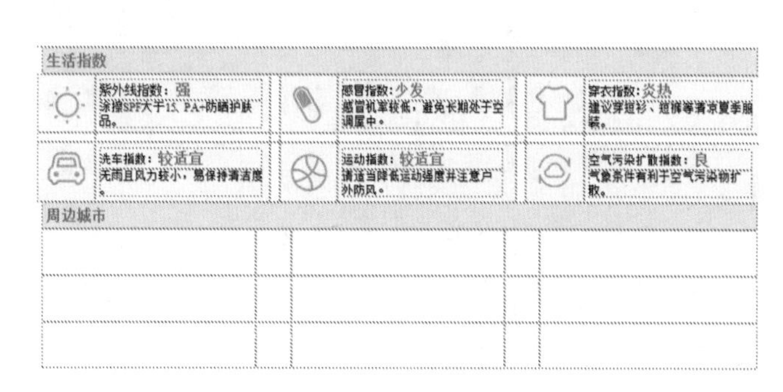

图 8-162　设置单元格

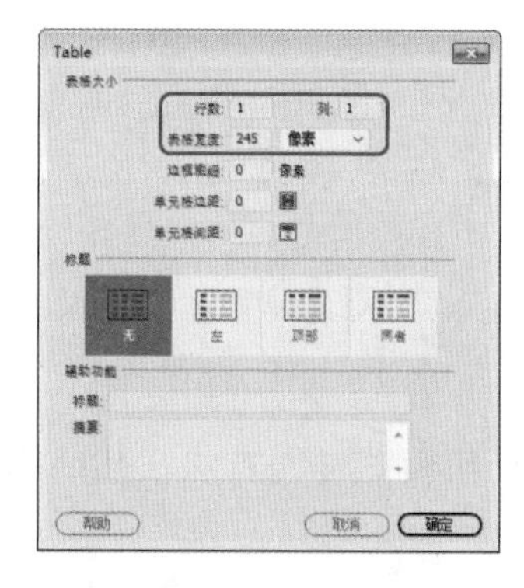

图 8-163　Table 对话框

（59）单击【确定】按钮，然后右击，在弹出的快捷菜单中选择【CSS 样式】|【新建】命令，弹出【新建 CSS 规则】对话框，在该对话框中将【选择器名称】设置为 ge3，如图 8-164 所示。

（60）单击【确定】按钮，在 .ge3 的 CSS 规则定义】对话框中将【分类】设置为【边框】选项，将 Top 设置为 solid，将 Width 设置为 thin，将 Color 设置为 #09F，如图 8-165 所示。

（61）单击【确定】按钮，然后选择刚刚插入的表格，在【属性】面板中将【目标规则】设置为 .ge3，单击【实时视图】按钮，观看效果如图 8-166 所示。

（62）将光标置入插入的表格内，打开【表格】对话框，在该对话框中将【行数】【列】分别设置为 1、3，将【表格宽度】设置为 241 像素，将【单元格间距】设置为 5，如图 8-167 所示。

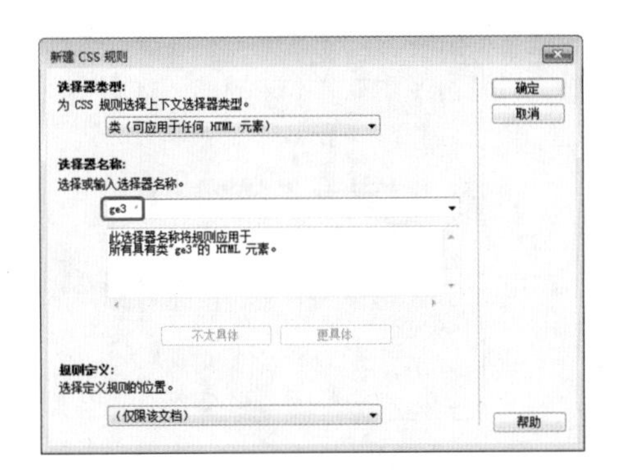

图 8-164 设置【选择器名称】

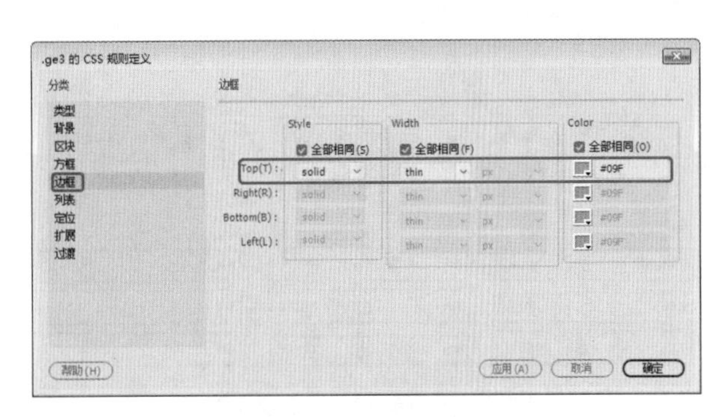

图 8-165 设置【边框】

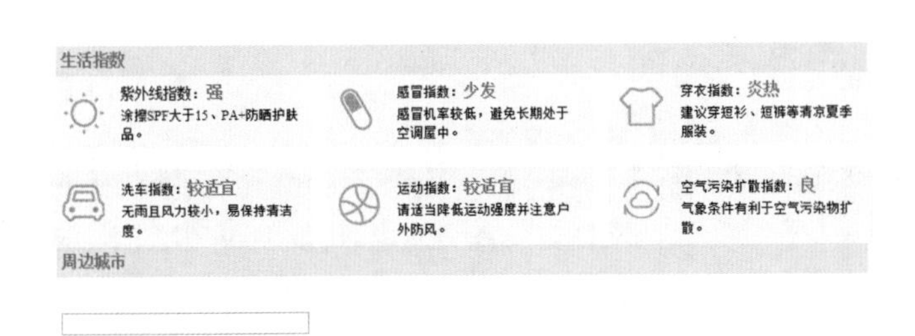

图 8-166 设置完成后的效果

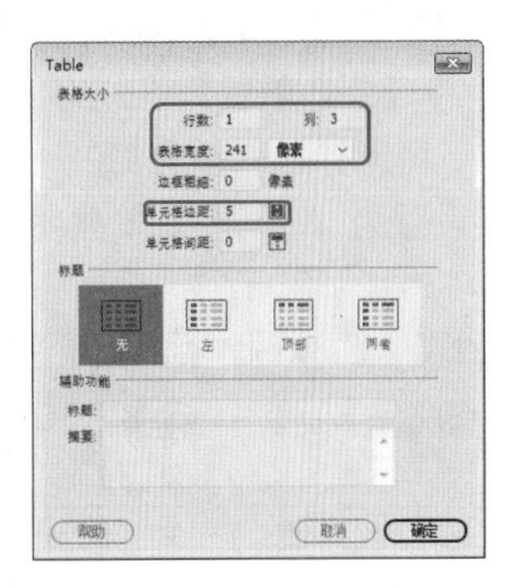

图 8-167 设置完成后的效果

（63）选择插入的表格，将第 1、3 列单元格的【宽】分别设置为 60、81，在第 1、3 列单元格内输入文字，并将第 1 列文字的【项目规则】设置为 .A3，将第 3 列数字的【项目规则】设置为 .ge3，将第 3 列单元格的【水平】设置为【右对齐】，完成后的效果如图 8-168 所示。

（64）将光标置入第 2 列单元格内，按 Ctrl+Alt+I 组合键打开【选择图像源文件】对话框，在该对话框中选择随书附带光盘中的"CDROM\ 素材 \Cha08\ 天气预报网 \ 石家庄 .jpg"素材图片，如图 8-169 所示。

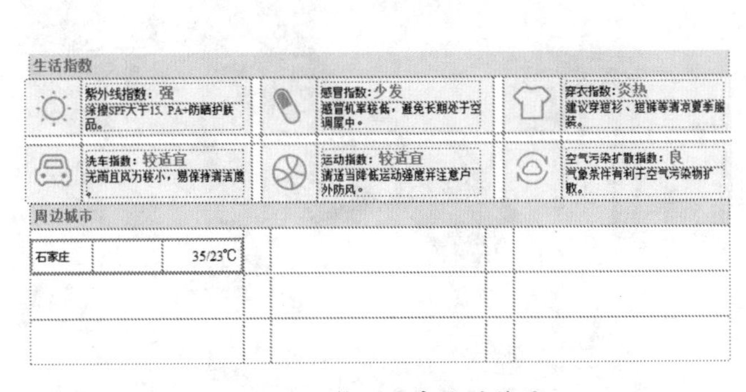

图 8-168 输入文字后的效果

图 8-169 选择素材图片

（65）使用同样的方法插入图片和表格，并在单元格内进行相应的设置，如图 8-170 所示。

（66）将光标置入表格的右侧，按 Ctrl+Alt+T 组合键打开 Table 对话框，在该对话框中将【行数】【列】均设置为 1、1，将【表格宽度】设置为 820 像素，将【单元格间距】设置为 10，如图 8-171 所示。

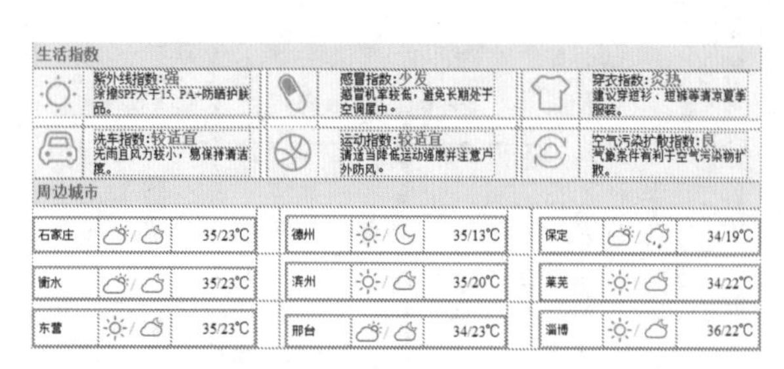

图 8-170　设置完成后的效果

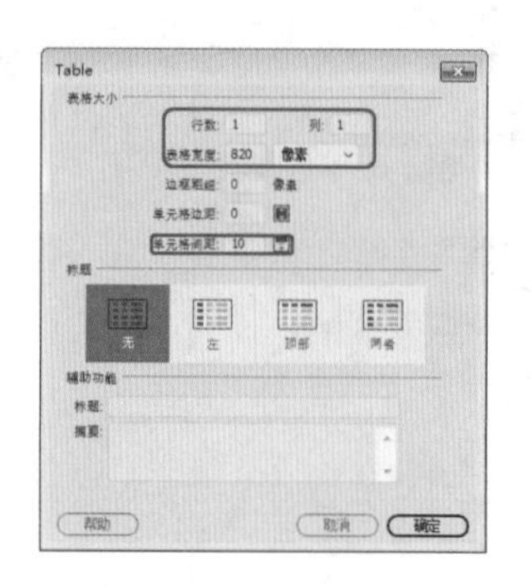

图 8-171　Table 对话框

(67) 单击【确定】按钮，选择插入的表格，将 Align（对齐）设置为【居中对齐】，将【高】设置为 32，将【背景颜色】设置为 #9DD6FF，如图 8-172 所示。

(68) 将光标置入单元格内，将【水平】设置为【居中对齐】，在单元格内输入文字，将文字的【目标规则】设置为 .A3，按 F12 键观看效果，如图 8-173 所示。

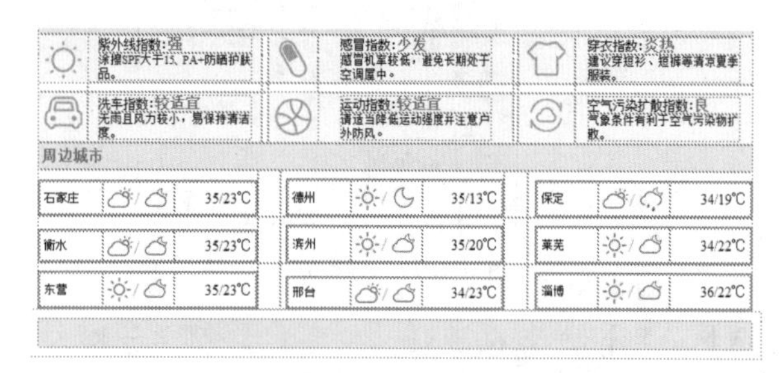

图 8-172　为表格填充颜色

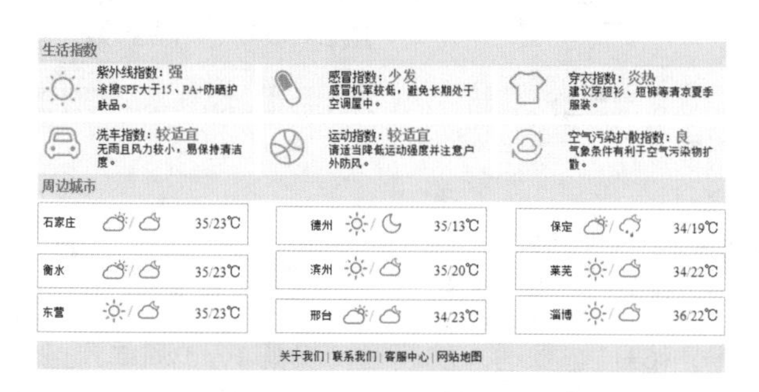

图 8-173　输入文字并为其设置样式

案例精讲 065　黑蚂蚁欢乐谷网页的设计（一）【视频案例】

本案例将介绍如何制作黑蚂蚁欢乐谷网页，在制作过程中主要应用 Div 的设置，对于网页的布局是本例的学习重点。具体操作方法请参考光盘中的视频文件，完成后的效果如图 8-174 所示。

案例文件：CDROM \ 场景 \ Cha08 \ 黑蚂蚁欢乐谷网页的设计（一）.html

视频文件：视频教学 \ Cha08 \ 黑蚂蚁欢乐谷网页的设计（一）.avi

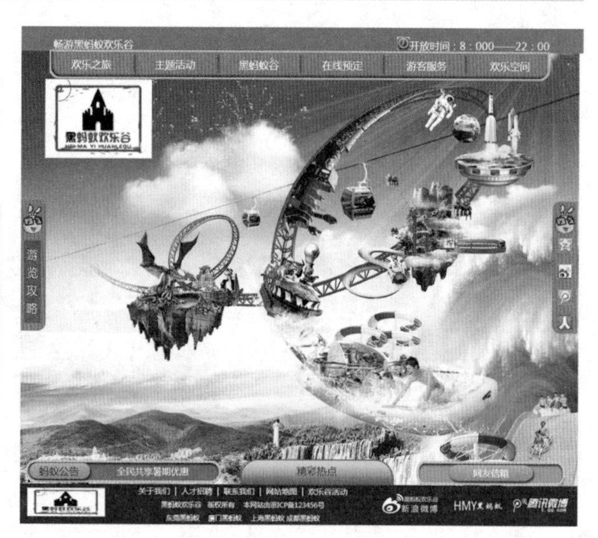

图 8-174　黑蚂蚁欢乐谷网页的设计效果（一）

案例精讲 066 黑蚂蚁欢乐谷网页的设计（二）【视频案例】

本案例将介绍如何制作黑蚂蚁欢乐谷网页，其中导航栏和主页一样，本例也是一幅巨大图片，突出网页的主旨，具体操作方法请参考光盘中的视频文件，完成后的效果如图 8-175 所示。

案例文件：CDROM \ 场景 \ Cha08 \ 黑蚂蚁欢乐谷网页的设计（二）.html
视频文件：视频教学 \ Cha08 \ 黑蚂蚁欢乐谷网页的设计（二）.avi

图 8-175　黑蚂蚁欢乐谷网页的设计效果（二）

案例精讲 067 旅游网站（一）

本案例将介绍如何制作旅游网站主页，主要通过插入表格、图像，输入文字并为表格应用 CSS 样式等操作来完成网站主页的制作。具体操作方法如下，完成后的效果如图 8-176 所示。

案例文件：CDROM \ 场景 \ Cha08 \ 旅游网站（一）.html
视频文件：视频教学 \ Cha08 \ 旅游网站（一）.avi

图 8-176　旅游网站的设计效果（一）

（1）按 Ctrl+N 组合键，在弹出的对话框中选择【新建文档】选项，在【文档类型】列表中选择 HTML 选项，单击【确定】按钮，如图 8-177 所示。

（2）在菜单栏中选择【插入】| Div 命令，如图 8-178 所示。

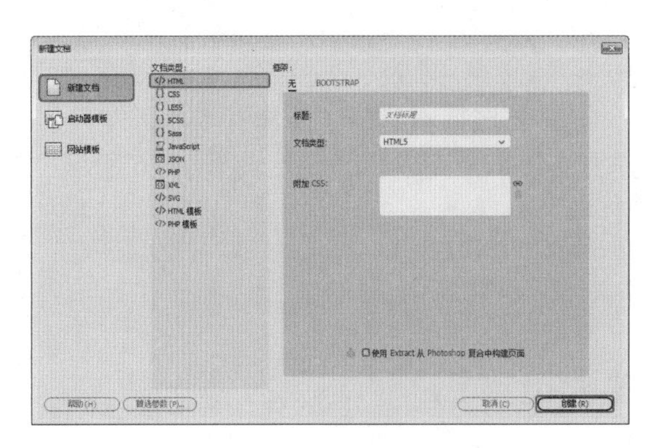

图 8-177　新建文档

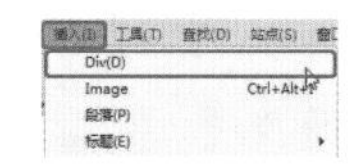

图 8-178　插入 Div

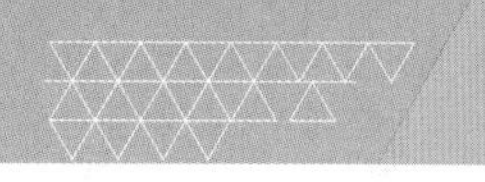

知识链接

【旅游】："旅游"从字义上很好理解。"旅"是旅行、外出，即为了实现某一目的而在空间上从甲地到乙地的行进过程；"游"是外出游览、观光、娱乐，即为达到这些目的所作的旅行。二者合起来即旅游。所以，旅行偏重于行，旅游不但有"行"，且有观光、娱乐含义。骨刻文中已有"旅游"二字："旅"和"游"二字在山东昌乐骨刻文中发现，是东夷平民旅游娱乐活动最早的记录，也是中国最早旅游文化的体现。中国旅游不仅历史久远，也是世界上唯一具有最早文字记载的国家。引(《大众日报》2012年8月20日，丁再献《骨刻文将"旅游"记载前推两千多年》，丁再献著《东夷文化与山东·骨刻文释读》)。

(3) 插入新的div，将【宽】设置为1008px，如图8-179所示。

(4) 插入一个1行6列的表格，将【表格宽度】设置为1008像素，单击【确定】按钮，如图8-180所示。

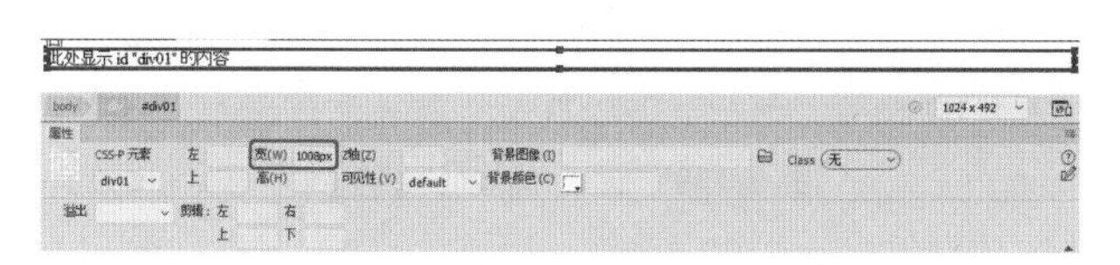

图 8-179 设置表格的【宽】

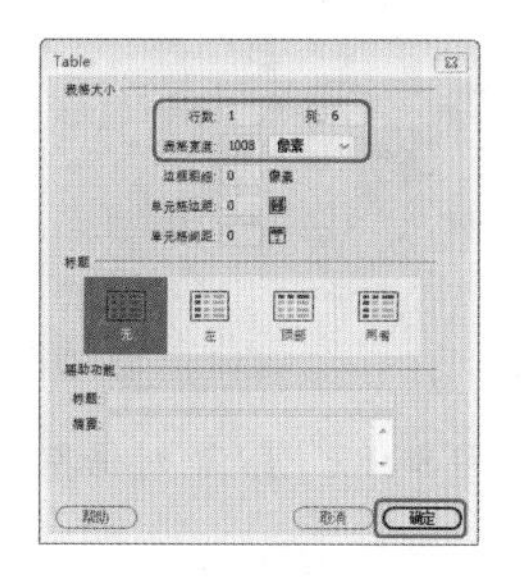

图 8-180 Table对话框

(5) 将光标置于第1个单元格内，将【宽】设置为494px，如图8-181所示。

(6) 将光标置于第2个单元格内，将其【水平】设置为【左对齐】、【宽】设置为90，如图8-182所示。

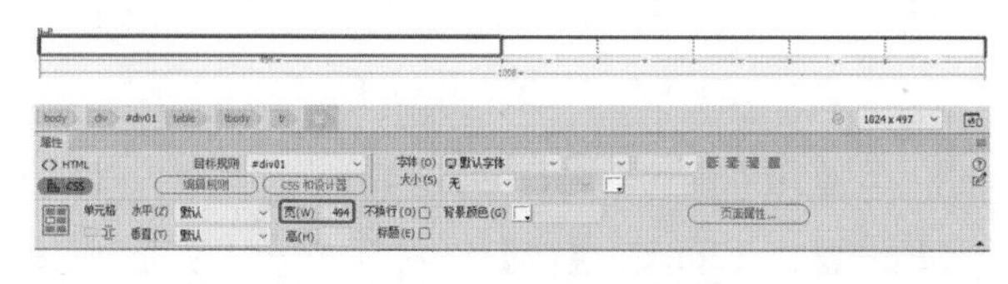

图 8-181 设置表格的【宽】

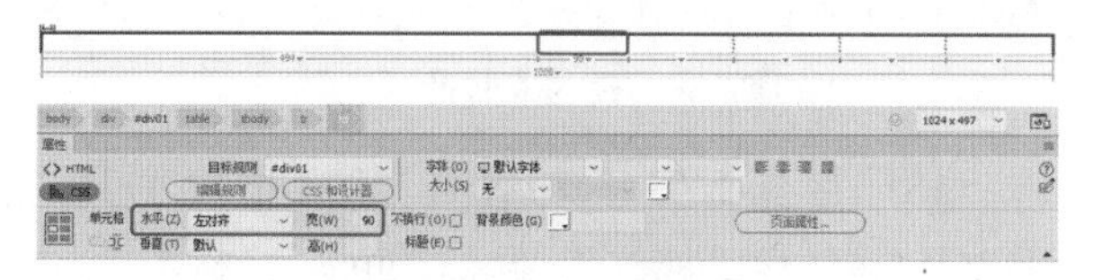

图 8-182 设置表格

提 示

使用Ctrl+Alt+T组合键，可以快速插入表格。

(7) 使用同样的方法设置其他单元格，如图8-183所示。

(8) 输入文字，将【大小】设置为12px、【字体颜色】设置为#000000，如图8-184所示。

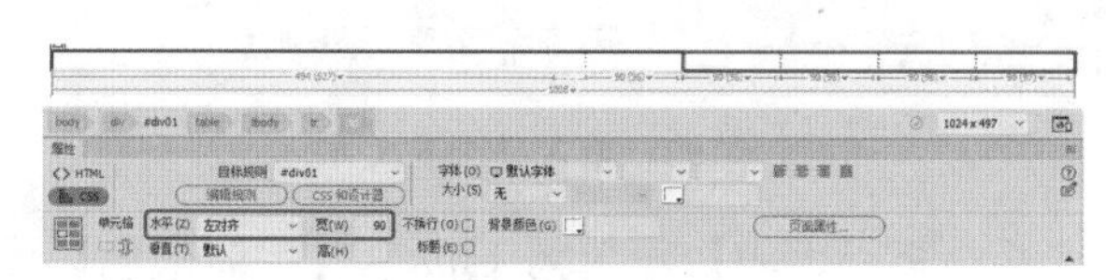

图 8-183 设置文字【大小】和【颜色】

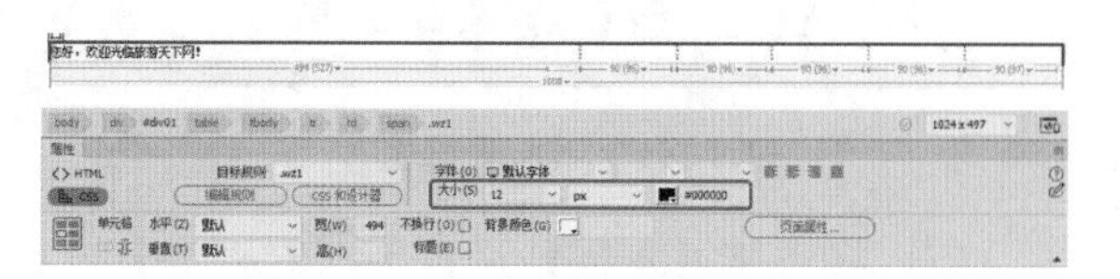

图 8-184 输入并设置文字

（9）将表格的【高】设置为 20，使用同样的方法输入并设置其他文字，如图 8-185 所示。

（10）插入新的 div，将【上】设置为 33px，如图 8-186 所示。

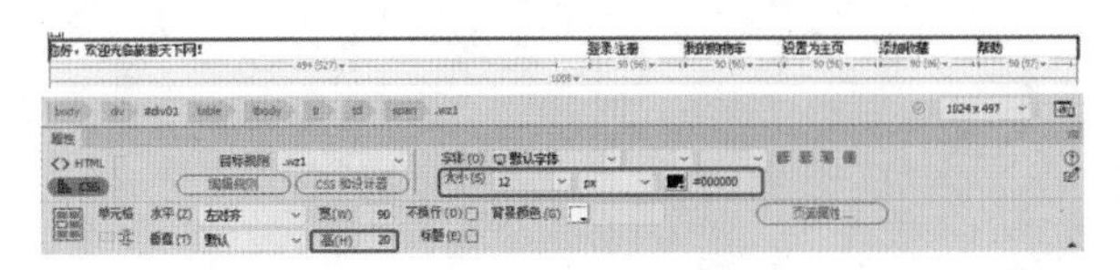

图 8-185 输入并设置其他文字

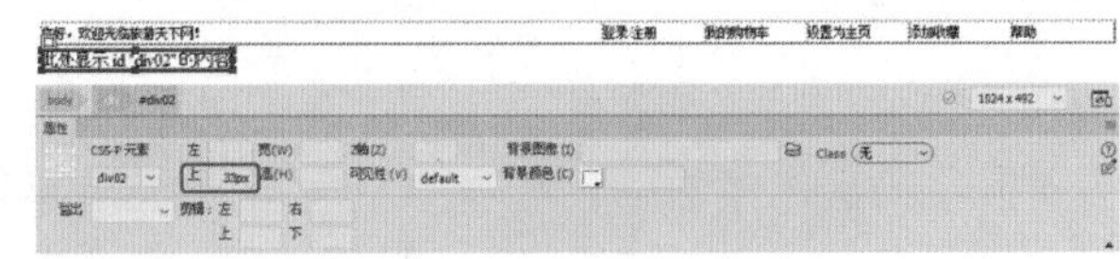

图 8-186 插入 div

（11）插入一个 1 行 3 列的表格，将【表格宽度】设置为 1006 像素，单击【确定】按钮，如图 8-187 所示。

（12）将光标置于第 1 个单元格内，将【宽】设置为 236，如图 8-188 所示。

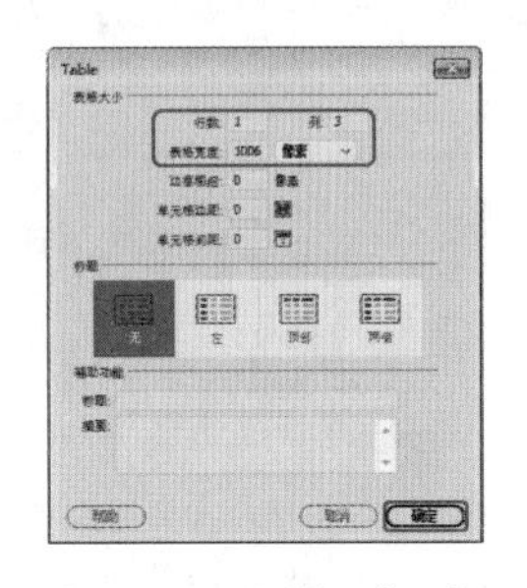

图 8-187 Table 对话框

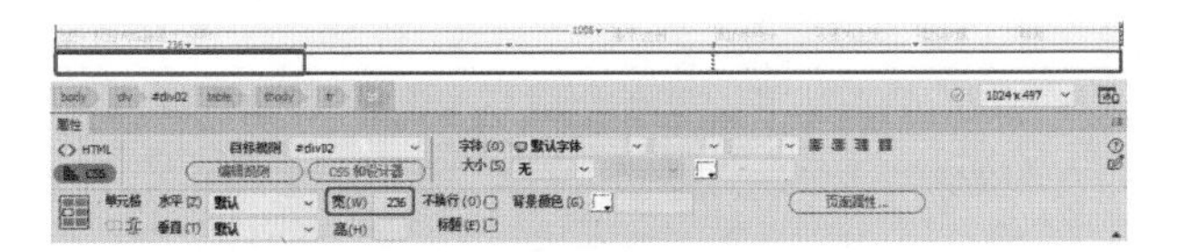

图 8-188 设置表格的【宽】

（13）将光标置于第 2 个单元格中，在【属性】面板中将【宽】设置为 278，效果如图 8-189 所示。

（14）将光标置于第 3 个单元格中，将【宽】设置为 535，如图 8-190 所示。

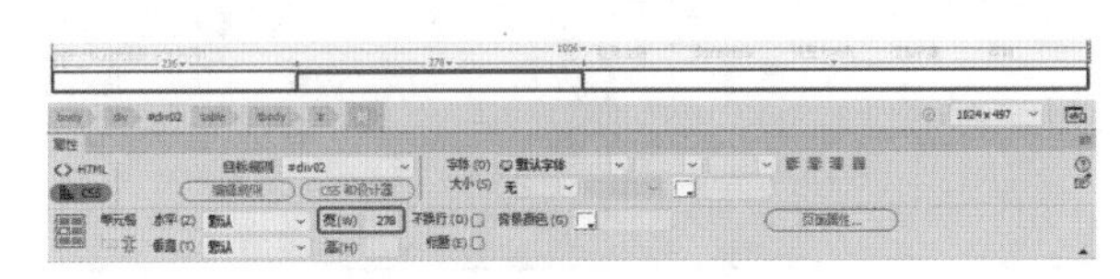

图 8-189 设置表格的【宽】

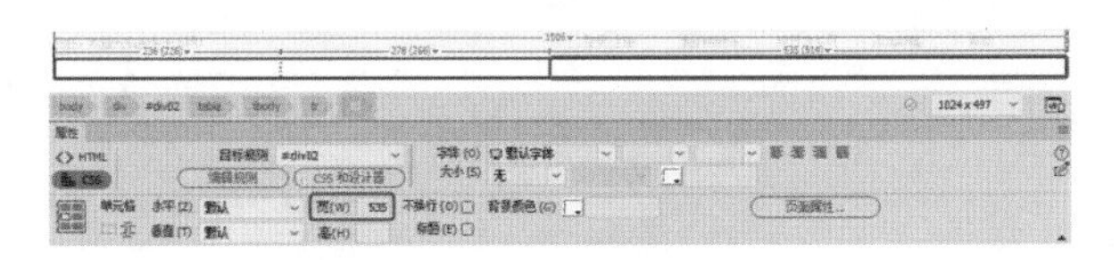

图 8-190 设置表格的【宽】

（15）将光标置于表格中，按 Ctrl+Alt+I 组合键，在弹出的对话框中选择随书附带光盘中的"CDROM\素材\Cha08\旅游标志.jpg"素材图片，将【宽】设置为 170px、【高】设置为 85px，如图 8-191 所示。

（16）将表格【水平】设置为【居中对齐】，输入文字，将【字体】设置为【微软雅黑】，【大小】设置为 18px、【字体颜色】设置为 #333，如图 8-192 所示。

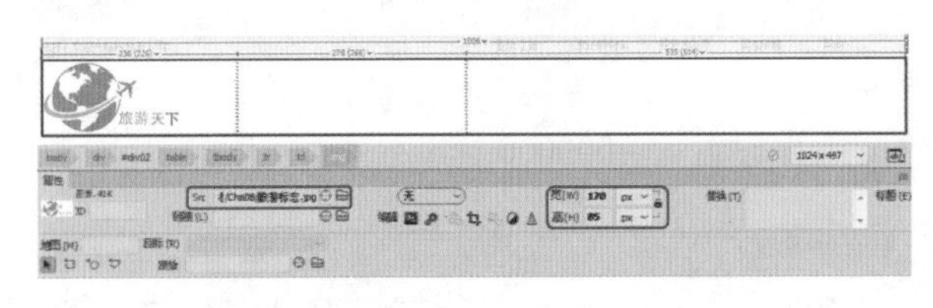

图 8-191 添加素材图片

图 8-192 输入并设置文字

（17）将表格【水平】设置为【右对齐】，输入文字，将【大小】设置为 14px、【字体颜色】设置为 #000000，如图 8-193 所示。

（18）插入新的 Div，将【上】设置为 122px，如图 8-194 所示。

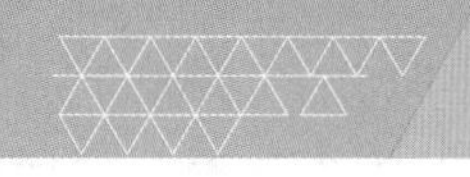

知识链接

【旅游也是一种生活方式】：

①娱乐旅行概念发生了变化。第二次世界大战前只有社会中的富裕的、有闲空的和受过良好教育的人出国旅行，满足于欣赏外国风景、艺术作品。这种概念已完全改变。因为出国旅游者多来自各种不同的背景，对旅游想法很不相同，所好和欲求更加五花八门，在有限的假期内尽量包揽这一切。

②现代旅游是闲暇追享的“民主化”。如冬季旅游，过去是少数富人强占的运动；骑马、划艇、射击，是非大众化运动。但是嗜好和闲暇的“商业化”已使这种活动能为一般人所享用。大量的人到国外去参加更为令人激动和更富有外国情调的活动，如登山、滑冰、水下游泳和马车旅行等。

③现代旅游发展为“社会旅游”。如英国度假营，既提供传统的旅游胜地具备的一切设施，又不断开辟和发展新的风景区域，组织大群游人观览，建造特别设计的低消费接待设施，并经常就地提供娱乐和其他服务。社会旅游可以把大量旅游者引入偏远和相对不发达地区。

图 8-193　输入并设置文字

图 8-194　插入 Div

(19) 插入一个 1 行 9 列的表格，将【表格宽度】设置为 1009 像素，单击【确定】按钮，如图 8-195 所示。

(20) 选择表格，将【高】设置为 40、【背景颜色】设置为 #4FB3FF，如图 8-196 所示。

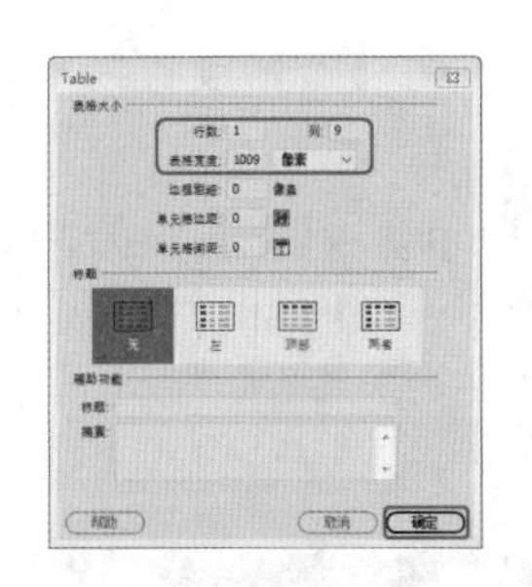

图 8-195　Table 对话框

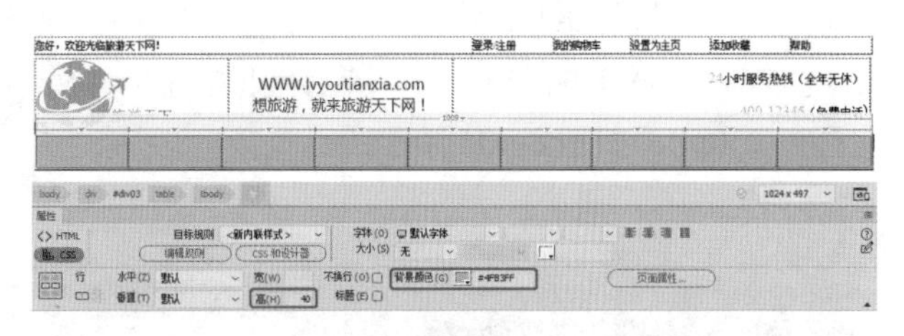

图 8-196　设置表格的【高】和【背景颜色】

(21) 将光标置于第 2 个单元格内，将【水平】设置为【居中对齐】、【宽】设置为 79，如图 8-197 所示。

(22) 输入文字，将【大小】设置为 16px、【字体颜色】设置为 #FFFFFF、【字体样式】设置为【粗体】，如图 8-198 所示。

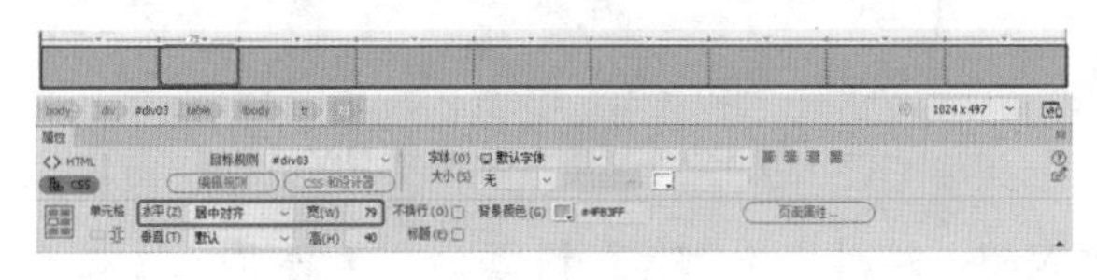

图 8-197　设置表格

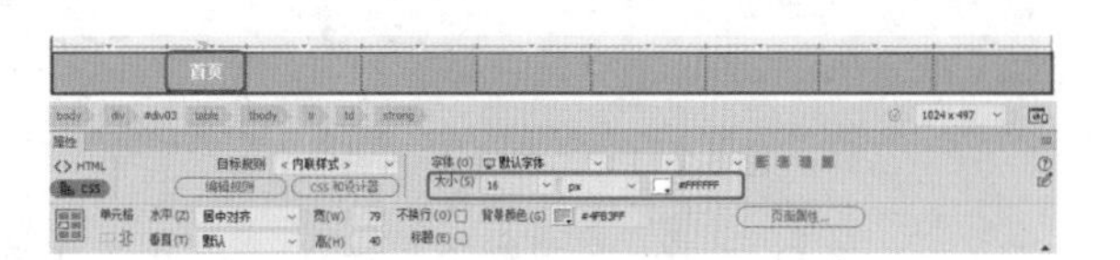

图 8-198　输入并设置文字

提 示

在设置【字体样式】时，选择全部文字，右击，选择【样式】|【粗体】命令，或者其他命令，可进行设置。

(23) 将光标置于第 3 个单元格内，将【宽】设置为 101，输入文字，将【大小】设置为 16px、【字体颜色】设置为 #FFFFFF、【字体样式】设置为【粗体】，如图 8-199 所示。

(24) 使用同样的方法输入并设置其他文字，如图 8-200 所示。

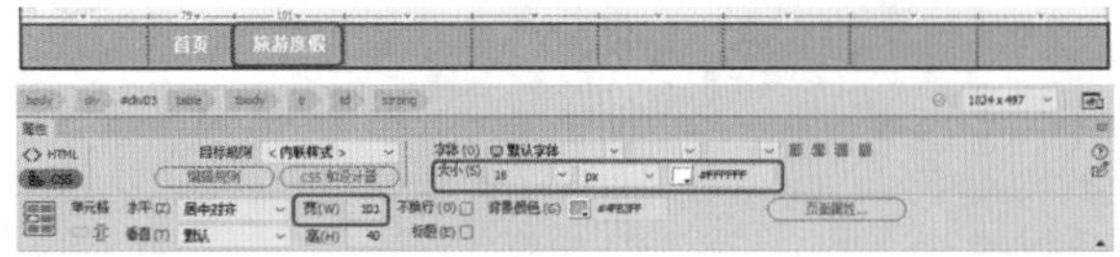

图 8-199 输入并设置文字

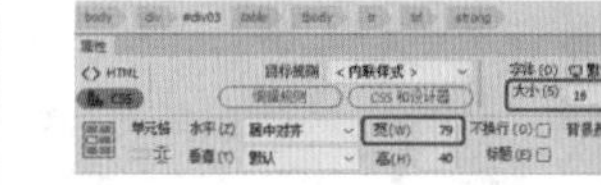

图 8-200 输入并设置文字

(25) 将第 10 个单元格【宽】设置为 101，输入文字，将【大小】设置为 16px、【字体颜色】设置为 #FFFFFF、【字体样式】设置为【粗体】，如图 8-201 所示。

(26) 插入新的 Div，将【左】设置为 10px、【上】设置为 167px，如图 8-202 所示。

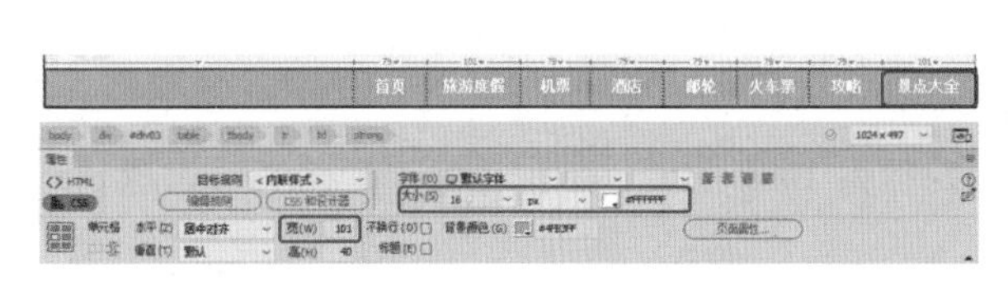

图 8-201 输入并设置文字

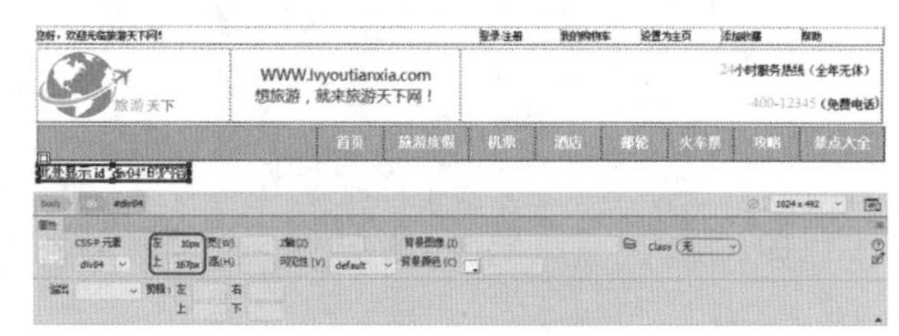

图 8-202 插入 Div

(27) 将 Div 中的文字删除，插入随书附带光盘中的素材图片，将【宽】设置为 650px、【高】设置为 350px，如图 8-203 所示。

(28) 插入新的 Div，将【左】设置为 662px，【上】设置为 166px、【宽】设置为 355px、【高】设置为 350px，如图 8-204 所示。

图 8-203 添加素材图片

图 8-204 插入并设置 Div

(29) 将 Div 中的文字删除，插入一个 8 行 2 列的表格，将【表格宽度】设置为 324 像素，单击【确定】按钮，如图 8-205 所示。

（30）将光标置于第1行第1个单元格内，将【水平】设置为【居中对齐】、【宽】设置为103、【高】设置为45，如图8-206所示。

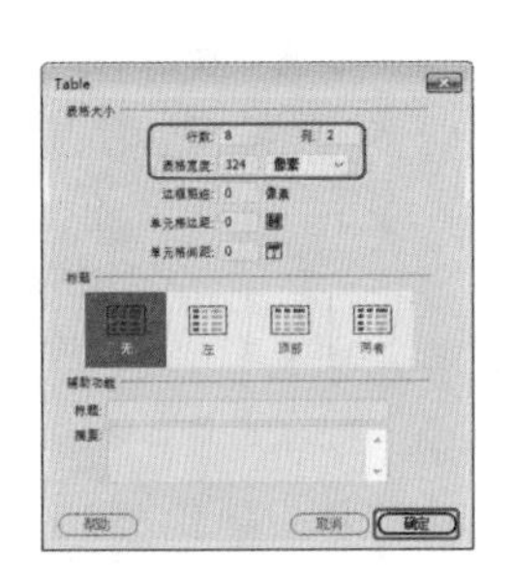

图8-205 Table对话框

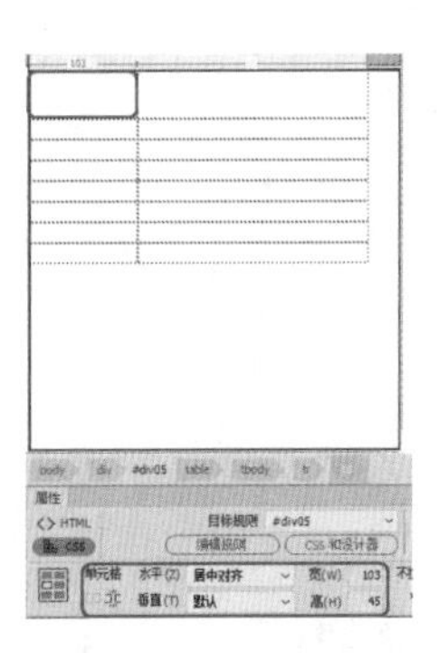

图8-206 设置表格

（31）将光标置于第2列第1个单元格内，将【宽】设置为241，如图8-207所示。

（32）选择全部表格，将【背景颜色】设置为#E1E1E1，如图8-208所示。

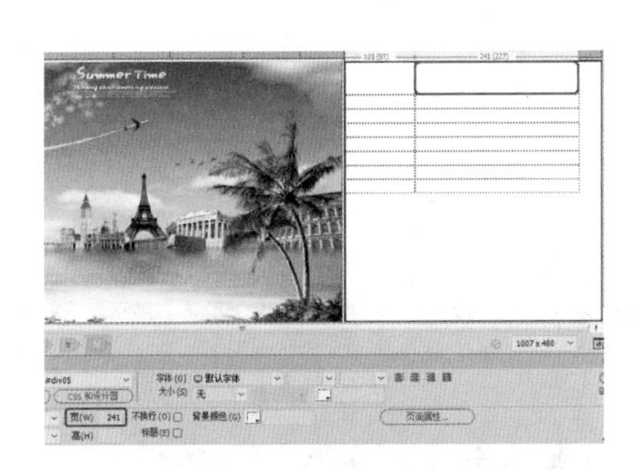

图8-207 设置表格的【宽】

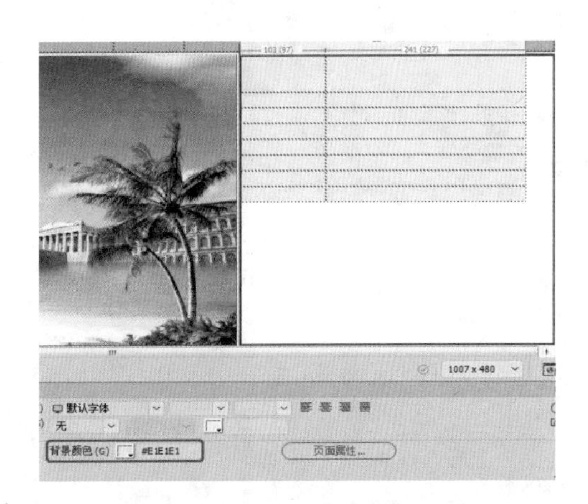

图8-208 设置表格【背景颜色】

（33）将【水平】设置为【居中对齐】，输入文字，将【字体】设置为【微软雅黑】、【大小】设置为18px、【字体颜色】设置为#FF0004、【字体样式】设置为【粗体】，如图8-209所示。

（34）输入文字，将【字体】设置为【微软雅黑】、【大小】设置为18px、【字体颜色】设置为#000000、【字体样式】设置为【粗体】，如图8-210所示。

图8-209 输入并设置文字

图8-210 输入并设置文字

（35）将光标置于下一行单元格内，单击【合并所选单元格，使用跨度】按钮，将光标置于合并后的单元格中，在【属性】面板中将【高】设置为 30，如图 8-211 所示。

（36）在菜单栏中选择【插入】|【表单】|【单选按钮】命令，如图 8-212 所示。

图 8-211　合并并设置单元格

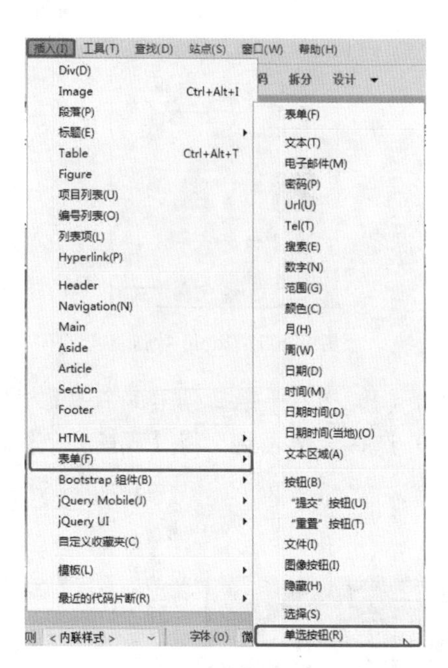

图 8-212　选择【单选按钮】命令

知识链接

① Word-spacing：用于设置单词的间距。可以指定为负值，但显示方式取决于浏览器。Dreamweaver 不在文档窗口中显示此属性。

② Letter- spacing：增加或减小字母或字符的间距。输入正值增加，输入负值减小。字母间距设置覆盖对齐的文本设置。Internet Explorer 4 和更高版本以及 Netscape Navigator 6 支持 Letter- spacing 属性。

③ Vertical-align：指定应用此属性的元素的垂直对齐方式。Dreamweaver 仅在将该属性应用于 <img> 标签时才在文档窗口中显示。

④ Text-align：设置文本在元素内的对齐方式。

⑤ Text-indent：指定第 1 行文本的缩进程度。可以使用负值创建凸出，但显示方式取决于浏览器。仅当标签应用于块级元素时，Dreamweaver 才在文档窗口中显示。

⑥ White-space：确定如何处理元素中的空白。Dreamweaver 不在文档窗口中显示此属性。在下拉列表框中可以选择以下 3 个选项：normal：收缩空白；pre：其处理方式与文本被括在 <pre> 标签中一样（即保留所有空白，包括空格、制表符和回车）；nowrap：指定仅当遇到
 标签时文本才换行。

⑦ Display：指定是否以及如何显示元素。none 选项表示禁用该元素的显示。

（37）添加【单选按钮】，完成后的效果如图 8-213 所示。

（38）将表格【高】设置为 30，然后将 Radio Button 删除，输入文字“单程”，将【字体】设置为【微软雅黑】、【大小】设置为 16px、【字体颜色】设置为 #000000，如图 8-214 所示。

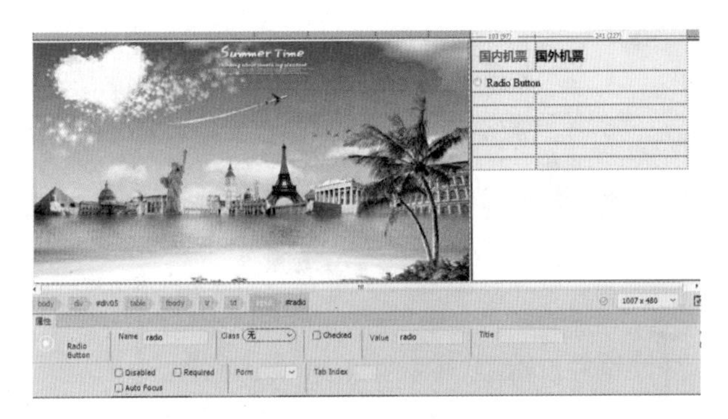

图 8-213 插入【单选按钮】

图 8-214 修改【单选按钮】文字

(39) 使用相同的方法输入并设置文字，如图 8-215 所示。

(40) 将单元格【宽】设置为 103、【高】设置为 36、【字体】设置为【微软雅黑】【大小】设置为 16px、【字体颜色】设置为 #9F9F9F，如图 8-216 所示。

图 8-215 插入【单选按钮】

图 8-216 设置表格【宽】和【字体】

(41) 在菜单栏中选择【插入】|【表单】|【文本】命令，如图 8-217 所示。

(42) 在属性栏中，将 Size（大小）设置为 20，如图 8-218 所示。

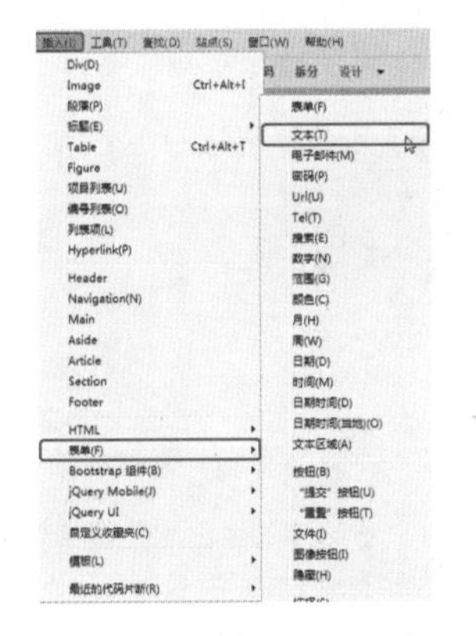

图 8-217 插入【文本】命令

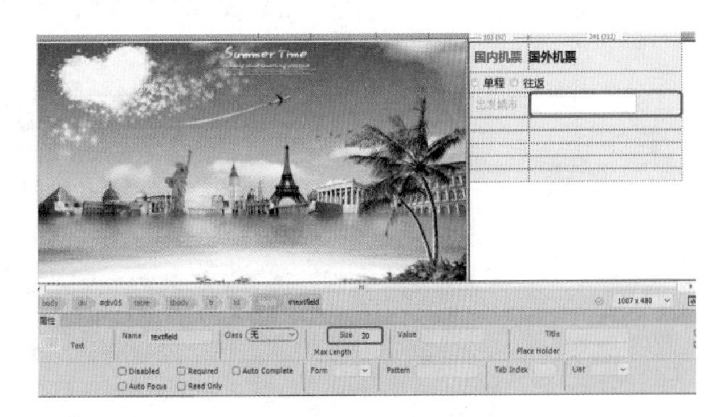

图 8-218 设置 Size 属性

(43) 使用同样的方法输入并设置文字，然后插入其他文本，如图 8-219 所示。

(44) 在下一行第 2 列单元格内插入一个 1 行 3 列的单元格，将【宽】设置为 248 像素，将光标置于第 2 个单元格内，将其【宽】设置为 59%、【高】设置为 37，如图 8-220 所示。

图 8-219 设置边框参数

图 8-220 设置表格

（45）将光标置于第 3 个单元格内，将【宽】设置为 34%、【高】设置为 37、【背景颜色】设置为 #FFAE04，如图 8-221 所示。

（46）将表格【水平】设置为【居中对齐】，输入文字，将【大小】设置为 18px、【字体颜色】设置为 #FFF、【字体样式】设置为【粗体】，如图 8-222 所示。

图 8-221 设置表格

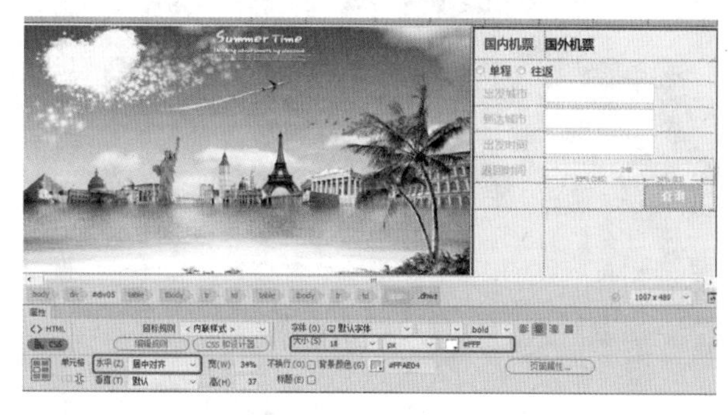

图 8-222 输入并设置文字

（47）将下一行单元格进行合并，插入一个 1 行 5 列的表格，将【宽】设置为 349 像素，将单元格宽度设置为 2，如图 8-223 所示。

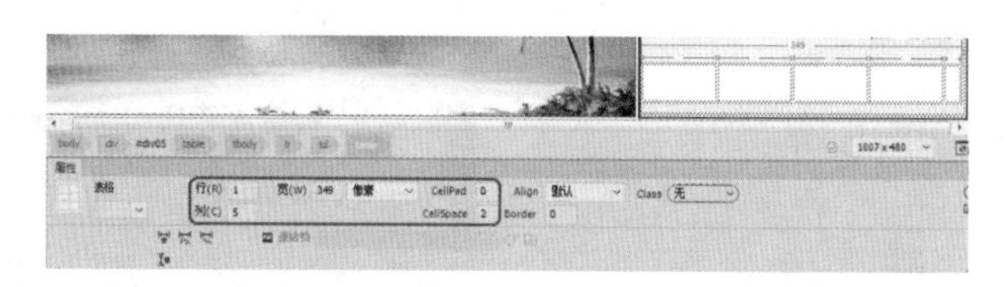

图 8-223 插入表格

知识链接

【单选按钮】的作用在于只能选中一个列出的选项，【单选按钮】通常被成组地使用。一个组中的所有单选按钮必须具有相同的名称，

（48）选择所有的单元格，将【背景颜色】设置为 #999999，将光标置于第 1 个单元格内，【水平】设置为【居中对齐】、【宽】设置为 65、【高】设置为 15，输入文字，将【字体】设置为【微软雅黑】、【大小】设置为 16px、【字体颜色】设置为 #FFF，如图 8-224 所示。

（49）将光标置于第 2 个单元格内，将【水平】设置为【居中对齐】、【宽】设置为 65、【高】设置为 15，输入文字，将【字体】设置为【微软雅黑】、【大小】设置为 16px、【字体颜色】设置为

#FFF，如图 8-225 所示。

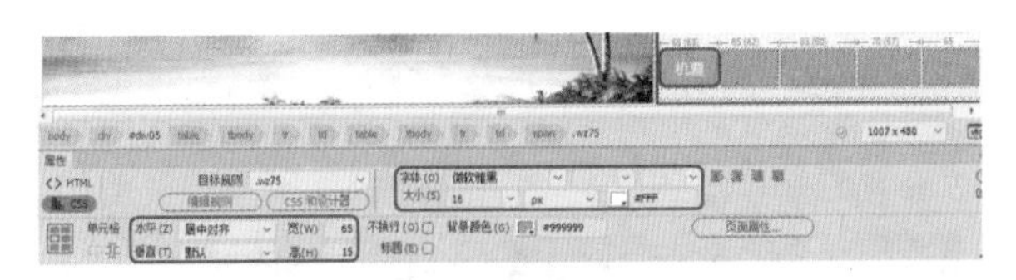

图 8-224 输入并设置文字

图 8-225 输入并设置文字

（50）将光标置于第 3 个单元格内，【水平】设置为【居中对齐】、【宽】设置为 83、【高】设置为 15，输入文字，将【字体】设置为【微软雅黑】、【大小】设置为 16px、【字体颜色】设置为 #FFF，如图 8-226 所示。

（51）将光标置于第 4 个单元格内，【水平】设置为【居中对齐】、【宽】设置为 70、【高】设置为 15，输入文字，将【字体】设置为【微软雅黑】、【大小】设置为 16px、【字体颜色】设置为 #FFF，如图 8-227 所示。

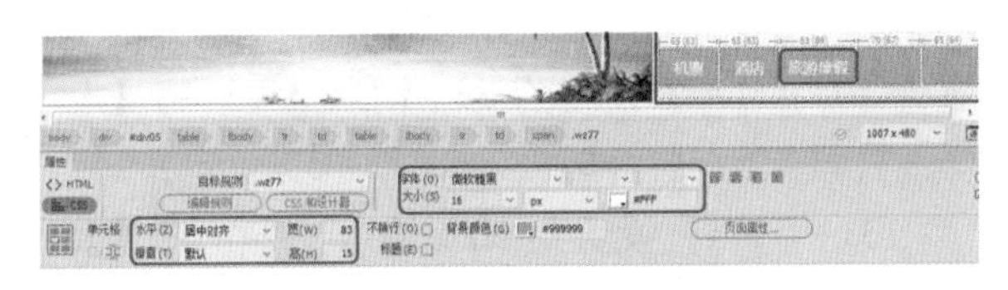

图 8-226 输入并设置文字

图 8-227 输入并设置文字

（52）将光标置于第 5 个单元格内，【水平】设置为【居中对齐】、【宽】设置为 65、【高】设置为 15，输入文字，将【字体】设置为【微软雅黑】、【大小】设置为 16px、【字体颜色】设置为 #FFFFFF，如图 8-228 所示。

（53）将光标置于表格间距处，单击表格，将表格边框宽度设置为 2，如图 8-229 所示。

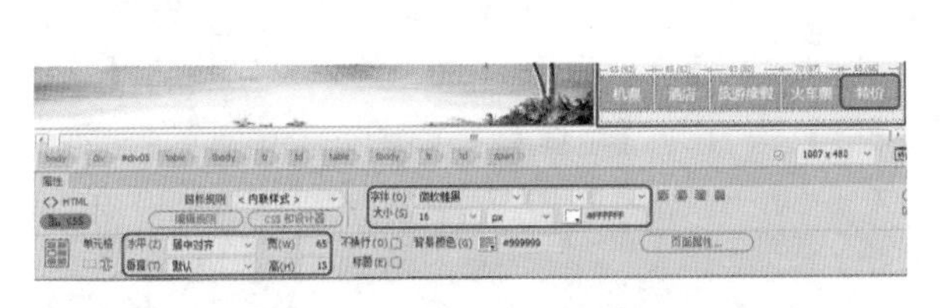

图 8-228 输入并设置文字

图 8-229 设置表格

知识链接

如果忘记设置单元格间距宽度，可以在制作场景后期将光标置于表格间距处，在属性栏中修改。

（54）插入新的 Div，将【左】设置为 –654px、【上】设置为 356px，如图 8-230 所示。

图 8-230 插入并设置 div

（55）将 Div 中的文字删除，插入一个 1 行 11 列的表格，将【表格宽度】设置为 1009 像素、【单元格间距】设置为 2，效果如图 8-231 所示。

（56）选择所有的单元格，将【背景颜色】设置为 #FF44A7，将光标置于第 1 个单元格内，将【宽】设置为 44、【高】设置为 50，如图 8-232 所示。

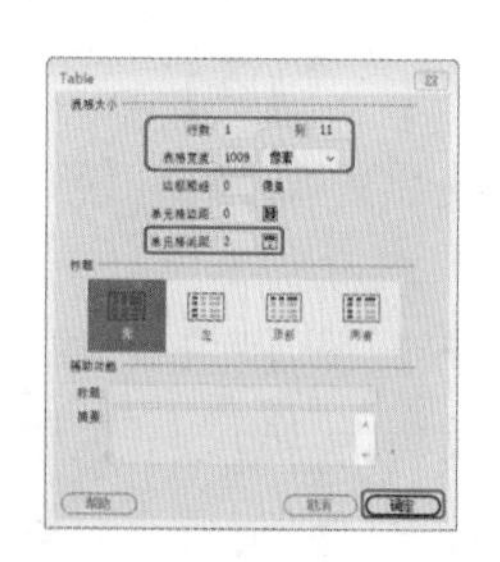

图 8-231　Table 对话框

图 8-232　设置表格

（57）将光标置于第 2 个单元格内，将其【宽】设置为 105、【高】设置为 50，输入文字，将【大小】设置为 24px、【字体颜色】设置为 #FFFFFF、【字体样式】设置为【粗体】，如图 8-233 所示。

（58）将光标置于第 3 个单元格内，将【宽】设置为 131、【高】设置为 50，输入文字，将【大小】设置为 14px、【字体颜色】设置为 #000000，如图 8-234 所示。

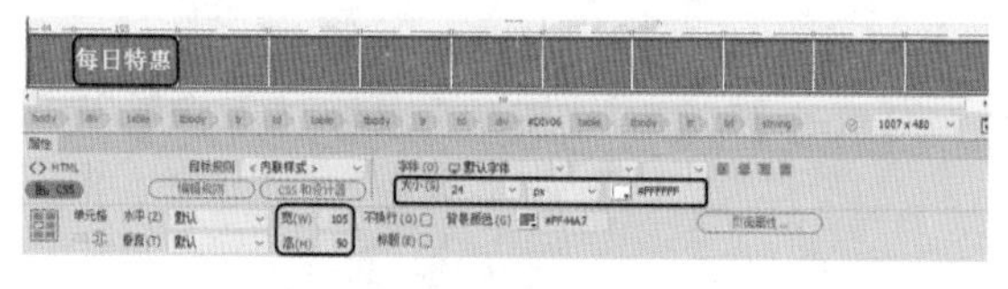

图 8-233　输入并设置文字

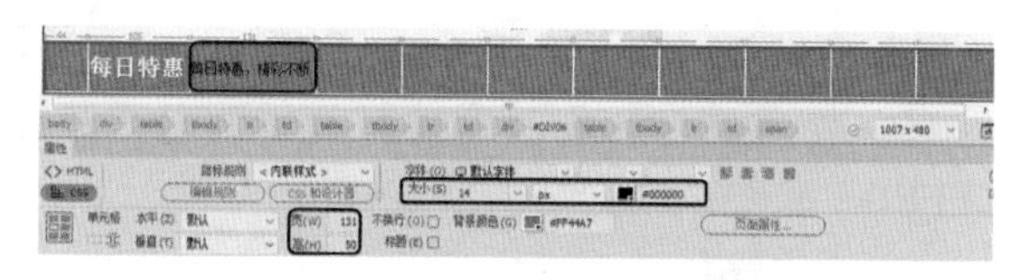

图 8-234　输入并设置文字

（59）将光标置于第 4 个单元格内，将其【宽】设置为 200、【高】设置为 50，如图 8-235 所示。

（60）将光标置于第 5 个单元格内，将其【宽】设置为 65、【高】设置为 50，输入文字，将【大小】设置为 18px、【字体颜色】设置为 #FFFFFF、【字体样式】设置为【粗体】，如图 8-236 所示。

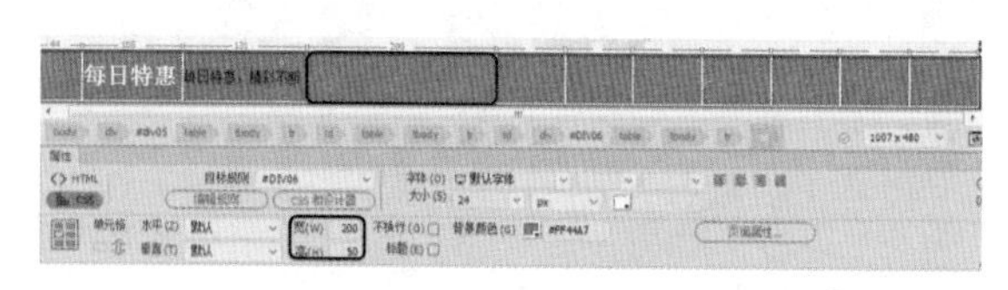

图 8-235　设置表格

图 8-236　输入并设置文字

（61）选择第 6~10 列单元格，将其【宽】设置为 65、【高】设置为 50，如图 8-237 所示。

（62）输入文字，将【大小】设置为 18px、【字体颜色】设置为 #FFFFFF、【字体样式】设置为【粗体】，如图 8-238 所示。

图 8-237　设置表格属性

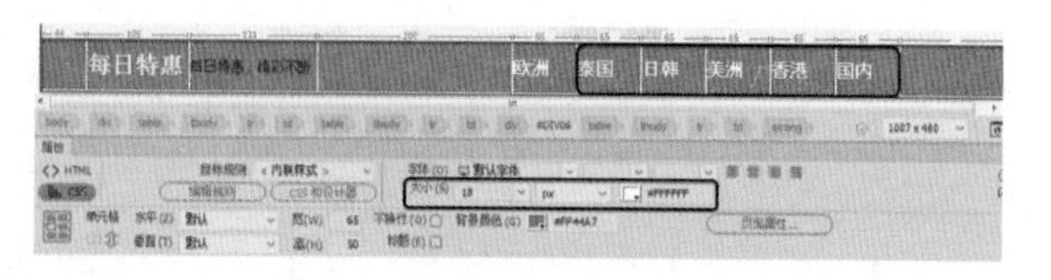

图 8-238　输入并设置文字

（63）将光标置于最后一个单元格内，将其【宽】设置为 99、【高】设置为 50，输入文字，将【大小】设置为 18px、【字体颜色】设置为 #FFFFFF、【字体样式】设置为【粗体】，如图 8-239 所示。

（64）插入新的 div，将【左】设置为 0px、【上】设置为 59px，如图 8-240 所示。

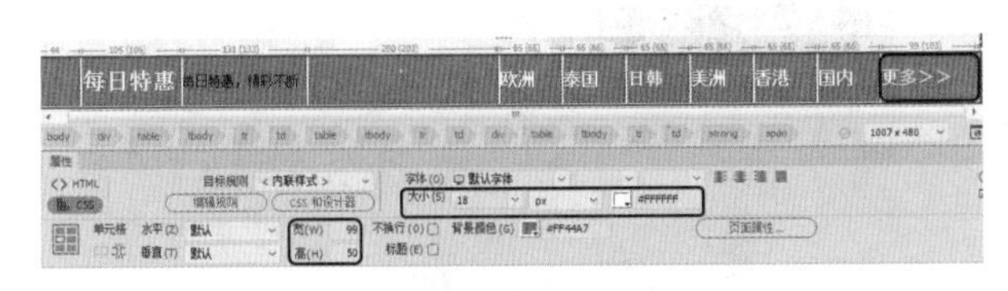

图 8-239 输入并设置文字

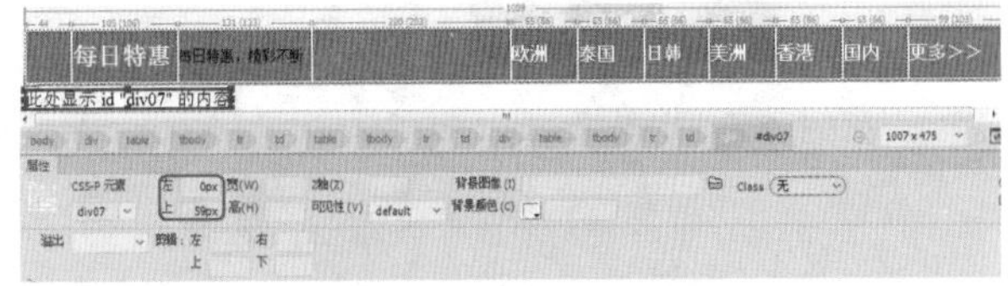

图 8-240 插入并设置 div

（65）将 Div 中的文字删除，插入一个 2 行 1 列的表格，将【宽】设置为 200 像素，在第 1 行单元格内插入图片，将【宽】设置为 290px、【高】设置为 195px，如图 8-241 所示。

（66）将第 2 行单元格【水平】设置为【居中对齐】、【高】设置为 50，【背景颜色】设置为 #000000，输入文字，将【大小】分别设置为 16px、24px，【字体颜色】分别设置为 #FFFFFF、#FBEA06，如图 8-242 所示。

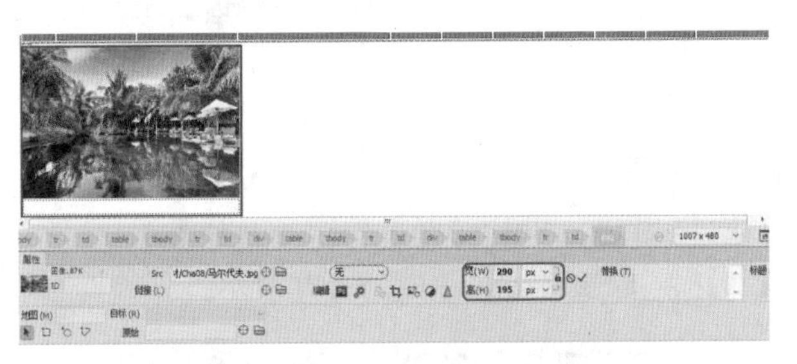

图 8-241 插入并设置图片

图 8-242 输入并设置文字

（67）插入新的 Div，将【左】设置为 305px、【上】设置为 581px，如图 8-243 所示。

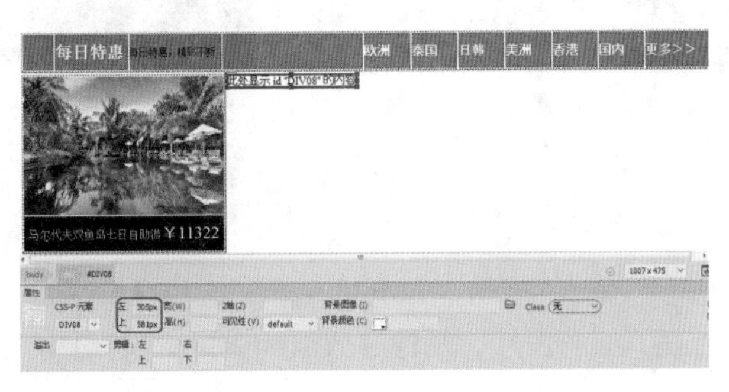

图 8-243 插入并设置 Div

（68）将 Div 中的文字删除，插入一个 4 行 1 列的表格，将【宽】设置为 200 像素，如图 8-244 所示。

（69）在第 1 行单元格中插入素材图片，将【宽】设置为 200px、【高】设置为 90px，如图 8-245 所示。

（70）将下一行单元格【水平】设置为【居中对齐】、【背景颜色】设置为 #000000，输入文字，将【大小】分别设置为 14px、24px，【字体颜色】分别设置为 #FFFFFF、#FBEA06，如图 8-246 所示。

（71）在下一行单元格中插入素材图片，将【宽】设置为 200px、【高】设置为 95px，如图 8-247 所示。

图 8-244　插入表格

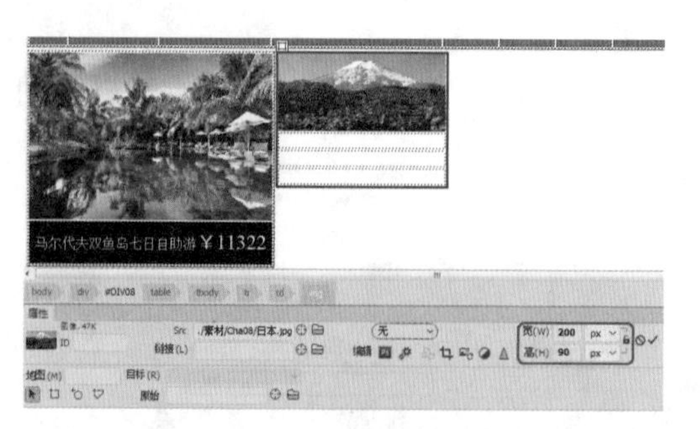

图 8-245　插入素材图片

图 8-246　输入并设置文字

图 8-247　插入素材图片并设置

（72）将下一行单元格【水平】设置为【居中对齐】、【背景颜色】设置为 #000000，输入文字，将【大小】分别设置为 14px、24px，【字体颜色】分别设置为 #FFFFFF、#FBEA06，如图 8-248 所示。

（73）插入新的 Div，将【左】设置为 513px、【上】设置为 582px，如图 8-249 所示。

图 8-248　输入并设置文字

图 8-249　插入并设置 Div

（74）将 Div 中的文字删除，插入一个 4 行 1 列的表格，将【宽】设置为 200 像素，如图 8-250 所示。

（75）在第 1 行单元格中插入素材图片，将【宽】设置为 200px、【高】设置为 90px，如图 8-251 所示。

图 8-250　插入表格并设置

图 8-251　插入素材图片并设置【宽】和【高】

(76) 将下一行单元格【背景颜色】设置为 #000000，输入文字，将【大小】分别设置为 14px、24px，【字体颜色】分别设置为 #FFFFFF、#FBEA06，如图 8-252 所示。

(77) 在下一行单元格中插入素材图片，将【宽】设置为 200px、【高】设置为 95px，如图 8-253 所示。

图 8-252 输入并设置文字

图 8-253 插入素材图片

(78) 将下一行单元格【水平】设置为【居中对齐】、【背景颜色】设置为 #000000，输入文字，将【大小】分别设置为 16px、24px，【字体颜色】分别设置为 #FFFFFF、#FBEA06，如图 8-254 所示。

(79) 插入新的 Div，将【左】设置为 722px、【上】设置为 582px，如图 8-255 所示。

图 8-254 输入并设置文字

图 8-255 插入 Div

(80) 将 Div 中的文字删除，插入一个 2 行 1 列的表格，将【宽】设置为 200 像素，如图 8-256 所示。

(81) 插入素材图片，将【宽】设置为 290px、【高】设置为 208px，如图 8-257 所示。

图 8-256 插入表格

图 8-257 插入素材图片

(82) 将下一行单元格【水平】设置为【居中对齐】、【背景颜色】设置为 #000000、【高】设置为 40，输入文字，将【大小】分别设置为 14px、24px，【字体颜色】分别设置为 #FFFFFF、#FBEA06，如图 8-258 所示。

(83) 插入新的 Div，将【左】设置为 1px、【上】设置为 315px，如图 8-259 所示。

图 8-258　输入并设置文字

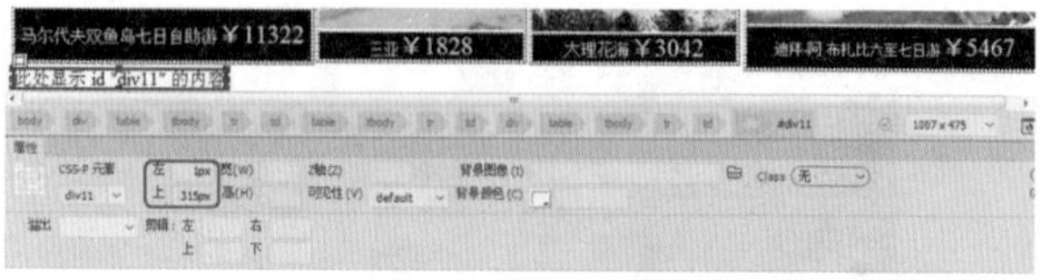

图 8-259　插入并设置 Div

（84）将 Div 中的文字删除，插入一个 1 行 10 列的表格，将【宽】设置为 1008 像素，如图 8-260 所示。

（85）选择所有单元格，将【高】设置为 50，【背景颜色】设置为 #FE7074，如图 8-261 所示。

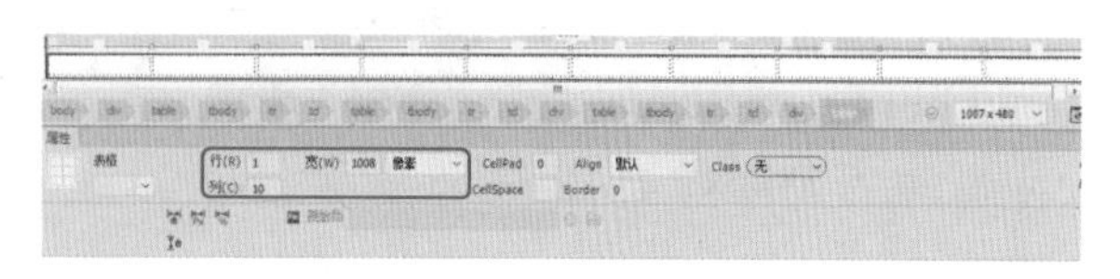

图 8-260　插入表格

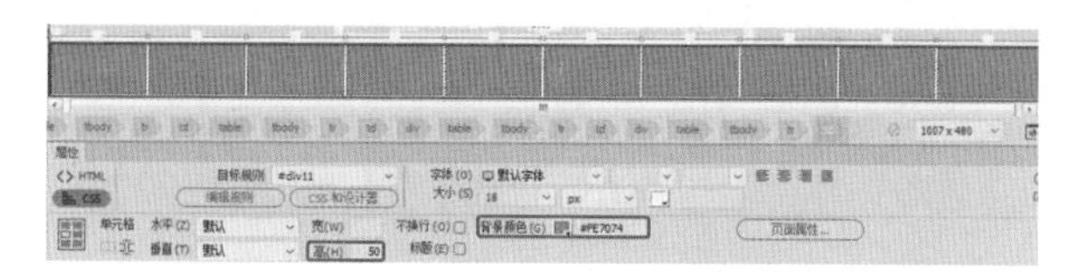

图 8-261　设置表格

（86）将光标置于第 2 个单元格内，将【宽】设置为 105，输入文字，将【大小】设置为 24px、【字体颜色】设置为 #FFFFFF、【字体样式】设置为【粗体】，如图 8-262 所示。

（87）将光标置于第 3 个单元格内，将【宽】设置为 331，如图 8-263 所示。

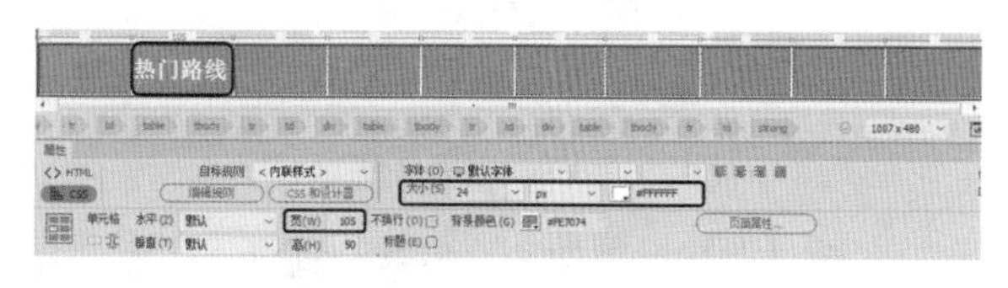

图 8-262　输入并设置文字

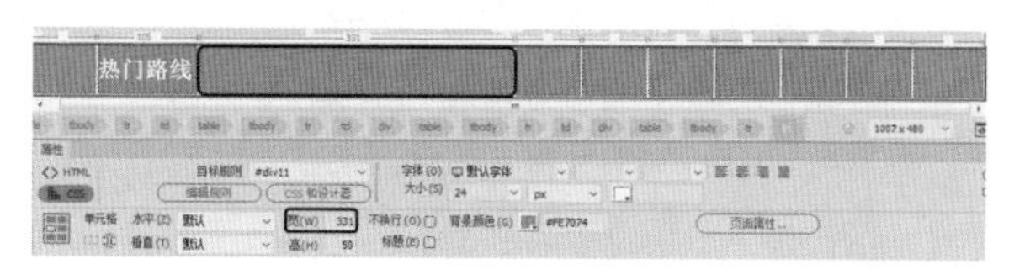

图 8-263　设置表格

（88）选择第 4~9 单元格，将【宽】设置为 65，如图 8-264 所示。

（89）将光标置于第 4 个单元格中，输入文字，将【大小】设置为 18px、【字体颜色】设置为 #FFFFFF，【字体样式】设置为【粗体】，如图 8-265 所示。

图 8-264　设置表格

图 8-265　输入并设置文字

（90）使用相同的方法输入并设置文字，如图 8-266 所示。

（91）将光标置于最后单元格中，将【宽】设置为 99，如图 8-267 所示。

（92）输入文字，将【大小】设置为 18px、【字体颜色】设置为 #FFFFFF、【字体样式】设置为【粗体】，如图 8-268 所示。

（93）插入新的 Div，将【左】设置为 0px、【上】设置为 58px，如图 8-269 所示。

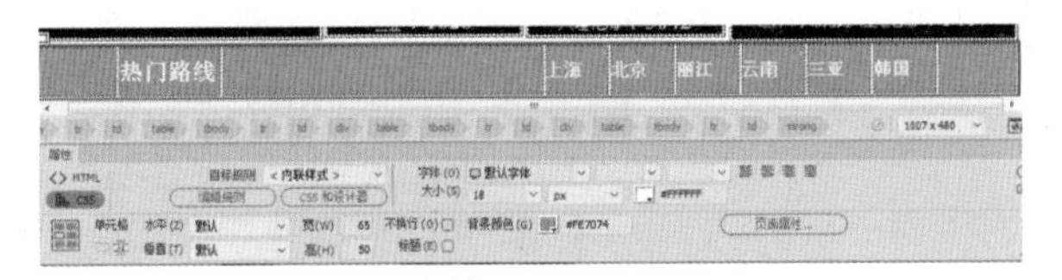

图 8-266 输入并设置其他文字

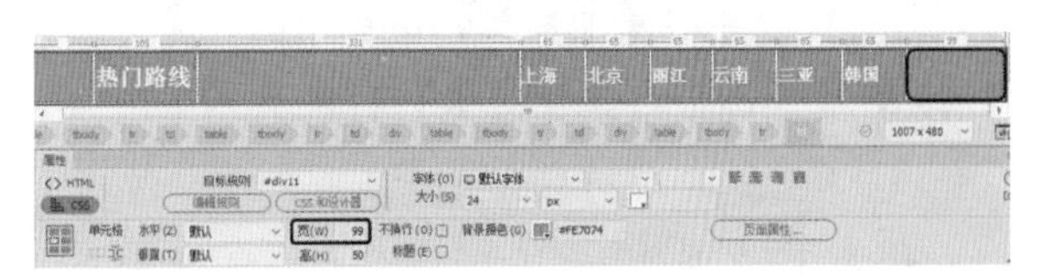

图 8-267 设置表格

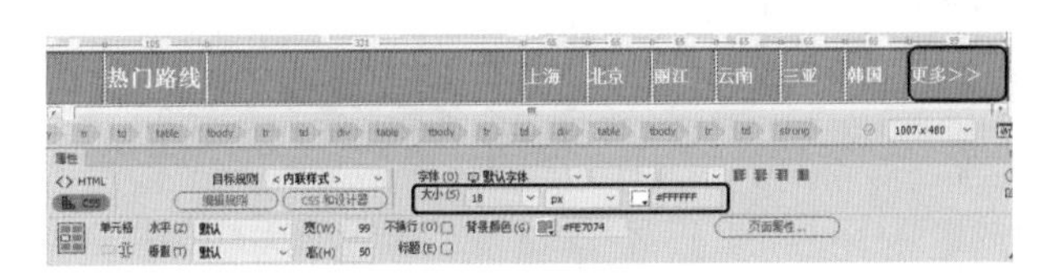

图 8-268 输入并设置文字

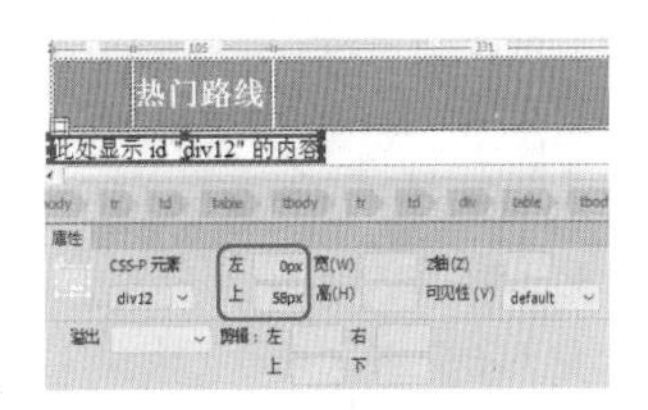

图 8-269 插入并设置 Div

(94) 将 Div 中的文字删除，插入一个 11 行 1 列的表格，将【宽】设置为 241 像素，如图 8-270 所示。

(95) 将光标置于第 1 行单元格内，将表格【宽】设置为 218、【高】设置为 43，输入文字，将【大小】设置为 24px、【字体颜色】设置为 #FE7074、【字体样式】设置为【粗体】，如图 8-271 所示。

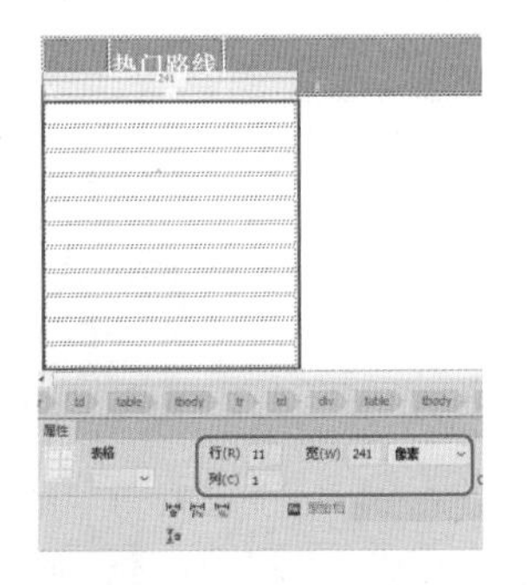

图 8-270 插入表格

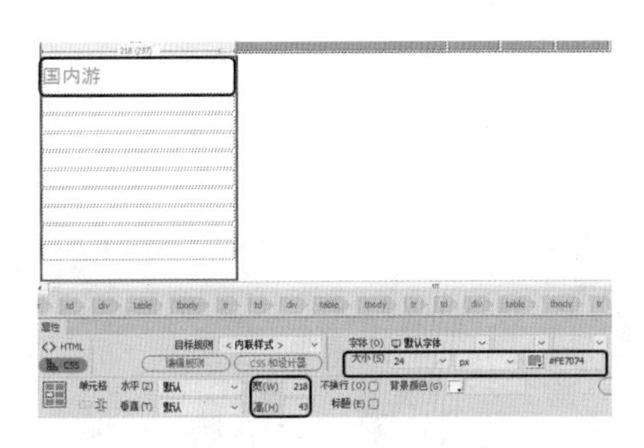

图 8-271 输入并设置文字

(96) 输入文字，将【大小】设置为 18px、【字体颜色】设置为 #000000，如图 8-272 所示。

(97) 使用同样的方法输入并设置文字，如图 8-273 所示。

(98) 将光标置于下一行单元格内，将单元格【宽】设置为 218、【高】设置为 43，输入文字，将【大小】设置为 24px、【字体颜色】设置为 #FE7074、【字体样式】设置为【粗体】，如图 8-274 所示。

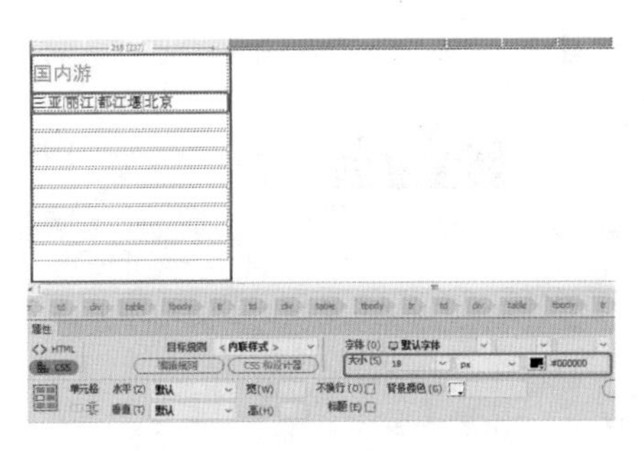

图 8-272 输入并设置文字

图 8-273 输入并设置其他文字

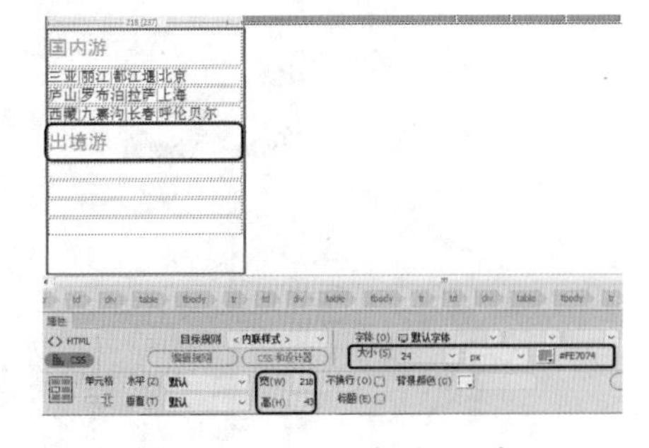

图 8-274 输入并设置文字

(99) 输入文字，将【大小】设置为 18px、【字体颜色】设置为 #000000，如图 8-275 所示。

(100) 使用同样的方法输入并设置文字，如图 8-276 所示。

（101）将光标置于下一行单元格内，将表格【宽】设置为 218、【高】设置为 43，输入文字，将【大小】设置为 24px、【字体颜色】设置为 #FE7074、【字体样式】设置为【粗体】，如图 8-277 所示。

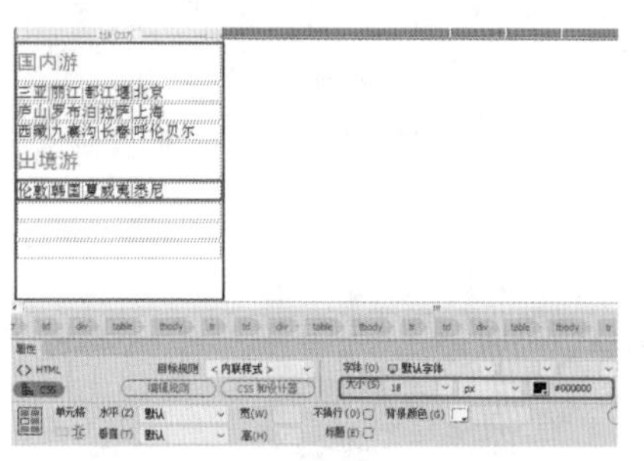

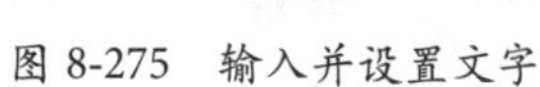

图 8-275　输入并设置文字　　图 8-276　输入并设置其他文字　　图 8-277　输入并设置文字

（102）输入文字，将【大小】设置为 18px、【字体颜色】设置为 #000000，如图 8-278 所示。

（103）使用相同的方法输入并设置文字，如图 8-279 所示。

（104）插入新的 Div，将【左】设置为 254px、【上】设置为 893px，如图 8-280 所示。

（105）插入一个 4 行 1 列的表格，将【宽】设置为 200 像素、【行】【列】分别设置为 4、1，如图 8-281 所示。

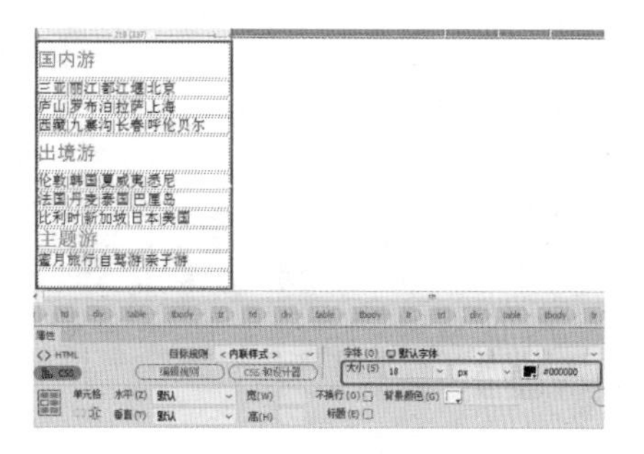

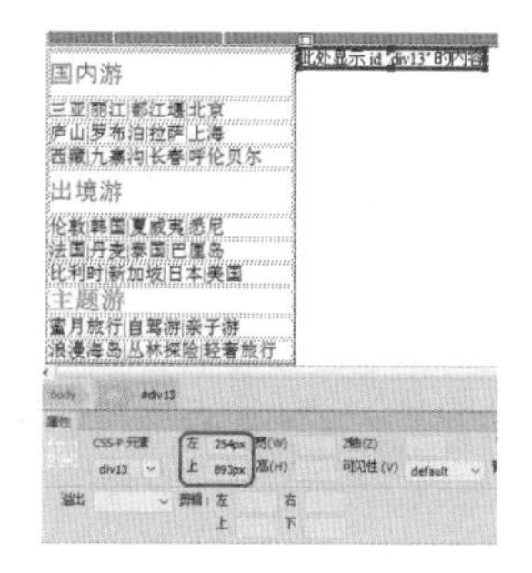

图 8-278　输入并设置文字　　图 8-279　输入并设置其他文字　　图 8-280　插入并设置 Div　　图 8-281　插入表格

（106）将光标置于第 1 行单元格内，插入随书附带光盘中的素材图片，将【宽】设置为 220px、【高】设置为 122px，如图 8-282 所示。

（107）将下一行单元格【高】设置为 30、【背景颜色】设置为 #000000，如图 8-283 所示。

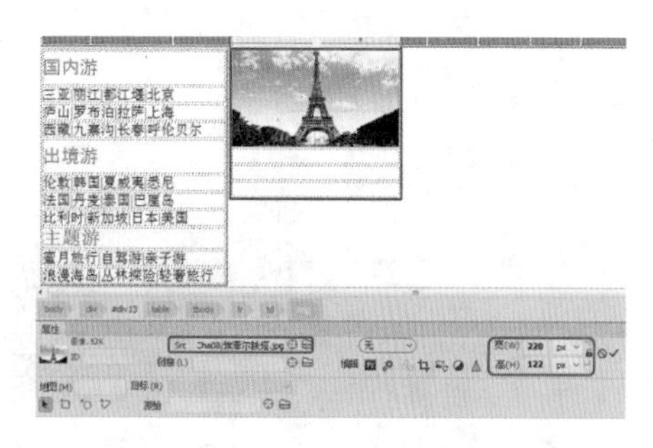

图 8-282　插入素材图片

图 8-283　设置表格

（108）将下一行单元格【水平】设置为【居中对齐】，输入文字，将【大小】设置为 18px、【字体颜色】设置为 #FFFFFF，如图 8-284 所示。

（109）插入随书附带光盘中的素材图片，将【宽】设置为 220px、【高】设置为 122px，如图 8-285 所示。

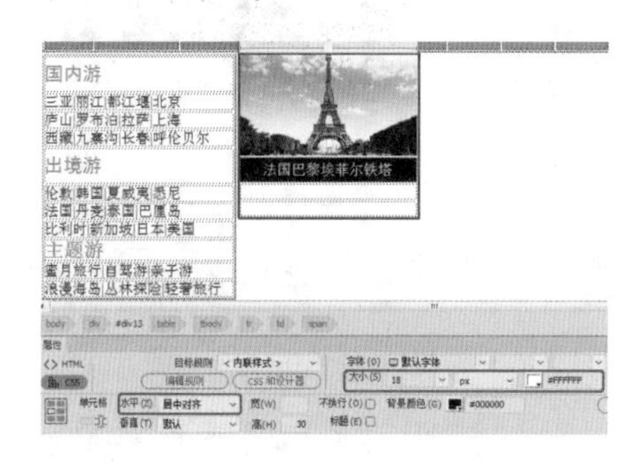

图 8-284 输入并设置文字

图 8-285 插入素材图片

（110）将单元格【水平】设置为【居中对齐】、【高】设置为 30，输入文字，将【大小】设置为 18px、【字体颜色】设置为 #FFFFFF、【背景颜色】设置为 #000000，如图 8-286 所示。

（111）插入新的 Div，将【左】设置为 483px、【上】设置为 893px，如图 8-287 所示。

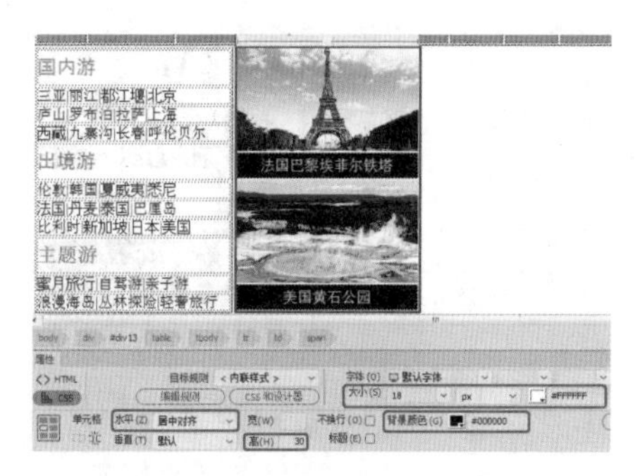

图 8-286 输入并设置文字

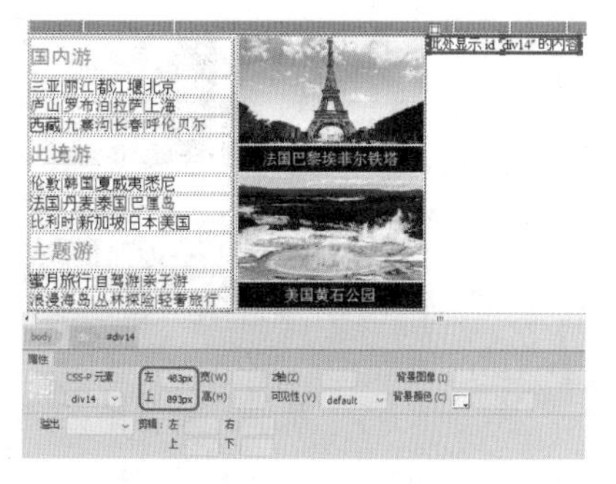

图 8-287 插入并设置 Div

（112）将 div 中的文字删除，插入一个 4 行 1 列的表格，将【宽】设置为 200 像素，如图 8-288 所示。

（113）插入随书附带光盘中的素材图片，将【宽】设置为 220px、【高】设置为 131px，如图 8-289 所示。

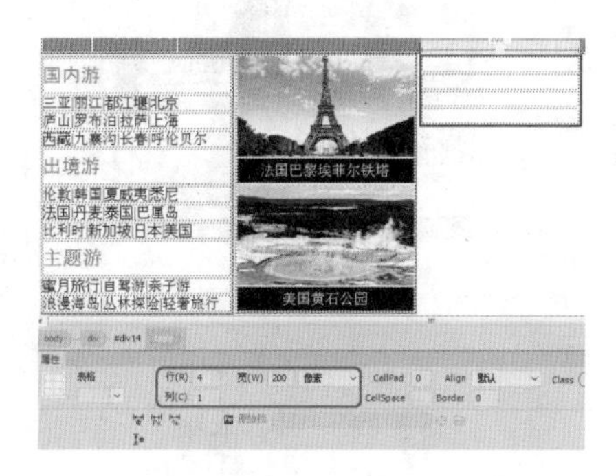

图 8-288 插入表格

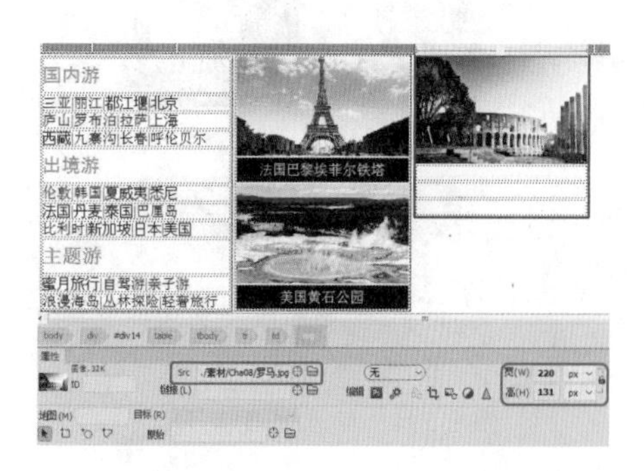

图 8-289 插入素材图片

（114）将下一行单元格【水平】设置为【居中对齐】、【高】设置为 20、【背景颜色】设置为 #000000，如图 8-290 所示。

（115）输入文字，将【大小】设置为 16px、【字体颜色】设置为 #FFFFFF，如图 8-291 所示。

图 8-290　设置表格

图 8-291　输入并设置文字

（116）将光标置于下一行单元格内，插入随书附带光盘中的素材图片，将【宽】设置为 220px、【高】设置为 131px，如图 8-292 所示。

（117）将光标置于下一行单元格内，将单元格【水平】设置为【居中对齐】、【高】设置为 20、【背景颜色】设置为 #000000，输入文字，将【大小】设置为 16px、【字体颜色】设置为 #FFFFFF，如图 8-293 所示。

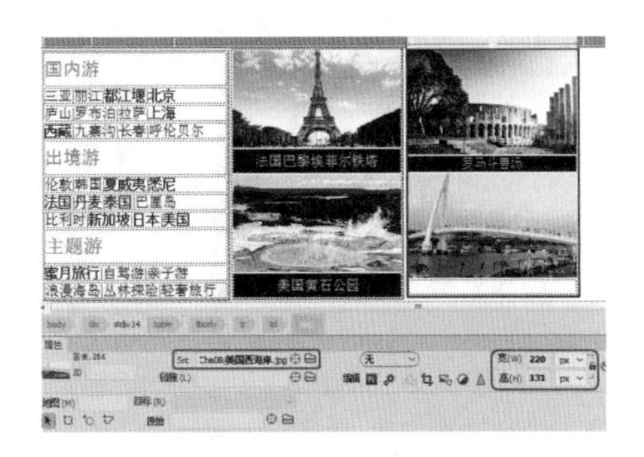

图 8-292　插入素材图片

图 8-293　输入并设置文字

（118）插入新的 Div，将【左】设置为 710px、【上】设置为 893px，如图 8-294 所示。

（119）将 Div 中的文字删除，插入一个 2 行 1 列的表格，将【宽】设置为 200 像素，如图 8-295 所示。

图 8-294　插入并设置 Div

图 8-295　插入表格

（120）将光标置于第 1 行单元格内，插入随书附带光盘中的素材图片，将【宽】设置为 300px，【高】设置为 295px，如图 8-296 所示。

（121）将光标置于下一行单元格内，将单元格【水平】设置为【居中对齐】、【背景颜色】设置为 #000000，输入文字，将【大小】设置为 16px、【字体颜色】设置为 #FFFFFF，如图 8-297 所示。

图 8-296　插入素材图片

图 8-297　输入并设置文字

（122）插入新的 Div，将【左】设置为 11px、【上】设置为 1211px，如图 8-298 所示。

（123）将 Div 中的文字删除，插入一个 1 行 4 列的单元格，将【宽】设置为 1010 像素，如图 8-299 所示。

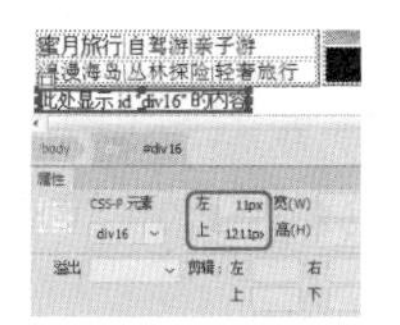

图 8-298　插入并设置 Div

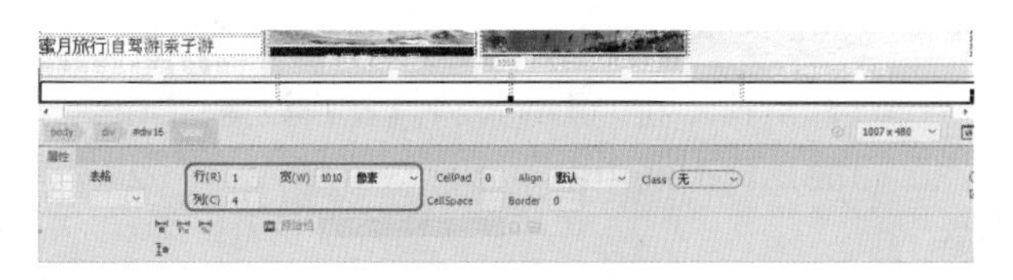

图 8-299　插入表格

（124）选择所有的单元格，将【背景颜色】设置为 #F5B436，将光标置于第 1 个单元格内，将【宽】设置为 29、【高】设置为 50，如图 8-300 所示。

（125）将光标置于第 2 个单元格内，将【水平】设置为【居中对齐】、【宽】设置为 105、【高】设置为 50，输入文字，将【大小】设置为 24px、【字体颜色】设置为 #FFFFFF、【字体样式】设置为【粗体】，如图 8-301 所示。

图 8-300　设置表格

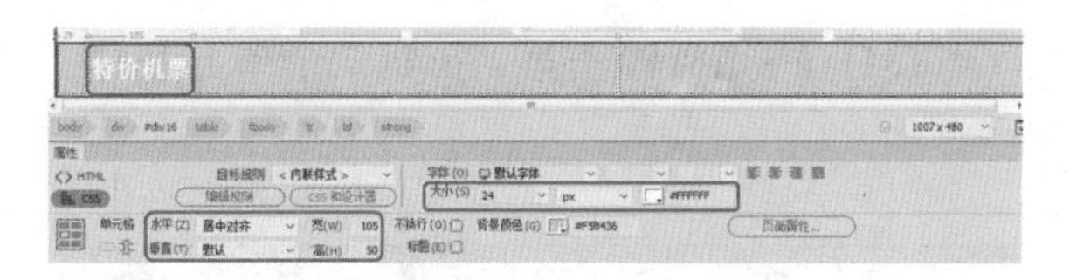

图 8-301　输入并设置文字

（126）将光标置于最后的单元格内，将【宽】设置为 99、【高】设置为 50，输入文字，将【大小】设置为 16px、【字体颜色】设置为 #FFFFFF、【字体样式】设置为【粗体】，如图 8-302 所示。

（127）插入新的 Div，将【左】设置为 1px、【上】设置为 58px，如图 8-303 所示。

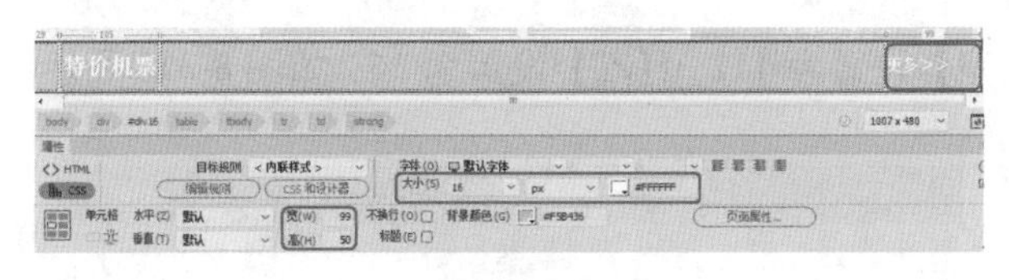

图 8-302　输入并设置文字

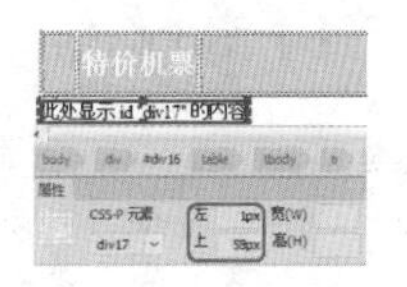

图 8-303　插入并设置 Div

（128）将 Div 中的文字删除，插入一个 4 行 4 列的单元格，将【宽】设置为 1010 像素，如图 8-304 所示。

（129）选择所有的单元格，将【宽】设置为 258、【高】设置为 27，输入文字，将【大小】设置为 14px、【字体颜色】分别设置为 #939393、#FF0004，如图 8-305 所示。

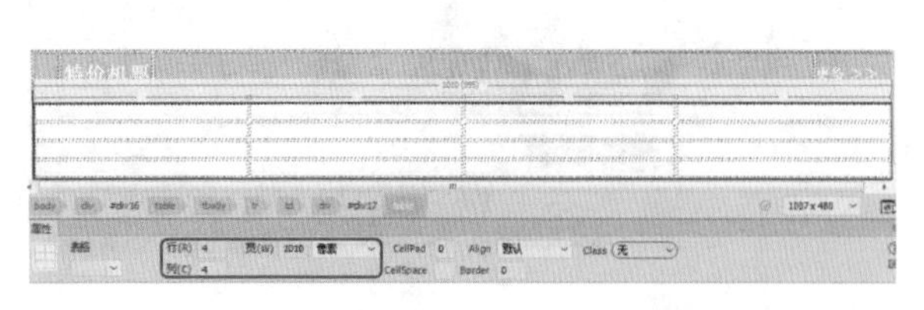

图 8-304 插入表格

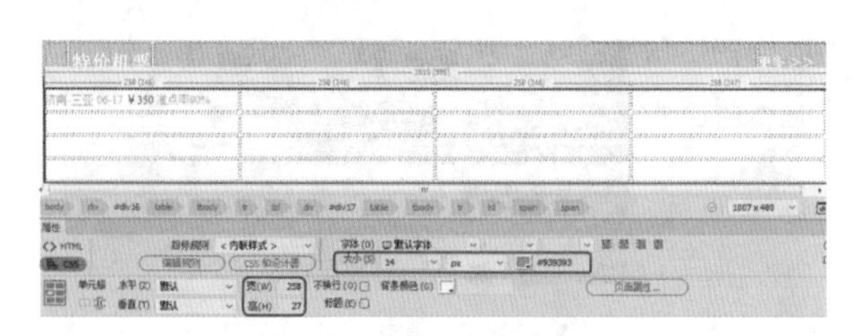

图 8-305 输入并设置文字

（130）使用相同的方法输入并设置文字，如图 8-306 所示。

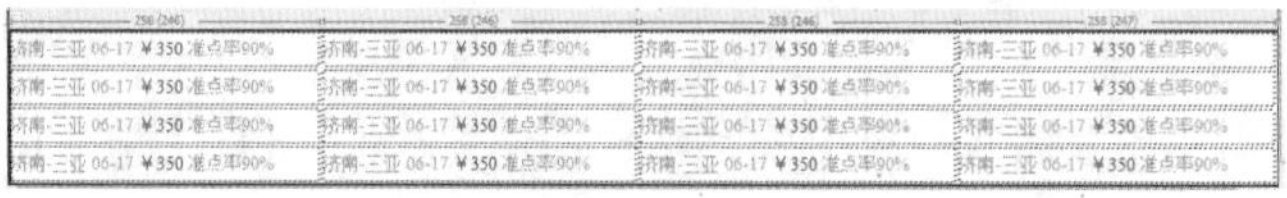

图 8-306 输入并设置其他文字

（131）插入新的 Div，将【左】设置为 1px、【上】设置为 122px，如图 8-307 所示。

（132）将 Div 中的文字删除，插入一个 2 行 9 列的单元格，将【宽】设置为 1010 像素，如图 8-308 所示。

图 8-307 插入 Div

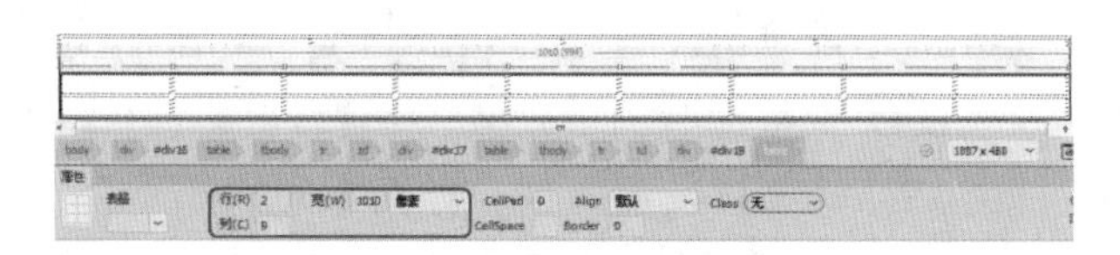

图 8-308 插入表格

（133）选择所有的单元格，将【水平】设置为【居中对齐】、【背景颜色】设置为 #5FB859，选择前 6 个单元格，将【宽】设置为 103、【高】设置为 36，如图 8-309 所示。

（134）将光标置于第 1 行第 7 个单元格内，将【宽】设置为 121、【高】设置为 36，如图 8-310 所示。

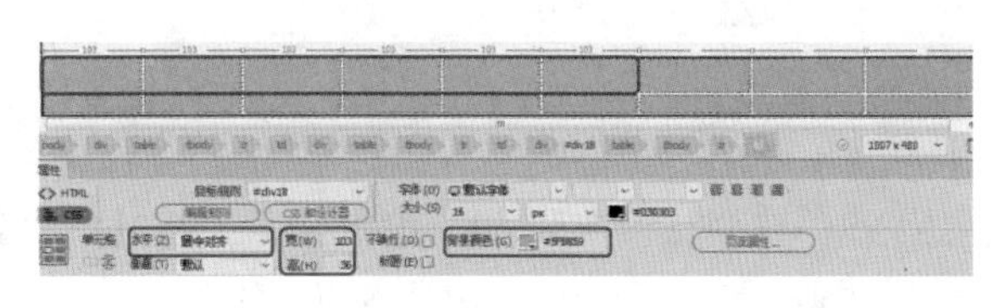

图 8-309 设置表格

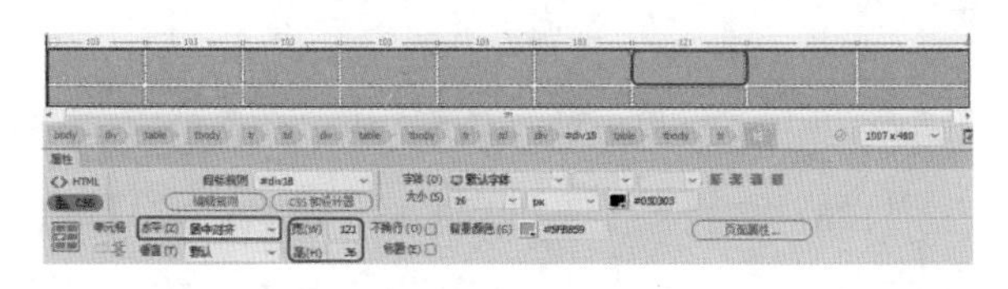

图 8-310 设置表格

（135）将光标置于第 1 行第 8 个单元格内，将【宽】设置为 114、【高】设置为 36，如图 8-311 所示。

（136）将光标置于第 1 行第 9 个单元格内，将【宽】设置为 117、【高】设置为 36，如图 8-312 所示。

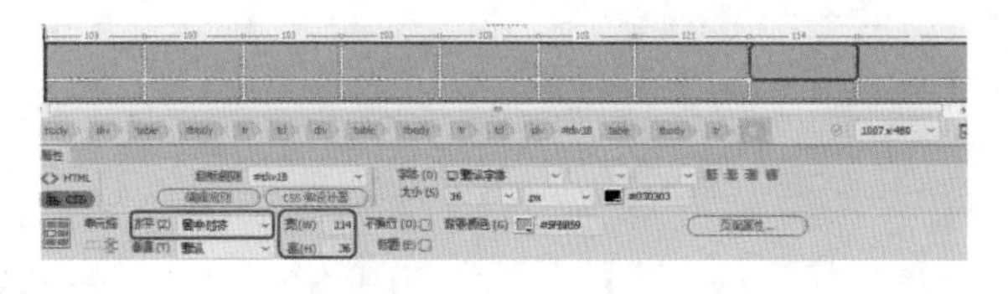

图 8-311 设置表格

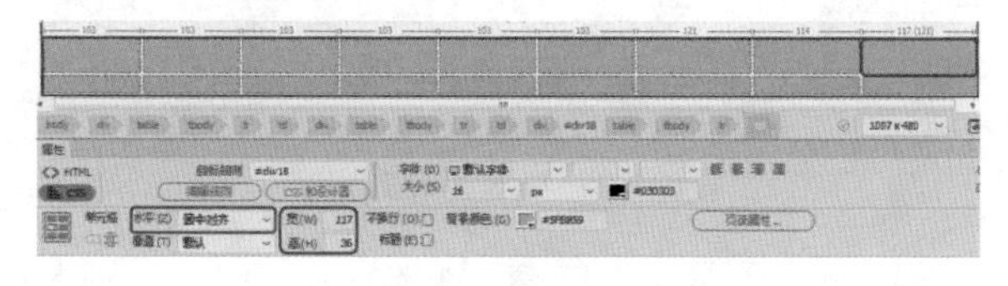

图 8-312 设置表格

（137）将光标置于第 1 行第 1 个单元格内，插入随书附带光盘中的素材图片，将【宽】设置为 35px、【高】设置为 36px，如图 8-313 所示。

（138）使用同样的方法插入其他随书附带光盘中的素材图片，如图 8-314 所示。

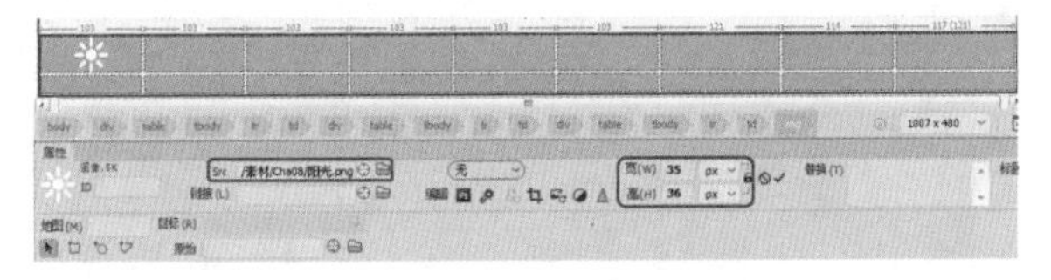

图 8-313　插入素材图片并设置

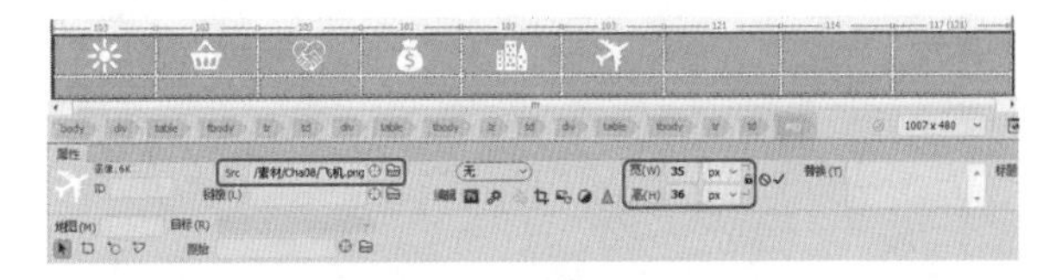

图 8-314　插入素材图片并设置

（139）将光标置于第1行第7个单元格内，插入随书附带光盘中的素材图片，将【宽】设置为 40px、【高】设置为 32px，如图 8-315 所示。

（140）将光标置于第1行第8个单元格内，插入随书附带光盘中的素材图片，将【宽】设置为 35px、【高】设置为 36px，如图 8-316 所示。

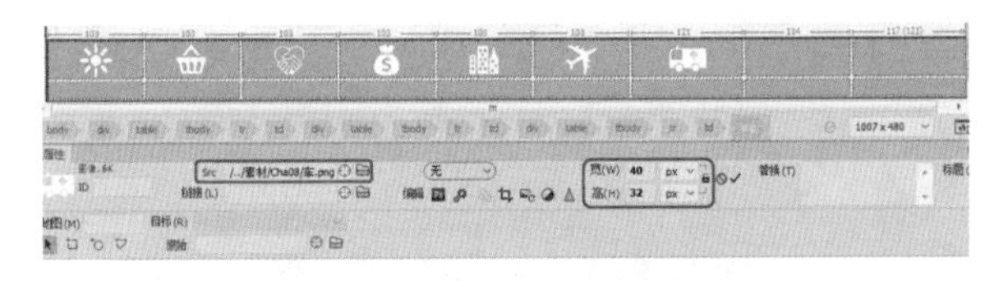

图 8-315　插入素材图片并设置

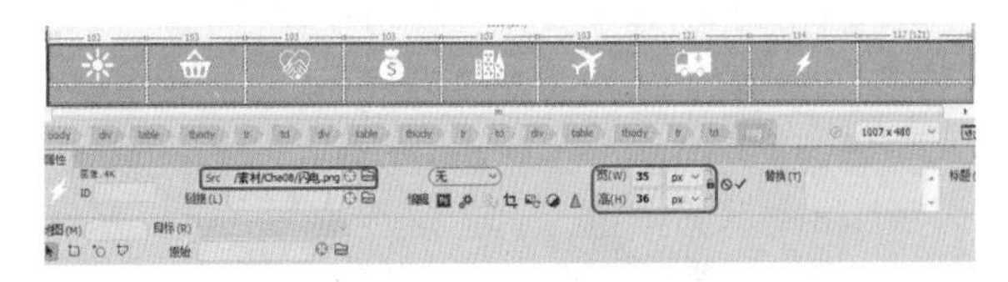

图 8-316　插入素材图片并设置

（141）将光标置于第1行第9个单元格内，插入随书附带光盘中的素材图片，将【宽】设置为 35px、【高】设置为 36px，如图 8-317 所示。

（142）将光标置于第 1 列第 1 个单元格内，将【水平】设置为【居中对齐】、【高】设置为 27，输入文字，将【大小】设置为 14px、【字体颜色】设置为 #FFFFFF，如图 8-318 所示。

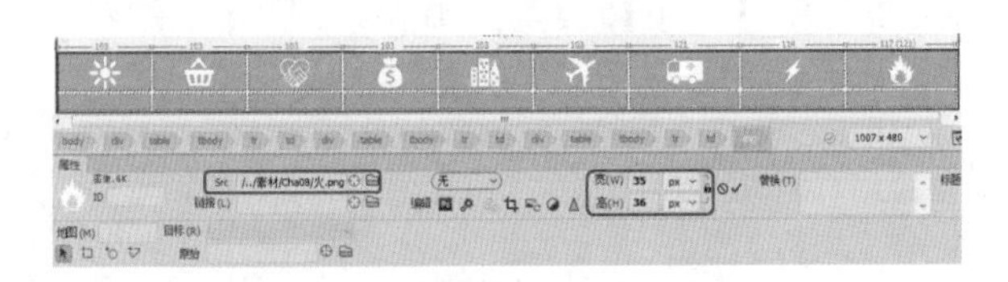

图 8-317　插入素材图片并设置

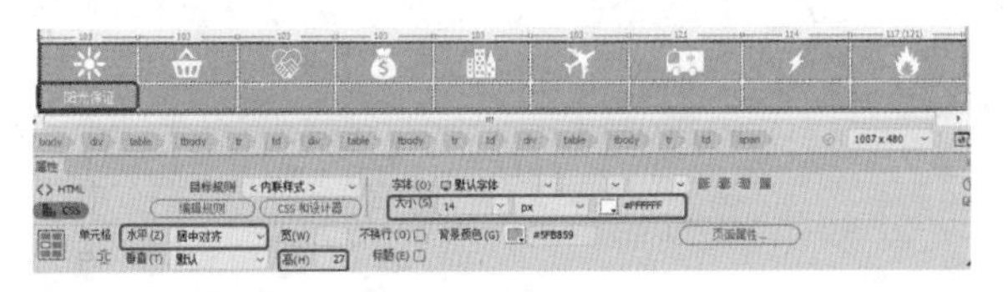

图 8-318　输入并设置文字

（143）使用同样的方法输入并设置其他文字，如图 8-319 所示。

（144）插入新的 Div，将【左】设置为 0px、【上】设置为 77px、【宽】设置为 183px、【高】设置为 21px，如图 8-320 所示。

图 8-319　输入并设置其他文字

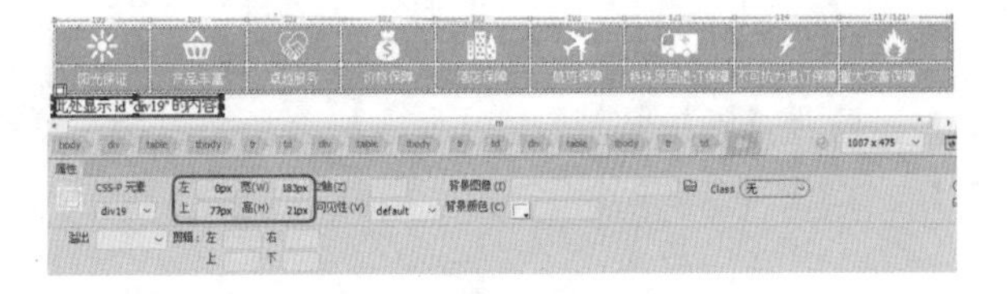

图 8-320　插入并设置 Div

（145）将 Div 中的文字删除，插入一个 5 行 5 列的单元格，将【宽】设置为 1010 像素，如图 8-321 所示。

（146）将【宽】设置为 225、【高】设置为 35，输入文字，将【字体】设置为【微软雅黑】、【大小】设置为 16px、【字体颜色】设置为 #000000、【字体样式】设置为【粗体】，如图 8-322 所示。

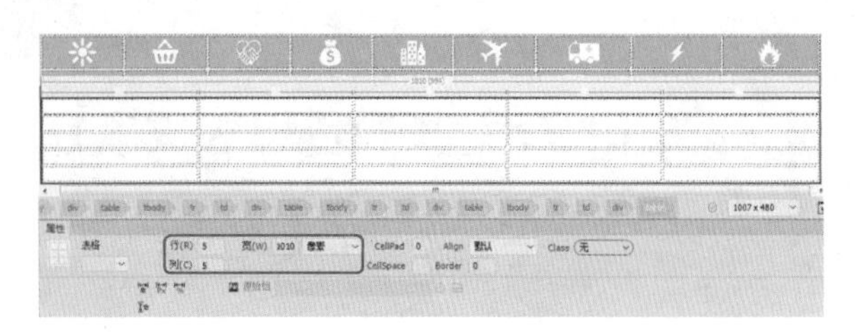

图 8-321　插入表格

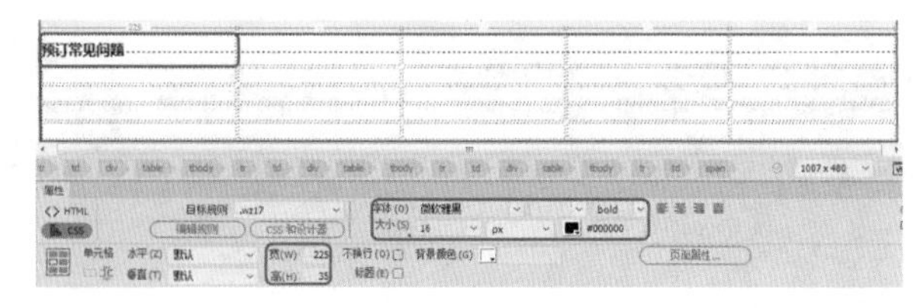

图 8-322　输入并设置文字

（147）将光标置于第 1 行第 1 个单元格内，输入文字，将【大小】设置为 12px、【字体颜色】设置为 #676767，如图 8-323 所示。

（148）使用同样的方法输入并设置其他文字，如图 8-324 所示。

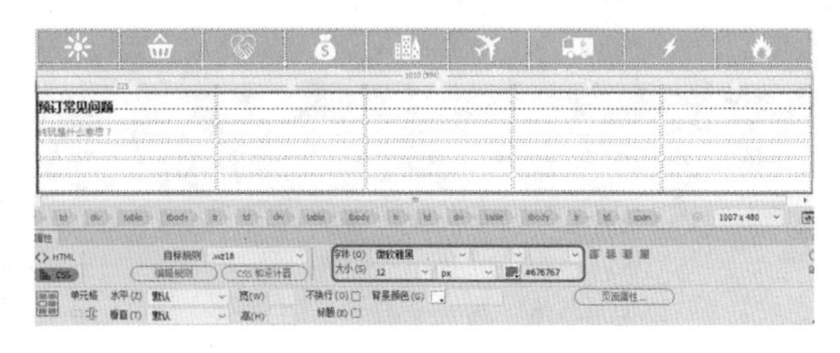

图 8-323　输入并设置文字

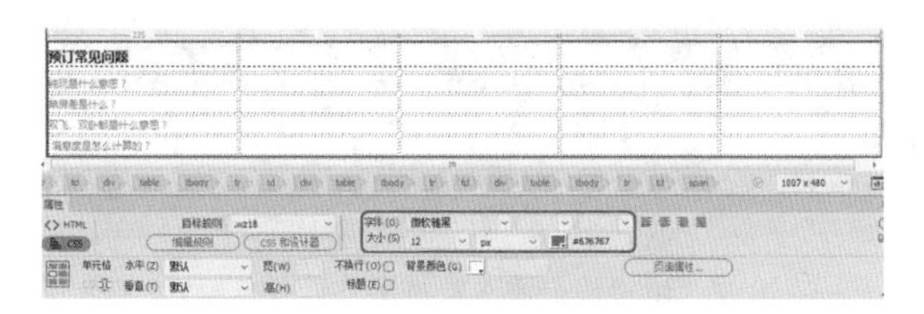

图 8-324　输入并设置其他文字

（149）将光标置于第 2 列第 1 个单元格内，将【宽】设置为 182、【高】设置为 35，输入文字，将【字体】设置为【微软雅黑】、【大小】设置为 16px、【字体颜色】设置为 #000000、【字体样式】设置为【粗体】，如图 8-325 所示。

（150）将光标置于第 2 列第 2 个单元格内，输入文字，将【大小】设置为 12px、【字体颜色】设置为 #676767，如图 8-326 所示。

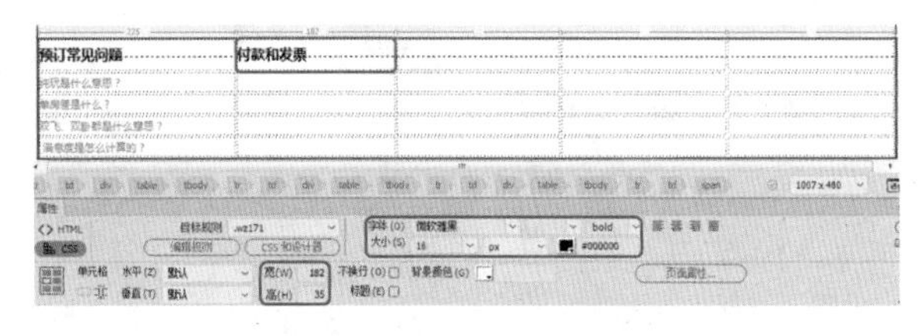

图 8-325　输入并设置文字

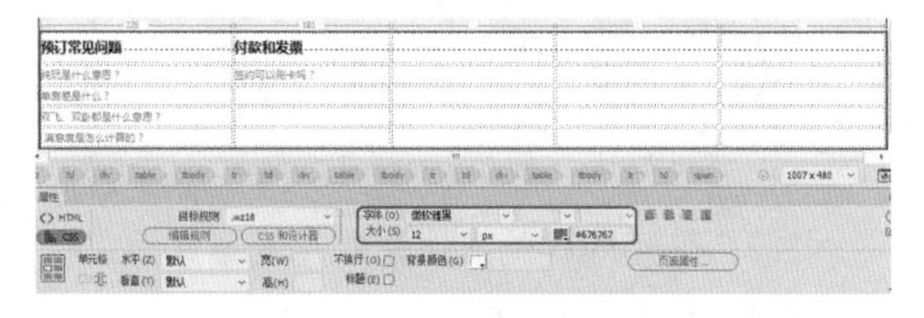

图 8-326　输入并设置文字

（151）使用同样的方法输入并设置其他文字，如图 8-327 所示。

（152）将光标置于第 3 列第 1 个单元格内，将【宽】设置为 207、【高】设置为 35，输入文字，将【字体】设置为【微软雅黑】、【大小】设置为 16px、【字体颜色】设置为 #000000、【字体样式】设置为【粗体】，如图 8-328 所示。

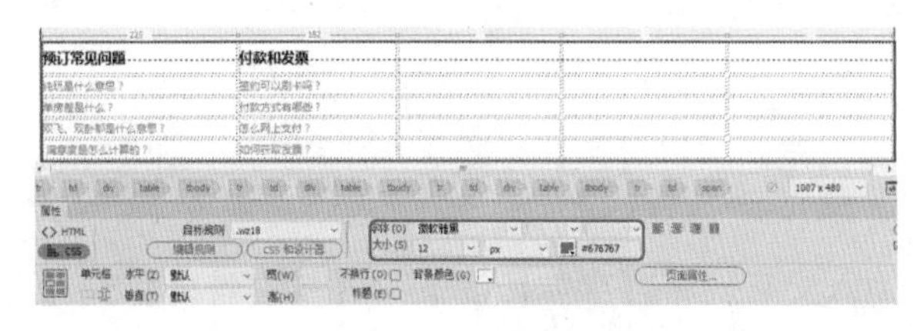

图 8-327　输入并设置其他文字

图 8-328　输入并设置文字

（153）将光标置于下一个单元格内，输入文字，将【字体】设置为【微软雅黑】、【大小】设置为 12px、【字体颜色】设置为 #676767，如图 8-329 所示。

（154）使用同样的方法输入并设置其他文字，如图 8-330 所示。

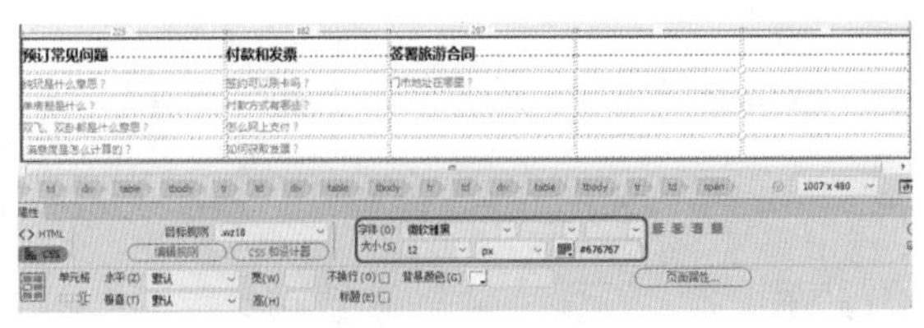

图 8-329　输入并设置文字

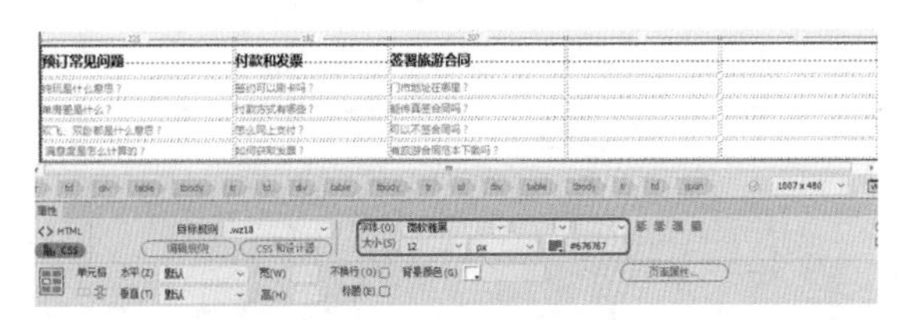

图 8-330　输入并设置其他文字

（155）将光标置于第 4 列第 1 个单元格内，将【宽】设置为 200、【高】设置为 35，输入文字，将【字体】设置为【微软雅黑】、【大小】设置为 16px、【字体颜色】设置为 #000000、【字体样式】设置为【粗体】，如图 8-331 所示。

（156）将光标置于下一个单元格内，输入文字，将【字体】设置为【微软雅黑】、【大小】设置为 12px、【字体颜色】设置为 #676767，如图 8-332 所示。

图 8-331　输入并设置文字

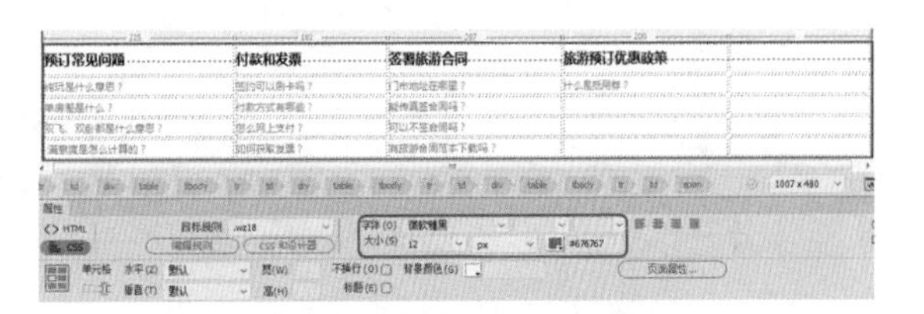

图 8-332　输入并设置文字

（157）使用同样的方法输入并设置其他文字，如图 8-333 所示。

（158）将光标置于第 5 列第 1 个单元格内，输入文字，将【字体】设置为【微软雅黑】、【大小】设置为 16px，【字体颜色】设置为 #000000、【字体样式】设置为【粗体】，如图 8-334 所示。

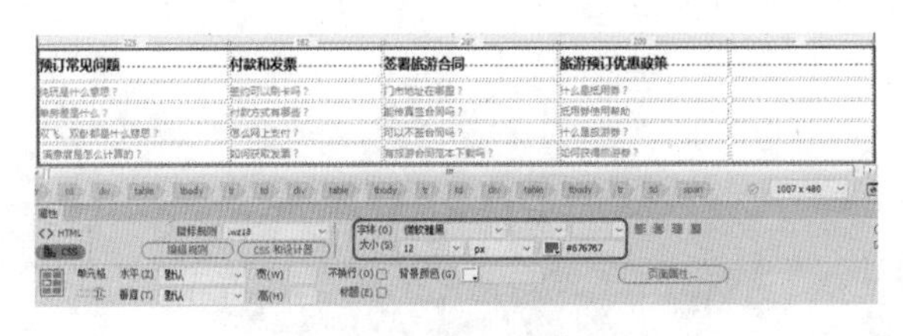

图 8-333　输入并设置其他文字

图 8-334　输入并设置文字

（159）将光标置于下一行单元格内，输入文字，将【字体】设置为【微软雅黑】、【大小】设置为 12px、【字体颜色】设置为 #676767，如图 8-335 所示。

（160）使用同样的方法输入并设置其他文字，如图 8-336 所示。

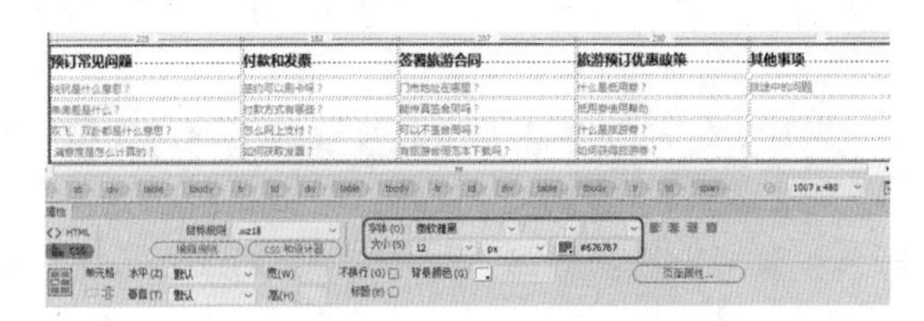

图 8-335　输入并设置文字

图 8-336　输入并设置其他文字

（161）插入新的 Div，将【左】设置为 –1px、【上】设置为 141px、【宽】设置为 996px、【高】设置为 70px，如图 8-337 所示。

（162）将 Div 中的文字删除，插入一个 1 行 1 列的单元格，将【宽】设置为 1010 像素，如图 8-338 所示。

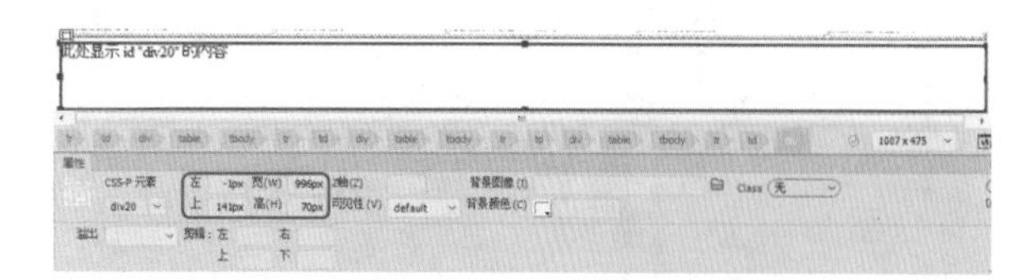

图 8-337　插入并设置 Div

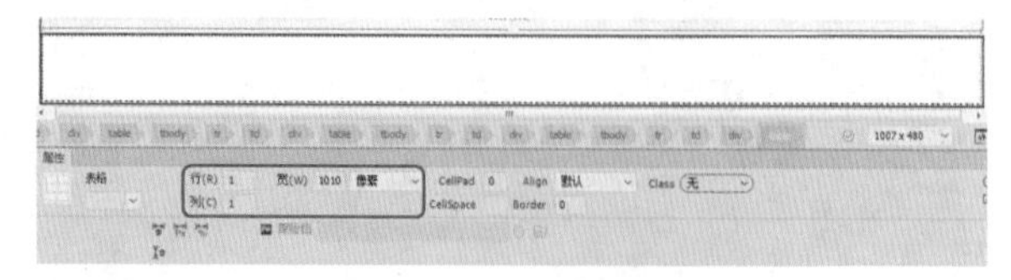

图 8-338　插入表格

（163）将表格【水平】设置为【居中对齐】，输入文字，将【字体】设置为【微软雅黑】、【大小】设置为 12px、【字体颜色】设置为 #676767，如图 8-339 所示。

（164）将整体场景制作完成后，选择【邮轮】，在【属性】面板中单击 HTML|【链接】后面的按钮，如图 8-340 所示。

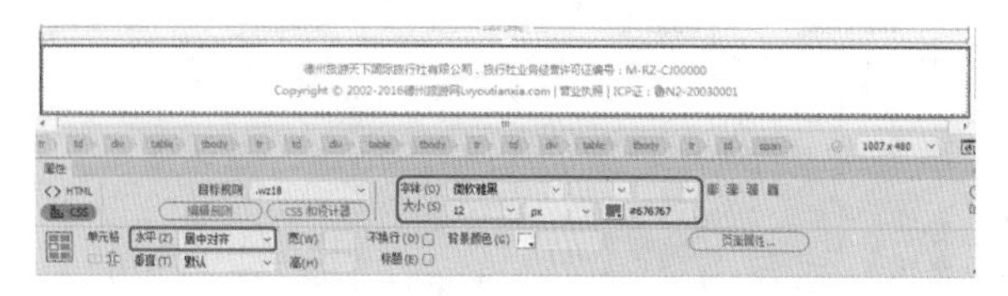

图 8-339　输入并设置文字

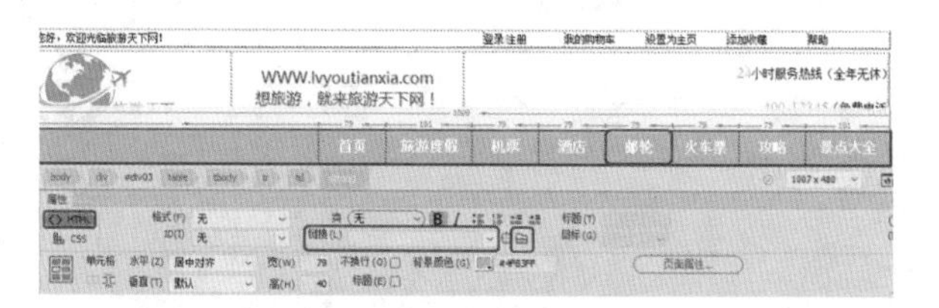

图 8-340　设置文字链接

提 示

使用 Shift+Enter（Enter 键）组合键可以进行字体换行。

（165）选择完命令后，在弹出的对话框中，选择要链接到的文件，如图 8-341 所示。

（166）设置完链接，完成后的效果如图 8-342 所示。

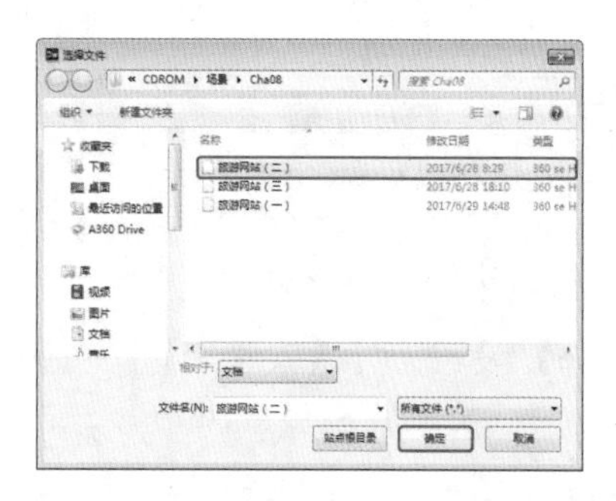

图 8-341　【选择文件】对话框

图 8-342　设置完成后的效果

案例精讲 068　旅游网站（二）

本案例将介绍如何制作旅游网站第二页，主要以上一个案例为框架，然后对其进行修改和调整，从而完成第二页的制作。具体操作方法如下，完成的效果如图 8-343 所示。

案例文件：CDROM \ 场景 \ Cha08 \ 旅游网站（二）.html
视频文件：视频教学 \ Cha08 \ 旅游网站（二）.avi

图 8-343　旅游网站的设计效果（二）

(1) 将上一个案例另存，并指定其名称，在【文档】窗口中删除不必要的单元格和对象，如图 8-344 所示。

(2) 插入新的 Div，将【左】设置为 11px、【上】设置为 208px，如图 8-345 所示。

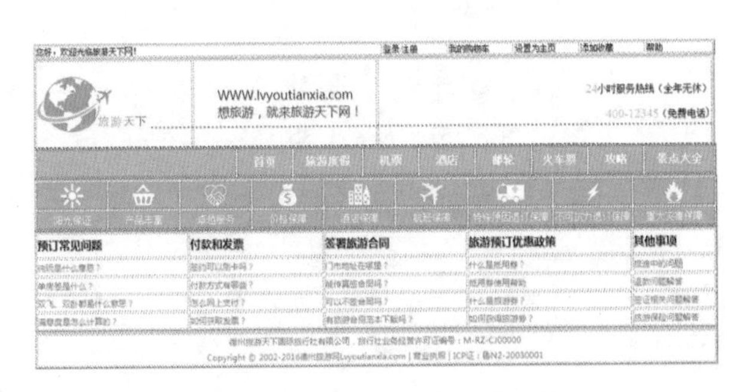

图 8-344　删除不必要的单元格

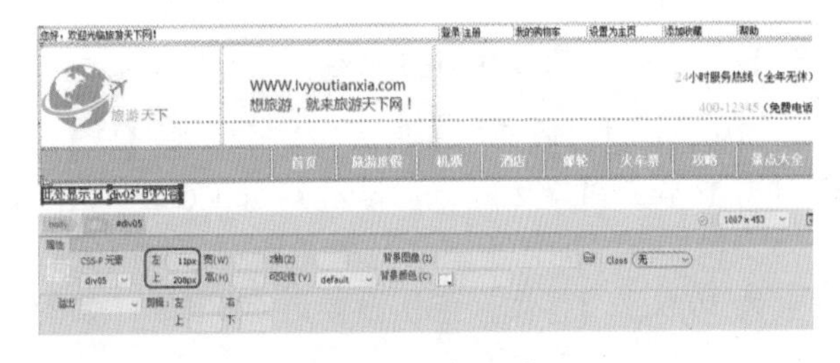

图 8-345　插入 div

提 示

插入表格的快捷方式是按 Ctrl+Alt+T 组合键。

(3) 插入一个 7 行 1 列的表格，将【宽】设置为 1010 像素，如图 8-346 所示。

(4) 将光标置于第 1 行单元格，插入一个 1 行 2 列的表格，将【宽】设置为 1010 像素，如图 8-347 所示。

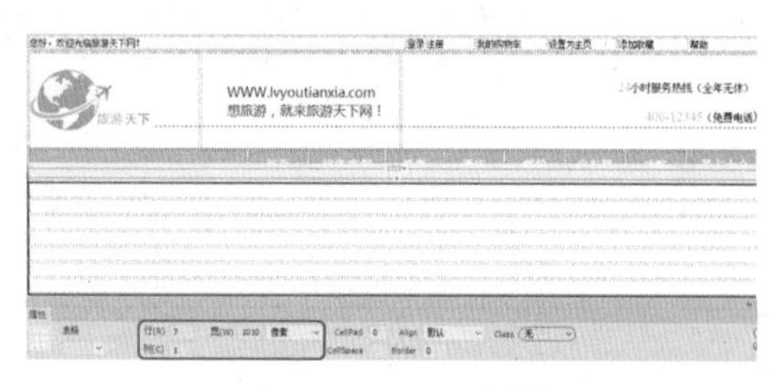

图 8-346　插入表格

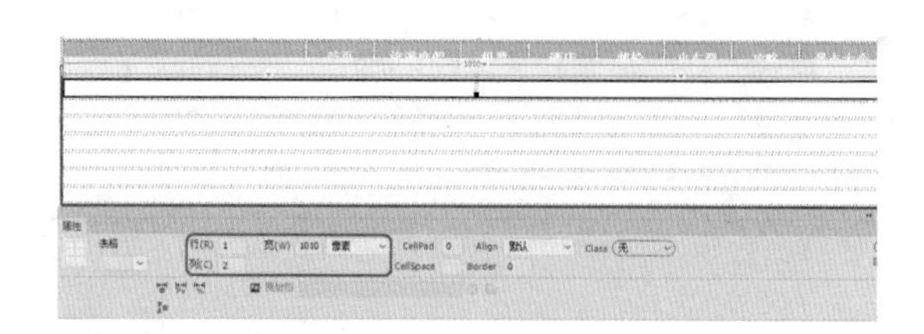

图 8-347　插入表格

（5）选择第 1 行第一个单元格，右击，选择快捷菜单的【CSS 样式】|【新建】命令，如图 8-348 所示。

（6）将【CSS 样式】名称设置为 .bk3，在弹出的对话框中选择【边框】选项，将 Style、Weight、Color 分别设置为 solid、5px、#4FB3FF，单击【确定】按钮，如图 8-349 所示。

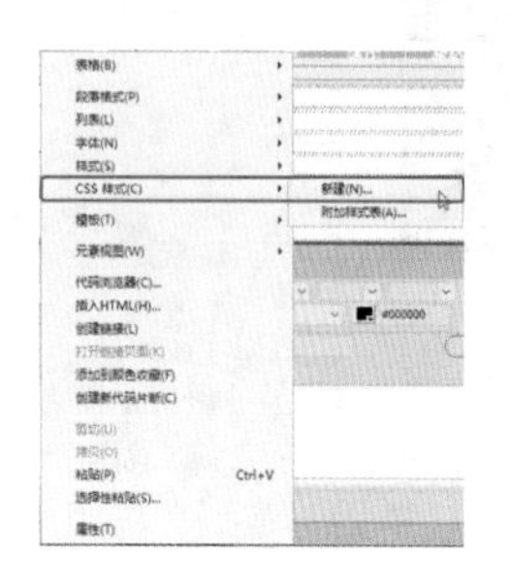

图 8-348　新建 CSS 样式

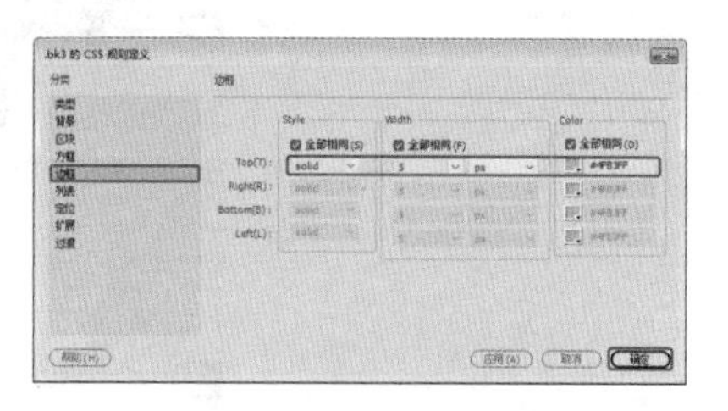

图 8-349　设置【边框】参数

（7）选中第 1 行单元格，为其应用 .bk3 CSS 样式，如图 8-350 所示。

（8）在第 1 行第 1 列单元格中插入一个 6 行 1 列的表格，将【表格宽度】设置为 209 像素，如图 8-351 所示。

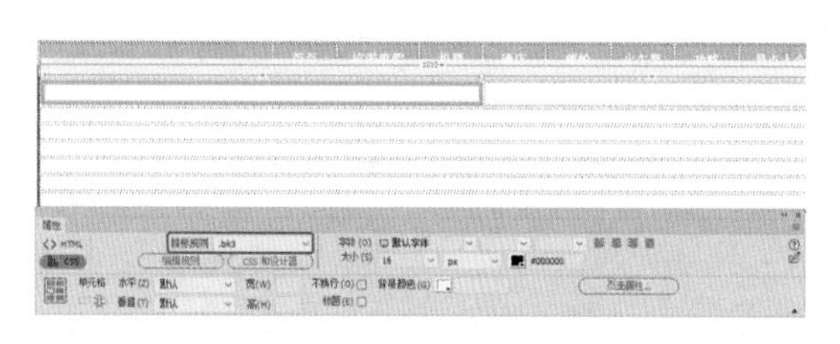

图 8-350　设置表格参数

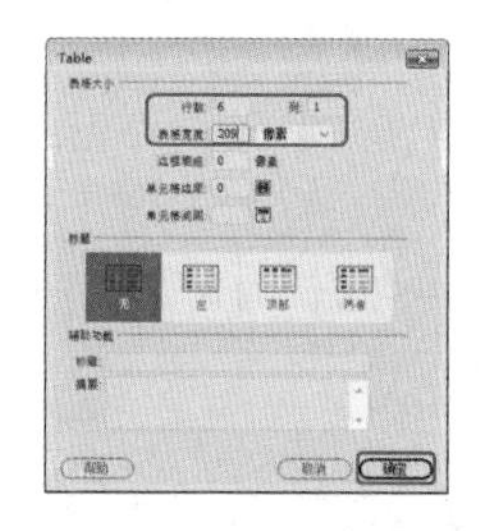

图 8-351　应用 CSS 样式

（9）将光标置于第 1 行单元格中，将【宽】设置为 205、【高】设置为 30，输入文字，将【大小】设置为 16px、【字体颜色】设置为 #000000，如图 8-352 所示。

（10）将光标置于下一行单元格中，将【宽】设置为 205、【高】设置为 30，输入文字，将【大小】设置为 10px、【字体颜色】设置为 #000000，如图 8-353 所示。

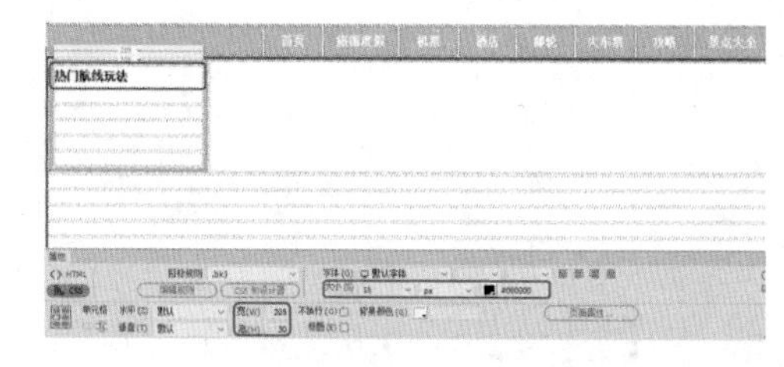

图 8-352　输入并设置文字

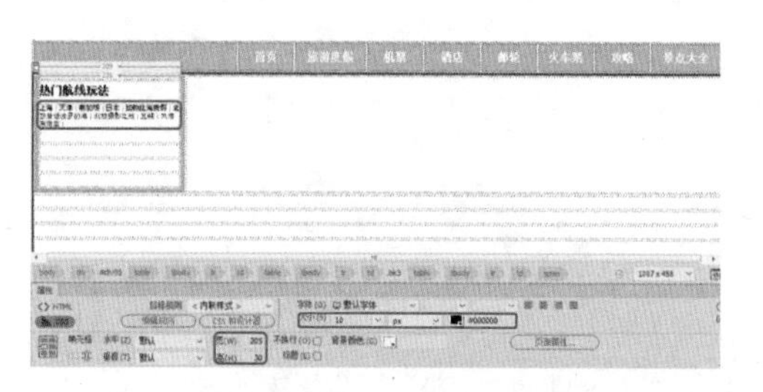

图 8-353　输入并设置文字

（11）将光标置于下一行单元格中，将【宽】设置为205、【高】设置为30，输入文字，将【大小】设置为16px、【字体颜色】设置为#000000，如图8-354所示。

（12）将光标置于下一行单元格中，将【宽】设置为205、【高】设置为30，输入文字，将【大小】设置为10px、【字体颜色】设置为#000000，如图8-355所示。

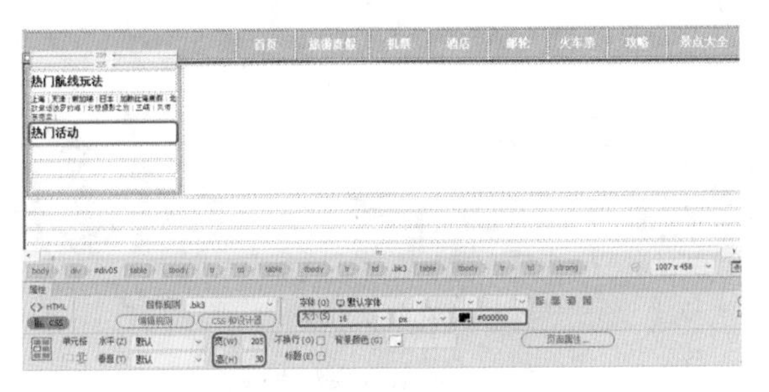

图8-354 输入并设置文字

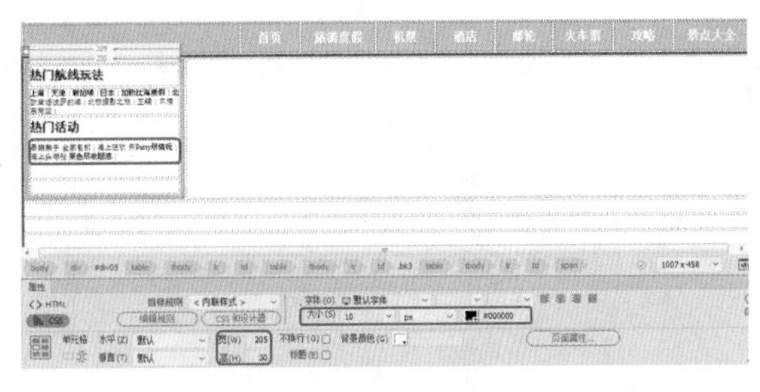

图8-355 输入并设置文字

（13）将光标置于下一行单元格中，将【宽】设置为205、【高】设置为30，输入文字，将【大小】设置为16px、【字体颜色】设置为#000000，如图8-356所示。

（14）将光标置于下一行单元格中，将【宽】设置为205、【高】设置为30，输入文字，将【大小】设置为10px、【字体颜色】设置为#000000，如图8-357所示。

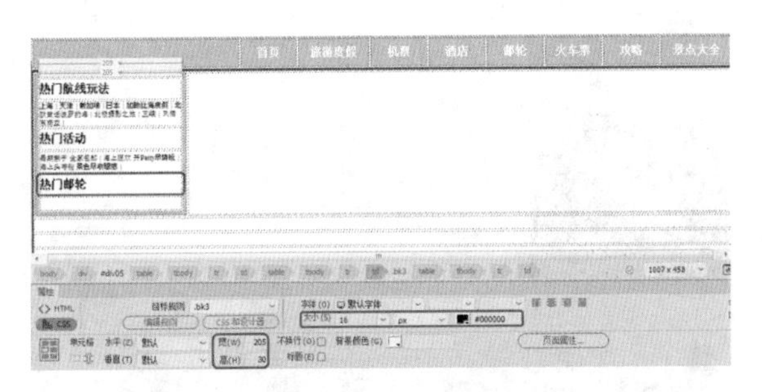

图8-356 应用样式并输入其他文字

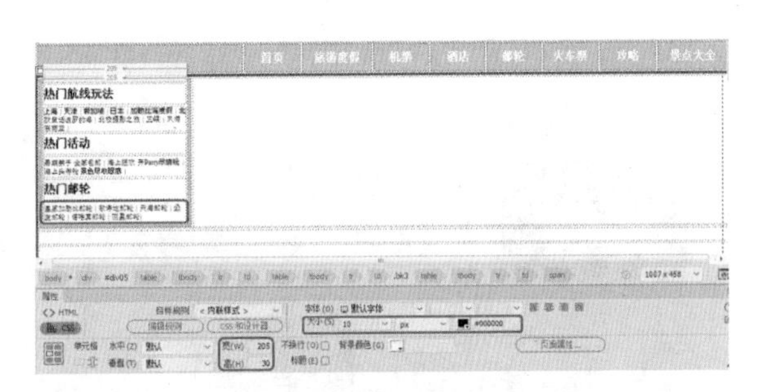

图8-357 设置单元格属性

（15）继续将光标置于第2列单元格中，按Ctrl+Alt+I组合键，添加素材图片，单击【确定】按钮，选中该图像，在【属性】面板中将【宽】【高】分别设置为786、206，如图8-358所示。

（16）将光标置于下一行单元格中，输入文字，将【大小】设置为22px、【字体颜色】设置为#FFAE01，如图8-359所示。

图8-358 插入并设置素材文件图片

图8-359 输入并设置文字

提 示

按Ctrl+Alt+I组合键，可以快速地插入素材图片。

(17) 将光标置于下一行单元格中，插入一个 2 行 3 列的表格，将【宽】设置为 1010 像素，如图 8-360 所示。

(18) 选择第 1 列所有的单元格，右击，选择快捷菜单中的【表格】|【合并单元格】命令，设置完成后，插入一个 4 行 1 列的表格，将【宽】设置为 281 像素，如图 8-361 所示。

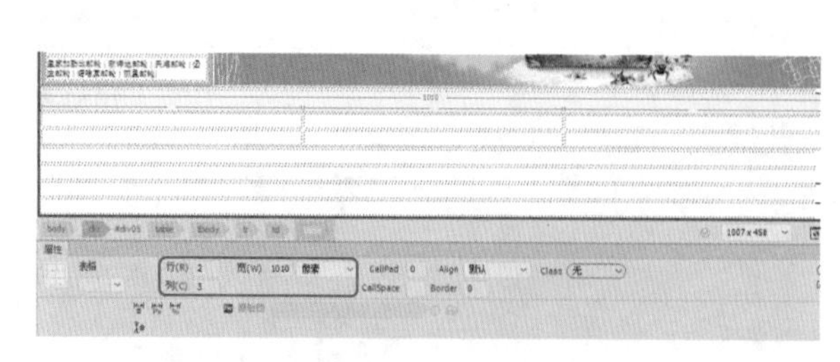

图 8-360　插入表格并设置

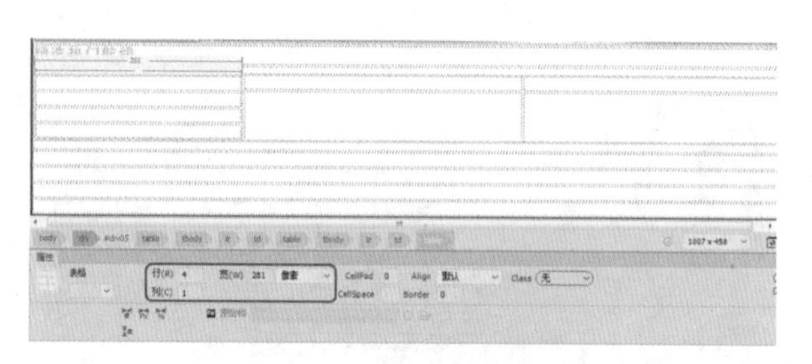

图 8-361　插入表格并设置

(19) 将光标置于第 1 行单元格中，按 Ctrl+Alt+I 组合键，插入素材图片，将【宽】设置为 275px、【高】设置为 295px，如图 8-362 所示。

(20) 将光标置于下一行单元格中，将【高】设置为 40、【背景颜色】设置为 #000000，输入文字，将【大小】设置为 12px、【字体颜色】设置为 #FFFFFF，如图 8-363 所示。

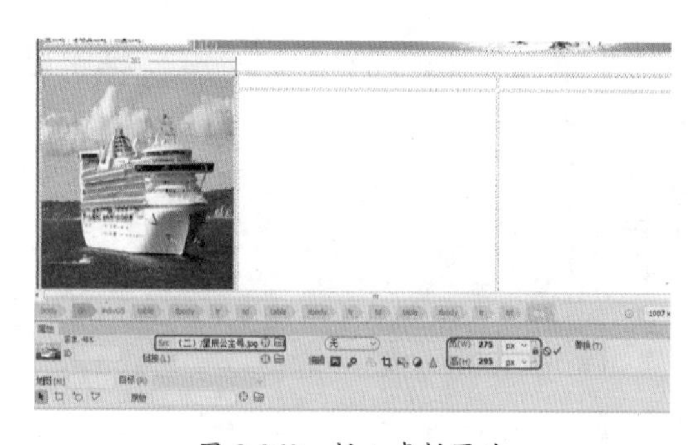

图 8-362　插入素材图片

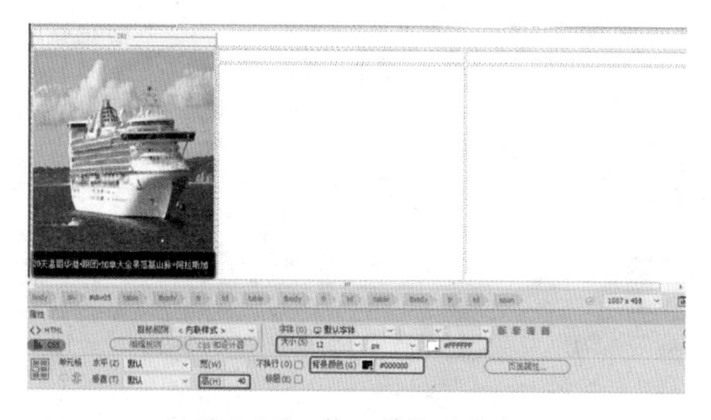

图 8-363　输入并设置文字

(21) 将光标置于下一行单元格中，将【高】设置为 40、【背景颜色】设置为 #FFAE01，输入文字，将【大小】设置为 16px、【字体颜色】设置为 #FFFFFF，如图 8-364 所示。

(22) 将光标置于下一行单元格中，将【高】设置为 70、【背景颜色】设置为 #FFAE01，输入文字，将【大小】设置为 12px、【字体颜色】设置为 #FFFFFF，如图 8-365 所示。

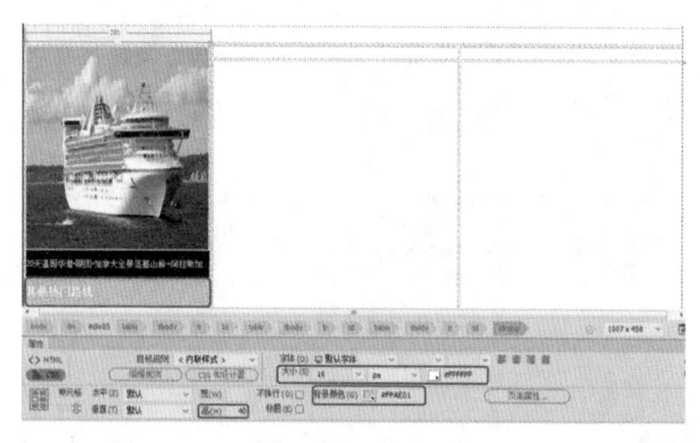

图 8-364　输入并设置文字

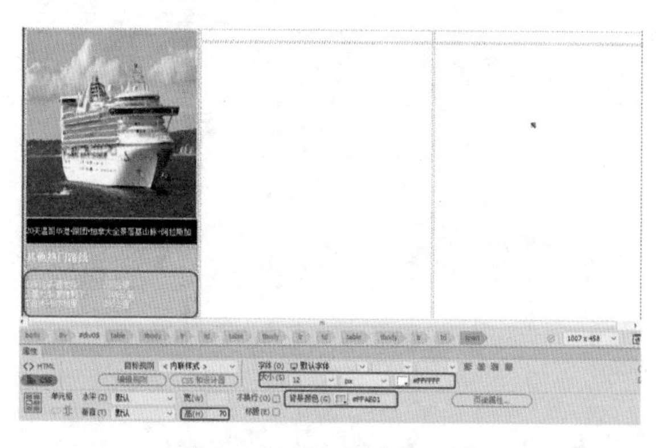

图 8-365　输入并设置文字

（23）将光标置于第2列第1行单元格内，插入一个2行1列的表格，将【宽】设置为300像素，如图8-366所示。

（24）将光标置于第1行单元格中，按Ctrl+Alt+I组合键，插入素材图片，将【宽】设置为370px、【高】设置为185px，如图8-367所示。

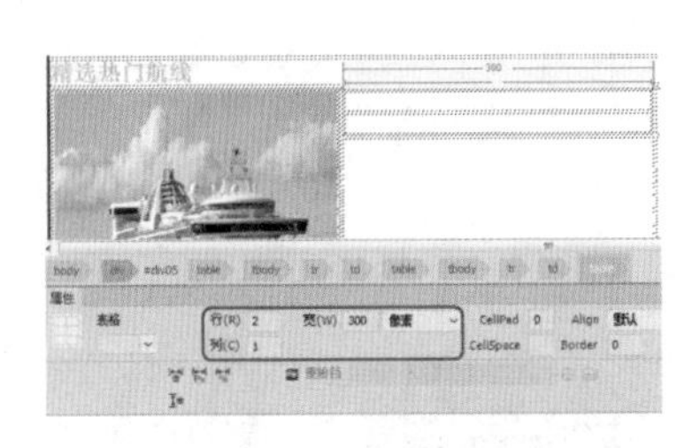

图 8-366 插入表格

图 8-367 插入并设置素材图片

（25）将光标置于下一行单元格内，将【水平】设置为【居中对齐】、【高】设置为24、【背景颜色】设置为#000000，输入文字，将【大小】设置为12px、【字体颜色】设置为#FFFFFF，如图8-368所示。

（26）将光标置于下一行单元格内，插入一个2行2列的表格，将【宽】设置为372像素，如图8-369所示。

图 8-368 输入文字并设置单元格属性

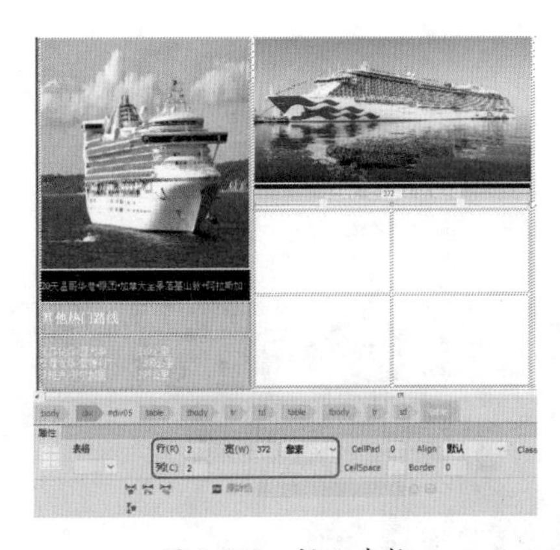

图 8-369 插入表格

（27）将光标置于第1行单元格内，按Ctrl+Alt+I组合键，插入素材图片，将【宽】设置为185px、【高】设置为195px，如图8-370所示。

（28）将光标置于下一行单元格内，将【水平】设置为【居中对齐】、【高】设置为24、【背景颜色】设置为#000000，输入文字，将【大小】设置为12px、【字体颜色】设置为#FFFFFF，如图8-371所示。

（29）将光标置于第2列第1个单元格内，插入随书附带光盘中的素材图片，将【宽】设置为185px、【高】设置为195px，如图8-372所示。

（30）将光标置于下一行单元格，将【水平】设置为【居中对齐】、【高】设置为24、【背景颜色】设置为#000000，输入文字，将【大小】设置为12px、【字体颜色】设置为#FFFFFF，如图8-373所示。

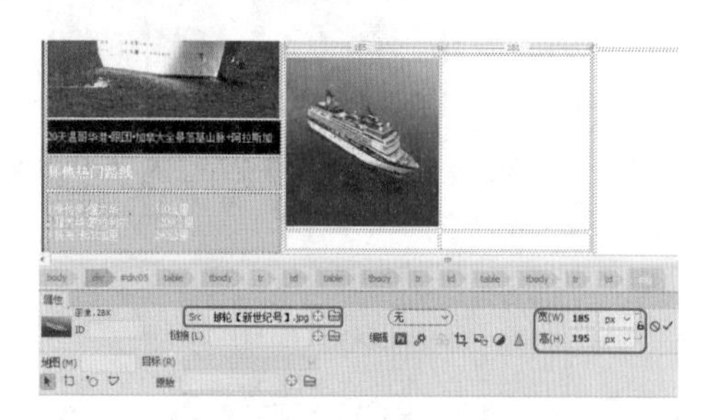

图 8-370　插入素材图片

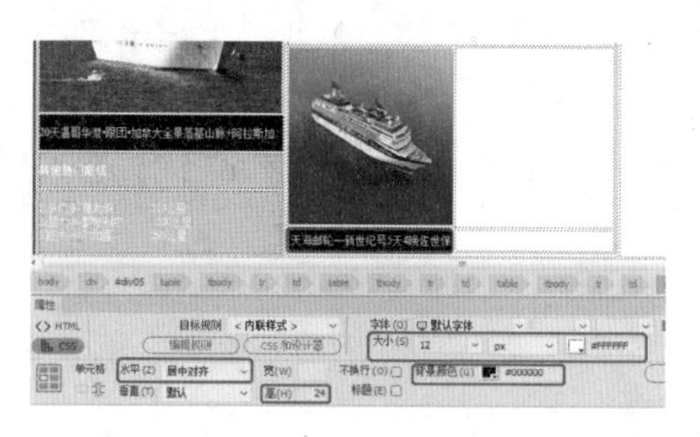

图 8-371　输入文字并设置单元格属性

图 8-372　输入并设置素材图片

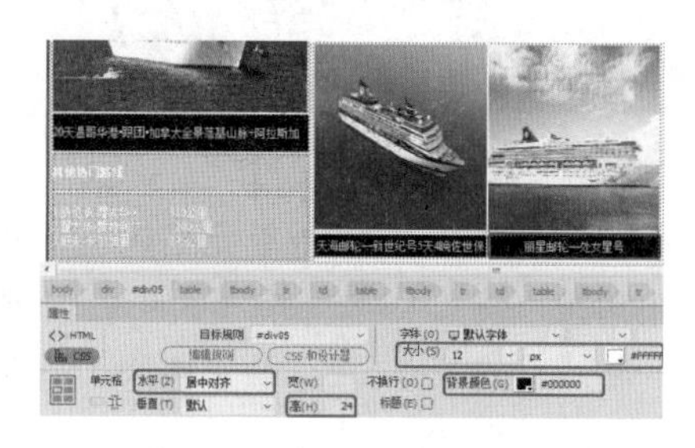

图 8-373　输入并设置文字

(31) 将光标置于第 3 列第 1 个单元格中，插入一个 2 行 1 列的表格，将【宽】设置为 351 像素，如图 8-374 所示。

(32) 将光标置于第 1 个单元格中，插入随书附带光盘中的素材图片，将【宽】设置为 345px、【高】设置为 180px，如图 8-375 所示。

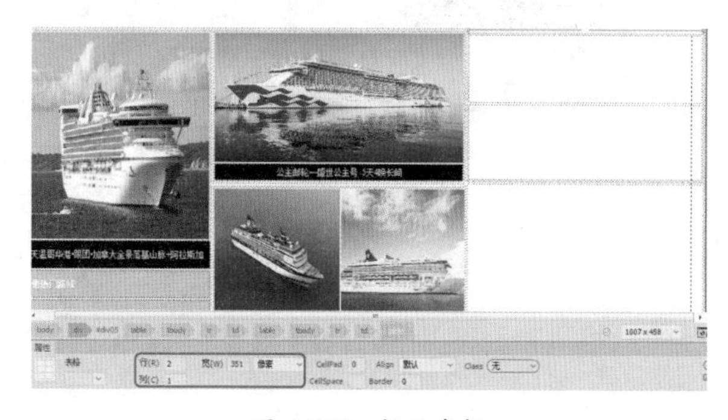

图 8-374　插入表格

图 8-375　插入并设置素材图片

(33) 将光标置于下一行单元格内，将【水平】设置为【居中对齐】、【高】设置为 30、【背景颜色】设置为 #000000，输入文字，将【大小】设置为 12px、【字体颜色】设置为 #FFFFFF，如图 8-376 所示。

(34) 将光标置于下一行单元格内，插入一个 2 行 1 列的表格，将【宽】设置为 351 像素，如图 8-377 所示。

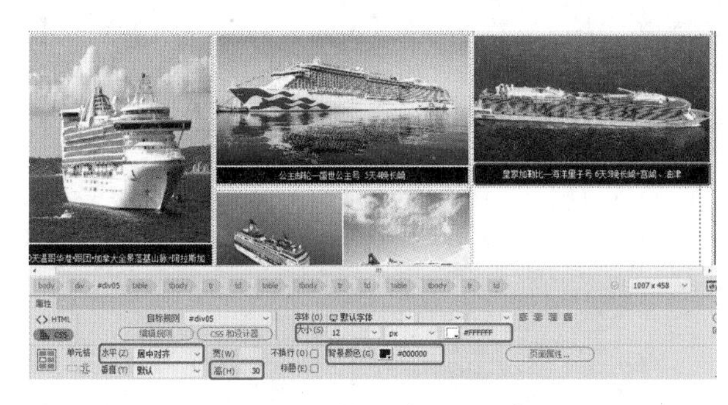

图 8-376 输入并设置文字

图 8-377 插入表格

(35) 将光标置于第 1 行单元格中，按 Ctrl+Alt+I 组合键，插入随书附带光盘中的素材图片，将【宽】设置为 345px、【高】设置为 190px，如图 8-378 所示。

(36) 将光标置于下一行单元格中，将【水平】设置为【居中对齐】、【高】设置为 33、【背景颜色】设置为 #000000，输入文字，将【大小】设置为 12px、【字体颜色】设置为 #FFFFFF，如图 8-379 所示。

图 8-378 设置表格参数

图 8-379 输入并设置文字

(37) 将光标置于下一行单元格内，输入文字，将【大小】设置为 22px、【字体颜色】设置为 #FF4346，如图 8-380 所示。

(38) 将光标置于下一行单元格内，插入一个 6 行 4 列的表格，将【宽】设置为 1010 像素，如图 8-381 所示。

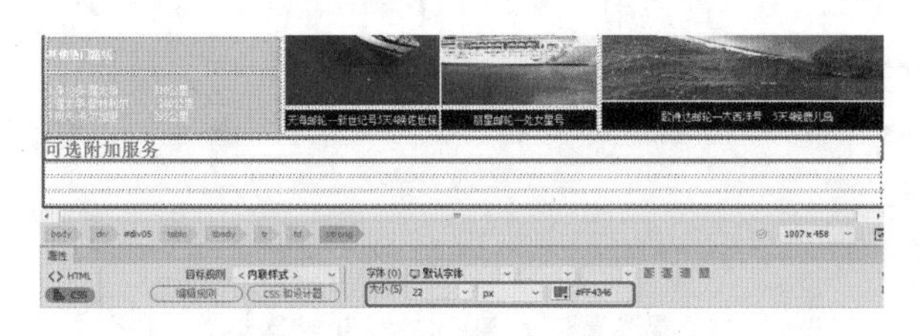

图 8-380 输入并设置文字大小

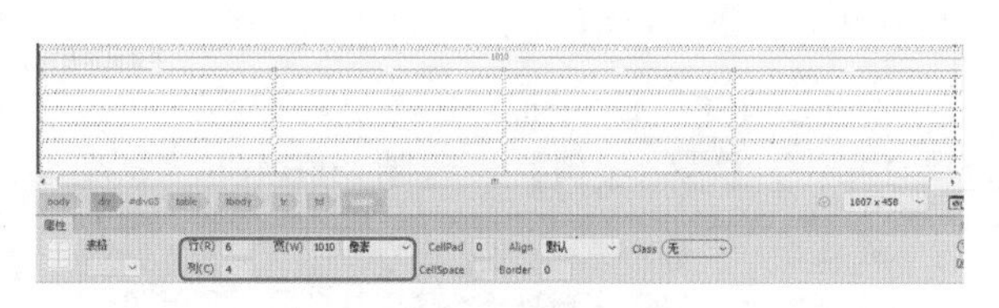

图 8-381 插入表格

(39) 将光标置于第 1 行第 1 个单元格内，将【宽】设置为 396、【高】设置为 30、【背景颜色】设置为 #FF6C6E，输入文字，将【大小】设置为 12px、【字体颜色】设置为 #FFFFFF，如图 8-382 所示。

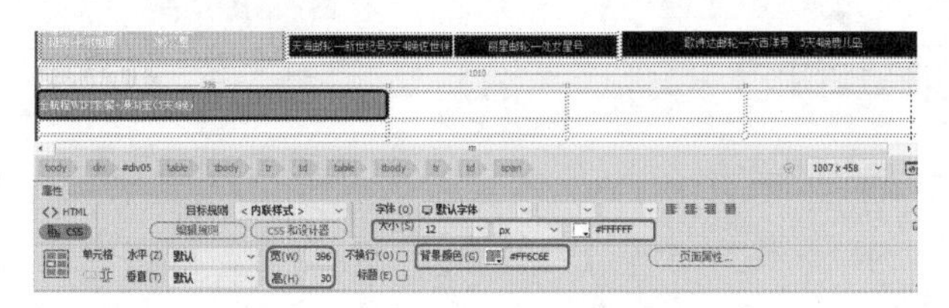

图 8-382 输入其他文字并设置

（40）选择第 1 列第 2~5 个单元格，将【高】设置为 30，输入文字，将【大小】设置为 12px、【字体颜色】设置为 #000000，如图 8-383 所示。

（41）将光标置于下一行单元格内，将【高】设置为 32，输入文字，将【大小】设置为 12px、【字体颜色】设置为 #000000，如图 8-384 所示。

图 8-383　设置单元格【高】

图 8-384　输入并设置文字

（42）将光标置于第 2 列第 1 个单元格内，将【水平】设置为【居中对齐】、【宽】设置为 212、【背景颜色】设置为 #FF6C6E，输入文字，将【大小】设置为 14px、【字体颜色】设置为 #FFFFFF，如图 8-385 所示。

（43）选择第 2 列第 2~6 个单元格内，将【水平】设置为【居中对齐】，输入文字，将【大小】设置为 14px、【字体颜色】设置为 #FF4346，如图 8-386 所示。

图 8-385　输入并设置文字

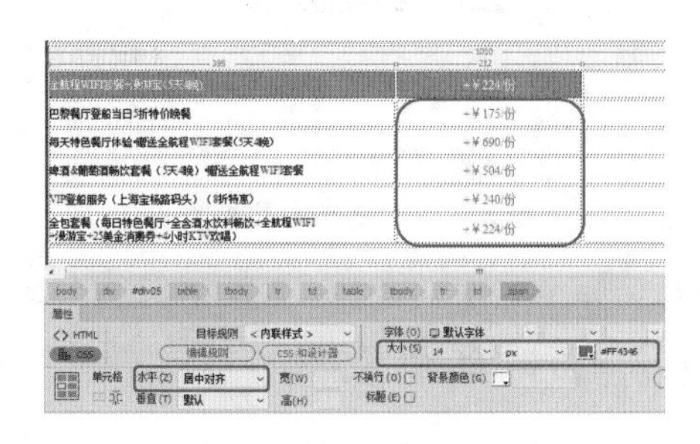

图 8-386　输入并设置文字

（44）将光标置于第 3 列第 1 个单元格内，将【水平】设置为【居中对齐】、【宽】设置为 194、【背景颜色】设置为 #FF6C6E，输入文字，将【大小】设置为 12px、【字体颜色】设置为 #FFFFFF，如图 8-387 所示。

（45）将光标置于第 2~6 个单元格内，将【水平】设置为【居中对齐】，输入文字，将【大小】设置为 12px、【字体颜色】设置为 #0074FF，如图 8-388 所示。

图 8-387　输入并设置文字

图 8-388　输入并设置文字

（46）选择第 4 列所有的单元格，选择【合并单元格】命令，设置完成后，将【宽】设置为 199，输入文字，将【大小】分别设置为 12px 和 11px、【字体颜色】设置为 #000000，如图 8-389 所示。

(47) 输入文字，将【大小】设置为 22px、【字体颜色】设置为 #FF4346，如图 8-390 所示。

图 8-389 输入并设置文字

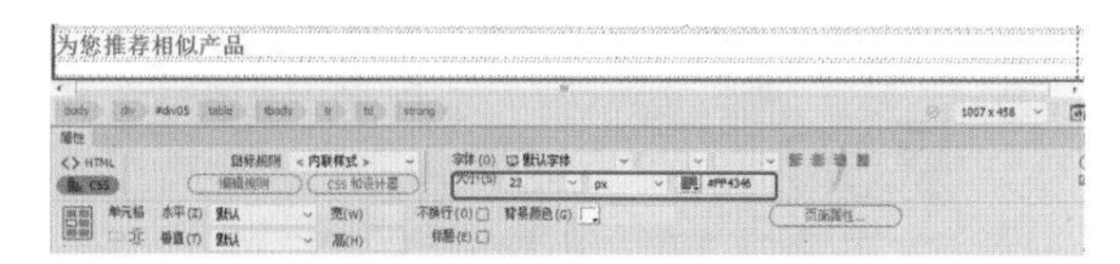

图 8-390 输入并设置文字

(48) 将光标置于下一行单元格内，插入一个 4 行 8 列的表格，将【宽】设置为 1010 像素，如图 8-391 所示。

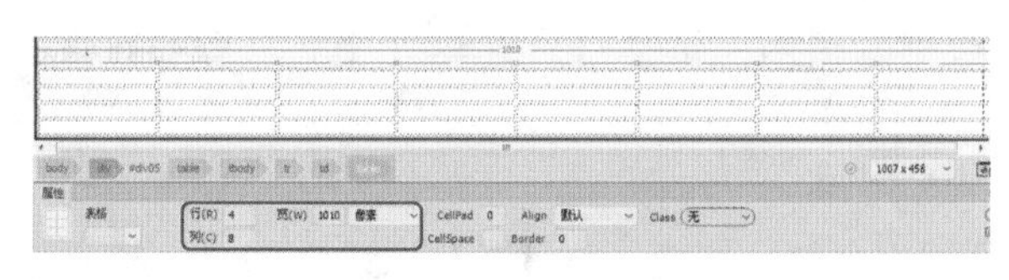

图 8-391 插入表格

提 示

使用【属性】面板左下角的图标 或者右击，选择快捷菜单中的【表格】|【合并单元格】命令，都可以快速合并单元格。

(49) 将光标置于第 1 行第 1 个单元格内，将【水平】设置为【居中对齐】，插入随书附带光盘中的素材图片，将【宽】设置为 50px、【高】设置为 50px，如图 8-392 所示。

(50) 将光标置于下一行单元格内，将【水平】设置为【居中对齐】，将【大小】设置为 12px、【字体颜色】设置为 #000000，如图 8-393 所示。

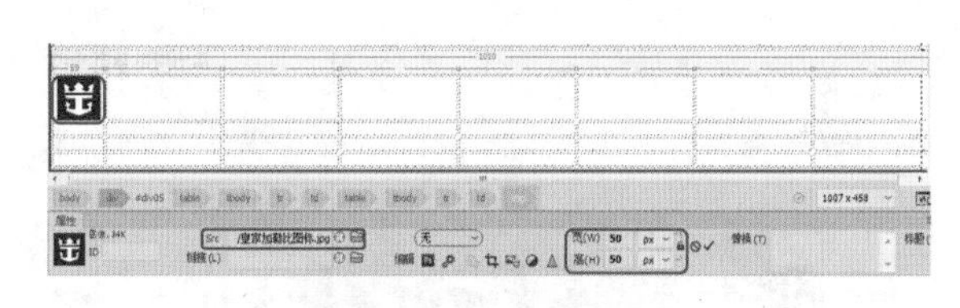

图 8-392 插入素材图片

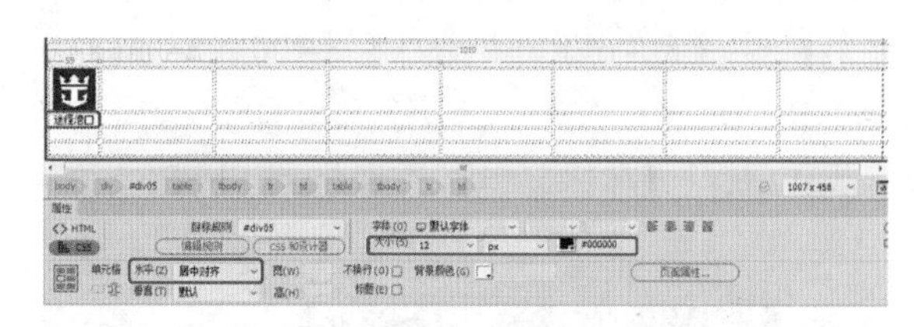

图 8-393 输入并设置文字

(51) 将光标置于下一行单元格内，将【水平】设置为【居中对齐】，将【大小】设置为 12px、【字体颜色】设置为 #000000，如图 8-394 所示。

(52) 将光标置于第 2 列第 1 个单元格内，将【宽】设置为 195px，输入文字，将【大小】设置为 12px、【字体颜色】设置为 #000000，如图 8-395 所示。

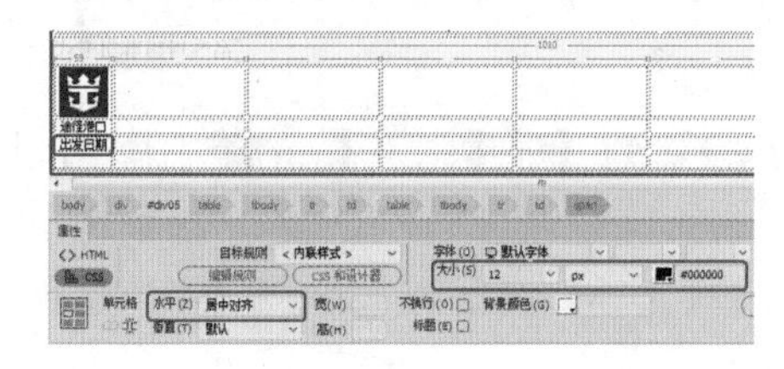

图 8-394 输入并设置文字

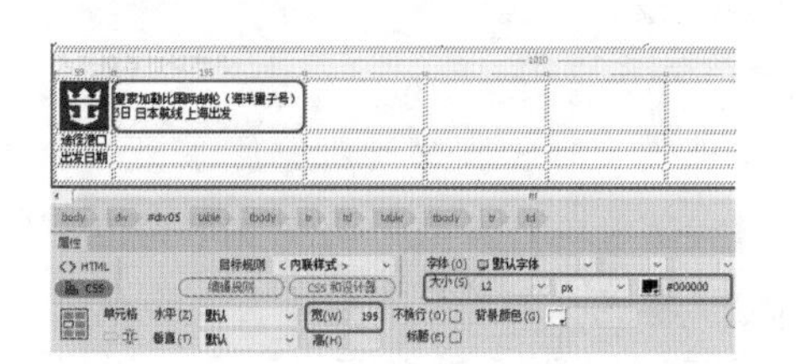

图 8-395 输入并设置文字

（53）将光标置于下一行单元格内，输入文字，将【大小】设置为 12px、【字体颜色】设置为 #000000，如图 8-396 所示。

（54）将光标置于下一行单元格内，输入文字，将【大小】设置为 12px、【字体颜色】设置为 #000000，如图 8-397 所示。

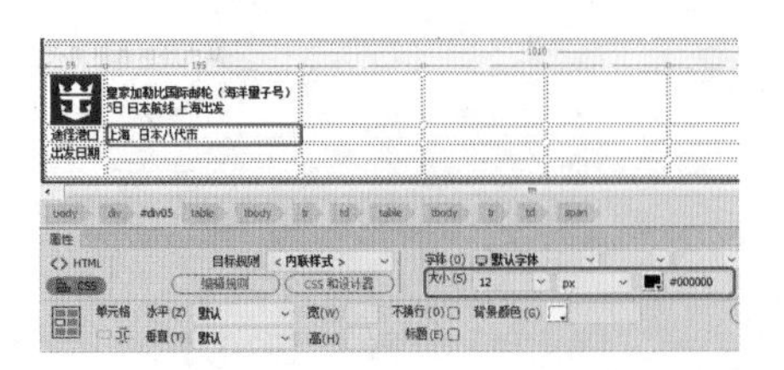

图 8-396　输入并设置文字

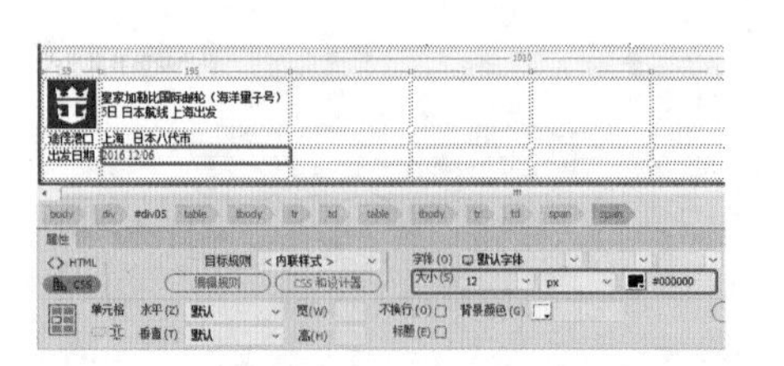

图 8-397　输入并设置文字

（55）将光标置于下一行单元格内，选择【合并单元格】命令，设置完成后，将【水平】设置为【左对齐】，输入文字，将【大小】分别设置为 24px 和 16px、【字体颜色】分别设置为 #FF0004 和 #000000，如图 8-398 所示。

（56）将光标置于第 3 列第 1 个单元格内，将【宽】设置为 59px，插入随书附带光盘中的素材图片，将【宽】设置为 50px、【高】设置为 35px，如图 8-399 所示。

图 8-398　输入并设置文字

图 8-399　插入素材图片

（57）将光标置于第 4 列第 1 个单元格内，将【宽】设置为 214，输入文字，将【大小】设置为 12px、【字体颜色】设置为 #FFFFFF，如图 8-400 所示。

（58）将光标置于第 3 列第 2 个单元格内，将【水平】设置为【居中对齐】，输入文字，将【大小】设置为 12px、【字体颜色】设置为 #FFFFFF，如图 8-401 所示。

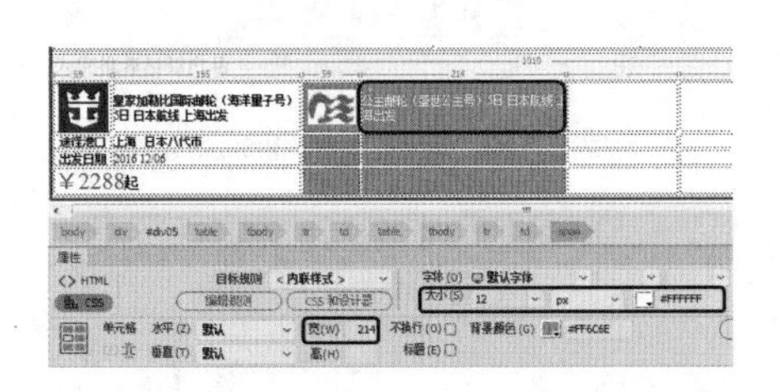

图 8-400　输入并设置文字

图 8-401　输入并设置文字

（59）将光标置于第 4 列第 2 个单元格内，将【大小】设置为 12px、【字体颜色】设置为 #FFFFFF，如图 8-402 所示。

（60）将光标置于第 3 列第 3 个单元格内，将【水平】设置为【居中对齐】，将【大小】设置为 12px、【字体颜色】设置为 #FFFFFF，如图 8-403 所示。

（61）将光标置于第 4 列第 3 个单元格内，输入文字，将【大小】设置为 12px、【字体颜色】设置为 #FFFFFF，如图 8-404 所示。

（62）将光标置于下一行单元格内，选择【合并单元格】命令，设置完成后，输入文字，将【大小】分别设置为 24px 和 16px、【字体颜色】设置为 #FFFFFF，如图 8-405 所示。

图 8-402　输入并设置文字

图 8-403　输入并设置文字

图 8-404　输入并设置文字

图 8-405　输入并设置文字

（63）将光标置于第 5 列第 1 个单元格内，插入随书附带光盘中的素材图片，将【宽】设置为 50px、【高】设置为 30px，如图 8-406 所示。

（64）将光标置于第 5 列第 2 个单元格内，将【水平】设置为【居中对齐】，输入文字，将【大小】设置为 12px、【字体颜色】设置为 #000000，如图 8-407 所示。

图 8-406　插入素材图片

图 8-407　输入并设置文字

（65）将光标置于第 6 列第 1 个单元格内，将【宽】设置为 193，输入文字，将【大小】设置为 12px、【字体颜色】设置为 #000000，如图 8-408 所示。

（66）将光标置于第 6 列第 2 个单元格内，输入文字，将【大小】设置为 12px、【字体颜色】设置为 #000000，如图 8-409 所示。

图 8-408　输入并设置文字

图 8-409　输入并设置文字

（67）将光标置于第 6 列第 3 个单元格内，输入文字，将【大小】设置为 12px、【字体颜色】设置为 #000000，如图 8-410 所示。

（68）将光标置于下一行单元格内，选择【合并单元格】命令，输入文字，将【大小】分别设置为24px和16px、【字体颜色】分别设置为#FF0004和#000000，如图8-411所示。

图8-410　输入并设置文字

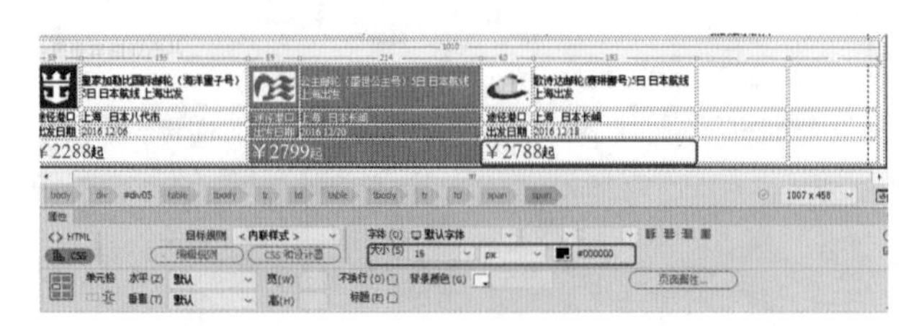

图8-411　输入并设置文字

（69）使用同样的方法插入素材图片和输入并设置文字，如图8-412所示。

（70）将整体场景制作完成后，选择【景点大全】，在【属性】面板中单击HTML |【链接】后面的按钮，如图8-413所示。

图8-412　插入素材图片和输入并设置文字

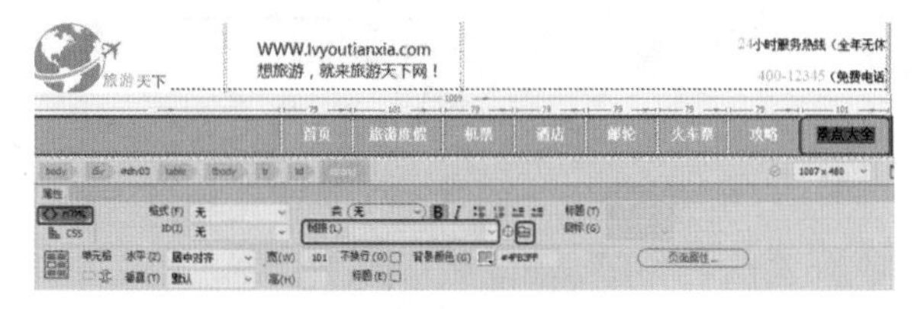

图8-413　设置文字链接

（71）在弹出的对话框中，选择要链接到的文件，如图8-414所示。

（72）设置完链接，完成后的效果如图8-415所示。

图8-414　【选择文件】对话框

图8-415　设置完成后的效果

案例精讲069　旅游网站（三）

本案例将介绍如何制作旅游网站第三页，主要以上一个案例为模板，然后进行修改和调整，从而完成第三页网站的制作。具体操作方法如下，完成的效果如图8-416所示。

案例文件：CDROM \ 场景 \ Cha08 \ 旅游网站（三）.html

视频文件：视频教学 \ Cha08 \ 旅游网站（三）.avi

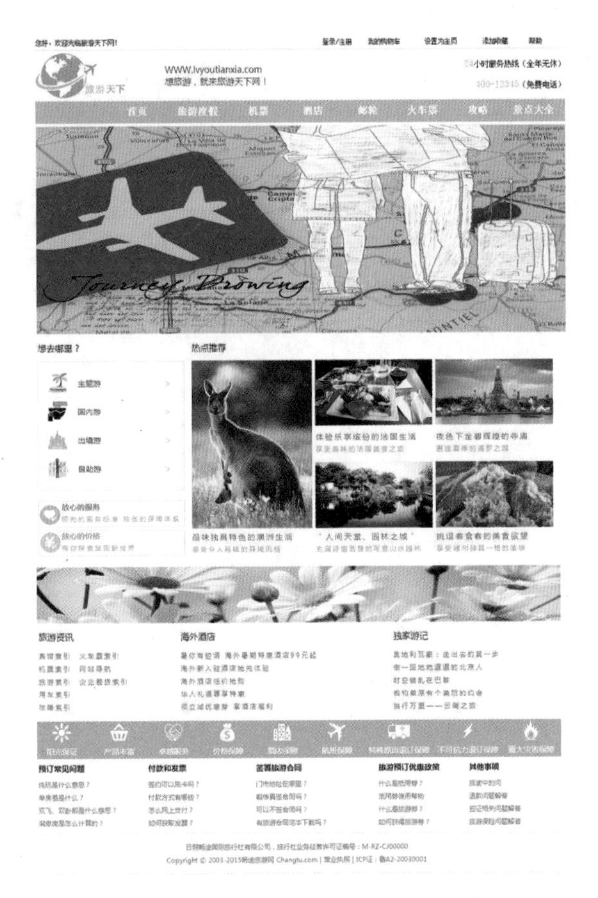

图 8-416　旅游网站的设计效果（三）

（1）对【旅游网站（二）.html】场景文件另存，指定其保存路径和名称，并将不必要的内容删除，效果如图 8-417 所示。

（2）插入一个新的 Div，将【左】设置为 9px、【上】设置为 207px，如图 8-418 所示。

图 8-417　删除多余的内容

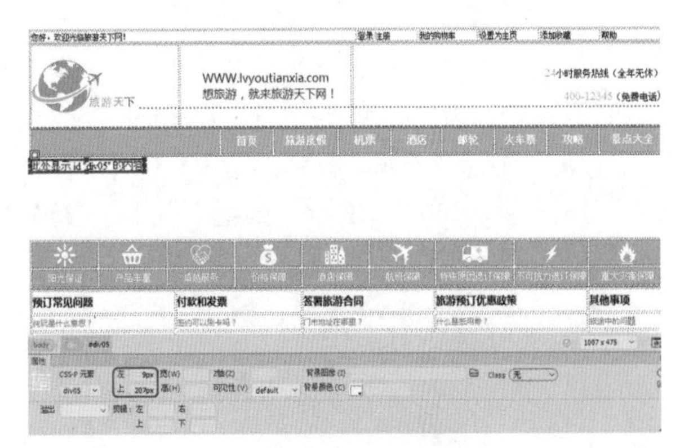

图 8-418　插入 Div

（3）将 Div 中的文字删除，按 Ctrl+Alt+I 组合键，插入一个 3 行 1 列的表格，将【宽】设置为 1010 像素，如图 8-419 所示。

（4）将光标置于第 1 行单元格内，插入随书附带光盘中的素材图片，将【宽】设置为 1010px、【高】设置为 371px，如图 8-420 所示。

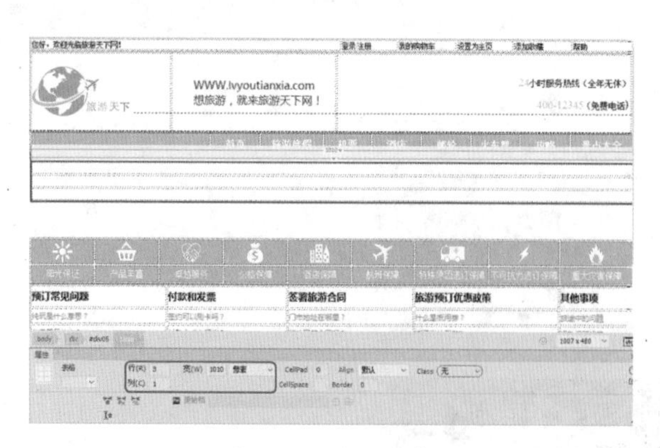

图 8-419　插入表格

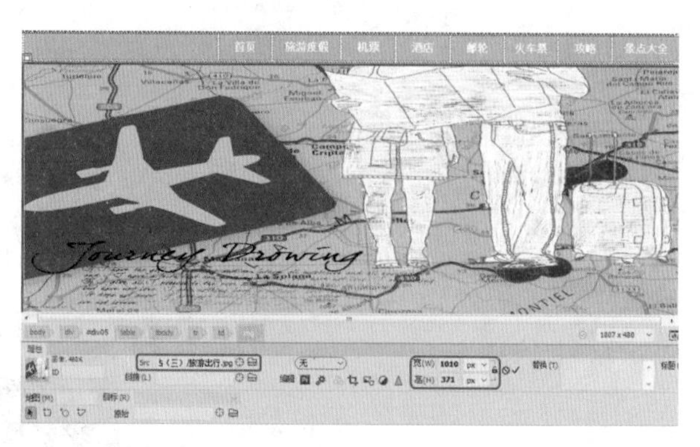

图 8-420　插入素材图片

技 巧

按 Ctrl+Alt+I 组合键，可以快速地添加素材图片。

(5) 将光标置于下一行单元格内，右击，选择快捷菜单中的【表格】|【插入行或列】命令，如图 8-421 所示。

(6) 在弹出的对话框中选中【行】单选按钮，将【行数】设置为 4，如图 8-422 所示。

图 8-421　选择【插入行或列】命令

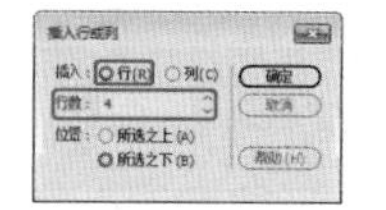

图 8-422　设置【行数】

(7) 将光标置于第 1 行单元格中，插入一个 3 行 2 列的表格，将【表格宽度】设置为 1010 像素、【单元格间距】设置为 13，单击【确定】按钮，如图 8-423 所示。

(8) 将光标置于第 1 行单元格内，将【宽】设置为 268，输入文字，将【字体】设置为【微软雅黑】、【大小】设置为 16px、【字体颜色】设置为 #333333，如图 8-424 所示。

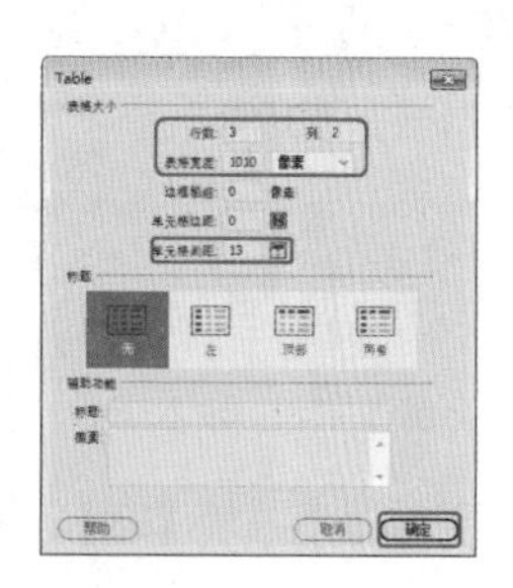

图 8-423　Table 对话框

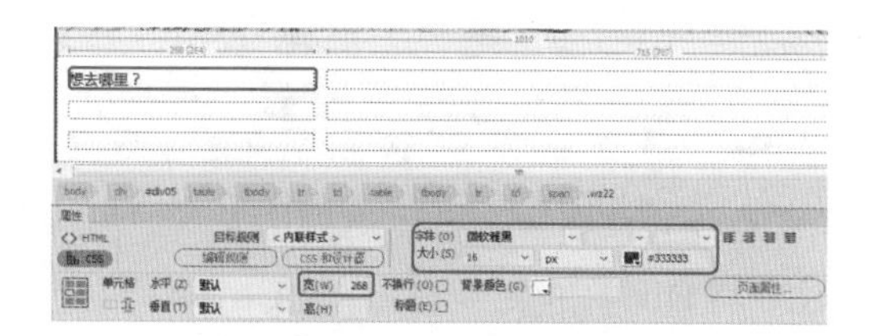

图 8-424　输入并设置文字

(9) 将光标置于下一行单元格内，新建 .wz18 样式，在弹出的对话框中选择【边框】选项，取消选中 Style、Width、Color 下的【全部相同】复选框的勾选，将 Bottom 右侧的 Style、Width、Color 分别设置为 solid、thin、#C6AD84，如图 8-425 所示。

(10) 设置完成后，单击【确定】按钮，选中第 2 行的单元格，为其应用新建的 CSS 样式，如图 8-426 所示。

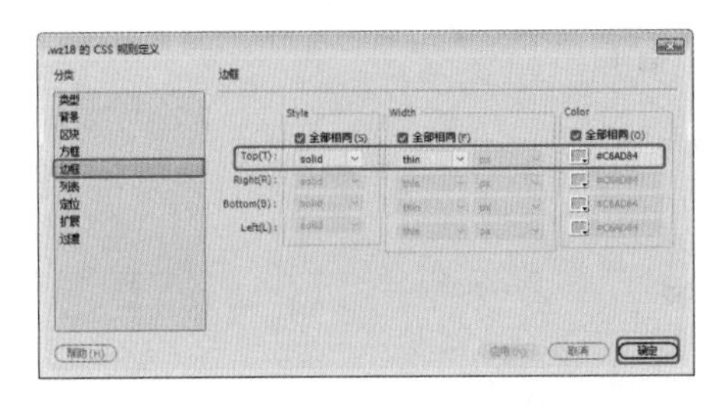

图 8-425　设置【边框】参数

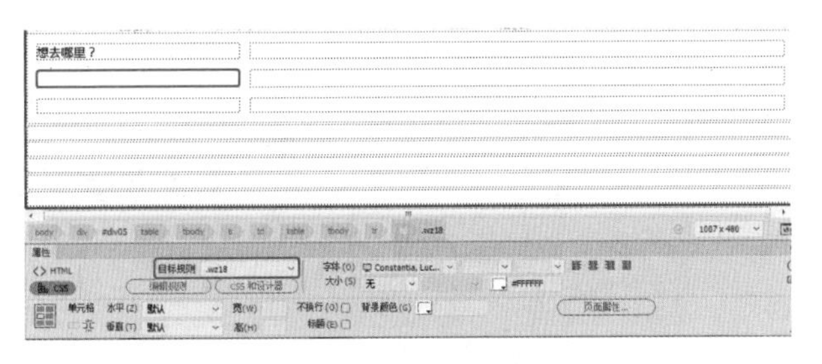

图 8-426　应用 CSS 样式

(11) 将光标置于第 2 行单元格内，插入一个 4 行 3 列的表格，将【表格宽度】设置为 100 百分比、【单元格间距】设置为 0，如图 8-427 所示。

(12) 选中左侧第 1 列所有表格，将【水平】设置为【居中对齐】、【宽】设置为 72、【高】设置为 50，如图 8-428 所示。

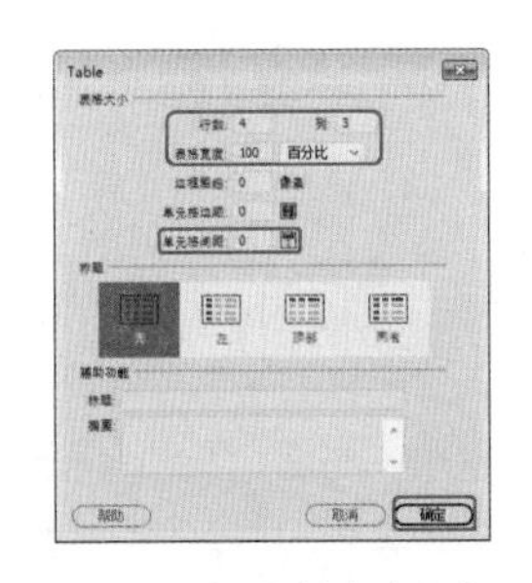

图 8-427　Table 对话框

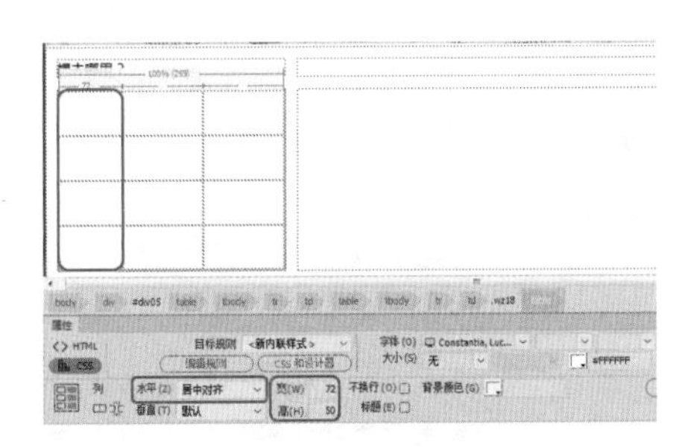

图 8-428　设置表格

(13) 将光标置于第 1 行第 1 列单元格中，新建 .ggy CSS 样式，在弹出的对话框中选择【边框】选项，取消选中 Style、Width、Color 下的【全部相同】复选框，将 Bottom 右侧的 Style、Width、Color 分别设置为 solid、thin、#EBEBEB，如图 8-429 所示。

(14) 设置完成后，单击【确定】按钮，为第 1 行第 1 列至第 3 行第 3 列单元格应用新建的 CSS 样式，如图 8-430 所示。

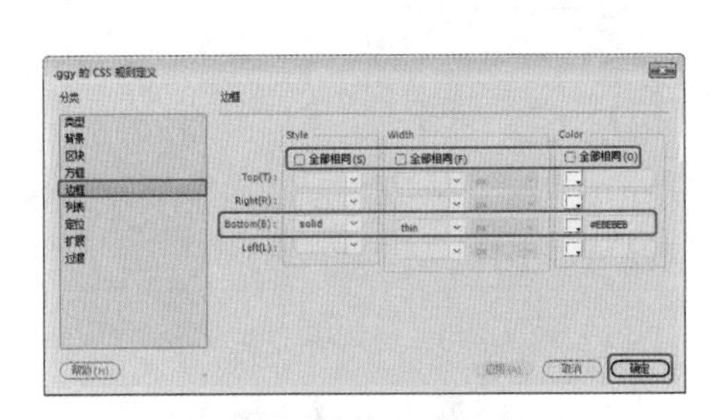

图 8-429　设置【边框】参数

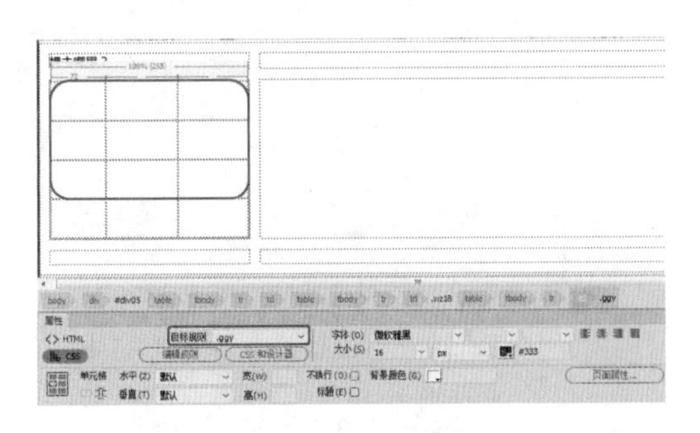

图 8-430　插入表格

(15) 将光标置于第 1 行第 1 列单元格中，在该单元格中插入随书附带光盘中的素材图片，将【宽】设置为 35px、【高】设置为 35px，如图 8-431 所示。

（16）将光标置于第2行第1列单元格中，在该单元格中插入随书附带光盘中的素材图片，将【宽】设置为35px、【高】设置为35px，如图8-432所示。

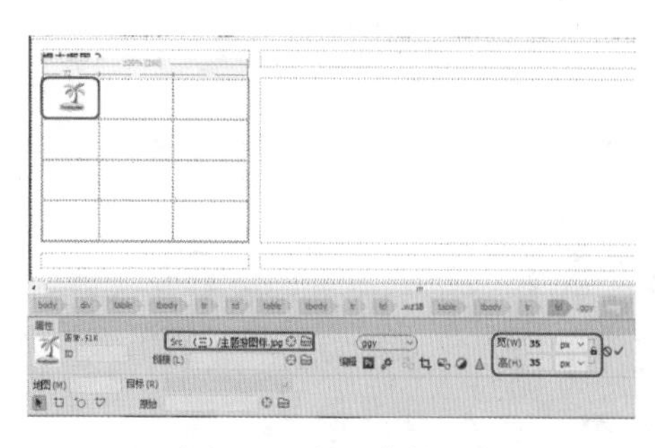

图8-431　插入素材图片

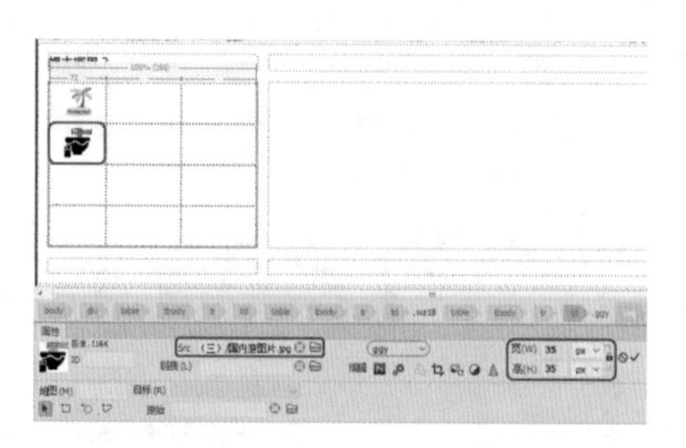

图8-432　插入素材图片

（17）将光标置于第3行第1列单元格中，在该单元格中插入随书附带光盘中的素材图片，将【宽】设置为35px、【高】设置为35px，如图8-433所示。

（18）将光标置于第4行第1列单元格中，在该单元格中插入随书附带光盘中的素材图片，将【宽】设置为38px、【高】设置为35px，如图8-434所示。

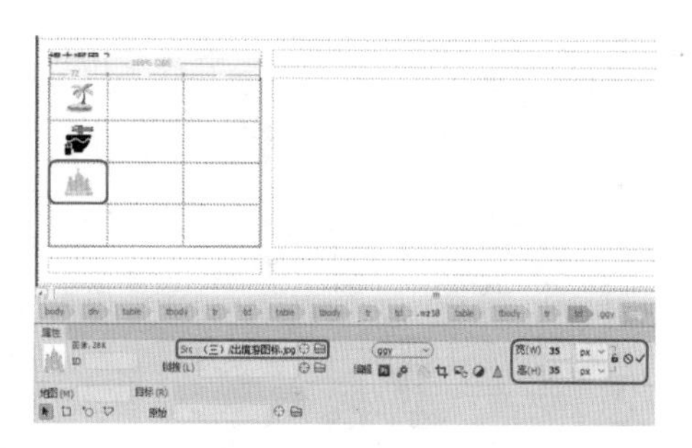

图8-433　插入素材图片

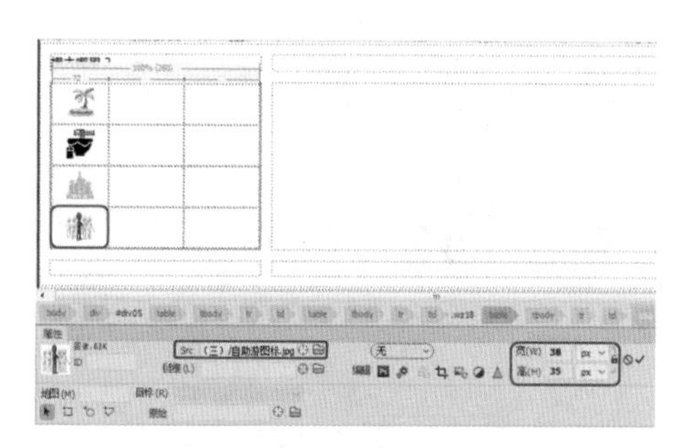

图8-434　插入素材图片

（19）将光标置于第1行第2列单元格中，将【宽】设置为158，输入文字，将【字体】设置为【微软雅黑】、【大小】设置为14px、【字体颜色】设置为#333，如图8-435所示。

（20）将光标置于第2行第2列单元格中，输入文字，将【字体】设置为【微软雅黑】、【大小】设置为14px、【字体颜色】设置为#333，如图8-436所示。

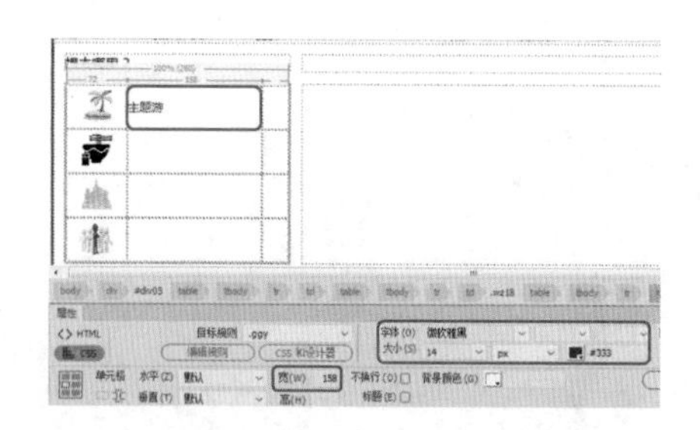

图8-435　输入并设置文字

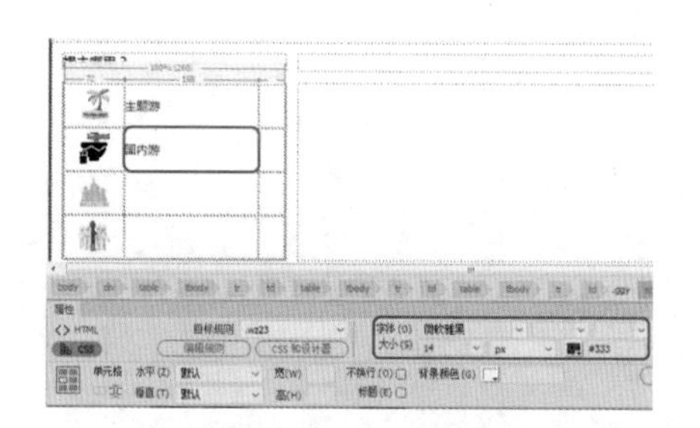

图8-436　输入并设置文字

（21）将光标置于第3行第2列单元格中，输入文字，将【字体】设置为【微软雅黑】、【大小】设置为14px、【字体颜色】设置为#333，如图8-437所示。

（22）将光标置于第4行第2列单元格中，输入文字，将【字体】设置为【微软雅黑】、【大小】设置为14px、【字体颜色】设置为#333，如图8-438所示。

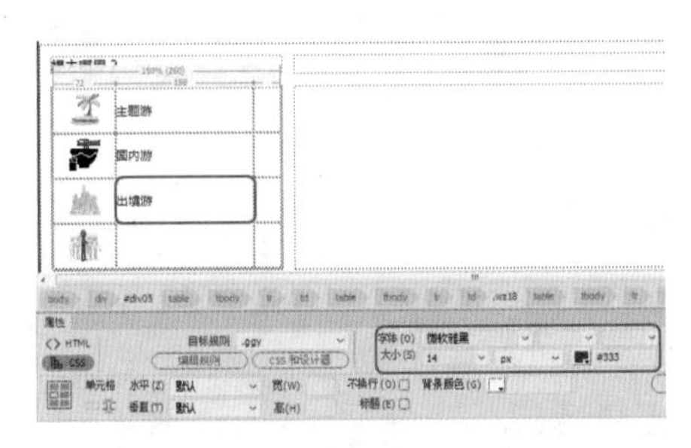

图 8-437 输入并设置文字

图 8-438 输入并设置文字

(23) 将光标置于第 1 行第 3 列单元格中，输入“>”，选中输入的符号，将【字体】设置为【方正琥珀简体】，将【字体颜色】设置为 #CCC，如图 8-439 所示。

(24) 使用同样的方法输入并设置其他符号，如图 8-440 所示。

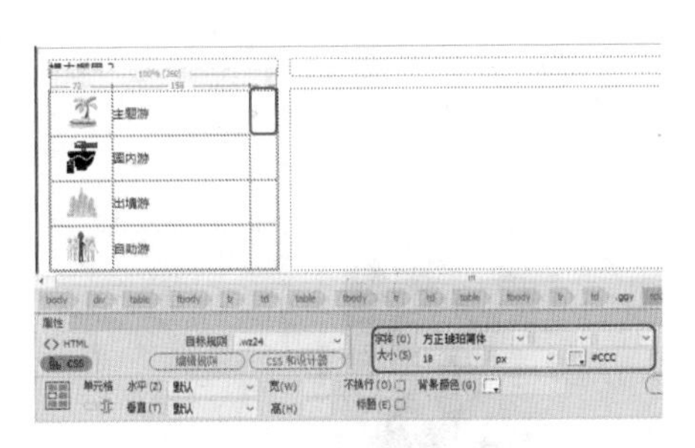

图 8-439 输入并设置文字

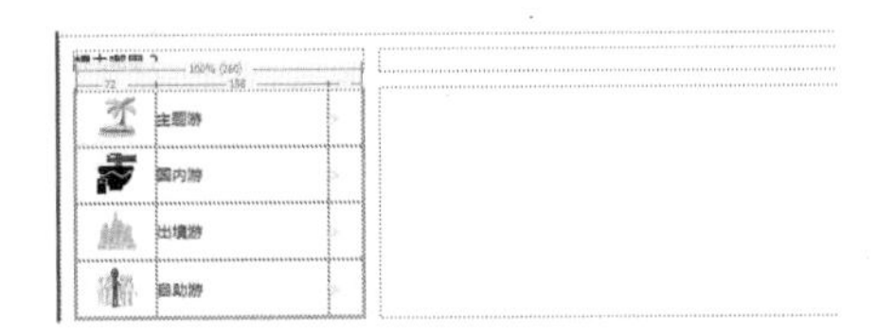

图 8-440 输入并设置文字

(25) 将光标置于下一行单元格内，插入一个 3 行 2 列的表格，将【表格宽度】设置为 100 百分比，设置完成后单击【确定】按钮，如图 8-441 所示。

(26) 使用同样的方法在新建表格中继续输入文字并插入素材图片，效果如图 8-442 所示。

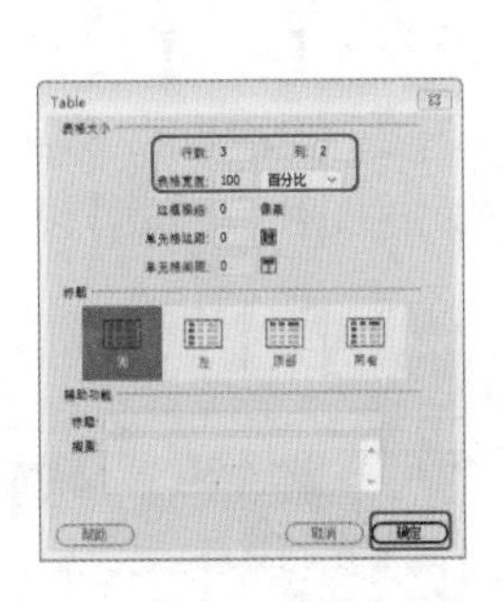

图 8-441 Table 对话框

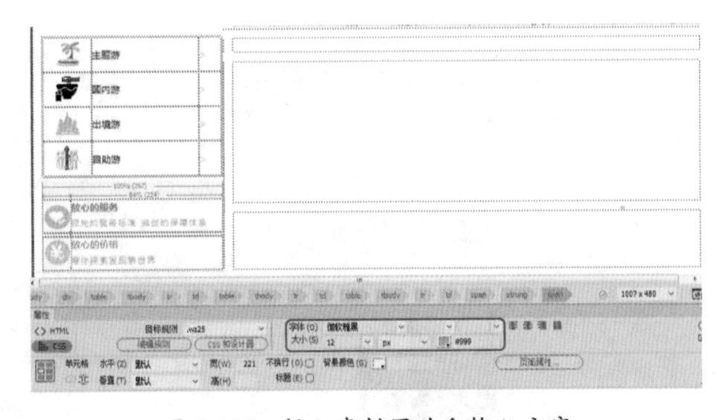

图 8-442 插入素材图片和输入文字

注意

“放心的服务”和“放心的价格”【字体样式】都设置为粗体。选择文字，右击，选择【样式】|【粗体】命令，完成设置。

(27) 将光标置于第 2 列第 1 行单元格内，输入文字，将【字体】设置为【微软雅黑】、【大小】设置为 16px、【字体颜色】设置为 #000000，如图 8-443 所示。

(28) 选择下两行单元格，单击【属性】面板中的【合并单元格】按钮，完成后的效果如图 8-444 所示。

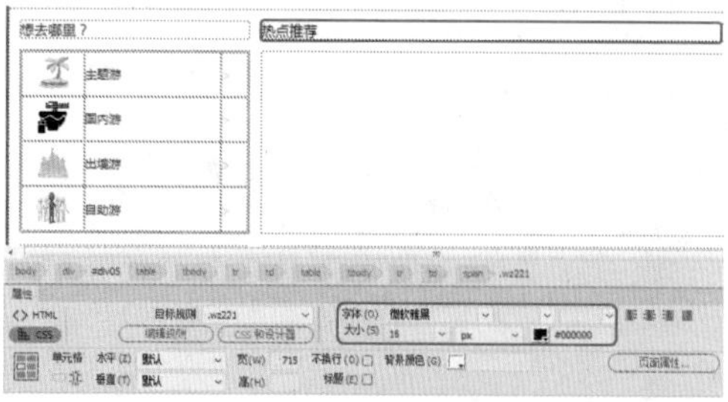

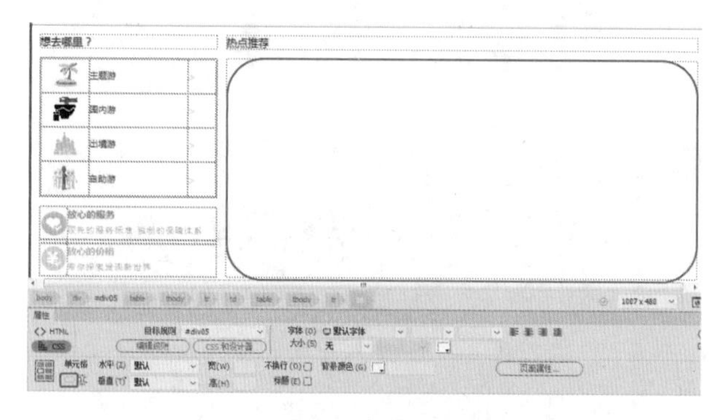

图 8-443　输入并设置文字

图 8-444　合并单元格

（29）将光标置于下一行单元格内，插入一个 4 行 3 列的表格，将【表格宽度】设置为 663 像素，如图 8-445 所示。

（30）将光标置于第一个单元格内，插入随书附带光盘中的素材图片，将【宽】设置为 221px、【高】设置为 300px，如图 8-446 所示。

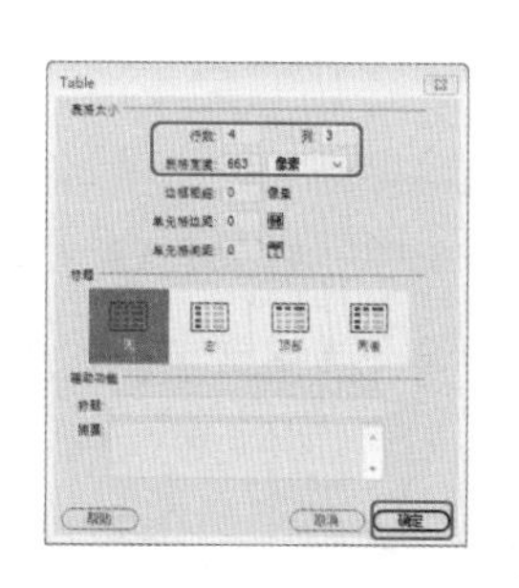

图 8-445　Table 对话框

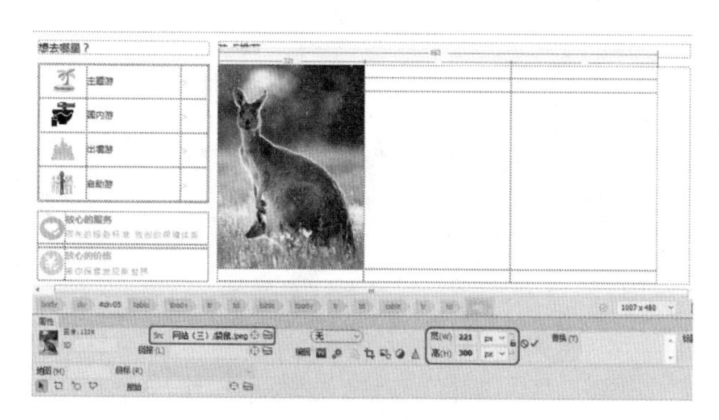

图 8-446　插入素材图片

（31）将光标置于下一行单元格内，将【高】设置为 56，输入文字，将【字体】设置为【微软雅黑】、【大小】分别设置为 14px 和 12px、【字体颜色】分别设置为 #0066CC 和 #999999，如图 8-447 所示。

（32）将光标置于第 2 列第 1 个单元格内，插入随书附带光盘中的素材图片，将【宽】设置为 215px、【高】设置为 117px，如图 8-448 所示。

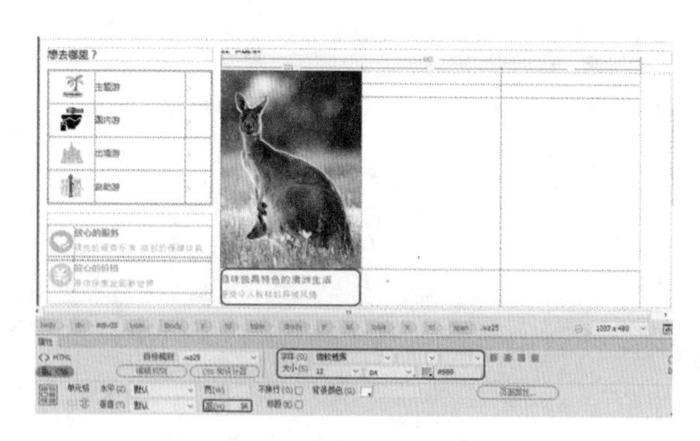

图 8-447　输入并设置文字

图 8-448　插入素材图片

（33）将光标置于下一行单元格内，将表格【高】设置为 56，输入文字，将【字体】设置为【微软雅黑】、【大小】分别设置为 14px 和 12px、【字体颜色】分别设置为 #0066CC 和 #999999，如图 8-449 所示。

（34）将光标置于下一行单元格内，插入随书附带光盘中的素材图片，将【宽】设置为215px，【高】设置为117px，如图8-450所示。

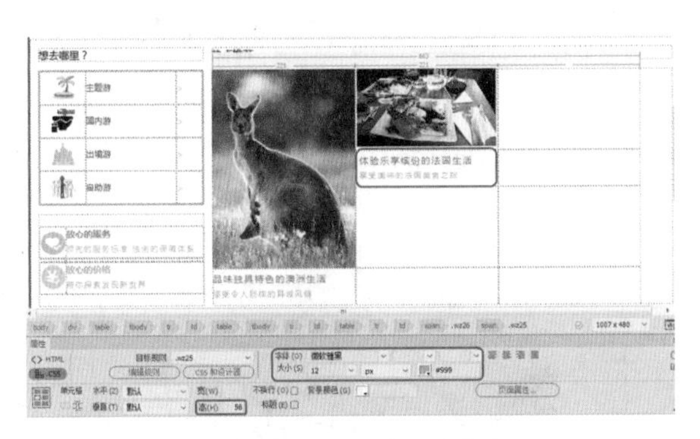

图 8-449 输入并设置文字

图 8-450 插入素材图片

（35）将光标置于下一行单元格内，将【高】设置为56，输入文字，将【字体】设置为【微软雅黑】、【大小】分别设置为14px和12px，【字体颜色】分别设置为#0066CC和#999999，如图8-451所示。

（36）将光标置于下一行单元格内，插入随书附带光盘中的素材图片，将【宽】设置为215px、【高】设置为117px，如图8-452所示。

图 8-451 输入并设置文字

图 8-452 插入素材图片

（37）将光标置于下一行单元格内，输入文字，将【字体】设置为【微软雅黑】、【大小】分别设置为14px和12px、【字体颜色】分别设置为#0066CC和#999999，如图8-453所示。

（38）将光标置于下一行单元格内，插入随书附带光盘中的素材图片，将【宽】设置为215px、【高】设置为117px，如图8-454所示。

图 8-453 输入并设置文字

图 8-454 插入素材图片

（39）将光标置于下一行单元格内，将【高】设置为 56，输入文字，将【字体】设置为【微软雅黑】、【大小】分别设置为 14px 和 12px、【字体颜色】分别设置为 #0066CC 和 #999999，如图 8-455 所示。

（40）将光标置于下一行单元格内，插入随书附带光盘中的素材图片，将【宽】设置为 1010px、【高】设置为 100px，如图 8-456 所示。

图 8-455　输入并设置文字

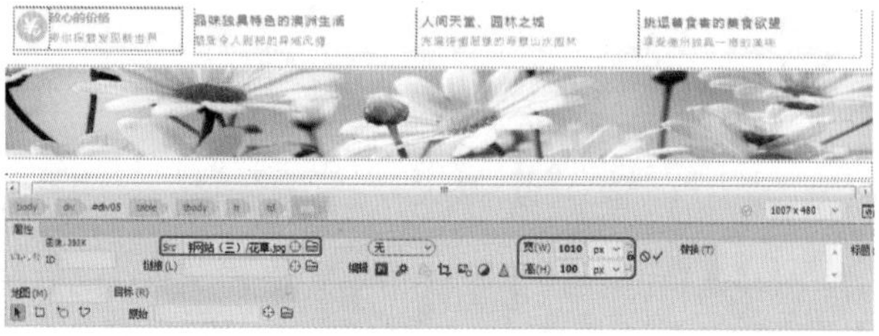

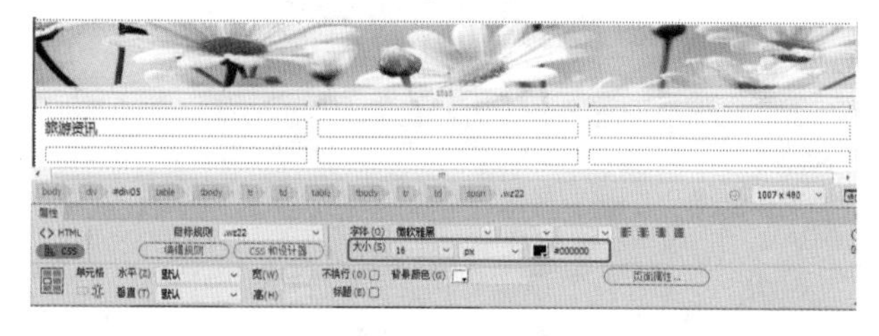

图 8-456　插入素材图片

（41）将光标置于下一行单元格内，插入一个 2 行 3 列的表格，将【表格宽度】设置为 1010 像素、【单元格间距】设置为 13，单击【确定】按钮，如图 8-457 所示。

（42）将光标置于第 1 行第 1 个单元格内，输入文字，将【大小】设置为 16px、【字体颜色】设置为 #000000，如图 8-458 所示。

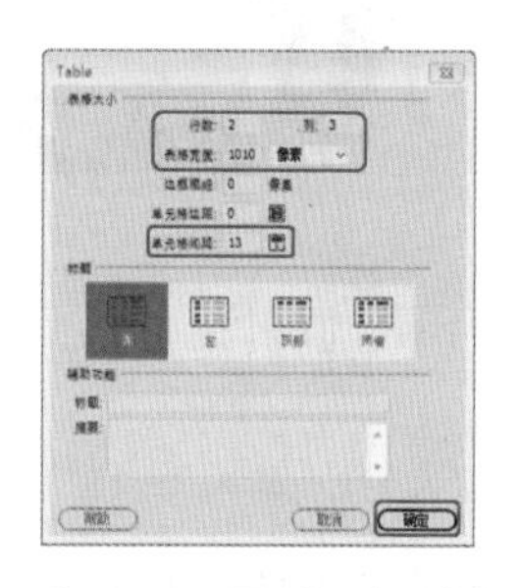

图 8-457　Table 对话框

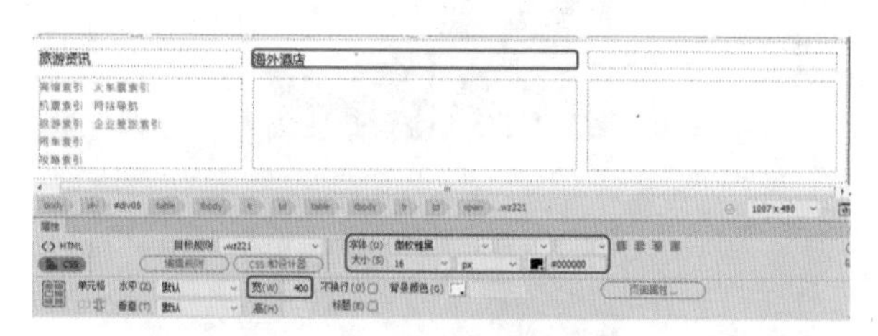

图 8-458　输入并设置文字

（43）将光标置于下一行单元格内，将【宽】设置为 250，输入文字，将【字体】设置为【微软雅黑】、【大小】设置为 12px、【字体颜色】设置为 #0066CC，如图 8-459 所示。

（44）将光标置于第 2 列第 1 个单元格内，将【宽】设置为 400，输入文字，将【字体】设置为【微软雅黑】、【大小】设置为 16px、【字体颜色】设置为 #000000，如图 8-460 所示。

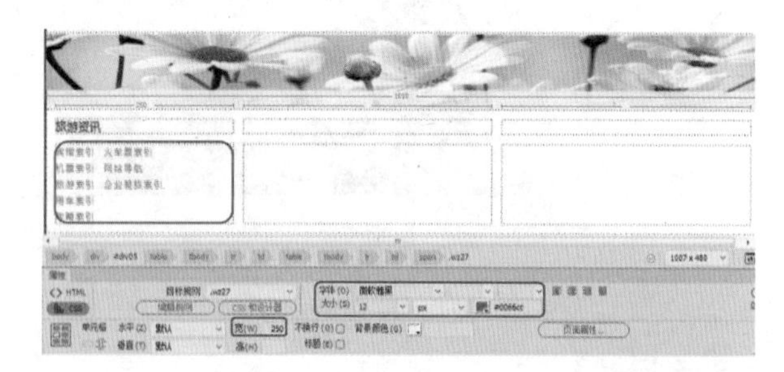

图 8-459　输入并设置文字

图 8-460　输入并设置文字

（45）将光标置于下一行单元格内，输入文字，将【字体】设置为【微软雅黑】、【大小】设置为 12px、【字体颜色】设置为 #0066CC，如图 8-461 所示。

（46）将光标置于第 2 列第 1 个单元格内，将【宽】设置为 400，输入文字，将【字体】设置为【微软雅黑】、【大小】设置为 16px、【字体颜色】设置为 #000000，如图 8-462 所示。

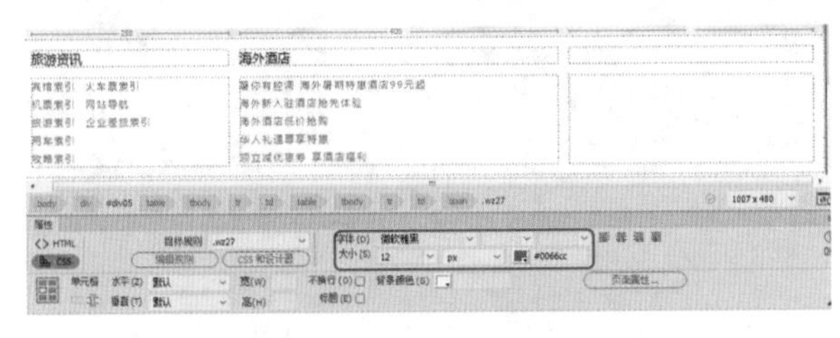

图 8-461　输入并设置文字

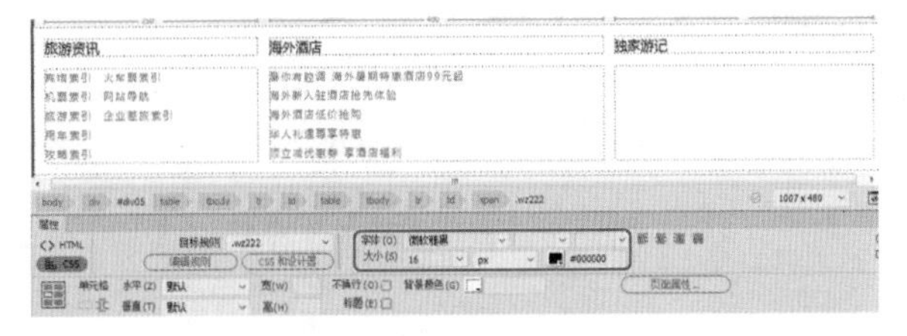

图 8-462　输入并设置文字

（47）将光标置于下一行单元格内，输入文字，将【字体】设置为【微软雅黑】、【大小】设置为 12px、【字体颜色】设置为 #0066CC，如图 8-463 所示。

（48）将光标置于下一行单元格内，右击，选择快捷菜单中的【表格】|【删除行】命令，如图 8-464 所示。

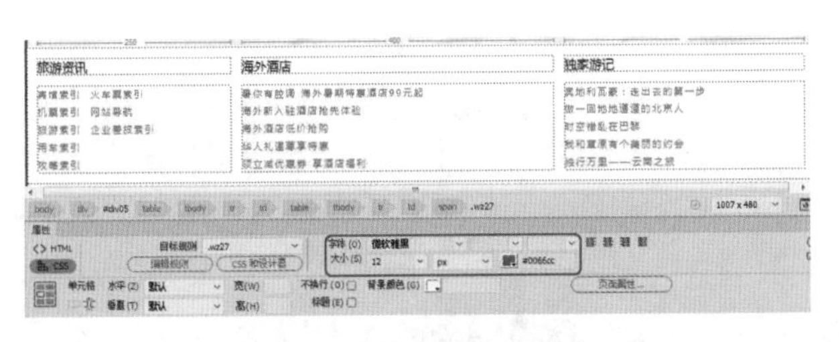

图 8-463　输入并设置文字

图 8-466　选择【删除行】命令

（49）使用相同的方法删除其他多余的表格，完成后的效果如图 8-465 所示。

（50）将整体场景制作完成后，选择【首页】，在【属性】面板中单击 HTML |【链接】后面的 按钮，如图 8-466 所示。

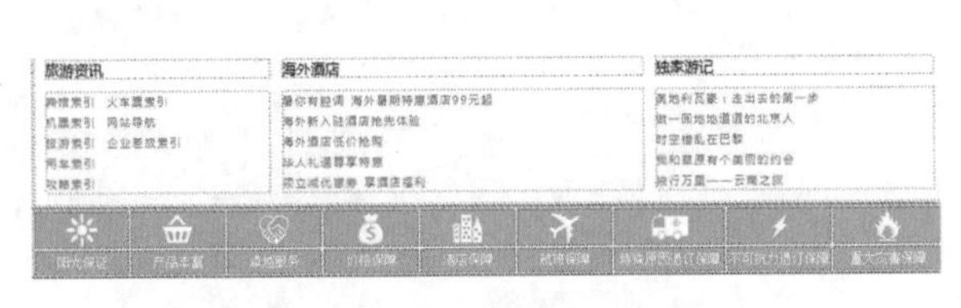

图 8-465　选择【删除行】命令

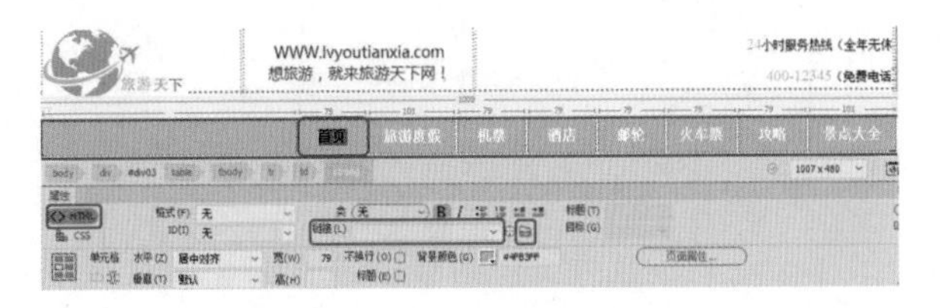

图 8-466　设置文字链接

（51）在弹出的对话框中选择要链接到的文件，如图 8-467 所示。

（52）设置完链接，完成后的效果如图 8-468 所示。

（53）将整体场景制作完成后，选择【邮轮】，在【属性】面板中单击 HTML |【链接】后面的 按钮，如图 8-469 所示。

（54）在弹出的对话框中选择要链接到的文件，如图 8-470 所示。

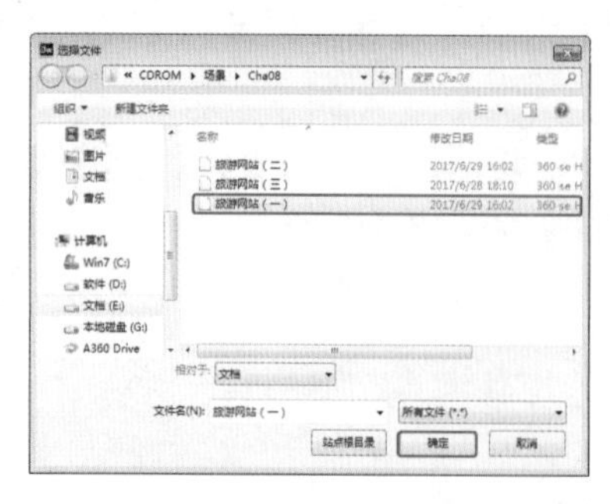

图 8-467　【选择文件】对话框

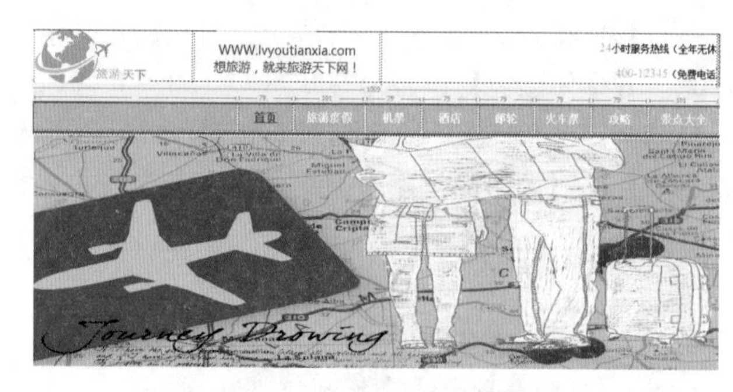

图 8-468　设置完成后的效果

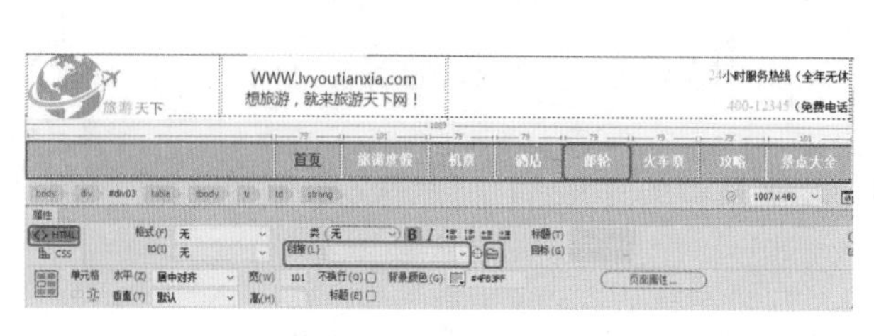

图 8-469　设置文字链接

图 8-470　【选择文件】对话框

(55) 设置完链接，完成后的效果如图 8-471 所示。

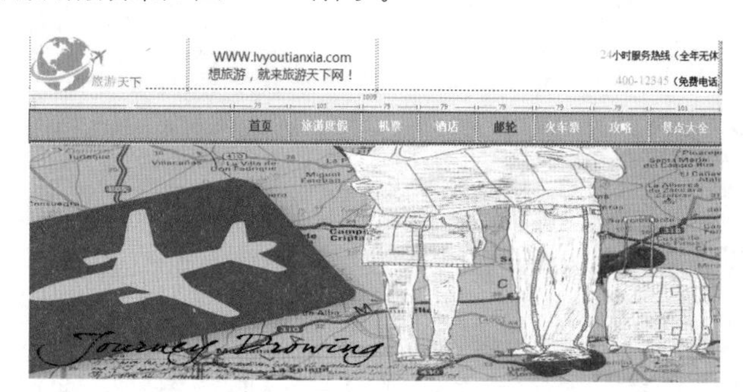

图 8-471　设置完成后的效果

第9章 生活服务类网站的设计

本章重点

- 礼品网网站
- 鲜花网网站（一）
- 鲜花网网站（二）
- 装饰公司网站（一）
- 装饰公司网站（二）
- 装饰公司网站（三）

本章将重点讲解日常生活服务类常用的网站，其中包括礼品网网站、鲜花网网站和装饰公司网站设计。通过本章的学习可以对日常生活中常用网站的设计有一定的了解。

案例精讲 070　礼品网网站

本案例将介绍如何制作礼品网网站，在制作网站之前，首先要确定网页的版式，然后在文档窗口中插入表格，再在表格中输入文字并设置 CSS 样式，最后插入图像文件。具体操作方法如下，完成后的效果如图 9-1 所示。

案例文件：CDROM \ 场景 \ Cha09 \ 礼品网网站 .html
视频文件：视频教学 \ Cha09 \ 礼品网网站 .avi

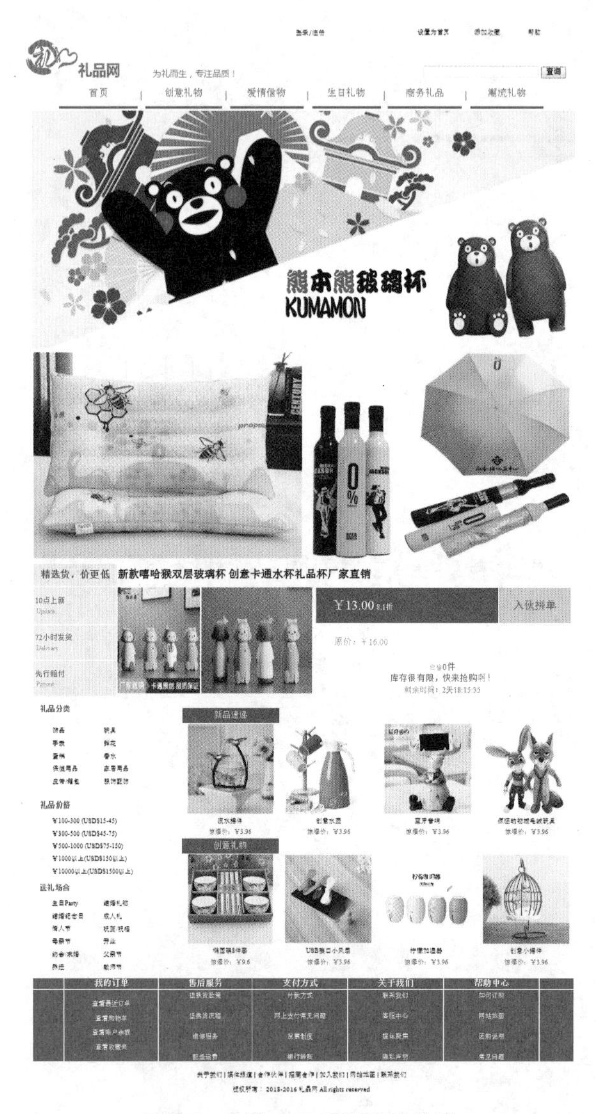

图 9-1　礼品网网站的设计效果

(1) 按 Ctrl+N 组合键，在弹出的对话框中单击【新建文档】，在【文档类型】列表框中选择 HTML 选项，在【框架】中选择【无】，然后单击【创建】按钮，如图 9-2 所示。

(2) 按 Ctrl+Alt+T 组合键，弹出 Table 对话框，将【行数】【列】分别设置为 2、9，将【表格宽度】设置为 1010 像素，将【单元格间距】设置为 2，然后单击【确定】按钮，如图 9-3 所示。

【单元格间距】用于设置单元格与单元格中间的距离，设置该参数后，整个表格中的【单元格间距】都是相同的。

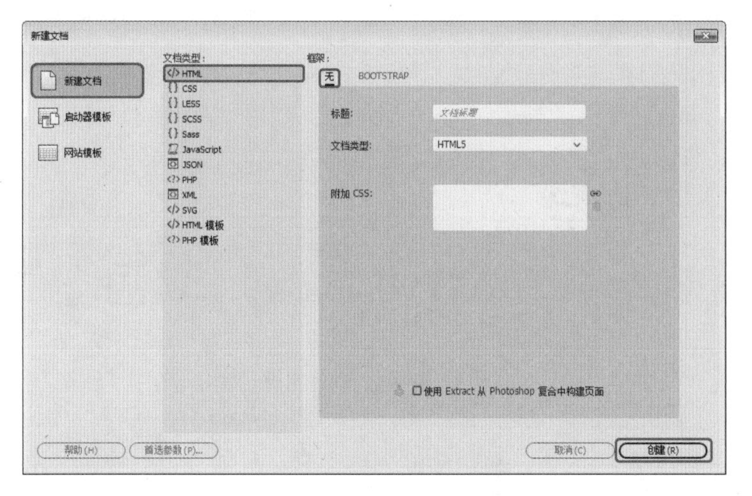

图 9-2　设置【新建文档】

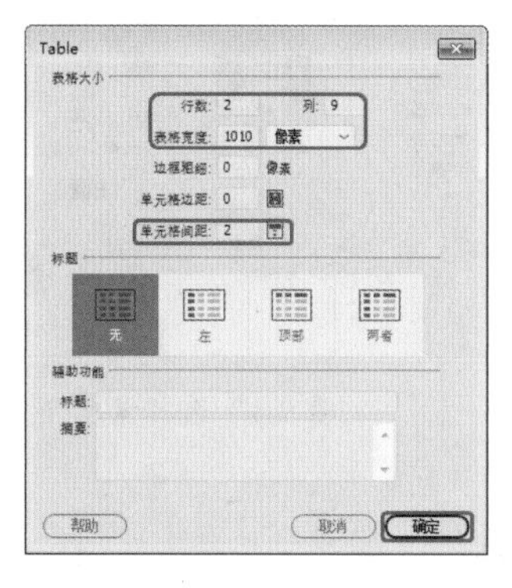

图 9-3　设置表格参数

注意

在Table对话框中各选项功能说明如下。

①【行数】和【列】：设置插入表格的行数和列数。

②【表格宽度】：设置插入表格的宽度。在文本框中设置表格宽度，在文本框右侧下拉列表框中选择宽度单位，包括像素和百分比两种。

③【边框粗细】：设置插入表格边框的粗细值。如果应用表格规划网页格式时，通常将【边框粗细】设置为0，在浏览网页时表格将不会被显示。

④【单元格边距】：设置插入表格中单元格边界与单元格内容之间的距离。默认值为1像素。

⑤【单元格间距】：设置插入表格中单元格与单元格之间的距离。默认值为4像素。

⑥【标题】：设置插入表格内标题所在单元格的样式。共有4种样式可选，包括【无】【左】【顶部】和【两者】。

⑦【辅助功能】：辅助功能包括【标题】和【摘要】两个选项。【标题】是指在表格上方居中显示表格外侧标题。【摘要】是指对表格的说明。【摘要】内容不会显示在【设计】视图中，只有在【代码】视图中才可以看到。

(3) 在【属性】面板中将Align（对齐）设置为【居中对齐】，然后将光标置入第2行第1列单元格中，按Ctrl+Alt+I组合键，在弹出的【选择图像源文件】对话框中选择随书附带光盘中的"CDROM\素材\Cha09\礼品网网站\标志.jpg"素材图片，单击【确定】按钮，如图9-4所示。

(4) 插入图片后，调整图片的【宽】为98，【高】为65，如图9-5所示。

(5) 将光标置入图片的右侧，输入文字，选中文字按Ctrl+B组合键将其进行加粗，然后将【字体】设置为【微软雅黑】、【大小】设置为26px，将【字体颜色】设置为#F34648，如图9-6所示。

(6) 然后选择第2行第2列单元格，将表格的【水平】设置为【居中对齐】，将【垂直】设置为

【底部】，然后再输入文字，将【字体】设置为【微软雅黑】、【大小】设置为 16px，将【字体颜色】设置为 #F34648，如图 9-7 所示。

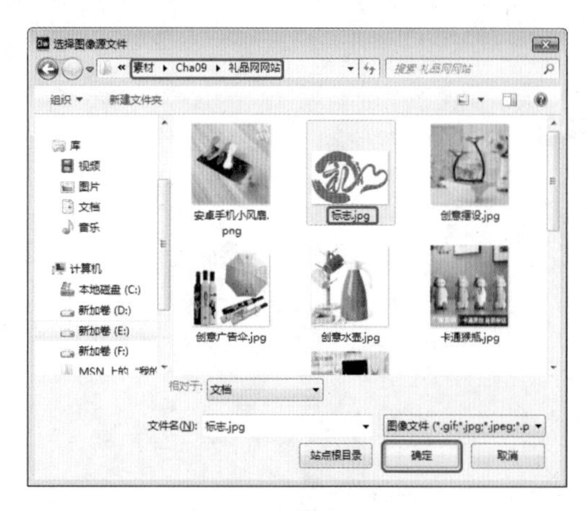

图 9-4　选择素材图片

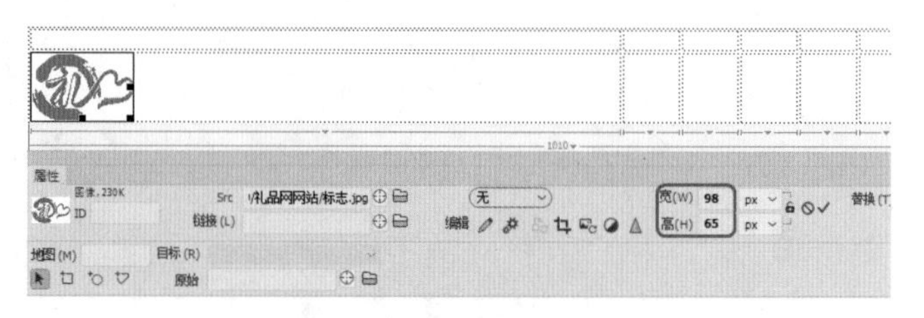

图 9-5　调整图片的大小

图 9-6　输入并设置文字

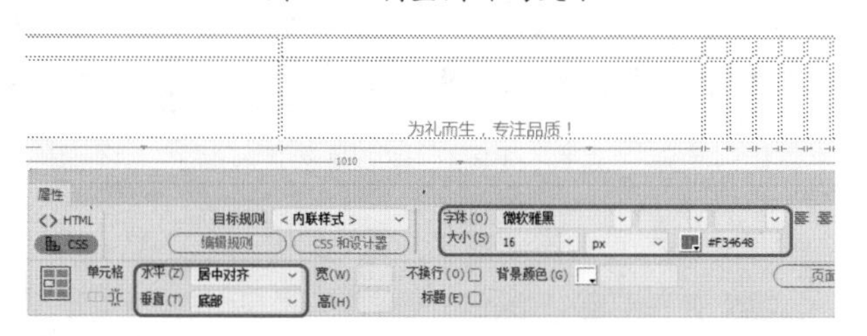

图 9-7　再次输入并设置文字

(7) 分别选择第 2 行第 4~9 列单元格，单击 (合并单元格) 按钮，将其合并，然后将【水平】设置为【右对齐】，将【垂直】设置为【底部】，如图 9-8 所示。

(8) 继续将光标置于拆分后的单元格中，在菜单栏中选择【插入】|【表单】|【文本】命令，在单元格中插入一个文本框控件，然后将文本框前的英文删除，再将 Size（大小）设置为 30，如图 9-9 所示。

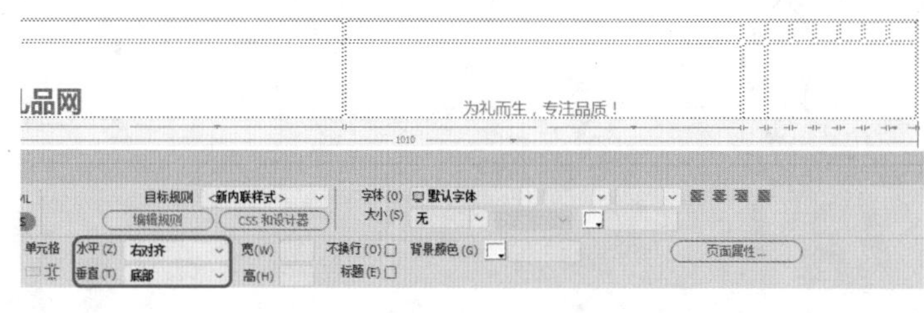

图 9-8　合并单元格

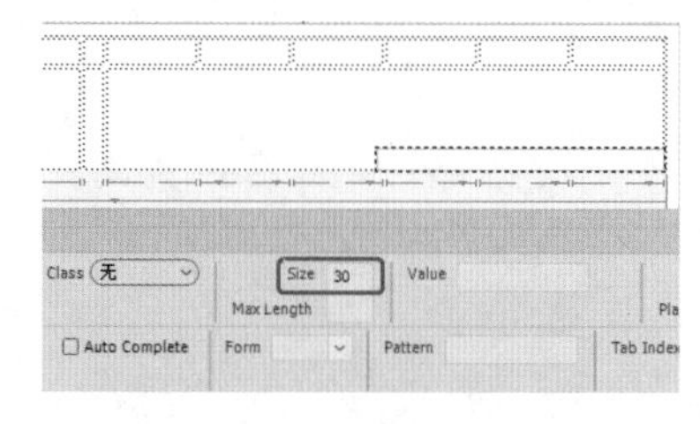

图 9-9　设置文本框控件

(9) 将光标移动到【文本框】控件的右侧，在菜单栏中选择【插入】|【表单】|【按钮】命令，如图 9-10 所示。

(10) 将按钮控件的 Value（值）设置为【查询】，如图 9-11 所示。

(11) 然后依次选择第 1 行的单元格，分别设置其【宽】为 192、248、28、116、113、106、87、84、16，如图 9-12 所示。

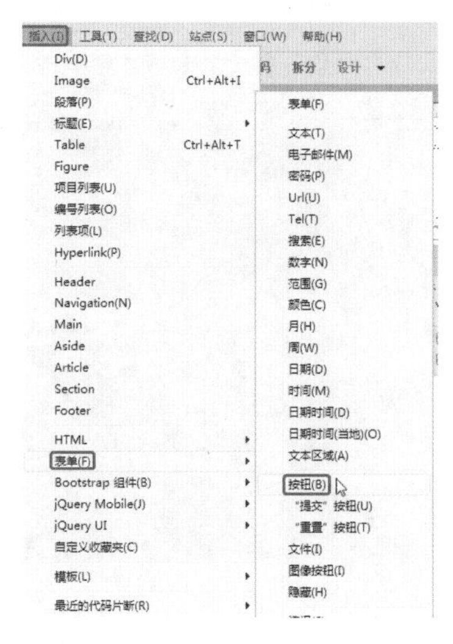

图 9-10 插入【按钮】控件

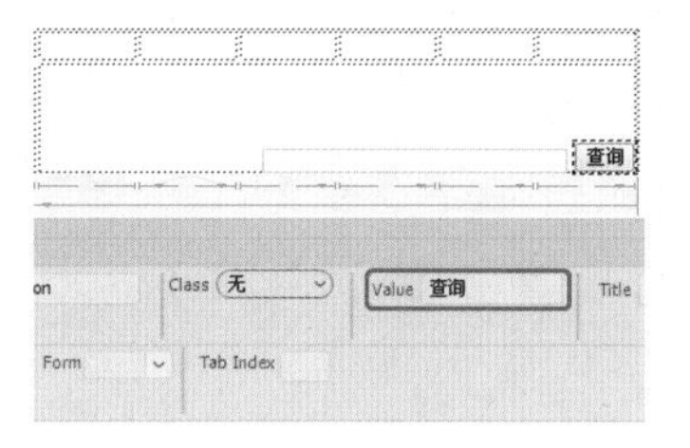

图 9-11 设置【按钮】控件

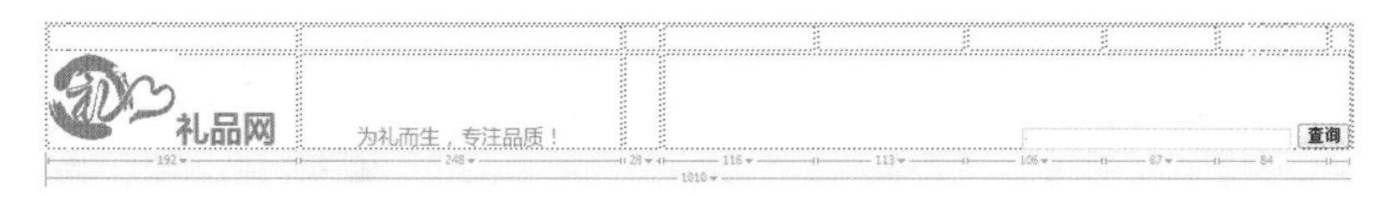

图 9-12 设置单元格宽度

（12）分别选择第 1 行第 4、6、7、8 列单元格，将【水平】设置为【居中对齐】，将光标置于单元格中，然后右击，在弹出的快捷菜单中选择【CSS 样式】|【新建】命令，弹出【新建 CSS 规则】对话框，在【选择器名称】中输入 wz1，然后单击【确定】按钮，如图 9-13 所示。

（13）在弹出的对话框中的【分类】列表中选择【类型】选项，将 Font-size（字号）设置为 12px，将 Color（颜色）设置为 #000000，然后单击【确定】按钮，如图 9-14 所示。

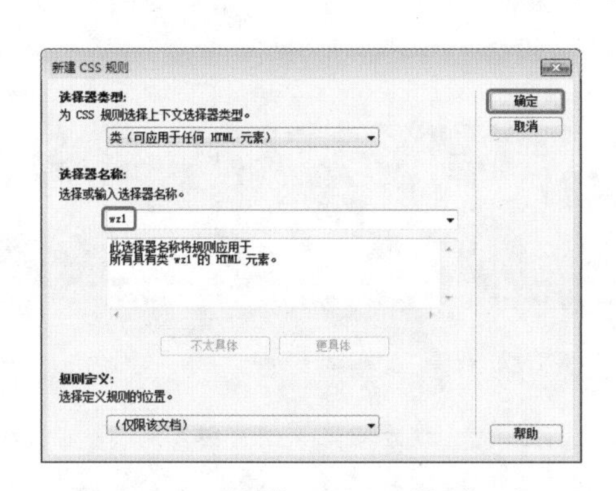

图 9-13 【新建 CSS 规则】对话框

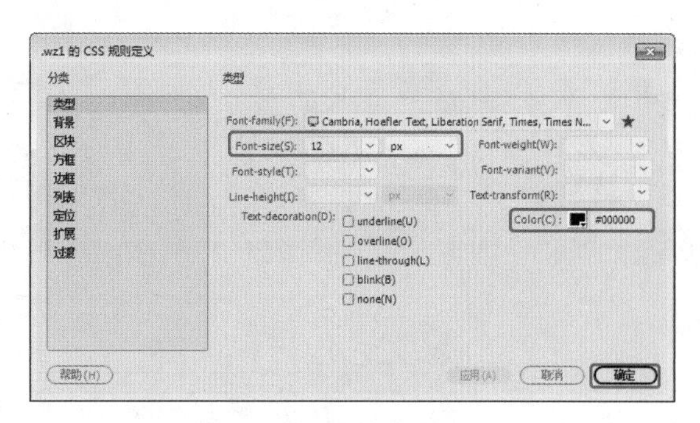

图 9-14 设置文字参数

（14）在第 1 行第 4 列单元格中输入文字，指定文字的【目标规则】为 .wz1，如图 9-15 所示。

（15）根据之前的步骤，在其他单元格中输入文字并设置【目标规则】，然后单击空白区域，按 Ctrl+Alt+T 组合键，弹出 Table 对话框，将【行数】设置为 1、【列】设置为 13，设置【表格宽度】为 1010 像素、【单元格间距】为 2 的表格，如图 9-16 所示。

知识链接

若要创建一个可作为 Class 属性应用于任何 HTML 元素的自定义样式，请从【选择器类型】弹出菜单中选择【类】选项，然后在【选择器名称】文本框中输入样式的名称。

若要定义包含特定 ID 属性的标签的格式，请从【选择器类型】弹出菜单中选择 ID 选项，然后在【选择器名称】文本框中输入唯一 ID（如 containerDIV）。

若要重新定义特定 HTML 标签的默认格式，请从【选择器类型】弹出菜单中选择【标签】选项，然后在【选择器名称】文本框中输入 HTML 标签或从弹出菜单中选择一个标签。

若要定义同时影响两个或多个标签、类或 ID 的复合规则，请选择【复合内容】选项并输入用于复合规则的选择器。例如，如果输入 div p，则 <div >标签内的所有 <p >元素都将受此规则影响。说明文本区域准确说明你添加或删除选择器时该规则将影响哪些元素。

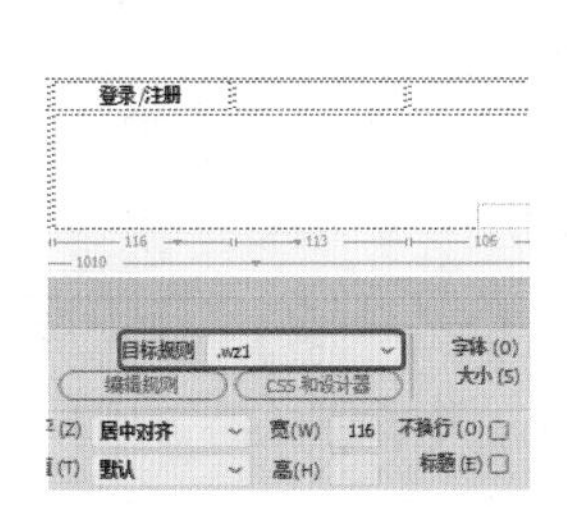

图 9-15　输入并设置文字

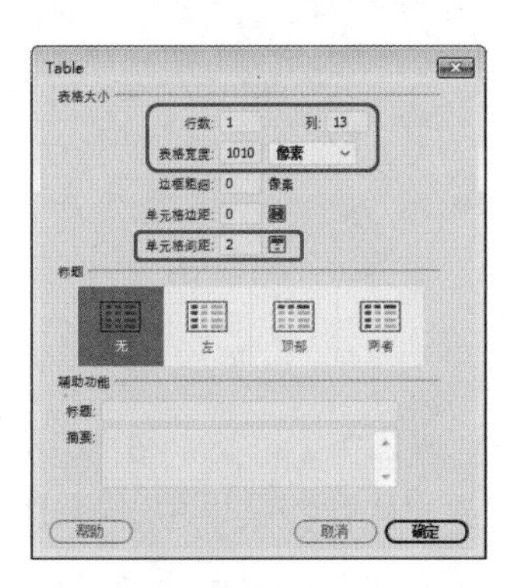

图 9-16　Table 对话框

（16）单击【确定】按钮，将表格的 Align（对齐）设置为【居中对齐】，将【高】设置为 45，然后分别设置单元格的宽，如图 9-17 所示。

注 意

如果需要的字体不在列表中，可以单击列表中的 【管理字体】命令，打开【管理字体】对话框，在弹出的对话框中选择【自定义字体堆栈】选项卡，然后将【可用字体】列表框中的字体添加到【选择的字体】列表框中，然后单击【确定】按钮即可。

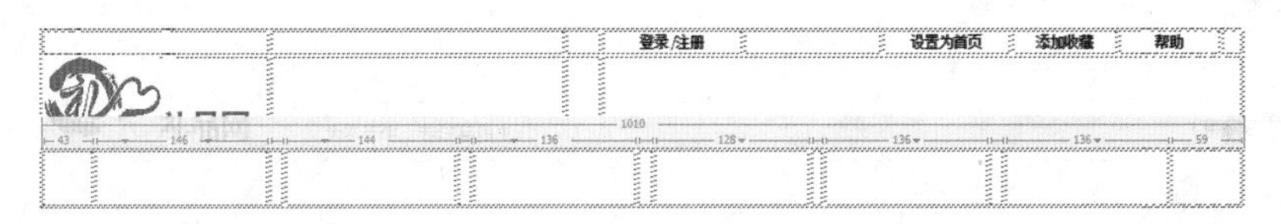

图 9-17　设置表格属性

（17）设置完成后，将光标置于单元格中，然后右击，在弹出的快捷菜单中选择【CSS 样式】|【新建】命令，弹出【新建 CSS 规则】对话框，将【选择器名称】设置为 ge1，然后单击【确定】按钮，如图 9-18 所示。

（18）在弹出的对话框中选择【边框】选项，取消选中 Style（风格）、Width（宽度）、Color（颜色）的【全部相同】复选框，将 Style 的 Bottom 设置为 solid，将 Width 的 Bottom 设置为 5px、将 Color 的 Bottom 设置为 #FF0004，如图 9-19 所示。

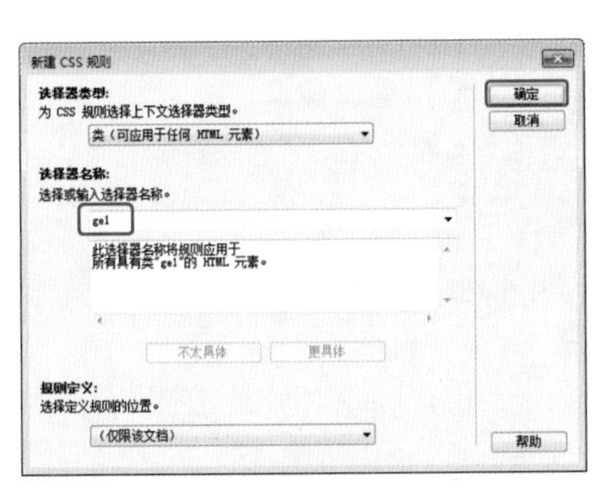

图 9-18 设置【新建 CSS 规则】对话框

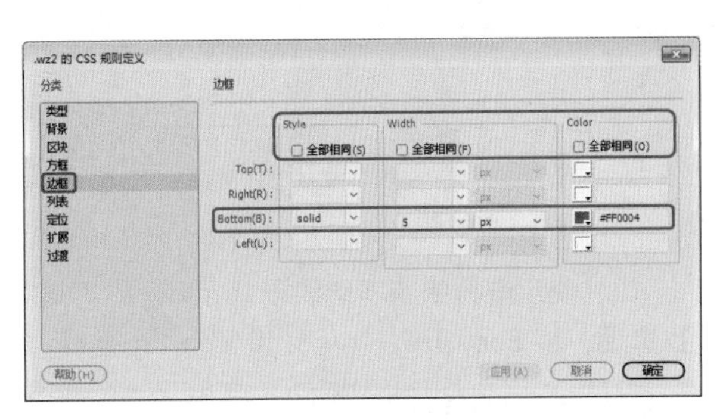

图 9-19 设置【边框】

知识链接

其中各个选项的功能如下：

① Word-spacing（字间距）：该选项用于调整文字间的距离。如果要设定精确的值，可在该选项设置为【（值）】时输入相应的数值，并可在右侧的下拉列表中选择相应的度量单位。

② Letter- spacing（字母间距）：用于增加或减小字母或字符的间距。

③ Vertical-align（垂直对齐）：用于指定应用此属性元素的垂直对齐方式，用户可以在该下拉列表中选择不同的对齐方式。

④ Text-align（文本对齐）：用于设置文本在元素内的对齐方式。在其下拉列表中，包括 4 个选项，left（左）是指左对齐；right（右）是指右对齐；center（中）是指居中对齐；justify（调整好）是指调整使全行排满，使每行排齐。用户可以根据需要选择不同的选项。

⑤ Text-indent（文本缩进）：指定第 1 行文本的缩进程度。可以使用负值创建凸出，用户可根据需要进行设置，但显示方式取决于浏览器。仅当标签应用于块级元素时 Dreamweaver 才在文档窗口中显示。

⑥ White-space（空白）：确定如何处理元素中的空白。Dreamweaver 不在文档窗口中显示此属性。在下拉列表中可以选择以下 3 个选项：normal（正常）：收缩空白；pre：其处理方式与文本被括在 pre 标签中一样（即保留所有空白，包括空格、制表符和回车）；nowrap：指定仅当遇到
 标签时文本才换行。

⑦ Display（显示）：指定是否显示以及如何显示元素。none 选项表示禁用该元素的显示。

注 意

类名称必须以句点开头，并且可以包含任何字母和数字组合（如 .myhead1）。如果没有输入开头的句点，则 Dreamweaver 将自动为其输入句点。ID 必须以井号 (#) 开头，并且可以包含任何字母和数字组合（如 #myID1）。如果没有输入开头的井号，则 Dreamweaver 将自动为其输入井号。

在【CSS 规则定义】对话框中选择【分类】列表框中的【边框】选项，在该类别中主要用于设置元素周围的边框。

(19) 分别选择第 1 行第 2~12 列单元格，将【水平】设置为【居中对齐】，为第 2、4、6、8、10、12 列单元格应用 ge1 目标规则，如图 9-20 所示。

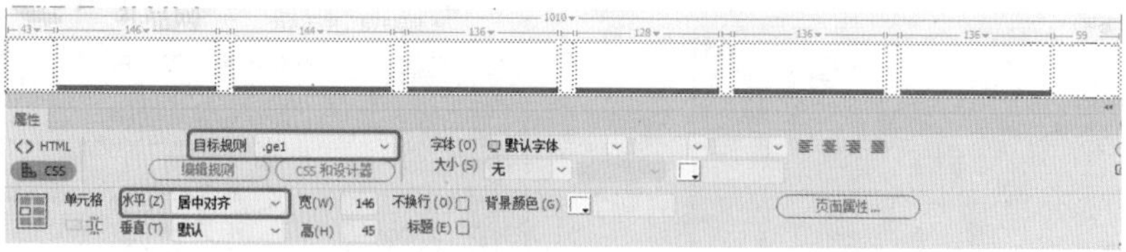

图 9-20　设置单元格属性并应用【目标规则】

（20）使用前面的步骤继续创建 .dhwz 的 CSS 样式，然后单击【确定】按钮，在弹出的对话框中选择【类型】选项，将 Font-size（字号）设置为 18px，将 Color（颜色）设置为 #666，如图 9-21 所示。

（21）然后在单元格内输入文字和竖线，并应用 dhwz 目标规则，如图 9-22 所示。

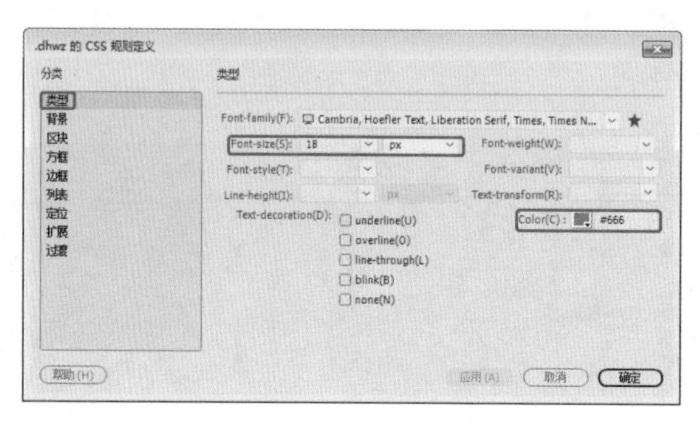

图 9-21　设置【类型】

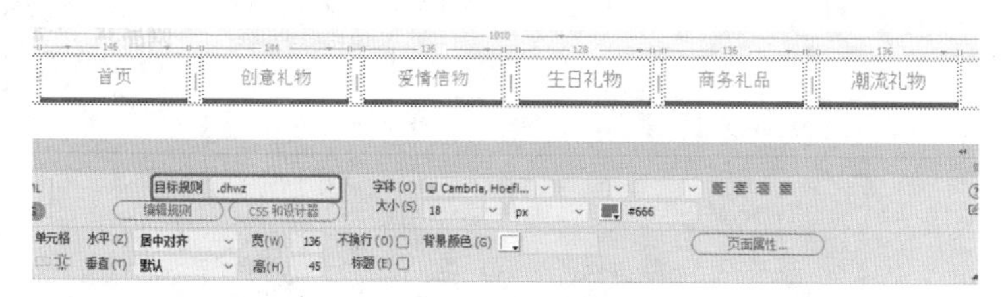

图 9-22　输入并设置文字

（22）然后单击空白处，按 Ctrl+Alt+T 组合键，创建一个 7 行 1 列、【宽】为 1010 像素、【单元格间距】为 2 的表格，并将 Align（对齐）设置为【居中对齐】，如图 9-23 所示。

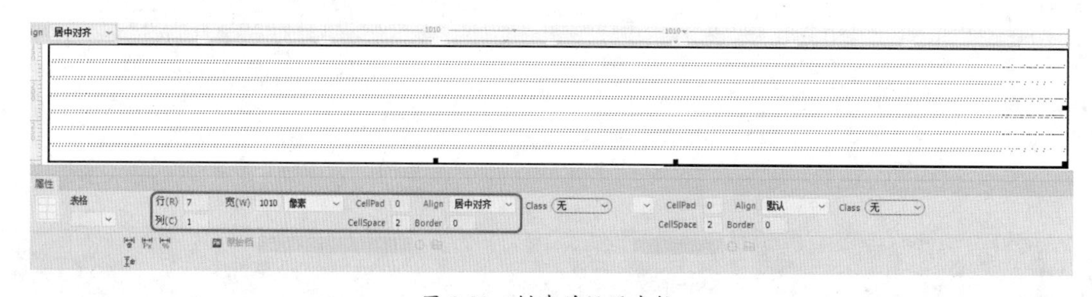

图 9-23　创建并设置表格

（23）选择第 1 行单元格，按 Ctrl+Alt+I 组合键，在弹出的【选择图像源文件】对话框中选择随书附带光盘中的"CDROM\ 素材 \Cha09\ 礼品网网站 \ 礼品 .jpg"素材图片，单击【确定】按钮，如图 9-24 所示。

（24）插入图片后，设置图片的【宽】为 1010px、【高】为 429px，如图 9-25 所示。

（25）将光标置入第 2 行单元格中，按 Ctrl+Alt+T 组合键创建一个 1 行 2 列，【宽】为 1010 像素、【单元格间距】为 2 的表格，如图 9-26 所示。

（26）然后将光标置入第 1 列单元格中，按 Ctrl+Alt+I 组合键，选择随书附带光盘中的"CDROM\ 素材\Cha09\礼品网网站\养生靠枕.jpg”素材图片，单击【确定】按钮，如图 9-27 所示。

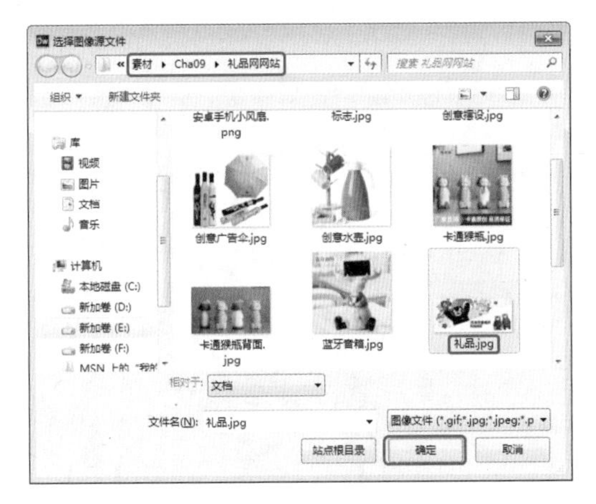

图 9-24 选择素材图片

图 9-25 设置图片属性

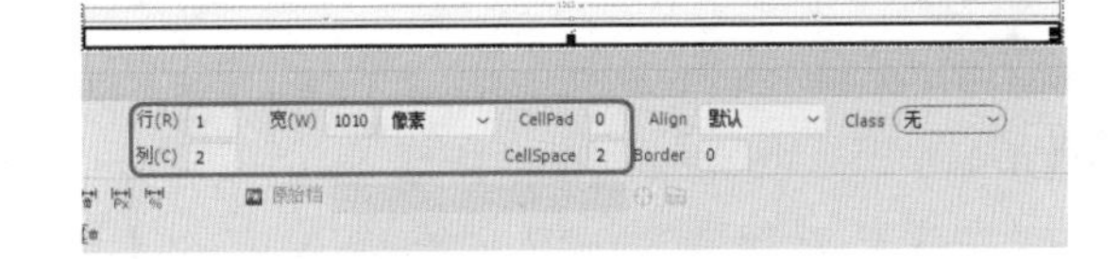

图 9-26 创建表格

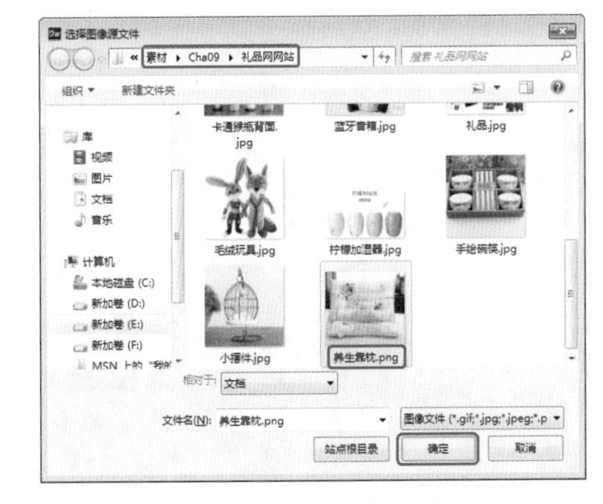

图 9-27 选择素材图片

(27) 选择插入的图片，将其【宽】设置为 502px、【高】设置为 370px，如图 9-28 所示。

(28) 使用同样的方法，为第 2 列单元格插入素材图片并设置大小，如图 9-29 所示。

图 9-28 设置图片大小

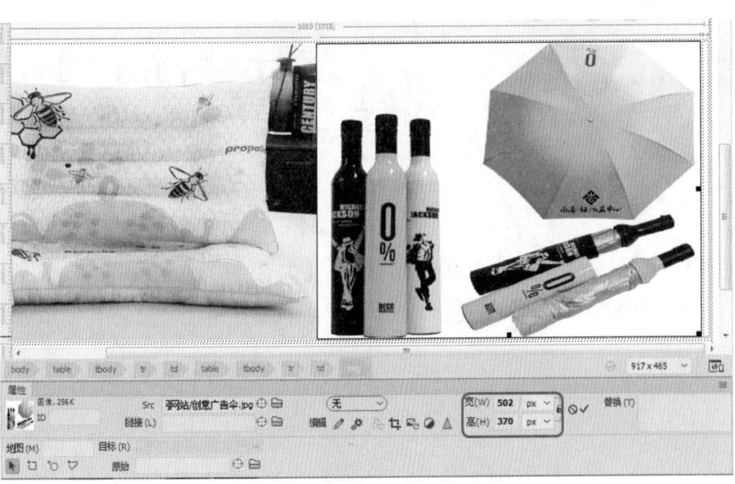

图 9-29 插入素材图片并设置

（29）然后选择第 3 行单元格，按 Ctrl+Alt+T 组合键，创建一个 4 行 3 列、【宽】为 1011 像素、【单元格间距】为 2 的表格，如图 9-30 所示。

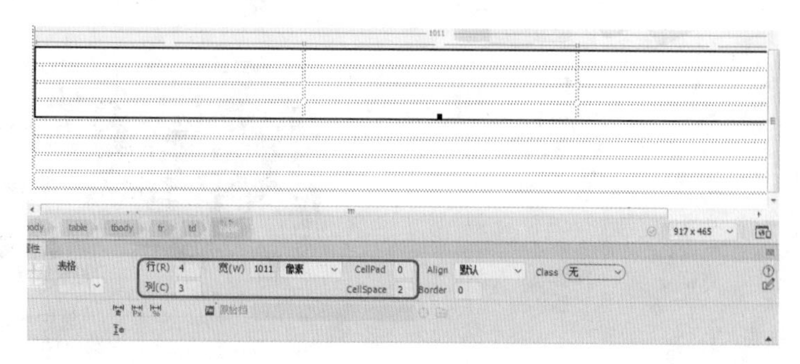

图 9-30　插入表格

（30）选择新插入表格的第 1 行第 1 列单元格，将【水平】设置为【居中对齐】，将【宽】设置为 155、【高】设置为 40，将【背景颜色】设置为 #FFE69A，然后输入文字，设置文字的【大小】为 18px，【字体颜色】为 #FF0004，然后选中文字按 Ctrl+B 组合键将其加粗，然后选择第 1 行第 2、3 列单元格将其合并，如图 9-31 所示。

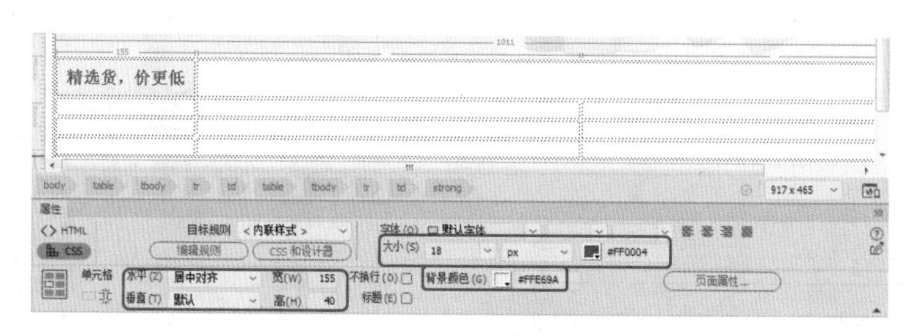

图 9-31　设置表格并输入文字

（31）选择拆分后的单元格，将【水平】设置为【左对齐】，然后输入文字，并设置文字的【大小】为 20、【字体颜色】为 #000000，并将其加粗，效果如图 9-32 所示。

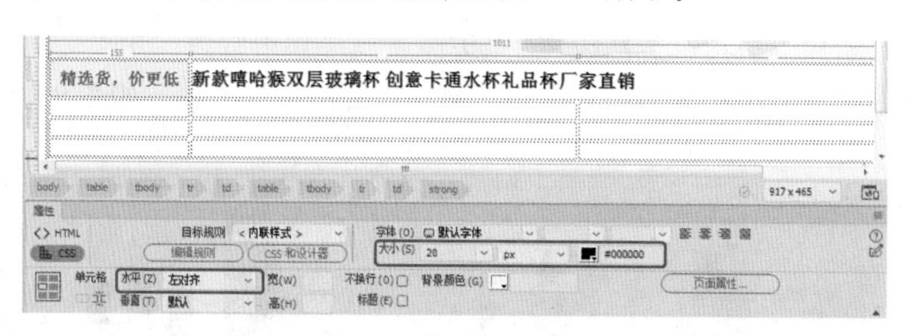

图 9-32　设置表格并输入文字

（32）选择新插入表格的第 2 行第 1 列单元格，将其【高】设置为 56、【背景颜色】设置为 #FFE69A，然后输入文字并分别将【大小】设置为 14px 和 12px，将【字体颜色】分别设置为 #FF0004 和 #989898，单击【代码】按钮，找到输入的两行文字中间的代码 <p>，将其改为
，如图 9-33 所示。

提 示

如果需要输入两行文字，直接按 Enter 键即可。

（33）选择第 3 行第 1 列单元格，设置【高】为 62，然后参照之前的方法为第 3 行第 1 列和第 4 行第 1 列单元格填充背景颜色，并输入文字，如图 9-34 所示。

（34）选择第2~4行第2列单元格将其合并，然后按Ctrl+Alt+I组合键，在弹出的【选择图像源文件】对话框中选择随书附带光盘中的"CDROM\素材\Cha09\礼品网网站\卡通猴瓶.jpg"素材图片，单击【确定】按钮，如图9-35所示。

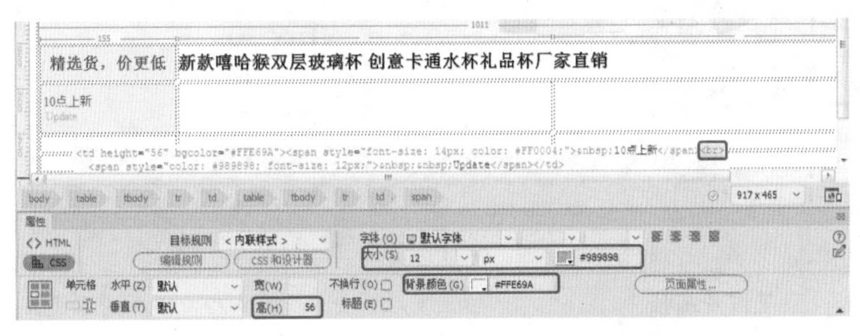

图9-33 设置表格并输入文字进行设置

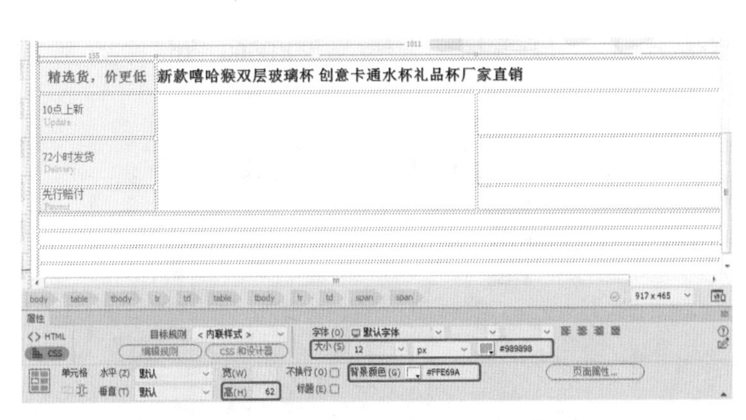

图9-34 设置其他表格并输入文字

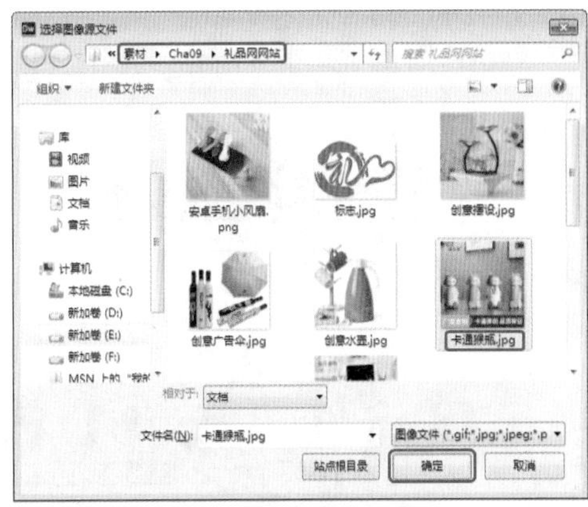

图9-35 选择素材图片

（35）插入图片后设置图片的【宽】为155px、【高】为190px，如图9-36所示。

（36）将光标置入图片的右侧，空一个格继续插入素材图片，如图9-37所示。

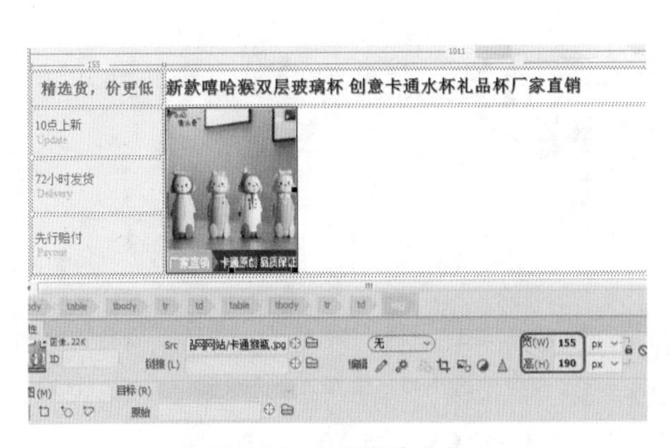

图9-36 设置图片大小

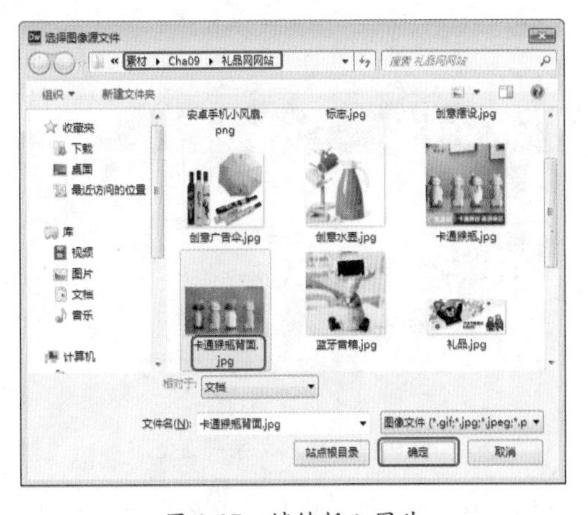

图9-37 继续插入图片

（37）插入图片后将【宽】设置为205px、【高】设置为190px，效果如图9-38所示。

（38）然后选择第2行第3列单元格，按Ctrl+Alt+T组合键创建一个1行2列、【宽】为475像素、【单元格间距】为2的表格，如图9-39所示。

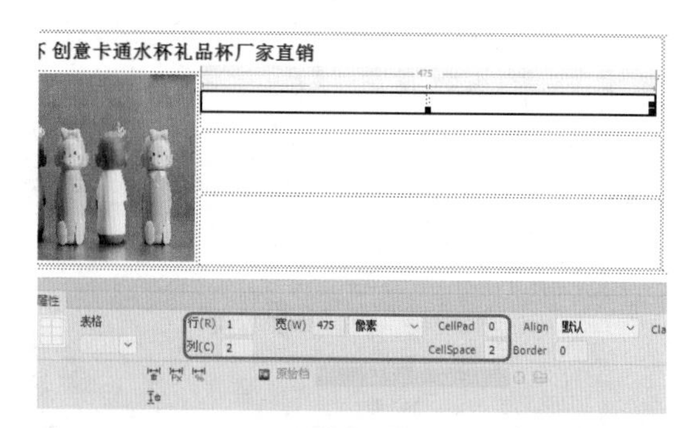

图 9-38　设置图片属性

图 9-39　插入图像文件并设置宽高

（39）选择新插入的第1行第1列的单元格，将【宽】设置为336、【高】设置为63、【背景颜色】设置为#DF0000，如图9-40所示。

（40）将第1行第2列单元格的【宽】设置为133、【背景颜色】设置为#FFB500，如图9-41所示。

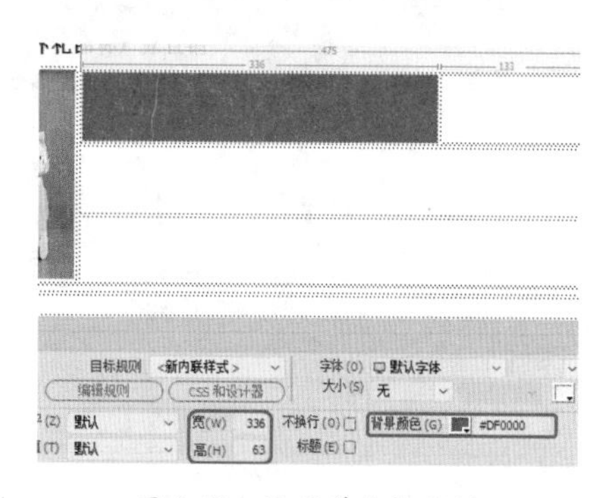

图 9-40　设置单元格属性

图 9-41　设置单元格

（41）选择第1行第1列单元格，输入文字，设置文字的【大小】为24px，【字体颜色】设置为#FFFFFF，为了美观，在文字前面加入4个空格，如图9-42所示。

（42）空一个格，继续输入文字，将【大小】设置14px，【字体颜色】设置为#FFFFFF，如图9-43所示。

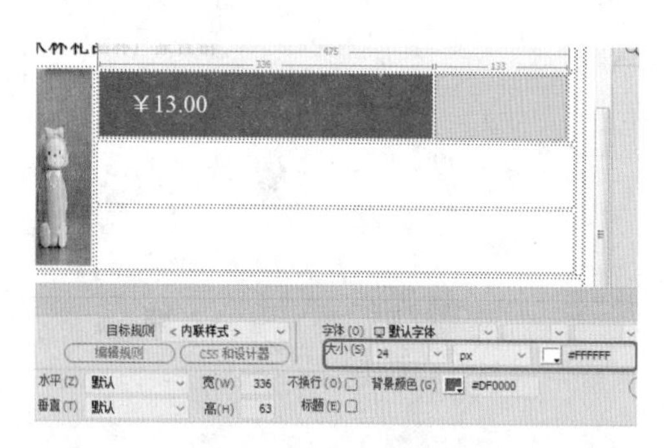

图 9-42　输入文字并设置

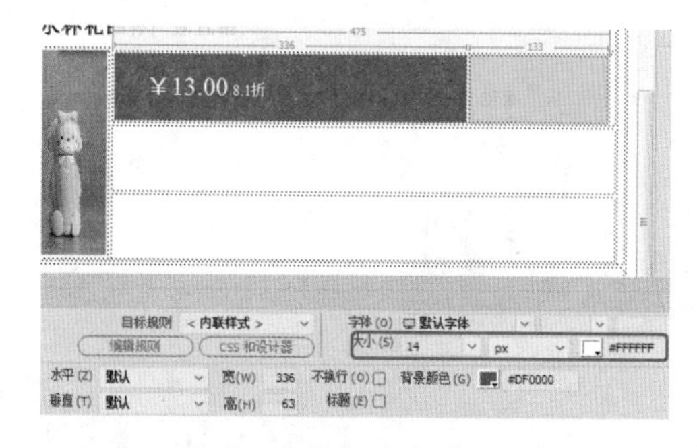

图 9-43　输入文字并设置

（43）将光标置入第1行第2列单元格中，将【水平】设置为【居中对齐】，然后输入文字，设置【大小】为20px，【字体颜色】设置为#D00003，如图9-44所示。

（44）然后选择新插入表格的第3行第3列单元格，输入文字，设置【大小】为16px，【字体颜色】设置为#989898，为了美观，在文字前加入4个空格，如图9-45所示。

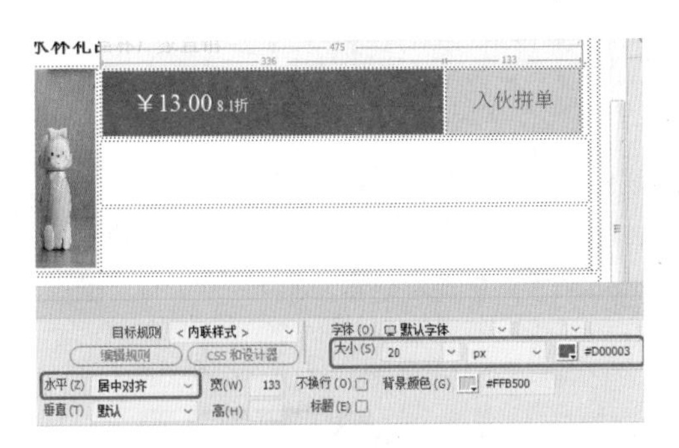

图 9-44　输入并设置文字

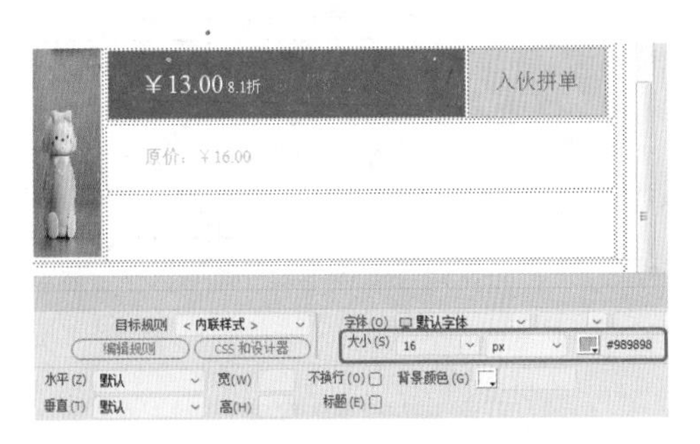

图 9-45　输入并设置文字

（45）然后选择新插入的表格第 4 行第 3 列单元格，按 Ctrl+Alt+T 组合键，创建一个 3 行 1 列、【宽】为 472 像素、【单元格间距】为 2 的表格，如图 9-46 所示。

（46）创建完成后选择第 1 行第 1 列单元格，将【水平】设置为【居中对齐】，然后输入文字，设置【大小】为 12px、【字体颜色】设置为 #989898，如图 9-47 所示。

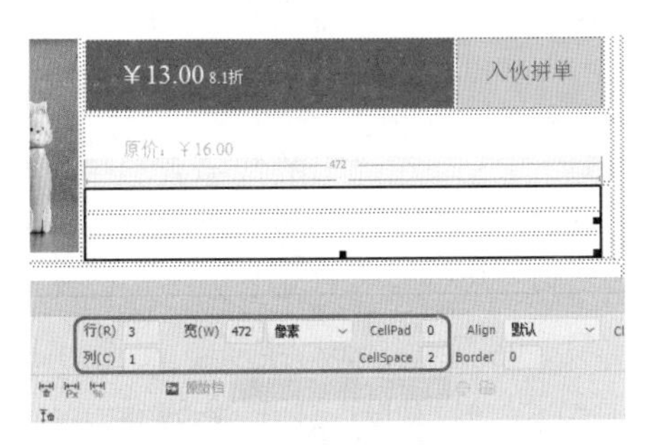

图 9-46　创建表格

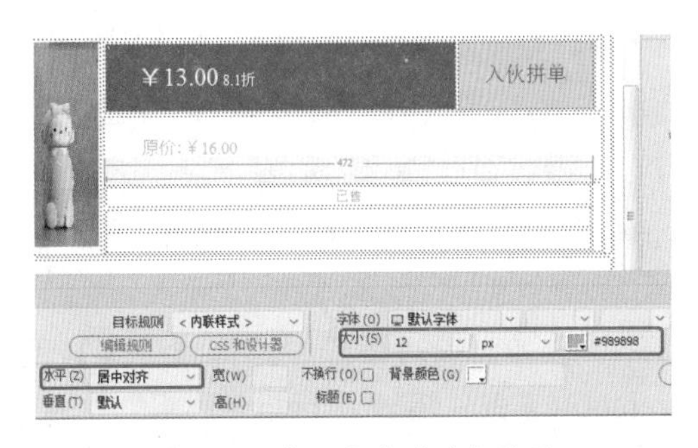

图 9-47　输入文字并进行设置

（47）继续输入文字，将【大小】设置为 16px，将【字体颜色】设置为 #FF0004，如图 9-48 所示。

（48）根据之前的步骤，设置其他单元格并输入文字，效果如图 9-49 所示。

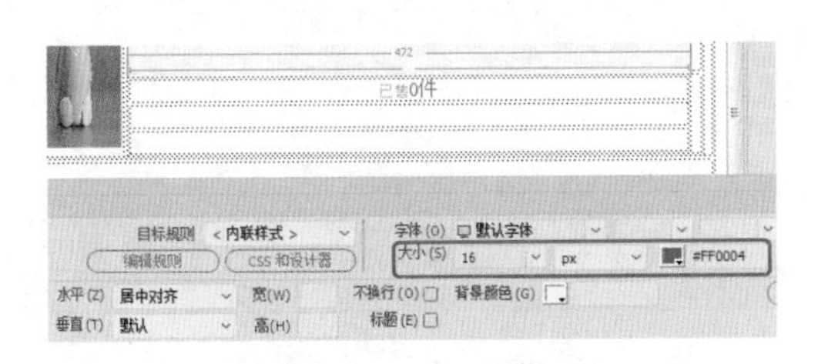

图 9-48　继续输入文字并进行设置

图 9-49　输入其他文字

（49）选择之前所创建大表格的第 4 行，创建一个 1 行 2 列、【宽】为 1010 像素、【单元格间距】为 2 的表格，如图 9-50 所示。

（50）将光标置于新插入表格的第 1 行第 1 列单元格，继续创建一个 6 行 4 列、【宽】为 276 像素、【单元格间距】为 2 的表格，如图 9-51 所示

（51）创建完成后，分别选择表格的第 1、3、5 行单元格，将其合并，设置【高】为 30，如图 9-52 所示。

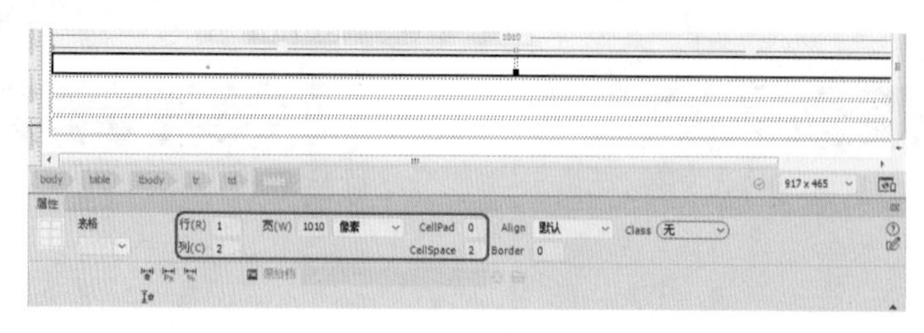

图 9-50　创建表格

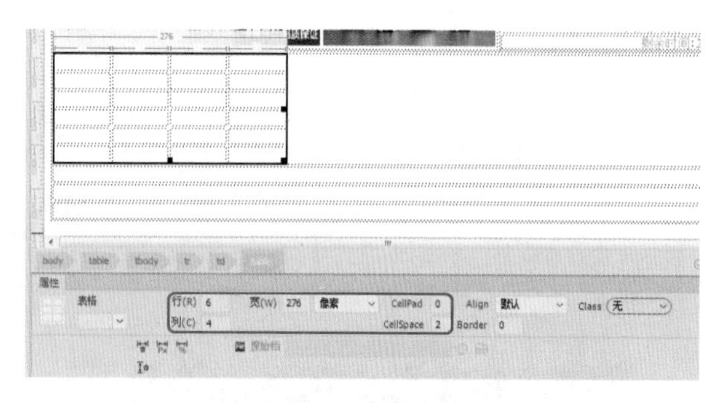

图 9-51　创建表格

图 9-52　设置单元格

(52) 设置完成后将光标置于拆分的第 1 个单元格中，然后右击，在弹出的快捷菜单中选择【CSS 样式】|【新建】命令，在弹出的对话框中将【选择器名称】设置为 flwz，单击【确定】按钮，如图 9-53 所示。

(53) 在弹出的对话框中选择【分类】下的【类型】选项，将 Font-size（字号）设置为 14px，将 Font-weight（字形）设置为 bold（加粗），将 Color（颜色）设置为 #FF0004，如图 9-54 所示。

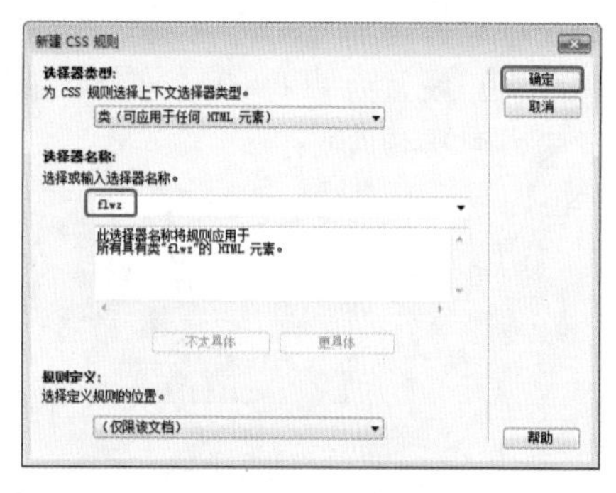

图 9-53　设置【选择器名称】

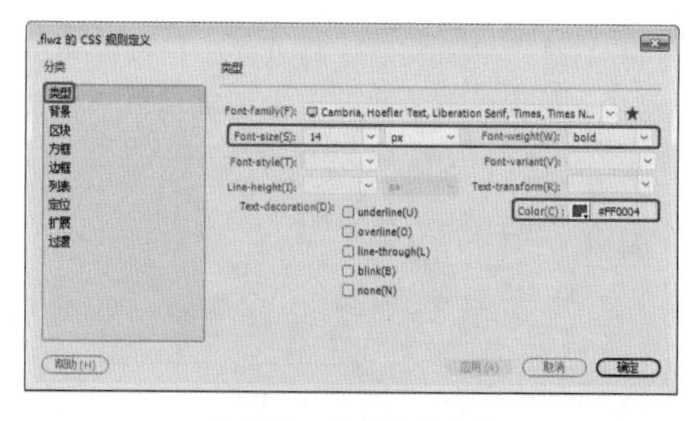

图 9-54　设置文字参数

(54) 设置完成后，单击【确定】按钮，在单元格中输入文字并为其设置 .flwz 目标规则，为了美观，在文字前面加入两个空格进行调整，效果如图 9-55 所示。

(55) 使用同样的方法，为其他的单元格输入文字并应用样式，如图 9-56 所示。

(56) 然后选择第 2 行第 1 列单元格，将其【宽】设置为 12%，再选择第 2 列的单元格，将其【宽】设置为 35%，然后选择第 3 列单元格，将其【宽】设置为 38%，再选择第 4 列单元格，将其【宽】设置为 15%，如图 9-57 所示。

(57) 设置完成后，将光标置于第 2 行第 2 列单元格中，然后右击，在弹出的快捷菜单中选择【CSS 样式】|【新建】命令，在弹出的对话框中将【选择器名称】设置为 flxx，然后单击【确定】按钮，如图 9-58 所示。

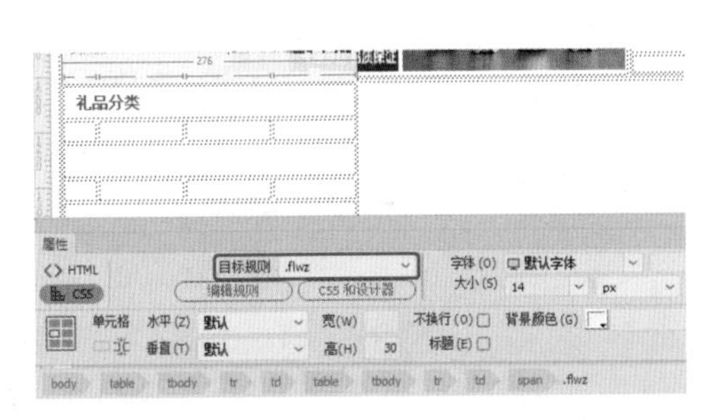
图 9-55 应用样式后的效果

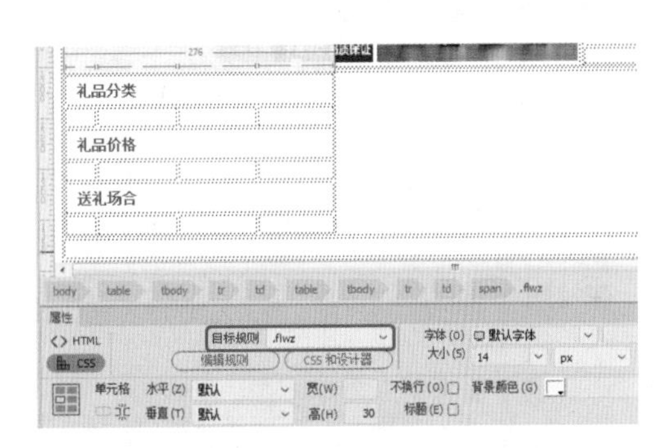
图 9-56 输入其他文字并设置样式

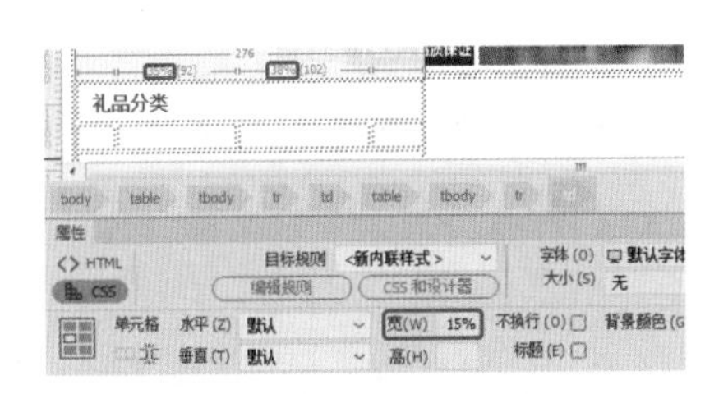
图 9-57 设置表格【宽】

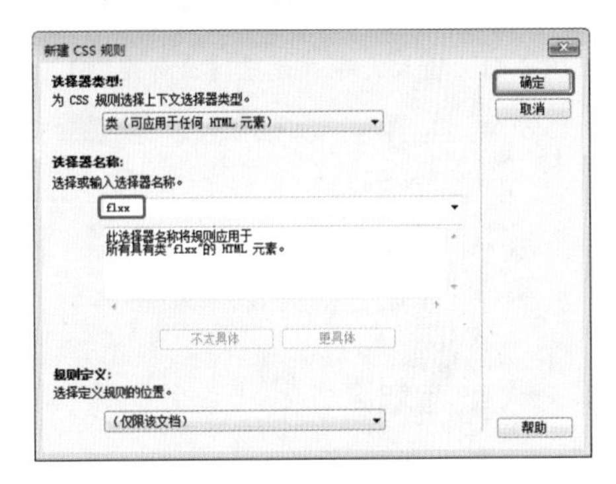
图 9-58 设置【选择器名称】

(58) 在弹出的对话框中选择【分类】下的【区块】选项，设置 Text-align（文本对齐）为 left（居左），然后选择【分类】下的【类型】选项，将 Font-size（字号）设置为 12px，将 Line-height（行高）设置为 23px，将 Coloel(颜色) 设置为 #000000，如图 9-59 所示。

(59) 设置完成后，单击【确定】按钮，选择第 2 行第 2 列单元格并在其中输入文字，将文字的目标规则设置为 .flxx，如图 9-60 所示。

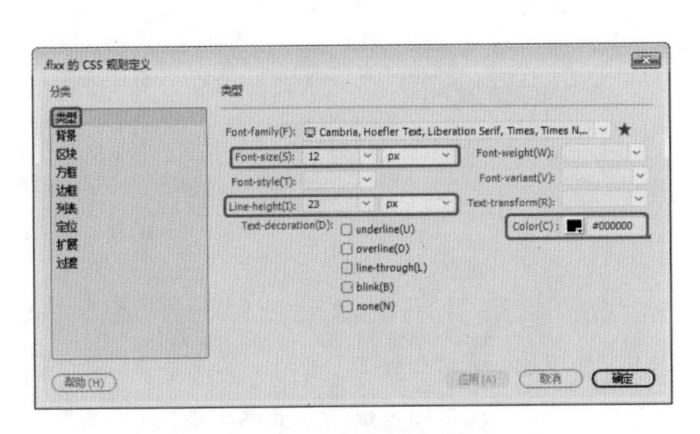
图 9-59 设置文字选项

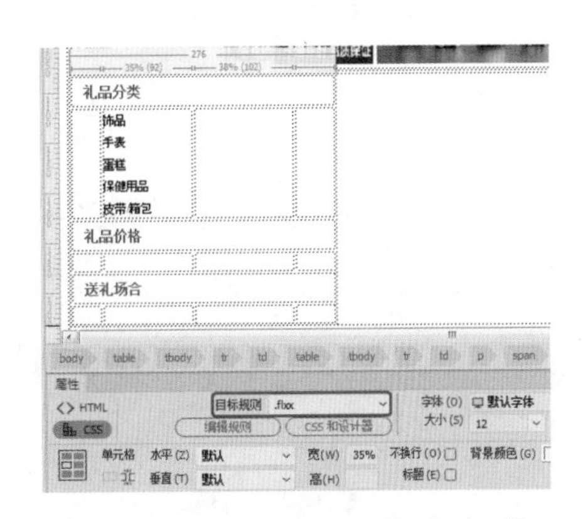
图 9-60 输入文字并设置【目标规则】

(60) 根据之前的步骤，在第 3 列单元格内输入文字并设置文字的【目标规则】，如图 9-61 所示。

(61) 选择第 4 行第 2 列和第 3 列单元格，将其合并，效果如图 9-62 所示。

(62) 选择合并后的单元格，在其中输入文字并设置文字的文字的【目标规则】，效果如图 9-63 所示。

(63) 使用同样的方法在剩余的单元格内输入文字并设置文字的文字的【目标规则】，如图 9-64 所示。

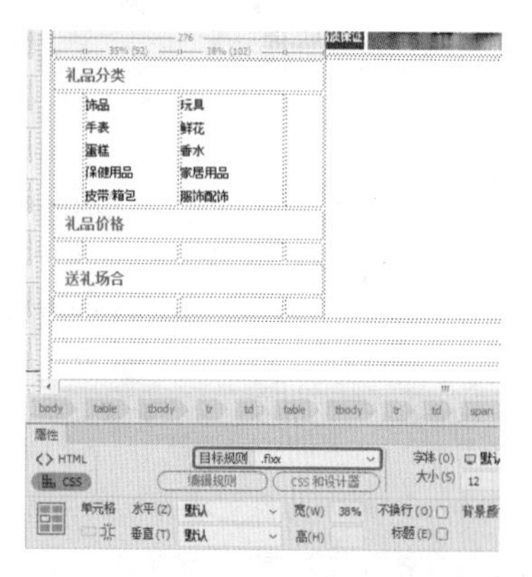

图 9-61　输入文字并设置【目标规则】

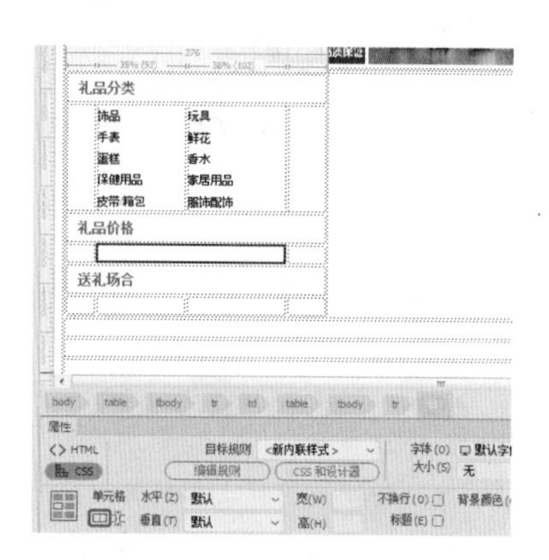

图 9-62　合并单元格

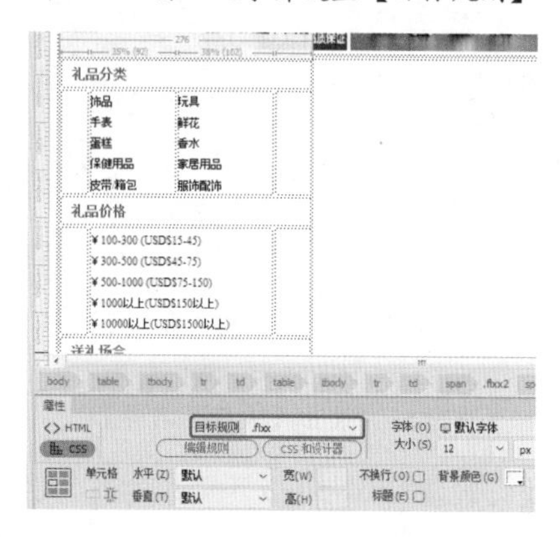

图 9-63　输入文字并应用样式

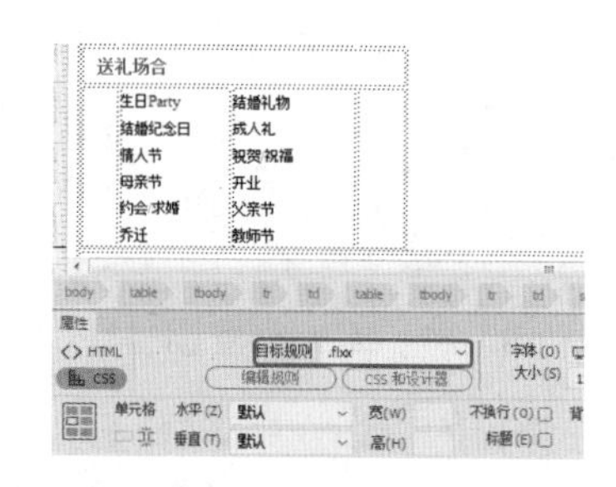

图 9-64　输入其他文字

(64) 选择之前创建表格的第 1 行第 2 列单元格，按 Ctrl+Alt+T 组合键创建一个 4 行 4 列、【宽】为 734 像素、【单元格间距】为 2 的表格，如图 9-65 所示。

(65) 将光标置于新插入表格的第 1 行第 1 列单元格，将【水平】设置为【居中对齐】、【宽】设置 184、【高】设置为 27、【背景颜色】设置为 #DF0000，如图 9-66 所示。

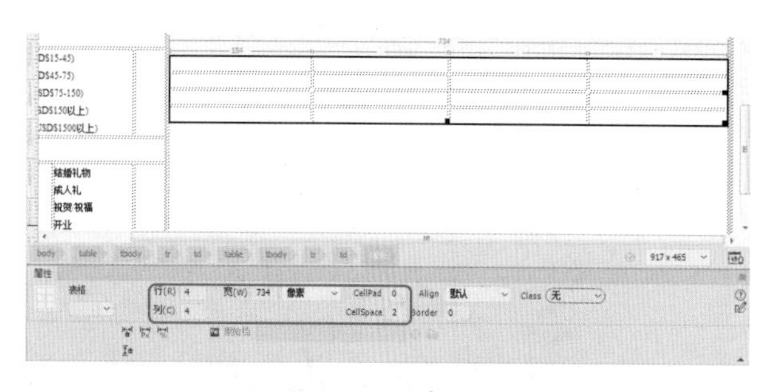

图 9-65　创建表格

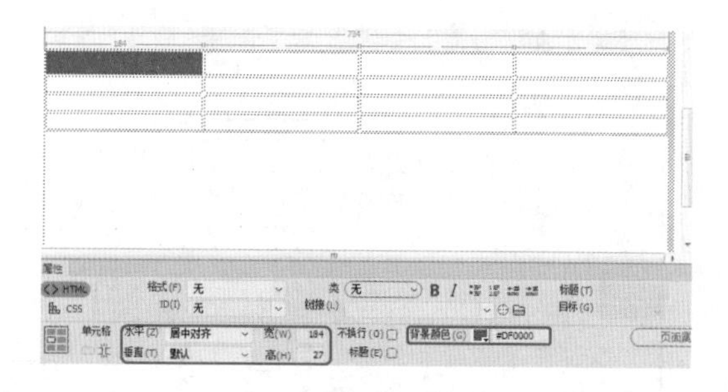

图 9-66　设置单元格

(66) 在单元格内输入文字，设置文字的【大小】为 16px、【字体颜色】设置为 #FFFFFF，效果如图 9-67 所示。

(67) 选中第 2 行的所有单元格，设置其【宽】为 184，将【水平】设置为【居中对齐】，然后将光标置入第 2 行第 1 列单元格中，按 Ctrl+Alt+I 组合键，在弹出的【选择图像源文件】对话框中选择随书附带光盘中的"CDROM\素材\Cha09\礼品网网站\创意摆设.jpg"素材图片，单击【确定】按钮，如图 9-68 所示。

(68) 插入图片后，设置图片的【宽】为 160px、【高】为 161px，如图 9-69 所示。

(69) 使用同样的方法为其他的单元格插入图片，然后选择第3行第1列单元格，将【水平】设置为【居中对齐】，然后输入文字，将【大小】设置为12px，将【字体颜色】设置为#000000，如图9-70所示。

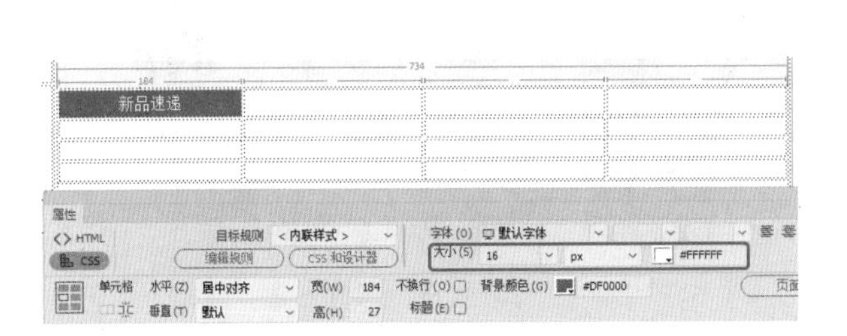

图 9-67　输入文字并设置

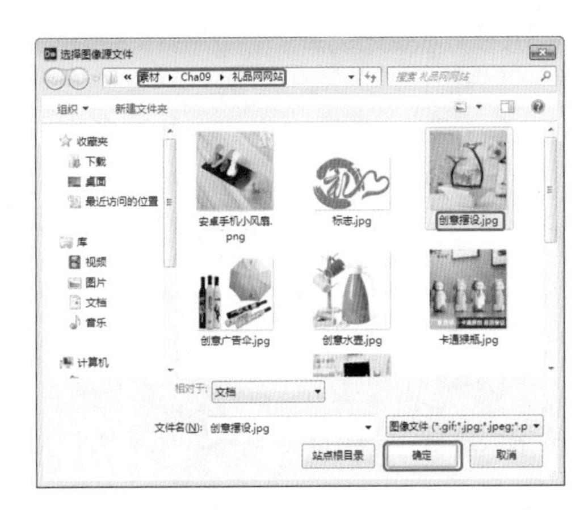

图 9-68　选择素材图片

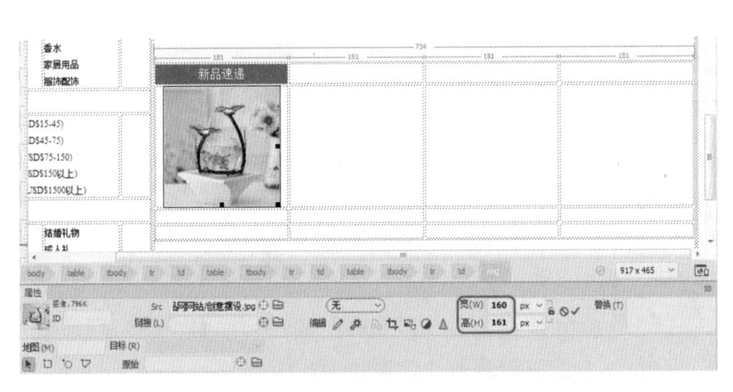

图 9-69　设置图片的大小

图 9-70　输入文字并设置

(70) 然后选择第4行第1列单元格，将【水平】设置为【居中对齐】，输入文字，然后将文字的【大小】设置为12px，将【字体颜色】设置为#FF0004，效果如图9-71所示。

(71) 使用之前的方法，为剩余单元格输入文字，如图9-72所示。

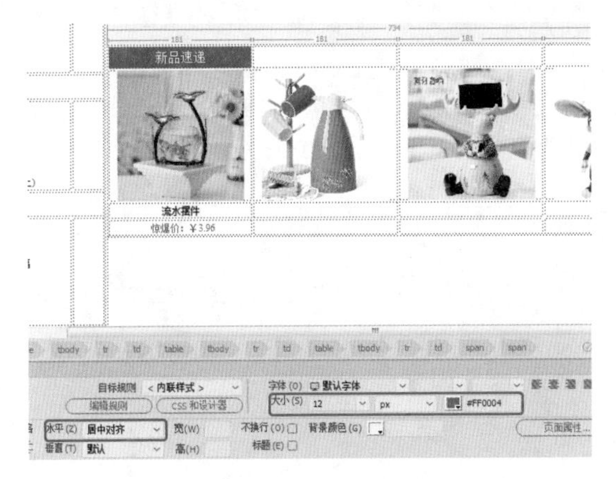

图 9-71　输入文字

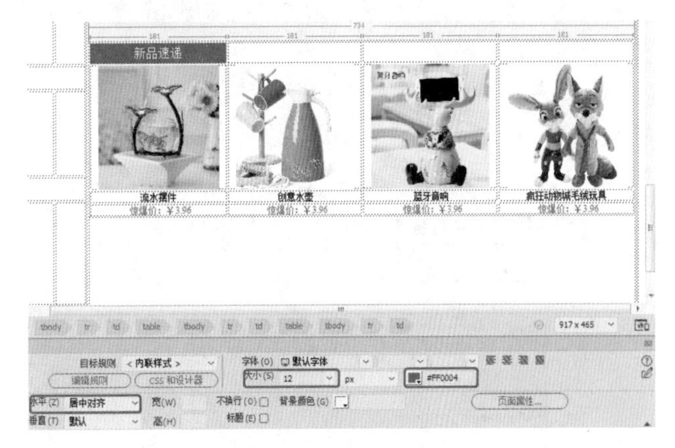

图 9-72　输入其他文字

（72）将光标置入空白处，按 Ctrl+Alt+T 组合键，创建一个 4 行 4 列、【宽】为 736 像素、【单元格间距】为 2 的表格，如图 9-73 所示。

（73）选择刚创建的表格，设置其【宽】都为 181，然后使用和之前步骤相同的方法对表格进行设置，输入文字并插入图片，效果如图 9-74 所示。

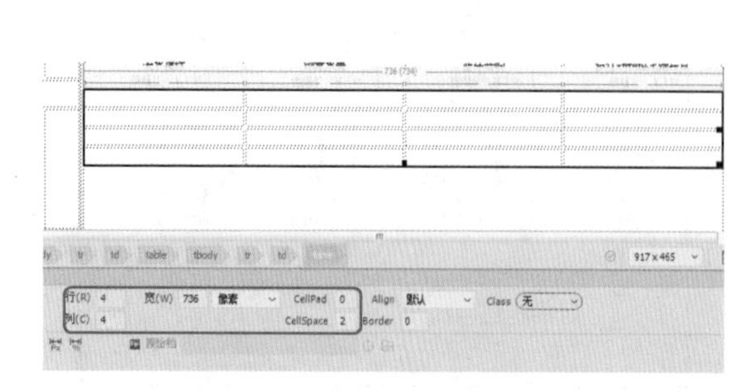

图 9-73　创建表格

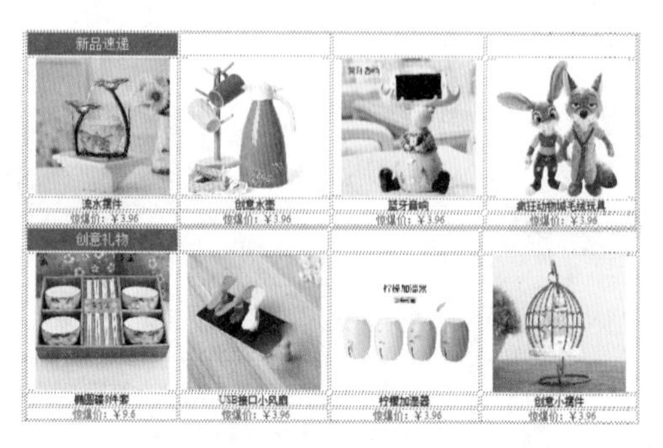

图 9-74　输入文字或插入图片

（74）选择最先创建的 7 行 1 列的大表格，将第 5 行和第 6 行单元格进行合并，然后按 Ctrl+Alt+T 组合键创建一个 2 行 7 列、【宽】为 1010 像素、【单元格间距】为 2 的表格，如图 9-75 所示。

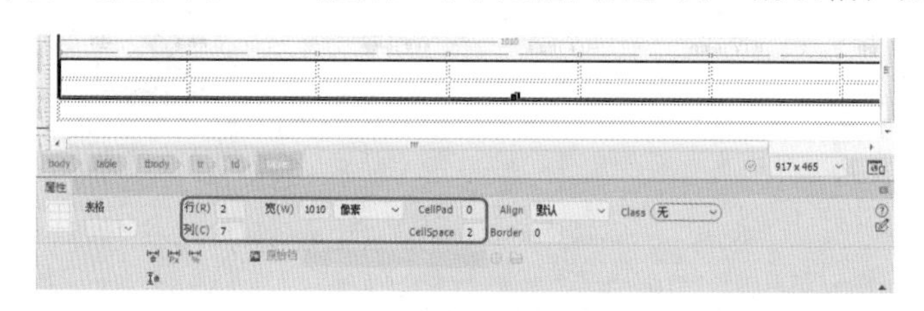

图 9-75　创建表格

（75）选择创建表格的所有单元格，将其【背景颜色】设置为 #FF0004，然后将【宽】分别设置为 57、175、175、175、175、175、62，【水平】设置为【居中对齐】，如图 9-76 所示。

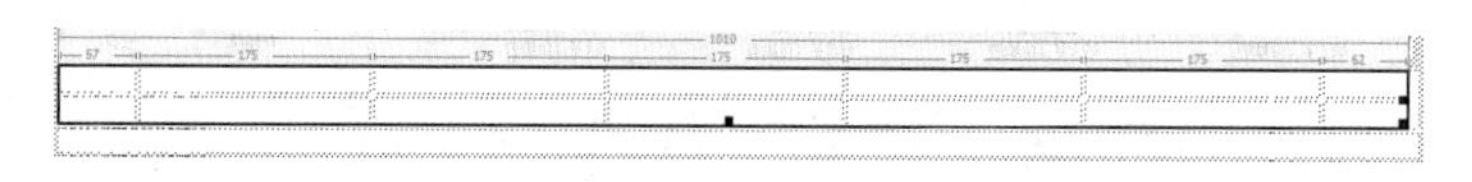

图 9-76　设置表格的【宽】

（76）选择拆分后的第 2 行第 1 列单元格，将其【高】设置为 125，然后右击，在弹出的快捷菜单中选择【CSS 样式】|【新建】命令，在弹出的对话框中将【选择器名称】设置为 wz2，单击【确定】按钮，如图 9-77 所示。

（77）在弹出的对话框中选择【分类】下的【类型】选项，设置 Font-size（字号）为 16px，将 Font-weight（字型）设置为 bold，将 Color（颜色）设置为 #FFFFFF，单击【确定】按钮，如图 9-78 所示。

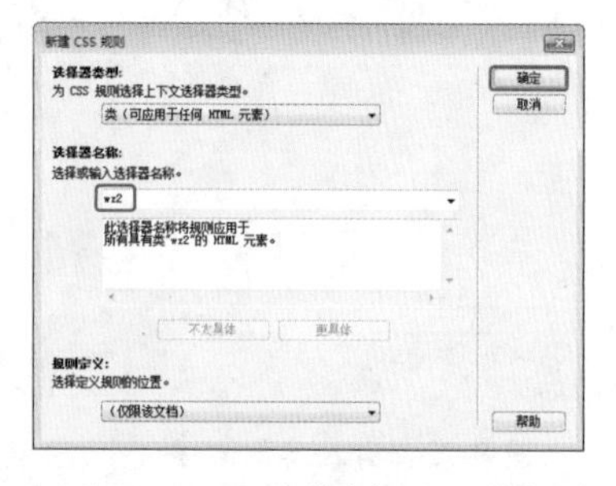

图 9-77　设置【选择器名称】

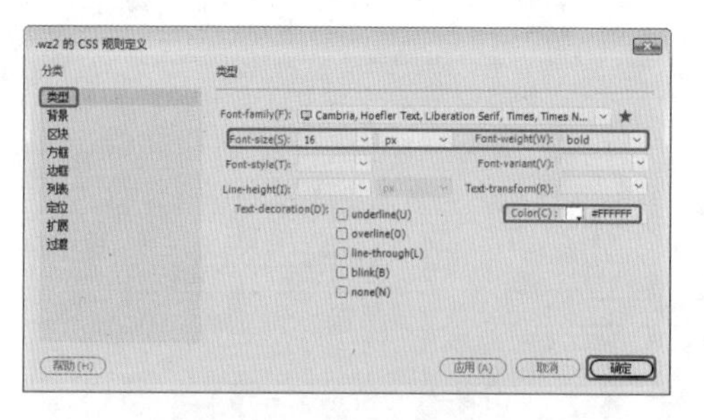

图 9-78　设置文字参数

（78）然后在第 1 行第 2 列单元格内输入文字，为其应用 .wz2 目标规则，如图 9-79 所示。

（79）使用相同的方法在其他单元格内输入文字，为其应用 .wz2 目标规则，效果如图 9-80 所示。

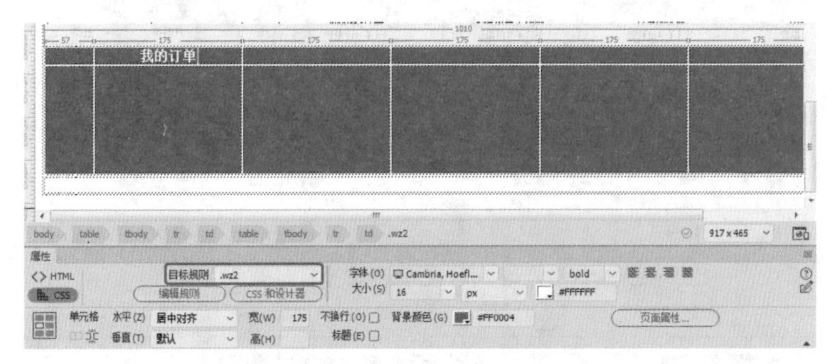

图 9-79　输入文字并为其应用 CSS 样式

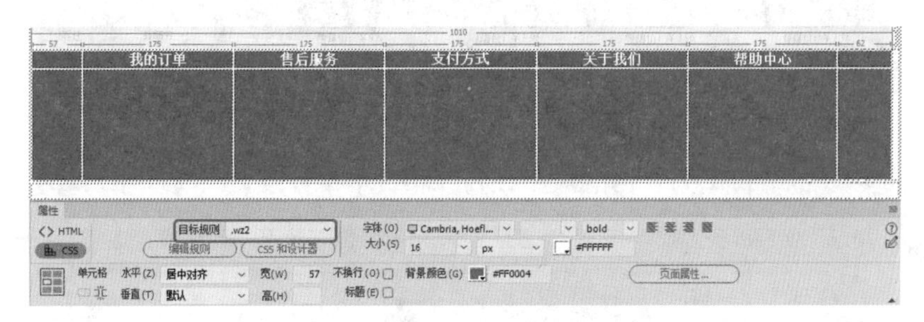

图 9-80　输入其他文字并应用样式

（80）然后选择第 2 行第 2 列单元格，右击，在弹出的快捷菜单中选择【CSS 样式】|【新建】命令，在弹出的对话框中将【选择器名称】设置为 ydwz，单击【确定】按钮，如图 9-81 所示。

（81）在弹出的对话框中选择【分类】下的【类型】选项，将 Font-size（字号）设置为 12px，将 Color（颜色）设置为 #FFFFFF，然后选择【分类】下的【区块】选项，将 Text-align（文本对齐）设置为 center，如图 9-82 所示。

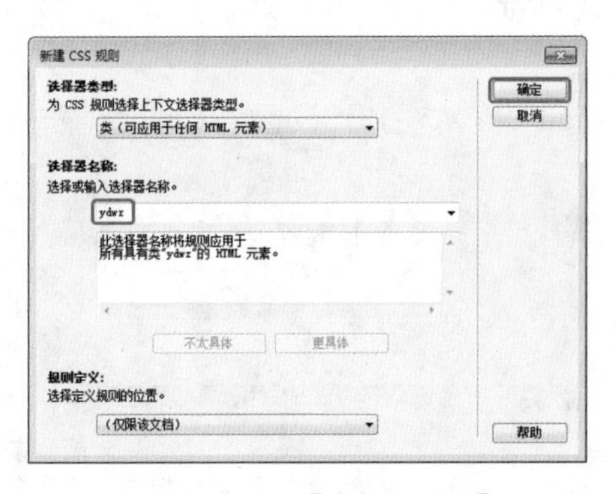

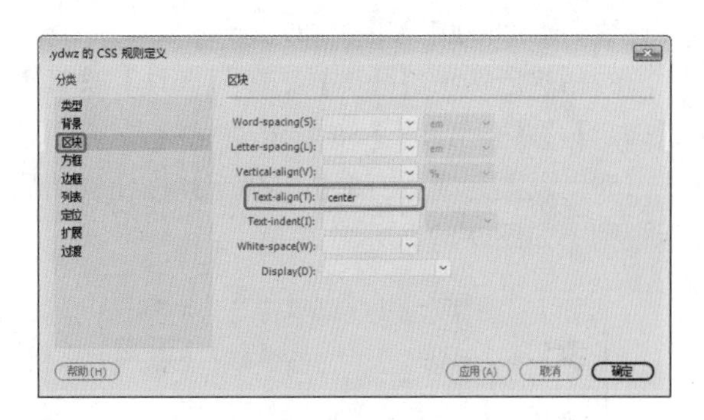

图 9-81　设置【选择器名称】

图 9-82　设置【区块】选项

（82）设置完成后单击【确定】按钮，然后选择表格的第 2 行第 2 列单元格，在其中输入文字，并为其设置 .ydwz 目标规则，如图 9-83 所示。

（83）使用相同的方法输入其他文字并进行设置，效果如图 9-84 所示。

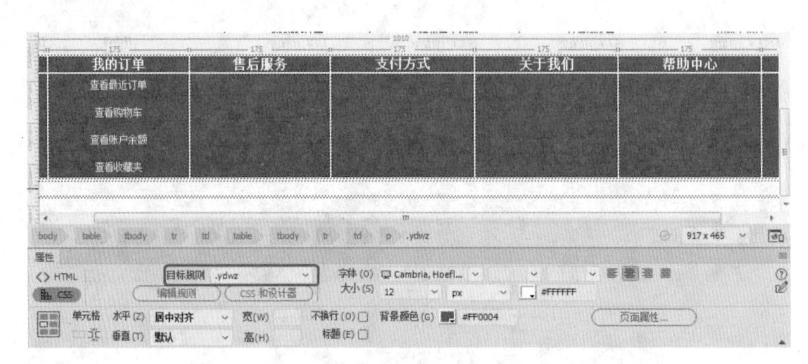

图 9-83　为输入的文字设置【目标规则】

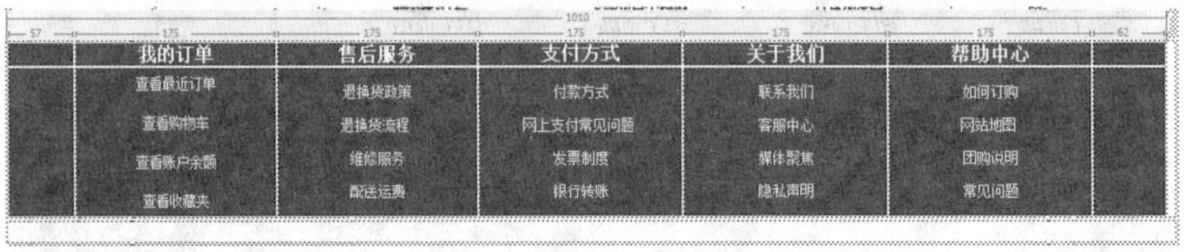

图 9-84　输入其他的文字

（84）选择之前创建的 7 行 1 列表格的最后一行，将【水平】设置为【居中对齐】，如图 9-85 所示。

图 9-85　设置表格

（85）设置完成后在单元格中右击，在弹出的快捷菜单中选择【CSS 样式】|【新建】命令，在弹出的对话框中将【选择器名称】设置为 ydwz2，单击【确定】按钮，如图 9-86 所示。

（86）在弹出的对话框中选择【分类】下的【类型】选项，将 Font-size（字号）设置为 12px，将 Color（颜色）设置为 #000000，如图 9-87 所示。

（87）然后选择【分类】下的【区块】选项，将 Text-align（文本对齐）设置为 center（居中），单击【确定】按钮，如图 9-88 所示。

（88）设置完成后，单击【确定】按钮，然后选择创建的表格，在其中输入文字，为其应用 .ydwz2 目标规则，如图 9-89 所示。

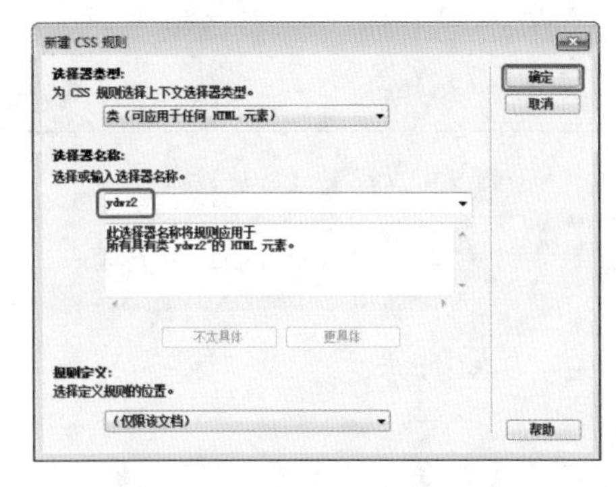

图 9-86　设置【选择器名称】

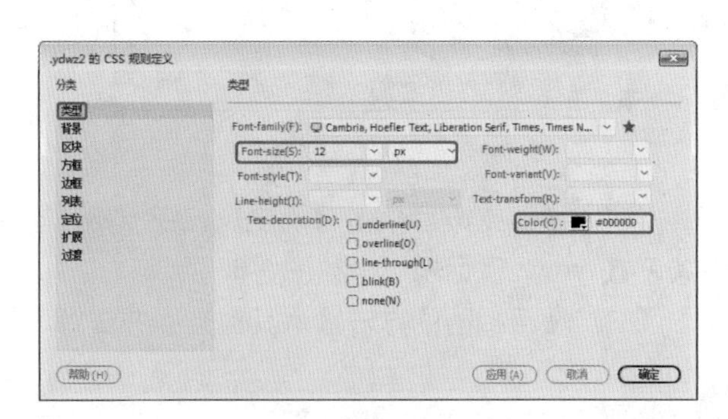

图 9-87　设置文字参数

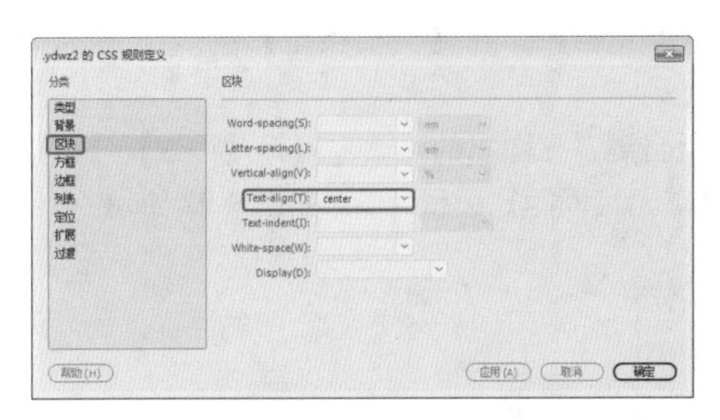

图 9-88 设置【区块】选项

图 9-89 输入文字并应用 CSS 样式

案例精讲 071 鲜花网网站（一）

本案例主要介绍如何制作鲜花网网站，主要通过设置页面属性、插入表格、输入文字、创建CSS样式、插入图像等操作来完成最终效果。具体操作方法如下，完成的效果如图 9-90 所示。

案例文件：CDROM \ 场景 \ Cha09 \ 鲜花网网站（一）.html

视频文件：视频教学 \ Cha09 \ 鲜花网网站（一）.avi

图 9-90 鲜花网网站的设计效果（一）

(1) 按 Ctrl+N 组合键，在弹出的对话框中单击【新建文档】，在【文档类型】列表框中选择 HTML，在【框架】列表框中选择 HTML5，如图 9-91 所示。

(2) 设置完成后，单击【创建】按钮，按 Ctrl+Alt+T 组合键，在弹出的对话框中将【行数】【列】分别设置为 10、1，将【表格宽度】设置为 956 像素，将【单元格间距】设置为 2，如图 9-92 所示。

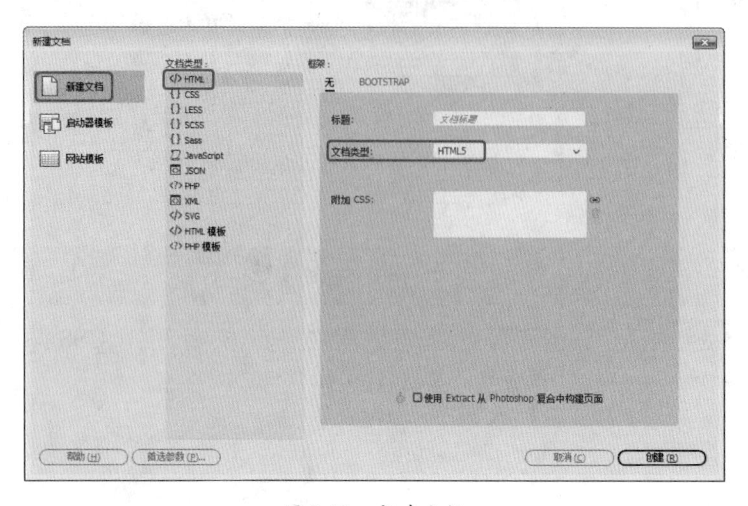

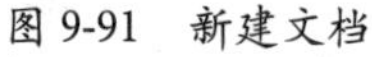
图 9-91　新建文档

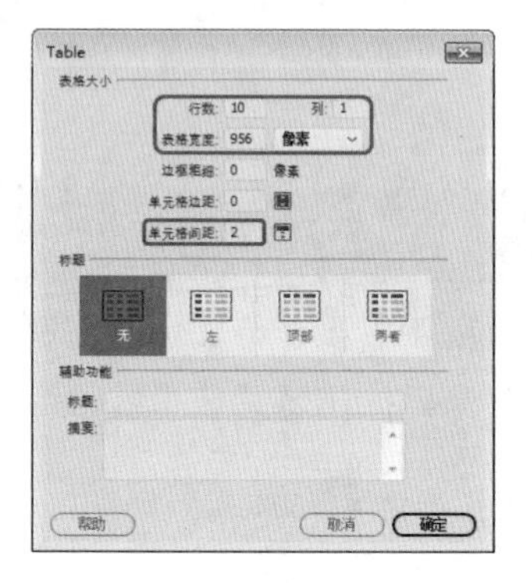

图 9-92　设置表格参数

(3) 设置完成后，单击【确定】按钮，即可插入一个 10 行 1 列的表格，效果如图 9-93 所示。

(4) 在文档窗口中的空白位置处单击，在【属性】面板中单击【页面属性】按钮，在弹出的对话框中选择【分类】列表框中的【外观（CSS）】选项，将【左边距】设置为 5px，如图 9-94 所示。

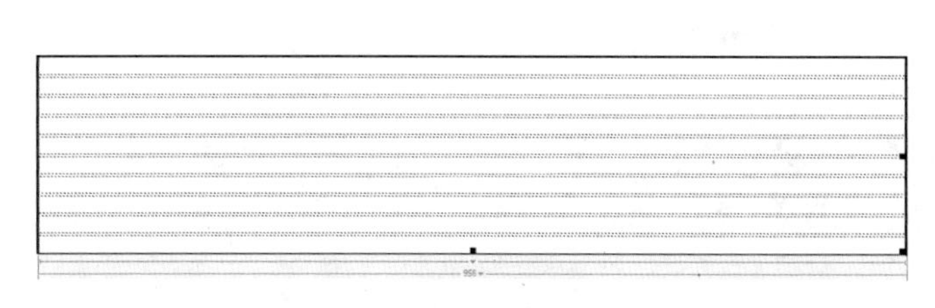

图 9-93　插入表格后的效果

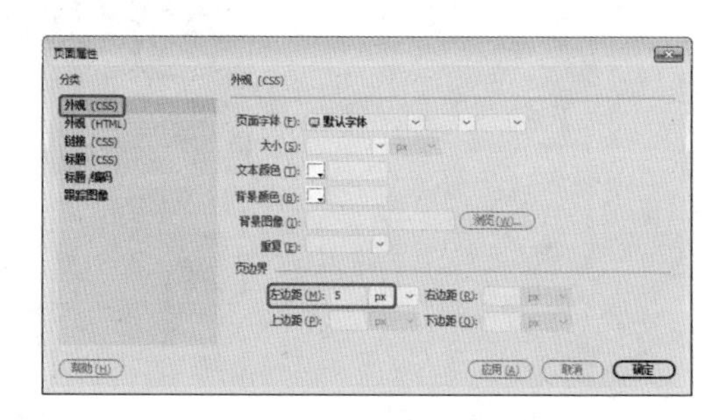

图 9-94　设置【外观（CSS）】属性

(5) 再在【分类】列表框中选择【外观（HTML）】选项，将【背景】设置为 #f0f1f1，将【左边距】【上边距】【边距高度】都设置为 0，如图 9-95 所示。

(6) 设置完成后，再在【分类】列表框中选择【链接（CSS）】选项，将【链接字体】设置为【微软雅黑】，将【大小】设置为 18px，将【链接颜色】设置为 #cc1122，将【下划线样式】设置为【始终无下划线】，如图 9-96 所示。

(7) 设置完成后，单击【确定】按钮，将光标置于第 1 行单元格中，按 Ctrl+Alt+T 组合键，在弹出的对话框中将【行数】【列】分别设置为 2、9，将【表格宽度】设置为 956 像素，将【单元格间距】设置为 0，如图 9-97 所示。

(8) 设置完成后，单击【确定】按钮，在第 1 行与第 2 行的第 1 列单元格中右击，在弹出的快捷菜单中选择【表格】|【合并单元格】命令，如图 9-98 所示。

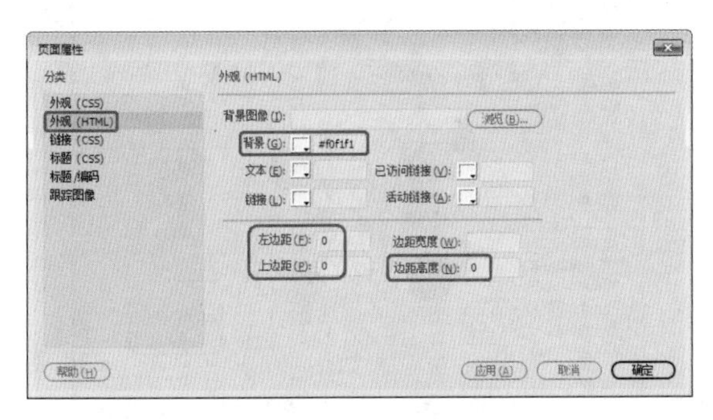

图 9-95 设置【外观（HTML）】参数

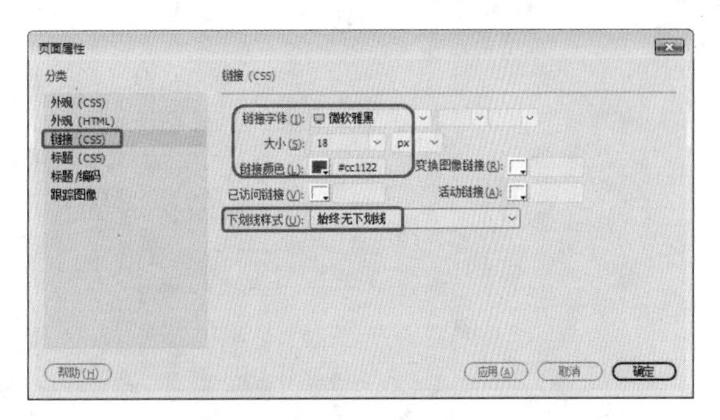

图 9-96 设置【链接】参数

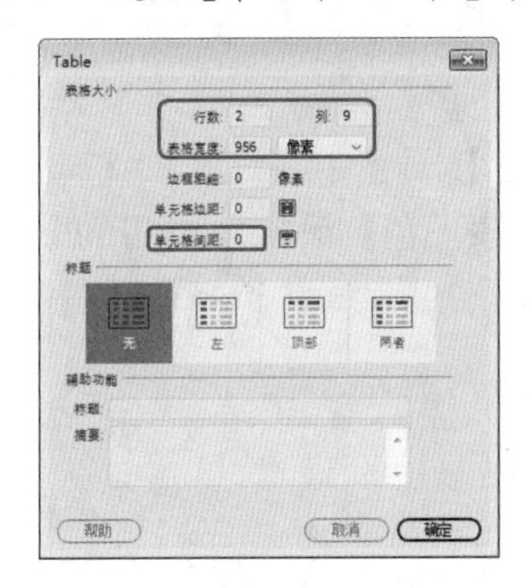

图 9-97 设置表格参数

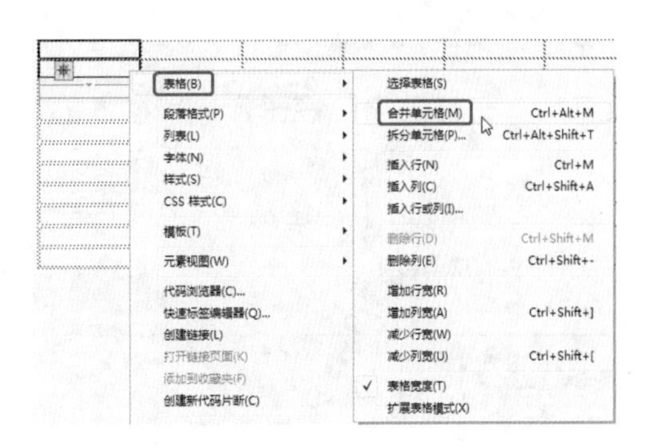

图 9-98 选择【合并单元格】命令

知识链接

【外观（CSS）】选项中的其他选项的功能如下。

①页面字体：指定在网页中使用的默认字体系列。

②大小：指定在网页中使用的默认字体大小。

③文本颜色：指定显示字体时使用的默认颜色。

④背景颜色：设置页面的背景颜色。单击【背景颜色】框并从颜色选择器中选择一种颜色。

⑤背景图像：用于设置背景图像。单击【浏览】按钮，然后浏览到图像并将其选中，或者可以在【背景图像】文本框中输入背景图像的路径。

⑥重复：指定背景图像在页面上的显示方式。

⑦左边距和右边距：指定页面左边距和右边距的大小。

⑧上边距和下边距：指定页面上边距和下边距的大小。

如果在该选项中添加背景图像，则添加的图像会与浏览器一样，如果图像不能填满整个窗口，Dreamweaver 会平铺（重复）背景图像。

(9) 选中合并后的单元格，在【属性】面板中将【水平】设置为【居中对齐】，将【宽】设置为206，如图 9-99 所示。

(10) 继续将光标置于该单元格中，按 Ctrl+Alt+I 组合键，在弹出的对话框中选择"鲜花网 logo.jpg"素材图片，如图 9-100 所示。

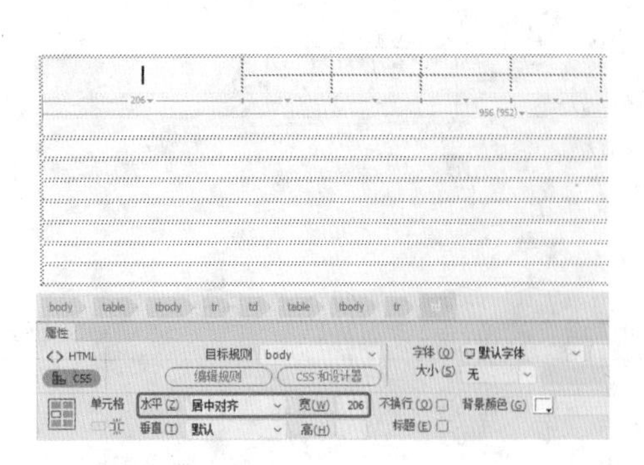

图 9-99　设置【水平】和【宽】

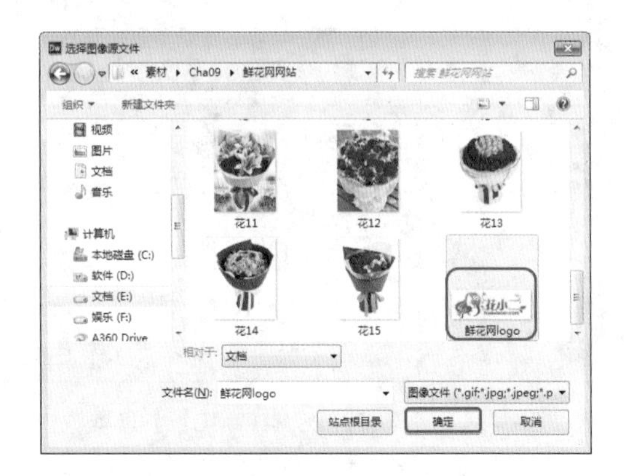

图 9-100　选择素材文件

（11）单击【确定】按钮，选中插入的素材文件，在【属性】面板中将【宽】【高】分别设置为200px、70px，如图 9-101 所示，将光标置于该单元格中，将【背景颜色】设置为 #FFFFFF。

（12）在文档窗口中选择第2列的两行单元格并右击，在弹出的快捷菜单中选择【表格】|【合并单元格】命令，如图 9-102 所示。

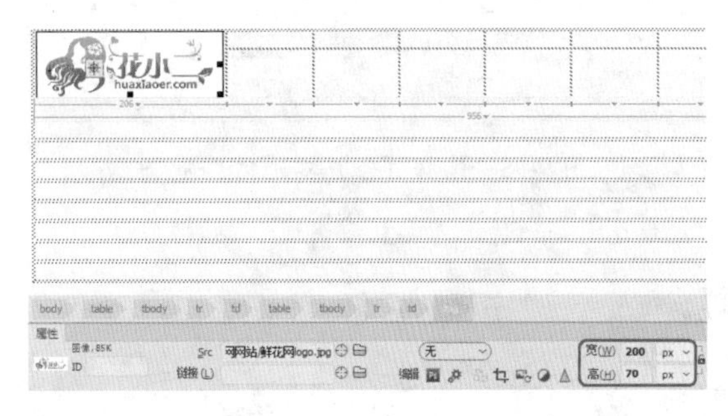

图 9-101　设置【宽】和【高】

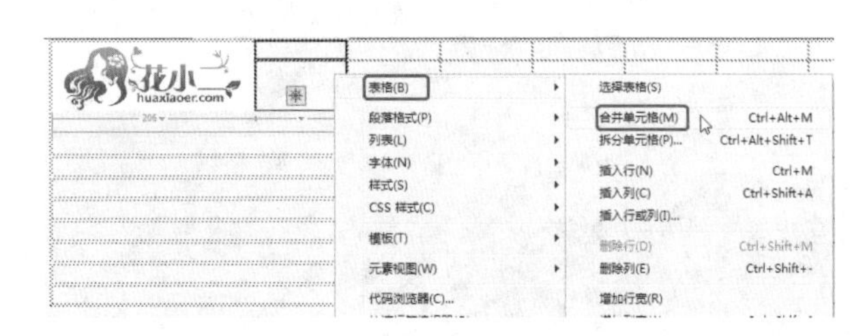

图 9-102　选择【合并单元格】命令

（13）将光标置于合并后的单元格中，输入文字并右击，在弹出的快捷菜单中选择【CSS 样式】|【新建】命令，如图 9-103 所示。

（14）在弹出的对话框中将【选择器名称】设置为 guanggaoyu，单击【确定】按钮，在弹出的对话框中选择【分类】列表框中的【类型】选项，将 Font-family（字体）设置为【方正行楷简体】，将 Font-size（字号）设置为 24px，将 Color（颜色）设置为 #E4300B，如图 9-104 所示。

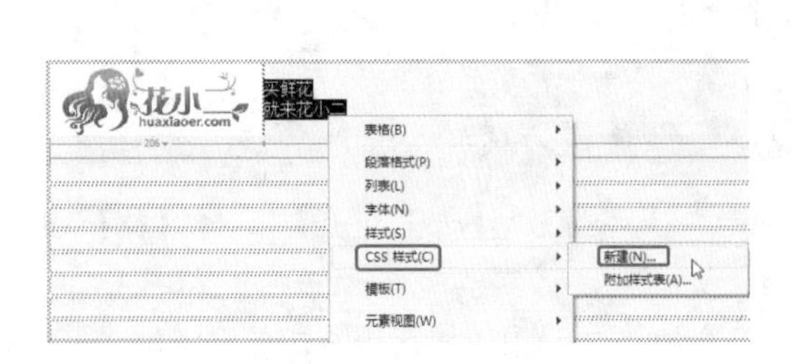

图 9-103　输入文字并选择【新建】命令

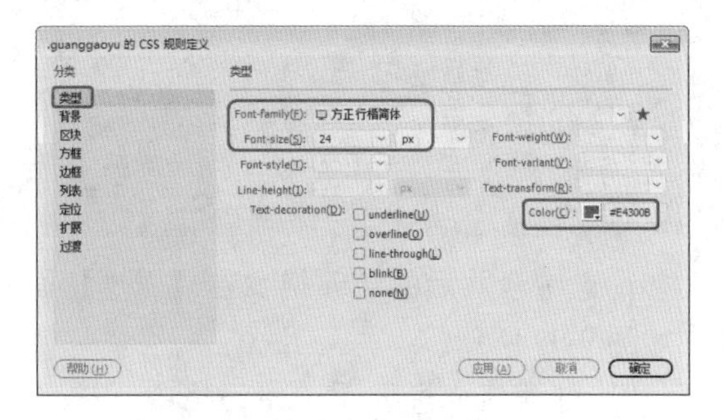

图 9-104　设置文字参数

（15）再在该对话框中选择【分类】列表框中的【区块】选项，将 Text-align（文本对齐）设置为 center（居中），如图 9-105 所示。

(16) 设置完成后，单击【确定】按钮，继续选中该文字，在【属性】面板中应用该样式，将【宽】设置为 301，将【背景颜色】设置为 #FFFFFF，如图 9-106 所示。

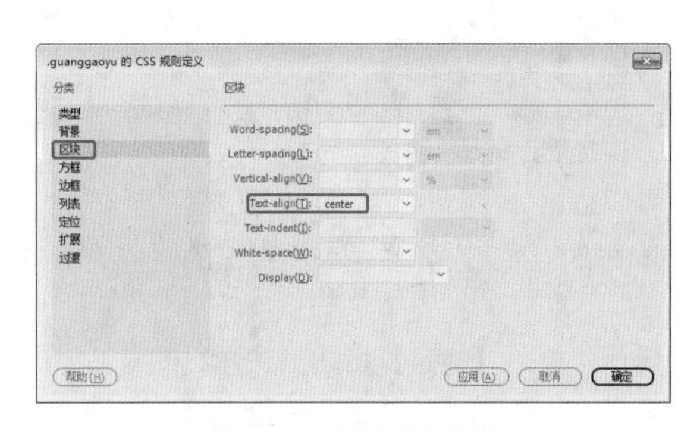

图 9-105 设置对齐方式

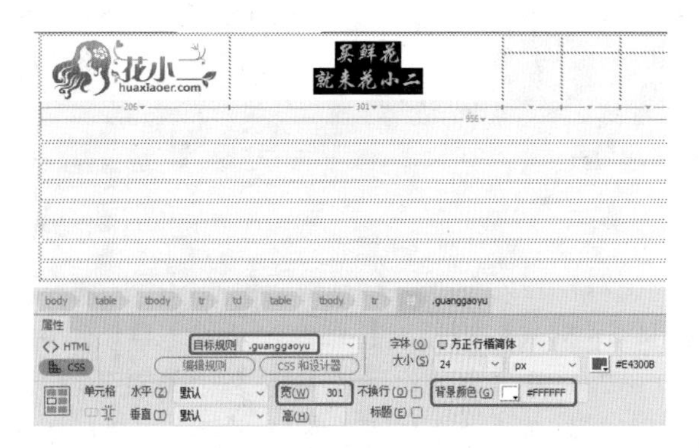

图 9-106 应用样式并设置【宽】后的效果

(17) 设置完成后，在文档窗口中调整其他单元格的宽度，并输入文字，选中输入的文字并右击，在弹出的快捷菜单中选择【CSS 样式】|【新建】命令，如图 9-107 所示。

(18) 在弹出的对话框中将【选择器名称】设置为 wz1，单击【确定】按钮，在弹出的对话框中选择【分类】列表框中的【类型】选项，将 Font-size（字号）设置为 12px，如图 9-108 所示。

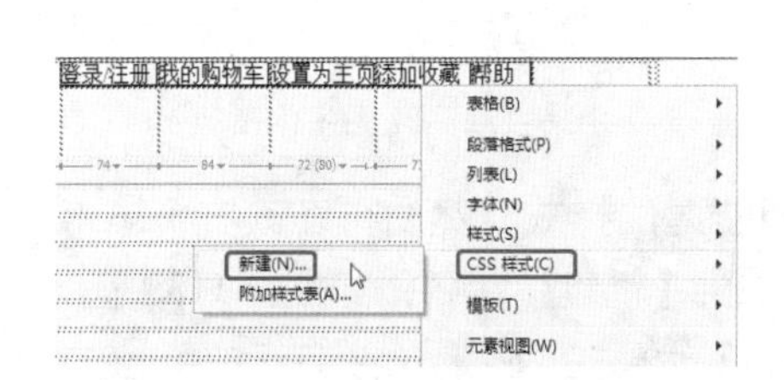

图 9-107 选择【新建】命令

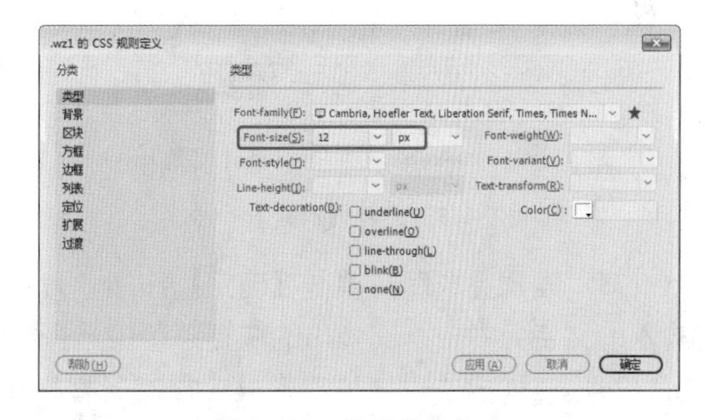

图 9-108 设置字体大小

(19) 设置完成后单击【确定】按钮，选中第 1 行第 3~9 列单元格，在【属性】面板中为其应用新建的 CSS 样式，将【背景颜色】设置为 #FFFFFF，如图 9-109 所示。

(20) 选中第 2 行第 3~9 列单元格并右击，在弹出的快捷菜单中选择【表格】|【合并单元格】命令，如图 9-110 所示。

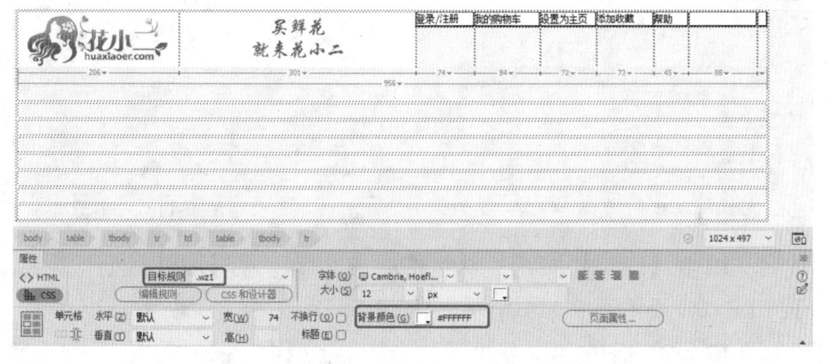

图 9-109 应用样式并设置【背景颜色】

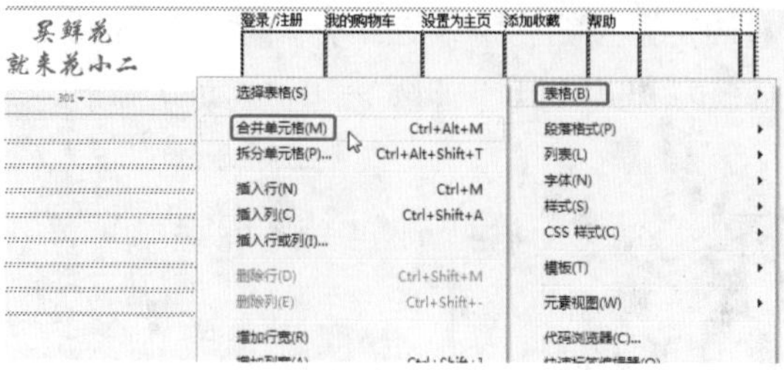

图 9-110　选择【合并单元格】命令

（21）将光标置于合并后的单元格中，输入文字，选中输入的文字并右击，在弹出的快捷菜单中选择【CSS 样式】|【新建】命令，如图 9-111 所示。

（22）在弹出的对话框中将【选择器名称】设置为 fwrx，单击【确定】按钮，在弹出的对话框中选择【分类】列表框中的【类型】选项，将 Font-family（字体）设置为【长城新艺体】，将 Font-size（字号）设置为 20px，将 Color（颜色）设置为 #900，如图 9-112 所示。

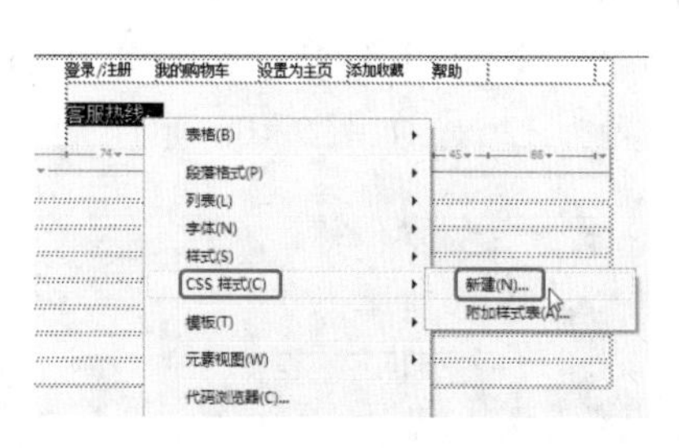

图 9-111　选择【新建】命令

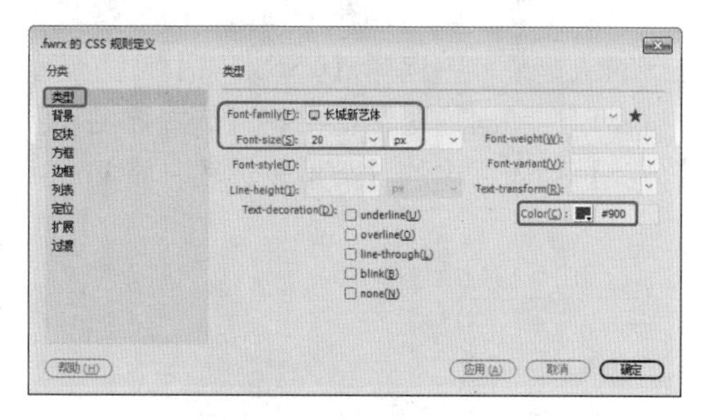

图 9-112　设置字体参数

（23）设置完成后，单击【确定】按钮，为该文字应用新建的样式，然后再在其右侧输入文字，选中输入的文字并右击，在弹出的快捷菜单中选择【CSS 样式】|【新建】命令，如图 9-113 所示。

（24）在弹出的对话框中将【选择器名称】设置为 fwrx2，单击【确定】按钮，在弹出的对话框中将 Font-family（字体）设置为 Arial Black，将 Font-size（字号）设置为 26px，将 Color（颜色）设置为 #900，如图 9-114 所示。

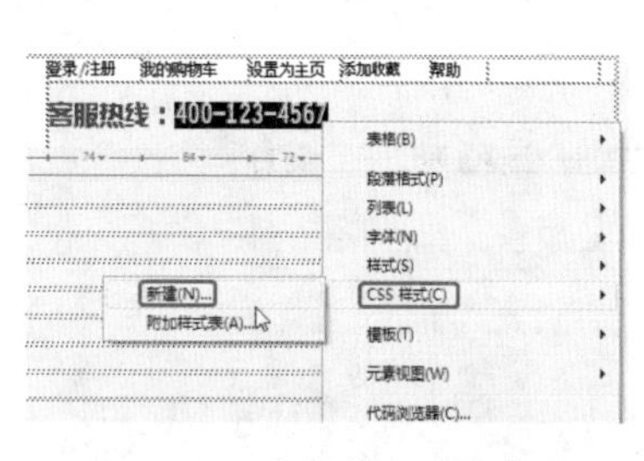

图 9-113　选择【新建】命令

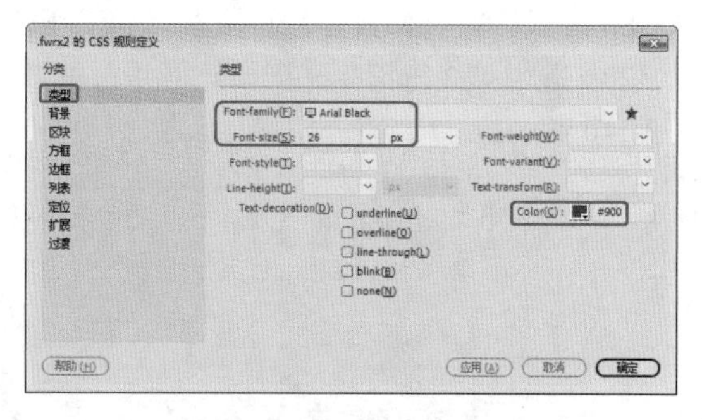

图 9-114　设置文字参数

（25）设置完成后，单击【确定】按钮，继续选中该文字，在【属性】面板中应用该样式。将【背景颜色】设置为 #FFFFFF，效果如图 9-115 所示。

（26）将光标置于 10 行表格的第 2 行单元格中，在【属性】面板中将【背景颜色】设置为 #F23E0B，如图 9-116 所示。

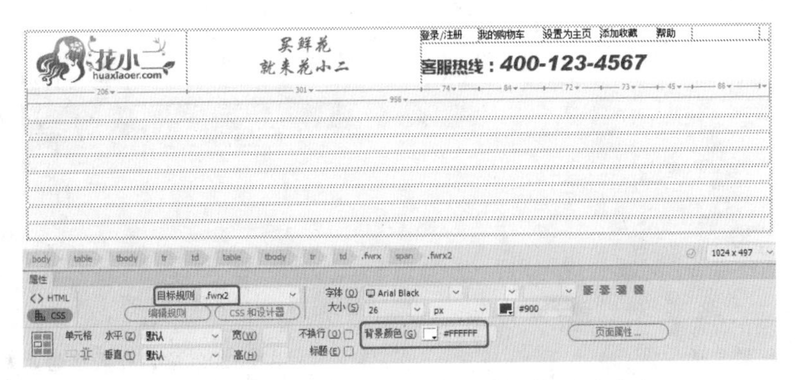

图 9-115　应用样式并设置【背景颜色】后的效果

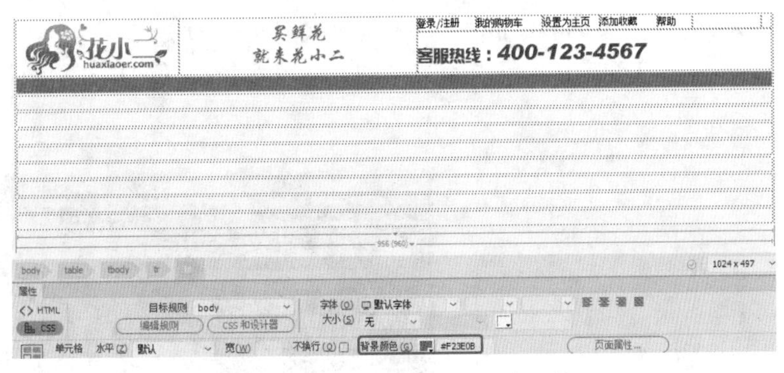

图 9-116　设置表格的【背景颜色】

（27）设置完成后，在空白处单击，按 Ctrl+Alt+T 组合键，在弹出的对话框中将【行数】【列】分别设置为 1、13，将【表格宽度】设置为 956 像素，如图 9-117 所示。

（28）设置完成后，单击【确定】按钮，在文档窗口中调整单元格的宽度，调整完成后将光标置入任意一列单元格中，在【属性】面板中将【高】设置为 40，然后输入相应的文字，效果如图 9-118 所示。

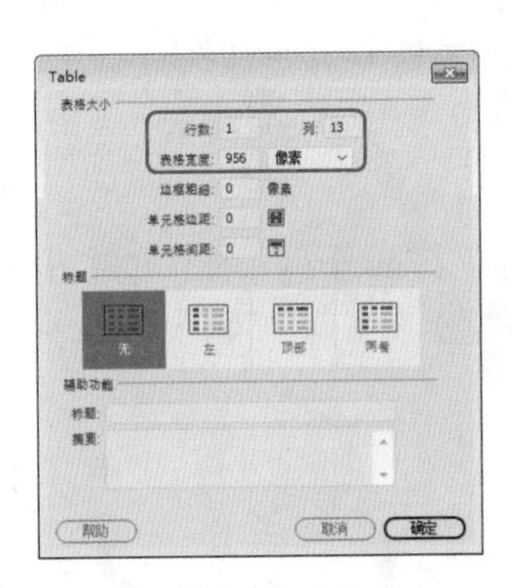

图 9-117　设置表格参数

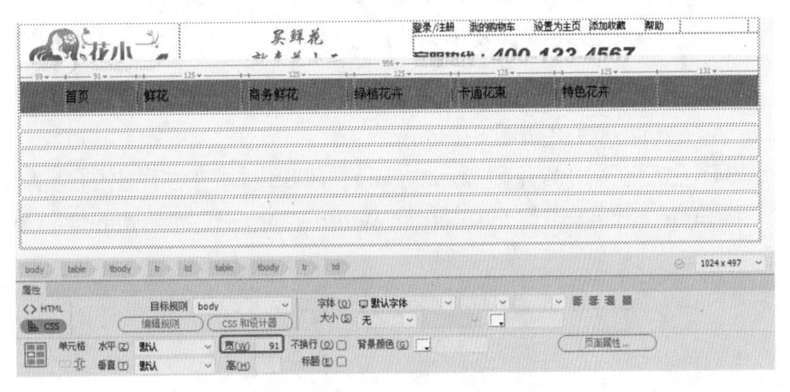

图 9-118　调整单元格【宽】【高】并输入文字

（29）选中输入的文字，新建一个名为 .dhwz 的 CSS 样式，在弹出的对话框中选择【分类】列表框中的【类型】选项，将 Font-size（字号）设置为 15px，将 Font-weight（字型）设置为 bold（加粗），将 Color（颜色）设置为 #FFF，如图 9-119 所示。

（30）设置完成后，在【分类】列表框中选择【区块】选项，将 Text-align（文本对齐）设置为 center（居中），单击【确定】按钮，继续选中该文字，在【属性】面板中为其应用该样式，效果如图 9-120 所示。

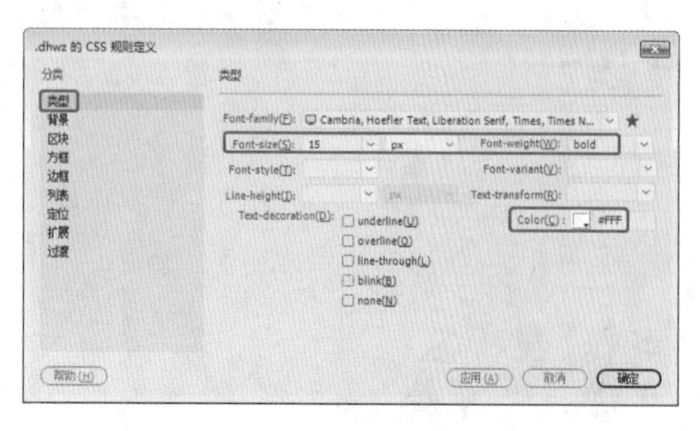

图 9-119　设置文字参数

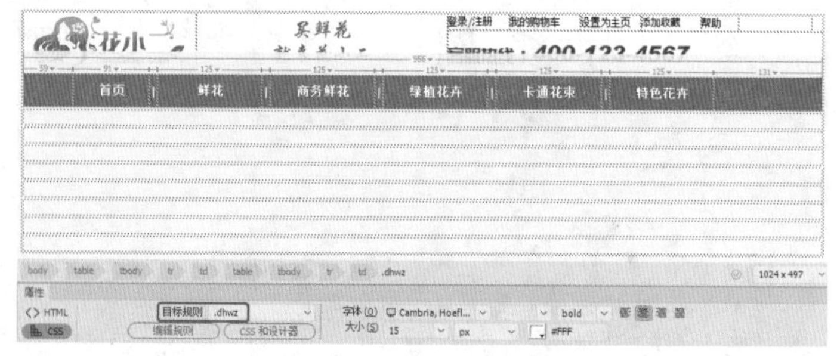

图 9-120　应用样式后的效果

（31）将光标置于 10 行表格的第 3 行单元格中，按 Ctrl+Alt+I 组合键，在弹出的对话框中选择随书附带光盘中的“CDROM\素材\Cha09\2.jpg”素材图片，如图 9-121 所示。

（32）设置完成后，单击【确定】按钮，将素材图片的【宽】和【高】分别设置为 956px、350px，效果如图 9-122 所示。

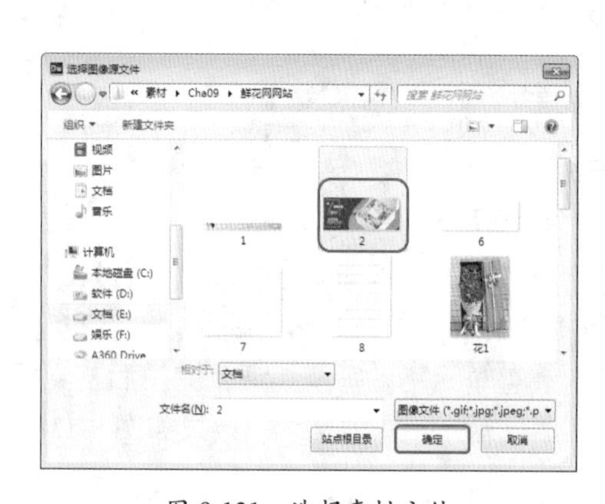

图 9-121　选择素材文件

图 9-122　调整单元格【宽】和【高】

（33）将光标置于 10 行表格的第 4 行单元格中，单击【拆分】按钮，将该行的代码修改为 <td height="6"></td>，效果如图 9-123 所示。

（34）然后新建一个名为 .biankuang 的 CSS 样式，在弹出的对话框中选择【分类】列表框中的【边框】选项，将 Style（风格）设置为 solid，将 Width（宽度）设置为 thin，将 Color（颜色）设置为 #CCC，如图 9-124 所示。

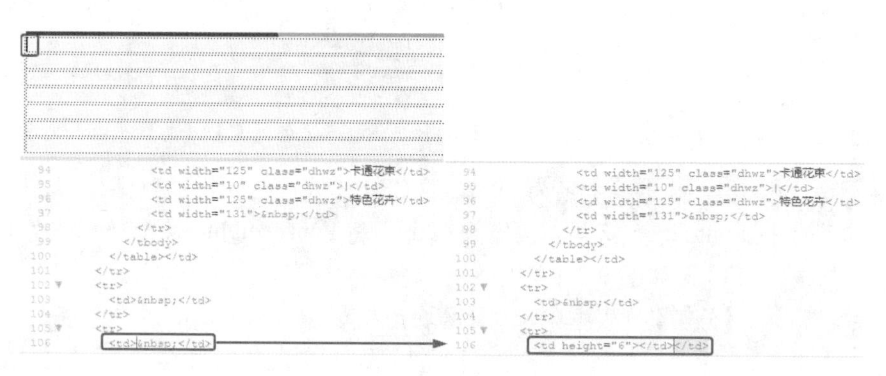

图 9-123　修改代码后的效果

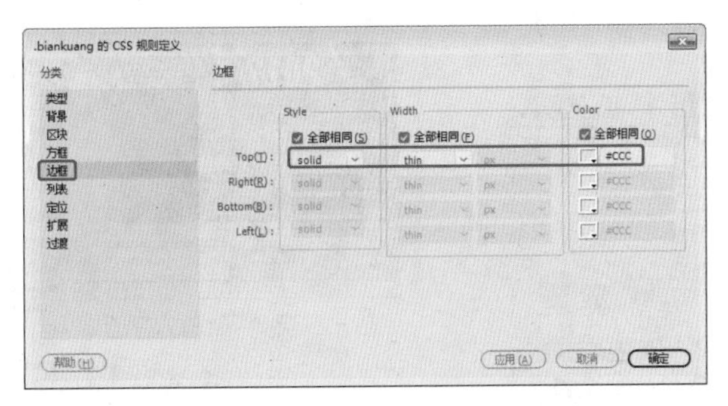

图 9-124 设置【边框】参数

（35）将光标置于10行表格的第5行单元格中，选中该单元格，在【属性】面板中为其应用 .biankuang CSS 样式，将【背景颜色】设置为 #FFFFFF，如图 9-125 所示。

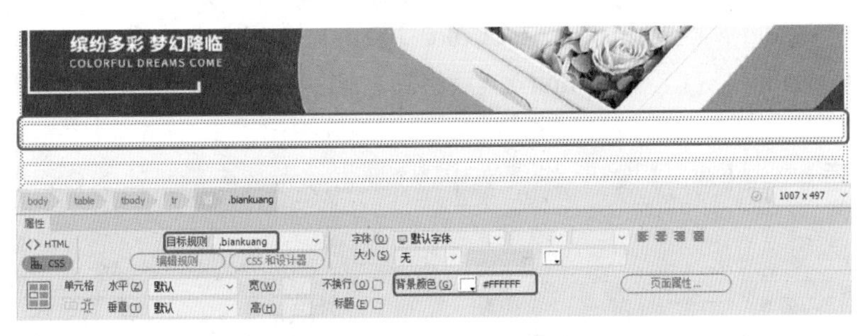

图 9-125 应用 CSS 样式并设置【背景颜色】

（36）继续将光标置于该单元格中，按 Ctrl+Alt+T 组合键，在弹出的对话框中将【行数】【列】分别设置为 3、5，将【表格宽度】设置为 956 像素，如图 9-126 所示。

（37）设置完成后，单击【确定】按钮，将光标置于第1行单元格中，输入"恋人鲜花"，选中输入的文字，新建一个名为 .bqwz 的 CSS 样式，在弹出的对话框中将 Font-family（字体）设置为【微软雅黑】，将 Font-size（字号）设置为 20px，将 Color（颜色）设置为 #FFF，如图 9-127 所示。

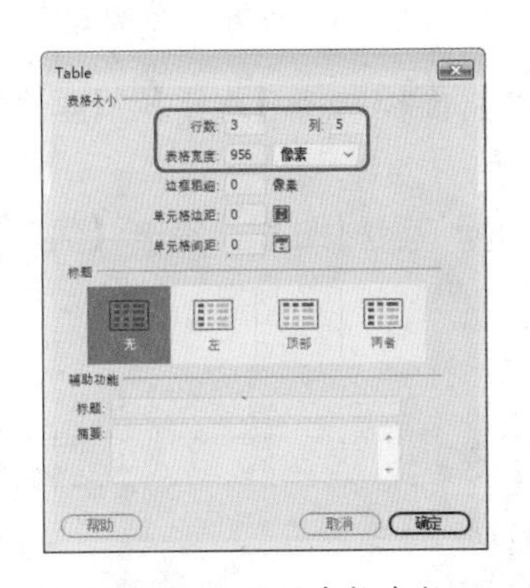

图 9-126 设置表格参数

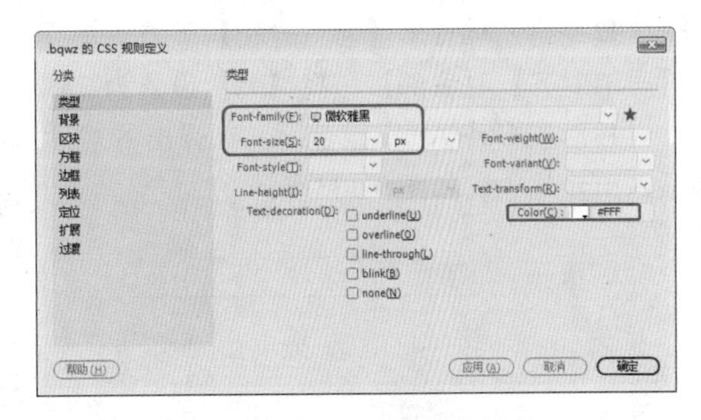

图 9-127 设置文字参数

（38）再在该对话框中选择【分类】列表框中的【区块】选项，将 Text-align（文本对齐）设置为 center（居中），单击【确定】按钮，继续选中该文字，为其应用该样式，在【属性】面板中将【高】设置为 40，将【背景颜色】设置为 #FF5A7B，并调整单元格的【宽】为 191，效果如图 9-128 所示。

（39）选中第1行第2~5列单元格并右击，在弹出的快捷菜单中选择【表格】|【合并单元格】命令，如图 9-129 所示。

图 9-128　应用样式并设置单元格【高】和【背景颜色】

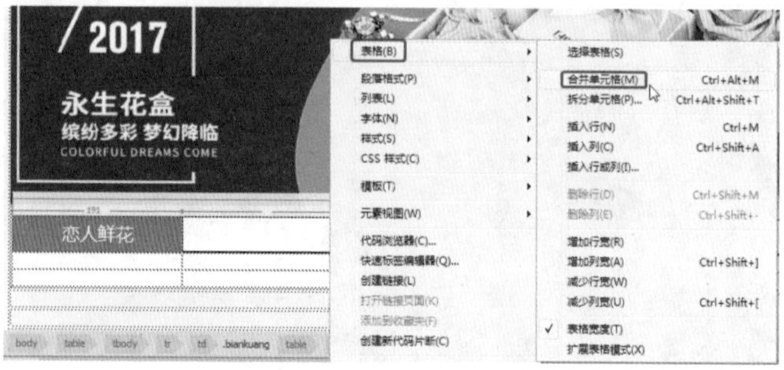

图 9-129　选择【合并单元格】命令

（40）选中合并后的单元格，新建一个名为 .hszx 的 CSS 样式，在弹出的对话框中选择【分类】列表框中的【边框】选项，取消选中 Style 选项组中的【全部相同】复选框，将 Top（上）设置为 none，将 Bottom（下）设置为 solid。将 Width（宽）、Color（颜色）选项组中的【全部相同】复选框取消选中，将 Bottom（下）右侧的 Width（宽）设置为 thin，然后将其右侧的 Color（颜色）设置为 #FF5A7B，如图 9-130 所示。

（41）设置完成后，单击【确定】按钮，继续选中该单元格，为其应用新建的 CSS 样式，效果如图 9-131 所示。

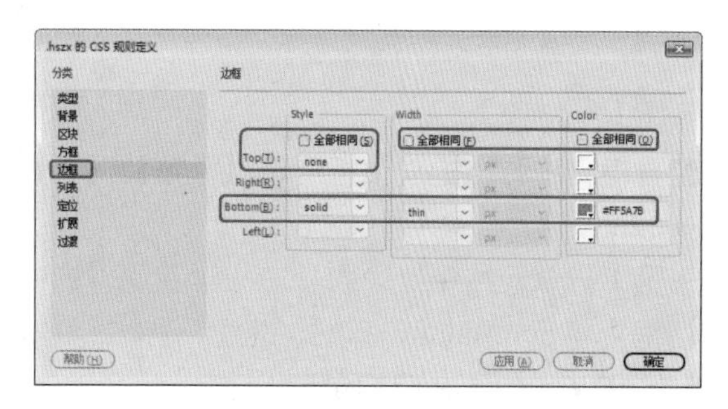

图 9-130　设置【边框】参数

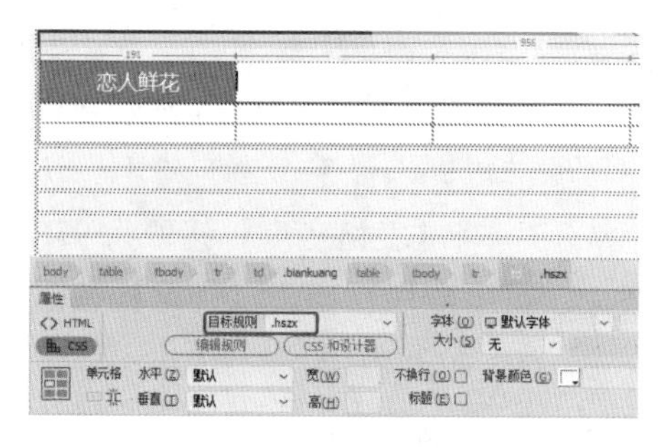

图 9-131　应用 CSS 样式

（42）将光标置于【恋人鲜花】下方的单元格中，在【属性】面板中将【水平】【垂直】分别设置为【居中对齐】【底部】，将【高】设置为 238，如图 9-132 所示。

（43）按 Ctrl+Alt+I 组合键，在弹出的对话框中选择“花 1.jpg”素材图片，单击【确定】按钮，将其插入单元格中，如图 9-133 所示。

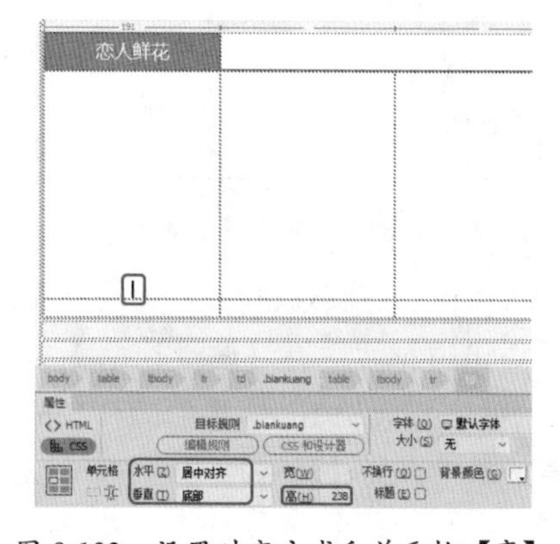

图 9-132　设置对齐方式和单元格【高】

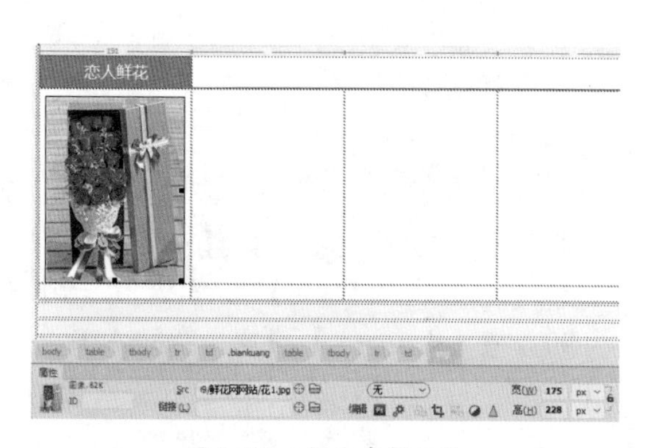

图 9-133　插入素材文件

（44）将光标置于素材图像下方的单元格中，在【属性】面板中将【水平】【垂直】分别设置为【居中对齐】【顶端】，将【高】设置为65，如图9-134所示。

（45）继续将光标置于该单元格中，按Ctrl+Alt+T组合键，将【行数】【列】都设置为3，将【表格宽度】设置为100百分比，如图9-135所示。

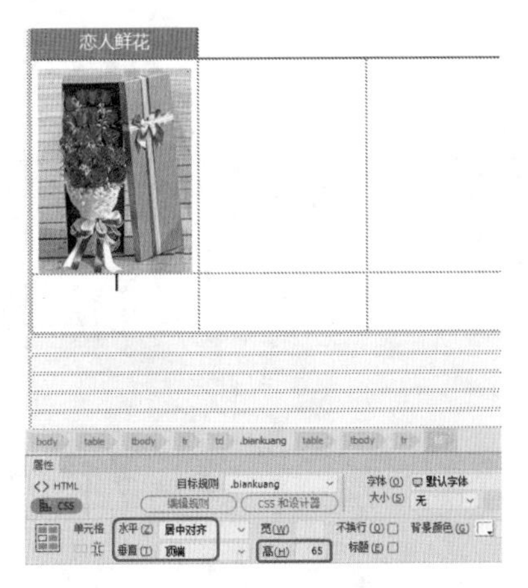

图 9-134　设置单元格的对齐方式和【高】

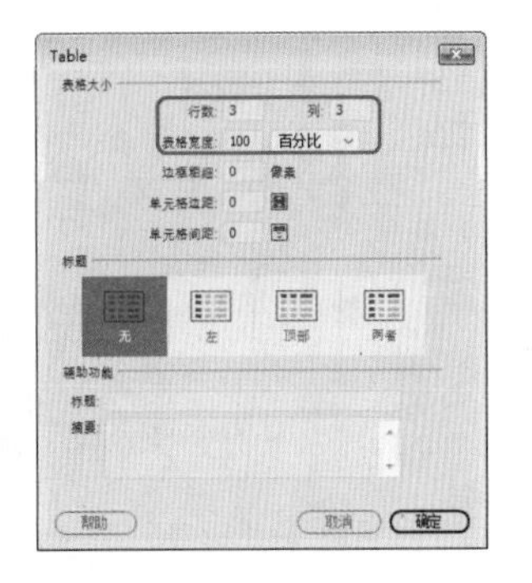

图 9-135　设置表格参数

（46）设置完成后，单击【确定】按钮，即可插入一个3行3列的单元格，将第1列单元格的【宽】设置为7，将第2列单元格的【宽】设置为176，将第3列单元格的【宽】设置为7，效果如图9-136所示。

（47）将光标置于第1行第2列单元格中，输入【相濡以沫】文字，选中该文字，新建一个名为ydwz1的CSS样式，在弹出的对话框中将Font-size（字号）设置为12px，将Color（颜色）设置为#000，如图9-137所示。

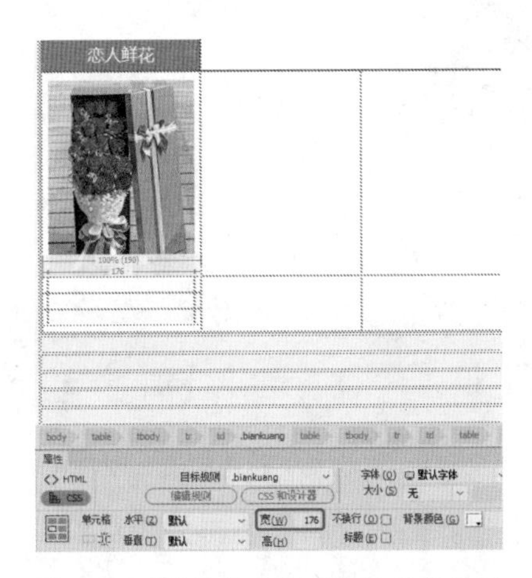

图 9-136　调整单元格【宽】后的效果

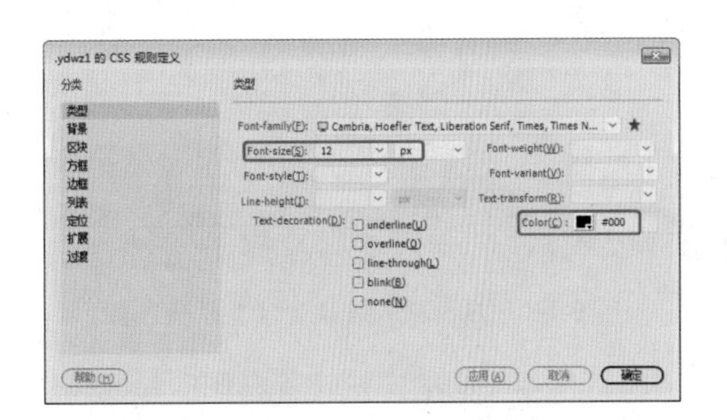

图 9-137　设置文字颜色

（48）再在该对话框中选择【分类】列表框中的【区块】选项，将Text-align（文本对齐）设置为center（居中），设置完成后单击【确定】按钮，选中该文字，为其应用该样式，在【属性】面板中将【背景颜色】设置为#f4f5f0，如图9-138所示。

（49）将光标置于该单元格的下方，输入"原价：￥169.00元"，选中输入的文字，新建一个名为.ydwz2的CSS样式，在弹出的对话框中将Font-size（字号）设置为12px，将Color（颜色）设置为#CCC，选中line-through（删除线）复选框，如图9-139所示。

提 示

line-through（删除线）复选框：选中该复选框后，将会在应用样式的对象上添加删除线。

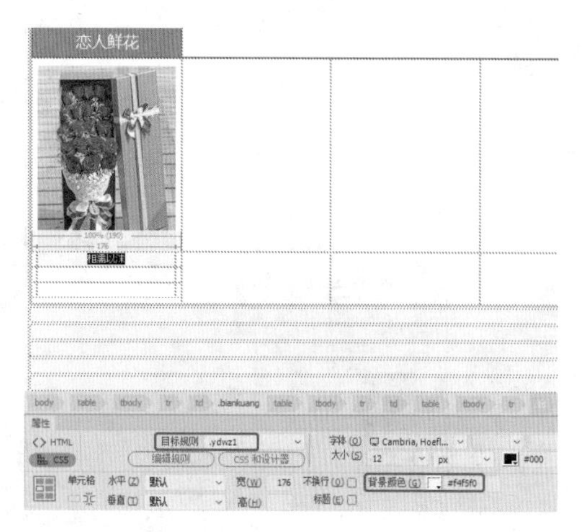

图 9-138　应用样式并设置【背景颜色】

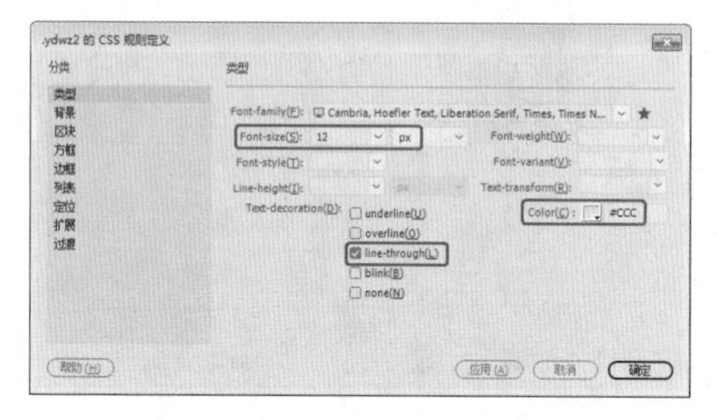

图 9-139　设置文字参数

（50）在【分类】列表框中选择【区块】选项，将 Text-align（文本对齐）设置为 center（居中），单击【确定】按钮，选中输入的文字，应用新建的样式，将【背景颜色】设置为 #f4f5f0，如图 9-140 所示。

（51）使用相同的方法，再在其下方的单元格中输入其他文字，并进行相应的设置，效果如图 9-141 所示。

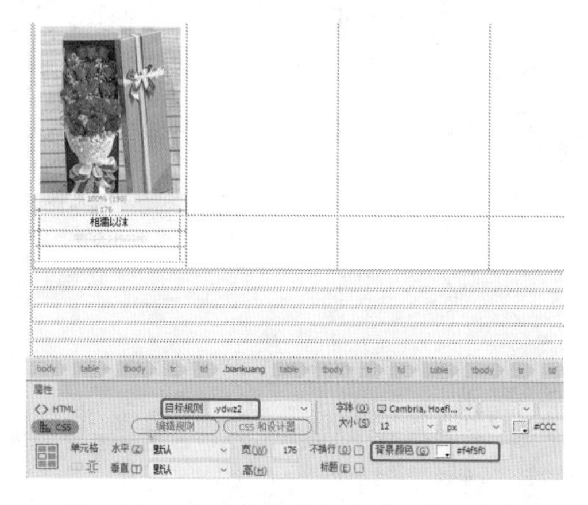

图 9-140　应用样式并设置【背景颜色】

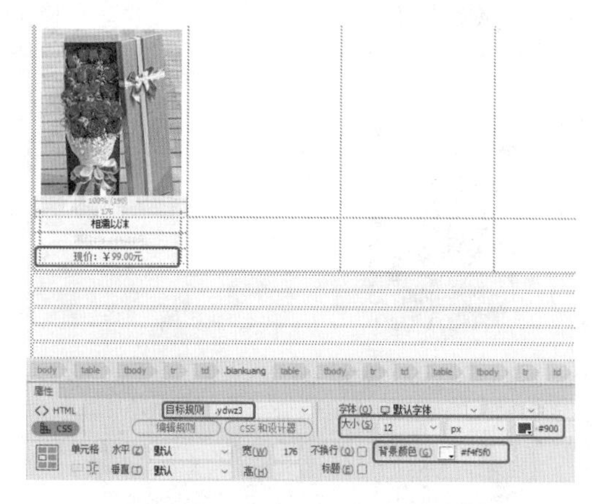

图 9-141　输入文字并进行设置后的效果

（52）使用相同的方法在其右侧的单元格中插入图像和表格并输入文字，效果如图 9-142 所示。

图 9-142　插入图像和表格后的效果

（53）根据前面所介绍的方法制作网页中的其他内容，效果如图 9-143 所示。

图 9-143　制作其他内容后的效果

案例精讲 072　鲜花网网站（二）

本案例将介绍如何制作鲜花网网站，主要利用表格为网页进行布局，然后在表格内输入文字，为单元格设置背景颜色，插入图像来丰富网页内容。具体操作方法如下，完成后的效果如图 9-144 所示。

案例文件：CDROM \ 场景 \ Cha09 \ 鲜花网网站（二）.html

视频文件：视频教学 \ Cha09 \ 鲜花网网站（二）.avi

图 9-144　鲜花网网站的设计效果（二）

(1) 按 Ctrl+N 组合键，在打开的对话框中选择【新建文档】选项，然后在【文档类型】列表中选择 HTML 选项，将【框架】设置为 HTML5，单击【创建】按钮，如图 9-145 所示。

(2) 单击【页面属性】按钮，弹出【页面属性】对话框，在该对话框中选择【外观（CSS）】选项，将【左边距】设置为 5，选择【外观（HTML）】选项，将【背景】设置为 #f0f1f1。将【左边距】【上边距】和【边距高度】都设置为 0，如图 9-146 所示。

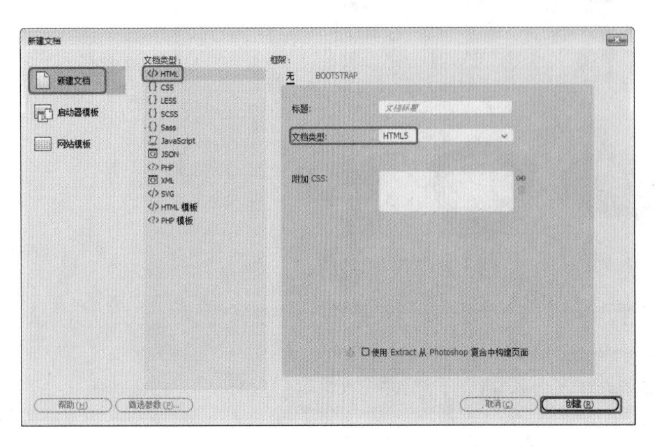

图 9-145　新建文档

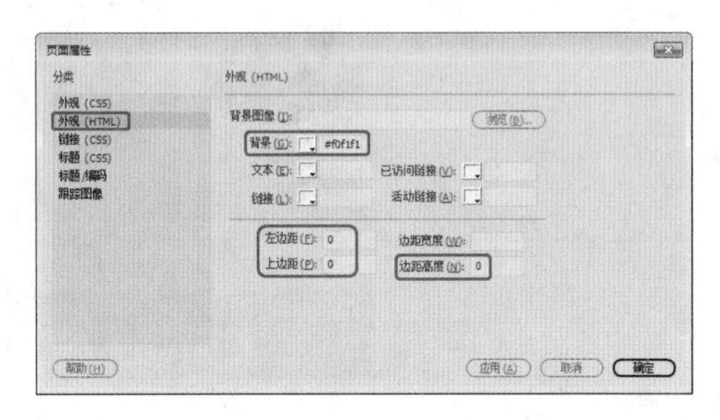

图 9-146　【页面属性】对话框

(3) 选择【标题 / 编码】选项，将【文档类型】设置为 XHTML1.0Transitional，将【编码】设置为 Unicode（UTF-8），设置完成后单击【确定】按钮，如图 9-147 所示。

(4) 按 Ctrl+Alt+T 组合键，打开 Table 对话框，在该对话框中将【行数】【列】分别设置为 9、1，将【表格宽度】设置为 956 像素，将【单元格间距】设置为 2，其他均设置为 0，如图 9-148 所示。

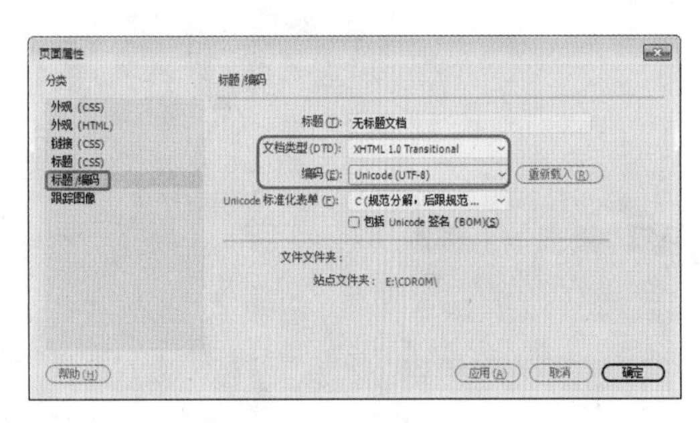

图 9-147　【页面属性】对话框

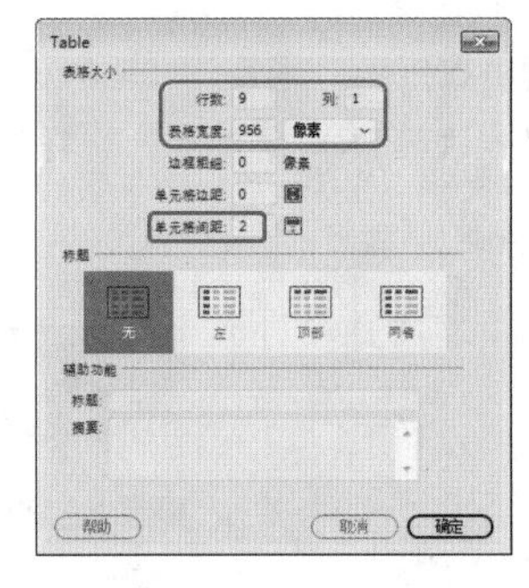

图 9-148　TAble 对话框

知识链接

【标题 / 编码】类别中的各个设置选项如下。

①【标题】：指定在文档窗口和大多数浏览器窗口的标题栏中出现的页面标题。

②【文档类型 (DTD)】：指定一种文档类型定义。例如，可从弹出菜单中选择 XHTML 1.0 Transitional 或 XHTML 1.0 Strict，使 HTML 文档与 XHTML 兼容。

③【编码】：指定文档中字符所用的编码。如果选择 Unicode (UTF-8) 作为文档编码，则不需要实体编码，因为 UTF-8 可以安全地表示所有字符。如果选择其他文档编码，则可能需要用实体编码才能表示某些字符。

④【重新载入】：转换现有文档或者使用新编码重新打开它。

⑤【Unicode 标准化表单】：仅在你选择 UTF-8 作为文档编码时才启用。其中包括 4 种 Unicode 范式。最重要的是范式 C，因为它是用于万维网的字符模型的最常用范式。Adobe 提供其他 3 种 Unicode 范式作为补充。在 Unicode 中，有些字符看上去很相似，但可用不同的方法存储在文档中。例如，“ë”（e 变音符）可表示为单个字符“e 变音符”，或表示为两个字符“正常拉丁字符 e”+“组合变音符”。Unicode 组合字符是与前一个字符结合使用的字符，因此变音符会显示在“正常拉丁字符 e”的上方。这两种形式都显示为相同的印刷样式，但保存在文件中的形式却不相同。

范式是指确保可用不同形式保存的所有字符都使用相同的形式进行保存的过程。即文档中的所有“ë”字符都保存为单个“e 变音符”或“e”+“组合变音符”，而不是在一个文档中采用这两种保存形式。

⑥【包括 Unicode 签名 (BOMXS)】：在文档中包括一个字节顺序标记 (BOM)。BOM 是位于文本文件开头的 2 ～ 4 字节，可将文件标识为 Unicode，如果是这样，还标识后面字节的字节顺序。由于 UTF-8 没有字节顺序，添加 UTF-8 BOM 是可选的，而对于 UTF-16 和 UTF-32 则必须添加 BOM。

(5) 由于此网页的导航部分与前文网页的导航部分相同，在此将【鲜花网网站（一）】中的导航部分粘贴到此文档中即可。完成后的效果如图 9-149 所示。

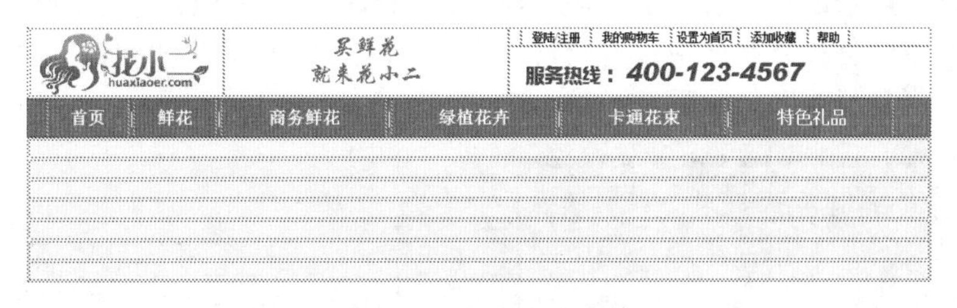

图 9-149　完成后的效果

(6) 将光标置入第 3 行单元格内，在【属性】面板中将【高】设置为 5，单击【拆分】按钮，将命令行中的   删除，如图 9-150 所示。

(7) 将光标置入第 4 行单元格内，将【高】设置为 76，按 Ctrl+Alt+I 组合键打开【选择图像源文件】对话框，在该对话框中选择随书附带光盘中的 "CDROM\素材\Cha08\鲜花网网站\1.jpg" 素材图片，单击【确定】按钮，将素材图片的【宽】和【高】分别设置为 953px、78px，如图 9-151 所示。

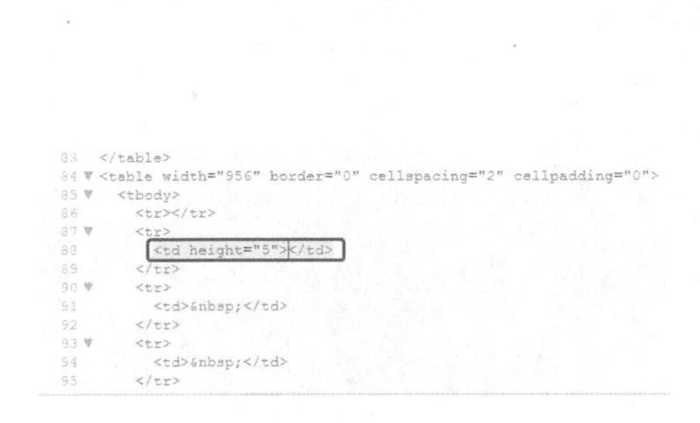

图 9-150　设置命令

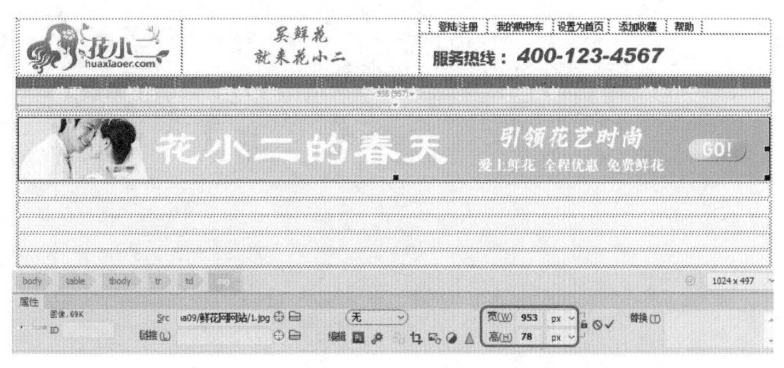

图 9-151　设置图片【宽】和【高】

(8) 将光标置入第 5 行单元格内，在【属性】面板中将【高】设置为 4，单击【拆分】按钮，将 " " 删除。将光标置入第 6 行单元格内，在【属性】面板中将【高】设置为 32，如图 9-152 所示。

(9) 将【背景颜色】设置为 #FFFFFF，右击，在弹出的快捷菜单中选择【CSS 样式】|【新建】命令，

在弹出的对话框中将【选择器名称】设置为 biankuang，单击【确定】按钮。在弹出的对话框中选择【边框】选项，然后进行如图 9-153 所示的设置。

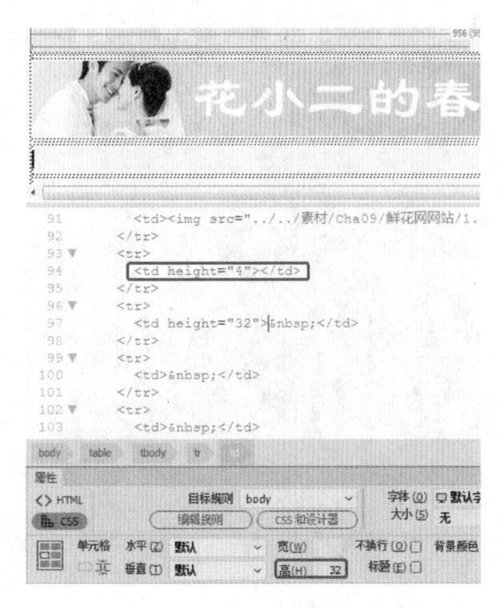

图 9-152 进行设置

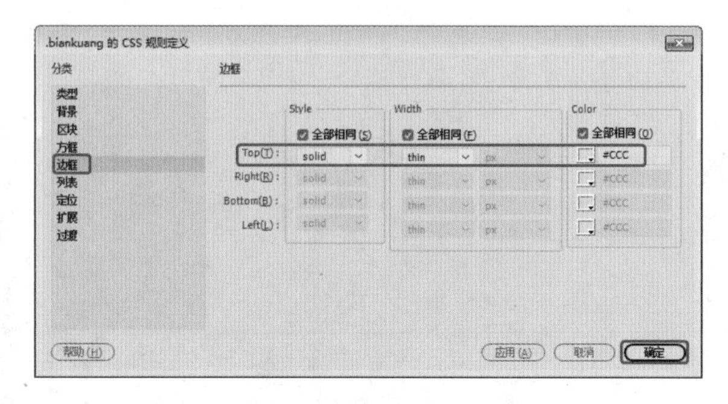

图 9-153 设置【边框】

（10）单击【确定】按钮，然后选择第 6 行单元格，将此单元格的【目标规则】设置为 .biankuang，在该单元格内输入文字“首页 > 帮助中心 > 花材知识”，选择输入的文字并新建 fenleixuanxiang 样式，在【属性】面板中将【目标规则】设置为 .fenleixuanxiang，如图 9-154 所示。

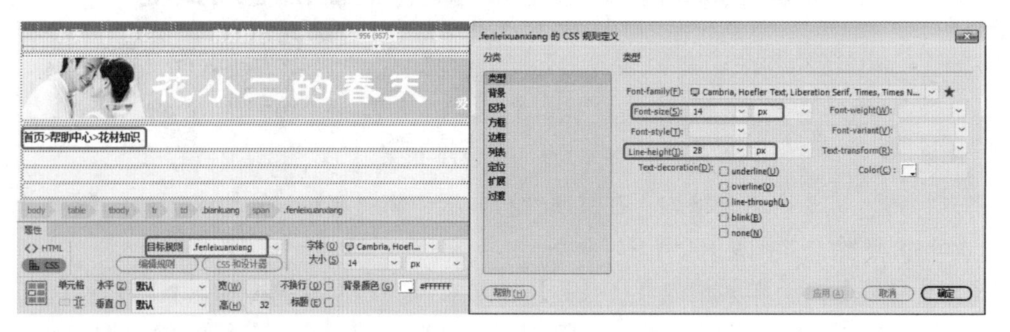

图 9-154 设置文字

（11）选择【首页】文字，在【属性】面板中选择 HTML 选项，单击【链接】右侧的【浏览文件】按钮，弹出【选择文件】对话框，在该对话框中选择随书附带光盘中的“CDROM\ 场景 \Cha09\ 鲜花网网站（一）”素材图片，如图 9-155 所示。

图 9-155 【选择文件】对话框

（12）单击【确定】按钮即可为文字添加链接。将光标置入第7行单元格内，按Ctrl+Alt+T组合键打开Table对话框，在该对话框中将【行数】【列】分别设置为1、3，将【表格宽度】设置为956像素，其他均设置为0，如图9-156所示。

（13）单击【确定】按钮即可插入表格，将第1列单元格的【宽】设置为206，将第3列单元格的【宽】设置为730，将光标置入第1列单元格内，按Ctrl+Alt+T组合键打开Table对话框，在该对话框中将【行数】【列】分别设置为2、1，将【表格宽度】设置为100百分比，其他保持默认设置，如图9-157所示。

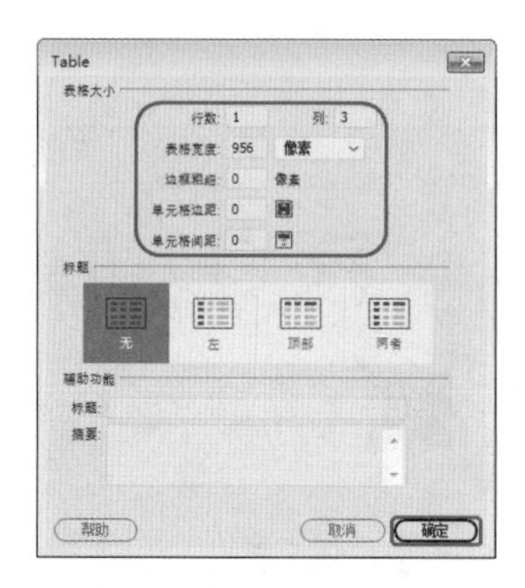

图9-156 设置表格参数

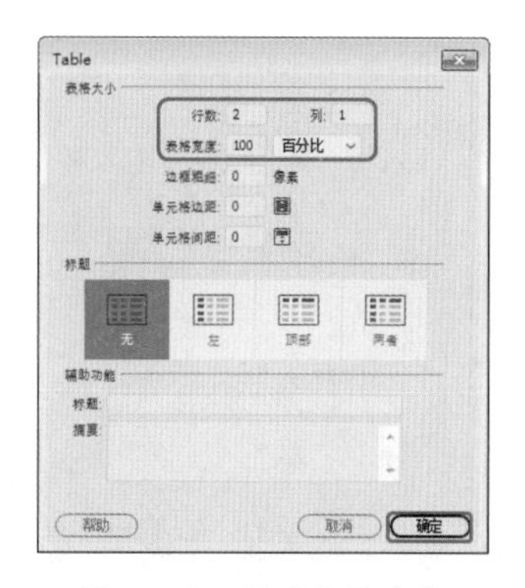

图9-157 设置表格参数

（14）单击【确定】按钮即可插入表格，将光标置入第1行的单元格内，将【宽】设置为50%，将【高】设置为32，将【背景颜色】设置为#F23E0B，如图9-158所示。

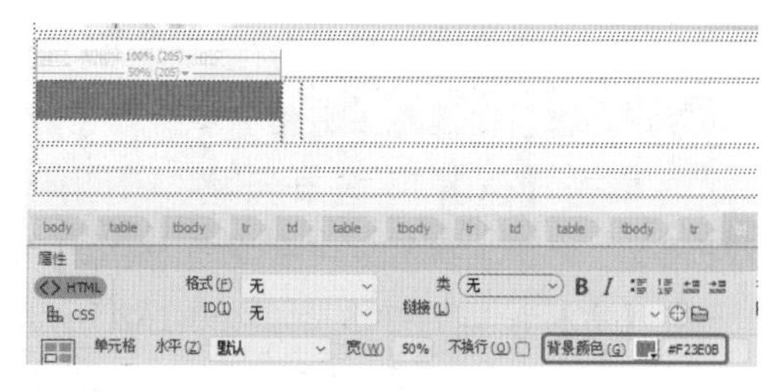

图9-158 设置单元格

（15）在单元格内输入文字“新手指南”，添加名为biaoqianwenzi的CSS样式，选择【类型】选项，将Font-size（字号）设置为20px，将Color（颜色）设置为#FFFFFF，选择【分类】列表框中的【区块】选项，将Text-align（文本对齐）设置为center（居中），设置完成后单击【确定】按钮，将【目标规则】设置为.biaoqianwenzi。将光标置入第2行单元格内，将【高】设置为186，单击【拆分】按钮，在td后按空格键，在弹出的下拉列表中双击background，然后再双击【浏览】弹出【选择文件】对话框，在该对话框中选择随书附带光盘中的“CDROM\素材\Cha09\鲜花网网站\4.jpg”素材图片，如图9-159所示。

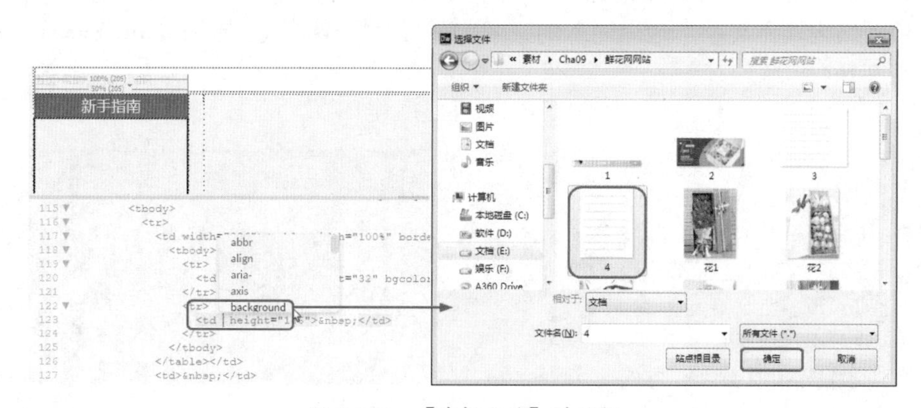

图9-159 【选择文件】对话框

（16）单击【确定】按钮即可为选择单元格设置背景图片。在单元格内输入文字，选择输入的文字，将【目标规则】设置为.fenleixuanxiang。选择插入的表格，在【属性】面板中将Class设置为

biankuang，单击【实时视图】按钮，观看效果，如图 9-160 所示。

(17) 将光标置入大表格的第 2 列单元格内，将【宽】设置为 8，将光标置入第 3 列单元格内，在【属性】面板中将【目标规则】设置为 .biankuang，按 Ctrl+Alt+T 组合键打开 Table 对话框，在该对话框中将【行数】【列】分别设置为 2、4，将【表格宽度】设置为 100 百分比，其他保持默认设置，如图 9-161 所示。

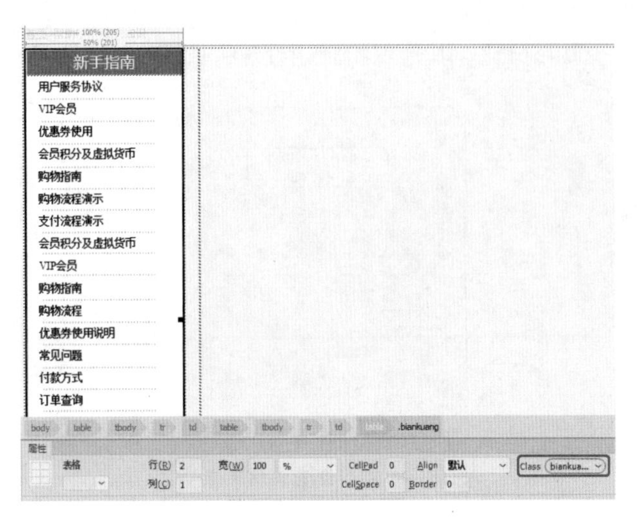

图 9-160　设置完成后的效果

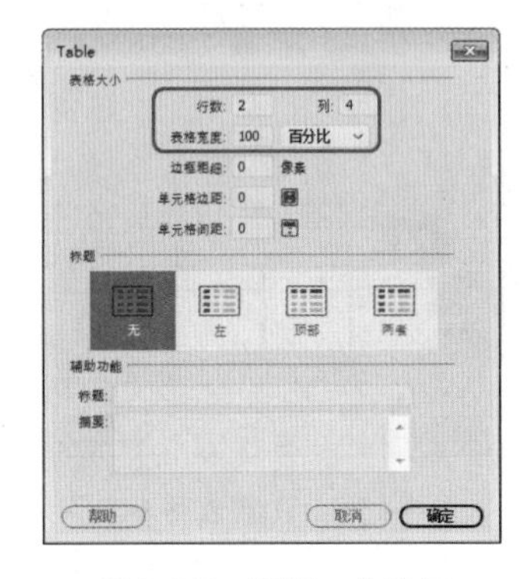

图 9-161　Table 对话框

(18) 然后选择第 1 行单元格，将【背景颜色】设置为 #F23E0B，输入文字并为其应用 .biaoqianwenzi 样式，单击【合并所选单元格，使用跨度】按钮，选择第 2 行单元格，将【背景颜色】设置为 #FFFFFF。将第 1 列和第 4 列单元格的【宽】设置为 123，将第 2 列单元格【宽】设置为 289，将第 3 列单元格【宽】设置为 205，如图 9-162 所示。

图 9-162　设置表格

(19) 根据前面介绍的方法插入随书附带光盘中的“CDROM\素材\Cha09\鲜花网网站\7.jpg”素材图片作为单元格的背景，完成后的效果如图 9-163 所示。

(20) 在单元格内输入文字，选择输入的文字，将【目标规则】设置为 .fenleixuanxiang，按 F12 键观看效果，如图 9-164 所示。

知识链接

用户还可以在【新建 CSS 规则】对话框中选择 CSS 规则的选择器类型，其中各个类型的功能如下。

①【类（可应用于任何 HTML 元素）】：可以创建一个作为 class 属性应用于任何 HTML 元素的自定义样式。类名称必须以英文字母或句点开头，不可包含空格或其他符号。

②【ID（仅应用于一个 HTML 元素）】：用于定义包含特定 ID 属性的标签格式。ID 名称必须以英文字母开头，Dreamweaver 将自动在名称前添加 #，不可包含空格或其他符号。

③【标签（重新定义 HTML 元素）】：重新定义特定 HTML 标签的默认格式。

④【复合内容（基于选择的内容）】：定义同时影响两个或多个标签、类或 ID 的复合规则。

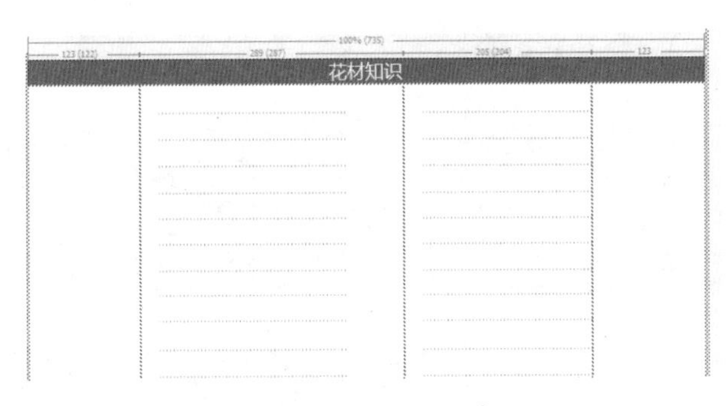

图 9-163 设置背景

图 9-164 输入文字并进行设置

（21）将光标置入第 8 行单元格内，将【高】设置为 3，然后单击【拆分】按钮，将命令行中的   删除。将光标置入第 9 行单元格内，将【背景颜色】设置为 #666666，在单元格内输入文字，右击，在弹出的快捷菜单中选择【CSS 样式】|【新建】命令，在弹出的对话框中将【选择器名称】设置为 xgbl1，如图 9-165 所示。

（22）单击【确定】按钮，在弹出的对话框中将 Font-size（字号）设置为 12px，将 Color（颜色）设置为 #FFF，单击【确定】按钮，如图 9-166 所示。

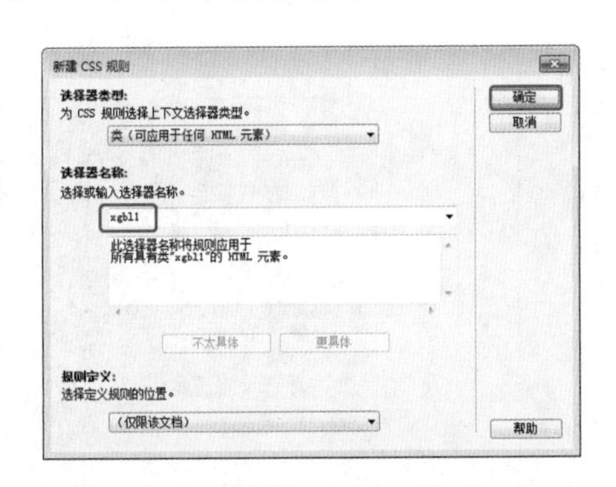

图 9-165 【新建 CSS 规则】对话框

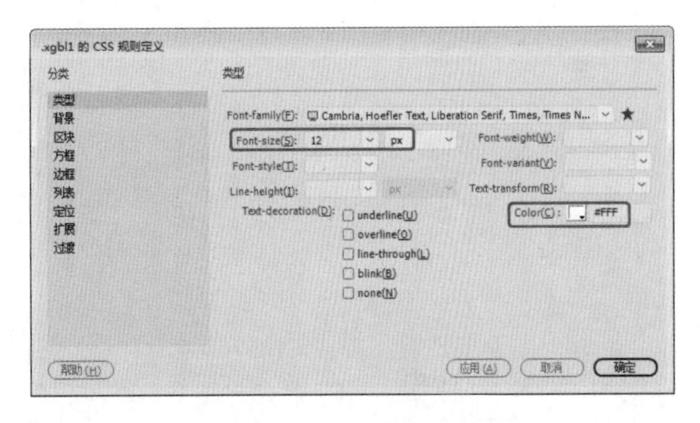

图 9-166 设置规则

（23）单击【确定】按钮，选择刚刚创建的文字，在【属性】面板中将【目标规则】设置为 .xglb1，将【水平】设置为【居中对齐】，完成后的效果如图 9-167 所示。

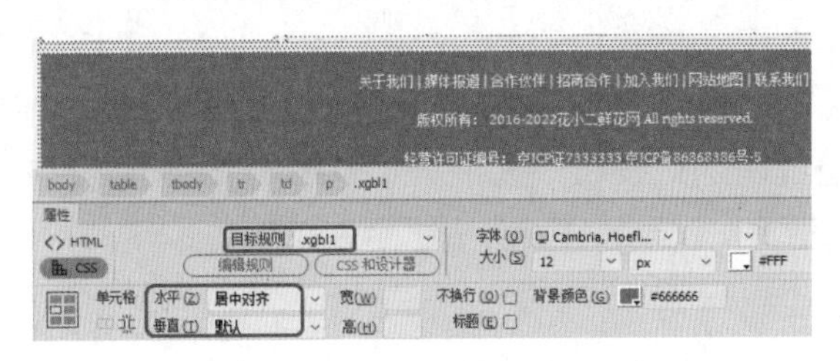

图 9-167 设置完成后的效果

案例精讲 073　装饰公司网站（一）

本案例将介绍如何制作装饰公司网站主页，主要通过插入表格、插入鼠标经过图像等操作来完成装饰公司网站主页的制作。具体操作方法如下，完成的效果如图 9-168 所示。

案例文件：CDROM \ 场景 \ Cha09 \ 装饰公司网站（一）.html

视频文件：视频教学 \ Cha09 \ 装饰公司网站（一）.avi

图 9-168　装饰公司网站的设计效果（一）

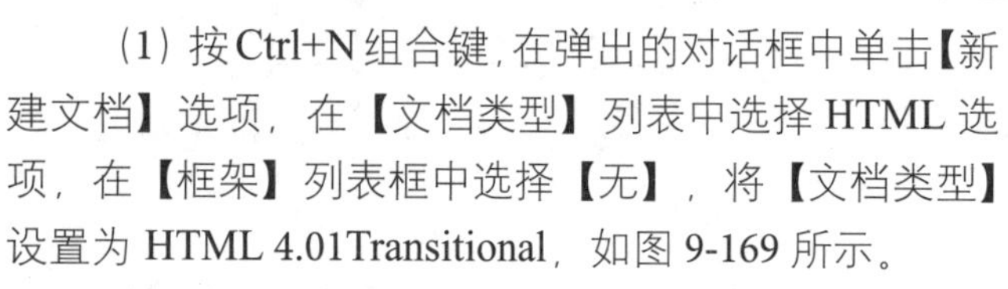

(1) 按 Ctrl+N 组合键，在弹出的对话框中单击【新建文档】选项，在【文档类型】列表中选择 HTML 选项，在【框架】列表框中选择【无】，将【文档类型】设置为 HTML 4.01Transitional，如图 9-169 所示。

(2) 设置完成后，单击【创建】按钮，在【页面属性】对话框中将【外观（HTML）】中的【左边距】设置为 0.5，单击【确定】按钮，然后按 Ctrl+Alt+T 组合键，在弹出的对话框中将【行数】【列】分别设置为 5、1，将【表格宽度】设置为 972 像素，其他设置保持默认，如图 9-170 所示。

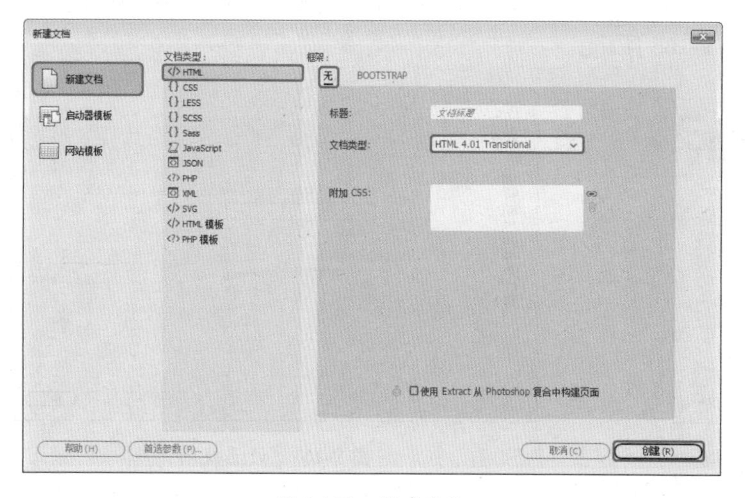

图 9-169　新建文档

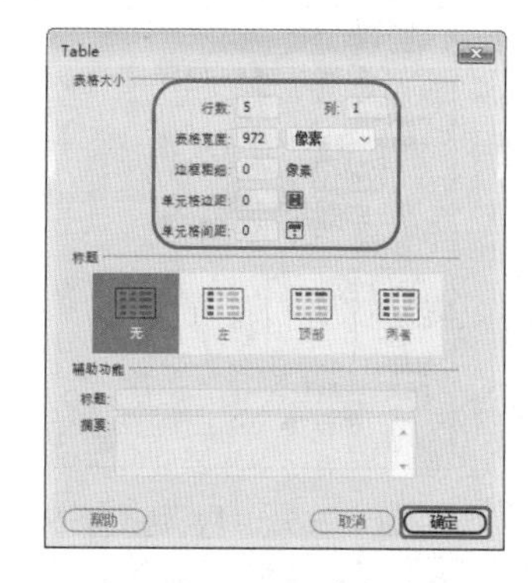

图 9-170　设置表格参数

(3) 设置完成后，单击【确定】按钮，然后将表格处于选中状态，在【属性】面板中将 Align（对齐）设置为【居中对齐】，将光标置于第 1 行单元格中，按 Ctrl+Alt+T 组合键，在弹出的对话框中将【行数】【列】分别设置为 3、5，将【表格宽度】设置为 972 像素，其他设置保持默认，如图 9-171 所示。

(4) 设置完成后，单击【确定】按钮，选中第 1 列的 3 个单元格，在【属性】面板中单击【合并所选单元格，使用跨度】按钮，效果如图 9-172 所示。

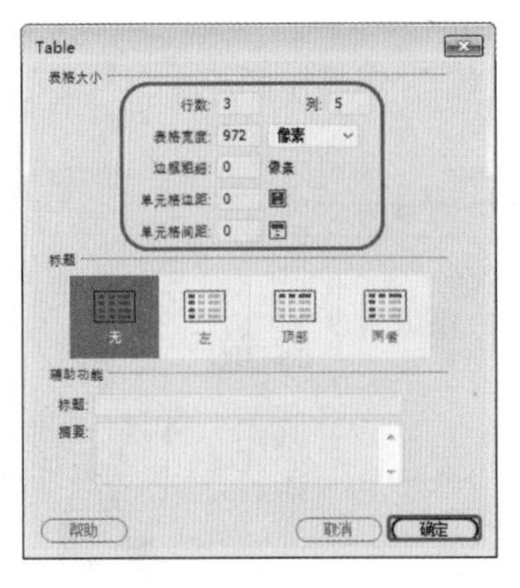

图 9-171　设置表格参数

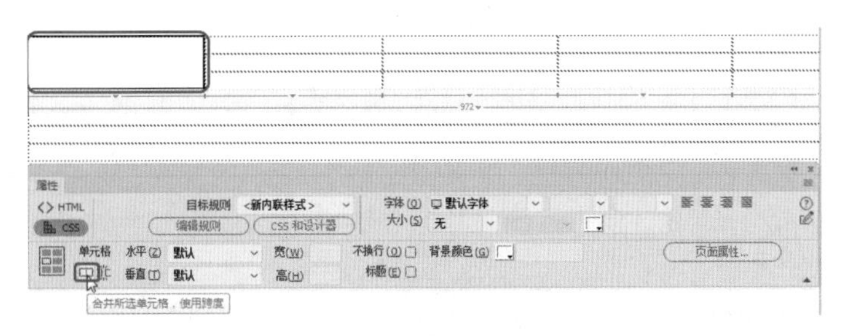

图 9-172　合并单元格

提 示

合并单元格可以按 Ctrl+Alt+M 组合键。

（5）将光标置于合并后的单元格中，在【属性】面板中将【宽】设置为 236、【高】设置为 63，如图 9-173 所示。

（6）然后按 Ctrl+Alt+I 组合键，在弹出的【选择图像源文件】对话框中选择随书附带光盘中的"CDROM\ 素材 \Cha09\ 装饰公司网站 \ 公司图标 .jpg"素材图片，如图 9-174 所示。

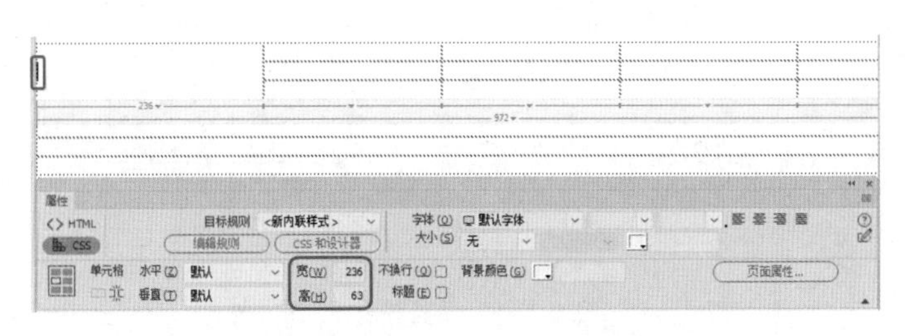

图 9-173　设置单元格【宽】和【高】

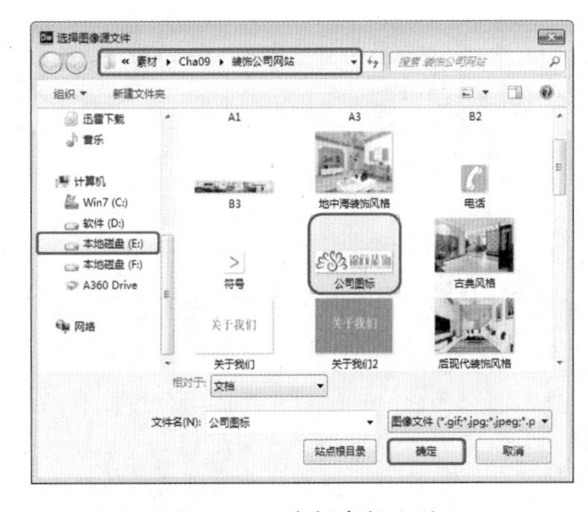

图 9-174　选择素材文件

（7）单击【确定】按钮，效果如图 9-175 所示。

（8）将光标置于第 1 行第 2 列单元格中，在【属性】面板中将【宽】设置为 221，如图 9-176 所示。

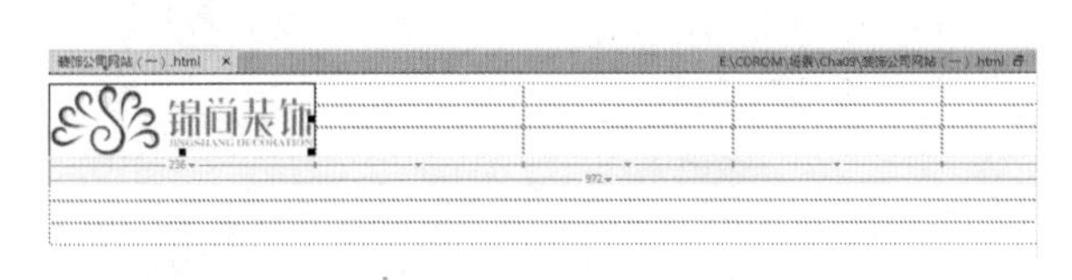

图 9-175　插入素材后的效果

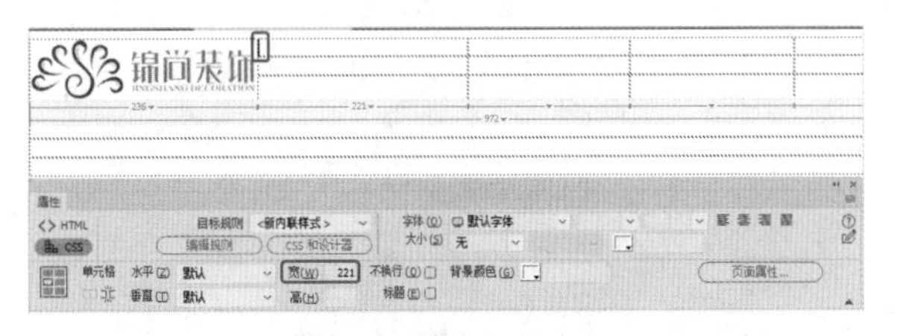

图 9-176　设置表格【宽】

（9）选中第 3 列的 3 行单元格，在【属性】面板中单击【合并所选单元格，使用跨度】按钮，然后将【水平】设置为【居中对齐】、【垂直】设置为【居中】、【宽】设置为 75，如图 9-177 所示。

（10）再次将光标置于合并后的单元格中，按 Ctrl+Alt+I 组合键，在弹出的对话框中选择随书附带光盘中的“CDROM\ 素材 \Cha09\ 装饰公司网站 \ 电话 .jpg”素材图片，如图 9-178 所示。

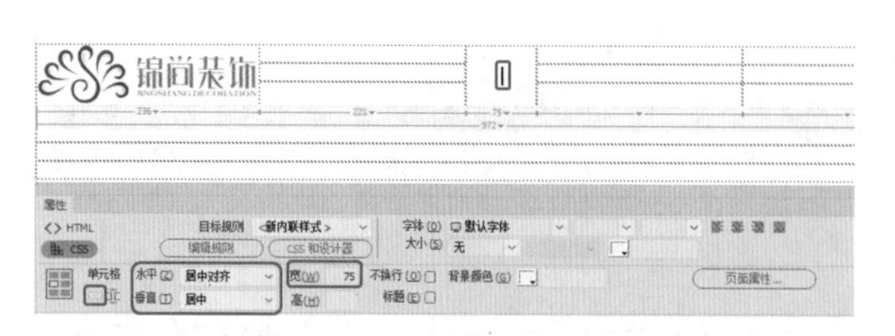

图 9-177　设置单元格

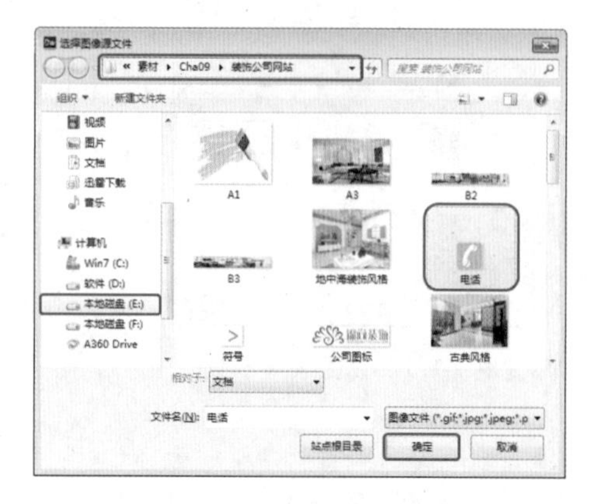

图 9-178　选择素材文件

（11）将光标置于第 4 列第 2 行单元格中，输入文字“全国服务热线 全国加盟热线 400-100-4576 400-100-8975”，然后将光标置于“全国加盟热线”后面，单击【拆分】按钮打开【代码】面板，在该文字处输入“ ”如图 9-179 所示。

（12）然后使用相同的方法调整另一行文字之前的间距，完成后的效果如图 9-180 所示。

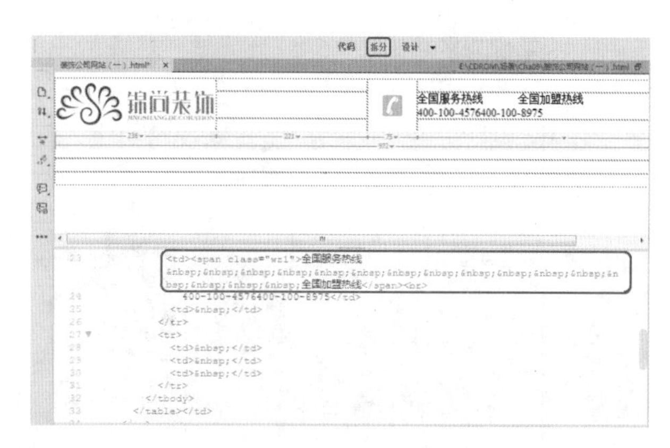

图 9-179　应用样式并设置后的效果

图 9-180　设置字体大小和颜色

（13）选中输入的第 1 行文字，右击，弹出快捷菜单，选择【CSS 样式】|【新建】命令，如图 9-181 所示。

（14）在弹出的对话框中将【选择器名称】设置为 wz1，单击【确定】按钮，如图 9-182 所示。

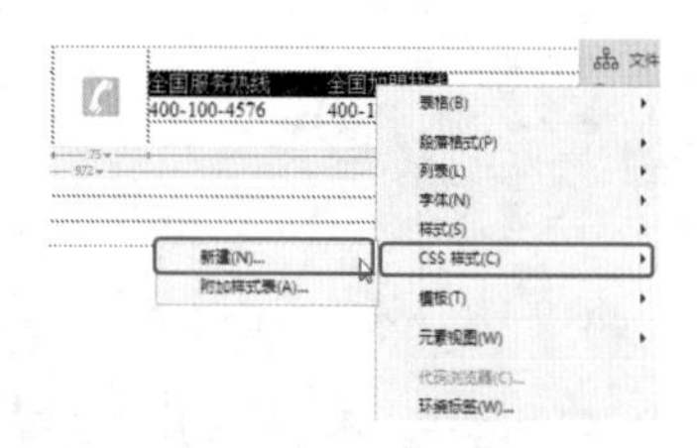

图 9-181　选择【新建】命令

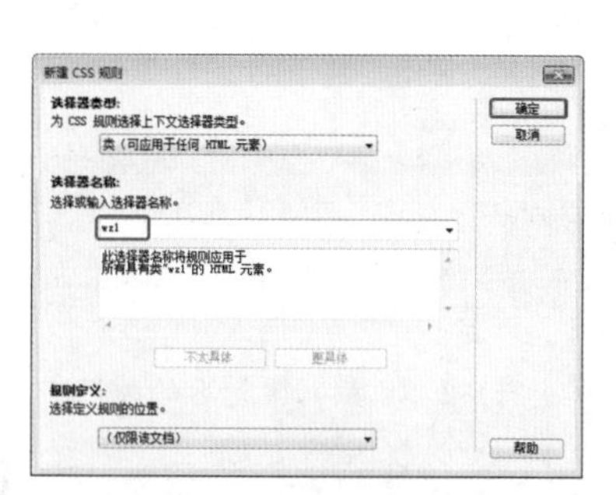

图 9-182　新建 CSS 规则

（15）在弹出的对话框中选择【分类】列表框中的【类型】选项，将 Font-size（字号）设置为 12px、Color（颜色）设置为 #666，如图 9-183 所示。

（16）设置完成后，单击【确定】按钮，选中该文字为其应用新建的 wz1 CSS 样式，如图 9-184 所示。

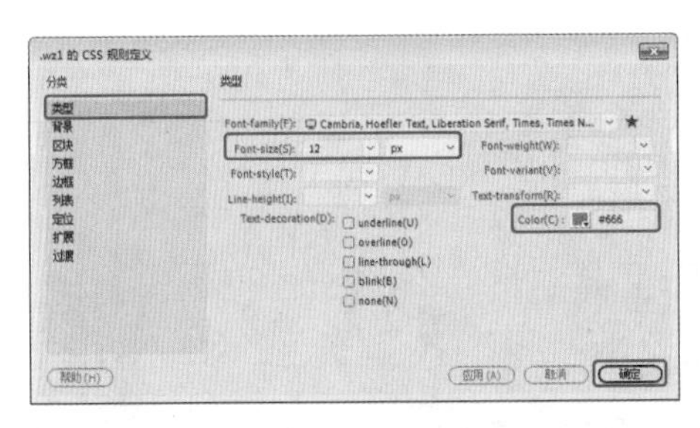

图 9-183　设置文字大小和颜色

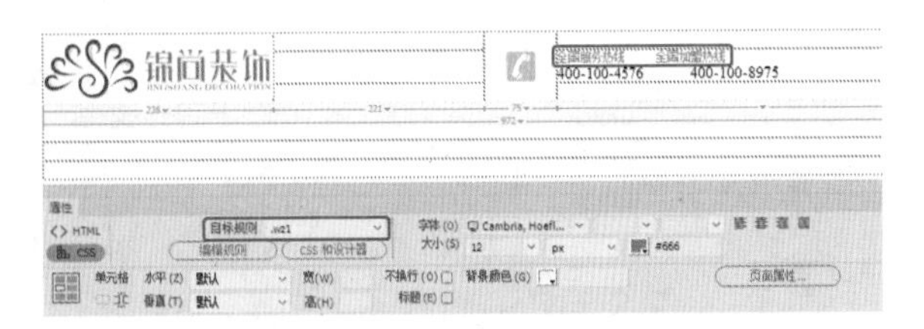

图 9-184　为文字应用 CSS 样式

（17）再选择该单元格中输入的另一行文字，右击，弹出快捷菜单，选择【CSS 样式】|【新建】命令，在弹出的对话框中将【选择器名称】设置为 wz2，单击【确定】按钮，在弹出的对话框中选择【分类】列表框中的【类型】选项，将 Font-size（字号）设置为 14px、Color（颜色）设置为 #BC834C，如图 9-185 所示。

（18）然后再选中该文字，为其应用新建 .wz2 CSS 样式，右击，在弹出的快捷菜单中选择【样式】|【粗体】命令，效果如图 9-186 所示。

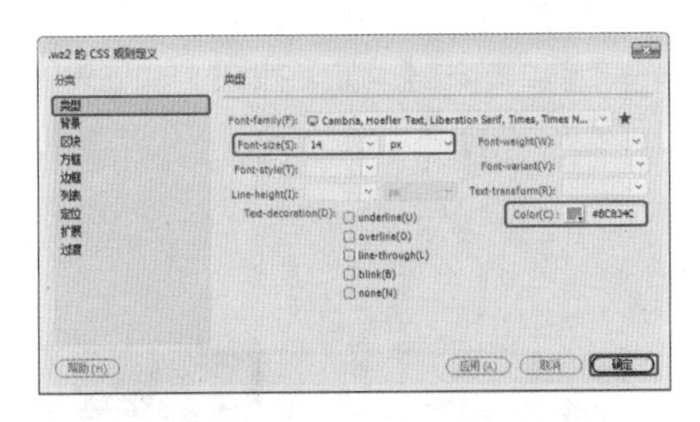

图 9-185　设置文字大小和颜色

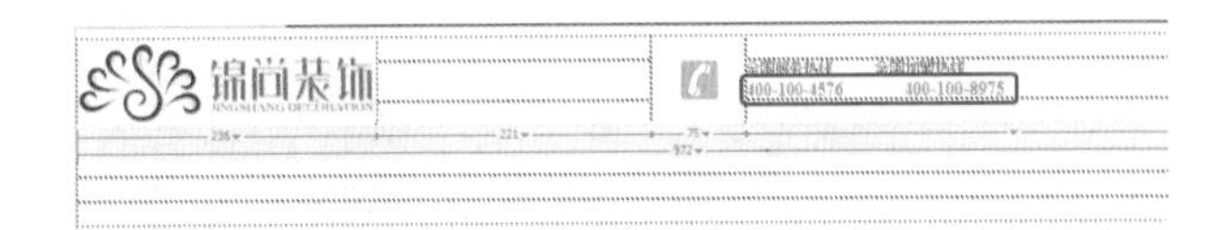

图 9-186　为文字应用 CSS 样式并设置样式

（19）选中第 5 列的 3 行单元格，按 Ctrl+Alt+M 组合键合并该单元格，将光标置于合并的单元格中，在【属性】面板中将【水平】设置为【左对齐】、【宽】设置为 100，如图 9-187 所示。

（20）然后按 Ctrl+Alt+I 组合键，在弹出的【选择图像源文件】对话框中选择随书附带光盘中的"CDROM\ 素材 \Cha09\ 装饰公司网站 \A1.jpg"素材图片，如图 9-188 所示。

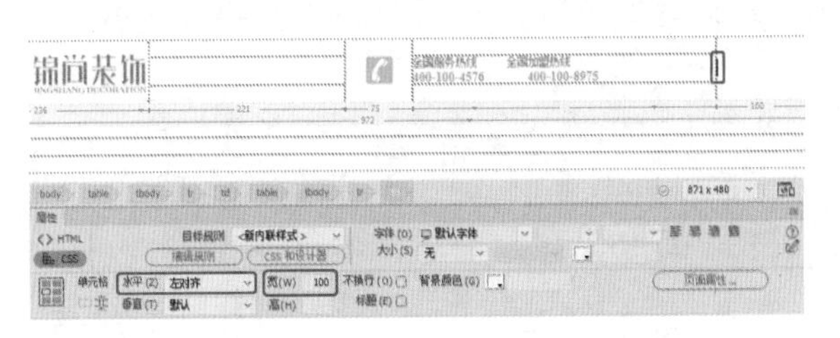

图 9-187　应用样式并设置单元格【宽】

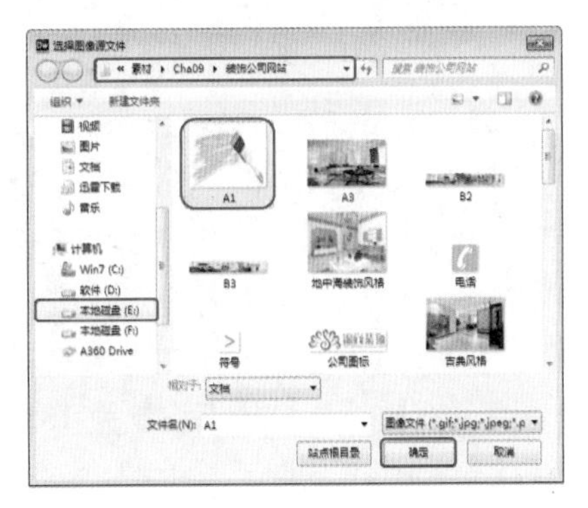

图 9-188　合并单元格并插入图像

（21）将光标置于第 2 行单元格中，按 Ctrl+Alt+I 组合键，在弹出的【选择图像源文件】对话框中选择随书附带光盘中的"CDROM\ 素材 \Cha09\ 装饰公司网站 \A3.jpg"素材图片，如图 9-189 所示。

（22）插入后的素材文件效果如图 9-190 所示。

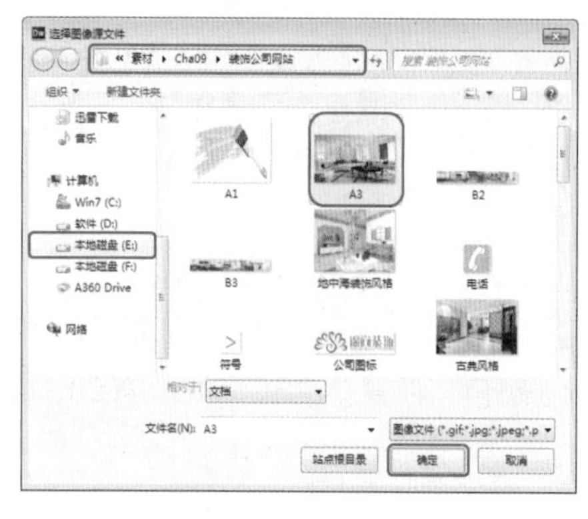

图 9-189　选择素材文件

图 9-190　插入素材后的效果

（23）将光标置于第 3 行单元格中，按 Ctrl+Alt+T 组合键，弹出 Table 对话框，将【行数】和【列】分别设置为 1、11，【表格宽度】设置为 972 像素，其他设置保持默认，单击【确定】按钮，如图 9-191 所示。

（24）设置完成后，单击【确定】按钮，选中该表格的第 4 ～ 9 列单元格，右击，弹出快捷菜单，选择【CSS 样式】|【新建】命令，如图 9-192 所示。

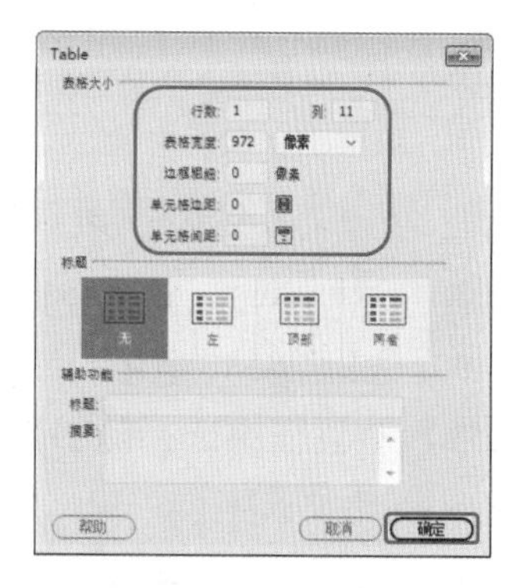

图 9-191　Table 对话框

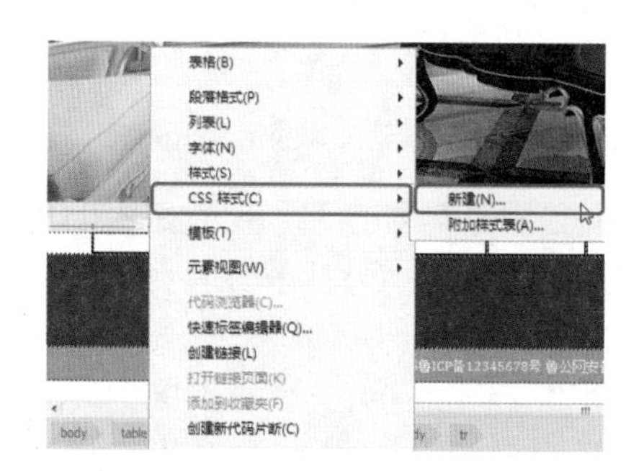

图 9-192　选择【新建】命令

（25）在弹出的对话框中将【选择器名称】设置为 bk1，单击【确定】按钮，在弹出的对话框中选择【边框】选项，取消选中 Style、Width、Color 下方的【全部相同】复选框，将 Left 的 Style、Width、Color 分别设置为 solid、thin、#CCC，如图 9-193 所示。

（26）设置完成后，单击【确定】按钮，为第 4 ～ 9 列单元格依次应用该样式，将光标置于第 3 列单元格中，按 Ctrl+Alt+I 组合键，在弹出的对话框中选择"首页 .png"素材图片，单击【确定】按钮，在【属性】面板中将【宽】【高】分别设置为 133px、69px，如图 9-194 所示。

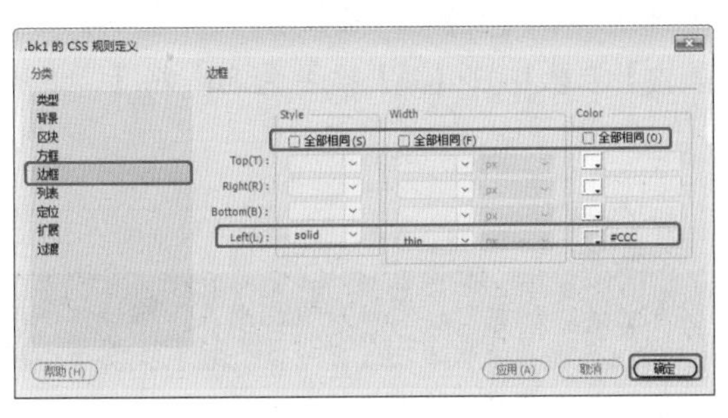

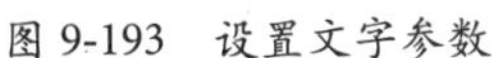

图 9-193　设置文字参数

图 9-194　设置素材文件的【宽】和【高】

(27) 将光标置于第 4 列单元格中，在菜单栏中选择【插入】| HTML |【鼠标经过图像】命令，如图 9-195 所示。

(28) 在弹出的对话框中单击【原始图像】右侧的【浏览】按钮，在弹出的对话框中选择“作品赏析 .png”素材图片，如图 9-196 所示。

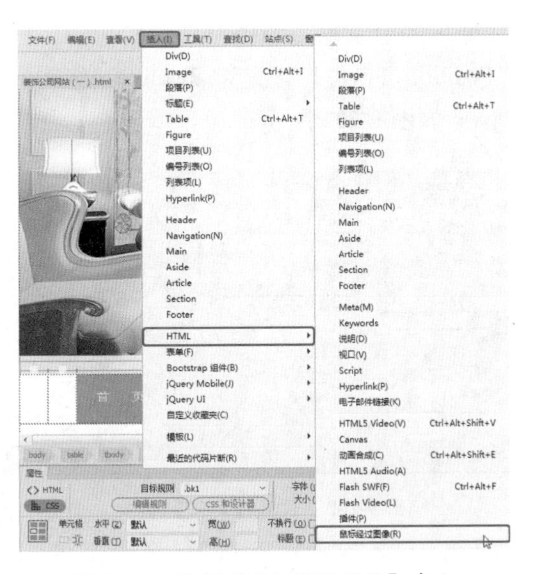

图 9-195　选择【鼠标经过图像】命令

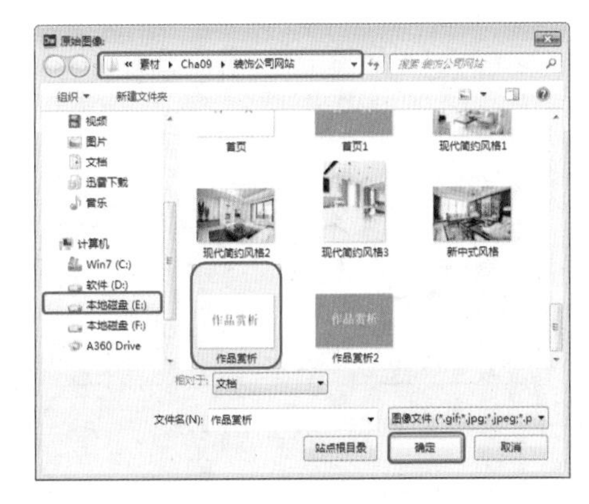

图 9-196　选择素材文件

(29) 单击【确定】按钮，单击【鼠标经过图像】右侧的【浏览】按钮，在弹出的对话框中选择“作品赏析 2.png”素材图片，单击【确定】按钮，如图 9-197 所示。

(30) 单击【确定】按钮，选中该图像，在【属性】面板中将【宽】设置为 133px、【高】设置为 69px，如图 9-198 所示。

图 9-197　添加【鼠标经过图像】

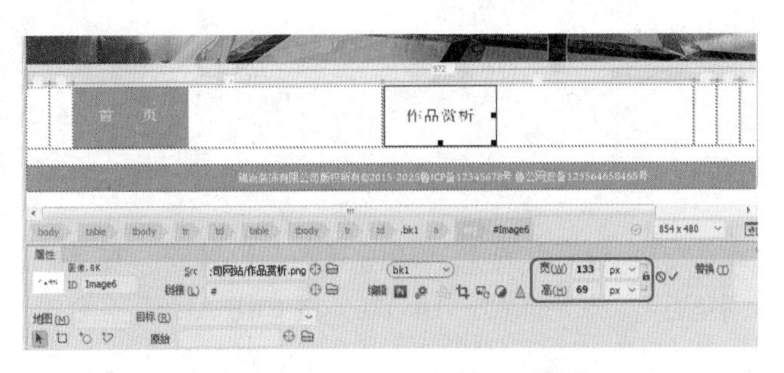

图 9-198　设置图像【宽】和【高】

(31) 使用同样的方法插入其他鼠标经过图像，并调整单元格的【宽】和【高】，效果如图 9-199 所示。

(32) 将光标置于 5 行表格的第 4 行单元格中，在【属性】面板中将【高】设置为 80，将【背景颜色】设置为 #333333，如图 9-200 所示。

图 9-199　插入其他图像后的效果

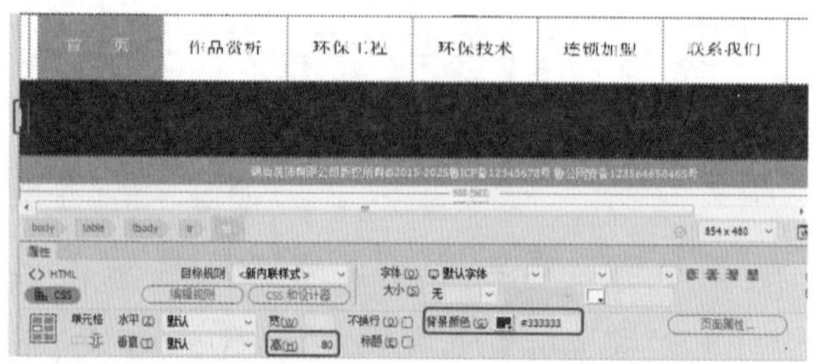

图 9-200　设置单元格【高】和【背景颜色】

(33) 在菜单栏中选择【插入】| Div 命令，在弹出的对话框中将 ID 设置为 div01，如图 9-201 所示。

(34) 设置完成后，单击【新建 CSS 规则】按钮，在弹出的对话框中单击【确定】按钮，再在弹出的对话框中选择【分类】列表框中的【定位】选项，将 Position（定位）设置为 absolute（绝对的），将 Width（宽度）、Height（高度）分别设置为 972px、80px，如图 9-202 所示。

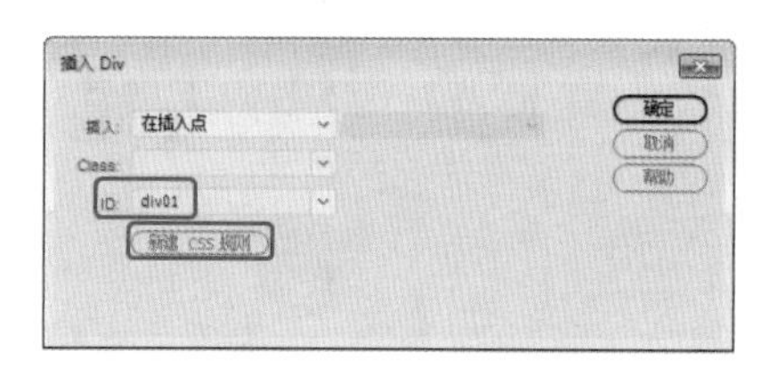

图 9-201　设置 ID 名称

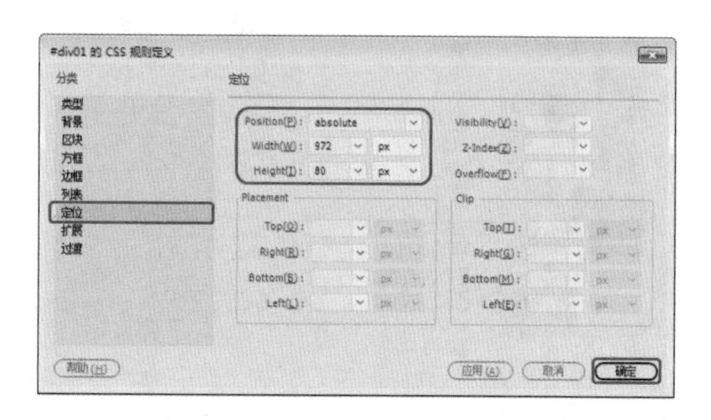

图 9-202　设置【定位】参数

知识链接

Position：用于确定浏览器应如何来定位选定的元素，在其下拉列表中包括 4 个选项，其中各个选项的功能如下：

① absolute：指使用定位框中输入的、相对于最近的绝对或相对定位上级元素的坐标（如果不存在绝对或相对定位的上级元素，则为相对于页面左上角的坐标）来放置内容。

② fixed：指使用定位框中输入的、相对于区块在文档文本流中的位置的坐标来放置内容区块。

③ relative：指使用定位框中输入的坐标（相对于浏览器的左上角）来放置内容。当用户滚动页面时，内容将在此位置保持固定。

④ static：指将内容放在其在文本流中的位置。这是所有可定位的 HTML 元素的默认位置。

(35) 设置完成后，单击【确定】按钮，在【插入 Div】对话框中单击【确定】按钮，将 Div 中的文字删除，将光标置于 Div 中，按 Ctrl+Alt+T 组合键，在弹出的对话框中将【行数】【列】分别设置为 2、7，将【表格宽度】设置为 972 像素，其他设置保持默认，如图 9-203 所示。

（36）设置完成后，单击【确定】按钮，将第1行的【高】设置为40，第2行的【高】设置为40，然后选中第1列的两行单元格，按Ctrl+Alt+M组合键合并单元格，效果如图9-204所示。

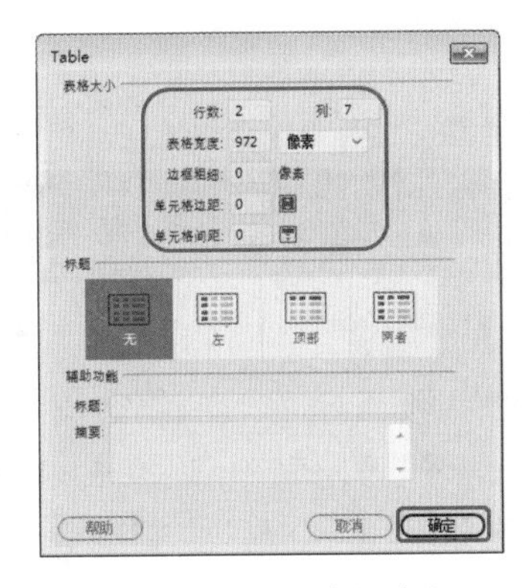

图 9-203 设置表格参数

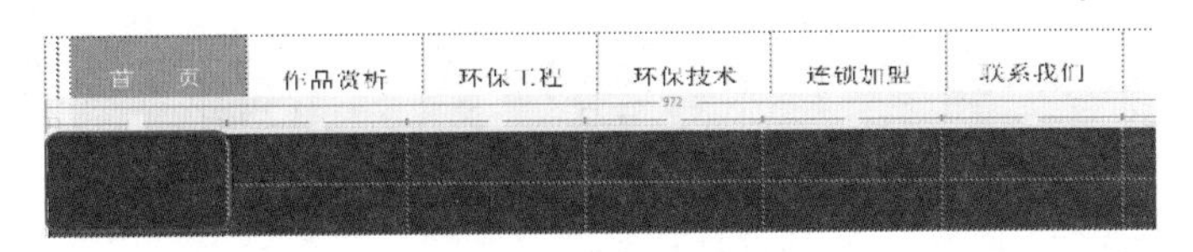

图 9-204 合并单元格

（37）将光标置于合并后的单元格中，在【属性】面板中将【水平】设置为【居中对齐】、【垂直】设置为【居中】、【宽】设置为118，然后输入【公司新闻】文字，将【字体颜色】设置为#FFFFFF，如图9-205所示。

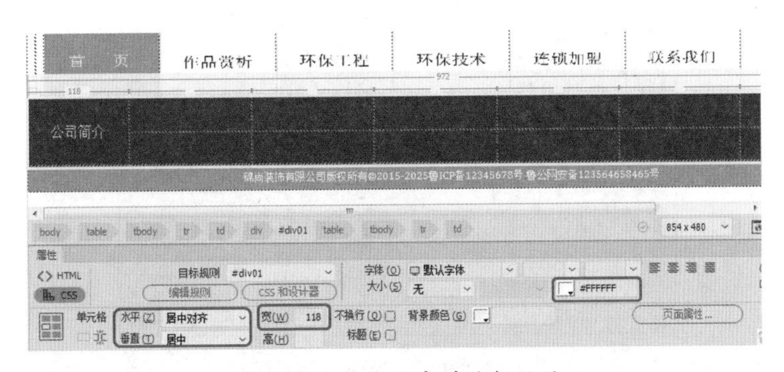

图 9-205 输入文字并进行设置

（38）选中第2列的两行单元格将其合并，在【属性】面板中将【宽】设置为14，如图9-206所示。

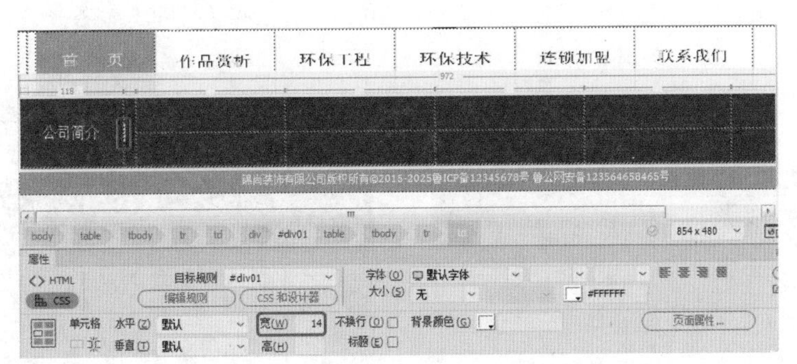

图 9-206 合并单元格和设置单元格【宽】

（39）将光标置于该单元格中，新建一个bk2 CSS样式，在弹出的对话框中选择【分类】列表框中的【边框】选项，取消选中Style、Width、Color下方的【全部相同】复选框，将Left的Style、Width、Color分别设置为dotted、thin、#CCC，如图9-207所示。

（40）设置完成后，单击【确定】按钮，为该单元格应用新建的CSS样式，将光标置于第1行第3

列单元格中，然后输入文字【装修选锦尚，质量有保障】，在这里为了便于观看，先将【字体颜色】设置为 #FFFFFF，在第 2 行第 3 列单元格中输入文字【锦尚装饰夏日装修，钜惠全城啦】，在这里为了便于观看，先将【字体颜色】设置为 #FFFFFF，如图 9-208 所示。

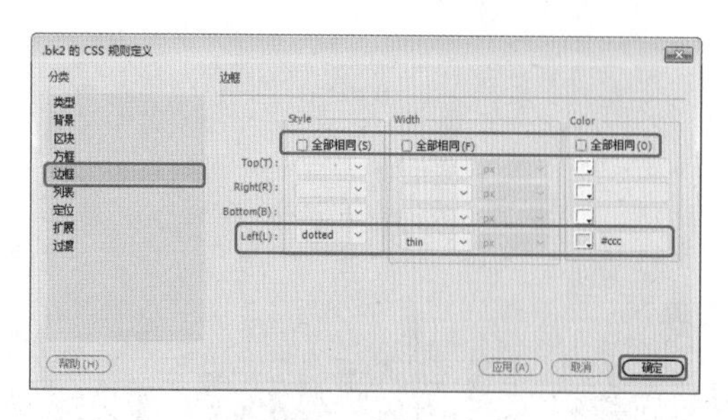

图 9-207　设置样式

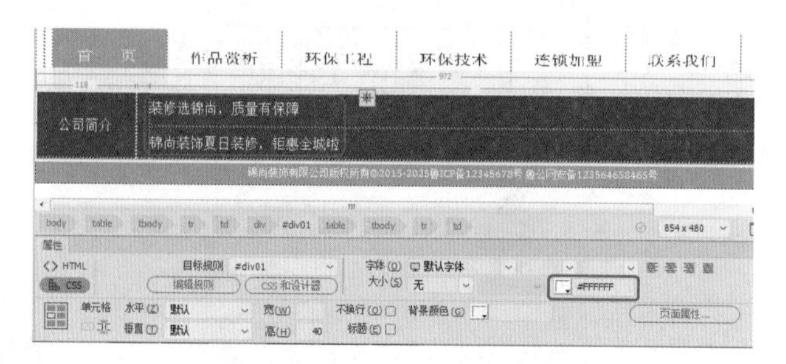

图 9-208　输入文字并进行设置

（41）然后选中第 1 行第 3 列单元格中输入的文字，右击，弹出快捷菜单，选择【CSS 样式】|【新建】命令，在弹出的对话框中将【选择器名称】设置为 wz3，单击【确定】按钮，在弹出的对话框中选择【分类】列表框中的【类型】选项，将 Font-size（字号）设置为 12px、Color（颜色）设置为 #CCC，如图 9-209 所示。

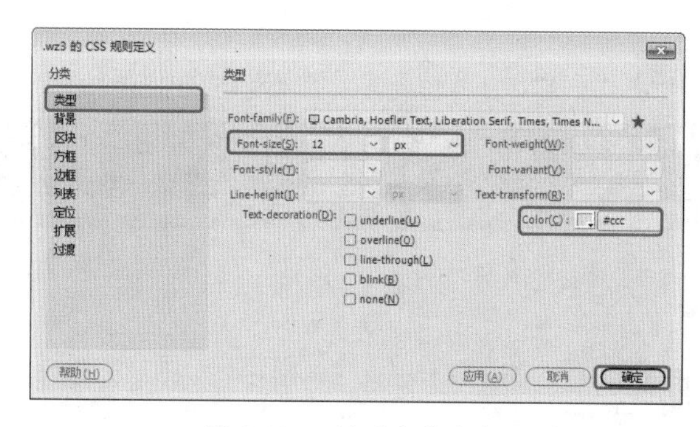

图 9-209　设置文字参数

（42）设置完成后，单击【确定】按钮，为该文字应用新建的 CSS 样式，将第 2 行第 3 列单元格中输入的文字也应用新建的 CSS 样式，然后在【属性】面板 中将【宽】设置为 247，如图 9-210 所示。

（43）选中第 4 列的两行单元格，然后按 Ctrl+Alt+M 组合键合并单元格，将【宽】设置为 14，并为其应用 .bk2 CSS 样式，如图 9-211 所示。

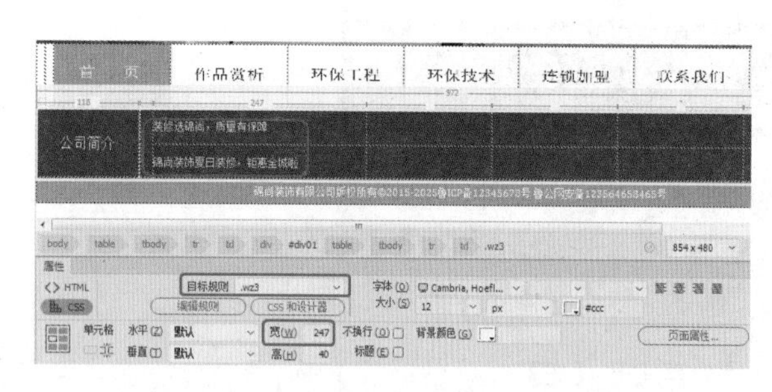

图 9-210　为文字应用样式并设置【宽】

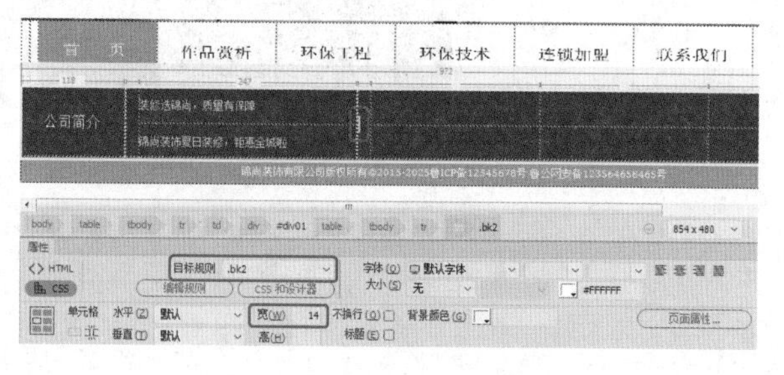

图 9-211　设置单元格样式

（44）将光标置于第 1 行第 5 列单元格中，然后输入文字“房子装修千万不能忽视，否则越装越穷”，在这里为了便于观看，先将【字体颜色】设置为 #FFFFFF，在第 2 行第 3 列单元格中输入文字【针对不同的人衣柜该怎么弄】，在这里为了便于观看，先将【字体颜色】设置为 #FFFFFF，如图 9-212 所示。

（45）然后选中第 1 行第 5 列输入的文字，为其应用 .wz3 CSS 样式，选中第 2 行第 5 列单元格中输入的文字，为其应用 .wz3 CSS 样式，并将【宽】设置为 282，如图 9-212 所示。

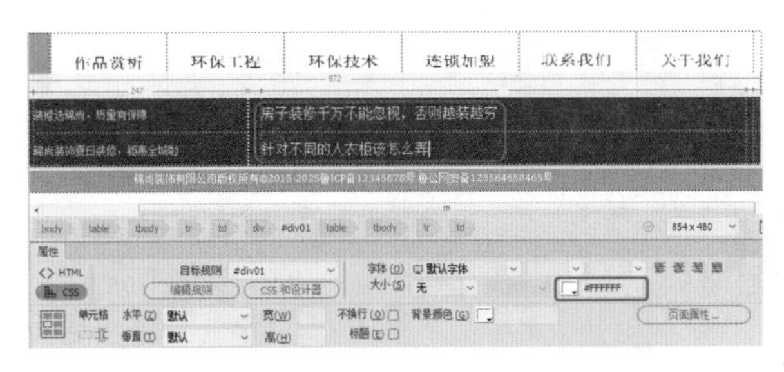

图 9-212　输入其他文字并设置字体颜色

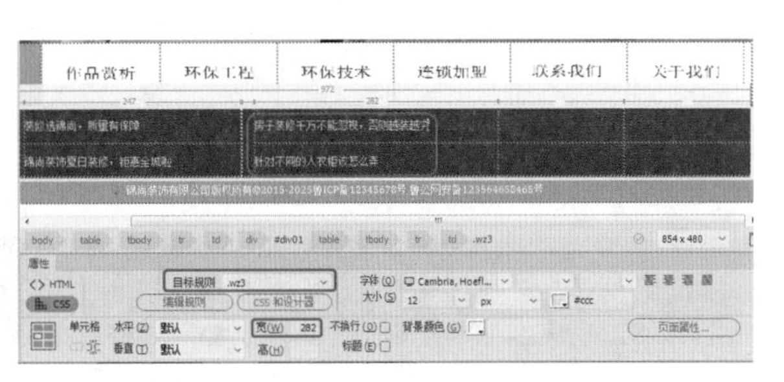

图 9-213　为文字应用样式并设置【宽】

（46）选中第 6 列的两行单元格，然后按 Ctrl+Alt+M 组合键合并单元格，将【宽】设置为 14，为其应用 bk2 CSS 样式，如图 9-214 所示。

（47）将光标置于第 1 行第 7 列单元格中，然后输入文字“小户型客厅装修注意事项”，在这里为了便于观看，先将【字体颜色】设置为 #FFFFFF，在第 2 行第 3 列单元格中输入文字【家庭装修知识大全】，在这里为了便于观看，先将【字体颜色】设置为 #FFFFFF，如图 9-215 所示。

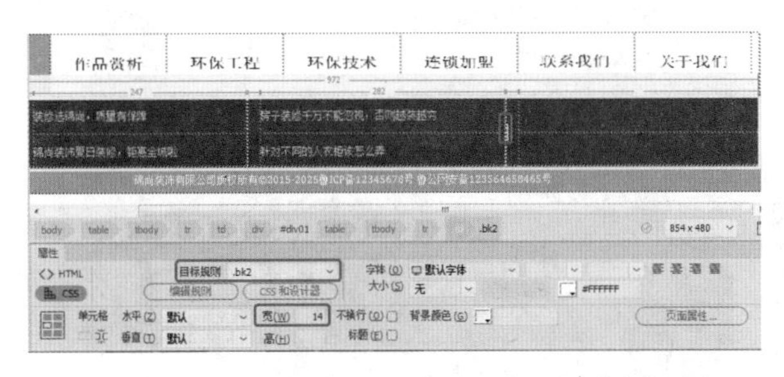

图 9-214　合并单元格和设置单元格【宽】

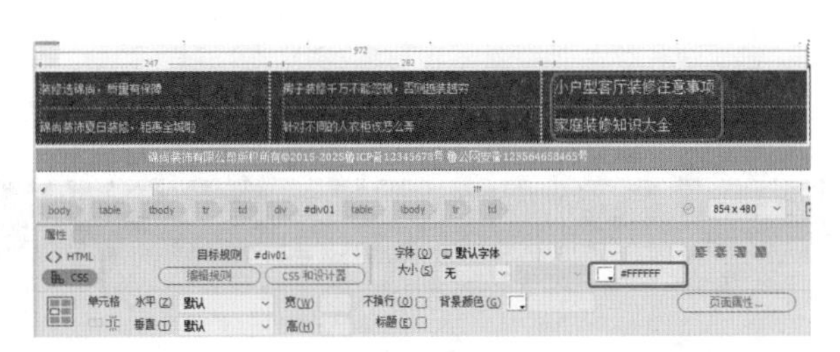

图 9-215　输入其他文字并设置【字体颜色】

（48）然后选中第 1 行第 5 列输入的文字，为其应用 .wz3 CSS 样式，选中第 2 行第 5 列单元格输入的文字，为其应用 .wz3 CSS 样式，如图 9-216 所示。

（49）将光标置于 5 行的第 5 行单元格中，然后在【属性】面板中将【背景颜色】设置为 #BC834C、【高】设置为 30、【水平】设置为【居中对齐】、【垂直】设置为【居中】，如图 9-217 所示。

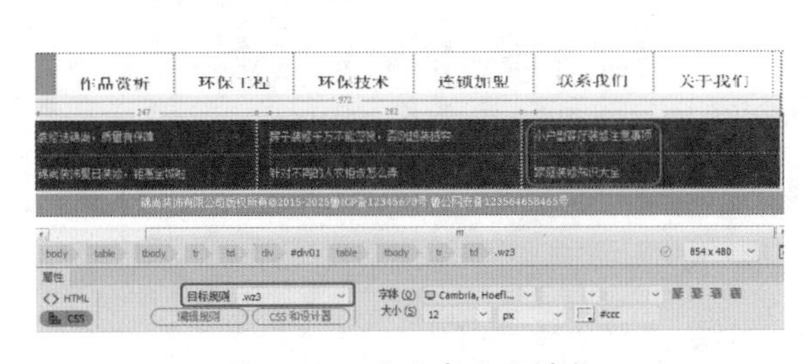

图 9-216　为文字应用样式

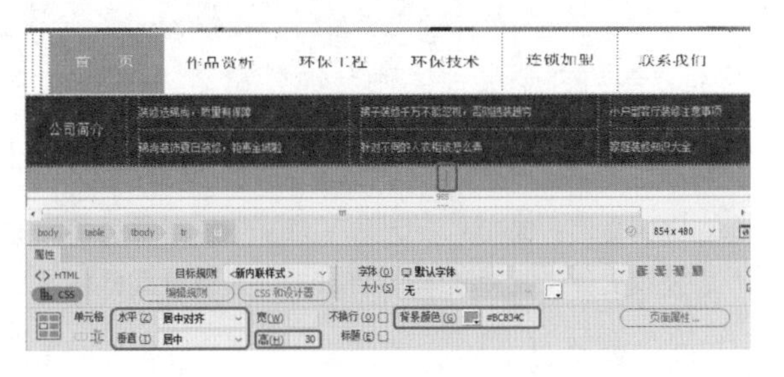

图 9-217　设置单元格

（50）再次将光标置于 5 行的第 5 行单元格中，然后输入文字“锦尚装饰有限公司版权所有 ©2015-2025 鲁 ICP 备 12345678 号 鲁公网安备 123564658465 号”，如图 9-218 所示。

（51）然后再选中该文字，右击，弹出快捷菜单，选择【CSS 样式】|【新建】命令，在弹出的对话框中将【选择器名称】设置为 wz5，单击【确定】按钮，在弹出的对话框中选择【分类】列表框中的【类

型】选项，将 Font-size（字号）设置为 12px、Color（颜色）设置为 #FFF，如图 9-219 所示。

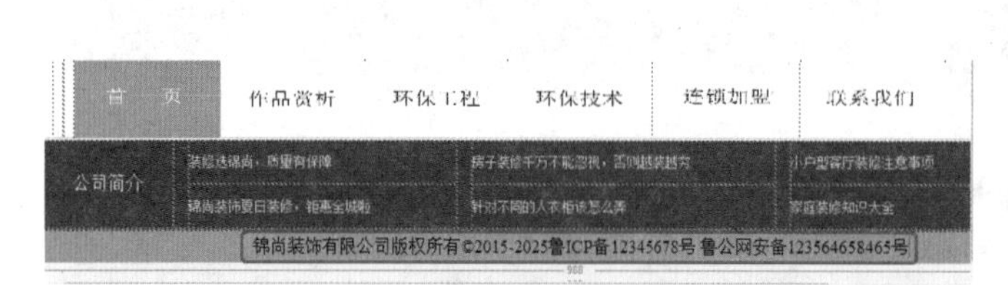

图 9-218　输入文字

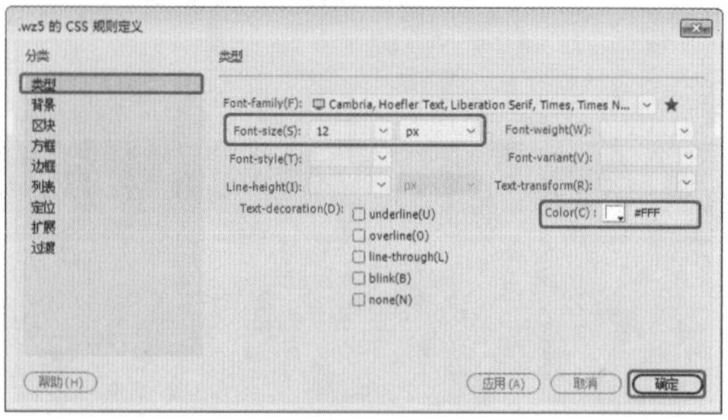

图 9-219　设置文字样式

（52）选中该文字，为其应用 CSS 样式，效果如图 9-220 所示。

（53）至此已经完成装饰公司网站（一），按 F12 键预览，效果如图 9-221 所示。

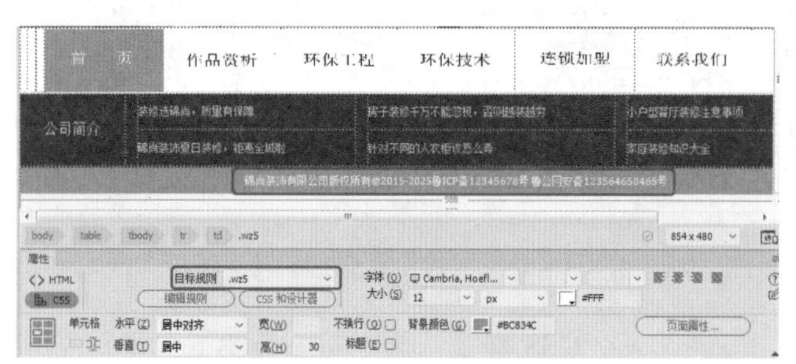

图 9-220　为文字应用样式

图 9-221　最终效果

案例精讲 074　装饰公司网站（二）

本案例将介绍如何制作装饰公司网站子页，主要以上一个案例为框架，然后对其进行修改和调整，从而完成子页的制作。具体操作方法如下，完成的效果如图 9-222 所示。

案例文件：CDROM \ 场景 \ Cha09 \ 装饰公司网站（二）.html

视频文件：视频教学 \ Cha09 \ 装饰公司网站（二）.avi

（1）打开【装饰公司网站（一）.html】场景文件，在菜单栏中选择【文件】|【另存为】命令，在弹出的对话框中指定其保存路径和名称，在文档窗口中将导航栏上方的图像文件和黑色框内的内容与样式，将光标置于该单元格中，在【拆分】窗口中对代码进行修改，效果如图 9-223 所示。

（2）继续将光标置于该单元格中，在【属性】面板中将【背景颜色】设置为 #333333，【高】设置为 8，如图 9-224 所示。

图 9-222　装饰公司网站的设计效果（二）

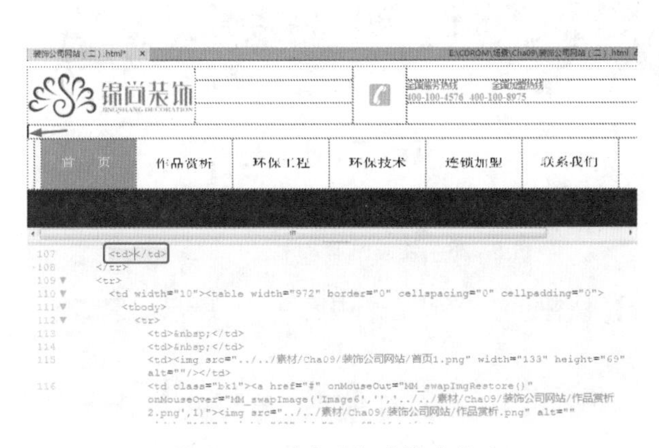

图 9-223　删除图像并修改代码

图 9-224　设置单元格的属性

(3) 选中首页的 LOGO，按 Delete 键，删除 LOGO，然后在菜单栏中选择【插入】| HTML |【鼠标经过图像】命令，如图 9-225 所示。

(4) 在弹出的对话框中单击【原始图像】右侧的【浏览】按钮，在弹出的对话框中选择“首页.png”素材图片，如图 9-226 所示。

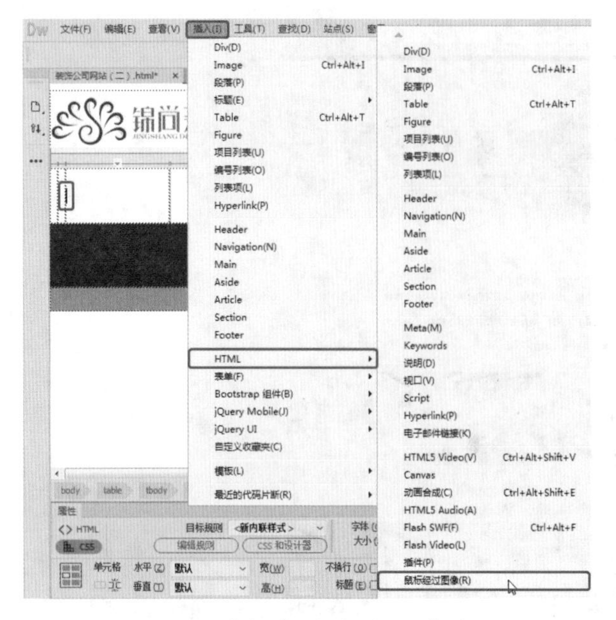

图 9-225　选择【鼠标经过图像】命令

图 9-226　选择素材文件

（5）单击【确定】按钮，单击【鼠标经过图像】右侧的【浏览】按钮，在弹出的对话框中选择“首页 1.png”素材图片，单击【确定】按钮，如图 9-227 所示。

（6）单击【确定】按钮，选中该图像，在【属性】面板中将【宽】【高】分别设置为 133px、69px，如图 9-228 所示。

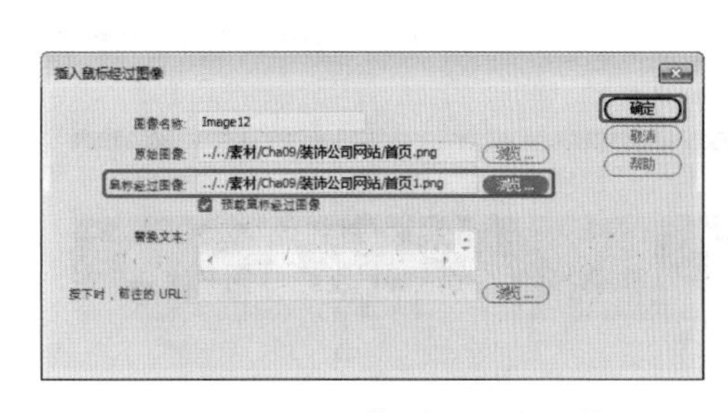

图 9-227　添加【鼠标经过图像】

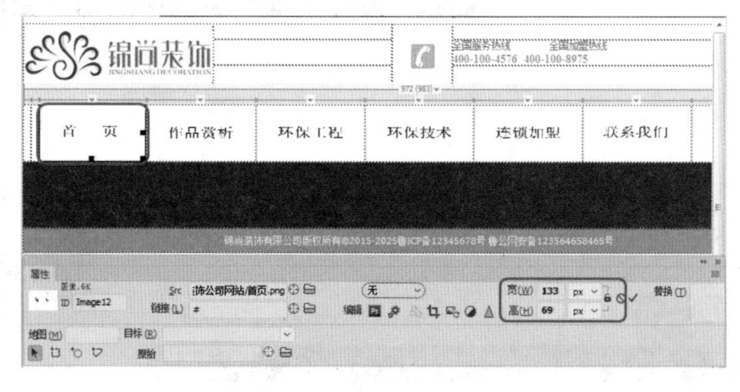

图 9-228　设置图像尺寸

（7）选中【作品赏析】LOGO，然后单击【拆分】按钮，在代码区选中图 9-229 所示的区域，按 Delete 键删除。

（8）然后单击【设计】按钮，再按 Ctrl+Alt+I 组合键插入“作品赏析 2.png”素材图片，再选中其素材文件，在【属性】面板中将【宽】设置为 133px、【高】设置为 69px，效果如图 9-230 所示。

（9）将光标置于导航栏所在的单元格中并右击，在弹出的快捷菜单中选择【表格】|【插入行或列】命令，如图 9-231 所示。

（10）在弹出的对话框中选中【行】单选按钮，将【行数】设置为 8，选中【所选之下】单选按钮，如图 9-232 所示。

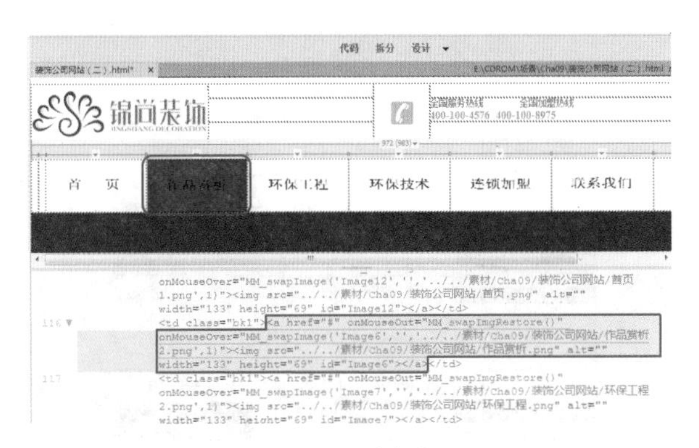

图 9-229 删除代码

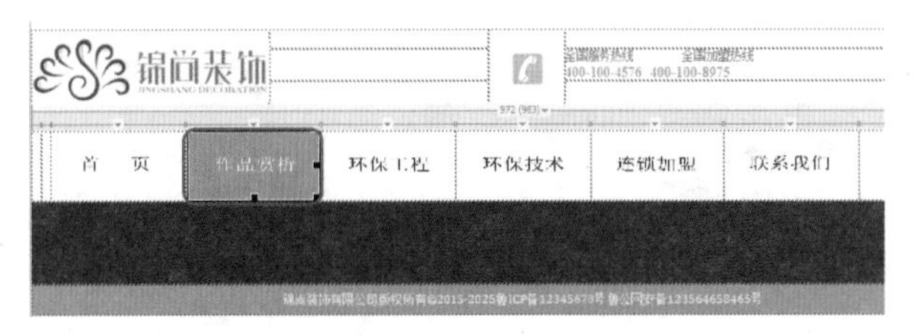

图 9-230 插入素材文件并设置【宽】、【高】

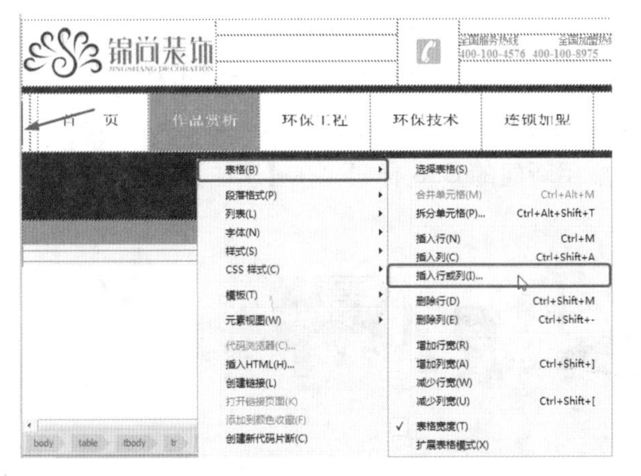

图 9-231 选择【插入行或列】命令

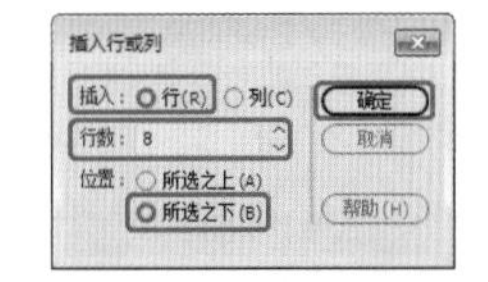

图 9-232 【插入行或列】对话框

(11) 单击【确定】按钮，即可插入 8 行单元格，效果如图 9-233 所示。

(12) 在【属性】面板中单击【页面属性】按钮，在弹出的对话框中选择【外观（HTML）】选项，将【背景】设置为 #FAFAFA，将【左边距】【上边距】分别设置为 0.5、1，如图 9-234 所示。

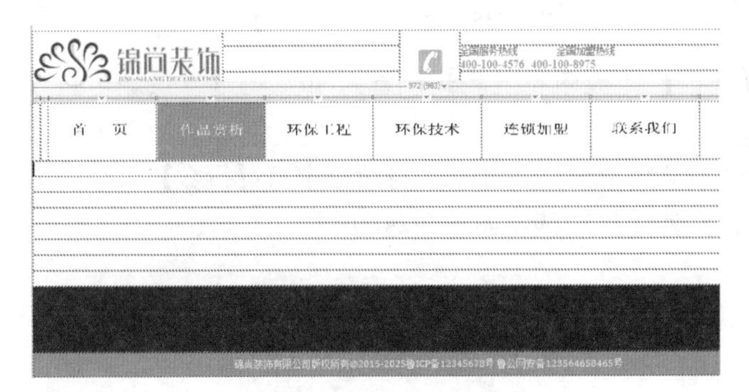

图 9-233 插入 8 行单元格

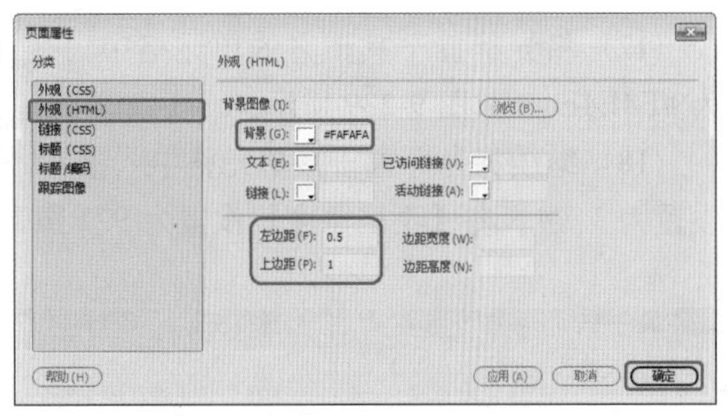

图 9-234 设置【页面属性】对话框

(13) 设置完成后，单击【确定】按钮，将光标置于 13 行表格的第 4 行单元格中，按 Ctrl+Alt+I 组合键，在弹出的对话框中选择 B2.jpg 素材图片，如图 9-235 所示。

(14) 单击【确定】按钮，将光标置于 13 行表格的第 5 行单元格中，在该单元格中输入文字，选中输入的文字并右击，在弹出的快捷菜单中选择【CSS 样式】|【新建】命令，如图 9-236 所示。

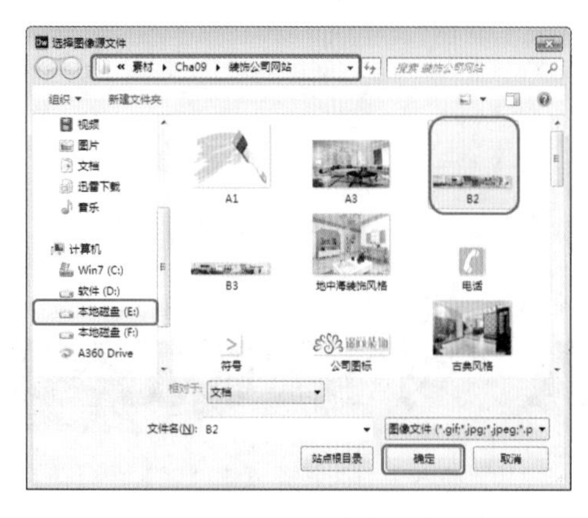

图 9-235　选择素材文件

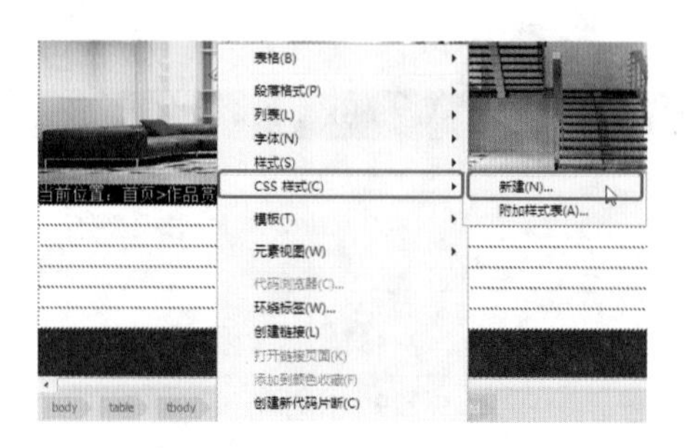

图 9-236　新建 CSS 样式

（15）在弹出的对话框中将【选择器名称】设置为 wz6，单击【确定】按钮，在弹出的对话框中将 Font-size（字号）设置为 12px，将 Color（颜色）设置为 #6F7983，如图 9-237 所示。

（16）设置完成后，单击【确定】按钮，为该文字应用新建的 CSS 样式，在【属性】面板中将【高】设置为 25，效果如图 9-238 所示。

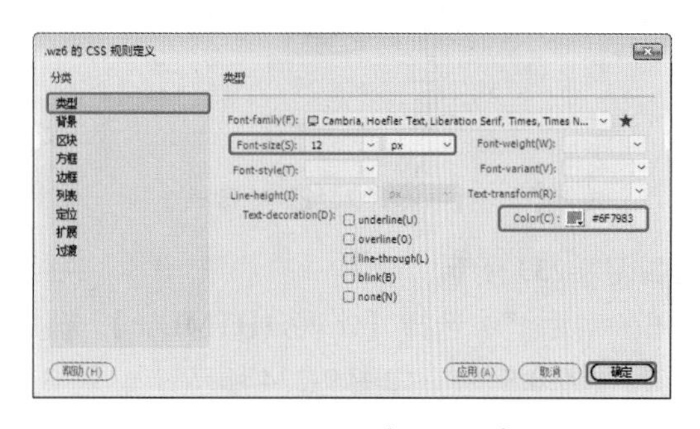

图 9-237　设置文字大小和颜色

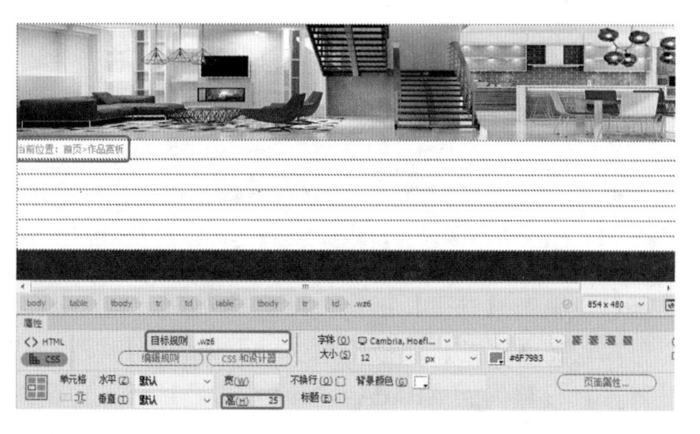

图 9-238　设置图像的【高】

（17）将光标置于其下方的单元格中，在【属性】面板中将【高】设置为 40，将【背景颜色】设置为 #E4E4E4，如图 9-239 所示。

（18）继续将光标置于该单元格中，按 Ctrl+Alt+T 组合键，在弹出的对话框中将【行数】【列】分别设置为 1、4，将【表格宽度】设置为 972 像素，其他保持默认，如图 9-240 所示。

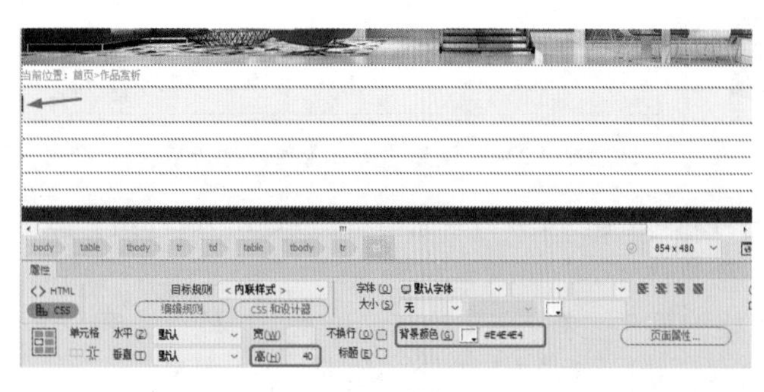

图 9-239　设置单元格【高】和【背景颜色】

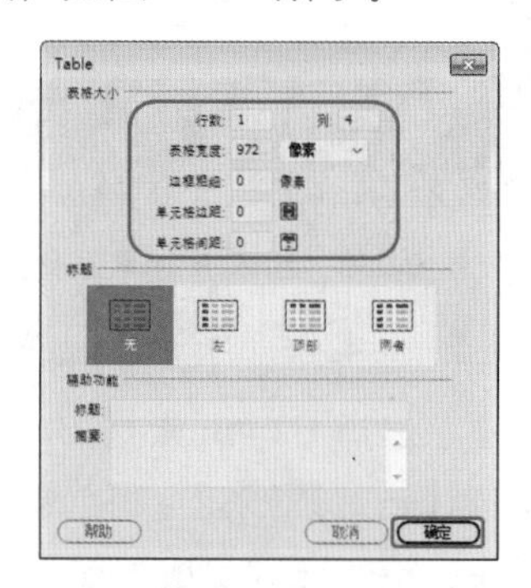

图 9-240　设置表格参数

（19）选中该表格，在【属性】面板中将 Align 设置为【居中对齐】，将光标置于第 1 列单元格中，输入【作品赏析】，新建一个 .wz7 CSS 样式，在弹出的对话框中将 Font-family（字体）设置为【微软雅黑】，将 Font-size（字号）设置为 16px，将 Color（颜色）设置为 #BF8955，如图 9-241 所示。

（20）设置完成后，单击【确定】按钮，为其应用该样式，继续将光标置于该单元格中，将【宽】【高】分别设置为 737、40，如图 9-242 所示。

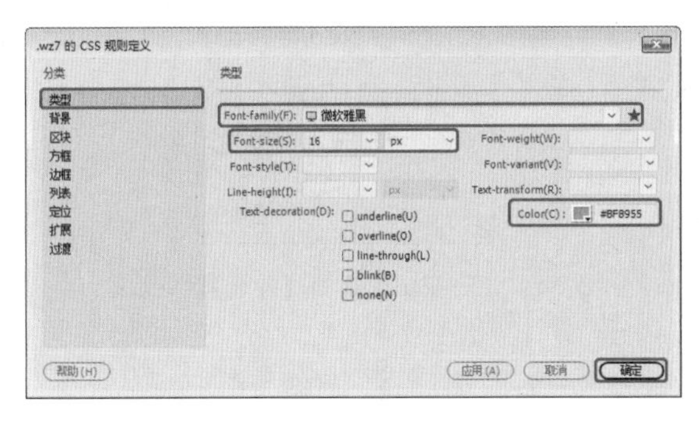

图 9-241　设置文字参数

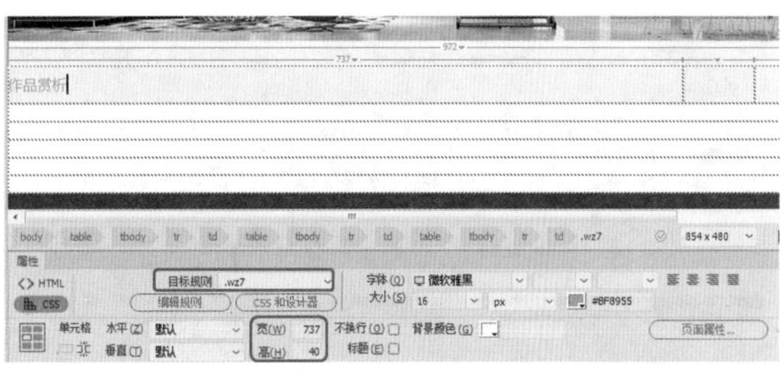

图 9-242　设置单元格的【宽】和【高】

（21）将光标置于第 2 列单元格中，将其【宽】设置为 156，在菜单栏中选择【插入】|【表单】|【搜索】命令，如图 9-243 所示。

（22）插入搜索表单后，将文字删除，选中该表单，在【属性】面板中将 Class（类别）设置为 wz2，将 Size（大小）设置为 25，如图 9-244 所示。

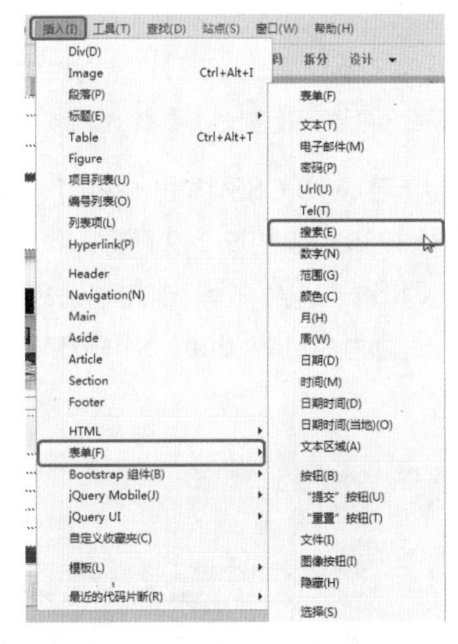

图 9-243　选择【搜索】命令

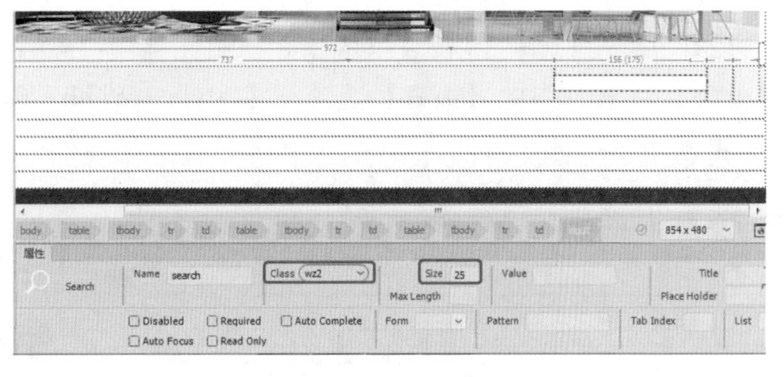

图 9-244　设置表单属性

（23）将光标置于第 3 列单元格中，在【属性】面板中将【宽】设置为 53，如图 9-245 所示。

（24）继续将光标置于该单元格中，在【属性】面板中单击【拆分单元格为行或列】按钮，在弹出的对话框中选中【行】单选按钮，将【行数】设置为 3，如图 9-246 所示。

（25）设置完成后，单击【确定】按钮，将光标置于拆分后的第 1 行单元格中，在【拆分】窗口中修改代码，效果如图 9-247 所示。

（26）使用同样的方法将第 3 行单元格的【高】设置为 8，将光标置于第 2 行单元格中，输入文字，选中该文字，右击，在弹出的快捷菜单中选择【CSS 样式】|【新建】命令，在弹出的对话框中将【选

择器名称】设置为 wz8，单击【确定】按钮，在弹出的对话框中将 Font-size（字号）设置为 12px，将 Color（颜色）设置为 #000000，如图 9-248 所示。

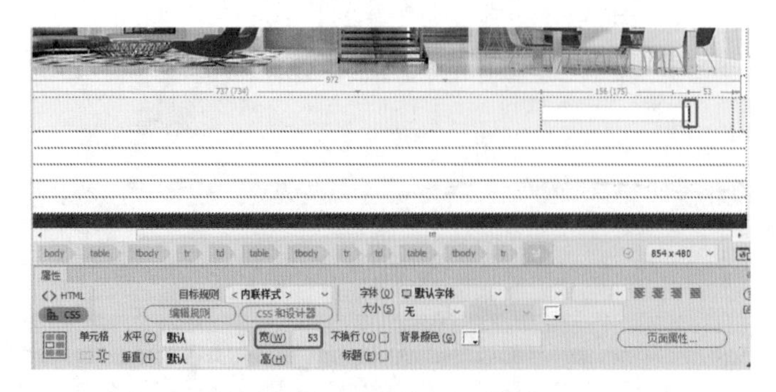

图 9-245　设置单元格【宽】

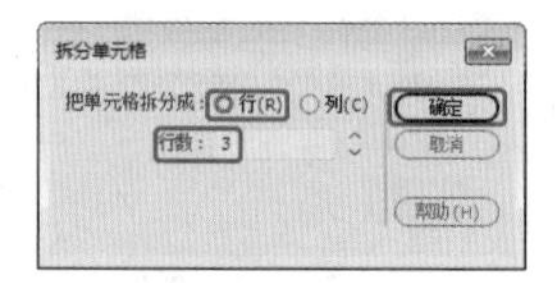

图 9-246　设置【行数】

图 9-247　修改代码

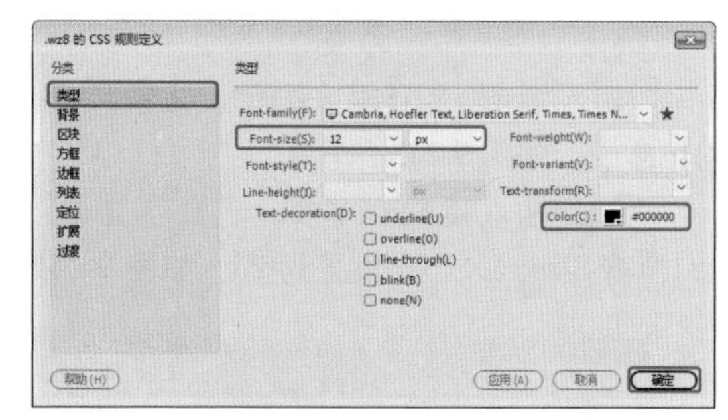

图 9-248　设置文字参数

(27) 设置完成后，单击【确定】按钮，在【属性】面板中为其应用 .wz8 CSS 样式，将【水平】设置为【居中对齐】，将【高】设置为 20，将【背景颜色】设置为 #BF8955，如图 9-249 所示。

(28) 将光标置于 13 行表格的第 8 行单元格中，新建一个 .bk3 CSS 样式，在弹出的对话框中选择【分类】列表框中的【边框】选项，将 Style、Width、Color 分别设置为 solid、thin、#BC834C，如图 9-250 所示。

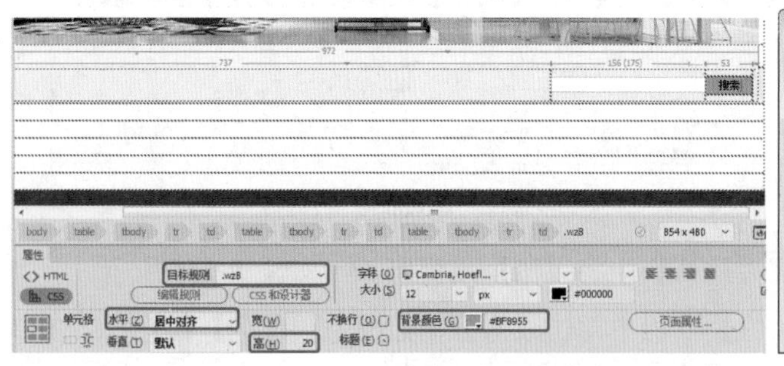

图 9-249　输入文字并设置单元格属性

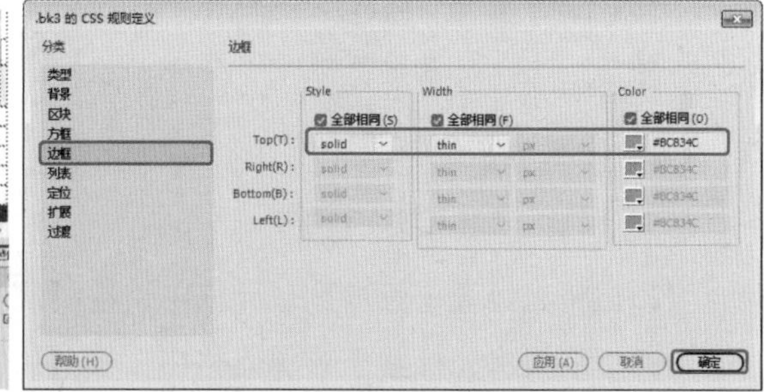

图 9-250　设置【边框】参数

(29) 为该单元格应用新建的 CSS 样式，在【属性】面板中将【高】设置为 120，将【背景颜色】设置为 #FFFFFF，如图 9-251 所示。

(30) 继续将光标置于该单元格中，按 Ctrl+Alt+T 组合键，在弹出的对话框中将【行数】【列】分别设置为 3、1，将【表格宽度】设置为 972 像素，如图 9-252 所示。

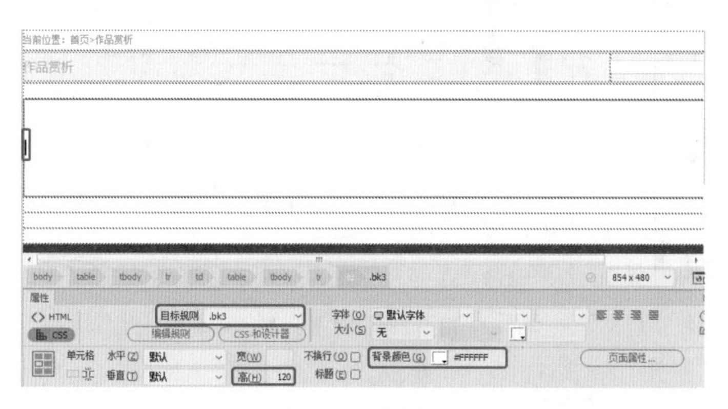

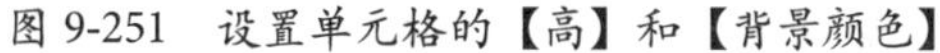

图 9-251　设置单元格的【高】和【背景颜色】

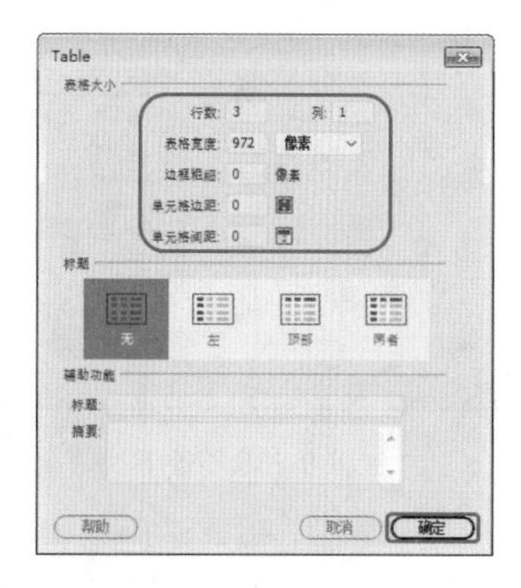

图 9-252　设置表格参数

(31) 设置完成后，单击【确定】按钮，选中该表格，在【属性】面板中将 Align（对齐）设置为【居中对齐】，选中 3 行单元格，在【属性】面板中将【高】设置为 35，如图 9-253 所示

(32) 将光标置于第 1 行单元格中，输入【风格：】，选中输入的文字，新建一个名为 wz9 的 CSS 样式，在弹出的对话框中在【分类】列表框中选择【类型】选项，将 Font-size（字号）设置为 13px，将 Color（颜色）设置为 #000000，如图 9-254 所示。

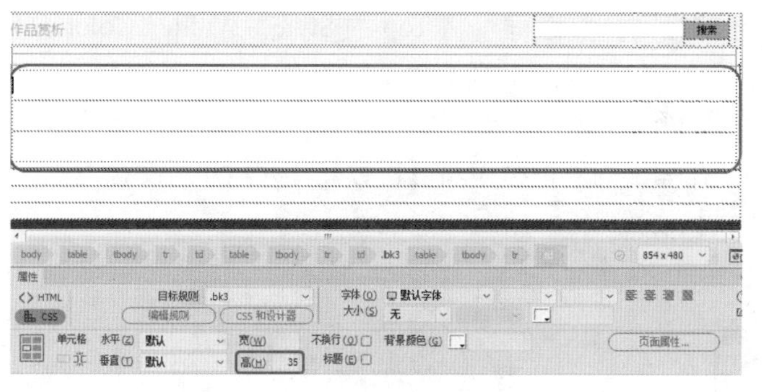

图 9-253　设置单元格【高】

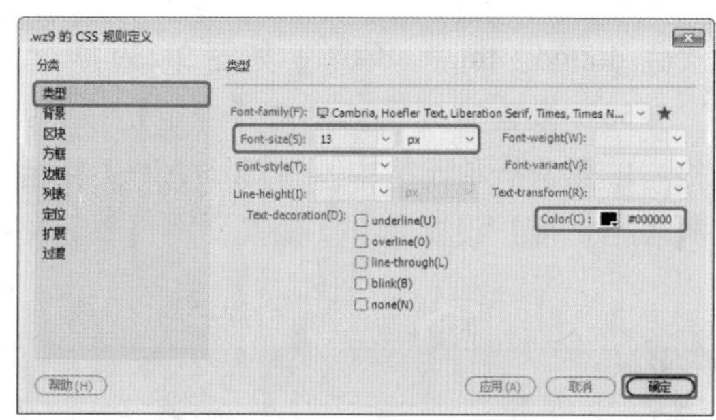

图 9-254　设置文字大小和颜色

(33) 设置完成后，单击【确定】按钮，为该文字应用新建的 CSS 样式，再次选中该文字，右击在弹出的快捷菜单中选择【样式】|【粗体】命令，再在该文字的右侧输入【全部】，新建一个名为 .wz10 的 CSS 样式，在弹出的对话框中将 Font-size（字号）设置为 13px，将 Font-weight（字型）设置为 bold（加粗），将 Color（颜色）设置为 #F93，如图 9-255 所示。

(34) 设置完成后，单击【确定】按钮，为该文字应用新建的 CSS 样式，继续在该单元格中输入其他文字，新建一个名为 .wz11 的 CSS 样式，在弹出的对话框中将 Font-size（字号）设置为 13px，将 Color（颜色）设置为 #000000，如图 9-256 所示。

(35) 设置完成后，单击【确定】按钮，为其应用该样式，效果如图 9-257 所示。

(36) 使用相同的方法输入其他文字，并为输入的文字应用相应的样式，效果如图 9-258 所示。

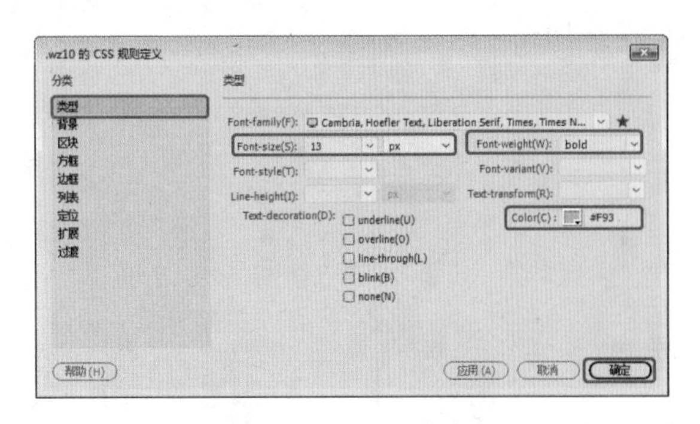

图 9-255　设置文字参数

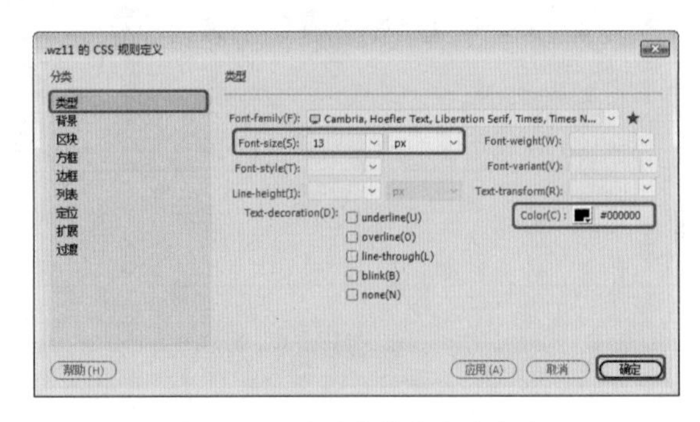

图 9-256　设置文字大小和颜色

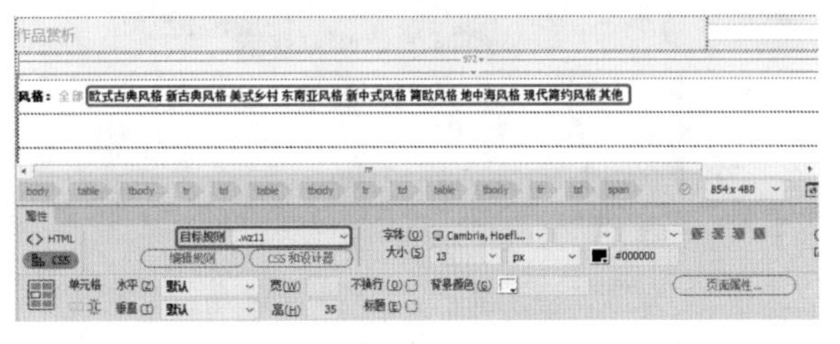

图 9-257　应用样式后的效果

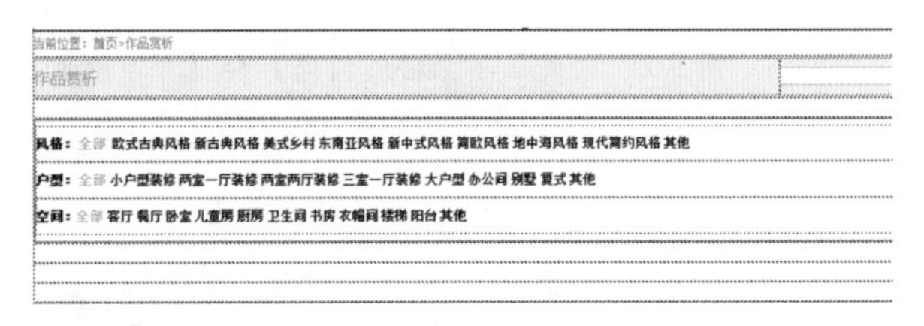

图 9-258　输入其他文字后的效果

（37）选中该表格的第 2 行和第 3 行单元格，新建一个 .bk4 CSS 样式，在弹出的对话框中选择【边框】选项，取消选中 Style、Width、Color 下方的【全部相同】复选框，将 Top 的 Style、Width、Color 分别设置为 dotted、thin、#CCC，如图 9-259 所示。

（38）设置完成后，单击【确定】按钮，为第 2 行和第 3 行单元格应用该样式，将光标置于 13 行表格中的第 9 行单元格中，按 Ctrl+Alt+T 组合键，在弹出的对话框中将【行数】【列】分别设置为 3、5，将【表格宽度】设置为 972 像素，将【单元格间距】设置为 5，如图 9-260 所示。

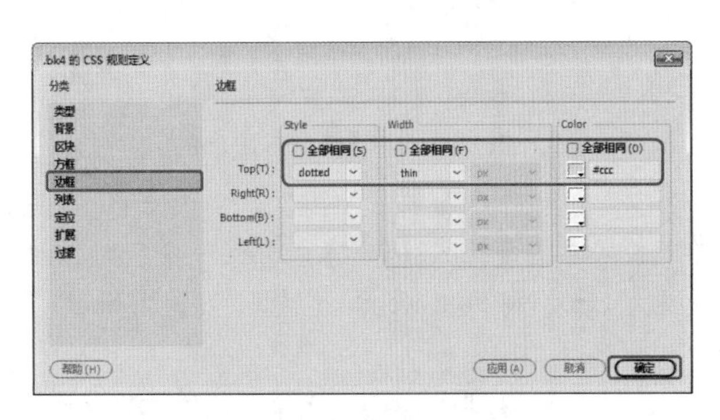

图 9-259　设置【边框】参数

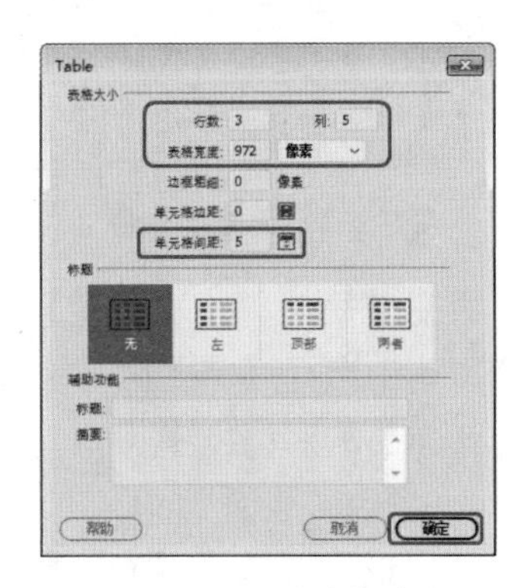

图 9-260　设置表格参数

（39）设置完成后，单击【确定】按钮，选中该表格，在【属性】面板中将 Align（对齐）设置为【居中对齐】，新建一个名为 .bk5 的 CSS 样式，在弹出的对话框中选择【分类】列表框中的【边框】选项，将 Style、Width、Color 分别设置为 Solid、thin、#CCC，如图 9-261 所示。

（40）设置完成后，单击【确定】按钮，为 3 行 5 列单元格应用新建的 CSS 样式，效果如图 9-262 所示。

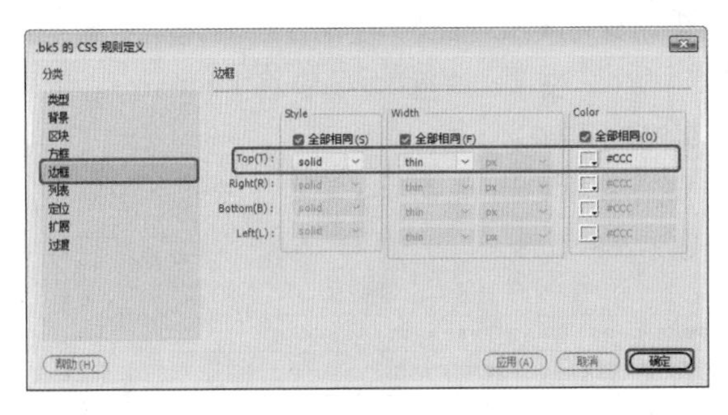

图 9-261 设置【边框】参数

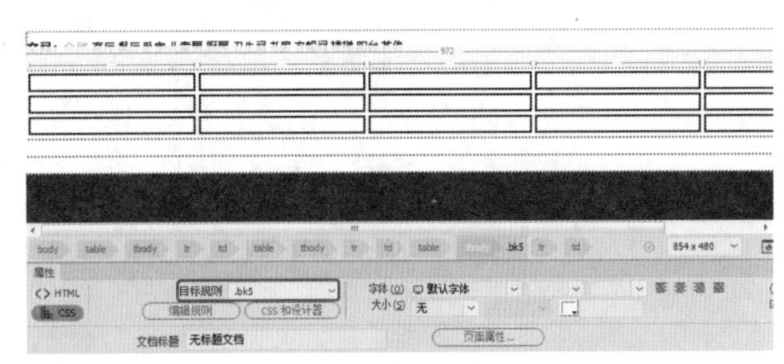

图 9-262 应用 CSS 样式

(41) 将光标置于第 1 行第 1 列单元格中，按 Ctrl+Alt+T 组合键，在弹出的对话框中将【行数】【列】分别设置为 4、1，将【表格宽度】设置为 181 像素，将【单元格间距】设置为 0，如图 9-263 所示。

(42) 设置完成后，单击【确定】按钮，选中该表格，在【属性】面板中将 Align（对齐）设置为【居中对齐】，将光标置于第 1 行单元格中，按 Ctrl+Alt+I 组合键，在弹出的对话框中选择"现代简约风格 1.jpg"素材图片，单击【确定】按钮，在【属性】面板中将【宽】、【高】分别设置为 181px、131px，如图 9-264 所示。

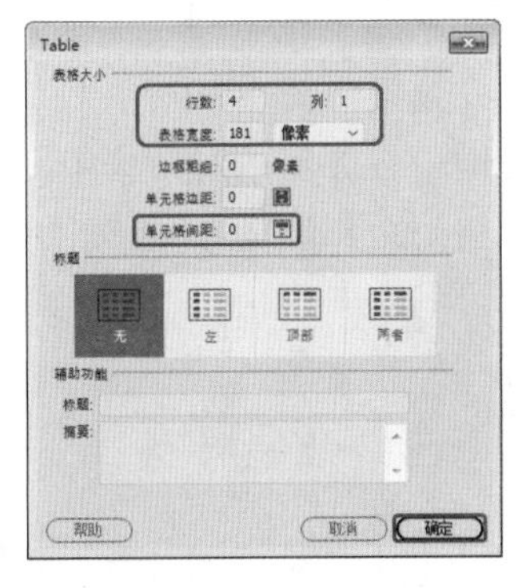

图 9-263 设置表格参数

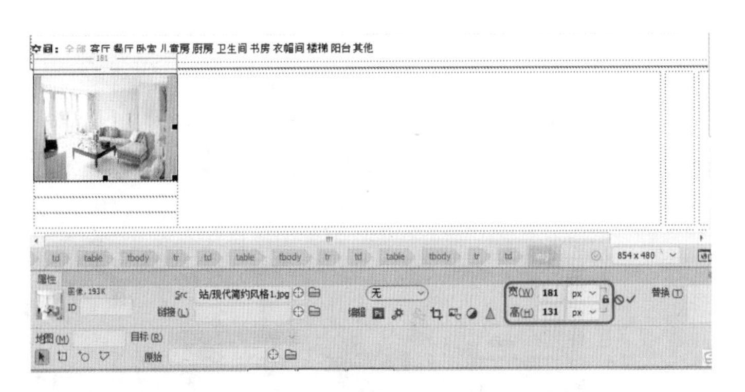

图 9-264 插入素材并设置其【宽】和【高】

(43) 选中该表格的第 2~4 行单元格，在【属性】面板中将【水平】设置为【居中对齐】，将【高】设置为 22，如图 9-265 所示。

(44) 将光标置于第 2 行单元格中，输入"品味优质生活"，选中该文字，新建一个名为 A1 的 CSS 样式，在弹出的对话框中将 Font-size（字号）设置为 13px，如图 9-266 所示。

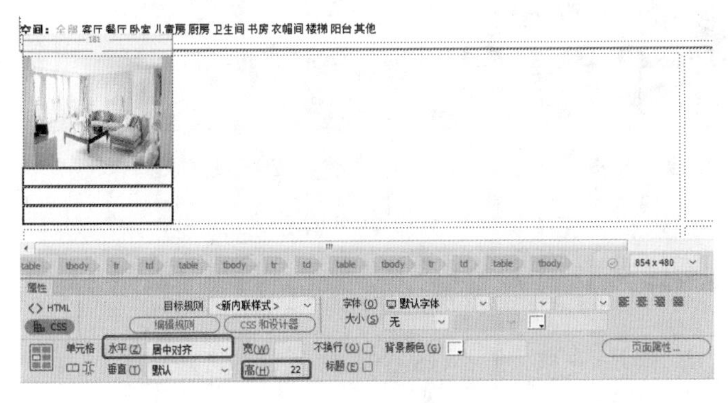

图 9-265 设置单元格属性

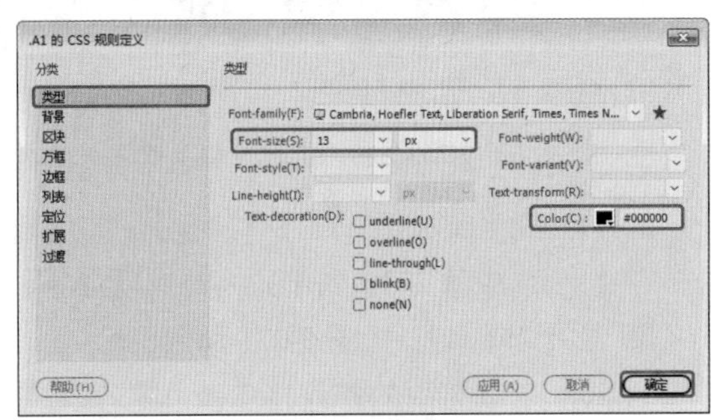

图 9-266 设置字体大小

（45）设置完成后，单击【确定】按钮，为该文字应用新建的 CSS 样式，在第 3 行单元格中输入【现代简约风格】，选中该文字，新建一个名为 .bk6 的 CSS 样式，在弹出的对话框中将 Font-size（字号）设置为 13px，将 Color（颜色）设置为 #CA2B53，如图 9-267 所示。

（46）设置完成后，单击【确定】按钮，为该文字应用新建的 CSS 样式，在第 4 行单元格中输入【浏览次数：1058 次】，并为其应用 .A1CSS 样式，效果如图 9-268 所示。

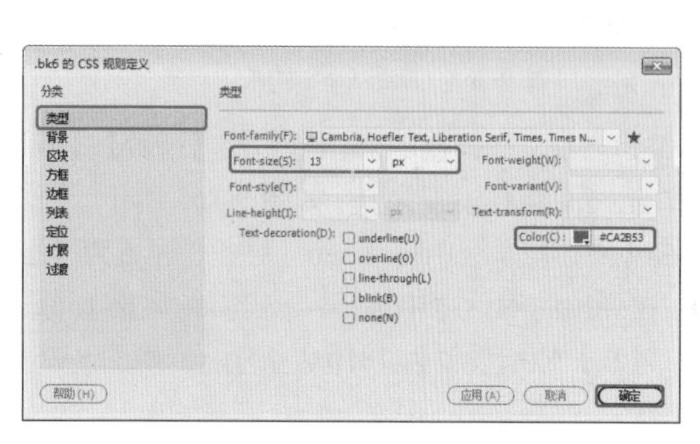

图 9-267　设置文字大小和颜色

图 9-268　输入文字并应用样式后的效果

（47）使用同样的方法在其他单元格中插入表格、图片，并输入文字，效果如图 9-269 所示。

（48）将光标置于 13 行表格的第 10 行单元格中，按 Ctrl+Alt+T 组合键，在弹出的对话框中将【行数】【列】分别设置为 1、13，将【表格宽度】设置为 972 像素，将【单元格间距】设置为 5，如图 9-270 所示。

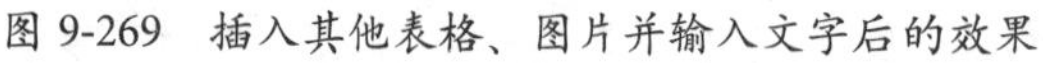

图 9-269　插入其他表格、图片并输入文字后的效果

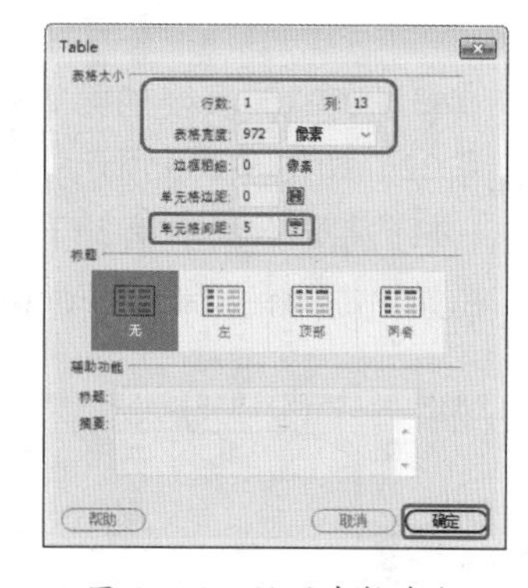

图 9-270　设置表格参数

（49）设置完成后，单击【确定】按钮，选中该表格，在【属性】面板中将 Align（对齐）设置为【居中对齐】，选中第 2~12 列单元格，在【属性】面板中将【水平】设置为【居中对齐】，将【宽】【高】分别设置为 25、20，如图 9-271 所示。

（50）在调整后的单元格中输入文字，并为第 2 列单元格应用 .wz6 CSS 样式，第 3~12 列单元格应用 .A1 CSS 样式，效果如图 9-272 所示。

图 9-271 设置单元格的对齐方式和【宽】【高】

图 9-272 输入文字并应用 CSS 样式后的效果

(51) 将光标置于 13 列的第 12 行单元格中，将【高】设置为 29、【水平】设置为【居中对齐】、【垂直】设置为【居中】，然后输入文字"锦尚装饰有限公司版权所有 ©2015-2025 鲁 ICP 备 12345678 号 鲁公网安备 123564658465 号"，这里为了便于观看，将【字体颜色】设置为 #FFFFF，如图 9-273 所示。

(52) 选中该文字，新建一个名为 .wz12 的 CSS 样式，在弹出的对话框中，【分类】列表框中选择【类型】选项，将 Font-size（字号）设置为 13px，将 Color（颜色）设置为 #FFF，如图 9-274 所示。

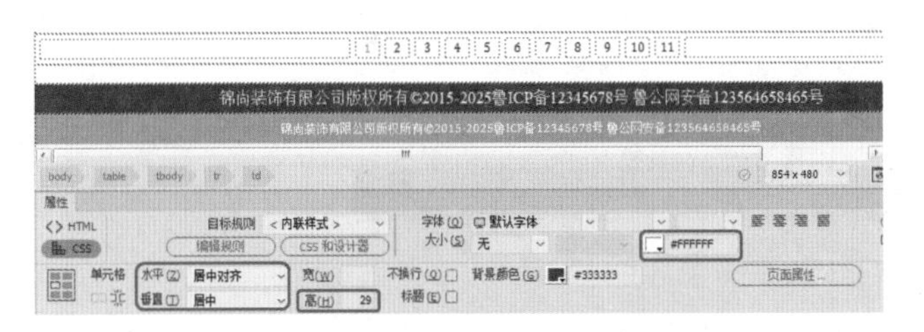
图 9-273 设置文字颜色

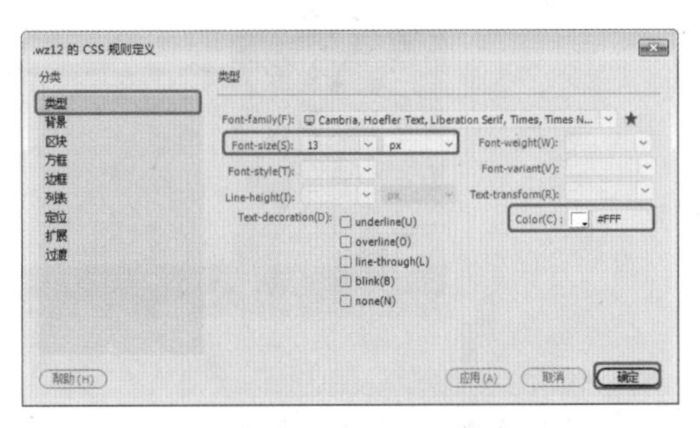
图 9-274 设置文字参数

(53) 选中该文字，为其应用新建的 CSS 样式，然后将 13 行的最后一行单元格内的文字删除，重新输入文字"投诉建议 | 在线联系 | 企业邮箱 | 加入我们"，然后选中重新输入的文字，为其应用 .wz5 CSS 样式，如图 9-275 所示。

(54) 至此装饰公司网站（二）已经完成，按 F12 键进行预览，如图 9-276 所示。

图 9-275 输入文字并进行设置

图 9-276 最终效果

案例精讲 075 装饰公司网站（三）

本案例将介绍如何制作装饰公司网站第三页，主要以上一个案例为模板，然后进行修改和调整，从而完成第三页网站的制作。具体操作方法如下，完成的效果如图 9-277 所示。

案例文件：CDROM \ 场景 \ Cha09 \ 装饰公司网站（三）.html

视频文件：视频教学 \ Cha09 \ 装饰公司网站（三）.avi

图 9-277 装饰公司网站的设计效果（三）

（1）按 Ctrl+N 组合键，在弹出的对话框中单击【新建文档】选项，在【文档类型】列表框中选择 HTML 选项，在【框架】列表框中选择【无】，将【文档类型】设置为 HTML 4.01Transitional，如图 9-278 所示。

（2）由于此网页的导航部分与前文网页的导航部分相同，在此将“装饰公司网站（二）”中的导航部分粘贴到此文档中即可。完成后的效果如图 9-289 所示。

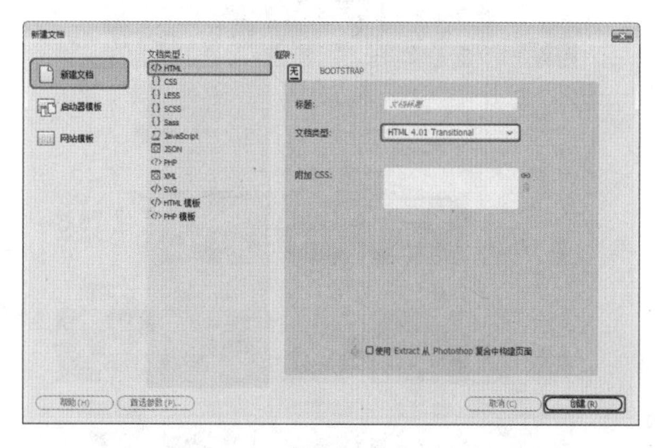

图 9-278 【新建文档】对话框

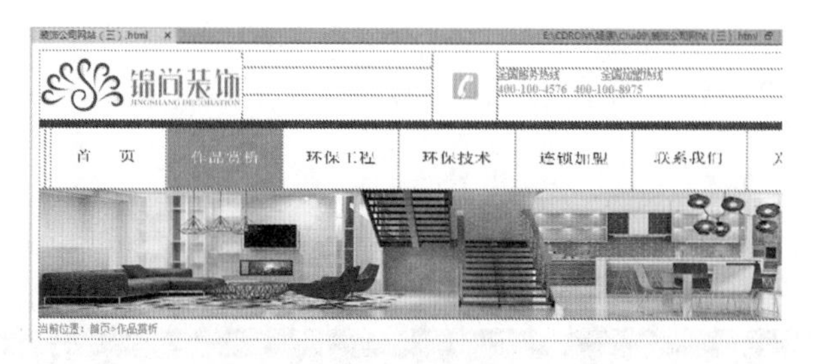

图 9-279 完成后的效果

（3）选中 LOGO，双击鼠标，在弹出的对话框中选择 B3.jpg 素材图片，如图 9-280 所示。

（4）单击【确定】按钮，效果如图 9-281 所示。

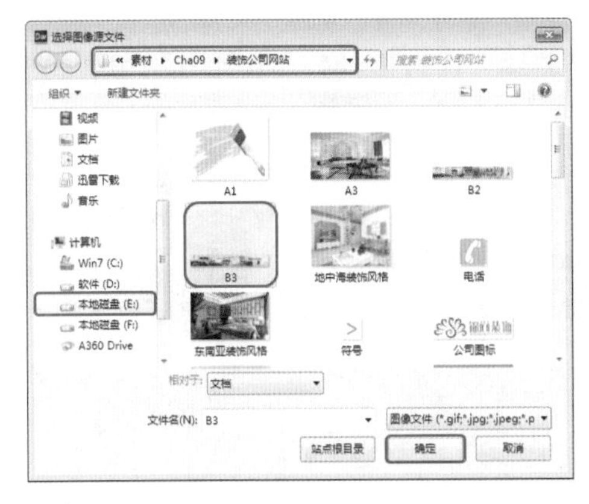

图 9-280　选择素材文件

图 9-281　插入后的效果

（5）在文档窗口中对图像下方单元格中的文字进行修改，效果如图 9-282 所示。

（6）将光标置于大表格中的第 4 行并右击，按 Ctrl+Alt+T 组合键弹出 Table 对话框，将【行数】、【列】都设置为 1、【表格宽度】设置为 972 像素，其他设置均为 0，如图 9-283 所示。

图 9-282　修改文字后的效果

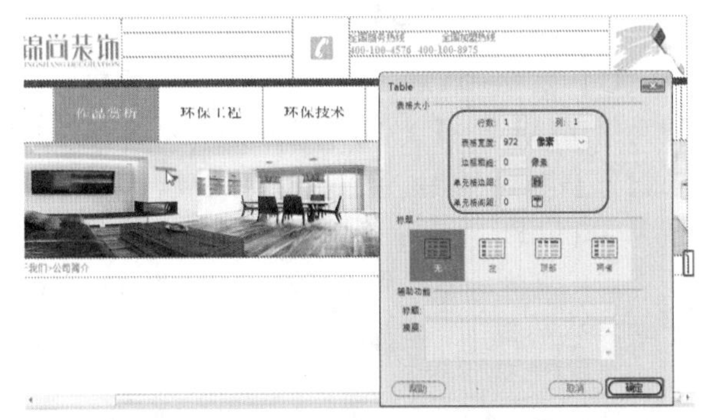

图 9-283　Table 对话框

（7）使插入的表格处于选中的状态，在【属性】面板中将 Align（对齐）设置为【居中对齐】，将光标置于新插入的单元格中，在【属性】面板中单击【拆分单元格为行或列】按钮，在弹出的对话框中选中【列】单选按钮，将【列数】设置为 3，如图 9-284 所示。

（8）设置完成后单击【确定】按钮，将光标置于第 1 列单元格中，在【属性】面板中将【水平】【垂直】分别设置为【居中对齐】【顶端】，将【宽】设置为 216，如图 9-285 所示。

图 9-284　设置拆分参数

图 9-285　设置单元格属性

（9）继续将光标置于该单元格中，按 Ctrl+Alt+T 组合键，在弹出的对话框中将【行数】【列】分别设置为 7、1，将【表格宽度】设置为 200 像素，将【单元格间距】设置为 1，如图 9-286 所示。

（10）设置完成后单击【确定】按钮，选中新插入的 7 行单元格，在【属性】面板中将【高】设置为 30，如图 9-287 所示。

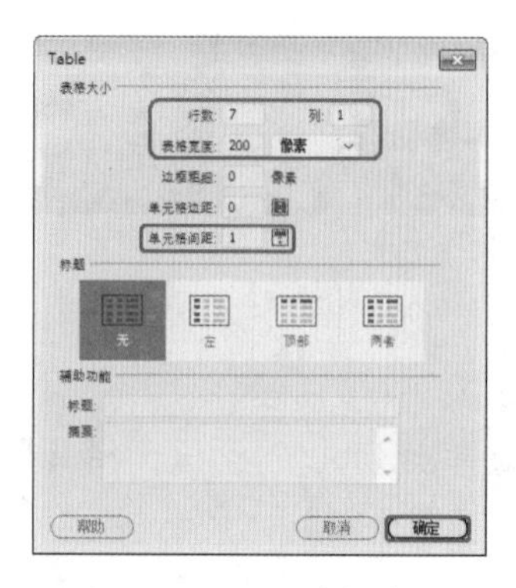

图 9-286　设置表格参数

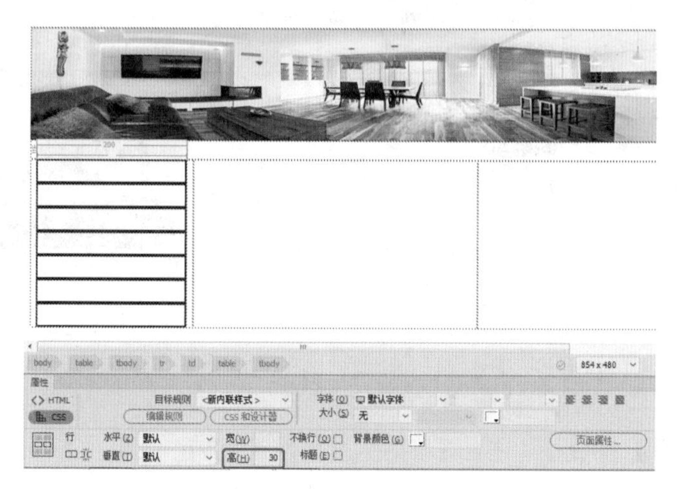

图 9-287　设置单元格【高】

（11）设置完成后，将光标置于第 1 行单元格中，输入“关于我们”，在【属性】面板中将【字体】设置为【宋体】、【大小】设置为 16px、【字体颜色】设置为 #000000，然后选中该文字，右击，选择【样式】|【粗体】命令，再将【水平】设置为【居中对齐】、【垂直】设置为【居中】，将【背景颜色】设置为 #FFFFFF，如图 9-288 所示。

（12）将光标置于第 2 行单元格中，在【属性】面板中将【背景颜色】设置为 #BC834C，然后输入文字“公司简介”并选中，右击，选择快捷菜单中的【CSS 样式】|【新建】命令，如图 9-289 所示。

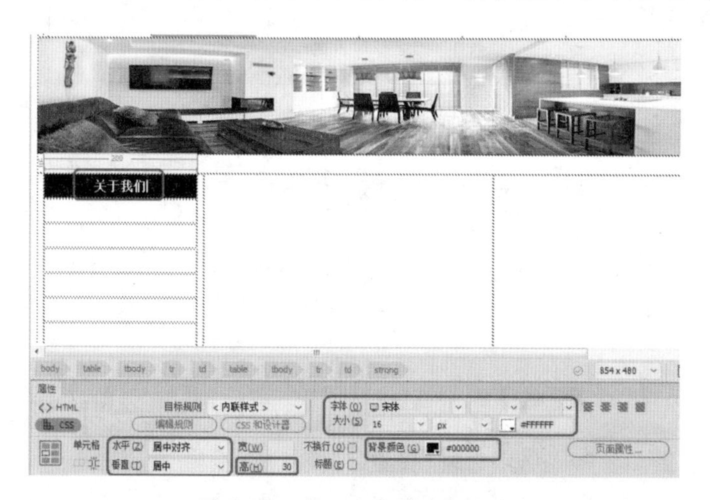

图 9-288　输入文字并进行设置

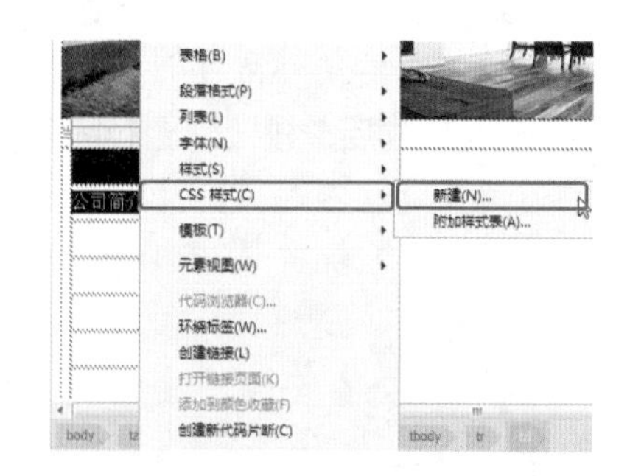

图 9-289　选择【新建】命令

（13）在弹出的对话框中，将【选择器名称】设置为 gsjj，其他设置保持默认，单击【确定】按钮，然后在弹出的对话框中选择【分类】列表框下的【类型】选项，将 Font-size（字号）设置为 13px，将 Color（颜色）设置为 #FFFFFF，如图 9-290 所示。

（14）选中【公司简介】文字，为其应用新建的 CSS 样式，为了美观，为其开始位置空两格，如图 9-291 所示。

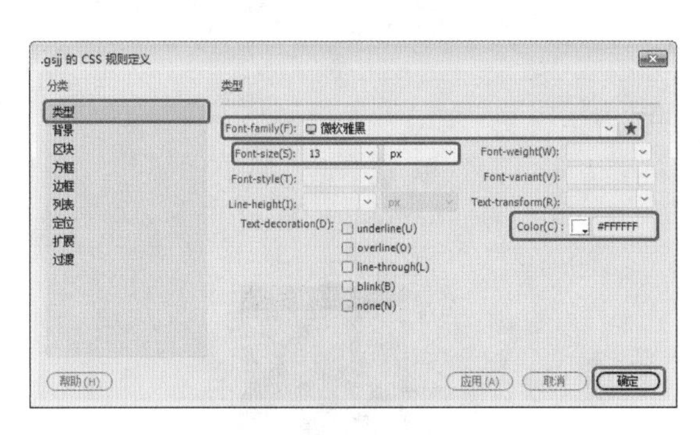

图 9-290 设置文字参数

图 9-291 应用 CSS 样式

（15）将光标置于文字【公司简介】后，然后在菜单栏中选择【插入】| Div 命令，如图 9-292 所示。

（16）在弹出的【插入 Div】对话框中，将 ID 设置为 div01，其他设置保持默认，然后单击【确定】按钮，弹出【#div01 的 CSS 规则定义】对话框，在【分类】列表框中选择【定位】选项，将 Position（定位）设置为 absolute（绝对的），如图 9-293 所示。

图 9-292 选择 Div 命令

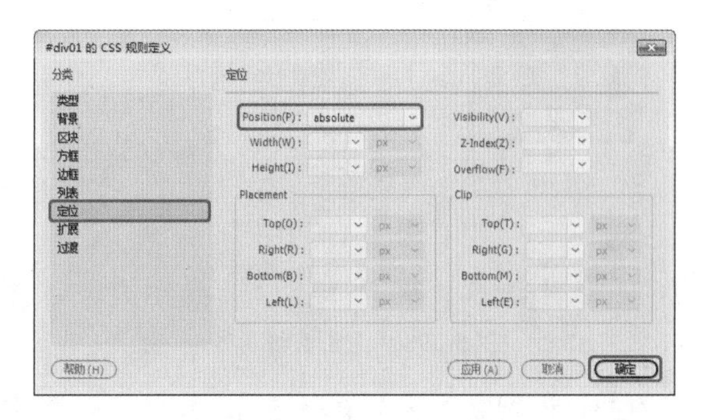

图 9-293 设置 div01 参数

（17）单击【确定】按钮，返回到【插入 Div】对话框，继续单击【确定】按钮，将 div01 中的文字删除，然后在【属性】面板中将【宽】【高】都设置为 15px，如图 9-294 所示。

（18）然后将光标置于 div01 中，按 Ctrl+Alt+I 组合键，在弹出的对话框中选择"符号 .png"文件，然后选中该文件，在【属性】面板中将【宽】【高】都设置为 15px，如图 9-295 所示。

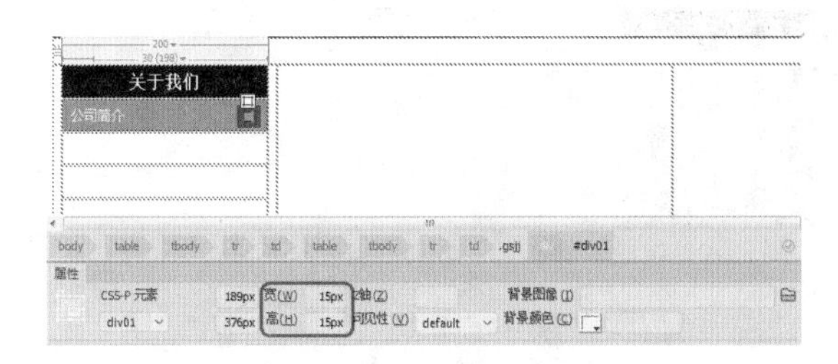

图 9-294 设置 div01 属性

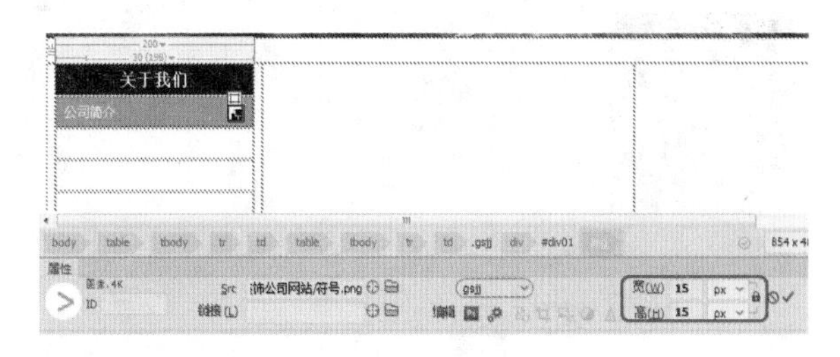

图 9-295 插入素材文件并进行设置

（19）将光标置于第 3 行单元格中，在【属性】面板中将【背景颜色】设置为 #BC834C，然后输入文字“公司动态”并选中，为其应用 .gsjj 的 CSS 样式，为了美观，为其开始位置空两格，如图 9-296 所示。

（20）使用相同的方法制作其他的操作，效果如图 9-297 所示。

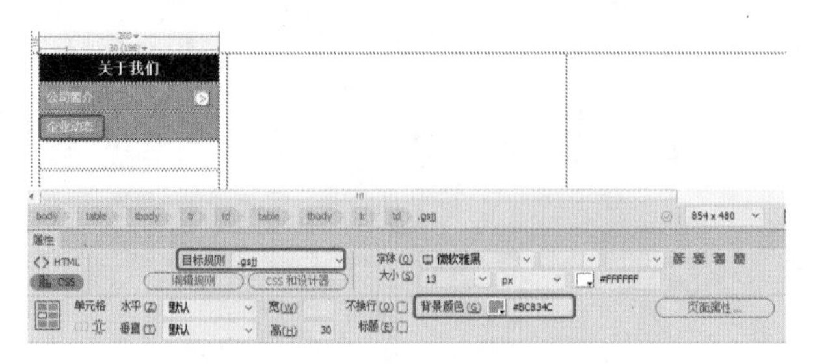

图 9-296　输入文字并应用样式

图 9-297　输入其他文字并应用样式

（21）将光标置于第 2 行单元格中，在【属性】面板中将【宽】设置为 10，如图 9-298 所示。

（22）将光标置于第 3 列单元格中，按 Ctrl+Alt+T 组合键，在弹出的对话框中将【行数】【列】分别设置为 3、1，将【表格宽度】设置为 746 像素，将【单元格边距】【单元格间距】分别设置为 6、1，如图 9-299 所示。

图 9-298　设置表格属性

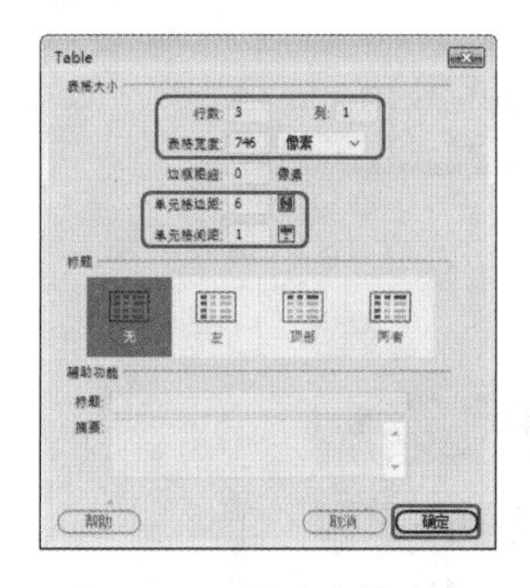

图 9-299　设置表格参数

（23）设置完成后，单击【确定】按钮，然后将光标置于新插入表格的第 1 行单元格中，将【高】设置为 30、【背景颜色】设置为 #E4E4E4，如图 9-300 所示。

（24）再次将光标置于新插入表格的第 1 行单元格中，输入文字“公司简介”，然后在【属性】面板中将【字体】设置为【微软雅黑】、【字体粗细】设置为 bold（加粗）、【大小】设置为 15、【字体颜色】设置为 #BC834C，如图 9-301 所示。

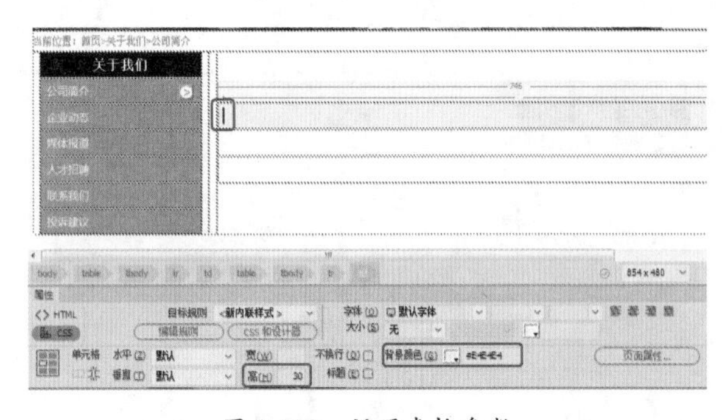

图 9-300　设置表格参数

图 9-301　输入文字并进行设置

（25）将光标置于新插入表格的第2行单元格中，在【属性】面板中将【高】设置为8、【背景颜色】设置为#333333，如图9-302所示。

（26）然后再次将光标置于新插入表格的第2行单元格中，单击【拆分】按钮，在代码区将 删除，如图9-303所示。

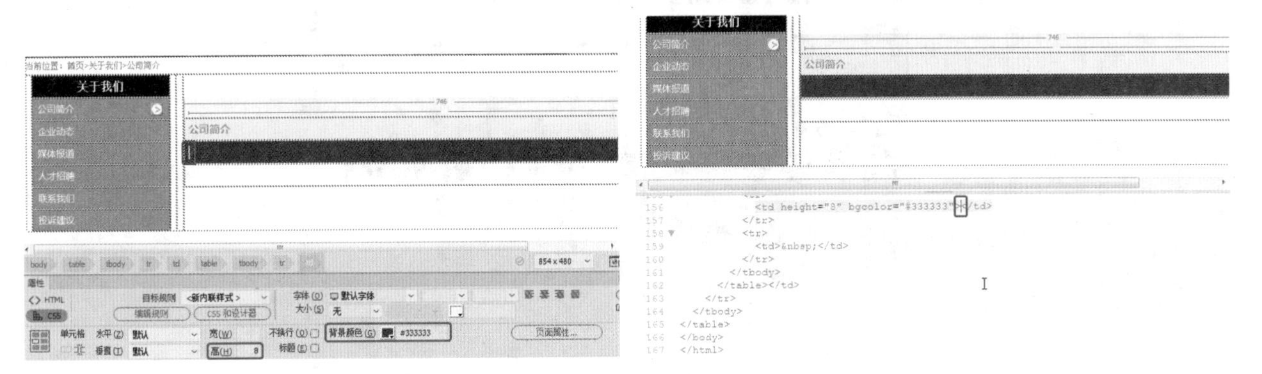

图9-302　设置单元格属性　　　　图9-303　删除代码

（27）将光标置于新插入表格的第3行单元格中，在【属性】面板中将【高】设置为172，如图9-304所示。

（28）然后再次将光标置于新插入表格的第3行单元格中，输入文字，为其应用.wz6 CSS样式，如图9-305所示。

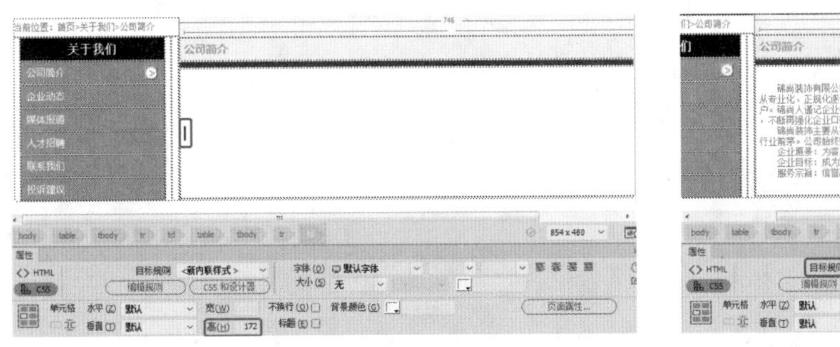

图9-304　设置单元格属性

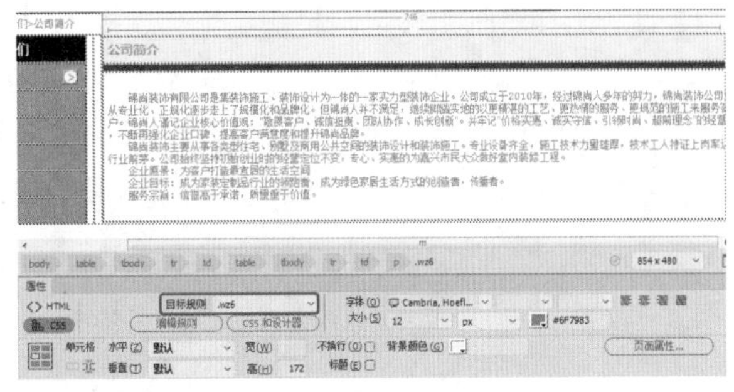

图9-305　输入文字并应用样式

（29）由于此网页的导航部分与前文网页的导航部分相同，在此将【装饰公司网站（二）】中的导航部分粘贴到此文档中即可。完成后的效果如图9-306所示。

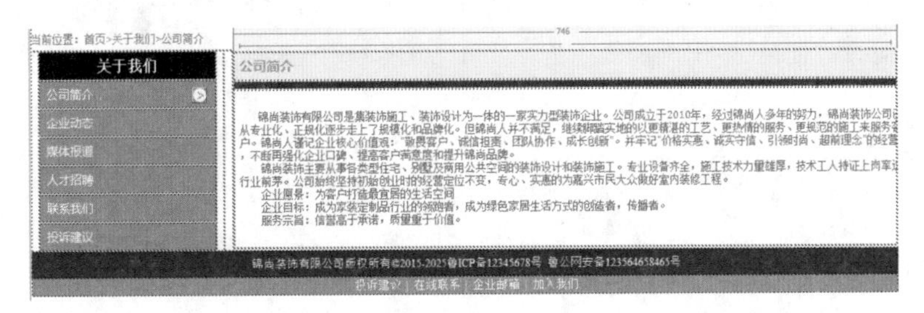

图9-306　完成后的效果

（30）至此装饰公司网站（三）已经完成，按F12键进行预览，如图9-307所示。

锦尚装饰
全国服务热线
400-100-1234
全国加盟热线
400-100-5678
首　页
作品赏析
环保工程
环保技术
连锁加盟
联系我们
关于我们
关于我们
公司简介
公司简介
企业动态
人才招聘
联系我们
投诉建议

图 9-307　最终效果